JN013404

lanetary Health

otecting Nature to Protect Ourselves

d by Samuel Myers and Howard Frumkin

プラネタリーヘルス

私たちと地球の未来のために

長崎大学〔監訳〕・河野 茂〔総監修〕

丸善出版

Planetary Health

Protecting Nature to Protect Ourselves

edited by

Samuel Myers

and

Howard Frumkin

Published by arranged with Island Press, Washington, DC through Tuttle-Mori Agency, Inc., Tokyo.

Printed in Japan

この本を
私たちの子どもたち
ソフィーとルーシー，ゲイブとアマラに
捧げます
限りない愛と希望を込めて

日本の読者のみなさんへ

2021年は，気候変動に関するCOP-26，生物多様性に関するCOP-15，国連グローバル・フード・システム・サミットなど，いくつかの国際会議が終了し，幕を閉じようとしています．これらの会議を振り返ってみると，気候変動，生物多様性の損失，海洋汚染，地球規模の汚染など，一見個別に見える環境問題が，社会正義と人類の生存をめぐるひとつの問題に集約されていることに気づかされます．人類のエコロジカル・フットプリントの規模は非常に大きくなり，すべての自然システムを変化させ，私たちを含む地球上のすべての生命を脅かしています．これらの潮流を理解することは，急速に成長している「プラネタリーヘルス」という分野の中核をなすものであり，『プラネタリーヘルス —— 私たちと地球の未来のために』が日本で出版されることを大変光栄に思います．

日本は素晴らしい国です．世界で最も人口密度が高く，都市化された国のひとつでありながら，驚くほど多様な野生生物が生息し，大規模な国立公園のネットワークがあります．また，自動車や電子機器など，現代の最先端技術を駆使した巨大で複雑な産業とともに，静けさと調和のとれたシンプルな日本庭園があります．日本は世界でも有数の長寿国ですが，高齢化と少子化が進み，人口動態が急速に変化しています．また，福島第一原子力発電所の事故を受けて，日本の一次エネルギー供給の90％以上が化石燃料を中心とした輸入に頼っており，エネルギー問題は大きな課題となっています．つまり，日本は世界中の国々が直面しているプラネタリーヘルスの課題の多くに直面しているのです．日本は，私たちが直面している課題に立ち向かうために必要な技術革新と自然界との精神的なつながりの両方において，世界的なリーダーとなっています．このように，日本がプラネタリーヘルスに関する研究，実践，政策の中心地として，ますますリーダーシップを発揮していることは素晴らしいことです．

プラネタリーヘルスの分野は，過去10年間で急速に成長しました．学術機関が設置され，教授職も配置されるようになりました．新しいジャーナル，大学の学位，コースもできました．国家的な取り組みや，国際的なプラネタリーヘルスの組織化が進んでいます．また，プラネタリーヘルスアライアンスという専門団体もあります．このような急速な成長は，プラネタリーヘルスの枠組みの基本的な特徴に基づいています．それは，人間を中心とした，システムベースであることです．また，根本的な原因を考え，その上流に目を向けなければなりません．今，生きているすべての人々のため，将来の世代のため，そして人類以外の世界のために，公平と正義を約束しなければなりません．また，それは未来志向で，堅実な解決策を探し求めるための方法であり，私たちに希望を与えるものでもあります．

私たちは，この日本語版が，日本におけるプラネタリーヘルスの課題の認識と研究に貢献し，学生や専門家が効果的な解決策を見出せるようになると信じています．そして，日本がこの分野で世界のリーダーとなることを信じています．

尊敬と感謝の念を込めて

サミュエル・マイヤーズ
ハワード・フラムキン

まえがき
新型コロナウイルス感染症に関して

本書がすでに最後の校正段階に入っていた，2019年も終わりにさしかかる頃，最も小さな生命体であるウイルス，SARS-CoV-2が突然変異し，世界中を席巻した．突然変異によってこのRNAウイルスは，一次宿主（コウモリの可能性が高い）からヒトへの伝播が可能となり，そこからものすごいスピードで，この文章を執筆している現時点でもなお広がり続け，人命と生活の破壊的な損失が引き起こされた．本書は新型コロナウイルス感染症（COVID-19）のパンデミックに先立って書かれたが，一方で，本書で検討しているテーマほどこの感染症に関連深いものもない．偶然にも，新型コロナウイルス感染症は典型的なプラネタリーヘルスの話のひとつである．それはウイルスの由来が，人間と自然や野生生物との交流，フードシステム，人口構成とテクノロジーの変化に関係し，パンデミックの制御について得る教訓がシステム思考の重要性，集団での行動の必要性，急速な地球規模の行動変容の可能性を強調し，そして，この地球規模の停滞が，私たちが向かう新たな進路を決める空前のチャンスを与えてくれているからである．

本書の「あとがき —— コロナウイルスとプラネタリーヘルス」で，新型コロナウイルス感染症のパンデミックをプラネタリーヘルスの問題として考察し，本書を貫く多くのテーマがどの程度，このパンデミックにより裏づけられているかを強調した．もしあなたが，今日起きた出来事をどうしてもすぐにプラネタリーヘルスとの結びつきで見てみたければ，あとがきを読んで，それから最初に戻ることをお勧めする．そうでなければ，あとがきは，本書が扱う多くのテーマのまとめとして，また私たちが今いる尋常でない時期を理解する良い機会として，最後に読むのがよい．どちらであっても，私たちは読者のみなさんが，この大混乱の時期を健康に過ごし，癒やしを得られることを願ってやまない．

サミュエル・マイヤーズ
ハワード・フラムキン

はじめに

私は2020年1月に，学長として長崎大学は「プラネタリーヘルス（地球の健康）」に貢献すると宣言しました．

その後，間もなくして新型コロナウイルス感染症（COVID-19）が世界中を席巻するようになり，今なお人類がこの未知の感染症と戦っている最中にあります．COVID-19の大流行では環境政策，社会的・経済的不平等，脆弱な医療制度など，根本的なシステム上の問題を露呈しました．一方で，過去の感染症の歴史を遡ると，パンデミックの後には大きなイノベーションが起きています．実際に，人類の英知を結集してすでに開発されていた，PCR検査法やワクチン技術，人工知能などを用いたシミュレーションなどの知識や技術が，人類がCOVID-19と「共生」する方法を模索する中で急速に連携し，新たな段階へと発展しつつあります．

2021年2月に英財務省が発表した「生物多様性の経済学 ―― ダスグプタ・レビュー」では経済活動と自然の関わりを分析しています．機械やインフラなどの「人工資本」の価値は約20年間で2倍に増えましたが，森林や海産物，鉱物などの資源を合計した「自然資本」は40%近く減少したというデータをレビューで引用しています．生物多様性の減少，漁業資源の搾取，大気中の二酸化炭素の増加，海洋の酸性化，熱帯雨林の消失などの大気，海洋，陸地におけるこれらの破壊は，種を絶滅に追いやるだけでなく，人間の健康と福祉にも深刻な脅威を与えています．これらの脅威の特徴を明らかにし，さらに対処するには，大転換（Great Transition）が必要です．

地球規模の課題の多くは，プラネタリーヘルスという概念をもとに考えるとより鮮明に浮かび上がってきます．例えば地球温暖化の問題は世界中で深刻化しています．地球の平均気温は今後，何も対策しなければ今世紀末には最大4.8℃上がるともいわれています．地球温暖化は，生態系への影響など地球のもつ機能のいずれかを介して顕在化されます．例えば蚊のような節足動物が大量発生し，加えて，蚊の体内にある病原体の成長が速くなることもわかっています．また，洪水が起こると衛生状態が悪くなり，ネズミが増え，ダニやコウモリの分布域も拡大します．その結果，動物への感染が増え，接するヒトへの感染が増加します．

プラネタリーヘルスは，こうした地球規模の環境破壊による人間の健康やウェルビーイングへの影響を理解し，数値化して，人間と人間が依存している自然システムとが現在と将来にわたって繁栄するための解決策を生み出すことに重点を置いています．

プラネタリーヘルスという考え方でもうひとつ重要なのは，無数の人々による数えきれない行動の総和が全体に波及し，時間も空間も離れた場所に思ってもみないような影響を及ぼし得るということです．毎年，地球上では人間が消費するために生産される食料のおよそ3分の1が廃棄されています．このフードロスはただ単に食べ物が無駄になるだけではありません．廃棄された食品を生み出すために要した大量の労働力やエネルギーも無駄になるのです．食料を生み出すための農業に負荷がかかると，土壌侵食，肥料や農薬から出される窒素の地下水への溶出を引き起こし，やがて環境破壊へとつながります．その結果として人為的に排出された二酸化炭素は，農作物の栄養価を落とす悪循環ももたらします．私たちはこの環境変化と人間の健康やウェルビーイングとの間にある重要なつながり，複雑な因果関係，フィードバックループをシステム全体にわたって考える必要があります．そのために，私たちが用いるべき概念が「プラネタリーヘルス」なのです．プラネタリーヘルスを通じて，分野や領域を越えた多面的な知の連鎖によって，地球規模の課題への解決策を見出さなければ，特定の分野への対策が，他の分野では悪影響となることまであり得るのです．

本書は長崎大学にある，分野や領域を越えた10の学部の講師陣が監訳作業を行いました．また本書は，2020年4月に開講した長崎大学新入生向けの「プラネタリーヘルス入門」科目の教科書にも指定していることから，長崎大学熱帯医学研究所を拠点にサークル活動を行っている大学生チームにも本書の監訳チェックを依頼しました．そしてプラネタリーヘルスという日本では聞き慣れないこの概念を，広く説明する重要性をいち早く認識し，日本語版の出版に理解を示して下さった丸善出版の糠塚さやか氏，米田裕美氏にも感謝申し上げます．また，原著者であるサミュエル・マイヤーズ先生とハワード・フラムキン先生からは，私たち日本人の歴史や文化に深い理解を示した序文を本書のためにご執筆いただきました．さらに長崎出身のさだまさし氏からは，プラネタリーヘルス実現のために，これから学問を修めていく若者からステークホルダーに至るさまざまな立場の方々に対する激励メッセージを本書の帯に寄せていただきました．本書に関わって下さったすべての皆様に感謝申し上げます．

本書を広く多くの皆様の手にとっていただき，プラネタリーヘルスを一緒に考えていくきっかけになれば，これほどうれしいことはありません．

2022年1月

長崎大学学長　　河野　茂

訳者一覧

■ 総監修

河　野　　　茂　　長崎大学学長

■ 監訳者

北　　　　　潔　　長崎大学大学院熱帯医学・グローバルヘルス研究科 教授
調　　　　　漸　　長崎大学感染症共同研究拠点 特命教授
門　司　和　彦　　長崎大学多文化社会学部 教授
吉　田　文　彦　　長崎大学核兵器廃絶研究センター 教授
渡　辺　知　保　　長崎大学大学院熱帯医学・グローバルヘルス研究科 教授

［五十音順，2022年2月現在］

■ 監訳協力者・担当

有　吉　紅　也　　熱帯医学研究所 教授　［第6章］
石　橋　知　也　　工学部 准教授　［第13章］
泉　川　公　一　　医学部 教授　［あとがき］
一　瀬　邦　弘　　医歯薬学総合研究科 准教授　［第7・10章］
河　本　和　明　　環境科学部 教授　［第4章］
河　野　　　茂　　長崎大学学長　［第1章］
近　藤　智恵子　　工学部 教授　［第12章］
佐　藤　美　穂　　熱帯医学・グローバルヘルス研究科 助教　［第11章］
鈴　木　誠　二　　工学部 准教授　［第13章］
滝　澤　克　彦　　多文化社会学部 教授　［第17章］
津留﨑　和　義　　経済学部 准教授　［第15章］
鳥　羽　　　陽　　薬学部 教授　［第14章］
西久保　裕　彦　　環境科学部 教授　［第4章］

萩　原　篤　志　　水産学部 教授　［第5章］

細　田　尚　美　　多文化社会学部 准教授　［第8章］

前　原　由喜夫　　教育学部 准教授　［第9章］

宮　﨑　拓　郎　　長崎大学病院 講師　［第7・10章］

村　田　比呂司　　歯学部 教授　［第10章］

門　司　和　彦　　多文化社会学部 教授　［第3章］

持　田　恵　一　　情報データ科学部 教授　［第16章］

吉　田　文　彦　　核兵器廃絶研究センター 教授　［第2章］

渡　辺　知　保　　熱帯医学・グローバルヘルス研究科 教授　［第18章］

［五十音順．所属はすべて長崎大学および長崎大学大学院，2022年2月現在］

■ 翻訳協力

バベルプレス株式会社

久　原　孝　俊　　順天堂大学国際教養学部 客員教授

原著者について

■ 編　者

サミュエル・マイヤーズ（Samuel Myers, MD, MPH）
ハーバード大学T・H・チャン公衆衛生大学院の主席研究員であり，プラネタリーヘルスアライアンスの設立理事．ランセット委員会とロックフェラー財団によるプラネタリーヘルス委員会の委員を務めた．環境変化が人間の栄養に与える影響を定量化する研究で，2018年にアレル・グローバル・フード・イノベーション・アワード（Arrell Global Food Innovation Award）の初代受賞者となる．地球環境の変化と人間の健康の接点における研究に対するモナコ財団のアルベール2世王子-パスツール研究所アワードを受賞．

ハワード・フラムキン（Howard Frumkin, MD, DrPH）
2010年から2016年まで学部長を務めたワシントン大学公衆衛生大学院の環境・労働衛生科学の名誉教授．過去に，ウエルカム・トラストの「私たちの地球，私たちの健康（Our Planet, Our Health）」の責任者を務め，米国疾病管理予防センター（CDC）の米国国立環境衛生センターと環境有害物質・特定疾病対策庁の長官を務めた．おもな著書に“Environmental Health: From Global to Local (3rd edition, 2016)”（環境衛生 —— 世界から地域へ），“Making Healthy Places: Designing and Building for Health, Well-being, and Sustainability”（健康的な環境をつくる —— 健康，ウェルビーイングおよび持続可能性のための設計と構築；2011）など．

■ 執筆者

ウォリック・アンダーソン（Warwick Anderson, MD, PhD）　［2章］
生物科学，生体医科学史の研究家．近年は21世紀の病気の生態学の発展に力を入れている．シドニー大学の哲学・歴史研究学部およびチャールズ・パーキンス・センターにおける政策・ガバナンス・倫理の分野のジャネット・ドラ・ハイン教授．メルボルン大学公衆衛生・世界衛生学部名誉教授．

ウィル・エヴィソン (Will Evison)　[15, 16章]
英国在住の持続可能性を専門とする経済評論家．世界中の企業，政府，非政府組織と協働して，持続可能性に関する重要な問題の解決を支援している．また，“The Natural Capital Protocol” (自然資本プロトコル) の筆頭執筆者であり，企業向けの“The Economics of Ecosystems and Biodiversity report for Business and Enterprise” (生態系と生物多様性の経済学報告書) の編集者および執筆者で，持続可能な発展のための世界経済人会議，世界経済フォーラム，自然資本連合の長年にわたる顧問を務めている．

ロバート・エンゲルマン (Robert Engelman, MSc)　[3章]
作家・研究者．人口，環境，家族計画，女性の生活に関する著書があり，環境シンクタンク，ワールドウォッチ研究所の前会長で，持続可能な消費を推進する非営利団体，Center for a New American Dreamの共同創立者であり，初代理事長も務めた．現在は，ワシントンD.C.にある人口研究所の上級研究員．

リチャード・S・オストフェルド (Richard S. Ostfeld, PhD)　[6章]
ケアリー生態系研究施設 (Cary Institute of Ecosystem Studies) の著名な上席研究員．240以上の査読付き論文を発表し，それらを1冊の本，“Lyme Disease: The Ecology of a Complex System” (ライム病 —— 複雑系の生態学) (Oxford University Press; 2011) として (編纂) 出版．また，共同編集書籍5冊と年次シリーズ“The Year in Ecology and Conservation Biology” (生態学と保全生物学の年) も手掛けている．米国芸術科学アカデミー会員 (2019年)，米国生態学会特別会員 (2014年)，米国科学開発協会特別会員 (2013年)．研究テーマは，ライム病やその他の媒介性感染症を中心に，ヒトが感染症にさらされるリスクの生態学的決定要因．

フェリシア・キーシング (Felicia Keesing, PhD)　[6章]
バード大学の生物学者で，研究テーマは，特に生物多様性の減少に伴う，生物種間の相互作用の因果関係．約100の論文を発表し，共著書で分担執筆をしている．ナショナルジオグラフィック協会，全米科学財団 (NFS)，米国環境保護庁 (EPA)，米国国立衛生研究所 (NIH) から助成を受けている．米国生態学会特別会員 (2019年)，2000年には科学者およびエンジニアのための大統領キャリア初期賞をクリントン大統領から授与．

キャロライン・キハト (Caroline Wanjiko Kihato)　[8章]
ヨハネスブルグ大学大学院建築学研究科の客員准教授．ウィルソン・センターの研究活動であるグローバルリスク・レジリエンスプログラムの国際フェロー．

ピーター・H・グリック (Peter H. Gleick, PhD)　[4章]
パシフィック・インスティテュートの共同設立者であり，名誉会長．水，エネルギー，気候，安全保障の問題に取り組む水文気候学者であり，マッカーサー賞 (MacArthur Fellow) 受賞者．米国科学振興協会 (AAAS) フェロー，米国科学アカデミー (NAS) 会員．科学普及のためのカール・セーガン賞 (Carl Sagan Prize for the Popularization of Science) を受賞．

スーザン・クレイトン (Susan Clayton, PhD)　[9章]
オハイオ州ウースター大学のホイットモア・ウィリアムズ (Whitmore-Williams) 教授 (心理学). 2018年にクリスティ・マニングと共編した“Psychology and Climate Change” (心理学と気候変動) など, 6冊の書籍を執筆・編集している. 気候変動に関する政府間パネル (IPCC) の次回第6次評価報告書の筆頭著者.

テレンス (テリー)・J・コリンズ (Terrence (Terry) J. Collins, PhD, Hon FRSNZ)　[14章]
ペンシルベニア州ピッツバーグにあるカーネギーメロン大学のテレサ・ハインツ教授 (グリーンケミストリー) およびグリーンサイエンス研究所所長. TAMLおよびNewTAMLアクチベーター (ペルオキシダーゼ酵素の機能を再現した低分子化合物) のおもな発明者であり, これまでに20以上の学術賞や公的賞を受賞し, 200以上の論文を発表, 600以上の公開講座を行っている.

ジェニファー・コール (Jennifer Cole, PhD)　[17章]
ロンドン大学ロイヤル・ホロウェイ校持続可能性・環境学部地理学科の研究員. オックスフォード大学マーティン・スクールのロックフェラー財団プラネタリーヘルス経済委員会の公衆衛生政策アドバイザーを務めている. ケンブリッジ大学で生物人類学を学び, ロイヤル・ホロウェイ大学でコンピュータ・サイエンスと地理学の博士号を取得.

オルガ・L・サルミエント (Olga L. Sarmiento, PhD)　[13章]
コロンビア・ボゴタのロスアンデス大学医学部教授. 研究テーマは, 都市部での健康的な行動を促進するためのコミュニティの介入策の評価であり, コミュニティや関係者と連携を図り, 評価を政策へ反映することを目的としている.

カーク・R・スミス (Kirk R. Smith, PhD, MPH)　[12章]
カリフォルニア大学バークレー校公衆衛生学部の地球環境衛生学教授. 中国, インド, モンゴルにて名誉教授も務める. バークレーに来る前はホノルルのイースト・ウエスト・センターでエネルギープログラムの創設・運営に従事し, 現在はニューデリーのクリーンエア政策センターのディレクター. 実行委員会メンバーとして世界エネルギーアセスメントおよび地球エネルギーアセスメントの健康・環境の章をまとめた. 気候変動に関する政府間パネル (IPCC) の第5次評価報告書の健康に関する章の共同リーダー.

ジェームズ・ダンク (James Dunk, PhD)　[2章]
医学とメンタルヘルスの歴史, プラネタリー史を専門とする文化史家. 現在は20世紀後半の生態学上の危機における心理学と精神医学を再構成する取り組みが研究の主軸. シドニーのガディガル・ランド在住. シドニー大学史学科研究フェロー, ニューカッスル大学人文社会科学研究科コンジョイント・フェロー.

アナ・V・ディエス・ルー (Ana V. Diez Roux, PhD)　[13章]
フィラデルフィアにあるドレクセル大学の公衆衛生学部 (the Dornsife School of Public Health) の学部長であり, 疫学の著名な教授である. 物理的・社会的環境と健康の関連性についての専門家であり，特に都市地域と健康格差に重点的に取り組んでいる.

デイビッド・ティルマン (David Tilman, PhD)　［4章］
ミネソタ大学生態学指導教授．実験と理論に基づく生態学者であり，論文で生物多様性の損失が生態系の安定性，生産性，炭素貯蔵，侵略に対する感受性に悪影響を与える理由を明らかにしてきた．米国科学アカデミー (NAS) 会員，英国王立協会外国人会員であり，国際生物学賞 (International Prize for Biology)，ハイネケン賞 (Heineken Prize)，バルザン賞 (Balzan Prize) および知識のフロンティア賞 (BBVA Frontiers of Knowledge) を受賞.

ルース・デフリース (Ruth DeFries, PhD)　［4章］
コロンビア大学のデニング大学教授で，持続可能な開発の研究を行っている．衛星データと現地調査によって，熱帯地方の土地利用の変化と気候，生物多様性などの生態系サービスへの影響を研究．米国科学アカデミー (NAS) 会員．マッカーサー・フェロー賞 (MacArthur Fellow) 受賞者.

アイリーナ・ドルノヴァ (Iryna Dronova, PhD)　［13章］
カリフォルニア大学バークレー校ランドスケープ・アーキテクチャーおよび環境計画学科の助教授．研究テーマは，地理情報システムとリモートセンシング･データを応用した，さまざまな社会経済状況における都市環境力学の調査.

クリステン・P・パターソン (Kristen P. Patterson, MPH, MSc)　［3章］
人口統計局 (PRB) の People, Health, Planet のプログラム･ディレクター．NPO法人，ザ・ネイチャー･コンサーバンシー (TNC) のアフリカ支部に6年間勤務し，タンザニア西部で，人口・健康・環境統合型トゥウンガネ・プロジェクトの立ち上げに貢献した．米国国際開発長 (USAID) の人口・環境特別研究員としてマダガスカルに2年間滞在し，ニジェールでは農民・牧畜民間の紛争解決に関する調査を行った.

サラ・バーンズ (Sarah B. Barnes)　［8章］
研究者のためのウッドロウ・ウィルソン国際センターのマターナル・ヘルス・イニシアチブ (母性保健構想) プロジェクトディレクター，女性･ジェンダー問題のアドバイザー.

サム・ビッカーステス (Sam Bickersteth)　［15，16章］
2018年から2019年まで，オックスフォード大学マーティン・スクール内に設置されたプラネタリーヘルスに関するロックフェラー財団経済会議のエグゼクティブ･ディレクターを務めた．発展途上国の気候研究と政策を支援する気候および開発についての知識ネットワーク (Climate and Development Knowledge Network) の CEO を務めた後，オックスフォード大学，プライスウォーターハウスクーパース，国際開発省，オックスフォード飢餓救済委員会に勤務．30年にわたる，アフリカ，アジア，ラテンアメリカの発展途上国における生活経験と職務経験がある.

アジャイ・ピラリゼッティ (Ajay Pillarisetti, PhD, MPH)　[12章]
エモリー大学ロリンズ公衆衛生学部の環境衛生学助教．インド，ネパール，モンゴル，ガーナ他にて，世帯エネルギー，健康，気候関連の研究および能力向上に協力．世帯エネルギー関連の影響評価が行えるソフトウェアおよびハードウェアツールを開発．

アンドリュー・ファーロー (Andrew Farlow, Mphil)　[17章]
オックスフォード大学の学際的研究を行うマーティン・スクールの上級研究員として，21世紀の大きな課題に取り組んでいる．オックスフォード大学，ベルリン大学，その他ヨーロッパの研究者が，アフリカ，インド，中国，ブラジルなどの研究者と協力し，地球と人間の健康とウェルビーイングを守るための解決策を見出すことを目指すベルリン・イニシアチブにおけるオックスフォード大学のプラネタリーヘルス活動のコーディネーター．

クリス・フィールド (Chris Field, PhD)　[4章]
スタンフォード大学ウッズ環境研究所のペリー・L・マッカーティ所長およびメルビン・アンド・ジョーンレーン学際的環境研究教授．気候変動による影響と解決策に関する研究に加え，カーネギー研究所の地球生態学部門の創設部長 (2002〜2016年)，気候変動に関する政府間パネル (IPCC) の第2作業部会の共同議長 (2008〜2015年) を務めた．

アレックス・フォスター (Alex Foster)　[17章]
オックスフォード大学の人類学・博物館民族誌学部において医療人類学の修士課程に在籍しており，同大学で地理学専攻の一級学位を取得している．研究テーマは，プラネタリーヘルスを改善し，文化的な人体概念に挑戦する，低コストで二酸化炭素の収支がマイナスとなる具現化方法の開発．

ハワード・フラムキン (Howard Frumkin, MD, DrPH)　[1, 4, 7, 8, 10, 17, 18章／編者]
ワシントン大学公衆衛生大学院の環境・労働衛生科学の名誉教授，前学長．

アンディ・ヘインズ卿 (Sir Andy Haines, MD)　[7章]
ロンドン大学衛生熱帯医学大学院の気候変動とプラネタリーヘルス・センターの環境変化・公衆衛生学の教授．地球環境の変化が健康に及ぼす影響と，それに対処するための政策に長年の関心を寄せている．気候変動に関する政府間パネル (IPCC) の委員を3度務め，ロックフェラー財団・ランセット委員会の会長も務めた．

イヴィカ・ペトリコバ (Ivica Petrikova, PhD)　[17章]
ロンドン大学ロイヤル・ホロウェイ校の国際関係学上級講師．アフリカ，アジア，ラテンアメリカおよび中東の政治に関するセンター (Centre for Politics in Africa, Asia, Latin America, and the Middle East) の共同ディレクター．開発とは何か，どのようにすれば開発を達成できるのかまたはできないのかという疑問をおもな研究テーマとし，国内外の開発介入の効果を検証している．

ジョン・ヘリウェル (John Helliwell, Dphil)　[11章]
ブリティッシュコロンビア大学のバンクーバー経済学部に在籍．25年ほど前に人々が自分自身の人生を評価することの有用性と妥当性を発見して以来，自身をアリストテレスの研究助手のように考えており，この人生評価を使って，何がよりよい人生をもたらすのか，特に社会的な背景を探求している．2012年以降，国連の持続可能な開発ソリューション・ネットワークが毎年発行している「世界幸福度報告書」の共同編集者．

ロージー・メイ・ヘンソン (Rosie Mae Henson, MPH)　［13章］
現在，ドルニフェ公衆衛生学部の都市衛生共同研究 (Urban Health Collaborative) に所属する博士課程の研究員．研究テーマは，都市環境における健康格差に対処するための政策的アプローチ．

ジョン・ホール (Jon Hall, MS)　［11章］
ニューヨークの国連開発計画に勤務．英国政府，オーストラリア政府，経済協力開発機構(OECD)にも勤めてきた．この20年間は，経済成長だけでなく，持続可能なウェルビーイングを含めた国家の発展について，世界中の社会に幅広い議論を促すことに取り組んできた．

ジョン・ボンガーツ (John Bongaarts, PhD)　［3章］
イリノイ大学大学院生理学，生体工学博士．人口協議会の副会長で，著名な人口学者．研究テーマは，人口推計，出生率と死亡率の変動の決定要因，先進国と発展途上国における人口政策の選択肢，人口と環境など，人口と健康に関する広範囲に及ぶ．米国科学アカデミー (NAS) およびオランダ王立科学アカデミーの会員，国際人口問題研究連合 (IUSSP) 栄誉賞受賞．

ジョン・ピーターソン (ピート)・マイヤーズ (John Peterson (Pete) Myers, PhD)　［14章］
バージニア州シャーロッツビルに所在する科学ベースの非営利団体である環境健康科学研究所の理事長兼主席研究員．カーネギーメロン大学の化学の非常勤教授．1990年から内分泌かく乱作用に関する科学，政策，コミュニケーションに取り組んでおり，1996年にはシーア・コルボーン，ダイアン・ダマノスキと共著で『奪われし未来』(“Our Stolen Future”) を発表し，内分泌学会からの功労賞 (Laureate Award for Distinguished Public Service) など，数々の賞を受賞．

サミュエル・マイヤーズ (Samuel Myers, MD, MPH)　［1, 5, 18章／編者］
ハーバード大学T・H・チャン公衆衛生大学院の主席研究員であり，プラネタリーヘルスアライアンスの理事．

デビッド・R・モンゴメリー (David R. Montgomery, PhD)　［4章］
ワシントン大学の地形学教授．マッカーサー・フェロー賞 (MacArthur Fellow) の受賞者．地形の進化および人間社会を含む地質学的かつ生態学的システムの相互作用を研究している．科学論文200本以上と一般書5冊を発表しており，最近の著書に『土・牛・微生物 ―― 文明の衰退を食い止める土の話』(“Growing a Revolution: Bringing Our Soil Back to Life”) がある．

エイドリアーナ・C・ライン (Adriana Lein, MSc)　[13章]
2015年から2017年までSALURBAL(Urban Health in Latin America)プロジェクトの政策・普及コーディネーターとして活動．現在，ワシントン大学ロースクールで法学博士号取得を目指している．おもな関心は，社会政策，立法，雇用，保健医療，住宅法．

フィリップ・J・ランドリガン (Philip J. Landrigan, MD, MSc)　[4，14章]
小児科医，疫学者．ボストン・カレッジの生物学教授．グローバル・パブリック・ヘルスと公益プログラムディレクター．全米医学アカデミーのメンバー．40年にわたり，環境・労働衛生分野のリーダーとして活躍してきた．鉛中毒に関する初期の研究で，鉛は非常に低いレベルでも子どもに有害であることを明らかにし，米国政府が塗料やガソリンから鉛を取り除く決定に貢献した．2015年から2017年にかけて，汚染と健康に関するランセット委員会の共同議長を務めた．同委員会の報告書は，汚染は毎年900万人の死をもたらし，地球の健康に対する存亡の危機であると示唆している．

ローレン・ヘルツァー・リージ (Lauren Herzer Risi)　[8章]
ウィルソン・センター (ワシントンD.C.) の環境変化および安全保障プログラムのプロジェクトディレクター．今日最も喫緊の課題の1つである環境変化と安全保障の関連に対する革新的・統合的解決策となる研究，政策，実践を結びつけるべく努める．

レベッカ・ローレンツェン (Rebecca Lorenzen, MPP)　[8章]
メキシコ・シティで育つ．メキシコ連邦政府に10年近く勤務した後，ジョージタウン大学にて修士号を取得すべく大学院に戻る．

ダニエル・A・ロドリゲス (Daniel Rodríguez, PhD)　[13章]
カリフォルニア大学バークレー校，都市・地域計画学科の教授，交通輸送研究所の副所長．おもな研究テーマは，建築環境と交通輸送の相互関係，およびその環境と健康への影響．

(姓の五十音順，[　] は執筆章)

謝　辞

多くの本の謝辞は，専門家である同僚たちへの感謝で始まり，執筆者の伴侶や編集者への言葉で締めくくられる．私たちはこれを逆にしようと思う．ケルシー（サムの妻）とジョアン（ハウィーの妻）が最初だ．クレスティドビュートで初めて長い打ち合わせをした（家族合同の休暇の合間だった）とき以降，数々の晩や週末を費やして，私たちが本書に取り組んでいる間に，2人が私たちを支えてくれたことに，言葉では言い表せないほど感謝している．それだけでなく，彼女たちが私たちと人生をともに歩み，愛を与えてくれることを心からありがたく思っている．ケルシーは気候問題の活動家で，ジョアンは地球の健康を専門とするジャーナリストだ．2人とも大義に突き動かされた，献身的で，非常に能力が高く，思いやりの深い女性だ．私たちはとてもラッキーだ——間違いなくそう思う．

私たち著者は2人とも医学と公衆衛生を学んだが，知的な旅は私たちをその分野から遠く離れて——生態学から農学，都市計画や交通計画から地球科学まで誘(いざな)ってくれた．そんな旅路を1人で歩める者などいない．その道すがら，数え切れないほど多くの友人や同僚が，私たちに学びを与え，そして方向を示してくれた．ただの素人の書き物とならないようにと，さまざまな分野からの知見を必死ですり合わせていた私たちが，恥ずかしい間違いをしでかすところを直してくれた（ほぼ全部！）．みなさんの名前をすべて挙げることはできないが，誰のことを言っているかわかってくれると思う．残っている間違いがあるとしたら，それはもちろん，私たちの責任である．

プラネタリーヘルスの世界各地で活発に急成長しているネットワークにもお礼を言いたい．多種多様な背景，分野，組織から集まっている私たちは，人々を守り，地球を保護することへの強い関心により結びついている．プラネタリーヘルスアライアンスの会合や，個人的な会話，論文を通して，本書で扱う問題を理解する作業に多大な貢献をしていただいた．

各章の執筆者にも感謝したい．本書全体に一貫性のあるビジョンと意見を盛り込みたいという思いから，私たちは積極的に編集者として関わった．執筆者たちは誰ひとり例外なく，私たちの容赦のない無茶振りを快く受け入れてくれた．彼らは莫大な時間と労力をそれぞれの章に費やしてくれたが，その出来栄えを私たちは心から誇りに思う．執筆者全員に深く感謝している．

本書の実現にさまざまな形で力になってくれたボストンのチームにもお礼を言いたい．ハーバード・T・H・チャン公衆衛生大学院で，持続可能性，健康，地球環境を専攻する大学院生のエマ・ポラックは，本書の出版を最初に持ちかけてくれ，校正作業から書式の調整，参考文献のチェック，図表の管理までこなしてくれた．プラネタリーヘルスアライアンスのチーム，アマリア・アルマダ，ペリー・シェインバウム，エリカ・ヴェイディス，マックス・ジンバーグは，貴重なサポートを，直接，または間接的にしてくれた．

本書の準備資金を提供して下さったウィンズロー財団と，制作に取り組んだ2年間，プラネタリーヘルスアライアンス（とサム個人）を支えて下さったロックフェラー財団にも謝意を表したい．

アイランドプレス（Island Press）の素晴らしい方々にもお礼の気持ちを伝えたい．創設以来，35年間にわたって，この卓越した非営利の出版社は，環境問題に関する書籍を扱う，世界でも重要な団体の1つである（彼らのキャッチフレーズ「変化を刺激するソリューション」は，まさに私たちの活動と本書に命を吹き込む精神だ）．グレチェン・デイリー，シルヴィア・アール，ポール・エーリック，ヤン・ゲール，ジェイミー・ラーナー，イアン・マクハーグ，デヴィッド・オア，E・O・ウィルソンといった人々と，著者として同じリストに名を連ねるのは私たちにとって非常に光栄なことだ．アイランドプレス代表のデヴィッド・ミラーに称賛を送りたい．それから私たちの編集担当者であるエミリー・ターナーは，優れた判断力，プロ意識，仕事への献身ぶり，そして（すべての執筆者や編集者にとっての頼みの綱である）賢明な忍耐力のお手本となる人だ．彼女にも心の底から「ありがとう」を届けたい．

最後に，本書を手に取ってくれる学生諸君にも感謝している．私たちはあなたたちを知らない．しかし本書の1行1行は，あなたたちを念頭に置いて執筆，編集されている．本書があなたたちの好奇心をかき立て，システム思考を誘発し，希望を育み，一歩足を踏み出す意欲がかき立てられることを願っている．私たちにはあなたたちの力が必要なのだ！

原書出版社について

非営利団体アイランドプレス (Island Press) は，1984年から世界的な環境問題を解決するために欠かせないアイデアを刺激し，まとめ上げ，発信してきた．これまでに1000冊以上の書籍を出版し，さらに毎年約30冊を新たに発表している，環境問題における米国をリードする出版社である．私たちは，環境分野において革新的なアイデアを持つ人々や最新の動向を見出し，環境問題に対する学際的な解決策を生み出すべく，世界に名高い専門家や著者とともに活動している．

アイランドプレスは，執筆者の重要なメッセージを，最新のテクノロジーや革新的なプログラム，メディアを活用しながら，出版，対面，オンラインによって伝え，教育的なキャンペーンを執筆者とともに計画し実行している．私たちの目標は，科学者，政策立案者，環境問題の擁護者，都市計画者，メディア，この問題に関心のある一般市民といった，私たちが対象としている読者層に対し，長期的な生態系の健康と人間のウェルビーイングの枠組みづくりに利用できる情報を届けることである．

アイランドプレスの取り組みに対する，アグア基金 (The Agua Fund)，アンドリュー・メロン財団 (The Andrew W. Mellon Foundation)，ボボリンク財団 (The Bobolink Foundation)，カーティス・アンド・エディス・マンソン財団 (The Curtis and Edith Munson Foundation)，フォレスト・C・アンド・フランシス・H・ラトナー財団 (Forrest C. and Frances H. Lattner Foundation)，JPB財団 (The JPB Foundation)，クレッヘ財団(The Kresge Foundation)，オーラム財団(The Oram Foundation)，オーバーブルック財団 (The Overbrook Foundation)，SDベクテルJr.財団 (The S.D.Bechtel, Jr. Foundation)，サミット・チャリタブル財団 (The Summit Charitable Foundation) をはじめ，たくさんの温かい支持者の皆さまの多大なるご支援に心から感謝を申し上げる．

本書で述べられている意見は執筆者のものであり，必ずしも支援者および団体の考えを反映しているものではない．

目　次

Box一覧

第 I 部

基礎知識

第1章

プラネタリーヘルスへの誘い

それは最良の時代であり，最悪の時代であり，知恵の時代であり，愚かさの時代だった．……光の季節であり，暗黒の季節であり，希望の春であり，絶望の冬だった．

——チャールズ・ディケンズ『二都物語』

人という種にとって今は最良の時代だ．なぜならこの70年間，世界の人々のウェルビーイングの指標は想像もできないほど向上し続けているからだ．例えば1940年から2015年の間に全世界の識字率は42％から86％へと倍増した[1]．1950年には16億人が極貧状態にあり，9億2400万人がそうではなかった．2015年には，7億3300万人が極貧状態にあり，660万人がそうではなかった[2]．65年間のうちに世界の人口がほぼ3倍になったにもかかわらず，全世界の極貧人口の割合は63％から10％に減少している．さらに1950年の世界の平均寿命は46歳だったのが，その65年後には72歳になり[3]，また同じ期間に，子どもの死亡数は1000人あたり225人から45人に減少した[4]（図1.1）．これらは人類の歴史において稀有の出来事である．

しかし，人類がこの星を我が物顔で闊歩するようになって以降，他の生物種にとって今は最悪の時代かもしれない．2019年3月17日，オスのアカボウクジラの若い個体の死骸がフィリピンの海岸に打ち上げられた．3000 mほどの深海をものともせず，普通なら60歳まで生きるこの素晴らしい生き物が，なぜ死ななければならなかったのか．解剖を行うと，そのクジラの胃と腸の中から，約40 kgのプラスチックごみが見つかった．2015年の時点で，海岸沿いに位置する192か国の住民の生活様式が，年間約800万トンものプラスチック廃棄物の海洋投棄の原因となっている[5]．

科学や技術の驚異的な発展のおかげで，人ひとりの人生よりも短い期間に，私たち

＊ 本章の一部は，サミュエル・マイヤーズの論文“Planetary health: protecting human health on a rapidly changing planet”, *Lancet* 2017; 390(10114): 2860–2868（プラネタリーヘルス——急激に変化する地球上の人々の健康を守る）をもとに書かれている．

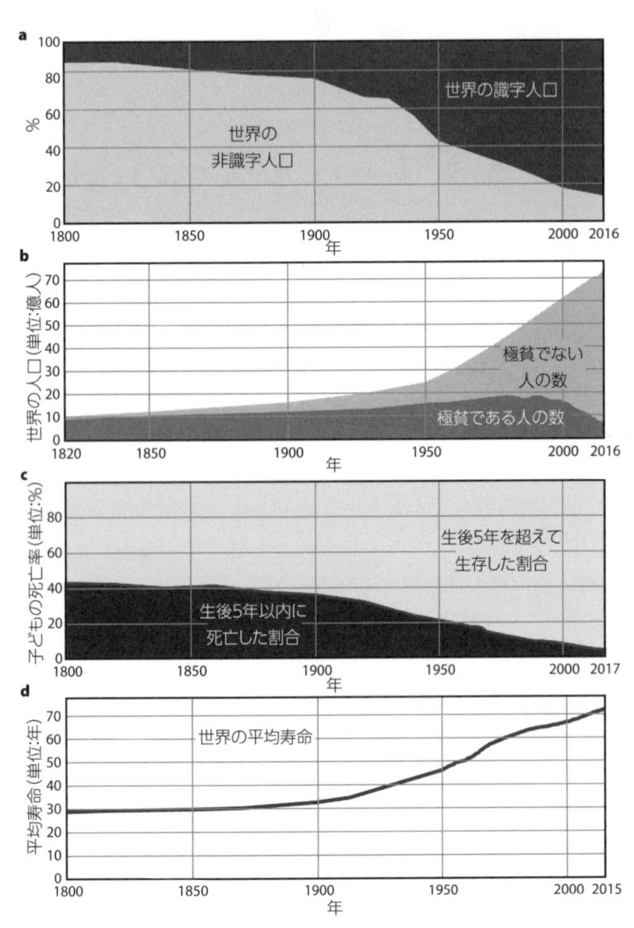

図1.1　人類の発展に関する指標の年次推移から，20世紀中に，(a) 識字能力，(b) 裕福さ，(c) 子どもの生存率，(d) 平均寿命において，並外れた改善が見られたことがわかる．

[出典] グラフA: Our World in Data (https://ourworldindata.org/literacy), Creative Commons, license CC BY 4.0. グラフB: Our World in Data (https://ourworldindata.org/extreme-poverty), Creative Commons, license CC BY 4.0. グラフC: Our World in Data (https://ourworldindata.org/child-mortality), Creative Commons, license CC BY 4.0. グラフD: Our World in Data (https://ourworldindata.org/life-expectancy), Creative Commons, license CC BY 4.0

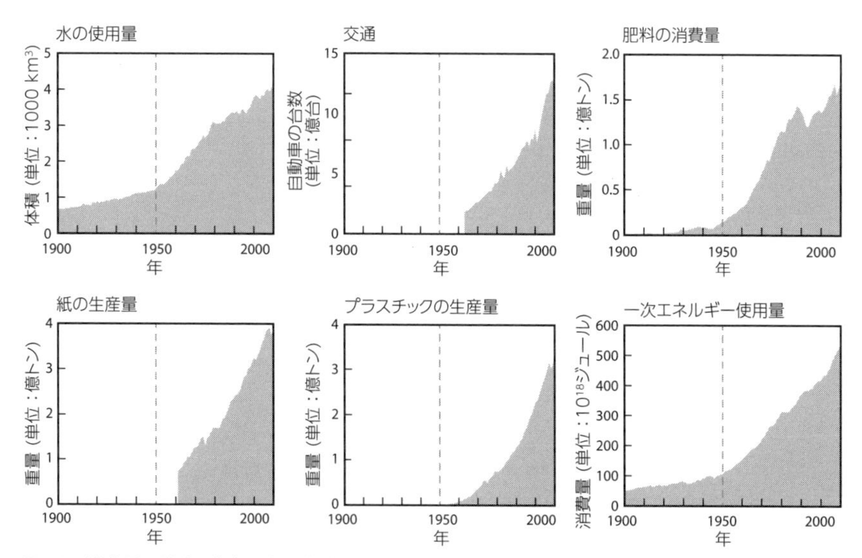

図1.2 消費量に関する指標の年次推移を見ると，1950年から現在まで，真水の使用量，自動車台数，合成肥料の生産および使用量，紙とプラスチックの生産量，一次エネルギー消費量などの複数のカテゴリーにおいて，世界的な消費の急増が起きていることがわかる．

［出典］Myers SS. Planetary health: protecting human health on a rapidly changing planet. *Lancet*. 2017; 390(10114): 2860–2868. 元データは以下より．Steffen W, Broadgate W, Deutsch L, Gaffney O, Ludwig C. The trajectory of the Anthropocene: the great acceleration. *Anthropocene Rev*. 02015;2:81–98; except global plastic production from Geyer R, Jambeck JR, Law KL. Production, use, and fate of all plastics ever made. *Sci Adv*.02017; 3: e1700782.

人類は貧困から抜け出し，寿命が延び，前代未聞の進歩を推し進めてきたが，その驚異的な発展によって，人類のエコロジカル・フットプリント*が急激に大きくなっている．人口の急増は，進歩に伴う1人あたりの消費量のさらに極端な上昇とあいまって，自動車から合成肥料，紙，プラスチック，水やエネルギー消費に至るまで，人間だけが行うありとあらゆるものの生産と消費の増大を，指数関数的ともいえるペースで推し進めている（**図1.2**）．

人間による消費が急増した結果，生物多様性の減少，漁業による資源の搾取，大気中の二酸化炭素の増加，海洋の酸性化，熱帯雨林の消失など，地球の自然システムのあらゆる面に与える影響を示す値も，1950年代および1960年代以降，同じように急増している（**図1.3**）．

地球の自然に私たち人間が与える影響は，今や甚大である．食料を得るために，私たちは地球上の地表の40%を農地と牧草地に変えてしまった[6]．地球上で入手できる真水の約半分を，おもに穀物の灌漑（かんがい）用に使用している[7]．また，把握できる漁業だけ

＊ 訳注：人類が地球環境に与えている「負荷」の大きさをを測る指標．

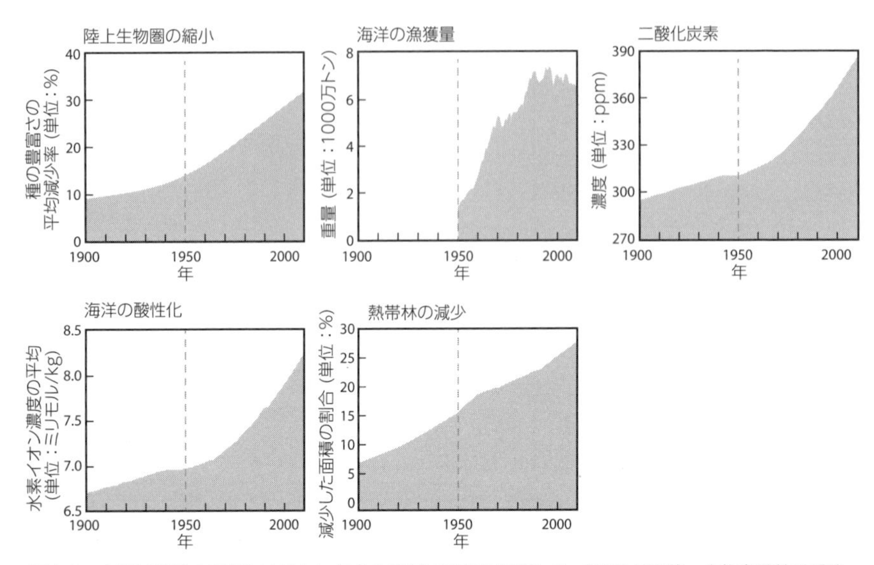

図1.3　人間が地球の自然システムに与える影響に関する指標から，1950年以降，生物多様性の減少，世界全体での漁業の乱獲，大気中の二酸化炭素の増加，海洋の酸性化，熱帯林の破壊が急激に進んでいることがわかる．

［出典］Myers SS. Planetary health: protecting human health on a rapidly changing planet. *Lancet*. 2017; 390(10114): 2860–2868. 元データは以下より．Steffen W, Broadgate W, Deutsch L, Gaffney O, Ludwig C. The trajectory of the Anthropocene: the great acceleration. *Anthropocene Rev*. 2015;2:81–98

でもその90%以上が，最大持続生産量（訳注：生物資源を減少させず，持続的に得られる最大の量）の上限またはそれ以上の量を乱獲している[8]．私たちは世界中の温帯林と熱帯林のほぼ半分の木を伐採し，60%以上の川をせき止めてきた[9]．結果として他の生物たちはこの地球上から締め出されている．2019年5月，50か国からの145人の執筆者による『生物多様性と生態系サービスに関する地球規模評価報告書』(Global Assessment of the Intergovernmental Panel on Biodiversity and Ecosystem Services)が発表された．執筆者たちは，3年間にわたり1万5000本の論文を検討した結果，およそ100万種の生物が絶滅の危機に瀕（ひん）しており，そのうちの多くは数十年以内に絶滅すると結論づけた[10]．1970年以降，私たちとともに地球に暮らす鳥類，哺乳類，爬虫類，両生類，魚類の数は，半分以下に減っている[11]．

どこに視点を置くかによって今は最良と最悪の時期が併存している．プラネタリーヘルスから考えれば，人間の健康とウェルビーイングと，この生物圏に住む他の生物の衰退を，もうこれ以上，別々の問題にしておいてはいけないという認識を持たなければならない．今や人間が行う活動の規模は，地球が，人間の活動に伴う廃棄物を吸収したり，人間が利用する資源を提供したりできる許容量を超えている．人間の活動

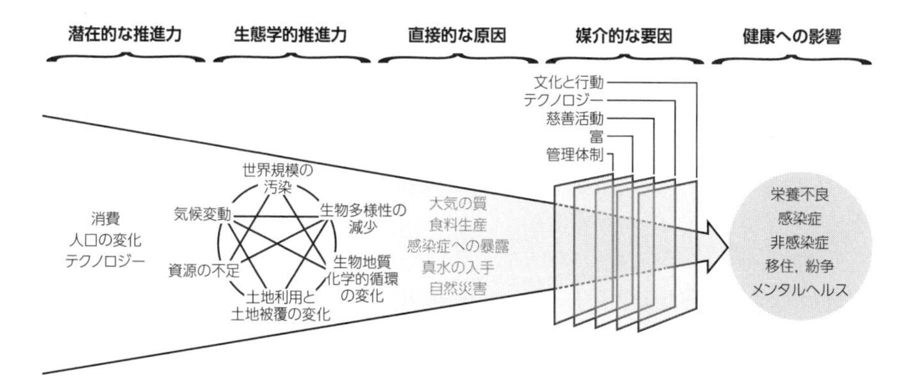

図1.4　人為的な要因による変化が人間の健康に与える影響を図式化したもの．人口の急増，それを上回るスピードで増える1人あたりの消費量，環境に大きな影響を及ぼすテクノロジーに後押しされ，人間活動は今や，地球が廃棄物を吸収し必要な資源を提供するのが追いつかない規模になっている．その結果，私たちは地球の自然システムの大部分を変容させ，破壊している．こうした破壊は複雑に相互作用し，人間の健康やウェルビーイングを維持できなくなり，究極的には，人間の健康のほぼすべての側面に対し影響を与える．

［出典］Myers SS. Planetary health: protecting human health on a rapidly changing planet. *Lancet*. 2017; 390(10114): 2860–2868

は，基本的な生物物理学的変化（訳注：生物物理学とは生命をタンパク質のような小さな単位から個体集団が形成する生態系まですべての階層にわたって定量的に解き明かす学際科学）を，人類史上，かつてない急速なペースで加速させている（図1.3参照）．こうした生物物理学的変化は，少なくとも6つの局面にわたって起きている．それは，地球規模の気候システムの破壊，大気・水質・土壌の汚染，急速な生物多様性の減少，炭素，窒素，リンなどの生物に必要な物質の循環，土地利用と土地被覆（訳注：土地被覆とは，地表面の物理状態を表すもので，コンクリート，森林，草地，水面，土壌など）の広範囲で起きている変化，真水や耕地などの資源の枯渇である．これら6つの局面が相互に複雑に絡み合い，人間の健康にとっても重要な条件，つまり，私たちが吸う空気，口にする水，生産する食べ物の質を変化させている．急激に変化する環境条件は感染症や，熱波，干ばつ，洪水，火災，熱帯性暴風雨などの自然災害にも変化を及ぼす．このような私たちの生活条件における変化は，**図1.4**のとおり，究極的には私たちの健康とウェルビーイングのあらゆる面に影響する．プラネタリーヘルスは，こうした地球規模の環境破壊による人間の健康への影響を理解して数値化し，人間と人間が依存している自然システムとが，現在と将来にわたって繁栄するための解決策を生み出すことに重点を置いている．

本書の構成

本書の前半は，図1.4の流れに沿って展開する．第2章でプラネタリーヘルスという考え方がどこから来たか，その概念の歴史に関する短い考察をした後，第3章では，人口の増加と1人あたりの消費量の増大が環境の変化に与える重大な役割について扱う．そして第4章では，先に概略を示したさまざまな局面で，地球の環境条件の変化を具体的に掘り下げる．続く数章では，環境破壊が人間の健康（栄養状態，感染症，非感染症，人の移住と紛争，メンタルヘルス）を脅かすに至る，多くの道筋を説明する．続く数章では，2つの特別なトピックについて検証する．1つは，気候変動の健康への影響，つまり人新世（アントロポセン）*を象徴する難題についてである．もう1つは，幸福についてであり，これによって人間のウェルビーイングには生物医学的な健康以上の意味があることや，より幅広い視野で考えることがプラネタリーヘルスにとって大きな意味を持つことを，改めて確認したい．私たちが直面する健康上の課題について説明した後，本書はその課題の解決策について議論を展開する．エネルギーシステム，都市形態，化学工業，経済理論，民間セクターについて取り上げる章では，私たちがきわめて重要と考える論点，つまり人間の活動が環境に深刻な影響を与えながら，人間がその恩恵を享受してきたことについて考察する．第17章でプラネタリーヘルスと倫理が交わる側面について検討し，最後の章では，楽観的で前向きな将来像を描き，そこにたどり着くためのステップについて述べる．本書の章のところどころで，「プラネタリーヘルスのケーススタディ――解決策選集」(Planetary Health Case Studies: An Anthology of solutions) という，プラネタリーヘルスアライアンスが作成したオープンアクセスの電子書籍 (https://islandpress.org/books/planetary-health にて閲覧可能) が参照されている．この選集には，世界中から集められたプラネタリーヘルスの詳細な事例が10本掲載されており，さまざまな環境的要因，健康への影響，介入方法について描かれている．これらはすべて，環境条件の変化を出発点とし，人々の健康に与える影響についての検討，プラネタリーヘルス実現のための介入といった，同じような一連の流れで説明されている．これらとあわせて読むことで，本書で考察に用いられている資料の情報がより充実する形となっている．

全般的なテーマ

プラネタリーヘルスが扱う領域は，本書の全体を通して繰り返し出てくる，いくつ

---

* 訳注：地球史的な地質年代のスケールで，人類という存在が地球の地質や生態系に大きな影響を与えるようになった現代を含む時代区分を示すものとして，2000年にパウル・クルッツェンによって提唱された．

かの共通テーマに特徴づけられる．これらのテーマは，プラネタリーヘルスに関してロックフェラー財団・ランセット委員会が特定した，3つの大きな課題と深く関連している．その3つとは，概念と共感性の不足（想像力という能力面での課題），知識の不足（研究と情報面での課題），実行力の不足（運用面での課題）である[12]．簡単に言えば，どう考え，何を知り，どうするか，ということだ．

人間と自然との関わり

かなり長い間，人間は自然界を，利用すべき資源，つまり商品やサービスの発生源であり，また廃棄物のゴミ捨て場として扱ってきた．人口が少なく，全般的にテクノロジーの負荷が低い時代には，地球への影響はほとんど無害だった．しかし，産業革命により，次第に大規模な変化が地球にもたらされるようになった．森林の樹木が切り払われ，河川は姿を変え，さまざまな種が絶滅した．皆がこの状況を見過ごしたわけではない．異議を唱える声が，ロマン派の切実な詩から，ハドソン・リバー派の絵画，ジョン・ミューアとヘンリー・デイビッド・ソローによる生態系の擁護活動に至るまで，広範囲に上がった．現在ではその声がさらに拡大している．あるものは，生態系サービスと呼ばれる，自然が人間にもたらす利益について，これを数値化し，この評価結果を経済政策の判断に生かしている[13-15]．また別のアプローチとしては，人間の利益とはまったく関係なく，自然をそれ自体として崇（あが）めるディープエコロジーもある[16]．さらに，人間と自然との関係を強調し，その関係性に価値を見出す方法もある[17]．プラネタリーヘルスは，今挙げた3つのアプローチの中では，特に1つ目の人間と自然の関係を数値化した「手段的」な方法と3つ目の関係性に注目した「関係性的」な方法とつながりが深いが，2つ目の自然そのものを見つめる「本質的」なアプローチも含まれる．

システム思考

第2章で触れるとおり，プラネタリーヘルスの分野は，知識のうえで生態学から多くのヒントを得ている．このことは，生態学がシステム思考を頼みとしていることに表れている．生産物の価値連鎖全体について考えるにせよ（第16章参照），何百kmも上流の農作業によって引き起こされた湿地帯の生態系の変化がマラリアへの暴露の状況を変える過程を考えるにせよ（第6章参照），プラネタリーヘルスが重視するのは，ある行動が，複雑系の全体に波及し，時間も空間も離れた場所に影響を及ぼすその道筋である．無数の行為者による数え切れない行動の総和が環境条件の変化として反映され，その変化が，今度は異なる集団の人々の健康のあらゆる側面に複雑な結果をもたらす．このため，システム全体にわたって考え，複雑性を受け入れることは，プラネタリーヘルスの根幹となる．このタイプのシステム思考は，専門分野の垣根を越えて深く関わり合うプラネタリーヘルスの性質を説明している．健康科学者が，漁業生態学者，気候科学者，植物生理学者，経済学者，大気化学輸送モデル（訳注：温室効果ガスやオゾン層破壊物質等の大気中濃度を計算するためのモデル）の研究者，都市計画家，その他さまざまな分野の専門家と協働してプラネタリーヘルスの問題に取り組むのは，よく見られることである．

意外性と予期せぬ結果

複雑系は一般的に，意外な結果や予期しない結果を生み出すという特徴がある．自然システムの破壊と関連して生じる健康への影響が，直接的，直感的に理解できるものもある．例えば海面上昇および海岸の砂州地形（バリアー・システム）の劣化がもたらされたうえに，これまでとは異なるほど激しい嵐が頻繁に起きれば，海岸に住む人々は洪水などの災害に対してより脆弱（ぜいじゃく）となり，花粉を媒介する昆虫の数が減れば，花粉交配に依存した作物の生産は減少する（第7章参照）．しかし，プラネタリーヘルスとして改めて世界を見直してみれば，数多くの思ってもみなかった結果が明らかになる．20年前には，人為的に排出される二酸化炭素が農作物の栄養価を下げるとは予想しなかっただろう（第5章参照）．バングラデシュでの海面上昇と水資源の管理方針が，地下水に含まれる塩分を増加させ，妊娠中の母親が妊娠高血圧症や妊娠高血圧腎症にかかるリスクを高めるとは，想像しなかったはずだ．ベリーズの高地で農業を営む人は，自分が散布した肥料が，湿地帯の生態系に複雑な変化を引き起こし，低地に住む同胞のマラリアにかかる危険性を高めていると知ったら驚くだろう．私たちが，人間を含む地球の生物が数百万年にわたって適応してきたさまざまな物質的な条件の大部分を急激に変化させ，このまま地球規模の膨大な実験を続けるなら，このような驚くべき出来事はもっとたくさん生じる可能性がある．

脆弱性を軽減することの重要性

人間による自然システムの破壊が及ぼす影響は，受け手によってその程度が異なる．これは1つには，環境条件は場所によって異なるためであるし，環境に見られる一連の物質的な変化に対する脆弱性は，その環境下にいる集団次第だからだ（図1.4）．優れた管理体制，富，強固なテクノロジーとインフラ，高水準の社会資本，外部からの援助の受けやすさ，文化と行動力などによって，人々が自然による影響を和らげる方法が選択できるようになる．海面上昇に対して防波堤を築いたり，猛暑の時期には室内でエアコンをつけたりできる地域は，それができない地域よりも，より安泰に暮らすことができる．食料品の貿易によって，不作の地域の人々を救うことはできるが，それは彼らが食品市場を利用できる場合に限られる．根本的な原因は環境の変化かもしれないが，多くの場合短期的には，ある特定集団の健康上の問題には，このような

図1.5　蚊帳の中にいるマダガスカルの子どもたち．アフリカの一定の地域，特に高緯度の地域では，気候変動によってマラリアに暴露される機会が増えることに対し，気候変動を緩和するために家庭でできることはほとんどないが，例えば蚊帳を使うなどして適応することはできる．

［出典］USAID (Flickr)

媒介的要因が存在する．サハラ以南のアフリカの高地の人々が，気候変動に伴うマラリアの感染リスクにさらされているときは，例えば蚊帳を手に入れられるようにするほうが，気候変動のペースを落とすよりも，その地域にとってはより適切だといえる（**図1.5**）．本書の全体を通して，環境の変化自体を少なくするための取り組みと，すでに起きている環境の変化への適応の取り組みとを，区別し，それぞれについて検討している．言うなれば，「対処不能な状況の回避」と「回避不能な状況への対処」の区別であり，そのどちらも非常に重要である．

勝者と敗者の存在

自然システムを破壊する人間の活動は通常，それが誰かにとっての利益となる場合に生じる．川をせき止めるのは，発電したり灌漑用に水を供給したりするためだ．化石燃料を燃やすのはエネルギーを発生させるためであり，森林を伐採して真水を取り込むのは作物を栽培するためだ．鉱物を採掘するのは現代の生活において便利なものを製造するためである．しかし往々にして，こうした活動から利益を得る人々と，健康の悪化という犠牲を払う人々との間には，著しい違いがある．新しいダムのおかげでクリーンエネルギーという恩恵を受ける都市や町がある一方で，近くの村に住む

図1.6　洗濯をするセネガルの少女．下流の居住者はダムによる電力や灌漑用水から恩恵を受けるかもしれないが，上流の村に住む人々にとっては，住血吸虫症にかかるリスクが増大する．この少女がはいているオープントゥサンダルと浅くよどんだ水は，住血吸虫症にかかる危険性を招きそうだ．

［出典］Hilary Duffの厚意による提供

人々の身に起きるのは，住血吸虫症にさらされるリスクの急増だけかもしれない（**図1.6**）．新しい石炭火力発電所からの電力は，地域全体としてはプラスとなるかもしれないが，風下に住む人々は大気汚染の増加にさらされるだろうし，さらに将来の世代の人々は混乱した地球の気候変動の影響をもろに受けることになる．こうした状況下では，トレードオフ（訳注：一方を追求すれば他方が犠牲になってしまうような状態のこと）を明確にし，集団間の損失と利益の配分を経時的に評価し，公平性の観点が組み込まれた健康影響評価が必要不可欠となる．

倫理という新たな領域

第17章でより詳細に見ていくが，プラネタリーヘルスは私たちを倫理という新しい領域へと導く．プラネタリーヘルスは私たちに，地球上の1人ひとり，今存在している者も将来の世代の人々もすべて，お互いにつながっていることを教えてくれる．

自分が何を食べるか，どんな手段で移動するか，休暇でどこに出かけるか，何を買うか，ペットを飼うかどうか，さらに子どもを持つかどうかでさえ，地球の自然システムに作用し，結果として，人間同士，お互いの健康とウェルビーイングに影響を及ぼすのである．1人ひとりの判断が及ぼす影響は限りなく小さくても，それが集まれば非常に強固なものとなる．

プラネタリーヘルスはまた，公平性と関連の深い問題にも着目している．ほとんどの場合，頼みとなる制度的，文化的，政治的，慈善的な資源が最も乏しい，世界で最も貧しい人々が，急激に変化する環境条件に対して最も脆弱である．気候変動に起因する食料難に最も苦しむのは貧しい人々であり，また温室効果ガス濃度上昇の原因から得られる恩恵から最も遠く離れたところにいるのも彼らである．将来の世代の人々は，今日の持続不可能な消費パターンの報いを受けることになる．恩恵を被る者と報いを受ける者との間に見られる差は，きわめて不公平だ．この観点から，自然システムを管理するうえで，人間を新たな軌道に乗せるべくいっそうの努力をすることは，ただ単に健康の面から見て最優先事項となるだけでなく，道徳の面からも不可欠だといえる．

外部に及ぼす影響（の数値化）

プラネタリーヘルス研究の重要な結果の1つとして，かつては漠然とした外部性*でしかなかった健康上の損失を数値化できるようになったことがある．人間が引き起こす自然システムの変化のほとんどは，さまざまな規模の経済活動の結果だが，こうした活動の損失と利益を査定する際，環境変化が健康に与える影響の大部分は除外されてきた．炭素排出量による社会的損失を測るにせよ，インドネシアにおけるパーム油製造の影響を見るにせよ，西アフリカのダムによる損失と利益を見極めるにせよ，こうした活動が人間の健康に及ぼす影響を理解し，それを数値化することにより，損失と利益の方程式が大きく変化することはよくある．土地を切り拓くのに火を使用する産業（パーム油製造業，林業，木材産業，農業）は，こうした火が原因で，2015年の東南アジアの超過死亡がおよそ10万人となったことが明らかになるや，もてはやされなくなった[18]．

政治を動かす力が果たす役割

多くの場合，私たちが直面している問題は知識の欠如のためというよりはむしろ，環境システムにダメージを与えると知りつつそれを行い，一方で他の人には脆弱なシステムを残すという，特定の人だけが利益を得ている状況のためである．化石燃料企

＊ 訳注：ある行動や意思決定が，当事者ではなく第三者的な対象に影響を与えること．

業は，自分たちの行動が気候の崩壊を推し進めていると知りながら，長期的には人間の利益となることであっても，そのために目先の利益を犠牲にすることには以前から消極的である．インドネシアの農業や林業は，土地を切り拓くのに火を使うことで空気を汚し，風下の住民の健康に害を与えることには気づいているが，利益を最大化するために，これまでどおりのやり方を続けている．これらは知識の問題ではなく権力の問題であり，別の解決策が必要である．場合によっては，法律，新たな政策，助成金，税金などといった形で，政府によって解決策がもたらされることもある．しかし多くの場合，解決のためには，政府にも産業界にもこれまでの慣習を変えるよう圧力をかける，強くはっきりと声を上げて主張する有権者の基盤を築くために，集団で社会貢献活動を組織したり運動を立ち上げたりすることが求められる．

地球環境を管理する責任（スチュワードシップ）

プラネタリーヘルスには，科学や技術といった枠を越えた側面がある．先に述べた非常に重要な倫理的な配慮に加えて，スピリチュアルな側面もある．私たちが経験している生態学上の危機，そしてそれによって公衆衛生が脅かされる危機の下に，スピリチュアルの危機が存在する可能性はあるだろうか．自分たちが暮らす世界の海洋や大気を巨大なゴミ捨て場として扱うことが，どのようにして容認されるようになっただろう．私たちはいつ，親類のような存在としてこの地球をともに分かち合ってきた，思いやりと尊敬に値する他の生物たちのことを考えなくなってしまったのだろうか．私たちの多くが美しい自然環境の中で感じる畏怖（いふ）や尊敬の念は，集団としての意思決定には役に立たなくなったのだろうか．これらの問いは，私たちの世界の中での立ち位置，自然との関係，人間としてのあり方について論じるものである．科学者がこのような問いを立てることはあまりないが，知っておく必要がある．そしておそらく，こうした問題への取り組みに加勢してもらうために，芸術や人文科学の分野の仲間や伝統的な信仰を持つ人たち，先住民のコミュニティの人々に協力を求める必要があるだろう．もし私たちと自然界との関係が壊れてしまったら——すでにそのように見えるが——科学の力だけではそれを修復することはできないだろう．

希　望

地球のシステムが悪化しているという事実には，胸がえぐられる苦痛を覚える．現実的な言い方をするなら，人類が繁栄する基盤が脅かされるということだ．スピリチュアルな表現をするなら，大切にされ，畏（おそ）れられているものの多くを喪失することである．このような喪失を目の当たりにしたら，とかく絶望感を覚えがちだ．しかし，プラネタリーヘルスは解決策にも力を注いでいる．実際，本書でも明らかにされているとおり，楽観視できる理由はたくさんある．誰も可能だと思わなかったペースで進歩しているエネルギー技術と輸送技術，土地と水を保全し化学物質の使用の必要性を抑える農業の技術革新，多くの富裕国におけるより持続可能な食生活への転換，世界中から注目を集めている若者たちの地球規模の運動，目的を再定義し，持続可能性に向けて誠実な一歩を踏み出している企業が存在する．世界にとってより良い未来，この地球上に生きるすべての生物の健康とウェルビーイングの上に築かれた未来を想像することは難しくない．そんな世界へと続く多くの道筋が，これまでにきちんと説明されている[19, 20]．希望は実現可能で，気持ちを奮い立たせてくれる．そして環境保護主義者のデヴィッド・オアが書いているように，希望を持つ以外に方法はないのである．希望こそが，必要不可欠なのだ[21]．

差し迫った事態

第2章以降に登場するもう1つの注目点は，緊急性だ．私たちは今，大きなドラマが展開されつつある，人類史上，きわめて類(たぐ)いまれな瞬間に身を置いている．これまでよりもさらに健康で快適な生活を手に入れるという立派な目標を追い求め，私たち人間がもたらした影響は，地球の自然システムを解体し始めるところまで拡大してしまった．この両者の利害関係にはっきりと焦点が絞られるようになったのは，ほんの最近のことだ．このままの軌道で人間は将来の世代に衰弱しきった不安定な未来を託すのか，それとも，精力的な復興活動によって一致団結し，食料生産システム，都市計画，エネルギー生産，化学工業，ビジネス様式，そして管理体制さえも含めて，人間社会が描いてきた地形図をつくり直すか——人間を別の軌道に乗せるために，私たちは考えなければならない．

1967年4月4日，キング牧師は「ベトナム戦争を乗り越えて —— 今こそ沈黙を破るとき」(Beyond Vietnam: A Time to Break the Silence)という演説の中で次のように述べた．「友よ，我々は今，明日は今日の繰り返しだという事実を目の当たりにしている．我々は今という深刻な緊急事態に直面しているのだ．この次々と明らかになる人生と歴史の謎解きに，遅すぎるということはない．」[22] 今日における今という深刻な緊急事態とは，生物圏が私たちの怠慢のために崩壊しつつあることと，それに伴って生命維持システムが破綻し始めていることに多くの人たちが気づき始めたことだ．ともに手を取り合って，それぞれのコミュニティの中でお互いを見出し，活発で前向きな行動へと続く道を一緒に切り開いていこう．

参考文献

1. Roser M, Ortiz-Ospina E. Literacy. *Our World in Data*. https://ourworldindata.org/literacy. Published September 20, 2018. Accessed September 2019.
2. Roser M, Ortiz-Ospina E. Global extreme poverty. *Our World in Data*. https://ourworld indata.

org/extreme-poverty. Published March 27, 2017. Accessed September 2019.

3. Roser M. Life expectancy. *Our World in Data*. https://ourworldindata.org/life-expectancy. Accessed September 2019.
4. Roser M, Ritchie H. Child & infant mortality. *Our World in Data*. https://ourworldindata.org/child-mortality. Accessed September 2019.
5. Jambeck JR, Geyer R, Wilcox C, et al. Plastic waste inputs from land into the ocean. *Science*. 2015;347(6223):768-771.
6. Foley JA, Defries R, Asner GP, et al. Global consequences of land use. *Science*. 2005;309(5734):570-574.
7. Postel SL, Daily GC, Ehrlich PR. Human appropriation of renewable fresh water. *Science*. 1996;271(5250): 785-788.
8. FAO. *The State of World Fisheries and Aquaculture—Opportunities and Challenges*. Rome, Italy: Food and Agriculture Organization; 2014. http://www.fao.org/3/a-i3720e.pdf.
9. *Dams and Development: A New Framework for Decision-Making*. London, England: World Commission on Dams; November 2000. http://staging.unep.org/dams/WCD/report.asp.
10. IPBES. *Summary for Policymakers of the Global Assessment Report on Biodiversity and Ecosystem Services of the Intergovernmental Science-Policy Platform on Biodiversity and Ecosystem Services*. Bonn, Germany: IPBES Secretariat; 2019.
11. WWF. *WWF. Living Planet Report 2014: Species and Spaces, People and Places*. Gland, Switzerland:World Wide Fund for Nature; 2014.
12. Whitmee S, Haines A, Beyrer C, et al. Safeguarding human health in the Anthropocene epoch: report of the Rockefeller Foundation–Lancet Commission on planetary health. *Lancet*. 2015;386(10007):1973-2028.
13. Costanza R, d'Arge R, de Groot R, et al. The value of the world's ecosystem services and natural capital. *Nature*. 1997;387(6630):253-260.
14. Daily GC, Soderqvist T, Aniyar S, et al. The value of nature and the nature of value. *Science*. 2000;289(5478):395.
15. Bayles BR, Brauman KA, Adkins JN, et al. Ecosystem services connect environmental change to human health outcomes. *EcoHealth*. 2016;13(3):443-449.
16. Devall B, Sessions G. *Deep Ecology: Living as if Nature Mattered*. Layton, Utah: Gibbs Smith; 2001.
17. Klain SC, Olmsted P, Chan KMA, Satterfield T. Relational values resonate broadly and differently than intrinsic or instrumental values, or the New Ecological Paradigm. *PLOS One*. 2017;12(8):e0183962-e0183962.
18. Koplitz S, Mickley L, Marlier M, et al. Public health impacts of the severe haze in Equatorial Asia in September–October 2015: demonstration of a new framework for informing fire management strategies to reduce downwind smoke exposure. *Environ Res Lett*. 2016;11(9):1-10.
19. Tallis HM, Hawthorne PL, Polasky S, et al. An attainable global vision for conservation and human well-being. *Front Ecol Environ*. 2018;16(10):563-570.
20. Bennett EM, Solan M, Biggs R, et al. Bright spots: seeds of a good Anthropocene. *Front Ecol Environ*. 2016;14(8):441-448.
21. Orr DW. *Hope Is an Imperative*. Washington, DC: Island Press; 2011.
22. Martin Luther King Jr. "Beyond Vietnam: A Time to Break the Silence." Delivered on April 4, 1967. https://www.americanrhetoric.com/speeches/mlkatimetobreaksilence.htm.

第2章

プラネタリーヘルスの成り立ち ——未来へと続く歴史

オーストラリアの疫学者アンソニー・J・マクマイケル（**図2.1**）は30年近く前の著述（1991年）で，地球環境の悪化を長期的に見た場合，それが人間の健康に悪影響を及ぼすだろうと記している[1]．この窮状に対する問題意識は急速に高まっていた．その前年，気候変動に関する政府間パネル（IPCC）は気候変動の影響についての深刻な評価結果を発表し[2]，世界保健機関（WHO）[3]とオーストラリアの国立健康医学研究カウンシル[4]は温室効果ガスの健康上の影響に関する報告書を発表した．これらは，1987年の環境と開発に関する世界委員会[5]が示した所見に触発されたものだった．一連の報告の中に記録された困難の数々——地球温暖化，オゾン層破壊，土地の劣化，酸性雨，生物多様性の減少，大気や土壌や水の質の低下は，かつてない規模で起きていた．技術力の向上と急激に膨らんだ人間の消費活動は，地球の生命維持システムを揺るがすまでに至った．あらゆる種の生物が脅かされていたが，現実に地球環境悪化を防ぐ行動へとつながったのは，おそらく人間の命に対する脅威に起因していて，国際的な保健部門は新たな使命を負うようになった．その使命とは，公衆衛生を地球規模に拡大すること，環境に関する新たな知識を分析課題に取り入れること，生態学者や気候科学者とより密接に協働することである．さらに，おそらく最も重要だったのは，モデリングと予測に基づいて視野を広げ，思い切った政策提言を作成できるように備えることだった．この段に至っては，公衆衛生に携わる人たちはゆったりと椅子に座って実証データを分析していれば事足りるというわけにはいかなくなった．人々の健康を守りたいと思う者は，マクマイケルの主張によれば，「未来を見越す」必要に迫られているのだ．

2010年頃に「プラネタリーヘルス」という言葉は一般に知られるようになったものの，その歴史は短くもあり，また非常に長くもある．まず，短いという点だが，マクマイケルのような疫学者やWHOなどの組織が1980年代まで，気候変動や地球の生命

図2.1　アンソニー（トニー）・マクマイケル．マクマイケルは公衆衛生に携わる人々の関心を，刻々と変化する地球環境が人間の健康に及ぼす影響へと導いた草分け的存在だった．

［出典］写真提供 Belinda Pratten

維持システムの破壊が人間の健康に与えるリスクを認識していなかったという意味においてそうだ．さらには，このプラネタリーヘルスという言葉が地球という惑星の健康を指すのに適用されるようになったのが1980年代で，地球を略奪することによって人間が被る影響のことを指す意味で使われるようになったのが2010年に入ってからだった点を考えると，歴史の浅さを感じさせる．しかし何千年もの間，さまざまな形態と規模の異なる環境の悪化が，人間の健康問題や病気という形で表出してきたと考えると，非常に長いともいえる．また，医療活動や医療対策提言が政治や政策立案の領域まで広がってきた歴史も長い．本章では，プラネタリーヘルスと呼ばれてきたものが第二次世界大戦以降にどのように進展してきたかの経緯に焦点を当てる．言い換えると，システム生態学，プラネタリー思考，ヘルスアクティビズム（訳注：自分の病気や障がいのことを社会に発信し，理解の普及に努める活動）が融合する形で進んできた，環境衛生の最近までの最新の具現化例に焦点を当てる[6]．その中で，固有の起源や作用を考え合わせると，プラネタリーヘルスがグローバルヘルスとは異なる構成のものであり，地球規模の環境倫理が人間の健康と生産的に出合う，多様な構図を有する領域である点も論じる．

環境は，ヒポクラテスを基盤とする西洋医学の医療活動の中で存在感を増してきた．長年にわたって評価されてきた共通紀元前5世紀の教科書『空気，水，場所について』（“Airs, Waters, Places”）では，医者に対して季節，風，土，水など，環境のありとあらゆる側面に関心を向けるよう助言している．人間の身体は本能的に環境と深いつながりを持っており，湿気，熱，寒気，すきま風，季節の移り変わりに非常に敏感で，その変化に応じて健康と病気の間を連続した形で行き来する．緯度や経度，海岸との距離，森林の被覆状況が病気の発現を左右する．患者と医者にとって場所や気候は重要である[7]．こうした医学地理学は，欧米人が航海に出て世界を旅するようになるにつれ，ますます重要性を増していった．なぜなら初めての環境に足を踏み入れるとき，人体は新しい病気にかかるリスクがあるからだ（図2.2）．そのため，未知の有害かもしれない環境では森林の皆伐と土地の開墾が必要だった．医学は，植民地化と定住のあり方に関する議論に巻き込まれた[8,9]．ところが，19世紀末までには，細菌論（病原体説）の発展と，環境から脆弱な体を保護できると期待されたテクノロジーへの信頼の高まりにより，医学における環境要素は完全に失われたわけではないものの，弱まっていった．その1世紀後には植民地化，工業化，経済の成長と発展といった巨大プロジェクトの弊害が大気や海洋や土壌で見つかるようになった．かつて，ある特定の地域を人間の健康にとってより好都合なものにすべく着手した環境の変造，いわゆる環境の「改善」はとてつもない規模に拡大され，今では地球を潜在的に居住不可能な場所にしてしまう要因の1つになってしまった．中世にみられた旧式の医学地理学

図2.2　ジョン・ヴァンダリンによる絵画　1492年10月12日にクリストファー・コロンブスと船員たちが西インド諸島のある海岸に到着したときの様子を描いている．医学地理学は，欧米人が海を渡り，新しい病気にさらされるようになるにつれ，また一方で，彼らの病気がそれまでその病気に触れたことのなかった人々にもたらされるようになるにつれて，ますます重要となった．

［出典］Wikimedia Commons

は断片的，散在的，そして規模も小さなものとなってきたが，その一方で，国による「改善」や，不健康な場所からより健康に良い土地への移住の呼びかけが拡大していった．そのあげく，地球規模の自然システム全体の安定が管理不能となる恐れのある事態となり，健康な場所はますます少なくなった．

生態学関連の課題に関する現代の基準は，要求レベルが高くなっている．そこでは，断片的な医学地理学や気候学以上のもの，他の課題と切り離して毒性などの各種の危険に着目する古い環境衛生以上のものが求められている．現代の基準を満たさない方式ではおそらく，レイチェル・カーソンが『沈黙の春』("Silent Spring")（1962年）の中で指摘したような懸念への十分な処方を示せるだろうが，グローバルな対応をするには不十分だろう．しかし，現代におけるこのような包括的な概念の起源は何だろうか．1940年代後半には人口学者や環境保護主義者が，人口増加，都市化，過剰消費の危険性を認識して，これらすべてが持続不可能であり地球の許容量を超える恐れがあると警告を出し始め，それが冷戦時代にさらに加速した．同時に，核兵器の大規模な増強は，地球上の人々の生活と文明の破壊の前兆と映るようになった．第二次大戦後におけるそうした不吉な予感から，人々は地球規模課題への関心を高めていった．このような動きの中で生態学者の中には，生命体とそれを取り囲む環境との相互作用モデルに，システム思考を取り入れる人も出てきて，エネルギーの流れ，円環的因果システム，フィードバックループ，閾値（いきち）や臨界点に注目した．マクマイケルも1993年の"Planetary Overload"（過負荷状態の地球）の中で，プラネタリーという枠組み，システム生態学，疫学をトピックとして取り上げた[10]．このような動向の中でマクマイケルは，人々の暮らしを守ることを託された人々に対し，新たな呼びかけをするようになった．その呼びかけとは，地球規模の環境破壊についての理解が可能な生態学的枠組みの中で健康を再考すること，過負荷状態のシステムにこれ以上の負荷を加えない形で地球規模の環境破壊による健康への影響に対処することである[11]．

その約20年後，上記の諸点は，医学専門誌『ランセット』("*The Lancet*")とロックフェラー財団の後押しで広く知られるようになり，学際的なプラネタリーヘルスの基本的概念が形成された．人間の健康と文明は地球の自然システムに依存しており，このシステムを理解するには環境的，疫学的エビデンスをまとめて複雑なモデルに取り込むことが必要だ，という考えに基づくものである[12]．プラネタリーヘルスは，医学的思考における革新的な構図として，また，脆弱化した地球上に現れる健康や病気についての新しく，より複雑で現実的な理解の方法として頭角を現した．数年前，歴史家のチャールズ・E・ローゼンバーグは，構造や関係性に重きを置いた医学や公衆衛生における思考構図（configuration）と，細菌を探り出したり純粋に病原体を追跡したりする手法が軸となる汚染（contamination）対応とを区別した[13]．地球の生命維持システムの崩壊のエビデンスが次々と明らかになったため，公衆衛生の専門家や疫学者は，説明のための新しい枠組みと構図を開発せざるを得なくなり，旧来の環境理解の方法や経験的な知識に基づいた資料を数多く統合しながら，プラネタリーヘルスの確立を目指した．

プラネタリー思考，システム生態学，環境衛生

プラネタリーヘルスがどのように出現したかについて理解したければ，まず，第二次世界大戦後に環境的思考がどのように地球規模の思考に発展したかを考える必要がある．この戦争は，少なくとも一定程度は，自然資源を巡っての争いだった．その影響を受けて，経済学者や外交官が戦後の復興計画への莫大な投資を奨励する際に，全体と部分がより密接な関係を持つようになり，許容量にも限界が見えてきた地球上での自然資源利用の制限についても関心を強めていた[14]．「地球は絶えず小さくなっている」とはニューヨークの自然保護活動家ヘンリー・フェアフィールド・オズボーン・Jr.が“Our Plundered Planet”（私たちの略奪された惑星）（1948年）の中で述べた言葉だが，彼は続けてこう言っている．「いや，むしろ，それを知っているために私たちは，地球は急速に価値を失いつつあるとみなしているのだ」[15]．同年，米国の鳥類学者ウィリアム・フォークトは，おもに植民地開拓者の放牧地の動物に対して使われる用語を用いて，人類が関係した要因のせいで今にも地球の「許容量」をオーバーしそうだと警告した．世界の指導者たちは地球を，さまざまな要素が相互に結びつき合うひとまとまりのものとして生態学的な観点から見ることができず，自然環境とそれに依存して生きる生物の急速な破壊を促し，「生態学的罠」（訳注：急速な環境悪化のせいで，野生生物がより質の低い場所での生息を強いられていく状況）に深くはまっていった．フォークトは，長崎と広島という「衝撃的で恐ろしい歴史」の影響を受けながら執筆していたが，やがて，脆弱な環境として注目されるようになった荒廃地に関心を向けるようなった．彼は「（環境破壊が）軽視されたままだと，ほぼ確実に我々の文明は破滅するだろう」と書いた[16]．

こうした警告は，人々の関心をいくらかは呼び起こしたものの，本当の意味で物事が動き始めたのは1960年代に環境保護主義が高まってからのことだった．世界が繁栄を続けた戦後の時代，後に生産と消費と人口の急増にとっての「爆発的な加速」と称賛されたこの時代を振り返りながら，ポール・R・エーリックの『人口爆弾』（“The Population Bomb”）（1968年）は，大規模な飢餓と困窮を予言した[17]．経済学者のバーバラ・ウォード[18]とケネス・ボールディング[19]は，宇宙空間で遠くから眺めた見た目の印象と同じように，地球はかよわい存在だということを伝えるために，宇宙開発で使われていた用語を借用した（**図2.3**）．地球の経済活動は，空に打ち上げられる宇宙船のそれと比べれば規模は異なるが，閉鎖的で相互依存的で有限なものであるという

図2.3　月面から見た地球．1970年代のアポロ計画により得られたこうした写真は，人間に追い詰められた惑星が見せる唯一無二の美しさと儚さに，改めて気づかせてくれる．
［出典］Public domain

点では同様であった．収奪する資源には限りがあるうえ，そうした中で獲得した資源で得た生産物から出る廃棄物を吸収する余裕は，地球にはほとんど残されていなかった．まさに宇宙飛行士が十分な食料や飲料，エネルギー供給を確保できるように入念な計画を必要とするのと同じように，「宇宙船地球号」の上で暮らす人間の生活を支えるためには戦略を練る必要があるだろう．一部の人たちの間では，「持続可能性」が大流行するところとなった．生態学者のバリー・コモナーは，破滅的状況をもたらすのは人口過剰ではなく，先進諸国のテクノロジーの活用方式，そうした国々の過剰な消費パターンだという考えを示した．コモナーは“The Closing Circle”（閉じゆくサークル）（1971年）の中で生態学の一連の基本法則について明確に述べているが，これは急進派の経済学者の論調と合致するものだった．

すべてのものは他のすべてのものと結びついており，またすべてのものは必ずどこかで落ち着き場所を見出さなくてはならない．「廃棄物」というものは存在しない．

なぜなら，人間の活動から生じた不要な副産物を放置しておいてよい場所などどこにもないからだ．コモナーは，自然は相互作用と結びつきによって特徴づけられる，と強調した[20].

他の分野で指導的立場にある者たちも，世界中の国々が見境なく経済成長のために躍起になっていることや，生態学的観点からの警告に耳を貸さない状況に心を痛めていた．時としてこうした指導者たちの動きが，思わぬところで目にとまるようになった．例えばアレキサンダー・キングは，経済協力開発機構（OECD）で科学問題の責任者だったときに，イタリアの実業家アウレリオ・ペッチェイとともにローマクラブを立ち上げるために，1968年に科学者，経済学者，実業家を集めた．ローマクラブの初期の指導者たちの大部分はOECDの科学部門の出身者だった点を考え合わせると，所属組織（OECD）が枠組みを形成してきたような戦後経済秩序に対して，彼らが知性による反旗を翻すようなものだった[21]．ますます複雑性を増し，互いに深く絡まり合ったさまざまな地球規模の問題は，その1つひとつが環境に影響を及ぼす．そうした特質を有する問題について彼らは自分自身で実務的に取り組むだけでなく，未来を予測するうえで先導的な役割を果たし，国境を越えて集まったエリートや専門家たちのネットワークが地球規模で問題に介入し得ることを実践してみせた．彼らは世界を悩ませてきた入り組んだ問題を分析するのに，初期のコンピュータ・サイエンスと，客観的と思慮されるアルゴリズムを活用していった．1972年に発表された彼らの報告書『成長の限界――ローマクラブ「人類の危機」レポート』（"Limits to Growth"）は非常にインパクトが大きく，また心の底から不安が広がるような内容だった[22].

この報告書は，地球の状態に関する懸念事項が拡大することを示唆していた．その後，1972年には画期的な会議となる国連人間環境会議が，スウェーデンのストックホルムで開催された．この会議の準備の段階で，経済学者のバーバラ・ウォードと微生物学者かつ環境保護主義者であり，ローマクラブの会員でもあるルネ・デュボス（**図2.4**）は，さまざまな国々や分野の人々から，環境危機に関する科学的根拠について詳しく説明してほしいと依頼された．この2人による著書『かけがえのない地球――人類が生き残るための戦い』（"Only One Earth: The Care and Maintenance of a Small Planet"）（1972年）は，地球規模の産業資本主義が地球の生命維持システムに及ぼしている危害をものの見事に表現してみせた．地球はいっそう小さくなり，より結びつきが深くなり，ますます収奪され消耗し続けていた．

1960～1970年代には，悪化し続ける地球環境に関する動揺が人々の間で強まり，生態学的視点を持つ医学者たちは不安を抱き始めていた．ニューヨークのロックフェラー大学を拠点にしていたデュボスは，医学とは方向の違う新しい環境保護主義の最前線に身を置いた．1940年代以降，彼は微生物と宿主の生態学的相互作用，つまり

図2.4　ルネ・デュボス．20世紀半ば，デュボスは，人間と自然界との関係がゆがんでしまったことについて警鐘を鳴らした初期の人物だった．

［出典］ロックフェラー・アーカイブセンターの厚意による提供

両者の競争と共生のパターンに魅了されていた[23]．戦後になって彼の科学的興味は，医学や生態学をテーマとする一般書の執筆へと傾斜していった．そして，著書である『健康という幻想』(“Mirage of Health”) (1959年) の中で，人間と微生物との平和的共存を称(たた)えた[24]．1965年には，『人間と適応』(“Man Adapting”) において，生命体が環境に適応できなかった状態として病気を理解すべきだと提案した．同じ理屈が大規模なケースにも当てはまるだろう．現代の人間は，狩猟採集をしていた祖先の生理機能を保持する一方で，高度に工業化して過剰耕作を進めるようになり，進化の過程で過ごしてきたのとは生物学的にまったく異なる自然環境に身を置くことになった[25]．“Man, Medicine, and Environment” (人間，医学，環境) (1968年) では，すべての自然現象に複雑な関係性のパターンが表出するのと同様に，すべての症例は体と心と環境の複雑な関係に由来するとの見方を示した．彼は，世界資本主義がそこに巻き込まれる存在すべてに，特に人間の生活を支える生態系に重大な害を与えているとも記した[26]．戦後の生活 —— 細分化，自動化，機械化された，旧石器時代の祖先の活発な生活と比べると惨めな生活 —— に対するデュボスの批判によって1960年代の反対運動は活気づいた．彼自身には思いがけないことだったが，国際的なビジネスリーダーや政策立案者に警鐘を鳴らす反体制文化のヒーローとなった．

環境保護主義者としてのデュボスの情熱は，彼より若い免疫学者の同僚，ステファン・V・ボイデンにも刺激を与えた．ロックフェラー大学にいる頃，ニューヨーク市を流れるハドソン川の上流にあるポキプシーのデュボス宅で，ボイデンはデュボス夫妻と多くの週末を過ごした．木々の間を歩きながら，3人でしばしば「現代の世の中の人間の健康や病気，さらに行動を理解するために，ホモ・サピエンス（現生人類）の進化の背景との関連について話し合った」[27]とボイデンは回想する．その後，オーストラリアののどかな「ブッシュ・キャピタル（田舎にある首都）」であるキャンベラのオーストラリア国立大学に移り，ボイデンは人類生態学と環境研究のプログラムを発展させるために，免疫学から離れることにした．ある意味では，レイチェル・カーソンの『沈黙の春』（**図2.5**）とデュボスとの会話に触発された結果であった．彼が特に関心を抱いていたのは，人類生物学と人類文化の分離が，自然の環境に大打撃をもたらしてきた状況であった．彼は「文化は，それ自体が生物の進化の産物であるだけでなく，今後存続していくうえでも，生物学的なプロセスに依存している．新石器時代に文化が発展してからというもの，自然の力と文化の力との間に，複雑で非常に重要な相互作用が起きてきた」[28]と記している．1970年代に香港で都市生態学の調査をしていたときに，彼は進化と人間の健康の関係に関する自身の所感を整理して，「系統発生上の不適応の原理」としてまとめた．これは，デュボスによる不適応とストレスに関する見立てと非常によく似ている．デュボスに続いてボイデンも，人間のテクノロジーの進歩が生物学的側面，文化的側面に及ぼす恐ろしい影響について研究した．ボイデンは「テクノロジー依存」という概念を打ち出した．これは，テクノロジーへの病的な依存を意味するものである．「最適な健康」に必要とされる，人類が狩猟採集をしながら進化してきた過程での生物学的な条件を見失ってしまうほどのテクノロジーへの病的な依存である．デュボスと同じくボイデンも「文明化の病」，つまり発展と進歩に組み込まれた病態を嘆くようになった[29, 30]．1972年にボイデンは医学者の読者に対し，大気や水の汚染，殺虫剤による汚染，都市地域の過密状態といった「生物圏の統合性を脅かす急速に進む技術――人口の（相互）作用」について警告した．

図2.5　レイチェル・カーソン．1962年の『沈黙の春』の出版により，カーソンは人間と環境との相互作用に関する考え方に大きく影響を与え，環境運動の高まりに一役買い，歴史上の数多くの重要な人物の見解に刺激を与えた．

［出典］米国魚類野生生物局

彼は先見の明を持ってこう書いた．社会の中を巡るエネルギーの循環スピードがあまりにも速くなったため，「化石燃料の導入後，今では多くの生態学者が，生物圏全体としての統合性が危険にさらされていると考えている」と[31]．

ボイデンの取り組みは，新興のプラネタリーヘルスと，より長い伝統を持つ21世紀の生態学的な思想，とりわけ戦後のシステム生態学とを明確に結びつけるものである[32]．英国の地球生態学者であり精神分析学者のアーサー・G・タンズリーは1935年に「生態系」という言葉を生み出した．その後の10年間をみると，イェール大学で陸水学を専門にしていたG・イヴリン・ハッチンソンが「円環的因果システム」のメカニズムについて入念に説くようになった[33]．ハッチンソンは，生命体は「それを取り巻く環境の作用を受けるが，また逆に作用を及ぼす」と書いた．こうした相互の関係性は通常，自己修正される傾向があるが，新しい生物種や他の変異種の荒々しい侵入が起きた場合には自己修正されずに残ることもある[34]．ハッチンソンは，アルフレッド・J・ロトカの数理モデル，特に生物学的人口学の円環的因果律の理論を参考にしていた[35]．さらに，イェール大学の生物学者でもあったハッチンソンは，ルートヴィヒ・フォン・ベルタランフィの一般システム理論[36]とノーバート・ウィーナーのサイバネティックス理論[37]を，ロシアの地球化学者ウラジーミル・I・ヴェルナツキーが想像したところの「生物圏」という概念と統合することにも熱心に取り組んだ．ヴェルナツキーにとっては，生物圏（バイオスフィア）とは生命体の総計であり，無生物の総体である地圏（ジオスフィア）を常に変化させるものだった[38, 39]．ハッチンソンはこのようにして，研究対象にしていた湖に始まって地球全体にまで視野を広げながら，システム理論，サイバネティックス理論，生物圏という考え方との関連で生態学を再構成しようとした．彼の学生の1人であるレイモンド・リンデマンは1942年に，湖を「物理学的，化学的，生物学的プロセスの中を流れるエネルギーの生態系」と表現していた[40]．1950年代には，ハッチンソンの指導を受けたハワード・T・オダムと兄のユージーン・P・オダムが，新たなシステム生態学の発展に協力した．彼らは巨大な循環的システム，つまりエネルギーシステムの作用について概括し，この枠組みをいずれは地球サイズにまで拡大できるように，予測的な一般論につなげていった[41]．やがて20世紀が終わりに近づくにつれ，こうした手法のおかげで，より顕著になってきた大量かつ大規模に連鎖し合った問題の的確な研究に用いる技術，潜在的には問題の解決にもつながり得る技術が発展した[42]．

プラネタリーヘルスの未来を切り拓いたマクマイケルは，1960年代にアデレード大学の医学生だった頃，自分の師であり社会医学の強い味方であったバジル・ヘッツェルを通じて，医学に関するより幅広い社会的，環境的な知見に触れる機会に恵まれた[43]．マクマイケルは急進的な学生リーダーとなり，殺虫剤の生理学的，環境的影響についてのカーソンによる胸が締めつけられるような描写[44]や，人口爆発に対するエーリックのマルサス主義的批判[17]，地球を共有している他の生物との調和した関係についてのデュボスとボイデンの構想[25]をむさぼるように読んだ．マクマイケルは1972年に，「抑制なく発達してきた現代のテクノロジーのせいで放射性廃棄物，有毒ガス，難分解性の殺虫剤，重金属汚染物質といった，生物にダメージを与える新たな物質がまき散らされているという認識に立てば，戦後の豊かさの華々しさは失われつつある」と，オーストラリアの進歩的な雑誌『ザ・レビュー』(“*The Review*”) に掲載していた自身のコラム“Spaceship Earth”(宇宙船地球号) で記した[45]．こうして，人新世 (第1章p.8の脚注を参照) になって起きつつある気候変動が20世紀の後半になって認識されるようになった頃には，疫学者である彼は，気候変動が人間の健康に与える複雑な影響について説明する準備ができていた．あえて言えば，前もってそうした状況に適応ができていたのである．

核オプション —— 究極の選択

核実験の不気味な光は，プラネタリーヘルスへと続く，別の道筋を照らしだす作用も持っていた．1960年代前半から，ボストンに拠点を置く医師たちのグループが，核兵器開発競争は地球規模の環境破壊を引き起こす恐れがあるとの強い懸念を抱き，世界の軍縮と非核化を提唱し始めた．この運動の中心的人物であった心臓専門医のバーナード・ラウンは1961年，ノーベル平和賞受賞者であるフィリップ・ノエル＝ベーカーのスピーチを聞いているうちに，人類の健康問題が直面している一番の脅威は，心臓病ではなく核戦争ではないかと考えた[46]．ラウンは同僚とともに，社会的責任を果たすための医師団 (PSR) を設立し，『ニューイングランド・ジャーナル・オブ・メディシン』誌に共同で一連の論考を掲載した．編集者のジョセフ・ガーランドが，核の脅威に対し関心を持つことは，人間の生存に対する医師の献身の表れだとして，PSRの考えを正統化してくれたことにラウンたちは勇気づけられた[47]．想像力にあふれた状況報告の中でも特に生々しかった論考では，ボストンが熱核攻撃 (水爆による攻撃) を受けた場合の影響を取り上げ，爆発後すぐに起きると考えられる直撃的な人命の損失と長期的な生態学的，経済的な影響の両方について警鐘を鳴らした[48]．

冷戦の高まりの中で，PSRは一定期間の成功を収め，その影響は世界のあちこちに及んだ．しかしながら，米国とソ連とのデタント (緊張緩和) を受けて，彼らの反核運動は，もはやそれほど差し迫った切実なものとは思われなくなっていった．活動家の医師の中には，代わりにベトナム戦争への米国の介入に反対する者もいた[49]．活動は10年以上にわたって下火になっていたが，主要国が依然として核兵器を保有し続けていることに対する懸念が広がる中，1978年にはPSRは再び活気を取り戻した．彼らは大学医学部や公会堂で「爆撃のような一連の講演」を実施した．彼らのかつての論考に基づいて，講演先の都市が核攻撃された際にはどうなるかを生々しく説明した[50]．この時期，ラウンは米国とソ連の医学分野における外交関係が，政府の対立と強情なふるまいを食い止める手段となる可能性に関心を強めるようになった．1980年後半，彼は他の米国の医師らとともに，エフゲニー・チャゾフ率いる数多くのソ連の医師の集まりへ合流し，核戦争防止国際医師会議（IPPNW）を設立した．この組織は，1985年にノーベル平和賞を受賞した．一方，再び活発となったPSRは，この時点でも引き続き初期の反核運動に沿った働きかけを基本に据えつつも，医学的な対策提言の範囲をより幅広い環境問題へと拡大していくことを決意した．

環境が人間の健康に及ぼす，より多様な危機について，非常に熱心に取り組んでいたPSRのメンバーの1人に，アレキサンダー・リーフがいた．彼はマサチューセッツ総合病院の医師であり，ハーバード予防医学・臨床疫学部の創設者だった[51]．リーフは，地球規模の環境破壊に関する山のような実証データをチェックしながら，疫学的な脅威が迫っていることをはっきりと感じた．1989年，彼は自身の懸念をアーノルド・S・「バド」・レルマンという，当時の『ニューイングランド・ジャーナル・オブ・メディシン』の編集者に打ち明けた．レルマンはリーフに，そのことを題材にして原稿を執筆するよう促した[52]．リーフは近年の気候変動，環境変化への科学的関心にもかかわらず，人間の健康への影響については，幅広い議論がなされてこなかったことに着目した．大気汚染の影響は明白で，実際に人々が毎日実感しているように思えた．オゾン層破壊が原因で起きる日光への過剰な暴露は，皮膚がんや白内障の発症の増加につながり，さらに免疫機能の低下につながる可能性もあった．人口の「爆発」は農業生産と食料供給をひどく圧迫していた．その一方で，地球温暖化のせいで健康状態が深刻化するのは間違いないとしても，まだ（定量的には）漠然としていたことが課題だった．そうした中でリーフは，たとえ漠然としていようが，地球の生態系が右肩上がりの経済的成長や発展に持ちこたえられるわけがないことは明らかだ，と指摘した．生物圏はかつてないほどの危険にさらされているとし，「環境変化の影響は核戦争と似て」おり，長く恐れられた大惨事が差し迫っていると主張した．「こうした地球規模の気候変動と環境変化に立ち向かうにあたり，医師や健康の専門家として，自分たちはどんな役割を担えるのか」と彼は問いかけた[53]．

PSRやハーバードの同僚たちが，リーフの問いかけに，進んで応じる旨の意思を示した．1993年，精神科医のエリック・チヴィアンはハーバード大学医学系大学院に健康・地球環境センターを創設した．IPPNWの共同設立者であるチヴィアンは，環境悪化と他の生物種の消滅が人間にもたらす健康リスクについて明解に論じた．また健康・地球環境センターの副所長であるポール・R・エプスタインは環境衛生について，より包括的なビジョンを促進し，積極的な行動と社会変革に力を入れた[54]．PSRとIPPNWのメンバーである精神科医ジョン・マックが率いる，ハーバード核時代における心理学研究センターは1992年，その名称を心理学・社会変革センターに変更した．環境危機心理学を非常に重視して，より広範な使命を担うと宣言した[55]．影響力の大きかったローマクラブの第1回報告書から20年目に改訂版が出版され[56]，同センターは筆頭著者のドネラ・メドウズを招いて，“Beyond the Limits: The Environment's Challenge to the Human Psyche”（限界を超えて――生きるための挑戦）と題したセミナーを主催した[57]．ところが，もともと何か申し合わせた研究課題があったわけではなかったため，公衆衛生と地球の自然システムの状況とを関連づけようというハーバード大でのこうした試みは，しばらくの間，頓挫する事態となった．ハーバード・T・H・チャン公衆衛生大学院にプラネタリーヘルスアライアンスが設立されて地球規模の環境衛生への関心に非常に大きな弾みがつくようになるのは21世紀初頭に入ってからであった．

プラネタリーヘルスの枠組みづくり

世紀の変わり目に，環境的，疫学的な根拠の整理が進むにつれて，プラネタリーヘルスに関する概念的枠組みが取りまとめられるようになった．1994年にロンドン大学衛生熱帯医学大学院の疫学教授に任命されたマクマイケルは，地球環境の悪化による予期せぬ影響について思いをめぐらす医学者たちと，短期間のうちに次々と出会っていった．その中には，マクマイケルと同じくIPPNWの指導的発言者だったアンドリュー・ヘインズもいた．環境科学者たちから絶え間なく発せられる警告の数々に動かされ，ヘインズは1990年以降，地球温暖化が健康に及ぼす影響について，同僚たちに注意喚起するようになっていった．地球の平均気温の上昇とそれに伴う海面上昇と耕地の減少によって呼吸器疾患が増加し，媒介生物の活動範囲が広がることから感染症の拡大が加速すると彼は予測した[58]．マクマイケルとヘインズは協働して，国際社会に対して数多くの警告を発した．彼らは1997年，「人新世の気候変動は，人類が与える地球への影響の総計が，生物圏の物理的，生態学的限界を超えたことを示している」と記し，「このことは，一定の地域だけが直接的に毒物や感染性の病原体に触れるといった旧来の懸念（の境界線）を越えて，環境衛生の時間空間的規模が非常に大きく広がることを意味する」と強調した[59]．

ロンドンからキャンベラに引っ越し，オーストラリア国立大学で国立疫学公衆衛生センター長を務めることになったマクマイケルは，そこでも引き続き精力的にプラネタリーヘルスを促す活動に取り組み，2000年に「私たちは，単なる千年の節目にいるのではなく，現実として大きな岐路に立っている」と書き記した．今や人間が引き起こす地球の生態系の変化は，「生物圏の生命維持力を危機にさらしている」[60]と問題提起した．数年後にマクマイケルは，「人口増加と消費・排出の圧力の総計が，さまざまな地球環境のシステムに害を与えている……現在の人間社会が劣悪な環境条件に対して免疫があると思い込むのは軽率であり，まったく考えが甘い」[61]といった忠告を繰り返すようになった．マクマイケルは国連システムにおいて変化を生み出すための手助けをした．その中には，WHO，世界気象機関，国連環境計画が主催した，地球環境の変化が人間の健康に及ぼすリスクを評価する研修会も含まれていた[62]．2017年，マクマイケルの死後に出版された彼の最後の著書“Climate Change and the Health of Nations”（気候変動と国民の健康）は，気候変動，環境悪化，生物多様性の減少に対処する地球規模での取り組みを，即時かつ一斉に実行するよう懇願するような内容だった[63]．彼は新たに登場した9つの「プラネタリー・バウンダリー」を用いた説明を採用していた．これは，人間が健康と生存に適した繁栄を享受するための「安全な活動空間」を一定の範囲内に制限する，臨界閾値に関する概念である[64]．マクマイケルは迫りくる生態系の大惨事を目の前にしながら，人間の健康に関する見通しに対して批判的な問いを立てることをライフワークとし，献身的に働いた．マクマイケルへの追悼文を書いたボイデンによれば，健全な生態系が人類の健康を支えており，健全な生態系を守ることで人類を救えることを，マクマイケルは誰よりも早く理解していたようだった[65]．

新しい世紀が進むにつれて，『ランセット』（“*The Lancet*”）の編集者リチャード・ホートンはこの雑誌を，人間の健康に関する，急を要する地球規模の体系的な環境問題に捧げるようになった．それを受けて，ヘインズやマクマイケルらによる一連の痛烈な記事が掲載された．2010年には，ロックフェラー財団が，「新しい健康の原則 —— パブリックヘルス2.0」（new health discipline—public health 2.0.）を推進する『ランセット』に賛同した．財団のジュディス・ロディン会長は，この試みは「人間の健康が依存する自然システムを考慮するために，今ある地球の健康の枠組みの境界を越え」るものだと記した[66]．ゴードン・アンド・ベティ・ムーア財団とともに，ロックフェラー財団は，やがてプラネタリーヘルスアライアンスへと発展していくことになる「健康と生態系 —— 連鎖の分析」（HEAL）を立ち上げ，『ランセット』とともに1つの委員会を創設した．ヘインズが委員長を務め，影響力を持つ大きな研究チームが加わったその委員会は，2014年7月，イタリアのベッラージョで会合を開いた．翌年，きわめて重大な報告書“Safeguarding Human Health in the Anthropocene Epoch”（人新世時代における人間の健康の安全防護策）[12]（**図2.6**）を発表した．ホートンが好んだ，この新しい研究事業の名称「プラネタリーヘルス」は，またたく間に世の中に広がった．2015年，ウェルカム・トラストは「私たちの地球，私たちの健康」と呼ばれる重点分野に着手し，気候変動，都市環境の悪化，世界のフードシステム*といった課題にお

＊ 訳注：食料の生産・加工・流通・消費・廃棄という一連の流れ．フードチェーンともいう．

図2.6　ベッラージョ（イタリア）にある，プラネタリーヘルスに関するロックフェラー財団・ランセット委員会．委員会は2014年7月に招集され，翌年，"Safeguarding Human Health in the Anthropocene Epoch"（人新世時代における人間の健康の安全防護策）という報告書を発表した．

［出典］ロックフェラー財団ベッラージョ・センターの厚意による提供

いて実質的で新しい研究と活動が生まれることを願って，7500万ポンドを投資した．国際的な雑誌である『ランセット・プラネタリーヘルス』（"*Lancet Planetary Health*"）と米国地球物理学連合の『ジオヘルス』（"*GeoHealth*"）が2017年に創刊され，『ネイチャー・サステナビリティ』（"*Nature Sustainability*"）も2018年に出版が開始された．同年，学際的な雑誌『チャレンジ』（"*Challenges*"）は，プラネタリーヘルスを推進するためにインビボ・ネットワーク（inVivo network）と提携した．1990年代にはおぼろげだった，新しいプラネタリーヘルスの研究計画と促進活動のための明確な課題が見え始めていた．

結　論

本章でたどってきたような現在の知的枠組み，つまり知識の混合体がどのようにまとまってきたかという系譜を知ることは，創始者効果をどう継続させるかを明らかにすることに役立つだろう．人々が自分や世界をどう考えるかに対する影響力の自覚をどのように持続させるかについて解明することにも，貢献することだろう．こうした系譜は，プラネタリーヘルス領域の次元や量的なものに関する感覚や，私たちが手にしている認知的道具一式の関係について教えてくれる．私たちが向かうと推測される行き先について，ある種の必然性すら示唆している．さらには系譜を知る中で，概念上の不備や限界，障害物が浮き彫りになり，無意識のうちの存在していた抵抗力や取り逃しているチャンスに気づく機会を得られるかもしれない．

ここまでプラネタリーヘルスの大まかな歴史を見てきたが，この段階ではまだ，それが「グローバルヘルス」とどう関係があるのかとの疑問が残されている．グローバルヘルスは1990年代に，少なくとも部分的には国内外の公共医療サービスが新しい感染症への対応に失敗したことへの対応として広がり始めた[67]．NGOや慈善財団の支援を受け，グローバルヘルスのプログラムは全体として見れば特定の病気の制御に重点を置いていた．健康の問題に対して，技術的な調整や単純化した測定基準に頼ったモジュール式，トップダウン型，垂直型の対応を用いることが多かった[68]．人道的な動機によるものであれ，バイオセキュリティ上の懸念によるものであれ，グローバルヘルスは新植民地的な支配を前提としてきた面もある，と言う批評家もいる[69]．プラネタリーヘルスのことを，必要に応じてグローバルヘルスを補完する控えめな活動であり，グローバルヘルスと同じように地球規模で展開されながらも，感染症の流行よりは生態系の破壊の問題に専念するものであるとする見方がある．この見方には説得力があるようにも思えるだろう．しかし，歴史を見ればそうでないことがわかる．これまで見てきたように，プラネタリーヘルスの起源はむしろシステム生態学や急進的な戦後のプラネタリー思考と結びついた環境衛生の長い伝統に端を発しており，グローバルヘルスとは系譜が異なる．場合によっては同族的なものとして似た側面や利便上の協調関係があるとしても，やはり異なるものである．

一定程度ではあるが，プラネタリーヘルスは，発展や進歩や「文明化の過程」の暗部に対する現在の私たちの対応を含んでおり，人類が地球の生命維持システムを絶え間なく傷めてきた結果に対処する手段を示してもいる．そう考えると，米国やオーストラリアなどの移民社会や，かつての植民地支配の中心地だったロンドンなどの，ヨーロッパ人による搾取や入植に付随する生態学的な混乱や侵入種による環境破壊，土地の開墾，急速な都市化，採掘，持続不可能な農業のことをよく知る場所において，プラネタリーヘルスという混合体が素早く，早い段階で1つにまとまっていったのも驚くにはあたらない[70]．歴史家の見立てによれば，自然保護主義は最初，繊細な自然システムを搾取し破壊することへの抵抗として，大英帝国で発展した[71]．それと同様に，より広範な領域を含む生態学は「帝国の科学」に指定されてきた[72]．プラネタリーヘルスもまた，環境と開発に関する世界委員会の後に出された「持続可能な開発」に組み込まれている，植民地主義と無配慮な経済成長への内部からの批判，さらには国内総生産（GDP）を経済的健康の妥当な評価基準だと見ることへの最近の批判を代弁している[73]．

最後に，プラネタリーヘルスの歴史のおかげで私たちは，人間と地球の生態系や，この両者の多様な相互作用に関する自分たちの知識が当たり前のものではないことに思いをめぐらすことができる．プラネタリーヘルスの歴史の語り部たちが現時点では先進国出身の善良な白人男性の専門家ばかりであることは，見落としてはならない．私たち著者もそうだということを記しておくべきだろう．しかし例外として，非常に重要な人々の存在が心に浮かぶ．何人かの名前を挙げるなら，バーバラ・ウォード，ドネラ・メドウズ，そしてグロ・ブルントラント（パラダイムシフトを起こした環境と開発に関する世界委員会の委員長）らがいる．それにしても，より多くの女性や発展途上国出身の人々や先住民の知識人たちの英知をプラネタリーヘルスに活かしてもらうには，どのようにすればよいのだろうか．

参考文献

1. McMichael AJ. Global warming, ecological disruption and human health: the penny drops. *Med J Aust*. 1991;154:499–501.
2. Houghton JT, Jenkins GJ, Ephraum JJ, eds. *Climate Change: The IPCC Assessment*. Cambridge, UK: Cambridge University Press; 1990.
3. World Health Organization. *Potential Health Effects of Climate Change. Report of a WHO Task Group*. Geneva, Switzerland: WHO; 1990.
4. Ewan C, Bryant EA, Calvert GD. *Health Implications of Long-Term Climate Change*. Discussion Document Commissioned by the NHMRC. Canberra, Australia: Department of Community Services and Health; 1990.
5. World Commission on Environment and Development. *Our Common Future*. Oxford, UK: Oxford University Press; 1987.
6. Dunk JH, Jones DS, Capon A, Anderson WH. Human health on an ailing planet: historical perspectives on our future. *N Engl J Med*. 2019;381(8):778–782.
7. Bashford A, Tracy SW. Introduction: modern airs, waters, and places. *Bull Hist Med*. 2012;86(4):495–514.
8. Anderson W. *The Cultivation of Whiteness: Science, Health, and Racial Destiny in Australia*. Durham, NC: Duke University Press; 2006.
9. Valencius CB. *The Health of the Country: How American Settlers Understood Themselves and Their Land*. New York, NY: Basic Books; 2002.
10. McMichael AJ. *Planetary Overload: Global Environmental Change and the Health of the Human Species*. Cambridge, UK: Cambridge University Press; 1993.
11. McMichael AJ. Ecological disruption and human health: the next great challenge to human health. *Aust J. Public Health*. 1992;16(1):3–5.
12. Whitmee S, Haines A, Beyrer C, et al. Safeguarding human health in the Anthropocene epoch: report of The Rockefeller Foundation–Lancet Commission on Planetary Health. *The Lancet*. 2015;386(10007):1973–2028.
13. Rosenberg CE. Explaining epidemics. In: *Explaining Epidemics and Other Studies in the History of Medicine*. Cambridge, UK: Cambridge University Press; 1992:293–304.
14. Warde P, Robin L, Sörlin S. *The Environment: A History of the Idea*. Baltimore, MD: Johns Hopkins University Press; 2017.
15. Osborn HF Jr. *Our Plundered Planet*. New York, NY: Pyramid Publications; 1948:33.

16. Vogt W. *Road to Survival*. New York, NY: William Sloane; 1948:14–16, xiii.
17. Ehrlich PR. *The Population Bomb*. New York, NY: Ballantine Books; 1968.
18. Ward B. *Spaceship Earth*. New York, NY: Columbia University Press; 1966.
19. Boulding KE. The economics of the coming spaceship earth. In: Jarrett H, ed. *Environmental Quality: Issues in a Growing Economy*. Baltimore, MD: Johns Hopkins University Press; 1966:3–14.
20. Commoner B. *The Closing Circle: Nature, Man, and Technology*. New York, NY: Knopf; 1971.
21. Schmelzer M. "Born in the corridors of the OECD": the forgotten origins of the Club of Rome, transnational networks, and the 1970s in global history. *Journal of Global History* 2017;12(01):26–48.
22. Meadows DH, Meadows DL, Randers J, Behrens WW III. *The Limits to Growth: A Report for the Club of Rome's Project on the Predicament of Mankind*. New York, NY: Universe;1972.
23. Dubos RJ. *The Bacterial Cell in Relation to Problems of Virulence, Immunity and Chemotherapy*. Cambridge, MA: Harvard University Press; 1945.
24. Dubos RJ. *Mirage of Health: Utopias, Progress, and Biological Change*. London, UK: George Allen & Unwin; 1959.
25. Dubos RJ. *Man Adapting*. New Haven, CT: Yale University Press; 1966.
26. Dubos RJ. *Man, Medicine, and Environment*. New York, NY: Praeger; 1968.
27. Boyden S, personal communication with James Dunk, December 2, 2018.
28. Boyden S. The impact of civilisation on human biology. *Aust J Exp Biol Med Sci*. 1969;7:287–298.
29. Boyden S. Evolution and health. *The Ecologist*. 1973;3:304–309.
30. Rosenberg CE. Pathologies of progress: the idea of civilization as risk. *Bull Hist Med*. 1998;72:714–730.
31. Boyden S. The environment and human health. *Med J Aust*. 1972;i:1229–1234.
32. Anderson W. Natural histories of infectious disease: ecological vision in twentiethcentury biomedical science. *Osiris*. 2004;19:39–61.
33. Tansley AG. The use and abuse of vegetational concepts and terms. *Ecology*. 1935;16:284–307.
34. Hutchinson GE. Circular causal systems in ecology. *Ann N Y Acad Sci*. 1948;50:221–246.
35. Lotka AJ. *The Elements of Physical Biology*. Baltimore, MD: Williams and Wilkins; 1925.
36. Bertalanffy L. An outline of general systems theory. *Br J Philos Sci*. 1950;1:139–164.
37. Wiener N. *Cybernetics, or Control and Communication in the Animal and the Machine*. Cambridge, MA: MIT Press; 1948.
38. Vernadsky VI. *La Biosphere*. Paris, France: Félix Alcan; 1929.
39. Vernadsky VI. Problems of biogeochemistry. II: the fundamental matter–energy difference between the living and inert natural bodies of the biosphere. *Trans Conn Acad Arts Sci*. 1944;35:485–517.
40. Lindeman RL. The trophic–dynamic aspect of ecology. *Ecology*. 1942;23:399–418.
41. Odum HT, Odum EP. *Fundamentals of Ecology*. Philadelphia, PA: W.S. Saunders; 1953.
42. Dyball R, Newall B. *Understanding Human Ecology: A Systems Approach to Sustainability*. Abingdon, UK: Routledge; 2014.
43. Hetzel B. *Chance and Commitment: Memoirs of a Medical Scientist*. Adelaide, Australia: Wakefield Press; 2006.
44. Carson R. *Silent Spring*. New York, NY: Houghton Mifflin; 1962.
45. McMichael T. Spaceship Earth. *The Review* 1972(April 8–14):708.
46. Lown B. Medical internationalism and the "last epidemic." In: Brown TM, Birn A, eds. *Comrades in Health: U.S. Health Internationalists, Abroad and at Home*. New Brunswick, NJ: Rutgers University Press; 2013.
47. Garland J. The medical consequences of thermonuclear war—editor's note. *N Engl J Med*.

1962;266(22):1126.
48. Ervin FE, Glazer JB, Aronow S, et al. Thermonuclear attack on the United States. *N Engl J Med*. 1962;266(22):1127–1137.
49. Alexander S. The origins of Physicians for Social Responsibility (PSR) and International Physicians for the Prevention of Nuclear War (IPPNW). *Soc Med*. 2013;7(3):120–126.
50. Lifton RJ. *Witness to an Extreme Century: A Memoir*. New York, NY: Free Press; 2011:151.
51. Leaf A. Medicine or physiology: my personal mix. *Ann Rev Physiol*. 2001;63(1):11–14.
52. Alexander Leaf, M.D.: Autobiographical Memoir and Oral History Interview with Arnold S. Relman, Countway Library, R154.L53. 1996:545.
53. Leaf A. Potential health effects of global climatic and environmental changes. *N Engl J Med*. 1989;321:1577–1583.
54. Chivian ES, McCarthy M, Hu H, Haines A, eds. *Critical Condition: Human Health and the Environment*. Cambridge, MA: MIT Press; 1993.
55. Smith DM. The Center's transition: near and far. *Centre Review*. 1992;6(2):2.
56. Meadows DH, Meadows DL, Randers J. *Beyond the Limits: Global Collapse or a Sustainable Future*. London, UK: Earthscan Publications Ltd; 1992.
57. Center for Psychological Studies in the Nuclear Age. *Beyond the Limits: The Environment's Challenge to the Human Psyche*, April 7, 1992. John E. Mack Archives.
58. Haines A. The implications for health. In: Leggett J, ed. *Global Warming*. Oxford, UK: Oxford University Press; 1990:149–162.
59. McMichael AJ, Haines A. Global climate change: the potential effects on health. *BMJ*. 1997;315:805–809.
60. McMichael AJ, Beaglehole R. The changing global context of public health. *The Lancet*. 2000;356:495–499.
61. McMichael AJ. Population, environment, disease, and survival: past patterns, uncertain futures. *The Lancet*. 2002;359:1145–1148.
62. McMichael AJ, Campbell-Lendrum DH, Corvalán CF, et al., eds. *Climate Change and Human Health: Risks and Responses*. Geneva, Switzerland: World Health Organization; 2003.
63. McMichael AJ, with Woodward A, Muir C. *Climate Change and the Health of Nations*. New York, NY: Oxford University Press; 2017.
64. Rockström R, Steffen W, Noone K, et al. A safe operating space for humanity. *Nature*. 2009;461:472–475.
65. Boyden SV. Foreword. In: Butler CD, Dixon J, Capon A, eds. *Health of People, Places and Planet: Reflections Based on Tony McMichael's Four Decades of Contributions to Epidemiology Understanding*. Canberra, Australia: ANU Press; 2015:xilv–xlvii.
66. Rodin J. Planetary health: a new discipline in global health. 2015. https//www.rocke fellerfoundation.org/blog/planetary-health-a-new-discipline-in-global-health/. Accessed November 9, 2018.
67. Brown TM, Cueto M, Fee F. The World Health Organization and the transition from "international" to "global" public health. *Am J Public Health*. 2006;96:62–72.
68. Packard RM. *A History of Global Health: Interventions into the Lives of Other Peoples*. Baltimore, MD: Johns Hopkins University Press; 2016.
69. Lakoff A. Two regimes of global health. *Humanity*. 2010;1(1):59–79.
70. Anderson W. Nowhere to run, rabbit: the Cold-War calculus of disease ecology. *Hist Philos Life Sci*. 2017;39(2):13.
71. Grove RH. *Green Imperialism: Colonial Expansion, Tropical Island Edens, and the Origins of*

Environmentalism, 1600–1860. Cambridge, UK: Cambridge University Press; 1995.

72. Robin L. Ecology: a science of empire? In: Griffiths T, Robin L, eds. *Ecology and Empire: Environmental History of Settler Societies*. Melbourne, Australia: Melbourne University Press; 1997:63–75.
73. Beaglehole R, Bonita R. Development with values: lessons from Bhutan. *The Lancet*. 2015;385:848.

第3章

人口，消費，公平性，権利

人口規模やその急速な増加，全世界にわたる居住形態と地球資源の利用という観点から，人類は昔も今もどの生物種とも似ていない．人類は，活動規模と開発し発展させてきたテクノロジーにより地球とそこに生息する生物を根本的に変えてきた．環境変化については次章で詳しく論じるが，ここでは人口増加と消費傾向についてわかっていることを検討する．

1971年，生物学者のポール・エーリックと環境科学者のジョン・P・ホールドレンは，環境負荷 (I) は人口 (P) と個人消費 (豊かさとよばれる) (A) の積であり，消費に使用されるテクノロジー (T) がそれを媒介するとして，環境負荷をそれらの積で表す「I＝PAT方程式」を考案した[1]．このI＝PAT方程式は単純すぎると批判されている．各因子は相互に影響し合うので，この方程式では人口の不均質性，環境の回復力，潜在的転換点，相互作用に対する時間の影響などが無視されている．しかしこのI=PAT方程式は，人間の数はただそれだけで環境に負荷を与えることはなく，個人の行動や他の要因が複合的な影響を与えることを知らせる重要な教育的機能をもつ．

環境に影響を与える人口と1人あたりの消費量の相対的な重要性は不確かでデリケートな問題であり，長い間，論争の的となってきた．環境にとってどちらが本当に重要なのか．はっきりしていることは，どちらか一方が問題ではなく，両方が重要であるということだ．そうでないとする主張は，長方形の面積は縦ではなく横の長さによって決まると言い張るようなものである．人間それぞれが単独で消費する分には環境への影響はほとんどない．しかし何百万人，何十億人もの行動で生じる累積消費量は多くの場合，直接的で甚大な環境負荷をもたらす[2]．その詳細な相互作用は複雑で，それを特定し理解することは困難であるが，気候変動や環境悪化によるプラネタリーヘルスへの継続的リスクを考えると，要因を特定し理解することは努力に値する．

推進要因

人 口

人口は約30万年前のホモ・サピエンス（現生人類）の出現以来，ずっと変化し続けている．過去1万年を除いては，人類の数は他の大型哺乳類と同程度で，おそらく数百万人程度であり，陸地に残したエコロジカル・フットプリント（第1章p.5の脚注を参照）はかなり少なかった．しかし，現在と比べ少ない人口であった人類が効果的な狩猟方法を身につけ，徐々に地球上に広がり，他の多くの生物種を絶滅させた．

先史時代の人口規模はおそらく頻繁に変動したが，狩猟採集時代は全体的にかなり緩やかに増加した．その後，1万年から1万2000年前に農業が発達すると人口は急速に増加し始めた．定住したことで，人口増加の2要因である出生率（女性1人あたりの子どもの数）と生存率が改善された．歴史人口学者らは，ローマ帝国時代から中世末期までの世界人口を数億人程度と推定している．200年以上前に始まった産業化・工業化時代には食料生産や公衆衛生，健康状態といった寿命を延ばす要素が改善し，人口増加が加速し，1800年の10億人から1950年の25億人に増加した．最も急増したのは第二次世界大戦後で，わずか70年の間に約25億人から77億人へと3倍になった．1970年代以降は12年ごとに10億人ずつ増加している（**図3.1**）．

1960年代後半以降，人口増加率が年2%から約1%に低下したのは，出産時期や出産回数を計画的に行いたい女性や夫婦に効果的な近代的避妊法が広く普及したことの反映である．しかし世界人口ベースで見れば，増加率は低いものの依然として年間約8000万人，すなわち毎日約22万人増加している．過去の高い出生率が若年層人口の増加を招き，たとえこの層が平均2人しか子どもを産まなくても，数十年にわたり人口が増え続けるのはほぼ確実である．この「人口増加潜在力」は今後の人口変動に大いに影響する．例えばウガンダ人の半数は15歳未満であり，その大多数がまだ生殖年齢に達していない．

向こう数十年を予測すると，子どもの数のわずかな変化も総人口に大きな差を生じさせる．女性1人が出産する子どもの数が1人違えば顕著な違いがもたらされる．図3.1では，国連の最大推計値（一番上の点線）は中央推計値よりも女性1人あたりの子どもの数が0.5人多く，最小推計値（一番下の実線）は中央推計値よりも0.5人少ない．最大推計値は2100年までに156億人（現在の世界人口の2倍以上）を予測し，最小推計値では73億人で，2019年現在の推定人口77億人よりもやや低い値となっている[3]．

人口学者らは，今後もこれまでの統計推移から大きくぶれないとみた試算をもとに，世界人口は2100年に109億人に達すると予想している[3]．地域で傾向は大きく異なり，アジアと欧州では2050年以降に人口が減少する一方，北米とアフリカでは増

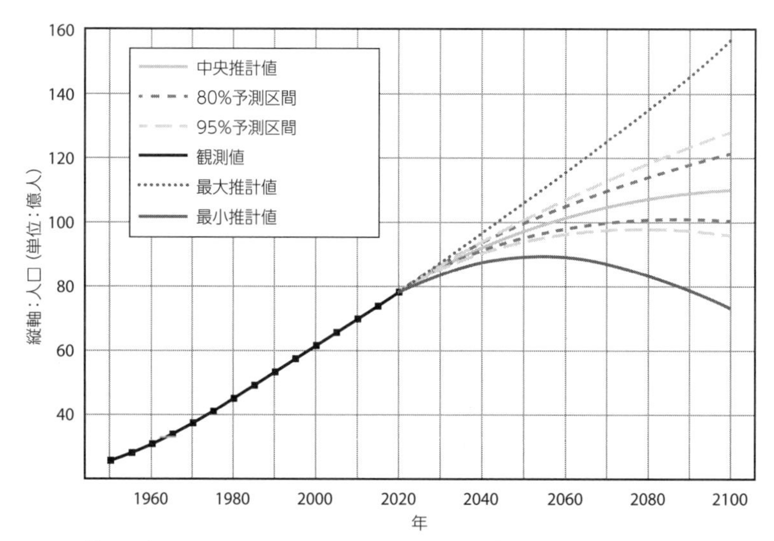

図3.1 世界の人口，1950〜2100年．国連の最大推計値（一番上の点線）は中央推計値よりも女性1人あたりの子どもの数が0.5人多く，最小推計値（一番下の実線）は中央推計値よりも0.5人少なくなっている．最大推計値は2100年までに156億人（現在の世界人口の2倍以上）を予測し，最小推計値は73億人で，2019年現在の推定人口である77億人よりもやや低い値となっている．

［出典］United Nations, DESA, Population Division. *World Population Prospects 2019*. http://population.un.org/wpp/, Creative Commons, license CC BY-3.0 IGO

加が続く．サハラ以南のアフリカ諸国では高い増加率を示し，現在の11億人から2100年には38億人に増加すると予測される（**図3.2**）．

プラネタリーヘルスに影響を及ぼすその他の人口トレンドは，世界人口の緩やかな高齢化と都市部への人口集中であるが，本章ではすべてを完全には扱いきれない．2015年には，人口年齢中央値は29.6歳であった．2050年までには36.2歳まで上がると予測され，高齢者の増加に密接の関連する医療ニーズもかなり高まると予測される[3]．2007年頃には人口の半数が都市部に住むようになったが，この増加傾向は今後も続くと考えられ（**図3.3**），環境や人間の健康にも影響を及ぼす可能性がある（第13章で解説する）．

科学者たちは，人類の人口規模とその増加が環境変化に著しく影響すると一般的に認めている．ワールドウォッチ研究所が行った最近の査読付き科学文献の調査では，人口増加が環境問題を引き起こしたり悪化させたりするという主張が頻繁に見られた[4]．1993年に58の国立科学アカデミーが，「人類が社会・経済・環境問題にうまく対処するためには，私たちの子どもたちが生きているうちに人口増加をゼロにする必

図3.2　ウガンダのカンパラ．世界で最も急成長している都市の多くはアフリカにあり，この都市もアフリカの中東部に位置する．

［出典］写真提供 Carlos Felipe Pardo (Flickr) , Creative Commons, license CC BY 2.0

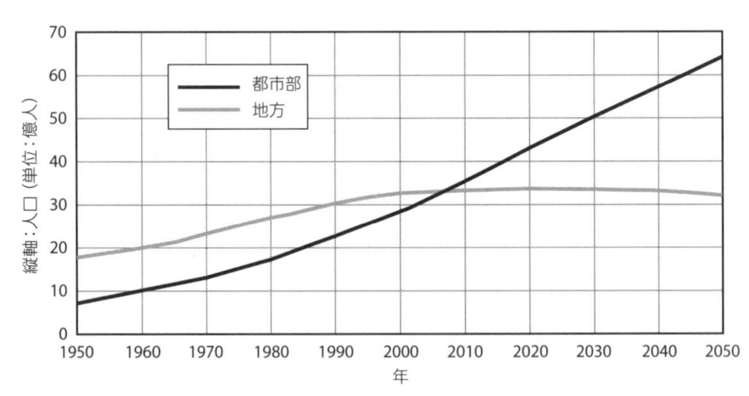

図3.3　2005年頃，都市部に住む人口が地方に住む人口を上回った．今後の人口増加はほぼ都市部で起こると予測される．2014年までのデータは観測値，それ以降は予測．

［出典］United Nations, DESA, Population Division. *World Population Prospects 2019*. http://population.un.org/wpp/, Creative Commons, license CC BY-3.0 IGO

要がある」と共同発表した[5]．その1年後にはローマ教皇庁科学アカデミーもが，世界の出生率が女性1人あたり2人をはるかに超える状態が長期にわたって持続するという考えは「想像もつかない」と表明した[6]．

個人消費

ほぼ一貫した経済成長を特徴とする世界で1人あたりの消費量は急増し，そこに増加し続ける人口総数を乗じれば，環境への影響は計り知れない．（**図3.4**）ここでは特に，環境に明白な影響を与える消費のカテゴリーについて言及する．非再生可能エネルギーや原料は環境によってもたらされ，何らかの形で環境に戻さなければならない．バイオマス*や真水などの再生可能エネルギーや原料であっても汚染を引き起こしたり，汚染されたりする可能性がある．さらに，過剰に使用され次世代の人々の利用を制限してしまう可能性もある．

世界経済は年間70兆ドル以上を生み出しており，2017年は推定3%の成長率であった．これは，世界の最大人口推計値で計算すると1人あたり2%の成長に相当する[7]．3%の成長率はさほど大きいと思われないかもしれないが，世界経済は23年で2倍，今世紀末には16倍になる．人間による環境負荷がそれほど拡大しなくとも現状維持の可能性は低く，すでに持続不可能な水準に達しているのかもしれない．

しかし，人間による環境負荷の増大に1人あたり平均消費量がいかに影響しているかを考えるのは難しい．ますます不平等となる世界では，1人あたりの消費に関するデータには個人の生活様式の相当なばらつきが潜んでいる．さらに，消費に関するデータは人口に関するデータよりもばらつきが大きく，信頼性に欠ける．だが，大筋では明解である．エネルギー，水，食料，物的資材の1人あたりの消費量は先進国では比較的安定し，発展途上国に比べれば高い水準にある．中国やインドなど急速に工業化が進む国では1人あたりの消費量は比較的少ないが，貧困の減少に伴い急速に増大している．サハラ以南のアフリカ諸国が大部分を占め，それにアフガニスタン，イエメンなどのアジア諸国を含む後発開発途上国では，1人あたりの消費量の水準と傾向はより多様だが，概して低いレベルで緩やかに増加している．

人口増加と1人あたりの消費量の増大という複合的な影響が，テクノロジー革新のおかげで，それがない場合よりはるかに抑制されている場合もあるが，1人あたりの消費量が目立って減少傾向を見せている地域はほとんどない．消費に関する指標のうち，最重要である温室効果ガス排出の最大構成要素である化石燃料からの1人あたりの二酸化炭素排出量ほど国別で大きな差を示しているものはない（**図3.5**）．

＊ 訳注：動植物等の生物体からつくり出される有機性のエネルギー資源で，例としては林産資源や農産物加工の残渣（ざんさ）がある．

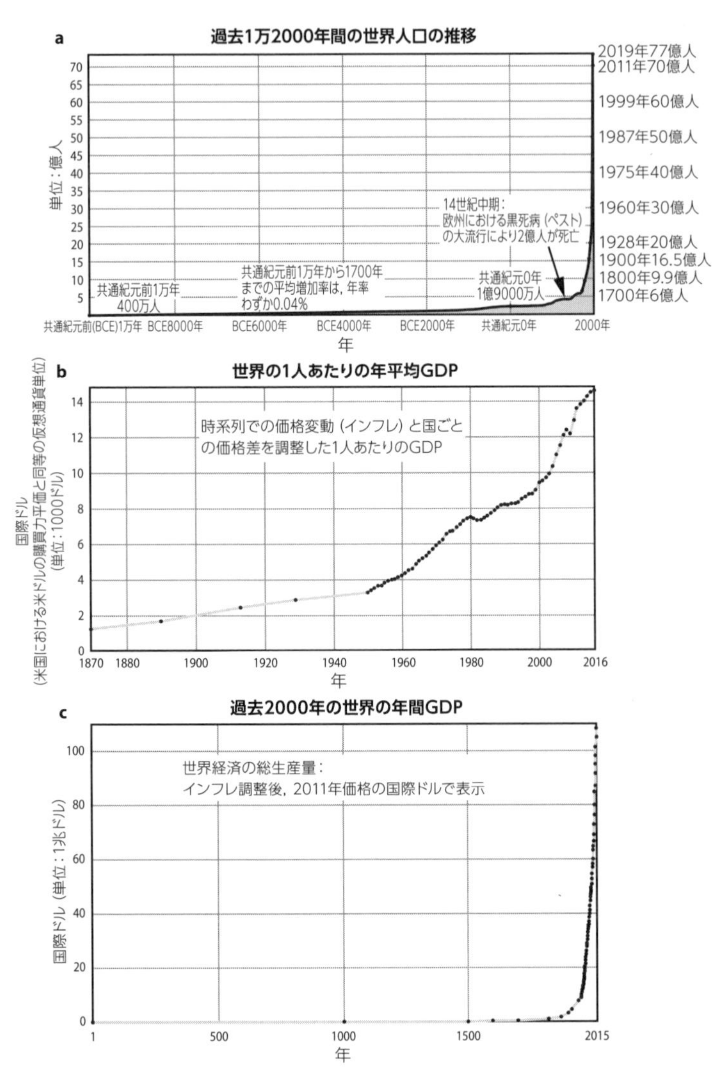

図3.4　グラフa，b，cは，それぞれ，時系列の人口増加，1人あたりGDP，GDP総額を示している．注目すべきは，1870年頃から人口は約7倍に，1人あたりGDPは11倍以上に増加している点である．急激な人口増加と，それを上回る1人あたりGDPの急速な成長が相まって，グラフcが示すように，人類の経済上（および生態学上）のフットプリントが驚異的に急騰している．グラフの各点はデータ点を表す．

［出典］グラフA: Max Roser（https://ourworldindata.org/world-population-growth）, Creative Commons, license CC BY-SA. グラフB・C: *Our World in Data*（https://ourworldindata.org/economic-growth）, Creative Commons, license CC BY 4.0

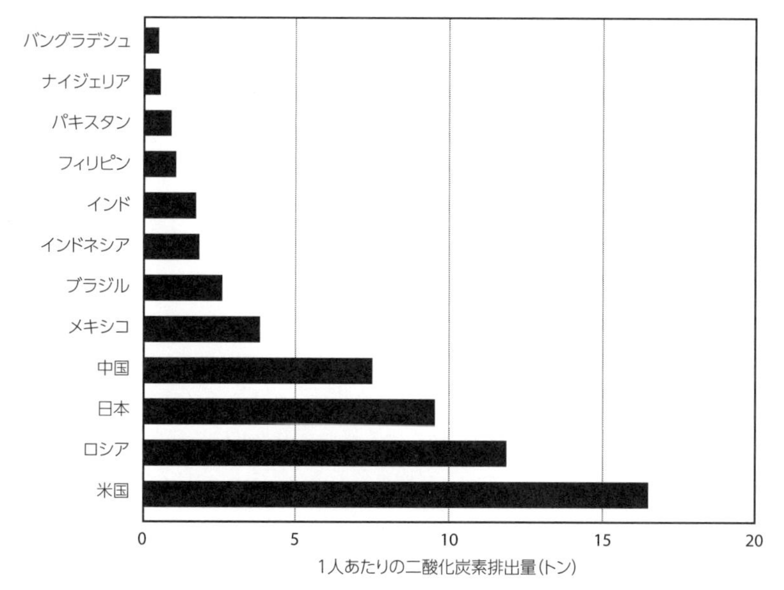

図3.5　人口1億人以上の特定国における1人あたりの二酸化炭素排出量（2014年）

［出典］Carbon Dioxide Information Analysis Center, Environmental Sciences Division, Oak Ridge National Laboratory, Tennessee, at World Bank development indicator database. https://data.worldbank.org/indicator/EN.ATM.CO2E.PC

入手可能な最新データである2014年の1人あたり化石燃料消費による二酸化炭素排出量は，最大国は最小国の1000倍以上になっている[8]．こうした数字は低所得国における森林伐採など非化石燃料源由来の排出量を把握できていない．エネルギー源としてのバイオマスや農地拡大のための森林伐採に依存する低所得国では，この数字が高い可能性がある．とはいえ，化石燃料による二酸化炭素排出量が多い国と少ない国の差は大きく，消費の不均衡をおそらく最も顕著に表している．

先進国と途上国間の格差は必ずしも予想通りではない（もちろん，国内でもかなりの格差があり，概して所得や財産と相関しているが，このばらつきに関するデータは不足している）．例えば2012年には，温室効果ガスの中で2番目に重要なメタンの1人あたりの排出量は国の発展度や1人あたりの所得とほとんど相関しなかった．1人あたりのメタン排出量が特に多いのは中央アフリカ共和国とスーダンで，米国や大部分の欧州諸国では中間にあり，イタリアと日本では低かった[9-11]．

グローバル化によってこのようなデータ比較が複雑になる．安価な輸送手段と世界中に張り巡らされた貿易ネットワークにより，高所得国は地球上至るところでエコロジカル・フットプリントを残すことになった．その一例として，北米で消費される牛肉のためにブラジルで畜産牧草地確保のための森林伐採が促進していることが挙げられる．同様に，ある国の国民は国境をはるかに越えたところで温室効果ガス排出の原因となる可能性があり，これは国民が消費する製品が別の場所で製造されている「埋め込まれた」排出量まで包含する結果である．また，富裕層の消費が遠く離れた貧しい地域の汚染問題に直接影響を与えることもある．汚染を引き起こす産業施設が低所得者層の居住地域に設置されたり，廃棄されたコンピュータが最終的には発展途上国の埋立地で処分されたりする．さらに問題なことに，低所得国では概して電気，食料，衛生設備などの重要な物資やサービスへのアクセスが不十分である．

一般的に所得の高さと1人あたりの消費量の多さの相関関係は，環境に最も関連するカテゴリーにおいては説得力を持っている．世界レベルでの1人あたりの消費量を懸念する人々は富裕層の消費削減の重要性に注視することが多く，時として膨大な数の（そしてさらに増加を続ける）富裕層による消費率の急増に注意を促している．

しかし貧困層の消費も，たとえ高くない水準であっても環境やプラネタリーヘルスに影響を与える．居住地の拡大は生産性の高い農地を犠牲にすることが多く，食料安全保障が損なわれる．狩猟や森林地帯への農地拡大は動植物個体群の規模を縮小させ，絶滅を招く．廃棄物処理を不適切な場所で行ったり大規模に行ったりすると，他の生物種と同様，人間の健康をも脅かす．真水の不足は地域的・局地的にますます深刻化している．

一般論として，貧困な人々が，所得や消費パターンにおいて裕福な人々の仲間入りをしようとするのは至極当然である．人口予測とは異なり，主要原料やエネルギー資源の1人あたりの今後の消費率を予測する強固な統計学的手法は存在しない．しかしながら21世紀の世界人口を80億人から110億人と予測した場合，そのすべての人々が現在の北米と同等の生活水準となると，それに必要なエネルギーや物質資源を地球が生み出すことはできない．それでも，現在の経済発展モデルは，過去数十年かけて豊かさを手にした米国や他の先進諸国の大量消費型生活様式の継続を奨励し，想定している．1992年の国連環境サミットにおけるジョージ・H・W・ブッシュ大統領の，「米国人の生活様式は協議する必要などない」という発言が米国人のこだわりをよく表している[12]．その14年後，息子のジョージ・W・ブッシュ大統領は，迫り来る不況を防ぐために「もっと買い物をしよう」と国民に呼びかけた[13]．

消費ベースの生活様式が世界に広まったのは，大量消費主義を売り込み，消費者としてのステータスを得たいという願望をかきたてる広告や娯楽メディアによるところが大きい．広告や大量消費主義がメンタルヘルスや幸福に与える影響については異文化間研究でも問題提起されており[14]，第11章で詳しく説明する．また，身体的健康にも影響する可能性がある．ペンシルベニア州ロゼットにおいて，住民同士の人間関係が緊密なイタリア系米国人のコミュニティを50年間にわたって調査した結果，この移民コミュニティは調査開始当時，近隣の2つの町に比べ循環器疾患の発生率が低かった．しかし町民の生活様式がアメリカナイズされ，かつての強い社会的絆が薄れて消費主義が強まると循環器疾患の発生率も上昇した．調査開始時の心臓疾患の差は，3つのコミュニティの文化や社会的結びつきの違いに起因すると考えられる[15]．

発展途上国の経済成長が先進国より急速に進むにつれ，少なくとも国別比較において，特にアジアでは1人あたりの消費量格差は縮小し始めている．しかし，多くの国では所得格差が拡大しており，おそらく1人あたりの消費量も増加している[16]．高所得消費者は先進国に限った話ではない．個人が富めば消費は高くなる．第二次世界大戦以後の急速だが不平等な消費の増加は今後も続く可能性があり（場所によっては当然のごとく続くと思われる），人口増加によってさらに悪化するというジレンマに陥っている．人間と他の生物の生命の存続に十分な環境を維持しながら貧困を軽減するような経済発展を促すにはどうしたらよいのだろうか．この2つの目標を達成するには，世界の裕福な国々や人々によるエネルギーや物質の大量消費を大幅に削減する必要があるが，科学が消費を環境に優しいものにするテクノロジー的打開策を提供しない限り，それは不可能である．

負荷の大きい消費カテゴリーのいくつかは，ほぼすべての国で増加している．現在，地球上には12億台の普通乗用車が存在し[17]，2017年にはSUV（スポーツ用多目的車）の販売台数が記録を更新し，全世界の自動車販売台数の3分の1以上を占めた[18]．これまで以上に多くの人が仕事で飛行機を利用している．住宅の平均的な大きさ，つまり土地の占有率，使用する材料，住宅の機能管理に必要なエネルギーは増加傾向にある（ただし，特に人口密度の高い都市部ではこの傾向は正反対の可能性がある）．肉類の消費量とプラスチックの使用は，特に発展途上国で急速に増加している．世界的には1人あたりの物質とエネルギーの消費量は高いレベルに落ち着きつつある．プラネタリーヘルスにとっては低いレベルのほうがはるかに良いだろう．

テクノロジー

理論上は，1人あたりの消費量や人口が定常状態に達したとしても経済成長は無限に続く．特に現代の経済成長の基盤がますます製造業からサービス業へ移行する傾向を考えるとなおさらである．しかしこの理論は，物的資源やエネルギー資源を地球から採取し，環境中に排出する廃棄物の増加と，国内総生産（GDP）とをうまく分離（デカップリング）できることを前提としている．現在あるデカップリングの例としては，自動車の燃費向上による効率化，電気自動車やハイブリッド車への移行の推奨，炭素系燃料から風力発電や太陽光発電などの再生可能エネルギーへの移行などが挙げられる．このような動きがあるにもかかわらず，廃棄物の増加は大きく減速する兆しがない．

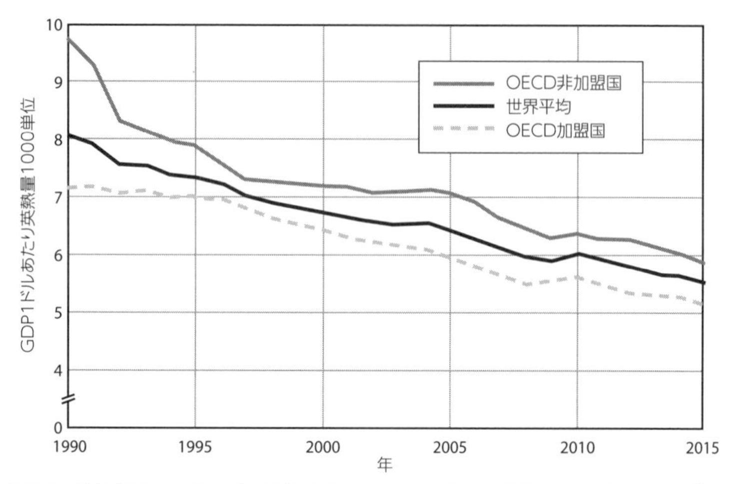

図3.6 世界経済のエネルギー集約度（GDP1ドルあたりの英熱量1000単位〔BTU〕），1990～2015年．（エネルギー集約度とは，国内総生産1ドルを生み出すのに必要なエネルギー量のこと．）1990年から2015年にかけ，エネルギー集約度はOECD加盟国で28%，非加盟国で40%，そして世界で32%減少した．この減少傾向は，継時的な省エネやエネルギー効率の向上，エネルギー集約度のより高い部門（重工業，製造業など）から低い部門（サービス，ソフトウェアなど）への移行を反映している．このようなエネルギー集約度の改善を加速させると同時に，脱炭素再生可能エネルギーへの移行を急速に進めることで，環境負荷を大幅に軽減しながら生産性の向上を継続できると期待されている．

〔出典〕EIA. International Energy Outlook 2016. International Energy Statistics and Oxford Economics. https://www.eia.gov/todayinenergy/detail.php?id=27032

実際はここ数十年の間にデカップリングが起こっており，例えばGDP1ドルあたりのエネルギー使用量は1990年から2015年にかけて世界的に着実に減少した（**図3.6**）[19]．しかしこれまでのところ，この傾向は人口や1人あたりの消費量の増加を相殺するには至っていない．米国エネルギー省情報局は，2040年までに世界のエネルギー消費量が現在の水準から48%増加すると予測しており，その増加分の大部分を炭素系燃料が占めるとしている[20]．2017年の世界の二酸化炭素排出量は，再生可能エネルギーの生産量が大幅に増加したにもかかわらず4年ぶりに増加した．急成長する世界経済は，相変わらずエネルギー生産の81%を炭素集約型の化石燃料に依存している．世界人口の多くは，2017年に増加した8000万人も含め，商業用エネルギーを利用できるようになった[21]．

理論上デカップリングは，すべての廃棄物が人間に利用可能な資源として経済に還元され，新たな原料の採掘や採取の必要がほぼない，あるいはまったくないような‘循環型経済’へと進化できる可能性をもっている．しかしプラネタリーヘルスにとって残念なことに，今日の世界経済は循環型とは程遠い．国連環境計画によると，2017年には物質資源から採取された推定920億トンが世界中で消費された．これは1970年の270億トンの3倍以上であった[22]．この数字は今世紀半ばまでに再び倍増すると予測されている．国連当局は物質資源を，植物，化石燃料，金属，砂や砂利などの非金属鉱物と定義している．多量の原料使用への対応の複雑性に加えて，それが驚異的に不公平であるというのが事実である．高所得国の住民は低所得国の住民に比べ，重量にして平均10倍の原料を使用している[23]．これは，製造業やエネルギー経済に大きな変化がなければ，経済成長を人口や消費量の増加からデカップリングさせてプラネタリーヘルスを守ることが困難なことを示唆している．

政　策

背景 —— 意見の分かれる論争

人口増加とその対策については長い間，議論を呼び意見が分かれてきた．経済学者のトマス・ロバート・マルサスは19世紀の終わりに，人口が食料の供給を上回ることは避けられないと主張し，賛否がほぼ同程度に分かれる物議を醸し出した．20世紀までは人口変動や分布に関連した政策を明確に制定した政府はなかったが，避妊や中絶に対する社会的・法的制裁は多くの国で人口増加の間接的要因となった．

20世紀初頭には，欧州や北米諸国の一部で優生学の考えが政府政策に影響を与え始めていた．優生学とはギリシャ語の「生まれが良い」に由来する言葉であり，望ましくない遺伝形質の伝達を阻止し，より望ましい遺伝形質の伝達を促進する方策を提唱したものである．20世紀前半には，はじめは米国の一部の州政府，そして後にナチスドイツが，刑務所や精神科病院で何万人もの人々に強制的不妊手術を行った[24]．優生学と人口抑制との直接的な関係はほとんどないが，この2つの概念の混同が，人口政策への不快感がつきまとう要因となっている．

20世紀半ば以降，いくつかの国で試みられた人口抑制策は，リプロダクティブ・ライツ（性と生殖に関する権利）を侵害したと非難されている．最も悪名高い例は中国の一人っ子政策である．1980年頃から中国政府官僚は生殖年齢にある数億人の国民の生殖行動を厳重に監視し，許可された出生数（通常は夫婦1組につき1人）を超えた者を罰し，場合によっては違反者に人工妊娠中絶を強要した[25]．1975年から1976年にかけてインド政府は男性を中心とする800万人以上の人々に不妊手術を行ったが，その多くは強要されたり強固に奨励されたりしたものだった．中国もインドも人口過剰に対する政府の懸念から，出生率を下げることを明確に意図してこのような政策を進めた[26]．つい最近では，1996年から2000年にかけてペルーのアルベルト・フジモリ大統領政権が人口抑制（暗に優生学的な人口「改良」）を目的として，本人の同意なしに20万人以上の先住民族女性への不妊手術を行ったと報じられた[27].

低迷する人口増加率を上げるために強制的な人口政策が取られた事例が少なくとも1つある．ルーマニアでは共産党のニコラエ・チャウシェスク政権が人工妊娠中絶をほぼ禁止し，大半の避妊方法の利用を打ち切った．これは1966年に2300万人だった人口を，2000年には3000万人にまで増加させることを具体的な目的としていた．「子どもを産まないことは国を見捨てることである」と，この独裁者は宣言した．この政策により出生率は約2倍になったが，乳児死亡率が上昇し，違法な中絶や妊産婦の罹患，国立孤児院に預けられる捨て子も増加した．この政策は1989年にチャウシェスク政権の崩壊と同氏の処刑によって終わりを告げた[28, 29].

‘人口抑制’ (population control) という言葉がもつ汚名と強制的な含意を考慮し，人口に影響を及ぼす政策を進める政府や国際機関の多くはこの言葉の使用を避け，代わりに家族計画サービスの利用法の改善，教育や知識習得の機会の拡大，男女平等の向上に重点を置いている．中国ではいまだに夫婦1組が持てる子どもを2人までに制限する政策が正式に実施されている（本書編纂の2020年現在）が，政府が圧力をかけて国家の平均出生率を低下させるという考えは衰退しつつある．現代の人口政策は人権，個人の自主性，および個人の選択に根ざしており，出生率の目標を示唆することさえ避けられている．

人口増加が環境問題の主要な要因であるという考えは科学界では容認されているものの，他ではよく異議を唱えられる．人類は基本的に善良なので人類の増加は常に有益であるという確固たる信念をひどく脅かすからかもしれない．人口に関する考え方は従来の左翼・右翼という政治的二極化はできないが，人口増加を緩める努力に反対する保守派は，人口増加を技術革新や経済成長，繁栄の増大に拍車をかけるものとして評価する傾向がある．また，聖典の教義や宗教的権威を主張し，近代的避妊法を禁止したり，人類の永続的な増加を神聖視したりする人々もいる．

同様に，一部の政治的進歩主義者，特に女性やマイノリティのリプロダクティブ・ヘルス（訳注：性と生殖に関する健康）やその権利の擁護者からの反発もある．消費こそが真の問題であるという考えはおもに，人口こそが真の問題であるという一部の人々の見解に対立して生まれた．作家のナオミ・クラインは，気候変動への対応策として人口抑制を挙げるのは，「欺瞞，道徳の荒廃」とし，「温室効果ガス排出増大の最大の原因は，貧困層の生殖行動ではなく，富裕層の消費行動である」と主張した[30].本章で提示した人口学上の事実により，この主張が不完全な推論であることは明らかだが，それにもかかわらずこの推論は普及し，影響力を持っている．

このような推論に対して私たちは以下のように反論する．個人や家族への直接的な恩恵は，自発的家族計画や教育，女性への権限付与を奨励する政策の正当化に十分である．特に環境問題への対策が明らかに困難であることを鑑みると，このような政策の意図せぬ副次的なメリットは，人々の健康の改善と環境の持続可能性を達成する長期的最善策を提供することである．人権と個人の選択という観点から人口問題に適切に取り組むことは，親になるかどうかや，いつ，どのくらいの間隔をあけて，誰と親になるかといった人生で最も重要な決断をする手段を1人ひとりに提供する．

1人あたりの消費量は人口の変化に比べて上昇（時には下降）の度合いが大きい傾向があるが，これをうまく削減することはこれまで政府の政策検討の中心ではなかった．これは機会の損失である．というのも，1人あたりの消費量の削減は，人口の増加を緩やかにして最終的には終結させるという長いプロセスに比べてより迅速に環境的な恩恵をもたらす可能性があるからである．それでも，消費者人口が徐々に増え続ける傾向にある人口問題に首尾よく対処することは，消費の削減によって得られる持続可能性の長期的確保には必要不可欠である．このような相乗効果と，その土台となる人権，公平性，個人の選択についての認識の欠如が，プラネタリーヘルスの改善のための効果的選択肢を限定させてしまう．

従来の経済学では，消費は経済成長の原動力であり，人間のニーズや欲求を満たし生活水準を向上させるとして称賛される（第15章参照）．経済学者の多くは経済成長が環境や天然資源の制約に直面する懸念を退けている．世界の人口が80億人に近づいても世界経済は成長し続けているという事実がこの考え方を後押ししている．その一方，少数の生態経済学者らは，経済活動における環境の制約は現実的なものだと主張し，貧困削減を目的とした経済発展を優先させ，グローバル経済と環境の限界とを全般的に調和させようと努力している[31]．

人間が引き起こす気候変動，真水不足の深刻化，土地の劣化，現在進行中の生物多様性の損失などに消費の果たす役割についての議論が近年活発化しているが，不平等の問題と切り離すことはほぼ不可能であることが判明している．出産の間隔や回数を自分たちで選択する夫婦の人権がよく再確認されるのとは対照的に，「消費する権利」については意見が一致していない．とはいえ，たとえ同じ方法が存在しないにしても，低所得者層にも中所得者層や富裕層と同じように消費する権利があるのは明白である．貧困層が富裕層と同じように消費したいという願望は当然であり，正当である．しかしグローバル・フットプリント・ネットワークの試算（明らかに不完全ではあるが）によると，多くの推計では，今日の世界人口のすべてが米国人と同じように消費した場合，さらに地球3個分の天然資源を利用しなければ持続不可能となる[32]．人口や消費の増大は常に望ましいという一般通念に反して，どちらの増大も幸福度と緊密に相関している証拠は皆無に近い．第11章ではこのテーマについてさらに詳しく考察する．

人口増加と消費パターンは環境悪化と切り離すことが難しいとすると，その速度を緩やかにするという発想は検討に値する．しかし，消費や増加し続ける世界人口といった問題を私たちはどのように解決すればよいのか．

これまで見てきたように，最大の障害は，富裕層と貧困層の間の深刻な隔たりが，温室効果ガスの排出，重要な天然資源の消費，人間以外の生息環境の侵害といった，人間が環境に負荷を与える行動にも同様に深刻な隔たりをもたらしていることである．すべての人間は，食料，エネルギー，土地，住まいなどの‘物資’を消費したり変換したりしなければならず，そうすることで環境に個別に負荷を与えている．しかし富や所得が著しく不平等であり世界が不公平であると，生態学的安定性に対する人間の干渉や，その軽減のためにできることの理解が難しくなる．この分配の公正問題については第17章で掘り下げる．

人口関連の政策が「人口抑制」と混同されがちなことを考えると，人口による環境負荷を科学的に議論する際に，これらのテーマに対する意見の違いに敏感である必要がある．今日，さまざまな意見に広く耳を傾けて検討してもらうためには，公平性を尊重し，すべての人間が持つ基本的な尊厳と権利への認識を示さなければならない．これは難しくはない．現在では女性の地位，学歴，避妊手段の利用の向上に直結して出生率や人口増加率が低下することが広く理解されている．男性が家族計画に積極的に参加し，男女平等を支援することで人口問題に関するプラスの結果への道を広げ，それを持続させることにつながる．

人々の消費方法を考える際に，公平性と持続可能性の両方の重要性をバランスよく考慮すると，限りある地球上での人類の未来を考えるうえで人口規模を重視しがちである．例えばすべての人が温室効果ガスをまったく同量排出したなら，安定気候を維持できる1人あたりの温室効果ガス排出量は世界の人口増加に正比例して減少する．1人あたりの排出量が非常に不均衡なため，人口増加の重要性は不透明になる．このように，不平等な世界という霧の中でプラネタリーヘルスにおける人口と消費の役割を見極め，不平等を拡大するのではなく縮小しながら両方に対処する方法を想定することが課題である．

一般の人々や多くの政策立案者に容認されるためには，人口変動に影響を与える戦略は，個人の選択，人権，開発，プラネタリーヘルスおよび人間のウェルビーイングの向上に完全に基づいている必要がある．非効率性を徹底的に削減し，できるだけ多くの廃棄物を資源として経済に循環させ，真の意味での循環型経済を社会が発展させることができれば，消費量とその消費における資源集約度の両方を低下させる作業ははるかに容易になる．しかし，経済的な循環性が大幅に改善されない限り，消費パターンに影響を与えるには，政府によるさらに直接的な措置が必要となる．例えば環境上「悪いこと」への課税と環境上「良いこと」への奨励金を組み合わせることなどが考えられるが，そのような政策も個人選択の余地は残る．例えば自動車の燃料や飛行機の運賃が現在よりはるかに高くなっても，人は依然としてその割増料金を払うかもしれない．富裕層は貧困層の手が届かないものを消費できる．つまり消費を削減できるかどうかは貧困層の消費次第となり，これはまた別のモラル・ハザードをもたらす．

消費への取り組み

多くの経済学者や一部の環境保護主義者は，多くの人々が所有欲や所有で得られる刺激や満足感を求めるので，消費を減らすことは不可能な目標だと考える．同じような消費行動はグループへの帰属意識を高める．地位や魅力を追求する競争により，仲間よりも多く，あるいは異なる方法で消費しなくてはという感情が生じる[33]．広告とその効果を研究した作家のジェームズ・B・トウィッチェルは，「何を買うかを教えてくれれば，あなたが何者であるか，そして誰になりたいかを当てましょう」と書いている[34]．しかし，プラネタリーヘルスや未来に影響を与えずに無限に享受できる，より深い欲求や願望を促すことで，消費を抑える可能性もある．タバコ規制や，ゲイやトランスジェンダーの人々に対する公平な扱いのように，世論が指導者らを先導する事例はある．そして，より環境に配慮した持続可能な消費に向けて世論が動くという希望の光が存在する．

近年，消費と消費者主義（消費行動自体を称賛すること）に関する文献がかなり出てきており，個人，文化，政策の変化に向けた提言をしている．アラン・ダーニングの『どれだけ消費すれば満足なのか――消費社会と地球の未来』（“How Much Is Enough?”[35]）や，ジュリエット・ショアの『真の富』（“True Wealth”[36]）などで，物質やエネルギーの消費を伴わない質の高い時間ややりがいのある経験への熱望を広く人々の心に訴えることで，人の生来の傾向である過剰消費に対抗できる可能性を論じている．例えば家族や友人との時間，運動，芸術鑑賞，言葉や音楽などの芸術的表現，自然の中で過ごす時間，瞑想や宗教などの精神的探求，ボランティア活動，単純な人助け，そして隣人との絆を深めるコミュニティ活動などが挙げられる．これらの見解については第11章でさらに掘り下げる．

政府は最も悪影響を及ぼすタイプの消費を抑制するプロセスを開始するのに，世論やライフスタイルの劇的な変化を待つまでもない．これらの影響を修正する大きなチャンスはI＝PAT方程式の3番目の因子であるテクノロジーにあることは間違いない．政府はより環境に優しいテクノロジーの研究を支援し，規制（例えば自動車の燃料消費制限）によってそのようなテクノロジーの採用を奨励することができる．政府は，教育活動により，大規模で豊かな人口がどうすれば環境的に持続可能となるのかという問題への取り組みに，多くの人々の関心を寄せさせることができる．政府はまた，人間による環境負荷を大幅に削減する見込みのある再生可能エネルギーなどの既存のテクノロジーの活用を奨励することもできる．第12章ではそのような取り組みの可能性を探る．

「環境税」は，環境に悪影響を及ぼすさまざまな消費を抑制する．実際，環境税を配当やリベート（ここでは，燃費の悪い車に課金し，良い車に減税するなど，いわゆるエコカー減税のようなものとして「フィーベート feebates」と呼ばれる）で補助する考え方は，金銭的コストと報酬によって消費の転換を促進する，経済学者が好む方法である．しかし，このような政策戦略を必要な規模で実現するためには，環境についての国民や政策立案者の関心を大きく変化させる必要がある．

環境課税という考え方に沿って世界や国内の経済関連の基本的見地を再構築するために，金銭的価値よりも人間の幸福や充足感に重点を置いた経済指標の設計など，さまざまな提案がなされている．よく知られているのはブータンで採用されている国民総幸福量という指標である．しかし，環境課税のような経済指標はまだ広く普及していない[37]（この点に関するさらに詳しい情報は，第15章，第16章，政策，第11章を参照のこと）．

過剰な消費を抑制するために政府は，特に子ども向けの広告をもっと積極的に規制することも可能である．健康や環境への影響が考えられる製品表示を義務づけることもできる．環境上のリスクや被害がきわめて大きい場合，政府は製品の製造を禁止したり段階的に廃止したりできる．

また，あまり直接的ではない政策変更でも過剰な消費を抑制できる．ショアは，週の労働日数が短くなれば，労働者が経済活動以外のやりがいのあることにもっと時間を使いやすくなると指摘している．そうすれば，収入のために自分の時間の大部分を費やす労働中心の生活の反動で，労働者が浪費することも少なくなるだろう．しかしこの戦略は推論でしかない．確かに労働時間が短くなれば所得も低くなり，使える金銭は少なくなる．しかし，自由時間をどのように過ごすのか，実際に出費を抑えるかどうかは不確かである．自然地域の保護のために政府が投資を増やし，自然を享受するための料金を引き下げたり廃止したりすれば，ある程度の人々が環境上問題となる消費をやめるかもしれない．

結局のところ消費の抑制に必要なのは，人々が実際に望んでいるもの，つまり自分たちの生活をよりうまく管理でき，健康と生活の質を向上させる選択肢の提供を基盤とする包括的で世界的な恩恵を生み出す戦略である．個人や夫婦が健康であり自分たちで満足のいく出産を決断できること，これこそが世界人口の安定または緩やかな減少を願う人々が支持する取り組みである．

人口増加への取り組み

国連の推計によると，1960年代後半から2015年の間に，世界の女性1人あたりの平均出生数は5人近くから2.5人へと減少した[38]．2019年現在，92か国の女性1人あたりの出生数は平均2.1人以下となり，人口は増加しない．この出生率が世界共通だとすると，やがて人口増加は終焉する[38]．この期間に子どもの生存率や平均寿命が大幅に伸びたにもかかわらず，家族規模は縮小し，世界の人口増加率は2015年までにほぼ半減し，1970年の年率2%から2019年には1%強に低下した．もし増加率が落ちていなければ，今日の世界には約96億人が暮らしていた*．高出生率の負の健康影響に加え，地球温暖化をはじめとする人間や生態系の健康を損なう環境問題への取り組みも，この仮説シナリオではいっそう困難になったであろう．

ここ数十年の少子化と人口増加の鈍化にはさまざまな社会的要因が貢献しており，そのどれもが有益であった．高学歴化（特に女子），乳幼児死亡率の低下，女性の地位や経済的機会の向上などである．加えて，多くの政府が自発的な家族計画プログラムに投資した．それぞれの貢献度を明確にするのは困難で，人口学者や経済学者の間でも意見の分かれるところである．それでも，いくつかの介入による影響の推定がなされている．例えば世界銀行は最近，18の発展途上国を対象とした研究で，中等教育の完全普及によって合計出生率（1人の女性が15歳から49歳までに産む子どもの数）を3分の1削減できると推定した[39]．さまざまな発展途上国における家族計画プログラムについての最近の調査では，しっかりとしたプログラムによって避妊普及率を20%から30%に高め，合計出生率を平均1.5人減少させられることがわかった[40]．

少子化を促進する多様な要因が相互に影響を及ぼすにせよ，安全で効果的な避妊方法にアクセスでき，使用が広く普及することが根本的構成要素である．さもなければ女性や夫婦は自分たちの生殖選択を実行できない．1970年以降，何億組もの夫婦による出産選択が異なっていたり，選択肢がなかった場合に比べると，今日エネルギーや物質を消費する人間の数ははるかに少なくなっている（さらに言うと，若年妊娠や頻回妊娠と乳幼児や妊産婦の死亡率に密接な関係があることを前提にすると，その選択によって数え切れないほどの子どもや女性の命が救われてきた）．人口増加を鈍化させる目的の有効性と倫理との間に矛盾はない．家族計画サービスの普及，教育（特に中等教育），女性の経済的機会等の拡大は，政府が少子化を義務づけたり奨励したりして人口抑制する以上の成果をもたらす．

経済学者の中には，少子化対策にはしっかりとした家族計画プログラムが必要だという見解に疑問を持つ者もいる．従来の経済理論では，出産は親の実益を最大にする意思決定であり，新車や冷蔵庫の購入と同じだと考えられがちである．多くの経済学者は，20世紀末の最後の3分の1の間に成し遂げられた経済発展により，ただ単に親が大家族の有用性をより低く感じるようになっただけだと考えている．このように考えると，大家族のままであれば，親が単に大家族が経済的に最適であると判断し続けていることになる．つまり暗に示唆するところは，家族計画プログラムが利用できる

---

* 共著者のエンゲルマンによる，1970年の人口から定率での人口増加率に基づく試算．

かどうかは問題ではなく，子どもを産むかこれ以上産まないかという親の関心がきわめて重要ということになる[41].

しかしながら，この推論は論理的にもデータ的にも正しくない．人は子どもをつくるためだけに性行為をするわけではないし，性行為によって妊娠するかしないかを自分でコントロールできない．最新の推計では，2010年から2014年の世界の妊娠の44%が意図しないものだった[42]．生殖可能な夫婦は意図しない妊娠に対して積極的な対策を取らない限り，数年ごとに新車や冷蔵庫が届くような事態に直面する．たいていの人は妊娠の時期や回数の管理を心がけている．つまり妊娠と出産が可能な大部分の期間（女性はおおむね15歳から49歳まで）で積極的な予防策をとる．世界中の女性の約3分の2近く（64%）が避妊しており，ほとんどが効果的な近代的避妊法を使用している．生殖年齢の女性の避妊具使用率は35%だった1970年から約2倍に増加している[43]．避妊具を使用していない36%の女性の多くは，性行為をしていないか，妊娠しているか，あるいは妊娠を望んでいるかであり，望まない妊娠を回避しようとしている生殖可能な女性では避妊具の使用割合は75%近い．

20世紀半ば以降，世界中で家族の人数が半減したことは，人類史上最も広範に普及した社会革命の1つである．自発的な家族計画サービスの普及が唯一の原因ではないが，必要不可欠だったことは確かである．1950年代以降，財団，政府，企業，リプロダクティブ・ヘルスに関する非政府組織（NGO）などがこの普及を支援した．しかし，多くの人々が自分の両親や祖父母よりも子どもの数を減らしたいと望まなければ，家族の人数は決してこのように急降下しなかった．

また，1970年以降の希望出生数と実際出生数の低下には，経済発展，都市化，マスメディア，そして特に高学歴化も寄与している．女性の最終学歴とその後の出生数の密接な相関は，ほぼすべての人口調査で十分に裏づけられている．国際応用システム分析研究所によると，アフリカでは教育を受けていない女性は1人あたり平均5.4人出産する[44]．初等教育を修了した女性は4.3人，中等教育を修了した女性は2.7人となっている．何かしらの高等教育を受けた女性では2.2人に下がり，アフリカでは人口置換水準（人口が増加も減少もしない均衡した状態となる合計出生率）を下回る出生率となっている．これは残念なことに，アフリカではいまだに生殖年齢に達する前にかなりの割合の子どもたちが亡くなるためである[45]．研究者らの調査によると，女子が1年教育を受けるごとに，平均してその女子の出生数が0.3～0.5人低下する[46]．しかし教育だけでは少子化対策は不十分である．結局のところ，博士号を持つ女性でも安全で有効な避妊具を自力でつくることはできず，リプロダクティブ・サービスを利用しなければならない．

ここ数十年の間に個人による効果的な出産管理や家族計画プログラムの普及が進んだにもかかわらず，調査によると，近年はやや低下したが，世界全域で意図しない妊娠が継続して高水準にある[42]．発展途上国だけでも妊娠したくないにもかかわらず近代的避妊法を利用していない女性が2億1400万人いると推定されている[47]．リプロダクティブ・ヘルスに関する提言活動を行う世界有数のシンクタンクであるガットマッハー研究所によると，年間2億2700万件の妊娠のうち1億件は予定外か望まない妊娠のどちらかであると推定されている[48]．この意図しない妊娠の約半分は中絶に至り，残りの多くは流産し，この割合が意図しない妊娠の精神的・身体的負担を物語っている．夫婦が効果的な避妊を利用できていれば，人口学的には年間3500～4500万人の出産を避けるか，あるいは希望する時期に延期できたと考えられる．（生殖年齢後期の出産は，出産を完全に回避した場合に比べて効果は低いが，世代継承の引き延ばしにより人口増加を緩やかにする．）

望まない妊娠の割合はラテンアメリカや他の多くの発展途上国で特に高い．米国でさえ，高度で高額な医療サービスが提供されているにもかかわらず，その半数近くが望まない妊娠となっている．さらに驚くべきことに，欧州の低出生率の国々では意図しなかった妊娠や中絶が非常に多いことがガットマッハー研究所の調査で明らかになった．研究所は，もしすべてがパートナー双方の予定どおりの望んだ妊娠であったら，これらの国の出生率は両親の出産計画に基づいてさらに低下すると示唆している．

結論としては，すべての人が安全かつ健康に育児に関する意向を達成できるように支援するだけで，人口増加は大幅に，場合によっては劇的に鈍化する．（不妊症の夫婦が子どもを産めるよう支援することは，それ自体がリプロダクティブ・ヘルスの重要な目的であり，人口全体の出生率や増加率に大きな総合的影響を与えることはないと予測される．）

家族計画とリプロダクティブ・ヘルスに携わる人々は，家族計画の普及と利用拡大が促進的で多面的な恩恵をもたらすことを長きにわたり理解してきた（Box 3.1）．しかし，この事実は政策立案者やジャーナリスト，一般市民の間では依然としてあまり理解されていない．ロンドン王立協会と米国科学アカデミーは四半世紀以上前に人口に関する共同声明を発表し，「環境変化の速度を抑えるための他の多くの手段とは異なり，人口増加率の削減は自発的な対策により達成できる」と述べている．「調査では，望まない出産が多いことが繰り返し明らかにされている．家族計画プログラムは，人々に自らの出生数をコントロールする手段を提供することで人口増加を抑え，その結果，環境悪化を食い止める大きな可能性を秘めている」[49]．

バングラデシュ（Box 3.2），イラン，タイなどの発展途上国では，年齢を問わず求めるすべての人へ最適なリプロダクティブ・サービスを提供することにより効果を上げている．これより規模は小さいが，世界各地の野生動物保護や天然資源管理プロジェクトでは，家族計画サービスへのアクセスを促進し（Box 3.3），同等の効果が得られている．アフリカのビクトリア湖周辺で行われている人口，健康，天然資源の統合的管理の取り組みについては「プラネタリーヘルスのケーススタディ—— 解決策選集」(https://islandpress.org/books/planetary-health) で詳しく紹介されている．良好なリプロダクティブ・ヘルス・サービスに必要不可欠なのは，男女ともに長時間作用型可逆的避妊薬や永久的避妊法を含む各種の避妊法を提供することである．出生率は通常，政府や組織が青少年や成人の性と生殖に関する健康上のニーズに総合的に取り組むプログラムを提供すると急速に低下する．このようなプログラムは個人や夫婦が健康な状態で自分たちの出産の意向を叶えることへの支援を目的としている．特定の家族規模を目標とするプレッシャーをかけることなく，結果的に家族規模は，時間を経て個人の意向に沿って普遍的に小さくなっていく．

劇的な出生率低下に劇的な経済発展は必要ない．実際には，これまで逆の順序がより一般的で，出生率が低下した後に力強い経済成長が見られる．これは，1つには人口ボーナスとして知られる現象を反映したものであり，政府や社会が扶養児童に比べ労働人口の割合が増加している結果を巧みに利用できれば，通常，出生率の低下直後に経済が活性化する．政府や市民社会がこのボーナスを教育や医療などの人的資本，つまり人材に投資すれば，その「利子」は劇的に増加する可能性がある．

過去半世紀の進歩にもかかわらず，世界中に家族計画の進展を妨げる障壁が多く存在する．世界の多くの地域では性生活，避妊，妊娠中絶は依然としてデリケートな問題であり，多くの場合タブー視されている．リプロダクティブ・ヘルス・プログラムは，低所得で人口増加率が最大となっている国を含め，大多数の国々で優先順位が低い．医療施設もごく少ない．低賃金の職員は，丁寧なカウンセリングや個々のニーズに合った避妊方法など個別のニーズに応える時間や研修が不足している．先進工業国の財団や政府からの知識や技術提供の援助は，非先進国でのプログラムの発展と普及には欠かせない．貧しい国々で実施される家族計画への富裕国の支援はわずかで，現在，経済協力開発機構 (OECD) 加盟国は海外開発援助の1%しか援助を行っていない[50]．また，このような支援は政治的風向きや思いつきに左右されやすい．例えば米国では，先の共和党政権 (2017年1月発足当時) がリプロダクティブ・ヘルス関連の資金を制限し，外国で中絶についての情報を提供したり推奨したりする非政府組織 (NGO) への支援を禁止した．

Box 3.1 何のための家族計画か？

家族計画は，人口増加の鈍化や人口ボーナスの促進と関連して議論されるが，個人やその家族により直接的な恩恵をもたらすことで，プラネタリーヘルスにも貢献している．自発的な避妊は妊娠・出産に関連する母子の健康問題のリスクを低下させ，母子の生存率を高め，個人的自立性を促進し，生活の質を向上させる．大多数の人々は，意図せぬ妊娠・出産を恐れることなく，時期と相手を選んで自由に性的関心を表現したいと思っている．健全な生殖を自分の思いどおりに管理することにより，人々は自分自身で決定できる選択肢の幅を広げ，自分自身を生かす人生の機会を増やすことができる．

中国を除く国々では近年，生殖に関する規制を緩和しており，出産は基本的に個人の意思決定であり，コミュニティや国の決定することではないとされる．家族計画提供機関は，優れた実践として，人口増加という大問題よりも個人や家族の避妊のメリットに重点を置いている．

そのうえで，避妊は，受胎や妊娠の可能性のある生殖可能な人々にとって健康や幸福を促進する他の行動と大差なく，理にかなっている．こうした直接的なメリットの一部を定量化する手段の1つとしてガットマッハー研究所は，家族計画とリプロダクティブ・ヘルスへの米国の支援（2018年度は総額6億ドル強）1000万ドルにつき，発展途上国では，

- 41万6000人の女性と夫婦に避妊サービスや避妊用具を提供でき，
- 12万4000件の意図しない妊娠を回避でき，5万4000件の予定外の出産を防ぎ，
- 5万3000件の中絶（そのうち3万5000件は安全でない中絶）を防ぎ，
- 240人の女性の妊娠・出産による死亡を防ぐ，

と試算した[a]．

避妊は，乳幼児死亡を防ぐために特に重要である．有効な避妊方法を利用していない生殖可能な女性によく見られる2年未満の出産間隔は乳幼児死亡リスクを大きく高める．出産間隔が長くなり意図しない妊娠が減ると母親の生存率も上がる．また，妊娠・出産からの回復や授乳のための時間が増えれば母親の健康にもつながり，子どもの生存率，健康度，発育状況をも向上させる．避妊により，若い15～19歳の女性（妊娠・出産の合併症で死亡する確率が20～24歳の女性の2倍），35歳以上の女性，すでに何人も出産した女性や，間隔を空けずに妊娠した女性のハイリスクな妊娠・出産は回避できる[b]．

さらに避妊は中絶の防止にもつながるが，世界の中絶の45％は安全ではない状況下で行われている．後発開発途上国の一部の国では，こうした危険な中絶の40％が医療処置を要する合併症を引き起こし，発展途上国全体では年間約690万人の女性が治療を受ける[c]．また，男性用・女性用コンドームを正しく使用することでエイズなどの性感染症を防ぐこともできる．しかし，親しいパートナーからの家庭内暴力問題は避妊利用を困難にする．世界中で性経験のある女性の30％が，現在または過去のパートナーから暴力を受けた経験があるといわれている[d]．時として女性の避妊が暴力の引き金となり，避妊法の選択や避妊を続けるかどうかの判断を狭める[e]．

避妊で得られる明らかな健康上のメリット以外に，診療所や保健省では完全に把握できない恩恵もある．それぞれの使用者に適した避妊法を安全かつ有効に使用することで，人々は意図しなかった妊娠によって自分の計画や夢が頓挫したり制限されたりすること

を恐れずに，個人的な意向や強い願望をバランスよく調整できる．これは女性にとって，またジェンダー平等一般の観点でも特に重要である．ジェンダー平等は，女性が自分が望むときに性交渉をし，意図せぬ妊娠への恐怖から解放されるといった度量と能力を得ることで達成される．

参考文献

a. Guttmacher Institute. Just the numbers: the impact of U.S. international family planning assistance. 2018. https://www.guttmacher.org/article/2018/04/just-numbers-impact-us-international-family-planning-assistance. Accessed September 2019.
b. Smith R, Ashford L, Gribble J, Clifton D. *Family Planning Saves Lives*. 4th ed. Washington, DC: Population Reference Bureau; 2009. https://www.prb.org/wp-content/uploads/2010/10/familyplanningsaveslives.pdf.
c. Singh S, Remez L, Sedgh G, Kwok L, Onda T. *Abortion Worldwide 2017: Uneven Progress and Unequal Access*. New York, NY: Guttmacher Institute; 2018. https://www.guttmacher.org/report/abortion-worldwide-2017.
d. World Health Organization: Department of Reproductive Health and Research, London School of Hygiene and Tropical Medicine, Council SAMR. *Global and Regional Estimates of Violence Against Women: Prevalence and Health Effects of Intimate Partner Violence and Non-Partner Sexual Violence*. Geneva, Switzerland: World Health Organization;2013. https://www.who.int/reproductivehealth/publications/violence/9789241564625/en/.
e. Gilles K. *Intimate Partner Violence and Family Planning: Opportunities for Action*. Washington, DC: Population Reference Bureau; July 2015. https://assets.prb.org/pdf15/intimate-partner-violence-fp-brief.pdf.

Box 3.2　家族計画のケーススタディ ―― パキスタンとバングラデシュ

過去半世紀にわたり発展途上国の多くの政府は，家族計画プログラムを実施し，避妊方法の利用と情報を提供してきた．通常，これらのプログラムが開始されると避妊具の使用率が大幅に増加し，出生率は低下する．残念ながら，これらの傾向から家族計画プログラムの正確な役割を判断することは難しい．というのも，プログラムがなかったとしても避妊具の使用率はある程度上昇した可能性もあるからである．この事実はプログラムの最終的な効果の推定を困難にし，議論の的となっている．

保健医療介入の影響を評価するための絶対的基準は実験を行うことである．残念ながら家族計画プログラムを評価するための大規模な比較対照実験はほとんど行われていない．なぜならこうした実験には費用がかかり，完了までに長い時間を要するからである．このような実験のうち最大規模で最も影響力のあるものは，1970年代後半にバングラデシュのマトラブで開始された「家族計画及び公共医療サービスプロジェクト(FPHSP)」である．当時，バングラデシュは世界の最貧国の1つで，農業依存の最も大きな国で，このような昔ながらの伝統的社会で家族計画が受け入れられるかどうかは懐疑的な見方が広まっていた．

FPHSPではマトラブ区（1977年人口17万3000人）を，ほぼ同規模の実験地域と対照地域に分けた．対照地域では国内の他の地域と同じ（最小限の）サービスを受けた一方，実験地域では避妊方法を取り入れる（金銭的，社会的，心理的，保険医療上の）コスト削減を目的とした包括的で質の高い家族計画サービスが提供された．実験地域ではさまざまな方法（経口避妊薬，コンドーム，注射剤，IUD子宮内避妊用具，不妊手術）によるサービスや用具を無料で提供し，教育を受けた女性の家族計画指導員による家庭訪問や健康上の不安に対処するための定期的なフォローアップ，マルチメディア通信サービスの幅広い使用，月経調整（中絶）* サービスの無料提供などが行われた．また，夫，世帯主，宗教指導者への積極的な働きかけにより，男性からの潜在的な社会的・家族的反対意見にも対応した．

このような集約型サービスが生殖行動に与える影響は大きく，即効性があった．プログラム開始から1年以内に，実験地域の避妊割合は5%から28%まで上昇した．一方，対照地域やバングラデシュのその他の地域では，最初の数年間はほとんど変化がなかった．実験地域での避妊普及率の上昇は対照地域よりも約25%の出生率の低下をもたらした[a]．

マトラブでの実験は，昔ながらの伝統的社会でも家族計画プログラムが成功する可能性を実証した．このプログラムの成功によりバングラデシュ政府は，マトラブモデルを国家の家族計画戦略として採択した．

図3.2.1にバングラデシュとパキスタンの1970年から2010年までの出生率推移を示す．1970年代末の時点では両国の女性1人あたりの出生数は6.8人とほぼ同じ高さだったが，その後数十年の間に趨勢が分岐した．1990年代後半には，バングラデシュの出生数は女性1人あたり3.4人に減少し，パキスタンでは5人にとどまった．この出生率の差はそのまま継続し，2010年から2015年にはバングラデシュの女性1人あたりの出生数は2.2人で，このような貧困国にしては驚くほど低い水準となり，ほぼ人口置換出

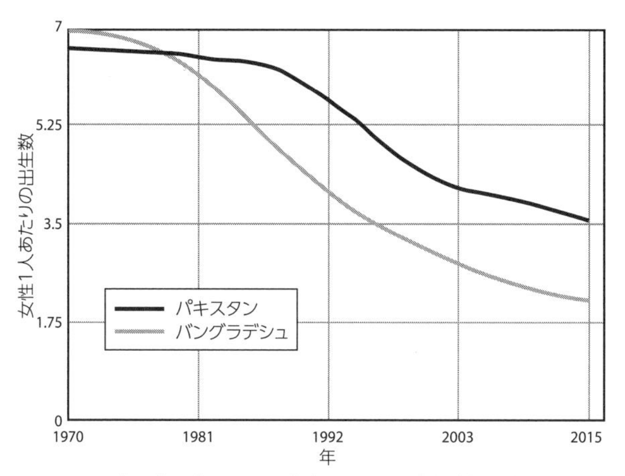

図3.2.1　バングラデシュおよびパキスタンの出生率推定値

---

* 月経調整とは，月経が短期間遅れた場合に真空吸引や，ミフェプリストンとミソプロストールの薬剤併用で月経を誘発させる処置のこと．バングラデシュでは人工妊娠中絶は違法である．

生率に達した[b].

この2国の出生傾向が対照的なのは，おそらく家族計画プログラムの違いに起因する．パキスタンのプログラムは時間とともに徐々に改善したものの，政府の財政資金や関与が足りず脆弱なままである．対照的にバングラデシュはマトラブ実験の経験と教訓を活かし，世界で最も効果的な自発的家族計画プログラムを実施している．出生率と人口動向もまた，開発水準や社会的・文化的要因による影響を受けるが，それらはこの国が異なる道をたどる要因として重要とは考えられない．人間開発指数で測定される開発水準はバングラデシュとパキスタンでほぼ同じである[c]．さらに，両国は1947年から1971年の内戦を経てバングラデシュが成立するまで1つの国であったため，文化，宗教，政府の慣例などを共有している．

パキスタンでは1970年代から1980年代にかけて家族計画が軽視され，バングラデシュよりもはるかに人口が急増した（**図3.2.2**）．1980年には両国の人口はほぼ同じ規模だったが，2050年にはパキスタンの人口はバングラデシュの人口の1.5倍（バングラデシュ2億200万人に対しパキスタン3億700万人），2100年には2倍（バングラデシュ1億7400万人に対しパキスタン3億5200万人）になると予測される[b]．人口が急増している場合，家族計画プログラムの実施やそれに伴う出生率削減対策の遅れは，将来の人口動態やそれに伴う健康問題や環境負荷に重大な影響を招く．

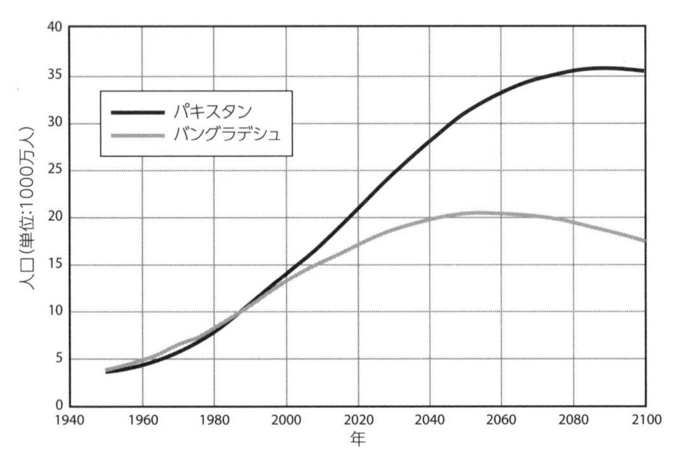

図3.2.2 バングラデシュおよびパキスタンの人口推定値と予測値

参考文献

a. Cleland J, Phillips J, Amin S, Kamal G. *The Determinants of Reproductive Change in Bangladesh: Success in a Challenging Environment*. Washington, DC: The World Bank; 1994.

b. United Nations Department of Economic and Social Affairs: Population Division. *World Population Prospects: The 2017 Revision*. New York, NY: United Nations Department of Economic and Social Affairs, Population Division; 2017.

c. United Nations Development Programme. *The Human Development Report 2016*. New York, NY: United Nations Development Programme; 2016.

Box 3.3　人口・健康・環境面からの総合的アプローチによるレジリエンスの構築

社会的課題と環境的課題の両方に取り組む統合開発プログラムは少なくとも1980年代半ばにさかのぼる．当時，野生動物保護団体は，自らの使命とする野生動物の保護と生物学的多様性に富んだ発展途上国の国立公園その他の保護地域に隣接する農村社会の経済発展とを関連付け始めた．1990年代後半になると公共医療サービスを求める農村地域の人々の声をもとに，環境保全プロジェクトにリプロダクティブ・ヘルスとジェンダー要素を加えた新しいアプローチが考案され，「人口・健康・環境 (PHE)」という概念が生まれた[a]．

PHEの目的

地域社会と協力して家族計画やリプロダクティブ・ヘルスを含む一次医療サービスへのアクセスを向上させると同時に，人々がより環境的に持続可能な生活基盤を構築できるよう支援し，その過程で地域社会が依存するきわめて重要な生態系や天然資源を保全する．

PHEプロジェクトの評価によると，一見バラバラに思われるサービスを統合することで，単一の分野に重点を置くよりも効果的かつ効率的な実効性が明らかになっている．示された効果は以下の通りである[b]．

- 開発プロジェクトにおいて，家族計画へのアクセスを改善することで，避妊具へのアクセスや使用が増加する
- 特に遠隔地やサービスの行き届いていない地域での，出生率低下を含む母子の健康が改善する
- 単一分野のプロジェクトで達成された成果以上に環境指標が改善する
- 地域社会の多大なる熱意と，即断即行的努力により効果が迅速化する
- 健康，生活，少額融資を連携させた場合，天然資源管理の成果が改善する
- 男性の家族計画への参加，女性の環境保全管理・天然資源管理への参加が増える
- 政策実施者と地域社会双方にとって，時間短縮と費用節減につながる

さらに最近の研究では，男女の役割分担の変化や時間の節約，女性の収入増など，付加価値的な成果が得られることが実証されている[c]．

PHEプロジェクトで避妊具使用率が向上した事例は注目に値する．というのも，遠隔地にあり多くの場合貧困に苦しむコミュニティでは，公共医療サービスの提供が最も困難であるためである．世界の多くの地域と同様に，このようなコミュニティの女性の大半は計画的かつ間隔を空けた出産を望んでおり，多くの場合，PHEプロジェクトが初めてその要望を可能にする．マダガスカル南西部で活動する海洋保護団体「ブルー・ベンチャーズ」は，近代的避妊普及率がプロジェクト開始前の2007年には女性の10%であったのが，リプロダクティブ・ヘルス構想を自分たちの保護活動に統合した後の2013年には59%にまで上昇したことを実際に目にした．避妊率が上がるにつれ出生率は低下し，出生数は半減した[d]．フィリピンのPATH財団が支援するPHEプロジェクトでも同様の結果が報告されており，リプロダクティブ・ヘルス・サービスと天然資源管理サービスを組み合わせたコミュニティでは，単一分野のサービスしか提供されていない同様のコミュニティに比べて避妊率がおおむね高いことがわかっている[e]．2000年代

半ばのエチオピアでは，グラゲ族の自助開発組織が，家族計画への支持を表明する男性の数を7%から30%にまで引き上げた[f]．

PHEによる介入は分野横断的に統合し幅広く多様化したため監視や評価が困難だが，過去5年間で大きく進歩した．2005年から2015年までに実施された35のPHEプロジェクトによる影響についてデータ解析をしたところ，発展途上国世界のコミュニティではリプロダクティブ・ヘルスと環境保全を統合することで，プロジェクトを実施しなければ起こり得なかった両分野の改善が促進されることが判明した[g]．

最近の研究活動では，PHEプロジェクト，特に家族計画の要素が農村地域の家庭のレジリエンス（適応回復力）の構築に貢献しているかどうかの定義と測定に重点が置かれている[h]．レジリエンスとは，制度やコミュニティが学習，柔軟性，革新的な適応によって危険を伴う変化に持ちこたえる能力のことで，持続可能な発展の達成を可能にする判断指標としてますます注目されている[i]．2016年にタンザニア西部のあるプロジェクトで行われた世帯調査では，家族計画や医療へのアクセスとレジリエンスの複数の要素との間に有意な関連があることがわかった[j]．この研究では，PHEプロジェクトの一環として家族計画や母子公共医療サービスへのアクセスを改善することで，気候変動やその他の環境ストレス要因の影響に対する緩衝装置として家庭のレジリエンスを構築することが可能であるということが実証された．

PHEアプローチをさらに理解することは持続可能な開発課題の達成に向けて，特に保健衛生の悪さや環境悪化の影響を最も受けている発展途上国の農村地域にとってはプラスの効果をもたらすことにつながる．

参考文献

a. Edmond J, Viernes M Jr., Send B, Zatovonirina N. *Healthy Families Healthy Forests: Improving Human Health and Biodiversity Conservation*. Arlington, VA: Conservation International Foundation; 2009.

b. Pielemeier J. Review of population–health–environment programs supported by the Packard Foundation and USAID. 2005. http://www.ehproject.org/PDF/phe/ll-packard2.pdf.

c. Sellers S. Does doing more result in doing better? Exploring synergies in an integrated population, health and environment project in East Africa. *Environ Conservation*. 2019;46(1):43–51.

d. Dr. Vik Mohan, medical director of Blue Ventures, to author Engelman, personal communication, May 14, 2018.

f. D'Agnes L, D'Agnes H, Schwartz JB, Amarillo M, Castro J. Integrated management of coastal resources and human health yields added value: a comparative study in Palawan (Philippines). *Environ Conservation*. 2010;37(4):398–409.

g. Yavinsky R, Lamere C, Patterson K, Bremner J. *The Impact of Population, Health, and Environment Projects: A Synthesis of Evidence* (Working paper). Washington, DC: Population Council, The Evidence Project; 2015.

h. Bremner J, Patterson K, Yavinsky R. *Building Resilience through Family Planning: A Transformative Approach for Women, Families, and Communities*. Washington, DC: Population Reference Bureau; August 2015.

i. Hardee K, Patterson K, Schenk-Fontaine A, et al. Family Planning and resilience: associations found in a population, health and environment (PHE) project in western Tanzania. *Popul Environ*. 2018;40(2):204–238.

j. Patterson K. *Changes in Household Well Being and Resilience: The Role of Population, Family Planning and Reproductive Health in the Tuungane Project*. Washington, DC: Population Council, The Evidence Project; March 2018.

ガットマッハー研究所の推計によると，世界各国の政府と消費者は近代的避妊法に1人あたり年間約1ドル，合計で約63億ドルを費やしている．発展途上国において近代的避妊法への女性のニーズに応えるにはその約2倍の費用がかかるが，それは母子保健にかかっていた1人あたり1.79ドルの節約になる[51]（先進国における避妊費用の比較データはなく，その多くは個人で賄われている）．また，意図しない出産を避けることで将来の教育やインフラへの支出を減らすこともできる．概して，今世紀に入ってからの世界の家族計画への支出は停滞している．そんな中，2012年にビル＆メリンダ・ゲイツ財団と英国政府が低所得国における家族計画への世界的な投資を促進するために策定された大規模なプロジェクトを開始したのは明るい兆しである[52]．

家族計画サービスの存続のための制度面でのサポートが不十分なことは言うまでもないが，それ以外にも人々は時に妊娠計画について地域や家族の中に存在する障壁を乗り越えなければならない．調査によると，妊娠を避けたいと思っているにもかかわらずそのための手段を講じていない女性が挙げる理由として，避妊具の使用による副作用の恐れが最も多く挙げられる．性的パートナー(時には暴力をふるうこともある)や義理の家族，あるいは友人から家族計画に反対されると，避妊具使用の思いを削ぐことにもなる．女性の自立性を高め，親密なパートナーからの暴力を防ぐことは，それ自体の意義と同様，家族計画への理解を向上させるためにきわめて重要である．また，宗教指導者らによる影響は家族計画を望む個人よりも，及び腰な政府の政策立案者のほうにより効果的に働くことが多いため，宗教上の反対意見によって避妊具の利用が制限されることもある．

家族計画プログラムがこのような障壁を乗り越えるかどうか，どのように乗り越えるかはデリケートな問題である．家族計画に対する需要を高めるという概念によりアクセスを改善することで既存の需要を単に満たすのではなく，女性や夫婦が希望出生数を少なくするよう強引な説得や強制がなされる不安に駆られる家族計画関係者もいる．しかし，希望する家族規模が依然として大きく，人口の急増による健康，環境，社会的な負荷が大きい国では，どうしたら家族計画の利用をもっと増やせるかという問題は簡単ではない．このような環境下では，妊娠を避けたい女性の避妊具の利用に対する社会的，経済的，その他のハードルを下げるプログラムの試みが奨励されるべきである．自発的な家族計画プログラムが利用可能であるだけでも，伝統的社会における避妊法の利用がさらに容認されるにつれリプロダクティブ・サービスへの需要が高まる傾向にあることを示す有力なエビデンスがある．より高い教育を受けたいという，特に女子への動機づけも需要を高めることは明らかであるが，そのためには同時に多くの国々で学校への投資が必要となる．包括的な性教育は避妊法の需要と使用の両方を高めると同時に，性行為の開始時期を遅らせる効果をもたらす傾向がある．これは性教育と，生徒が学校で学び利用することもできるリプロダクティブ・ヘルス・

サービスとが一体になっている場合に特に当てはまる．リプロダクティブ・ヘルスとジェンダー平等についてのメッセージを取り入れた創作劇のラジオ番組聴取者で実際に家族計画実施が大幅に改善された地域もある[53]．

結論 —— 人口と消費との一体化

最終的には，1人あたりの消費量と人口の両方に対応できるプラネタリーヘルスへのアプローチを見つけることが最も前途有望だろう．この2つの推進要因が相互に密接に関連していることを考えると，両者は同格の課題とみなすのが妥当だろう．少なくともこれらは1つの問題の単なる2側面にすぎず，つまりは人間活動により，人間の健康を左右する生態系や天然資源に与える危険な影響がますます深刻化しているという単一の問題である．テクノロジーの進歩で，拡大する人間活動と環境変化をいつか完全にデカップリングさせるというわずかな望みを捨てると，人類と地球の健全な未来のために探求する価値がある消費と人口に関する選択肢の風景 (landscape) が現れる．

例えば学校のカリキュラムを通しての年齢に応じた環境教育，人口学教育，性教育，環境負荷に応じて負担を求めるすべての人にとって公平な環境課税，リプロダクティブ・ヘルス・サービスに対する国民の強力な支持などからどのような効果が期待できるかを考えてみてほしい．既存の研究では，各行動が達成するものや，各行動を一斉に実践した場合にそれらの影響が高まる可能性のある時期や方法を正確に定量化できない．しかし論理的にも経験的にも，各要素が人口と消費に重要な影響を与えることが示唆されている．このような行動を起こすための政策には，政府や社会のあらゆる段階で確固たる政治的意志と信念が必要である．そして，その政策を継続して発展させるためにはジャーナリストやさまざまな分野の専門家の関心と一般市民からの支持が肝要である．

個人レベルでは，出産をやめる，養子を迎える，まったく子どもを持たないという決断に対する寛容さと容認を促進させる．信仰のある人は，責任ある消費と生殖により地球環境をいっそう有益に維持していくという精神的恩恵を考える．これらの問題を重要視するのであれば，出産や消費者の選択に関する強制的な政策や，個人を中傷し非人間的に扱うような強硬的信条を警戒する必要がある．同様に，持続可能な生殖と消費を奨励することは決して適切ではないという考えは，個人の知性や，情報を吟味し，自分の人生，家族，地域社会，人類，そして地球のために，自由にそして責任を持って決断する能力を否定することになる．教育，健全な政策，質の高い医療サービスを統合した多面的な戦略はすべての人々の権利を保証し，尊厳を守ると同時に真の意味での持続可能な水準の人口と消費への移行を劇的に加速させるだろう．その基盤となるのは，人々が自らの人生の方向性を決めるさまざまな選択である．その成果とは，健康であり，幸福であり，意義であり，あるいは決して大きくなることのない地球上での無限の充足感なのだろう．

参考文献

1. Ehrlich PR, Holdren JP. Impact of population growth. *Science*. 1971;171(3977):1212–1217.
2. Dauvergne P. *The Shadows of Consumption: Consequences for the Global Environment*. Cambridge, MA: MIT Press; 2010.
3. *World Population Prospects 2019*, online edition. New York, NY: UN Department of Economic and Social Affairs Population Division; 2019. https://population.un.org/wpp/Download/Standard/Population/.
4. Engelman R, Terefe YG, Gourmelon G, et al. *Family Planning and Environmental Sustainability: Assessing the Science*. Washington, DC: Wordwatch Institute; 2016.
5. "Science Summit" on World Population: A Joint Statement by 58 of the World's Scientific Academies. *Popul Dev Rev*. 1994;20(1):233–238.
6. Cowell A. scientists linked to the Vatican call for population curbs. *The New York Times*. 1994:A4. https://www.nytimes.com/1994/06/16/world/scientists-linked-to-the-vatican-call-for-population-curbs.html. Accessed July 2019.
7. World Bank. Global economy to edge up to 3.1 percent in 2018 but future potential growth a concern [press release]. 2018. http://www.worldbank.org/en/news/press-release/2018/01/09/global-economy-to-edge-up-to-3-1-percent-in-2018-but-future-potential-growth-a-concern. Accessed July 2019.
8. Ranking of the world's countries by 2014 per capita fossil-fuel CO_2 emission rates. Carbon Dioxide Information Analysis Center, Oak Ridge National Laboratory, and Research Institute for Environment, Energy and Economics, Appalachian State University. https://cdiac.ess-dive.lbl.gov/trends/emis/top2014.cap. Accessed July 2019.
9. Emission Database for Global Atmospheric Research (EDGAR). European Commission, Joint Research Centre (JRC), Netherlands Environmental Assessment Agency (PBL). 2019. edgar.jrc.ec.europa.eu. Accessed July 2019.
10. United Nations Population Division. WPP POP_F01_TOTAL POPULATION_BOTH_SEXES. *World Population Prospects: The 2019 Revision*. New York, NY: United Nations Population Division; 2019.
11. World Development Indicators. Methane emissions (kt of CO_2 equivalent). The World Bank; 2019. https://data.worldbank.org/indicator/EN.ATM.METH.KT.CE?view=chart.
12. Deen T. U.S. lifestyle is not up for negotiation. *Inter Press Service*. 2012. http://www.ipsnews.net/2012/05/us-lifestyle-is-not-up-for-negotiation/. Accessed July 2019.
13. C-SPAN. Clip of presidential news conference: Bush shopping quote. 2001. https://www.c-span.org/video/?c4552776/bush-shopping-quote. Accessed July 2019.
14. Kasser T. Values and the next generation. *Solutions*. 2012;3(3):119–124.
15. Egolf B, Lasker J, Wolf S, Potvin L. The Roseto effect: a 50-year comparison of mortality rates. *Am J Public Health*. 1992;82(8):1089–1092.
16. Qureshi Z. Trends in income inequality: global, inter-country, and within countries. 2017. https://www.brookings.edu/wp-content/uploads/2017/12/global-inequality.pdf
17. Voelcker J. 1.2 billion vehicles on world's roads now, 2 billion by 2035: report. *Green Car Rep*. 2014.

https://www.greencarreports.com/news/1093560_1-2-billion-vehicles-on-worlds-roads-now-2-billion-by-2035-report. Accessed July 2019.

18. Del Bello L. SUV sales rise worldwide, despite their effect on climate. *Futurism*. 2018. https://futurism.com/suv-sales-rise-worldwide-despite-effect-climate. Accessed July 2019.
19. Kahan A. Global energy intensity continues to decline. *EIA: Today in Energy*. 2016 (July 12). https://www.eia.gov/todayinenergy/detail.php?id=27032.
20. Doman L. EIA projects 48% increase in world energy consumption by 2040. *EIA: Today in Energy*. 2016. https://www.eia.gov/todayinenergy/detail.php?id=26212. Accessed July 2019.
21. International Energy Agency. *Global Energy & CO_2 Status Report 2017*. 2018. https://www.iea.org/publications/freepublications/publication/GECO2017.pdf.
22. International Resource Panel. *Global Resources Outlook 2019: Natural Resources for the Future We Want*. Nairobi, Kenya: United Nations Environment Program; 2019. Available at: https://www.resourcepanel.org/reports/global-resources-outlook.
23. International Resource Panel. *Assessing Global Resource Use: A Systems Approach to Resource Efficiency and Pollution Reduction*. Nairobi, Kenya: United Nations Environment Program; 2017. https://www.resourcepanel.org/reports/assessing-global-resource-use.
24. United States Holocaust Memorial Museum. Forced sterilization. https://www.ushmm.org/learn/students/learning-materials-and-resources/mentally-and-physically-handicapped-victims-of-the-nazi-era/forced-sterilization. Accessed July 2019.
25. Feng W, Cai Y, Gu B. Population, policy, and politics: how will history judge China's one-child policy? *Popul Dev Rev*. 2012;38:115–129.
26. Harkavy O, Roy K. Emergence of the Indian National Family Planning Program. In: Robinson WC, Ross JA, eds. *The Global Family Planning Revolution: Three Decades of Population Policies and Programs*. Washington, DC: The World Bank; 2007.
27. Lizarzaburu J. Forced sterilisation haunts Peruvian women decades on. *BBC News*. 2015. https://www.bbc.com/news/world-latin-america-34855804. Accessed July 2019.
28. Breslau K. Overplanned parenthood: Ceausescu's cruel law. *Newsweek*. 1990:35. http://www.ceausescu.org/ceausescu_texts/overplanned_parenthood.htm. Accessed July 2019.
29. Bradatan C, Firebaugh G. History, population policies, and fertility decline in Eastern Europe: a case study. *J Fam Hist*. 2007;32(2):179–192.
30. Klein N. *This Changes Everything: Capitalism vs. the Climate*. New York, NY: Simon and Shuster; 2014:114n.
31. International Society for Ecological Economics. The ISEE. 2019. http://www.isecoeco.org/.
32. McDonald C. How many Earths do we need? *BBC News*. 2015. https://www.bbc.com/news/magazine-33133712. Accessed July 2019.
33. Miller D. *Consumption and Its Consequences*. Cambridge, UK: Polity; 2012.
34. Twitchell JB. *Lead Us into Temptation: The Triumph of American Materialism*. New York, NY: Columbia University Press; 2000.
35. Durning A. *How Much Is Enough? The Consumer Society and the Future of the Earth*. Washington, DC: Worldwatch Institute; 1992.
36. Schor J. *True Wealth: How and Why Millions of Americans Are Creating a Time-Rich, Ecologically Light, Small-Scale, High-Satisfaction Economy*. New York, NY: Penguin; 2011.
37. Oxford Poverty & Human Development Initiative. Bhutan's Gross National Happiness Index. n.d. https://ophi.org.uk/policy/national-policy/gross-national-happinessindex/.Accessed July 2019.
38. United Nations Population Division. file FERT/4: Total fertility by region, subregion and country,

1950–2100. In: *World Population Prospects: The 2019 Revision*. New York, NY: United Nations Population Division; 2019.
39. Wodon QT, Montenegro CE, Nguyen H, Onagoruwa AO. *Missed Opportunities: The High Cost of Not Educating Girls*. Washington, DC: World Bank Group; 2018. https://www.worldbank.org/en/news/factsheet/2018/07/11/missed-opportunities-the-high-cost-of-not-educating-girls.
40. Bongaarts J. The impact of family planning programs on unmet need and demand for contraception. *stud Fam Plann*. 2014;45(2):247–262.
41. Pritchett L. Desired fertility and the impact of population policies. *Popul Dev Rev*. 1994;20:1–55.
42. Guttmacher Institute. Unintended pregnancy rates declined globally from 1990 to 2014. 2018. https://www.guttmacher.org/news-release/2018/unintended-pregnancy-rates-declined-globally-1990-2014. Accessed July 2019.
43. United Nations Department of Economic and Social Affairs: Population Division. *World Family Planning 2017: Highlights*. New York, NY: UN; 2017. https://www.un.org/en/development/desa/population/publications/pdf/family/WFP2017_Highlights.pdf.
44. Engelman R. Six billion in Africa: Africa's population will soar dangerously unless women are more empowered. *Sci Am*. 2016;314(2):56–63 https://www.scientificamerican.com/article/africa-s-population-will-soar-dangerously-unless-women-are-more-empowered/. Accessed July 2019.
45. Engelman R, Leahy E. How many children does it take to replace their parents? Variation in replacement fertility as an indicator of child survival and gender status. Population Association of America 2006 Annual Meeting; 2006; Los Angeles, CA.
46. Abu-Ghaida D, Klasen S. *The Economic and Human Development Costs of Missing the Millennium Development Goals on Gender Equity*. Washington, DC: World Bank; 2004. http://documents.worldbank.org/curated/en/872151468779427043/The-economic-and-human-development-costs-of-missing-the-millennium-development-goal-on-gender-equity.
47. USAID. Family planning and reproductive health. 2019. https://www.usaid.gov/global-health/health-areas/family-planning. Accessed July 2019.
48. Singh S, Remez L, Sedgh G, Kwok L, Onda T. *Abortion Worldwide 2017: Uneven Progress and Unequal Access*. New York, NY: Guttmacher Institute; 2018. https://www.guttmacher.org/report/abortion-worldwide-2017
49. Royal Society of London, U.S. National Academy of Sciences. The Royal Society and the National Academy of Sciences on Population Growth and Sustainability. *Population and Development Review*. 1992;18(2):375–378.
50. Wexler A, Kate J, Lief E. *Donor Government Assistance for Family Planning in 2014*. San Francisco, CA: Kaiser Family Foundation; 2015. https://www.kff.org/global-health-policy/report/donor-government-assistance-for-family-planning-in-2014/.
51. Darroch JE, Audam S, Biddlecom A, et al. *Adding It Up: Investing in Contraception and Maternal and Newborn Health* [Fact sheet]. New York, NY: Guttmacher Institute; 2017. https://www.guttmacher.org/sites/default/files/factsheet/adding-it-up-contraceptionmnh-2017.pdf.
52. Family Planning 2020. 2019. http://www.familyplanning2020.org/. Accessed July 2019.
53. Population Media Center. About us. 2019. https://www.populationmedia.org/about-us/. Accessed July 2019.

第4章

変わりゆく地球

私たちが住んでいるこの地球は，1世紀前に曽祖父母世代が故郷と呼んでいた地球とは異なっている．温暖化が進み，人口が増加し，種が減少し，広範囲に及ぶ汚染と生物地球化学的循環による変化に直面している．土地と水はかつてのような利用はできず，土地の性質と水質もかつてと違う．以前は人口の大部分が農村部に住んでいたが，今では都市部のほうが多い．これらの変化は地質学的に見れば息を呑むような速さで起こっているが，人間にとってはその変化は緩やかで，ほぼ実感されない．実のところどの世代も，それぞれが遭遇する状況を当然のことのように思っている[1]．

しかし，このような地球の変化は広範囲に及んでいるため，新しい地質学的エポックである「人新世（第1章p.8の脚注を参照）」と定義された[2]．科学者たちは，地球が限界を越えて不安定な状態に陥る危険性があると警告してきた[3]．地球の変化は人間の健康とウェルビーイングに多大な影響を与えることがわかっており，その影響にはよく立証されたものもあれば，科学の進歩や，今後数十年にわたるモデリングと予測の能力向上につれ注目を集めるものもある[4]．

本章では地球のおもな変化のあり方について説明し，残りの章の土台とする．まず，最もよく知られている気候変動に始まり，生物地球化学的循環，土地利用と土地被覆の変化，土壌の損失と劣化および水不足へと展開する．次に生物多様性の損失に関する種の絶滅と個体数の減少を説明する．最後に汚染物質による広範囲に及ぶ地球の汚染問題を考察する．次章以降では本章をふまえ，地球の変化が人間の健康にどのような影響を及ぼすのか，さらには人間と地球の両方を守る総合的な解決策への道筋を解明していく．

気候変動

21世紀における気候変動の現実は厳しい（**図4.1**）．地球の平均気温は20世紀はじめから約1℃上昇している．観測史上最も暑かった2016年は，1850～1900年の平均気

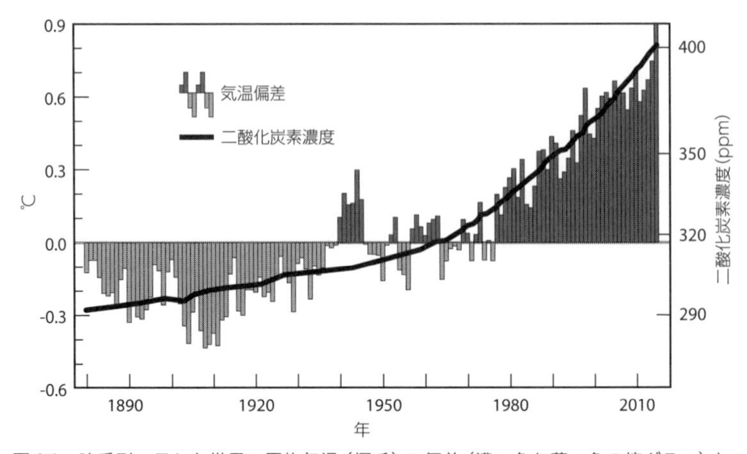

図4.1　時系列で示した世界の平均気温（摂氏）の偏差（濃い色と薄い色の棒グラフ）と，ハワイ州マウナロアにおける二酸化炭素濃度の観測値（黒線）．両データとも米国海洋大気庁から入手．20世紀の平均値との比較データである．二酸化炭素の最新の値は体積比で400 ppmを超えている．2015年の気温は，産業革命前の水準に比べて1℃以上高い．

［出典］NOAA, National Centers for Environmental Information, Climate at a Glance: Global Time Series, 2019. https://www.ncdc.noaa.gov/cag/global/time-series

温よりも1.35℃高かった．人間の活動，特に温室効果ガスの放出がおもな原因であり，唯一の原因とも考えられる．気候変動に関する政府間パネル（IPCC）は世界各国の政府と科学界が協力して証拠を評価する役割を担っており，IPCCによる近年の評価によると温暖化は「明白」であり，1950年以降の温暖化の半分以上が人間の活動によることは98%以上の確からしさであるとしている[5]．観測されている温暖化はこの1000年で最大の変化であり，自然のプロセスとその組み合わせで説明し得る値の何倍にも相当する．人間の活動がなければ，地球の気温はこの1世紀を通して低くなっていたとみられる．

温暖化に伴い，すべての大陸と海洋が影響を受けてきた．暑い日と熱波が頻度と強度を増し，豪雨の割合も増えている．世界の海面が約20 cm上昇したことによって沿岸部における洪水のリスクも高まっている．温暖化に対応してより涼しい場所に移動する動植物も多いが，暖水性のサンゴ礁のように移動できない種は大幅に死滅した．火災の起こりやすい季節の長期化によって，米国西部，オーストラリアおよび地中海沿岸を中心に山火事のリスクも高まっている．災害関連死から大規模な移住に至るまで，人間への影響には必ずといってよいほど複数の要因があるが，気候の要素がますます顕著に現れている．気候変動によるこうした極端現象の発生確率の変化について定量化が進み，人間が引き起こす気候変動によって2003年の欧州の熱波や，米国で2012年に発生したハリケーン・サンディによる洪水などの深刻な災害事象のリスクが増幅している[6, 7].

温暖化が続くと，深刻で広範囲に及ぶ不可逆的な影響のリスクが高まる．人間の活動に対する温度への感度を示す証拠は増え続けている．高温環境下では，農業，労働者の生産性および経済成長の可能性が損なわれる一方，暴力的な紛争のリスクが高まる．温暖化がさらに進むとカテゴリー3〜5の破壊力を持つハリケーンの割合が増し，絶滅のリスクに直面する動植物の種が多くなる．最弱者といわれる高齢者，乳幼児，傷病者，障がい者，貧困者に関する課題は，熱波，干ばつ，農作物の不足，移住などの複合的で多因子的な影響のリスク同様，管理はますます難しくなる．温暖化がさらに進めば大規模な長期的変化を避けられない閾値（いきち）または転換点を超える可能性も高まる（**図4.2**）[8, 9]．特に懸念される閾値の1つは，主要な氷床の崩壊によって，海面がおそらく数百年のうちに5 m以上上昇することである．もう1つは，自然生物圏（特に永久凍土の融解と森林の焼失）から排出される温室効果ガスがきわめて多くなり，たとえ人間による排出量がゼロになったとしても温暖化が進行してしまうことである．

このような閾値の存在を示す証拠は有力であるが，それぞれの閾値を引き起こす温暖化レベルに関する知識は限定的である．温暖化が進まなければリスクは低下するが，世界で排出量が多い状態が続き，今世紀後半に予想されているように3℃以上の温暖化が進むと，許容できないほどにリスクが高まる．

気候変動への対応には大きく分けて「緩和」と「適応」の2つのアプローチがある．緩和（公衆衛生用語で「一次予防」という）には，温室効果ガスの排出量削減と森林破

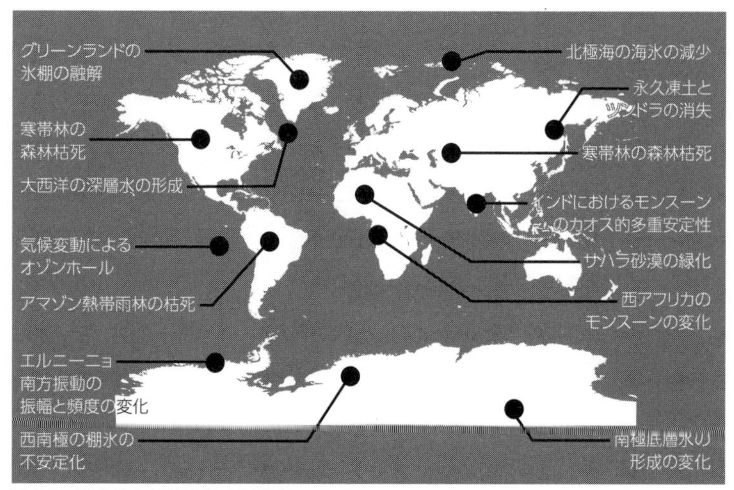

図4.2　潜在的な気候変動の転換点

［出典］Rockström, J. Climate Tipping Points. Global Challenges, 2019より改変．https://globalchallenges.org/wp-content/uploads/2019/07/Global-Catastrophic-Risks-2017.pdf

壊の抑制など気候変動を阻止する手段が必要である．適応（公衆衛生用語で「災害への備えとレジリエンス（適応回復力）」という）には，直面する変化への対処が必要である．これらは，それぞれ「対処不能な状況の回避」と「回避不能な状況への対処」ともいう．

気候変動への適応には広範囲に及ぶ課題があるが，野心的な緩和策によって世界が温暖化を2℃未満に抑えることができれば見通しは明るい．計画的適応と非計画的適応の両方の経験が急速に増えてきている[10]．極端現象への対処については，予測の改善と早期警報システム，人工的な保護機能（防潮堤など）と自然由来の保護機能（マングローブ林など）といった手段によって被害を抑えることができる．交通，通信および公衆衛生の優れたインフラは極端現象をより管理しやすくし，最新の保険とサプライチェーンはリスク分散を可能にする．建物の改善と作物の品種改良によって水の必要量を減らし，耐熱性を高めることができれば，大きな違いを生むことができる．洪水，火災その他の極端現象のリスクが許容できないほど高い地域では，産業，コミュニティおよびインフラを戦略的に移転することが（特にウェルビーイングの向上に焦点を当てたより大きな政策課題の一部としての移転であるなら）適切な場合がある．

高い排出量が続く世界では限界に達する適応戦略も多い[11]．例えば熱波が毎日発生するのであれば，熱波の早期警報システムは意味がない．洪水や火災が頻繁に発生して保険料が高額になれば，保険はリスク分担ツールとしては有用でなくなる．何らかの農業を営むのに十分な水がある地域でなければ，作物の転換は実行可能な選択肢とはならない．移住する人の数が受け入れ可能なコミュニティを圧倒してしまうほど増加すれば，移住は選択肢ではなくなる．

気候変動の阻止（緩和）のためには，二酸化炭素など長寿命の温室効果ガスの実質排出量をゼロにすることと，メタンなど短寿命の気候汚染物質の排出量の大幅削減が必要である．温暖化を1.5℃に抑えるには，2040年頃までに二酸化炭素の排出量ゼロに向けた迅速で劇的な行動が必要である．温暖化対策の目標があまり野心的でないと排出量ゼロへの道のりは長くなり，気候への影響は急速に拡大する．気候変動問題の解決に向けた賢明なアプローチによって，再生可能エネルギー発電，エネルギー効率の向上，自然の炭素吸収源の保護強化の技術における魅力的な経済性と豊富な相互利益を最大限に活用すれば，脱炭素化のペースを劇的に加速させることができる．これまでは脱炭素化，適応，経済発展の3つが同じ資源をめぐって競合するという見方が主流であったが，最良の投資によって2つないし3つの目標すべての同時進展が可能であることが次第に明らかになっている．継続的な技術革新と将来を見据えた思慮深い政策の組み合わせによって気候変動対策の進捗を劇的に高めると同時に，堅調な経済と活気あるコミュニティを維持できる．

生物地球化学的循環

農作物を含む植物の成長は窒素とリンの利用可能性によって制限される[12]．窒素は，DNA，タンパク質および酵素の構成要素であるアミノ酸に必ず含まれているものであり，生命には不可欠である．しかし，生命の進化史上，利用可能な形態の窒素は希少であった．窒素は，地球の土壌を形成する砂，粘土および岩石の基質にはほとんど含まれていないが，窒素ガスという形態で地球の大気中の約80%を構成している．しかし，窒素ガスは化学的に安定しているので，生物学的に利用可能な窒素源にはならない．マメ科植物およびシアノバクテリアなど植物の一部の種だけが窒素ガスを分解でき，生物学的に利用可能な形態としてアミノ酸とタンパク質を生成するのに使われる硝酸塩とアンモニアをつくり出すことができる．窒素固定植物が死ぬと，その組織からさまざまな形態の有機窒素が土壌に蓄積され，それらが分解された後，他の植物がその窒素を利用できるようになる（**図4.3**）．

リン酸塩はリンの化学形態で，動植物に必要とされる．リン酸は細胞内のエネルギー伝達分子であるアデノシン三リン酸（ATP）に不可欠な成分で，DNAにも必要な

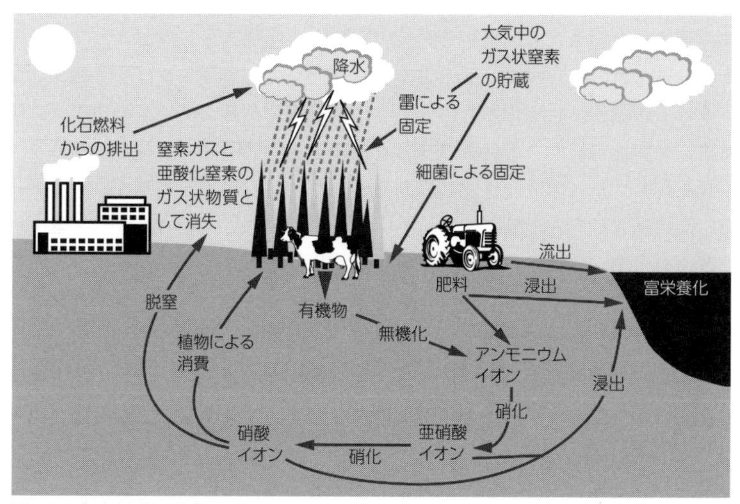

図4.3　窒素循環．現在の人間による固定窒素の導入はおもに施肥によるもので，年間ベースであらゆる自然発生源の総量を上回っている．（Tilman D. Forecasting agriculturally driven global environmental change. *Science* 2001;292 (5515) :281-284.）

［出典］Pidwirny M. The nitrogen Cycle. In：*Fundamentals of Physical Geography*, 2nd ed. より改変．http://www.physicalgeography.net/fundamentals/9s.html

成分である．しかし，リン酸塩は土壌粒子と化学的に強固に結合し，その多くは植物に取り込まれない．リンも小川や河川，湖を形成する地下水に溶け込むことはほとんどない．そのため窒素とリンの可用性は，陸上と水界の生態系の構造と機能の大半を決定するうえで近年まできわめて重要であった[13]．

この状況を過去1世紀で変えたのは，20世紀はじめに発明されたハーバー・ボッシュ法という，エネルギー集約型の工業プロセスによって窒素を固定する画期的な技術革新である．現在は人間が生態系における窒素とリンの流れを支配している[14-16]．窒素の一部は化石燃料の燃焼によるもので，大気中の窒素ガスから変化した窒素酸化物は陸上と水界の生態系に堆積する．窒素とリンの大部分は両成分を含む肥料の製造に由来するもので，現在では肥料が発明される前のすべての自然プロセスから生じる量に匹敵する量の窒素とリンが毎年加えられている．なぜだろうか．世界的な人口急増と食肉需要の加速によって，家畜と人間の両方に必要な農作物の需要が大幅に増加したからである．1960年には世界で1000万トンの利用可能な形態の窒素が肥料として使用されていたが，2015年には70億人の食料需要を満たすために肥料の窒素量は年間1億1000万トンに増えた．同期間にリン肥料からのリンの量も年間500万トンから1800万トンに増えている[17]．

数百万年もの間，これらの栄養素は陸上と水界の生態系を制限してきたが，多くの場所でそうではなくなった．窒素とリンの量のこうした乱れは陸上と水界の生態系の多くに深刻な被害をもたらしている[14-16]．肥料として投入される窒素とリンの多くは作物に取り込まれることなく，他の生態系に流出して悪影響を及ぼす．農業用窒素にはアンモニアが混合されているものもあり，大気中に蒸発して地上の生態系に降り注ぎ，植物に被害を与えたり植物の多様性を低下させたりする[18]．窒素肥料に含まれる硝酸塩はただちに水に溶け，作物に取り込まれない分は地下水や湖，小川，河川，そして海に流れ込む．同様の経路をたどるリン肥料もあるが，大半は土壌粒子と結合し，大雨で農地の土壌が浸食されると湖や小川，河川，そして海に流出する．さらに，作物に取り込まれて可食部分に蓄えられた窒素とリンは，その作物を食した家畜や人間の尿と糞に混じって排泄される．富裕国では下水処理場で排泄物由来のリンの多くが除去されるが，世界のほとんどの国では，下水処理がなされていたとしても病気の予防に重点が置かれており，多くの処理施設では窒素とリンがほとんど除去されないまま河川や湖，海に流れ込んでいる．動物の糞尿は肥料として使用されることもあり，他の肥料と同様に窒素とリンを自然界に放出している．

農業活動と化石燃料の燃焼による栄養塩類の汚染は富栄養化と呼ばれ，陸上と水界の生態系に劇的な影響を及ぼす[14-16]．湖と河川は世界中で飲料水の主たる供給源であり，多くの国で栄養価の高い食料を提供する漁場をも支えている．湖が富栄養化すると藻類の量が100倍以上に増え，かつては希少であった毒性の藻類がそれまで水生の食物網（訳注：自然界における生物間の「食う，食われる」といった網の目のような複雑な関係を示す食物連鎖全体の構造）の基盤を形成していた藻類に取って代わる．米国のエリー湖やオキチョビー湖，中国の多くの河川や湖[19]などの深刻な事例では，藻類（多くの場合，シアノバクテリア）が放出する毒素によって水が飲料水に適さなくなり，魚類の大量死が引き起こされた．

海洋沿岸地域も脅威にさらされている．藻類が爆発的に増えると，しばしば赤潮の形で魚介類に害を及ぼし，海水浴も，ボートでの移動も危険になる．米国のミシシッピ川のような富栄養化した河川の水が近隣の沿岸海洋生態系に流入すると，藻類の急速な成長を促し，やがて死滅させる．細菌が藻類を分解する際に周囲の水の酸素をほとんど使い果たし，生物の多くが生存できないデッドゾーンが形成される[20]．2017年までにミシシッピ川の流出口にあるメキシコ湾のデッドゾーンの面積は約9000平方マイル（ニュージャージー州の面積に相当）に達している（**図4.4**）．

生物が利用可能な形態の窒素が生物圏に加えられると陸上生態系にも影響を及ぼし，植物種の構成が変化し，植物の多様性が失われる[12, 18, 21]．高度に工業化され集約的な農業国であるオランダでは，窒素による富栄養化でヒース原野の生態系のほとんどが失われた[22]．何千年もの間，きわめて多様性に富んだ背の低い植物群が制限栄養素であった窒素を効率的に利用し，オランダの砂質の土壌を覆っていた．しかし農業と工業が集約化されると，1950年から2000年にかけて窒素の大気沈着の割合が約20倍に増えた．前例のない高濃度となった利用可能な窒素はヒース原野の種の競争優位性

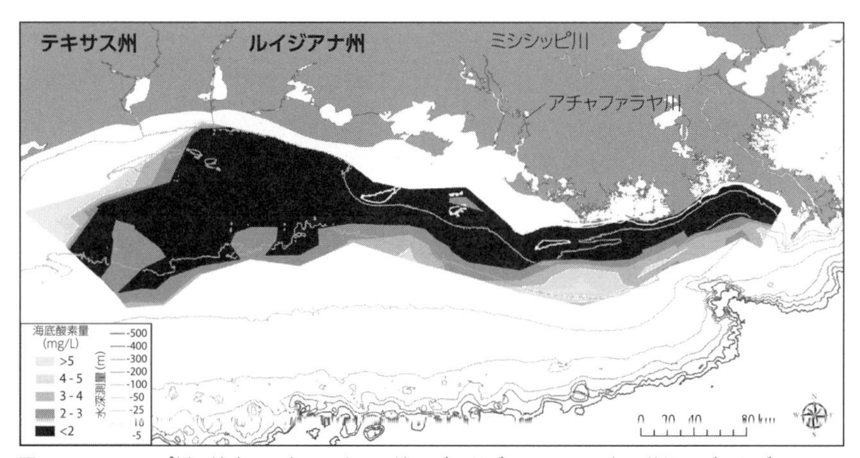

図4.4　ミシシッピ川の流出口にあるメキシコ湾のデッドゾーンの2017年の状況．デッドゾーンの原因はミシシッピ川への農業用水の流出であり，沿岸水域の富栄養化につながっている．

［出典］N. N. Rabalais（LSU/LUMCON）および R. E. Turner（LSU）の厚意による提供．データはNational Oceanic and Atmospheric Administration，National Centers for Coastal Ocean Scienceより．

をなくさせ[23]，かつて希少であったモリニアという，低濃度の窒素では育ちにくいが適切な環境では成長が早く，草丈も高くなる植物が侵入して支配するようになった．世界中の他の陸上生態系にも窒素貯蔵量の増加による同様の影響が及んでいる．

富栄養化に伴う生態系の変化によって感染症への暴露に異変が起き，システム内の種の構成が変化する．この現象は疾病生態学の分野で研究されているもので，第6章で説明する．また，肥料と家畜の集約飼育から放出されるアンモニアは，おもに微小粒子状物質を形成して風下に住む人々に深刻な健康リスクをもたらす．

人間による窒素循環への影響は地球の気候変動にも大きな影響を与えている[24]．化石燃料の燃焼によって生成される化合物の1つである亜酸化窒素は二酸化炭素の約300倍の温室効果を持つ気体である．農地に窒素肥料をまくと，その窒素の約1%が土壌微生物によって亜酸化窒素に変換される．地球規模で見ると亜酸化窒素は現在，人間によって引き起こされる地球温暖化係数の年間増加量の約7%を占めている．

前章に記載されているように，2100年までに人口が約40億人増えることが予測されており，1人あたりの購買力は繁栄の度合いに応じて大きく増加すると予想されている．世界の食料需要は今後半世紀の間に約2倍に増加すると予想され，現在の慣行を継続するのならば窒素とリンの施肥を大幅に増やす必要がある[25]．自然システムに壊滅的な影響を与えずに50年後の世界に食料を供給するためには，窒素とリンの施肥効率の劇的な改善と，土地，水，エネルギー，農薬のより効率的な利用が求められる．こうした効率化を達成する技術革新については第5章で詳述する．

土地利用と土地被覆の変化

地表における土地被覆の種類の分布は，気候，土壌，標高などの生物物理学的特性と，植物の栽培，動物の放牧，都市部の拡大などの人工的な改変の組み合わせを反映している．研究者たちは土地被覆を分類するさまざまな方法を開発し，地球観測衛星データから全世界の土地被覆を日常的にマッピングしている[26, 27]．分類方法は多様であるが，世界全体の土地被覆の地図は通常，草原，落葉樹林，常緑樹林，低木地，サバンナ，農地，都市部，その他のカテゴリーの空間的な分布を示している．現在，世界規模で最も広大な土地被覆はサバンナであり，次いで熱帯常緑樹林，砂漠，草原，そしてステップと続く（**図4.5**）．

土地利用は土地被覆とは異なり，肥料の散布，灌漑（かんがい），火の使用，多期作，水の貯留，人間が土地から資源を得るために行うその他多くの活動を指す．土地被覆と土地利用の変化は，病気媒介生物の生息地の変化，大気質に影響を及ぼす火災による排出物，集約農業による食料供給の多様性の損失，暴風雨を防ぐ沿岸植生の消失による極端な気候現象に対する脆弱性など，多くの経路を通して人間の健康に大きな影響を及ぼ

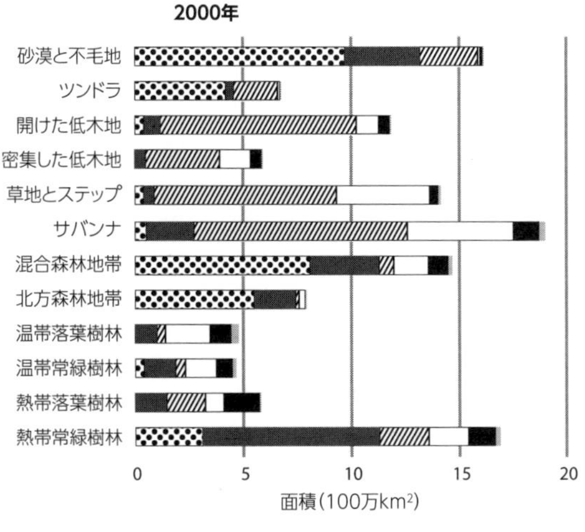

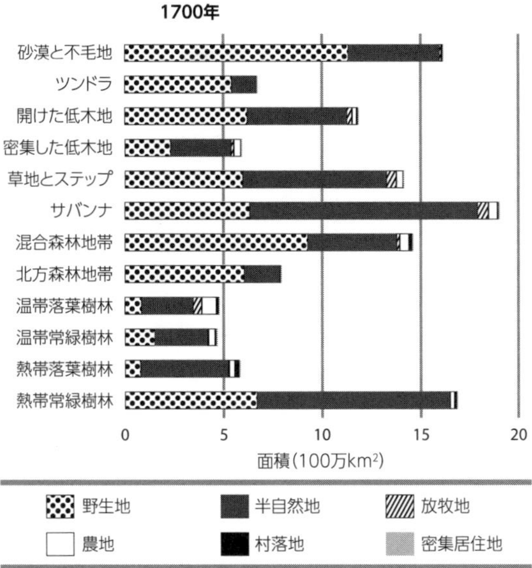

図4.5　1700年（下）と2000年（上）の世界の陸地面積を生物群系（図左の項目）ごとの土地利用（図下の項目を参照）で表した．野生地は人口のない非農業用地，半自然地は1 km^2 あたり100人未満の非農業用地と定義される．

［出典］データは以下より．Ellis, E. C., Klein Goldewijk, K., Siebert, S., Lightman, D., & Ramankutty, N. Anthropogenic transformation of the biomes, 1700 to 2000 より Appendix S5. *Global Ecology and Biogeography*. 2010; 19 (5) : 589–606

す．本書の後半の章ではこれらの関連性の多くを検討する．

土地被覆と土地利用の変化における地球規模の傾向

人間は数千年もの間，作物の栽培，狩猟，家畜の放牧，都市の建設，その他の資源の獲得のため生態系を変化させてきた．土地被覆と土地利用の改変は，文明がこれら必要不可欠な供給サービス*を得るうえで主要な手段である．

土地利用において最も目立つ変化は，北米におけるプレーリーから農地への転換，牧草地として利用するためのアマゾンの森林伐採や都市部の拡大など，ある生態系の種類を別の種類に転換することである．1700年には地球の陸地の半分近くが野生地であった[28]．人類は2000年までに不凍地の地表の約40%を，おもに食料と飼料を生産するための農地や牧草地に転換してきた[28]．現在の地球の土地の37%は半自然地であり，農業用地と居住地にかなりの人口が集中している．野生地として残存するのは全体の25%未満である（図4.5参照）．

地球規模ではサバンナ，草地，低木地，温帯落葉樹林，熱帯落葉樹林が最も大規模に転換されている．1700年以降，これらの生物群系の75%以上が農業目的（放牧地と農地）に転換されている．残りの野生地はツンドラ，砂漠，北方森林地帯，熱帯常緑樹林など耕作適性の低い生物群系である（図4.5参照）．

農業目的以外の土地利用の転換は土地面積のわずかな割合にしか影響を与えていないが，生態系と健康への影響は大きい．都市部は地表のごく一部しか占めていないものの，世界の人口の半分以上が集中している．次節に記載されるように，都市の土地利用は優良農業用地に拡大されることもよくある．さらに重要なのは，都市部が商業用農作物の需要を促進していることである．この数十年の間，都市部の土地拡大率が最も高かったのはインド，中国，アフリカであり，都市部の面積の絶対的変化が最も大きかったのは北米である[29]．

大型ダムの建設は小規模に行われており，これにはプラスとマイナスの両方の影響がある．プラスの影響には灌漑のための信頼性の高い水源の提供，水力発電，洪水対策が含まれる．マイナスの影響には水と栄養分の流れの変化，病気の媒介生物と他の種の生息地に広範囲に及ぶ生態学的影響が含まれる．河川と小川をせき止める慣行は人類の文明と同じくらい古くから行われてきたが，大規模な構造物の建設は1930年代に始まった．20世紀末には世界の地表水の半分以上が海に流れ込む前にダムを経由するようになった．大規模な水力発電用のダムの数は2030年までに倍増し，地球上のすべての主要河川の流れを変えると予想されている[30]．

---

* 供給サービスは生態系サービスの1つのカテゴリーであり，他には調整サービス，文化的サービス，基盤サービスがある．供給サービスには食料，繊維，燃料が含まれる．生態系サービスについては第15章で説明する．

沿岸部のマングローブの生息地と泥炭地を含む湿地は，土地利用の変化の新たな要因である．沿岸部のマングローブはきわめて生産性が高く，生物多様性に富んだ生態系である．マングローブは沿岸地域を暴風雨から守り，魚類の健全な生息に不可欠な産卵場を提供し，食料，燃料，建築資材として地域の生活を支えている．1990年から2000年にかけてのマングローブの消失率は陸上の熱帯雨林の2倍と推定されており，これはおもにアジア太平洋地域における水産養殖の拡大による[31]．世界規模では1980年以降，マングローブの面積の20〜35%が失われている[32]．

泥炭地は，植物の生産量が分解量を超える湿度の高い地域で部分的に腐敗した有機物が厚く蓄積されており，大量の炭素を蓄えている．土地が排水されて農業用地に転換されると，炭素は燃焼や腐敗によって大気中に放出される．泥炭地の面積は地表全体のわずか2〜3%であるが，世界の土壌炭素の25%を含んでいる[33]．泥炭地のほとんどは北半球の高緯度地域にあり，これまで土地利用の転換の対象になっていなかった．熱帯地域(特に東南アジア)ではパーム油，ゴム，その他の農業が急速に拡大したことによって，この数十年で泥炭地が失われている．

土地利用の変化の要因

土地利用の変化の最大の要因が農業であることは疑う余地がない(**図4.6**)．農業の移行は通常，農業化前の経済から農業化経済へ，そして都市化経済へと発展する過程をたどる[34]．農業化前の経済から農業化経済への移行では，小規模農業の結果，草地と森林の大部分が伐採され，農地と放牧地がつくられた．小規模農業は通常，農業の

図4.6　ブラジルのセラードでは大豆畑(左)と手つかずの自然林が並存している．

［出典］写真提供 Marizilda Cruppe/Greenpeace

多様性が高く，肥料，灌漑，農薬の使用量が少ない[35]．工業化に伴って人口が都市部に集中するにつれ，生産性の低い土地は使われなくなる．このような地域では森林が再生する一方，生産性の高い土壌を有する低地では農業の多様性が低く，農業資材の使用量が多い大規模農業が拡大する．

手つかずの生態系が残る土地の転換は，農業拡大をおもな目的として，欧州では数千年前に，北米では産業革命後の19世紀に起こった[36]．それ以降の工業化された世界における農業用地利用の変化には，農薬使用量の増加，機械化，多様性の低い作付システムによる農業の集約化（同面積の土地から得られる生産量の増加）がある．

「森林遷移（せんい）」とは，森林が破壊された後に工業化や都市化によって森林面積が純増することであり，欧州の一部では過去2世紀の間に，北米では前世紀の間に複数回起こっている[37, 38]．より最近では中国，インド，ベトナム，コスタリカを含むグローバル・サウス（第8章p.190の脚注を参照）の国々で同様の森林遷移が観察されている[39]．

この数十年の土地転換の大半は熱帯地域に集中し，その原因は同地域の経済がおもに採取志向の小規模農業から輸出志向の一次産品生産へと移行したことにある．農産物の需要には世界全体からの需要に加えて新興国の都市人口からの需要の増加があり，森林破壊の要因は動物飼料や畜産物，植物油の大規模生産へと移行している[34]．2000年から2011年にかけて起きた熱帯林伐採の40%は，大豆，パーム油，牛肉，木材製品の4つの一次産品に対する世界市場の需要が原因となっている[40]．

畜産物や植物油などの一次産品への世界的需要は，南米と東南アジアにおける熱帯林破壊のおもな要因である．森林破壊と高価値の一次産品の世界規模のサプライチェーンとの関連がきっかけとなり，多国籍企業による認証や森林破壊防止の取り組み，その他の市場ベースでの森林破壊削減メカニズムへの動きが高まった[41]．

保護区の面積はこの数十年の森林保全の取り組みによって大幅に拡大した．2018年までに世界の土地面積の15%弱が，完全保護から利用管理まで何らかの形の保護区に指定された[42]．さらに世界の土地面積の18%が先住民と地域コミュニティが所有または指定する土地として正式に認められている[43]．

現在の土地被覆と土地利用の世界分布は，さまざまな経済的かつ生物物理的な条件をモザイク状に反映しており，人間の健康への影響も多様である．例えば歴史上，農業化前の社会から農業化社会への移行は，感染症の発生および栄養の多様性の消失と同時期に起こっている[44]．現代においては小規模な農地利用から集約農業型の都市化社会へ移行するにつれ，肥満その他の非感染症（NCDs）が増加している[45]．土地利用は広範囲に及ぶ変化の1つの側面にすぎないが，重要な役割を果たしている．

土地管理の変化

土地管理の変化は土地利用の転換と同様，人間の健康と生態系のプロセスに影響を及ぼす.

意図的な火の使用は人類史上行われてきており，この慣行は熱帯地域では現在も広く残っている．焼却は害虫を駆除し，草木とがれきを除去する安価な管理手段である．焼却による排出物は長距離を移動し，風下の大気環境と人間の健康に影響を及ぼす[46]．インドネシアでのバイオマス（第3章p.41の脚注を参照）の焼却による健康への影響を解決する取り組みを詳細に説明したケーススタディについては，『プラネタリーヘルスのケーススタディ ―― 解決策選集』(“Planetary Health Case Studies: An Anthology of Solution”) (https://islandpress.org/books/planetary-health) を参照されたい．世界規模では，焼却面積は1998年から2015年の間におもに南米，アフリカのサバンナ，アジアのステップの草地において25％近く減少した．この減少傾向は高付加価値の農業生産と関連しており，価値ある一次産品の生産を目的とした土地利用が多くなれば将来において焼却が減少する可能性を示唆している[47]．

おもに多期作，品種改良，機械化，農薬の投入などによる農業の集約化によって，この半世紀のうちに人口増加を上回る生産量を実現してきた．この50年で耕作地面積は30％しか増加していないものの，穀類の生産量は3倍に増えた．農業の集約化をせずに同等の生産量を得るためには，さらに2000万～2500万ヘクタールの土地が必要となっていただろう[48]．結果的に食料と飼料の実質価格が低下して食料不足が緩和されたが，一方では穀物飼料で育てた鶏，豚，牛，羊の肉の増産を支える安価な飼料，過剰消費を助長する安価な食品の氾濫，地域特性が失われた食生活の均質化といった数多くの影響をもたらしている[49]．

今後の土地利用

土地利用の決定に影響を及ぼす経済的かつ生物物理的要因は無数にあり，今後の土地利用の予測は難しい．今後数十年の土地利用に影響を及ぼすと思われる傾向がいくつかある．グローバル・サウスの国々の道路，鉄道，その他インフラの拡大は土地利用の傾向を根本的に変えていく[50]．特に都市化が進む新興経済圏では市場への交通の便が良くなり，農産物への需要が消費地から離れた地域における土地利用の変化につながる可能性が高い．熱帯林は農地拡大に残された唯一の土地であるため，規制がなければ熱帯林の伐採が継続される可能性は高い．さらに，小規模農家が拡大する都市中心部に機会を求めたり，一次産品の需要が増加したりするにつれ，広く行われている小規模農業は，より大規模で集約的に生産できる農業システムへと移行する．歴史的な森林遷移の傾向に沿って生産性の低い農業地域が使われなくなると，森林の再生が起こりやすくなる．このような土地利用の推移は生態系をさらに変化させ，食生活とライフスタイル，汚染物質への暴露，感染症の拡大といった健康上の問題に影響を及ぼす．

耕地と土壌

土地の利用について検討した前節をふまえ，本節では土の性質，特に土壌の肥沃度と耕地の利用可能性について考察し，議論を発展させる．肥沃な土地は農業文明の基盤であり，土壌の損失と劣化は歴史上，世界各国の社会を弱体化させてきた[51]．土壌の損失とは，流水と風による浸食などのプロセスによって，自然の土壌形成が損失を補うよりも速く土壌の上層が除去されることである．土壌の劣化とは土壌の質の低下のことであり，本来ならば繁栄しているはずの微生物や昆虫その他生物種からなる生態系の崩壊，有機物の消失，酸性化や塩害などの物理的構造や化学的組成の変化，化学物質による汚染などを指す．

土壌の損失と劣化は古代史の中だけで起こったことではない．研究者たちは1995年，第二次世界大戦以降で世界の農地の3分の1が劣化しており，さらに毎年0.5～1%（約1200万ヘクタール）が食料生産不能となると推定した[52]．その20年後の2015年，世界の土壌資源の状況に関する国連食糧農業機関の報告書は，土壌浸食によって世界の作物収穫量の0.3%が毎年継続的に失われており，2050年までに世界の収穫量が10%減少すると結論づけた[53]．国連の2018年の報告書によると，世界の土地劣化がすでに少なくとも32億人（人類の3分の1以上）のウェルビーイングに悪影響を及ぼしているという[54]．

本章の前節に記載され，**図4.5**に示されているように，放牧地と農地は地表の3分の1以上を占めている．しかし，1人あたりの耕地面積は1960年の0.45ヘクタールから1980年には0.32ヘクタールに減少し，2020年には0.22ヘクタールにまで減少すると予測されている[53]．この重要な統計値は，進行する農業用地の劣化と消失に人口の増加が相まって，今後数十年にわたって減少し続け，世界人口を養うことがますます難しくなることを示している．

耕地の劣化のおもな要因には，気候変動，都市の拡大，土壌浸食や土壌生物の破壊および土壌有機物の分解を促進する農法が含まれる．農業は土壌の損失と劣化のおもな要因である．灌漑による塩害，耕起（耕耘（こううん）），化学肥料の長期使用，土壌に栄養分を戻すための施肥や作物残渣の利用不足による栄養分の枯渇などといった影響を及ぼすためである．耕起は，裸の土壌が風雨にさらされたり，通気で微生物による有機物分解が促進されて土壌有機物の劣化を招いたりして，土壌浸食の原因となる．窒素肥料の長期使用によって微生物による分解が促進され，土壌の酸性化と土壌有機物の枯渇を招く可能性がある．ある分析によると，従来の方法で耕起された農地の平均浸食率は，自然の土壌生成速度（自然の植生や地質学的な時間の経過に伴う土壌浸食速度と近似）の10～100倍であると確認された．他方，不耕起農業における浸食速度は自然の土壌生成速度に近い[55]．土壌有機物を枯渇させる耕起と化学肥料の集中的な使用が相まって，これまでに北米の農地の土壌有機物の約半分が破壊されている[56]．

土壌は都市化によって，これまでとは異なる，拡大する脅威に直面している．都市の中心部の拡大によって通常，まさにその地域に居住者を引き寄せた資源である最も肥沃な土地の一部が破壊される．都市化によって舗道と建物が畑や果樹園に取って代わり，農業用地は劇的に悪化している．都市の拡大によって2030年までに世界の農地の約2%が失われると予測されており，そのほとんどはアフリカとアジアなどの人口が最も急増する地域で起こっている．また，都市の拡大は平均以上の質の農地に集中することが予想されるため，作物生産の純損失は世界全体で3〜4%に達する可能性がある[57]．ただし，都市農業による集約的な生産によって都市周辺の農業用地の減少をある程度は相殺できる[58]．

塩害はメソポタミア時代からの農業問題であり，初期の記録には，蒸発が繰り返されることによって灌漑地の塩分が徐々に上昇し，作物が非耐塩性から耐塩性へと移行したと記載されている[51]．現在，世界全体で約8億3000万ヘクタールの土地が土壌の塩分の上昇によって影響を受けており，2050年までに耕地全体の半分の生産性が低下すると予測する試算もある[59]．塩害による影響はアジア（1億9400万ヘクタール）とアフリカ（1億2300万ヘクタール）で多く，欧州（700万ヘクタール）と北米（600万ヘクタール）では少ない[59]．塩害は一次塩害と二次塩害の両方のプロセスによって起こる．一次塩害は細粒の土壌にある塩分を含んだ地下水が自然に毛管上昇することによって，二次塩害は浸透または滞留した灌漑水が蒸発して塩分が蓄積することによって起こる．塩害の影響は，塩分の種類や濃度，作物の生育段階によって異なる．浸水と沿岸帯水層の塩害の可能性があるため，海面上昇は低地の沿岸地域，とりわけ三角州の農地にとっては問題である[60]．

窒素肥料の長期散布による土壌の水素イオン指数（pH）の変化もまた，従来の農法を用いた農業用地における世界的に深刻な問題である[61]．土壌に生息する細菌にはアンモニアを亜硝酸イオンに酸化させるものと亜硝酸イオンを硝酸イオンに酸化させるものがある．それぞれの段階において水素イオンが生成されて土壌を酸性にする．窒素肥料（特にアンモニア）を継続的に使用すると土壌のpHは徐々に低下し，世界的に草地の土壌で最も大幅な低下が見られる[61]．pHが5.5未満になるとアルミニウムの毒性が発生し，カルシウムやマグネシウムなどの重要な栄養素が植物に取り込まれにくくなる．農地土壌の酸性化が進むと土壌生物（特に細菌叢(そう)）にも影響が及び，植物が取り込むことができる交換性陽イオン（カルシウムイオン，マグネシウムイオン，カリウムイオンなど）の利用可能性にも影響を及ぼす[61]．

土地の劣化は長期的に社会的な影響をもたらしてきた．例えば歴史上，シリアとリビアでローマ人による豊作が記録されているが，それは現在の当地域では想像できない生産性である[51]．また，1930年代に米国中西部で発生したダストボウル（第8章で解説する）によって土壌浸食の問題が浮き彫りになったが，その時点ですでに北米の別の広範囲の土壌にも大きな被害が出ていたことはあまり知られていない．米国南東部の大西洋側斜面に位置するピードモント（丘陵地帯）は，広範囲に及ぶ農業による浸食によって表土が剥ぎ取られた地域のケーススタディの場を提供している（**図4.7**）．この地域の大部分では19世紀にピークを迎えた植民地時代後の土壌浸食により，少なくとも10 cm以上の土壌（表土）が失われた[62]．この地域では現在，底土を耕しながら化学肥料に依存して商業的規模の収穫を維持している農家も多い．これは，生産に利用されない農地のみを対象としてきたこれまでの世界規模での評価では考慮されないタイプの重要な土地劣化の例である．

世界の耕地のうちどれくらいが劣化しているのか．この単純な疑問に答えるのは難しい．世界全体の150億ヘクタールの土地のうち，推定値は10億ヘクタール未満から60億ヘクタール以上と幅広い[63]．評価法に用いる手法や仮定が異なるため，世界的にも個々の国においても土地の劣化の度合いに関するコンセンサスは得られていない．世界的な評価はこれまで専門家の意見，衛星による純一次生産力（植物がバイオマスを形成する速度）の推定値，生物物理学的システムの数値モデル，歴史的に利用されなくなった農地の面積の推定値などに基づいて行われてきた[63]．これらのアプローチにはそれぞれ異なる限界があり，土地の劣化の度合いもさまざまに検討され，独自の観点を提供している．

土壌の劣化に関する既存の世界規模の評価には表れない決定的に重要な要因は，土壌の栄養循環を促進する土壌生命体と土壌有機物の消失である．この数十年の間に，植物の根系（根圏という領域）に関連する微生物が作物の栄養獲得や化学的シグナル伝達，防御に影響し，ひいては作物の健康に影響を及ぼすその役割に基づいて，土壌生命体（土壌生態）の重要性に関する認識が高まっている[64]．この新たな解釈は，土壌と作物の健康に有益な代謝物を生成する微生物の食料としての土壌有機物の重要性を強調している．

土壌の健康を高める再生型農法は，迅速かつ潜在的に収益性を高めつつ土壌の劣化を逆転させる方法を提供している[65]．国連の2018年の報告書によると，地力回復による経済的利益は平均して地力回復にかかる費用の10倍である[54]．逆に，何も対処しなかった場合の経済的損失は，回復を試みた場合にかかると想定される金額の3倍となる[54]．また，肥沃な土壌の再生は，アフリカにおいて飢餓と栄養不良への対処に最も有望な方法の1つでもある[66]．例えばエチオピアで行われた最近の野外試験において，土壌有機物の多い小規模農地で亜鉛とタンパク質の含有量が多い小麦を栽培できたことが示されており，小麦が主食作物としてきわめて重要であることと人間集団に亜鉛とタンパク質の欠乏がまん延していることを考えると，この結果は重要である[67]．

図4.7　米国南東部のピードモント地域の土壌浸食．上の写真は1930年代に撮影されたものであり，以前に道路であった場所が広範囲に浸食されている．新しい道路が上と右に見える．下の写真はプロビデンス・キャニオンで，基本的には上の写真の浸食過程の大規模なものである．現在はジョージア州の州立公園となっており，州の「七不思議」の1つとして知られる．19世紀はじめに形成され始めた深さ50 mにも及ぶ複雑な峡谷では，後に7000万年以上前の地層が露出している．

［出典］下の写真：サウスカロライナ大学図書館の厚意による提供．上の写真：Robbie Honerkamp, Wikimedia Commons, license CC BY-SA 3.0

農家には栄養不足で劣化した土壌の肥沃度を回復させるさまざまな選択肢があり，それは土壌に窒素と有機物を復元させる作物の選択から土壌への影響を最小限に抑える保全活動，集約的な輪換放牧，森林農業まで多岐にわたる．これらについては第5章で詳述する．

世界全体の耕地の劣化は大規模で，原因は無数にあり，全世界の人間の栄養状態への影響が懸念されている．さまざまな農法による健康で肥沃な土壌の再生は，21世紀におけるプラネタリーヘルスにとってきわめて重要な課題である．

水不足

真水は飲用，調理，洗浄，衛生などの基本的なニーズから食品や工業製品・サービスの大規模生産に至るまで，人間のあらゆる活動に不可欠である．地球上の淡水の総貯水量は膨大だが，その分布は時空間的に不均一で，貯水量と水流量もさまざまで，人間にはアクセス不能だったり使用不可能だったりすることも多い．**表4.1**は世界の貯水量全体に占める塩水と淡水の貯水量の割合を示している．淡水の総貯水量は約3500万 km^3 で地球上の水全体のわずか2.5%にすぎず，ほとんどは氷河や氷冠，アクセスできない地下水などに閉じ込められている．

淡水の量は限られているうえに分布が不均一であることから，人口が増加して経済が拡大する世界では水不足と水へのアクセスの制約が問題となっている．地球上の水の総量はきわめて多いので，水「不足」とは，一時的または永続的に特定の需要を満

表4.1　世界の貯水量（単位：1000 km^3）と塩水と淡水の貯水量の割合

塩水貯水量	容積	塩水貯水量に占める割合
海洋	1 338 000	99%
塩水と塩分を含む地下水	12 840	1.0%
塩水湖	85	0.01%
塩水の総貯水量	1 350 925	100%
淡水貯水量	**容積**	**淡水貯水量に占める割合**
氷河と氷冠	24 064	69%
地下水	10 530	30%
その他の淡水貯水量	435	1.2%
淡水総貯水量	35 029	100%
その他の淡水貯水量	**容積**	**その他の淡水貯水量に占める割合**
氷・雪・永久凍土	300	69%
湖	91	21%
土壌水分	17	4%
沼地と湿地帯	12	3%
河川	2	0.5%
生物に含まれる水	1	0.3%
大気中の水分	13	3%
その他の淡水総貯水量	436	100%

［出典］Shiklomanov I. World fresh water resources. In：Gleick P H, ed. *Water in Crisis: A Guide to the World's Fresh Water Resources*. Oxford, UK: Oxford University Press; 1993:13–24

たすのに十分な水にアクセスできない利用者が人種を問わず存在しているという意味である．したがって水不足の原因は，物理的理由（全体的に供給が不十分，もしくは干ばつなどの極端現象が発生している期間），経済的理由（貧困やインフラへの投資不足のため十分な水にアクセスできないこと），制度的理由（政府，公共事業体やコミュニティが特定の需要を満たすために十分な水を提供できないこと）などが考えられる（汚染水は，特定の需要を満たすために十分な水質の水が不足するというもう1つの水不足の形であり，本章で後述する）．さまざまな時期にさまざまな地域で上述した理由によって水不足に苦しむ可能性がある．**図4.8**が示すのは現在の地域別の水不足の推定値の1つで，水の利用可能性が地理的に大きく異なることを明らかにしている．

「ピーク・ウォーター」の限界という観点からも水不足を定義できる[68]．世界でますます多くの地域が淡水の利用可能件の制約に直面している．水には再生可能資源と非再生可能資源の両方の特徴がある．再生可能資源は水流量の制限によって，再生不可能な資源は貯水量の制限によって特徴づけられる．降雨と河川の水流量は再生可能なものであり，その利用は水流量の規模によって制限される．河川の水流量をすべて

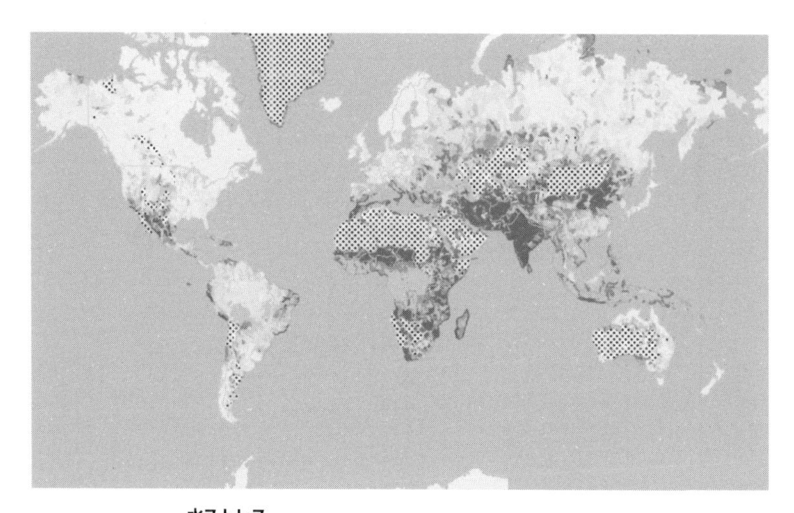

水ストレス

低	低～中	中～高	高	きわめて高い
(10%以下)	(10～20%)	(20～40%)	(40～80%)	(80%以上)

※ 水使用の少ない乾燥地

図4.8　2019年に推定された地球規模の水ストレス

［出典］WRI Aqueduct tool, http://aqueduct.wri.org/ 2019年10月26日参照．Creative Commons, license CC BY

消費してしまうと，もっと欲したとしてもそれ以上を得ることはできない．多くの河川の総水流量の使途がすでに決まってしまっている．水資源の中には，地下水系のように貯水量の補充速度がきわめて遅いものがある．これらの資源は「化石帯水層」と呼ばれることもあり，石油，ガス，石炭の埋蔵量のような古典的な資源と同様に機能し，補充されるよりもはるかに速い速度で消費される可能性がある．この場合，ピーク・ウォーターの限界に達するのは，水を過剰に汲み上げたことによって技術的かつ経済的に新たな水を得ることが難しくなるときである．世界規模では，人間による水の使用量全体のうちかなりの量（例えば灌漑用水全体の20～30％）を再生不可能な地下水の貯水量に依存している[69, 70]．

従来，人口の増加と経済の拡大に伴って水需要（および一般的な資源需要）が増加し，世界の取水量が増加すると想定されてきた（**図4.9**）．**Box 4.1**では水の使用に関連するおもな用語を定義する．予測される需要増のうち，最も重要な要素は農業生産に関連する．農業用の水需要は現在，人間の総取水量の約70％を占めている（消費的利用の割合はこれよりも高い）（**表4.2**）．このことから食料生産への新たな需要が農業用水の新たな需要を牽引することが懸念されており，すでにピーク・ウォーターの限界に達して地下水の持続可能な使用ができなくなりつつある地域にとっては特別な

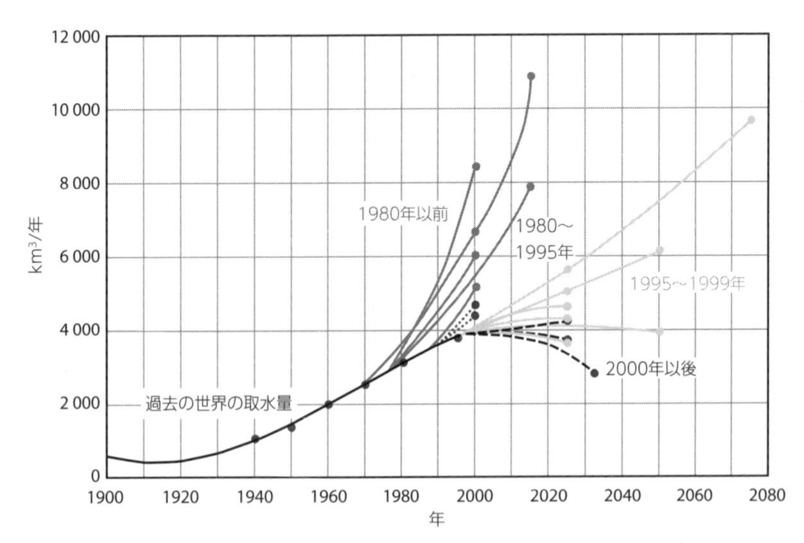

図4.9　過去の世界の取水量（黒の実線）と将来需要の予測取水量．1980年以前（濃い色の線のグループ），1980～1995年（点線），1995～1999年（薄い色の実線），2000年以降（黒の破線）．将来の需要予測は，水効率の向上に伴って時間の経過とともに減少している．

［出典］Gleick PH. Water projections and scenarios: thinking about our future. In：The Gulbenkian Thinktank on Water and the Future of Humanity, eds. *Water and the Future of Humanity: Revisiting Water Security*. New York, NY: Springer; 2014:185-205.

課題となる．

図4.9に示されているように，将来の水需要の予測値は実際の需要増が鈍化するにつれて時間の経過とともに低下している．現在は，従来の供給量の拡大というこれまでの前提から非従来型の水源の特定と水需要の管理というより統合的な取り組みへの移行期にある．この新たな取り組みの重要な要素は水需要を管理することであり，それには水の使用効率化と節水の両方が含まれる[71]．効率化は，水の使用量を削減しながら社会的利益（食料の栽培，洗濯，工業製品の生産など）を可能にする技術と政策の変化と定義される．効率化には一般的に，細流灌漑システム，高効率の洗濯機やトイレなどの技術向上，システムの損失や漏れを発見して排除する取り組みが含まれる．保全戦略は，シャワーを使う時間の短縮，トイレの水を流す回数の削減，屋外での水やりの自主的な制限など，水の使用量を減らす一時的または永続的な行動の変化と定義される．水道事業者や地方自治体は，干ばつや短期的な水不足において効率化と行動変容の両方を求めることがある．

Box 4.1　水の取水量，消費的利用と非消費的利用

水の利用は消費的利用と非消費的利用に分類される．消費的利用は通常，蒸発，植物バイオマスへの取り込み，他の流域への移動，塩分の高い場所への浸透や汚染などによって，取水した流域で再利用できない水の利用である．他方，非消費的利用は通常，取水した流域内で再利用できる水の利用である．総取水量は通常，消費的要素と非消費的要素の両方を含む使用されるすべての水の量である．

［出典］Gleick PH, Christian-Smith J, Cooley H. Water-use Efficiency and Productivity: rethinking the basin approach *Water Int*. 2011;36(7):784–798

表4.2　世界のセクター別年間取水量（単位：km^3/年）と総淡水取水量に占める割合（2010年）

地方自治体		工業		農業	
km^3/年	%	km^3/年	%	km^3/年	%
464	12	768	19	2769	69

農業に直接的に利用される雨量は含まれない．

［出典］FAO, AQUASTAT: FAO Global Information System. http://www.fao.org/nr/water/aquastat/main/index.stm

近年，水の総使用量の削減や水需要の増加速度の抑制に成功している地域もあるものの，多くの地域では水の使用が持続可能でなくなる時点をすでに過ぎている．人間

は現在，再生可能でアクセス可能な真水の水流量のうち半分以上を使用していると示唆する初期評価もある[72]．より最近の研究では，短期的な農業生産や経済生産のために化石帯水層の地下水を消費することは持続不可能であると結論づけている[68, 70, 73]．多くの河川では，年間または数か月にわたって総水流量が消費されるために河川水が三角州に到達できず，深刻な生態系の崩壊と漁場の破壊が引き起こされている．

水不足の地域において水へのアクセスをめぐる緊張を避けるためには，持続可能な水供給の代替手段を特定し，特に農業セクターでの水の使用効率を向上させ，1滴あたりの生産量を増やす必要がある．水の使用効率の改善については農薬，耕地，エネルギーなどの他の農業資材とあわせ，第5章の持続可能な集約化の議論で深掘りし，説明する．このことは灌漑方法や作物の種類と地域的な作付の決定（特に気候条件の変化に直面している場合）の変更と，食生活の選択や食品廃棄などの世界的な食料問題の他の側面に取り組むことによって達成できる．

最後に，より持続可能な水システムに移行するための長期的な取り組みとして，統合的な水戦略への移行が挙げられる．統合水資源管理，「水資源管理のソフト・パス」といったさまざまなアプローチが提案されている[74–77]．これらのアプローチの要素には，経済的かつ環境上適切な場合において処理済みの廃水の利用や海水の淡水化などの代替供給オプションを追加すること，需要を管理するために水の利用効率を向上させること，自然生態系を保護するための管理および制度上の政策を実施すること，価格設定や資金調達といった経済的な手段を拡大すること，ならびに水，エネルギー，気候，食料資源を一元管理すること（ネクサス戦略ともいう）が含まれる[78, 79]．

生物多様性の損失

生物多様性は，生態系内やより大きな空間規模における生物の多様性（生物種の数と複雑さ）である．これは多様性の機能的，遺伝的その他の側面を含む複雑な概念である[80, 81]．生物多様性は健全な生態系の機能に不可欠であり，生物多様性が低下すると生態系が劣化し[82, 83]，人間に提供される生態系サービス*も低下する[81, 84]．例えば植物の多様性が失われると生態系の生産性と安定性が低下し，外来種の侵入に対して脆弱になり，大気中の二酸化炭素を除去し，土壌と生きた植物バイオマスに二酸化炭素を蓄える能力が低下する[82, 85]．

生物多様性は世界中の生態系において減少の一途をたどっている．この減少は，農地や牧草地などの単純化された生態系，伐採された温帯林や熱帯林，汚染された湖や川，乱漁された海洋，乱獲された森林や草原において顕著に見られる[86]．研究者たち

---

* 訳注：生態系の機能のうち，特に人間がその恩恵に浴しているもの．

は1970年以降，哺乳類，鳥類，爬虫類，両生類，魚類の個体数が約60％減少していると推定した[87]．ドイツの63の保護区を対象とした最近の研究では，27年間ですべての飛翔昆虫のバイオマスの総量が76％減少したことが示唆されている[88]．国際自然保護連合の絶滅危惧種のレッドリストによると，2019年の時点で両生類の40％，哺乳類の25％，鳥類の14％の種の個体数が大幅に減少し，絶滅の危機に瀕している[89]．『生物多様性と生態系サービスに関する地球規模評価報告書』（"Global Assessment of the Intergovernmental Panel on Biodiversity and Ecosystem Services"）では，2019年に50か国からの145人の執筆者たちが3年間で1万5000本の論文を検討した後，およそ100万種の生物が絶滅の危機に瀕しており，そのうちの多くは数十年以内に絶滅すると警告された[90]．近年における種の絶滅率はおそらく背景絶滅率の1000倍に相当し[91]，過去5億年で6回目の，そして約6600万年前に小惑星が恐竜を絶滅させて以来の最も壊滅的な大量絶滅の始まりを示している可能性がある（**図4.10**）[86, 92, 93]．

絶滅リスクの唯一最大の原因は，新たに農地と牧草地を開拓する際に生じる生息地の破壊である[94, 95]．気候変動[96]，侵入種，乱獲，乱漁も絶滅リスクの一因である．より健康的で肉類の少ない食生活が普及し，食品廃棄が大幅に削減されない限り，世界の食用作物と飼料用作物の生産需要は2060年までに70～100％増え，5億ヘクタール以上の土地で生態系が破壊され，特に熱帯地域では絶滅リスクが大幅に上昇する[97, 98]．2002年の生物多様性条約における世界的な合意によっても，種の絶滅率を減らすことができていない[99]．

生物多様性はさまざまな形で人間に恩恵を与えており[100, 101]，生物多様性の損失は感染症の伝播[102, 103]，免疫調節機能の低下（おそらくさまざまな抗原に暴露されることで免疫機能が向上するため）[104]，栄養の損失[105, 106]（第5章で説明する）などの多くの経路を通して健康[82]を脅かしている．生物多様性の高い自然環境は，生物多様性の低い環境よりもメンタルヘルスとウェルビーイングを促進することがあるが，この点についてはまだ議論されている[107]．第6章に記載されているように，生息地の断片化またはその他の混乱によって生態系コミュニティの多様性が減少すると，さまざまな種の新たな構成によって人間の感染症への暴露が増加する傾向がある．

世界的な生物多様性の損失の具体例として，花粉媒介動物と魚類の2つは特筆に値する．昆虫による授粉は重要な生殖手段であり，世界の年間食料生産量の35％以上を占めている[108]．少なくとも87種類の主要な食用作物とビタミンAなどの微量栄養素の世界供給量の最大40％が，昆虫による授粉に依存している[109]．花粉媒介動物は世界の多くの地域で減少しており，これはおそらく生息地や餌の消失，気候変動，農薬の使用，寄生虫の侵入などの複合的な理由による[110]．花粉媒介動物の減少は，食事に含まれる果物，野菜，ナッツ，種子の量を減らす可能性があり，ビタミンAと葉酸の欠乏の原因となる．最近の分析では，授粉が50％減少すると世界で毎年約70万

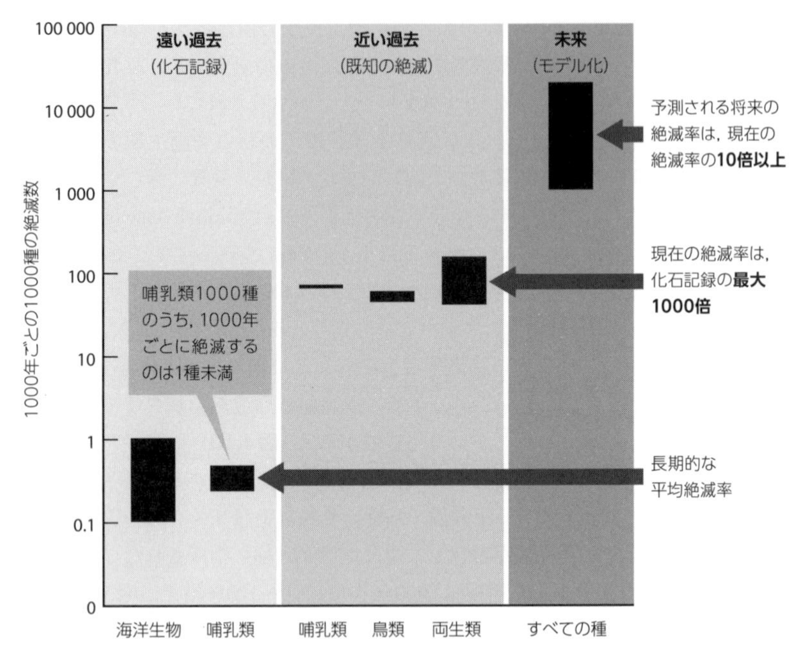

図4.10　種の絶滅率（1000年ごとの1000種の絶滅数）は遠い過去よりも近い過去のほうがはるかに高い．「近い過去」の絶滅率は，絶滅が確認されている種（下限推定値）や絶滅が確認されている種に「絶滅した可能性の種」を加えたもの（上限推定値）から算出した．「遠い過去」は化石記録から算出した平均的な絶滅率である．将来の絶滅はモデル化から得られた推定値である．これらの値の確実性はそれぞれ異なり（棒の長さで表される），既知の絶滅に対する下限推定値の確実性が最も高く，化石記録に基づく推定値とモデル化された絶滅の推定値の確実性が最も低い．

［出典］Millennium Ecosystem Assessment. *Ecosystems and Human Well-being: Biodiversity Synthesis.* Washington, DC: World Resources Institute; 2005. https://www.millenniumassessment.org/documents/document.354.aspx.pdf

人の死者が増えると予測されており，そのおもな原因は，果物と野菜の消費量の減少によって虚血性心疾患と脳卒中が増えることである[111]．

漁場の枯渇も世界的な問題として浮上しており，現在，約90%の漁場が持続可能な最大漁獲量に達しているか，超過している[112]．その原因には乱獲，海洋酸性化，低酸素状態，汚染，栄養素の負荷が含まれる．多くの人々にとって魚はタンパク質，微量栄養素（生物学的利用可能性の高い形であることが多い），オメガ3脂肪酸（おもに脂身の多い魚から）を摂る基本的な源である．漁場の枯渇は気候変動によって激化する[113]．今後数十年の間に特に赤道付近の低中所得国において，魚の減少によって世界人口の10%以上が微量栄養素と脂肪酸の欠乏に直面すると予測した研究もある[114]．

人間の健康とウェルビーイングに対する生物多様性の具体的な価値以上に，人間が生物多様性を保全することに強い道徳的見解があり，これは人間にとっての有用性とは別に，すべての生物に本質的な価値があるという見解に基づいている[115]．信仰の伝統が，自然界に見られる神の手への畏敬の念を持ってこのような視点を支えているかもしれない（「クリエーション・ケア（訳注：神による天地創造のたまものを守る）」という考えもある）[116]．

汚 染

汚染は人間の活動の結果として環境に放出される有害な不要物であり，プラネタリーヘルスへの本質的な脅威である．病気と早死の大きな原因でもあり，年間で900万人が汚染によって死亡していると推定され，世界の総死亡の16％を占めている[117]．多くの場合は局所的な汚染源から発生するものの，広範囲に広がる可能性があり，本章で説明した人間が引き起こす他の環境変化と同様，地球の生命維持システムと人類の文明の継続的存続を危険にさらす地球規模の問題である[118]．

汚染の原因は人間のさまざまな活動にある．おもな原因は，第一に化石燃料とバイオマスの燃焼である．第二にアスベスト，鉛，ヒ素などの自然に存在する危険な物質の利用である．第三に農薬および可塑剤などの自然界には存在しない危険な物質の製造である．第四に人間と動物の排泄物の安全でない処理，過剰施肥その他の汚染物質である．もっとも，このような単純な分類によって人間の活動が地球を汚染するすべての経路を把握することはできない．例えばバングラデシュで管井戸で地下水を汲み上げ，自然に存在するヒ素によって国の大部分の飲料水が汚染されたが，これは不注意による悲劇的な汚染の例である[119]．

汚染の原因は多岐にわたる．屋内の空気を汚染する室内調理や飲料水を汚染する野外排泄など，古くからの伝統的な原因も含まれる．また，石炭火力発電所，化学工場，皮革工場，電池リサイクル工場，畑に散布される農薬や除草剤，小規模な金鉱採掘で放出される水銀，石油を動力源とする自動車の排気ガスなど現代的な原因もある．汚染物質は大気や水，土壌だけでなく，人々が住み，働き，子どもたちが学び，遊ぶ場所をも汚染する．次のいくつかの段落では，汚染物質が大気，水，土壌の3つの媒体にどのような影響を及ぼすのか解説する．さらに，汚染がプラネタリーヘルスの問題に発展するプロセスについても説明する．

大気汚染

大気汚染は気体と粒子の複雑な混合物であり，場所と時間によって濃度と組成が変化する．構成要素には粒子状物質，硫黄酸化物や窒素酸化物，オゾン，メタンなどの炭化水素，ハイドロフルオロカーボンが含まれる．第12章に記載されているように，燃料の燃焼は大気汚染のおもな原因であり，全世界の粒子状物質の85%を占め，硫黄酸化物と窒素酸化物による汚染のほとんどを占めている．さらに人間が引き起こす地球の気候変動のおもな要因である二酸化炭素やブラックカーボン（黒色炭素，すす）など短寿命の気候汚染物質のおもな発生源でもある[117]．

中高所得国の多くでは化石燃料（石炭，石油，天然ガス）の燃焼が大気汚染のおもな原因である．問題としては環境（屋外）汚染が支配的である．これらの国では工場や発電所などの固定発生源と，自動車，トラック，バスなどの移動発生源から汚染物質が大気中に排出されている．低中所得国では非効率的な調理器具と直火によるバイオマス（木，木炭，わら，糞など）の燃焼も重要な原因である．また，焼畑や森林火災，老朽化したレンガ窯も大気を汚染している．屋内と環境中の大気汚染は，空気が建物に出入りすることで相互に影響を与えている．低中所得国では屋内の空気が環境中の大気と同じ程度汚染されている可能性があり，環境中の大気汚染に大きく寄与している．

屋内の空気汚染は，よりクリーンな燃焼のできるバイオマスストーブと液化石油ガスストーブを広範囲に導入することによって世界的に減少している．他方，環境中の大気汚染は（特に急速に発展している低中所得国で）増加している．おもな要因は，無秩序な都市拡大，エネルギー需要の増加，鉱業，製錬，森林伐採の増加，有害化学物質の世界的なまん延，殺虫剤や除草剤の散布量の増加，石油を動力源とする自動車，トラック，バスの利用の増加である．世界保健機関（WHO）が定義する健康的な空気に関するガイドラインを超える地域に世界人口の90%以上が住んでいる[120]．環境中の大気汚染による死亡者数は，積極的な介入なくしては2050年までに倍増すると予測されている[121]．

大気汚染は地球の大気中を長距離移動し，国境，大陸，海洋を越え，汚染源から遠く離れた生態系を変化させて健康を脅かす．強い西風（中国から太平洋を渡って吹く風）が吹いた日に米国西部で検出された汚染（硫酸塩濃度の12〜24%，オゾンの2〜5%，一酸化炭素の4〜6%，ブラックカーボンの最大11%）が中国の輸出型の産業活動に由来しているという分析もある[122]．同様に，東欧で排出された大気汚染は国境を越えて西に移動し，西欧諸国がWHOの大気汚染ガイドラインを満たすための努力を妨げている[123]．

水質汚染

水質汚染は，人間と動物の排泄物による水路の生物学的汚染，工業化学物質，医薬品廃棄物，プラスチック，重金属，農薬などによる河川や湖，海洋の汚染が原因である．世界で最も汚染度の高い水は急速に都市化され工業化が進む低中所得国で見られ，その地域の地表水と地下水には生物学的あるいは化学的な汚染物質が多く，代替の水源は存在しない．本章のはじめのほうで述べているように，飲用純水の世界的な供給量の減少はプラネタリーヘルスと世界の安全にとって大きな脅威である[124]．

水質汚染は一見して地域的な現象のようであるが，地球規模で広がっている．例えば世界の海洋や河川，湖の多くは水銀で汚染され，そのかなりの部分は石炭の燃焼によって放出された水銀が大気中に貯蔵されたことにより，影響を受けた水路から遠く離れた場所で発生することもある[125-127]．同様に，世界のプラスチック生産量は現在年間3億トンを超えており，これは地球上の男性，女性，子ども1人あたり約40 kgに相当する（**図4.11**）[128]．生産されるプラスチックの半分以上が投棄され[129]，そのほとんどが海洋に到達して世界中に拡散される[130]．プラスチックは，深海の海溝，遠く離れた諸島，北極圏などの遠く離れた生態系でも発見されている[131, 132]．また，海鳥の推定約90％[133]の体内から発見されており，また，魚介類[134]から食卓塩[135]，ペットボトルの水[136]からビール[137]までの人間の食生活の大部分からも見つかっている．このような広範囲に及ぶ汚染による健康への影響は完全には解明されていないが[138]，特に懸念されるのは，プラスチックの平均約7％が可塑剤や難燃剤などの化学添加物で構成されていること[129]，プラスチックが他の有機化学物質も効率的に吸着することである[139]．これらの化学物質の多くは生物学的活性を有しており，人間と生態系の健康を脅かす可能性がある．

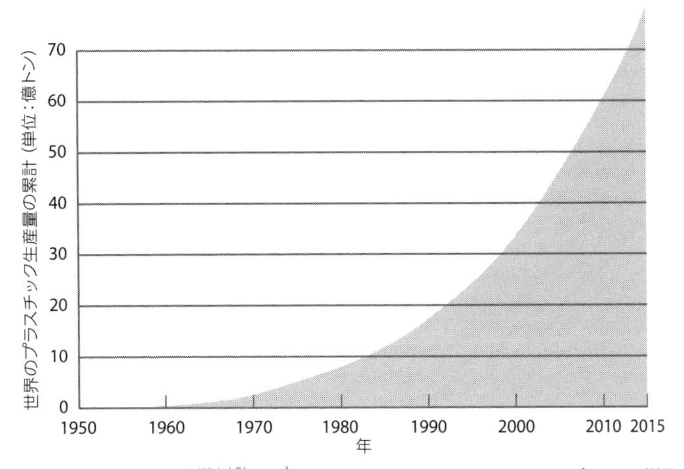

図4.11　第二次世界大戦以降のプラスチック生産量の累計．世界のポリマー樹脂，合成繊維およびプラスチック添加剤の年間生産量の合計として計算された累計生産量．これらのプラスチックのほとんどは現在も存在している．

［出典］*Our World in Data*（https://ourworldindata.org/plastic-pollution），Creative Commons, license CC BY

土壌汚染

土壌汚染は地面や地表下に有害物質を廃棄することによって起こる．おもな汚染源は，稼働中または稼働されなくなった工場，鉱山，精錬所，軍事基地，ならびにこれらに関連する有害廃棄物処理場である．電子部品廃棄物（e-waste）は土壌汚染のさらなる原因となり，低中所得国の電子部品廃棄物リサイクル場に集中している．これらの点汚染源が有害化学物質や放射性核種，重金属で汚染された地球規模のホットスポットの群島を形成している[140]．また，農薬の散布も土壌汚染の原因になっている[141]．

農地と草原の土壌中の有害物質は植物に取り込まれ，人間と動物が摂取する．ポリ塩化ビフェニル（PCB）などの土壌中の揮発性有害物質は大気中に気化し，長距離を移動し遠く離れた地域を汚染する．鉛の粉塵などの土壌中の粒子状汚染物質は風に乗って長距離を移動する．有害廃棄物処理場の有毒化学物質は地表水と地下水に浸出し，飲料水を汚染し，その結果，人間が有害化学物質に暴露し，生態系が破壊されることにつながる．

地球の問題としての化学汚染物質

現代の化学製品製造業は1700年代後半から1800年代前半の産業革命期に欧州で始まった．この時代に開発された多くの製品は現代の産業の基礎として残っており，英国の硫酸（1736年），スコットランドのさらし粉（次亜塩素酸カルシウム）（1799年），英国の世界初となる商業用合成染料「モーベイン」（1850年代）などが挙げられる．大規模な石油生産が1859年に米国ペンシルベニア州タイタスビルのドレイク油井で始まり，現在最も重要な化学原料である石油が無限といえるほどに供給されるようになった．

化学物質の生産は1950年代以降飛躍的に拡大した．これまでに14万種類以上の化学物質と農薬が製造されて市販用の製品に導入されており，それらの多くは，これまで地球上に存在しなかった化学物質である．このような化学物質は現代社会の至るところに存在し，今日では石けん，シャンプー，子ども服，玩具，自動車のシート，除草剤，殺虫剤，毛布，哺乳瓶など数百万もの製品に含まれている．これらの製造された化学物質の大部分は安全性と潜在的な毒性についてまったく試験されていない[117]．世界における化学物質の製造量は年率3.5%で増加し続けており，この増加率では25〜30年後には倍増する．

現在，化学物質の製造の3分の2以上は低中所得国で行われている．このことはプラネタリーヘルスにとって重大な意味がある．なぜなら，資源の乏しい国の多くでは環境保護が不十分で，公衆衛生のインフラも脆弱であるからである．このため，有害化学物質が制御なく放出され，規制されないまま暴露することがあまりにも頻繁に起こる結果となっている．

世界中の生態系において有害化学汚染物質が拡散し，継続的に存在していること，そしてこれらの化学物質が人間と生態系の健康に影響を及ぼす可能性については，原因となるメカニズムがいくつか存在する[142]．これらのメカニズムには，化学物質の生産の規模と複雑性の急速な拡大，特定の化学汚染物質の水や土壌などの環境媒体への残留，食物網における生物濃縮と生物蓄積，長距離移動，気候変動など地球システムに同時に生じている変化が含まれる．これらのメカニズムと増え続ける化学汚染物質によってほぼすべての生態系が地球規模で汚染されることによる広範囲に及ぶ影響については，第14章で深堀りする．

参考文献

1. Moore FC, Obradovich N, Lehner F, Baylis P. Rapidly declining remarkability of temperature anomalies may obscure public perception of climate change. *Proc Natl Acad Sci*. 2019;116(11):4905.
2. Steffen W, Crutzen PJ, McNeill JR. The Anthropocene: are humans now overwhelming the great forces of nature? *AMBIO*. 2007;36(8):614–621.
3. Steffen W, Richardson K, Rockstrom J, et al. Planetary boundaries: guiding human development on a changing planet. *Science*. 2015;347(6223):1259855.
4. Whitmee S, Haines A, Beyrer C, et al. Safeguarding human health in the Anthropocene epoch: report of the Rockefeller Foundation–Lancet Commission on planetary health. *Lancet*. 2015;386(10007):1973–2028.
5. IPCC. *Climate Change 2013: The Physical Science Basis. Contribution of Working Group I to the Fifth Assessment Report of the Intergovernmental Panel on Climate Change*. In: Stocker TF, Qin D, Plattner GK, et al., eds. Cambridge, UK: Cambridge University Press; 2013. https://www.ipcc.ch/report/ar5/wg1/.
6. Committee on Extreme Weather Events and Climate Change Attribution. *Attribution of Extreme Weather Events in the Context of Climate Change*. Washington, DC: National Academies Press; 2016.
7. Diffenbaugh NS, Singh D, Mankin JS, et al. Quantifying the influence of global warming on unprecedented extreme climate events. *Proc Natl Acad Sci*. 2017;114(19):4881–4886.
8. Steffen W, Rockström J, Richardson K, et al. Trajectories of the Earth system in the Anthropocene. *Proc Natl Acad Sci*. 2018;115(33):8252–8259.
9. Barnosky AD, Hadly EA, Bascompte J, et al. Approaching a state shift in Earth's biosphere. *Nature*. 2012;486(7401):52–58.
10. IPCC. *Climate Change 2014. Impacts, Adaptation, and Vulnerability. Part A: Global and Sectoral Aspects. Working Group II Contribution to the Fifth Assessment Report of the Intergovernmental Panel on Climate Change*. In: Field CB, Barros VR, Dokken DJ, et al., eds. Cambridge, UK: Cambridge University Press; 2014. https://www.ipcc.ch/report/ar5/wg2/.
11. Klein RJT, Midgley GF, Preston BL, et al. Adaptation opportunities, constraints, and limits. In: Field CB, Barros VR, Dokken DJ, et al., eds. *Climate Change 2014: Impacts, Adaptation, and Vulnerability. Part A: Global and Sectoral Aspects. Contribution of Working Group II to the Fifth Assessment Report of the Intergovernmental Panel on Climate Change*. Cambridge, UK: Cambridge University Press; 2014:899–943.

12. Tilman D. *Resouce Competition and Community Structure*. Princeton, NJ: Princeton University Press; 1982.
13. Schindler DW. Evolution of phosphorus limitation in lakes. *Science*. 1977;195(4275):260.
14. Smith VH, Tilman GD, Nekola JC. Eutrophication: impacts of excess nutrient inputs on freshwater, marine, and terrestrial ecosystems. *Environ Pollut*. 1999;100(1–3):179–196.
15. Vitousek PM, Aber JD, Howarth RW, et al. Human alteration of the global nitrogen cycle: sources and consequences. *Ecol Appl*. 1997;7(3):737–750.
16. Carpenter SR, Caraco NF, Correll DL, Howarth RW, Sharpley AN, Smith VH. Nonpoint pollution of surface waters with phosphorus and nitrogen. *Ecol Appl*. 1998;8(3):559–568.
17. Tilman D, Fargione J, Wolff B, et al. Forecasting agriculturally driven global environmental change. *Science*. 2001;292(5515):281–284.
18. Stevens CJ, Dise NB, Mountford JO, Gowing DJ. Impact of nitrogen deposition on the species richness of grasslands. *Science*. 2004;303(5665):1876–1879.
19. Han D, Currell MJ, Cao G. Deep challenges for China's war on water pollution. *Environ Pollut*. 2016;218:1222–1233.
20. Rabalais NN, Turner RE, Wiseman WJ. Gulf of Mexico hypoxia, aka "the dead zone." *Annu Rev Ecol Syst*. 2002;33(1):235–263.
21. Bobbink R, Hicks K, Galloway J, et al. Global assessment of nitrogen deposition effects on terrestrial plant diversity: a synthesis. *Ecol Appl*. 2010;20(1):30–59.
22. Aerts R, Berendse F. The effect of increased nutrient availability on vegetation dynamics in wet heathlands. *Vegetatio*. 1988;76(1):63–69.
23. Berendse F, Aerts R. Competition between Erica Tetralix L. and Molinia Caerulea (L.) Moench. as affected by the availability of nutrients *Acta Oecologia/Oecologia Plantarum*. 1984;5(1):3–14.
24. Robertson GP, Paul EA, Harwood RR. Greenhouse gases in intensive agriculture: contributions of individual gases to the radiative forcing of the atmosphere. *Science*. 2000;289(5486):1922–1925.
25. Tilman D, Balzer C, Hill J, Befort BL. Global food demand and the sustainable intensification of agriculture. *Proc Natl Acad Sci U S A*. 2011;108(50):20260–20264.
26. Congalton GR, Gu J, Yadav K, Thenkabail P, Ozdogan M. Global land cover mapping: a review and uncertainty analysis. *Remote Sensing*. 2014;6(12):12070–12093.
27. Belward AS, Skøien JO. Who launched what, when and why; trends in global landcover observation capacity from civilian earth observation satellites. *ISPRS J Photogramm Remote Sens*. 2015;103:115–128.
28. Ellis EC, Goldewijk KK, Siebert S, Lightman D, Ramankutty N. Anthropogenic transformation of the biomes, 1700 to 2000. *Global Ecol Biogeogr*. 2010;19(5):589–606.
29. Seto KC, Fragkias M, Guneralp B, Reilly MK. A meta-analysis of global urban land expansion. *PLoS ONE*. 2011;6(8):e23777.
30. Van Cappellen P, Maavara T. Rivers in the Anthropocene: global scale modifications of riverine nutrient fluxes by damming. *Ecohydrol Hydrobiol*. 2016;16(2):106–111.
31. Thomas N, Lucas R, Bunting P, Hardy A, Rosenqvist A, Simard M. Distribution and drivers of global mangrove forest change, 1996–2010. *PLoS One*. 2017;12(6):e0179302.
32. Polidoro BA, Carpenter KE, Collins L, et al. The loss of species: mangrove extinction risk and geographic areas of global concern. *PLoS One*. 2010;5(4):e10095.
33. Turetsky MR, Benscoter B, Page S, Rein G, van der Werf GR, Watts A. Global vulnerability of peatlands to fire and carbon loss. *Nat Geosci*. 2014;8:11–14.
34. DeFries RS, Foley JA, Asner GP. Land-use choices: balancing human needs and ecosystem function.

Front Ecol Environ. 2004;2(5):249–257.

35. Herrero M, Thornton PK, Power B, et al. Farming and the geography of nutrient production for human use: a transdisciplinary analysis. *Lancet Planetary Health*. 2017;1(1):e33–e42.
36. Goldewijk KK, Beusen A, Doelman J, Stehfest E. Anthropogenic land use estimates for the Holocene: HYDE 3.2. *Earth Syst Sci Data*. 2017;9(2):927–953.
37. Rudel TK, Coomes OT, Moran E, et al. Forest transitions: towards a global understanding of land use change. *Global Environ Change*. 2005;15(1):23–31.
38. Mather AS. The forest transition. *Area*. 1992;24(4):367–379.
39. Lambin EF, Meyfroidt P. Land use transitions: socio-ecological feedback versus socioeconomic change. *Land Use Policy*. 2010;27(2):108–118.
40. Henders S, Persson UM, Kastner T. Trading forests: land-use change and carbon emissions embodied in production and exports of forest-risk commodities. *Environ Res Lett*. 2015;10(12):125012.
41. Lambin EF, Meyfroidt P, Rueda X, et al. Effectiveness and synergies of policy instruments for land use governance in tropical regions. *Global Environ Change*. 2014;28:129–140.
42. IUCN. *Protected Planet Report 2018*. Cambridge UK; Gland, Switzerland; and Washington DC. UNEP-WCMC, IUCN, and NGS; 2018. https://protectedplanet.net/c/protected-planet-reports.
43. Coyle I, Springer J. *Who Owns the World's Land? A Global Baseline of Indigenous and Community Land Rights*. Washington, DC: Rights and Resources Initiative; 2015. https://rightsandresources.org/en/who-owns-the-worlds-land-a-global-baseline-of-indigenous-and-community-land-rights/#.XLtO6-i2mUk.
44. Diamond J. Evolution, consequences and future of plant and animal domestication. *Nature*. 2002;418(6898):700–707.
45. Popkin BM. Nutrition transition and the global diabetes epidemic. *Curr Diab Rep*. 2015;15(9):64.
46. Koplitz SN, Mickley LJ, Marlier ME, et al. Public health impacts of the severe haze in Equatorial Asia in September–October 2015: demonstration of a new framework for informing fire management strategies to reduce downwind smoke exposure. *Environ Res Lett*. 2016;11(9):094023.
47. Andela N, Morton DC, Giglio L, et al. A human-driven decline in global burned area. *Science*. 2017;356(6345):1356e1362.
48. Pingali PL. Green revolution: impacts, limits, and the path ahead. *Proc Natl Acad Sci*. 2012;109(31):12302–12308.
49. Khoury CK, Bjorkman AD, Dempewolf H, et al. Increasing homogeneity in global food supplies and the implications for food security. *Proc Natl Acad Sci*. 2014;111(11):4001–4006.
50. Laurance WF, Arrea IB. Roads to riches or ruin? *Science*. 2017;358(6362):442–444.
51. Montgomery DR. *Dirt: The Erosion of Civilizations*. Berkeley: University of California Press; 2007.
52. Pimentel D, Harvey C, Resosudarmo P, et al. Environmental and economic costs of soil erosion and conservation benefits. *Science*. 1995;267(5201):1117–1123.
53. FAO and ITPS. *Status of the World's Soil Resources*. Rome, Italy: Food and Agriculture Organization of the United Nations and Intergovernmental Technical Panel on Soils; 2015. http://www.fao.org/documents/card/en/c/c6814873-efc3-41db-b7d3-2081a10ede50/.
54. Scholes RJ, Montanarella L, Brainich E, et al. *IPBES (2018): Summary for Policymakers of the Assessment Report on Land Degradation and Restoration of the Intergovernmental Science-Policy Platform on Biodiversity and Ecosystem Services*. Bonn, Germany: IPBES; 2018. https://www.ipbes.net/assessment-reports/ldr.
55. Montgomery DR. Soil erosion and agricultural sustainability. *Proc Natl Acad Sci*. 2007;104(33):13268–13272.

56. Baumhardt RL, Stewart BA, Sainju UM. North American soil degradation: processes, practices, and mitigating strategies. *Sustainability*. 2015;7(3):2936–2960.
57. Bren d'Amour C, Reitsma F, Baiocchi G, et al. Future urban land expansion and implications for global croplands. *Proc Natl Aca Sci*. 2017;114(34):8939–8944.
58. Clinton N, Stuhlmacher M, Miles A, et al. A global geospatial ecosystem services estimate of urban agriculture. *Earth's Future*. 2018;6(1):40–60.
59. Butcher K, Wick AF, DeSutter T, Chatterjee A, Harmon J. Soil salinity: a threat to global food security. *Agron J*. 2016;108(6):2189–2200.
60. Chen J, Mueller V. Coastal climate change, soil salinity and human migration in Bangladesh. *Nat Clim Change*. 2018;8(11):981–985.
61. Tian D, Niu S. A global analysis of soil acidification caused by nitrogen addition. *Environ Res Lett*. 2015;10(2):024019.
62. Meade RH. Sources, sinks, and storage of river sediment in the Atlantic drainage of the United States. *J Geol*. 1982;90(3):235–252.
63. Gibbs HK, Salmon JM. Mapping the world's degraded lands. *Appl Geogr*. 2015;57:12–21.
64. Montgomery DR., Biklé A. *The Hidden Half of Nature: The Microbial Roots of Life and Health*. New York, NY: W.W. Norton & Company; 2016.
65. Montgomery DR. *Growing a Revolution: Bringing Our Soil Back to Life*. New York, NY: W.W. Norton & Company; 2017.
66. Sanchez PA. Soil fertility and hunger in Africa. *Science*. 2002;295(5562):2019.
67. Wood SA, Tirfessa D, Baudron F. Soil organic matter underlies crop nutritional quality and productivity in smallholder agriculture. *Agric Ecosyst Environ*. 2018;266:100–108.
68. Gleick PH, Palaniappan M. Peak water limits to freshwater withdrawal and use. *Proc Natl Acad Sci*. 2010;107(25):11155–11162.
69. Wada Y, Bierkens MFP. Sustainability of global water use: past reconstruction and future projections. *Environ Res Lett*. 2014;9(10):104003.
70. Wada Y, van Beek LPH, Bierkens MFP. Nonsustainable groundwater sustaining irrigation: a global assessment. *Water Resour Res*. 2012;48(6).
71. Gleick PH, Christian-Smith J, Cooley H. Water-use efficiency and productivity: rethinking the basin approach. *Water Int*. 2011;36(7):784–798.
72. Postel SL, Daily GC, Ehrlich PR. Human appropriation of renewable fresh water. *Science*. 1996;271(5250):785–788.
73. Famiglietti JS. The global groundwater crisis. *Nat Clim Change*. 2014;4:945.
74. Gleick PH. Global freshwater resources: soft-path solutions for the 21st Century. *Science*. 2003;302(5650):1524.
75. Brooks DB, Brandes OM, Gurman S. *Making the Most of the Water We Have: The Soft Path Approach to Water Management*. London, UK: Earthscan; 2009.
76. Giordano M, Shah T. From IWRM back to integrated water resources management. *Int J Water Resour Dev*. 2014;30(3):364–376.
77. Gleick PH. Transitions to freshwater sustainability. *Proc Natl Acad Sci*. 2018;115(36):8863.
78. Allan T, Keulertz M, Woertz E. The water–food–energy nexus: an introduction to nexus concepts and some conceptual and operational problems. *Int J Water Resour Dev*. 2015;31(3):301–311.
79. Endo A, Tsurita I, Burnett K, Orencio PM. A review of the current state of research on the water, energy, and food nexus. *J Hydrol*. 2017;11:20–30.
80. Naeem S, Prager C, Weeks B, et al. Biodiversity as a multidimensional construct: a review,

framework and case study of herbivory's impact on plant biodiversity. *Proc R Soc B: Biol Sci*. 2016;283(1844).

81. Mace GM, Norris K, Fitter AH. Biodiversity and ecosystem services: a multilayered relationship. *Trends Ecol Evol*. 2012;27(1):19–26.
82. Cardinale BJ, Duffy JE, Gonzalez A, et al. Biodiversity loss and its impact on humanity. *Nature*. 2012;486(7401):59–67.
83. Duffy JE, Godwin CM, Cardinale BJ. Biodiversity effects in the wild are common and as strong as key drivers of productivity. *Nature*. 2017;549:261.
84. Balvanera P, Siddique I, Dee L, et al. Linking biodiversity and ecosystem services: current uncertainties and the necessary next steps. *BioScience*. 2014;64(1):49–57.
85. Tilman D, Isbell F, Cowles JM. Biodiversity and ecosystem functioning. *Annu Rev Ecol Evol Syst*. 2014;45(1):471-493.
86. Dirzo R, Young HS, Galetti M, Ceballos G, Isaac NJB, Collen B. Defaunation in the Anthropocene. *Science*. 2014;345(6195):401–406.
87. WWF. *Living Planet Report 2018: Aiming Higher*. Gland, Switzerland; 2018. https: //wwf.panda.org/knowledge_hub/all_publications/living_planet_report_2018/.
88. Hallmann CA, Sorg M, Jongejans E, et al. More than 75 percent decline over 27 years in total flying insect biomass in protected areas. *PLoS One*. 2017;12(10): e0185809.
89. International Union for Conversvation of Nature and Natural Resources. *The IUCN Red List of Threatened Species*. 2019. https://www.iucnredlist.org. Accessed August 2019.
90. IPBES. *Global Assessment Report on Biodiversity and Ecosystem Services*. Bonn, Germany: Intergovernmental Science-Policy Platform on Biodiversity and Ecosystem Services; 2019. https://www.ipbes.net/assessment-reports.
91. Pimm SL, Jenkins CN, Abell R, et al. The biodiversity of species and their rates of extinction, distribution, and protection. *Science*. 2014;344(6187).
92. Kolbert E. *The Sixth Extinction: An Unnatural History*. New York, NY: Henry Holt and Company; 2014.
93. Ceballos G, Ehrlich PR, Barnosky AD, García A, Pringle RM, Palmer TM. Accelerated modern human–induced species losses: entering the sixth mass extinction. *Sci Adv*. 2015;1(5).
94. Newbold T, Hudson LN, Hill SL, et al. Global effects of land use on local terrestrial biodiversity. *Nature*. 2015;520(7545):45–50.
95. Newbold T, Hudson LN, Arnell AP, et al. Has land use pushed terrestrial biodiversity beyond the planetary boundary? A global assessment. *Science*. 2016;353(6296):288–291.
96. Pecl GT, Araújo MB, Bell JD, et al. Biodiversity redistribution under climate change: impacts on ecosystems and human well-being. *Science*. 2017;355(6332).
97. Tilman D, Clark M. Global diets link environmental sustainability and human health. *Nature*. 2014;515(7528):518–522.
98. Tilman D, Clark M, Williams DR, Kimmel K, Polasky S, Packer C. Future threats to biodiversity and pathways to their prevention. *Nature*. 2017;546:73.
99. Butchart SHM, Walpole M, Collen B, et al. Global biodiversity: indicators of recent declines. *Science*. 2010;328(5982):1164–1168.
100. Bernstein AS. Biological diversity and public health. *Annu Rev Public Health*. 2014;35(1):153–167.
101. Harrison PA, Berry PM, Simpson G, et al. Linkages between biodiversity attributes and ecosystem services: a systematic review. *Ecosyst Serv*. 2014;9:191–203.
102. Keesing F, Belden LK, Daszak P, et al. Impacts of biodiversity on the emergence and transmission

of infectious diseases. *Nature*. 2010;468(7324):647–652.

103. Pongsiri MJ, Roman J, Ezenwa VO, et al. Biodiversity loss affects global disease ecology. *BioScience*. 2009;59(11):945–954.
104. Rook GA. Regulation of the immune system by biodiversity from the natural environment: an ecosystem service essential to health. *Proc Natl Acad Sci U S A*. 2013;110(46):18360–18367.
105. Kahane R, Hodgkin T, Jaenicke H, et al. Agrobiodiversity for food security, health and income. *Agron Sustain Dev*. 2013;33(4):671–693.
106. Penafiel D, Lachat C, Espinel R, Van Damme P, Kolsteren P. A systematic review on the contributions of edible plant and animal biodiversity to human diets. *EcoHealth*. 2011;8(3):381–399.
107. Aerts R, Honnay O, Van Nieuwenhuyse A. Biodiversity and human health: mechanisms and evidence of the positive health effects of diversity in nature and green spaces. *Br Med Bull*. 2018;127(1):5–22.
108. Klein A-M, Vaissière BE, Cane JH, et al. Importance of pollinators in changing landscapes for world crops. *Proc R Soc B*. 2007;274(1608):303–313.
109. Eilers EJ, Kremen C, Smith Greenleaf S, Garber AK, Klein AM. Contribution of pollinator-mediated crops to nutrients in the human food supply. *PLoS One*. 2011;6(6): e21363.
110. Potts SG, Imperatriz-Fonseca VL, Ngo HT. *The Assessment Report of the Intergovernmental Science-Policy Platform on Biodiversity and Ecosystem Services on Pollinators, Pollination and Food Production*. Bonn, Germany: IPBES; 2016. https://www.ipbes.net/dataset/thematic-assessment-pollinators-pollination-and-food-production.
111. Smith MR, Singh GM, Mozaffarian D, Myers SS. Effects of decreases of animal pollinators on human nutrition and global health: a modelling analysis. *Lancet*. 2015;386(10007):1964–1972.
112. FAO. *The State of World Fisheries and Aquaculture*. Rome, Italy: Food and Agriculture Organization; 2016. http://www.fao.org/fishery/sofia/en.
113. Comte L, Olden JD. Climatic vulnerability of the world's freshwater and marine fishes. *Nat Clim Change*. 2017;7(10):718–722.
114. Golden CD, Allison EH, Cheung WW, et al. Nutrition: fall in fish catch threatens human health. *Nature*. 2016;534(7607):317–320.
115. Sarkar S, Frank DM. Conservation biology: ethical foundations. *Nat Educ Knowledge*. 2012;3(10).
116. O'Brien KJ. *An Ethics of Biodiversity: Christianity, Ecology, and the Variety of Life*. Washington, DC: Georgetown University Press; 2010.
117. Landrigan PJ, Fuller R, Acosta NJR, et al. The Lancet Commission on pollution and health. *Lancet*. 2018;391:462–512.
118. Rockstrom J, Steffen W, Noone K, et al. A safe operating space for humanity. *Nature*. 2009;461(7263):472–475.
119. Smith AH, Lingas EO, Rahman M. Contamination of drinking-water by arsenic in Bangladesh: a public health emergency. *Bull World Health Organ*. 2000;78(9):1093–1103.
120. Health Effects Institute. *State of Global Air 2018. Special Report*. Boston, MA: Health Effects Institute; 2018.
121. Lelieveld J, Evans JS, Fnais M, Giannadaki D, Pozzer A. The contribution of outdoor air pollution sources to premature mortality on a global scale. *Nature*. 2015;525(7569):367–371.
122. Lin J, Pan D, Davis SJ, et al. China's international trade and air pollution in the United States. *Proc Natl Acad Sci U S A*. 2014;111(5):1736–1741.
123. Zhang Q, Jiang X, Tong D, et al. Transboundary health impacts of transported global air pollution and international trade. *Nature*. 2017;543(7647):705–709.

124. Mekonnen MM, Hoekstra AY. Four billion people facing severe water scarcity. *Sci Adv*. 2016;2(2):e1500323.
125. Obrist D, Kirk JL, Zhang L, Sunderland EM, Jiskra M, Selin NE. A review of global environmental mercury processes in response to human and natural perturbations: changes of emissions, climate, and land use. *Ambio*. 2018;47(2):116–140.
126. Streets DG, Horowitz HM, Jacob DJ, et al. Total mercury released to the environment by human activities. *Environ Sci Technol*. 2017;51(11):5969–5977.
127. Streets DG, Lu Z, Levin L, Ter Schure AFH, Sunderland EM. Historical releases of mercury to air, land, and water from coal combustion. *Sci Total Environ*. 2018;615:131–140.
128. Thompson RC, Moore CJ, vom Saal FS, Swan SH. Plastics, the environment and human health: current consensus and future trends. *Philos Trans R Soc B Biol Sci*. 2009;364(1526):2153–2166.
129. Geyer R, Jambeck JR, Law KL. Production, use, and fate of all plastics ever made. *Sci Adv*. 2017;3(7).
130. Jambeck JR, Geyer R, Wilcox C, et al. Plastic waste inputs from land into the ocean. *Science*. 2015;347(6223):768–771.
131. UNEP. *UNEP Frontiers 2016 Report: Emerging Issues of Environmental Concern. United Nations Environment Programme*. Nairobi, Kenya: United Nations Environment Programme; 2016.
132. Chiba S, Saito H, Fletcher R, et al. Human footprint in the abyss: 30 year records of deep-sea plastic debris. *Mar Policy*. 2018;96:204–212.
133. Wilcox C, Van Sebille E, Hardesty BD. Threat of plastic pollution to seabirds is global, pervasive, and increasing. *Proc Natl Acad Sci*. 2015;112(38):11899–11904.
134. Lusher A, Hollman P, Mendoza-Hill J. *Microplastics in Fisheries and Aquaculture: Status of Knowledge on Their Occurrence and Implications for Aquatic Organisms and Food Safety*. Rome, Italy: FAO; 2017.
135. Yang D, Shi H, Li L, Li J, Jabeen K, Kolandhasamy P. Microplastic pollution in table salts from China. *Environ Sci Technol*. 2015;49(22):13622–13627.
136. Schymanski D, Goldbeck C, Humpf H-U, Fürst P. Analysis of microplastics in water by micro-Raman spectroscopy: release of plastic particles from different packaging into mineral water. *Water Res*. 2018;129:154–162.
137. Liebezeit G, Liebezeit E. Synthetic particles as contaminants in German beers. *Food Addit Contam A*. 2014;31(9):1574–1578.
138. SAPEA. *A Scientific Perspective on Micro-Plastics in Nature and Society*. Berlin, Germany: SAPEA; 2019. https://www.sapea.info/topics/microplastics
139. Rochman CM, Hoh E, Hentschel BT, Kaye S. Long-term field measurement of sorption of organic contaminants to five types of plastic pellets: implications for plastic marine debris. *Environ Sci Technol*. 2013;47(3):1646–1654.
140. Ericson B, Caravanos J, Chatham-Stephens K, Landrigan P, Fuller R. Approaches to systematic assessment of environmental exposures posed at hazardous waste sites in the developing world: the Toxic Sites Identification Program. *Environ Monit Assess*. 2013;185(2):1755–1766.
141. Sun J, Pan L, Tsang DCW, Zhan Y, Zhu L, Li X. Organic contamination and remediation in the agricultural soils of China: a critical review. *Sci Total Environ*. 2018;615:724–740.
142. Bernhardt ES, Rosi EJ, Gessner MO. Synthetic chemicals as agents of global change. *Front Ecol Environ*. 2017;15(2):84–90.

第 II 部

プラネタリーヘルスと健康

第5章

急速に変化する地球の食料と栄養

過去数千年にわたる長いスパンで，地球の外から人類を見ている観察者がいるとすれば，21世紀初頭に，魅力的だが気がかりな関係を持つ，2本の傾向線が交差していることに気がつくかもしれない．この観察者は，人類の文明が現れてから数千年間，人口の増加が長く平坦な直線を示し，1700年代に入ってからなだらかに上昇した後，1900年代から今日にかけて指数関数的ともいえる急速な伸びを見せているのに気づくだろう．1798年のトマス・マルサスによる緊急警告や，それに続く多くの警鐘にもかかわらず，1900年代に世界の食料総生産量と1人あたりの食料生産量が急速に拡大し，需要に追いつくさまを目にする．これは人類の歴史上，最も大きな公衆衛生上の偉業の1つである．これと関連して飢えや微量栄養素欠乏症に苦しむ人口の割合が減少し，20世紀の後半には子どもの死亡数が激減し，世界の平均寿命が著しく延びるさまも見て取るだろう．

しかしこの観察者は，こうした偉業の代償となる生態学的損失を表す別の傾向線にも気づくだろう．農地拡大のための森林伐採，灌漑（かんがい）のための川のせき止めと取水，許容量を超えての漁獲，大気中の二酸化炭素の上昇，合成肥料の過剰使用と窒素循環やリン循環の世界的な変化，そして絶滅に追い込まれる生物種，といった損失だ．おそらくこの観察者にとって最も衝撃的なのはこうした変化の驚異的なスピードであり，人間の文明史のどの変化よりも桁違いに速いうえに現在もさらに加速しているということだろう．

もっと注意深く見ると次のことにも気がつくかもしれない．人間はこうした代償を払っているにもかかわらず，決して最適な栄養状態にあるわけではなく，およそ10億人が飢えている一方で，不健康な食事による肥満や，糖尿病，高血圧，心臓病，脳卒中などの代謝性疾患が世界的に増えているということだ．こうした傾向を遠く離れたところから観察した末，この観察者が下す結論はたった1つしかないだろう．「こんなことは続くわけがない．今の世界がもしこのままの軌道に乗っていけば，人類への食料供給を追求するために，土地，水，魚，森，そして生物多様性を構成する生物種のほとんどを使い果たしてしまうだろう．別の道筋が必要だ」と．

本章ではまず，世界全体で見た人類の栄養状況と将来の食料需要の傾向予測について概略を示す．さらに食料生産と地球環境の変化の双方向的な関係，つまり世界の食料生産が地球の自然システムに及ぼしている桁違いに大きな影響と，私たちの食料生産を支えるほぼすべての生物物理学的条件の加速的な変化が，世界の食料供給に与えている脅威について検討する．そして，こうした傾向が世界の栄養状況にとって意味することは何か，最も弱い立場に立たされるのは誰かを詳しく見ていく．最後に解決策の領域に足を踏み入れ，中核となる問い――生物圏を破壊することなく100～120億人に栄養豊富な食事を届けるにはどうしたらいいか――への答えを探る．

栄　養

世界中にますます食料が行き渡り，過去数十年にわたり世界で低栄養に苦しむ人々の割合が減少するという大きな成功にもかかわらず，世界中のあらゆる形の栄養不良の負荷は驚くほど大きなままだ（**Box 5.1**）．およそ20億人に鉄，亜鉛，ビタミンAなどの微量栄養素の不足が見られる．1億5100万人の5歳以下の子どもが年齢の割に身長が低い．5000万人の5歳以下の子どもが身長に対して危険なほどに痩せている．8億2100万人が十分な食べ物を得ていない[1]．これらの数字は2019年までの過去3年間，毎年上昇してきた．低栄養は毎年およそ300万人の子どもの死亡（世界全体の子どもの死亡原因のほぼ半数）と関連している[2]．

世界的な飢餓の削減が過去数十年にわたって進められてきたが，この進歩に取り残された地域がある．また，飢餓を減らせても，世界の大部分を席巻している食生活の大幅な変化に関連する肥満や代謝性疾患が大きな負荷となってきた[3]．貧困が減り，都市化が進むにつれて，人々の食生活は動物性食品，砂糖，精製された穀物や加工食品，飽和脂肪を多く取り入れた食生活に移行している．食生活の変化は，座っている時間が長いライフスタイルと組み合わさって，肥満，糖尿病，高血圧，心臓病，脳卒中，ある種のがんなどの発症を急上昇させ，世界の大部分の疾病負荷の原因となっている[4]．将来のフードシステム（第2章p.30の脚注を参照）について考える際のポイントとして，人類が「十分な」食料を確保できるかどうかに気を配ることに加え，その食料が「適切」であることが重要である．

将来的には人口急増，摂取カロリーの増加を可能とする経済成長，動物性食品が多く含まれる欧米流の食事への移行が三つ巴（どもえ）となって，1950年代に始まった歴史的な速さで世界の食料需要を今後もますます高めると予測される（**図5.1**）．

しかし1950年代とは異なり，このように急増する需要を満たすのに必要な，新しい土地，新しい水，新しい漁場を割り当てる許容量に限りがある．この困難に加えて，人間の活動が世界の食料生産を支える環境条件を急速に変えているという事実もある[5].

Box 5.1　あらゆる形の栄養不良

「栄養不良」という言葉で表される状態にはいくつかある．人間の歴史の大部分において栄養に関する課題として支配的だったのは，世界中の人々に十分なカロリー（エネルギー）摂取を提供することで，不十分なカロリー摂取（低栄養とも呼ばれる）は世界の疾病負荷の主要な原因であった．栄養不良の2つ目の形は，鉄，亜鉛，ビタミンA，ヨウ素などの特定の微量栄養素の不足である．この状態は微量栄養素欠乏症とも呼ばれ，今でもまん延しており，世界中の何十億という人々を襲っている．こうした欠乏症による影響は栄養素によって異なるが，全体としては，感染症，作業能力の低下，認知機能の低下，妊産婦死亡の増加，発育阻害，そしてあらゆる死因による死亡といった大きな負荷へとつながる．

栄養不良の3つ目の形は過体重と肥満であり，低栄養が減るにつれて世界中で急激に増えてきた．過体重と肥満は世界中で増加している糖尿病，高血圧，脂質異常症といった代謝性疾患の重大な要因であり，また，心臓病，脳卒中，特定のがんのリスクを上昇させる．過体重と肥満の原因は過度のカロリー摂取で，座っている時間の長いライフスタイルを選択したり（そのためカロリー必要量が減る），経済成長によって食料がとても簡単に入手できるようになったり，多くの加工品を食事に取り入れたり，砂糖や脂肪分を加えたり，過剰な消費を促すフードシステムを設計したりといった数々の要因によって引き起こされる[a]．栄養素の欠乏と過剰なカロリーによる肥満の両方によって引き起こされる栄養不良の「二重負荷」に苦しむ人が世界中で多くなっている[b]．このような状態は，世界の栄養に関する課題は十分なカロリーの供給ではなく（確かにカロリーが不足している人もいるが），むしろすべての人への栄養豊かな食事の供給だということを浮き彫りにしている．最近の分析では，世界の食事による最も大きな病気の負荷は，全粒穀物，果物，種実類，野菜の不足とナトリウムの過剰摂取が原因であることが強調されている[c]．

参考文献

a. Swinburn BA, Sacks G, Hall KD, et al. The global obesity pandemic: shaped by global drivers and local environments. *Lancet*. 2011;378(9793):804–814.

b. Abarca-Gómez L, Abdeen ZA, Hamid ZA, et al. Worldwide trends in body-mass index, underweight, overweight, and obesity from 1975 to 2016: a pooled analysis of 2416 population-based measurement studies in 128.9 million children, adolescents, and adults. *Lancet*. 2017;390(10113):2627–2642.

c. Afshin A, Sur PJ, Fay KA, et al. Health effects of dietary risks in 195 countries, 1990–2017: a systematic analysis for the Global Burden of Disease Study 2017. *Lancet*. 2019;393(10184):1958–1972.

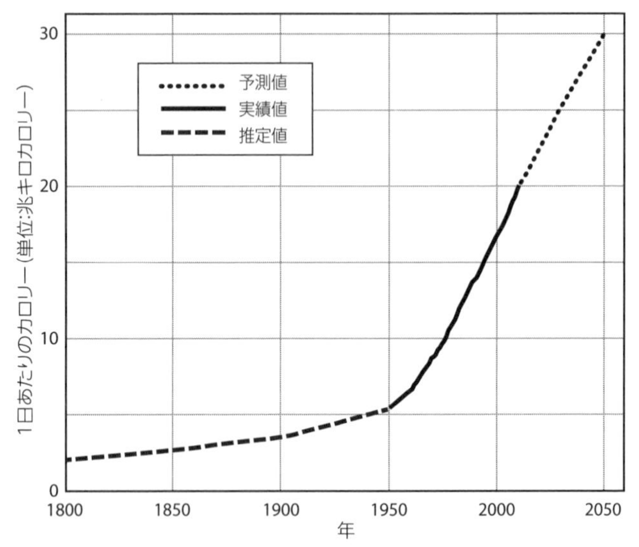

図5.1　世界の食事エネルギー供給量の実績値と予測値．1950年から2011年の実績値は，国連食糧農業機関（FAO）による食料需給表の中で報告されている1人あたりのカロリー供給量に，国連人口部が推計した世界人口を乗じて算出したもの．それ以前は，人口で重みづけられた1人あたり平均カロリー供給量が1947年から1948年に初めて得られており（1人1日約2150キロカロリー），1800年，1850年，1900年の世界人口を乗じた推測値で表されている．1日あたりのカロリー供給量の将来の予測値は，2015年から2050年の世界の1人あたりの供給量の予測値に，国連が予測した人口の中央値を乗じて見積もられている．

[出典] 1人あたりのカロリー供給量: Food and Agriculture Organization. Food supply (kcal/capita/day). Rome, Italy: FAO; 2016から引用．世界人口の予測値: データは以下より．http://faostat3.fao.org/download/FB/CC/E and U.N. Department of Economic and Social Affairs, Population Division. Probabilistic population projections based on the world population prospects: the 2015 revision, key findings and advance tables. Working Paper ESA/P/WP.241, New York, NY: United Nations; 2015. 1日あたりのカロリー供給量の将来の予測値: データは以下より．Alexandratos N. World food and agriculture to 2030/2050 revisited. Highlights and views four years later. In：Conforti P, ed. *Looking Ahead in World Food and Agriculture: Perspectives to 2050*. Rome, Italy: FAO; 2011:11–56.

食料生産が自然システムに与える影響

本章では，急速に変化している自然システムを前にして，ますます増えていく世界人口に対し栄養豊かな食事を供給するという課題に焦点を当てる．食料生産と地球環境の変化との関係は互いに影響を及ぼし合っている．世界の食料生産システムは，第

4章で考察した人間が引き起こした環境変化の各局面において，それぞれ問題の原因の1つとなっている．温室効果ガス排出量の約4分の1が農業に由来する[6]．農業は，肥料や殺虫剤などの農薬を工業規模で使用することにより栄養循環を変え，地下水を汚染し，スモッグの原因となり，直接的に毒性を引き起こす恐れがあり，さまざまな形の大気や水や土地の汚染を助長している[7]．フードシステムは世界の窒素循環とリン循環を変える中心的な要因である．合成肥料は自然システム全体に存在するよりも多い量の固定窒素を生物圏にもたらしている[8]．農業や畜産用への土地の転換は，生息地の大規模な消失と細分化を引き起こしてきたが，これは生物多様性の損失，土地の劣化，水不足を加速させる第一の推進要因である．

こうしたことは，今日の世界の食料生産システムの巨大なスケールを考えれば驚愕すべきことではない．私たちは食べていくため，不凍の地表のおよそ40%を耕地や牧草地に充当し[9]，利用可能な真水のおよそ半分をおもに作物の灌漑用に取水する[10]．世界で監視されている漁業の90%は，最大持続生産量に達したかそれをずっと超え，結果として1996年以降，天然の漁獲量は毎年約1%減少してきた[11]．その過程で世界の熱帯林と温帯林を700万〜1100万km^{2}伐採し[9]，世界の川の60%以上をせき止めてきた[12]．世界の食料生産がこれほど莫大な規模で行われ，そのせいで地球の自然システムが甚大な影響を被っているという現状を鑑みて，私たちには食料生産の「フットプリント（環境への負荷）を凍結する」（理想的には減らす）必要があるという共通認識が高まりつつある．

自然システムの変化が食料生産と栄養に与える影響

先に述べたように，食料生産は地球環境を変えてしまうだけでなく，環境条件が変わることで私たちが栄養豊富な食料を生産する能力が制限されてしまう．食料を生産するために何が必要かを考えてみよう．耕地，真水，花粉媒介動物や害虫や病原体との生物学的関係の有無，健全な漁業，汚染がないこと，安定した気候条件などがそうだ．人間の活動がこうした条件の1つひとつを変え，その多くが人類史上，最も速いペースで変化しているというのは衝撃的である．こうした急速な変化は私たちが生産する食料の量と質にどのように影響し，また人間の栄養と健康にとって何を意味するのだろうか．

土　壌

第4章で論じているように，複数の推進要因が組み合わさって世界の農地の約3分の1を劣化させ，およそ1200万ヘクタール（米国のペンシルベニア州やアフリカのマラウイ共和国と同じ広さ．訳注：文献13では1000万ヘクタール以上）を毎年食料生産のために失っている[13]．こうした推進要因には，汚染，浸食，塩害，砂漠化，土壌有機物の減少，土壌栄養分の減少，都市域や道路などへの土地転換などが含まれる．中国では耕地の約20%は汚染がひどく，安全でないため，農業には使えないと考えられている[14]．世界全体では土壌の浸食だけでも，それが原因で2050年までに世界の収穫量が10%減少するとみられている[15]．サハラ以南のアフリカの大部分において土壌養分の減少が土壌の肥沃度を下げ，その結果，作物収穫量も減っている．アフリカの37か国では，過去30年間の耕地1ヘクタールあたりの年平均栄養塩減少率は，窒素22 kg，リン2.5 kg，カリウム15 kgで，これは堆肥や肥料の補充が不十分なためである[16]．サハラ以南のアフリカの作物生産高がほぼ40年間横ばいだったのち，21世紀になって上昇し始めているのは朗報である．これは1つには肥料を用いた土壌の改良のおかげだ (**図5.2**)．土壌有機物の減少も問題である．エチオピアで小自作農が所有する土壌有機物の豊富な農場において，通常に比べ亜鉛とタンパク質の含有量が多い小麦を生産するという最近の発見から，土地の劣化は収穫する作物の質と量の両方に影響することがわかる[17]．

水

2つ目の逆風は水不足の進行である．灌漑地は農地の20%しか占めていないが，総作物生産量の40%を担っている[18]．しかし食料増産を目的とした灌漑農業の拡大許容

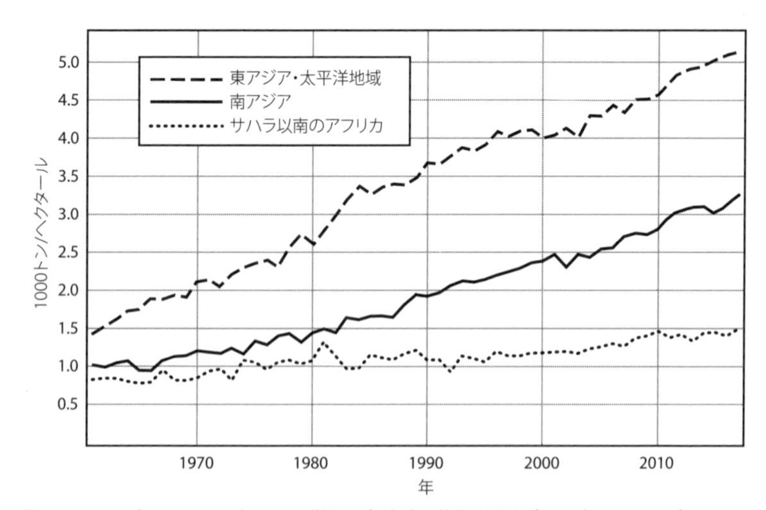

図5.2　1961年から2016年までの世界の各地域の穀物生産高 (トン/ヘクタール) の動向

[出典] データは以下より．Food and Agriculture Organization (https://data.worldbank.org/indicator/ag.yld.crel.kg), Creative Commons, license CC BY-4.0

量は水不足によって縮小する．第4章で取り上げたとおり，アクセスできる真水のおよそ50%はすでに人間が使い，そのほとんどが灌漑のために取水されているため，水不足は今後何十年も進行し続けると考えられる．世界で最も重要な食料生産地域の多くでは現在，補充されるよりもずっと速いスピードで深部帯水層からポンプで水を汲み上げている．推定3億人のインド人や中国人が食料を化石水（訳注：太古の昔に生成され，帯水層に蓄積された水．海水が残存したものも含まれる）に依存しているが，化石水はどこからも補充されず，その使用は持続不可能といえる[19]．これから将来に向けてどのくらいの水不足で世界の作物収穫量が減少するのかについて信頼できる試算はないが，多くの地域において水へのアクセスがますます困難になることは明らかである．

生物学的変化

生物群集の変化は食料生産と栄養にさまざまな形で影響を及ぼす．最も直接的には，天然魚の漁獲や陸上動物の捕獲数は，乱獲の度合いや生息地の消失，気候変動，海洋温暖化，汚染などに起因して急速に変化している．世界の天然魚の漁獲量は1996年にピークを迎えたのち，年におよそ1%の割合で減少している[11]．現代の食生活パターンの傾向が今後も続けば，およそ10億人の人々が，鉄，亜鉛，ビタミンA，ビタミンB_{12}，オメガ3脂肪酸のDHAが欠乏する危険にさらされている[20]．海洋温暖化によって魚の個体数が大幅に減少し，また魚の分布が熱帯域から両極方向へ動くと考えられているが，熱帯地方はそうした栄養素の欠乏のリスクがある人々が最も多く住んでいる地域である[21]．世界には，野生の陸上動物（および野生環境で育った他の食料）を入手できるかどうかによって栄養状態が決定づけられてしまう人々もいる．例えばマダガスカルでの研究では，野生生物の狩猟禁止令の施行により，子どもの鉄欠乏性貧血が約30%増えるだろうと報告されている[22]．収穫される生物種の数が減るにつれて，こうした栄養源が急速に減少する．

しかし，私たちにとって生物は単なる食べ物にとどまらない．害虫，病原体，花粉媒介動物の有無は，農作物の収穫量を決定づけるうえで大切な役割を果たしている（**図5.3**）．これらの生物の密度，摂餌行動，地理的分布，生活環が変化すれば，作物の収穫量と栄養価に重要な影響を与える．世界規模の体系的データは十分ではないものの，昆虫，病原体，菌類，雑草によって，作物の収穫量は約25〜40%減少する[23]．菌類のまん延だけで世界全体の利用可能な飼料エネルギーが年間で8.5%減ると推定される[24]．生物物理学的な条件が変化すると，生物の種間関係を変化させ，世界の作物収穫量に多大な影響を与える．

世界の気候変動は今，害虫と病原体と植物の関係を変えつつある．気温の上昇によって越冬して生存する害虫が増え，その結果，害虫はより空腹な状態となる[25]．あ

図5.3 世界の気候変動の結果として，このアワノメイガの幼虫のような農業病害虫は作物にますます多くの被害を与えることが予測されている．
［出典］写真提供 Jack Dykinga（米国農務省）

るモデリング研究では，害虫の個体群成長の増大と代謝速度の上昇によって，米，トウモロコシ，小麦の収穫量は気温1℃の上昇につき10〜15％減少することを示唆している[26]．また，気温が変化すれば，害虫や病原体の地理的な分布も変わってくる．研究者たちは1960年以降，612種の害虫と病原体が年平均2.7 km，極方向へ移動していることを観測した[27]．他の場所から移動してくる外来の害虫や病原体に対し，作物が防御能を持っていない場合がしばしばある．そのため作物は，新たな脅威に対して引き続き繁殖し，何とかやっていく努力をしなければならない．害虫とその捕食者の空間分布にミスマッチが起こると，生物制御システムが弱体化する可能性もある[28]．

第4章で述べているように，花粉媒介する昆虫の数の減少は，生物多様性の低下の一例であり，食料生産に直接的に影響する．200か国から集めたデータを評価した調査報告によれば，世界の主要な食用作物87種類の果物，野菜，種苗の生産は，花粉媒介動物に依存している．さらに，世界のカロリーベース食料生産量の約35％が花粉媒介動物を必要とする作物から得られている[29]．しかし，カロリーからだけでは全体像はわからない．花粉媒介に依存した作物は35％であるにもかかわらず，食事においてビタミンA，葉酸，カルシウムなどの重要な微量栄養素を提供している[30]．このように考えると，花粉媒介動物の数が世界中で減っているのは非常に気がかりなことだ．実際，152か国の食生活パターンのモデリングから，授粉が50％減ることで微量栄養素欠乏症により年間70万人が死亡し，心臓病，脳卒中，ある種のがんによる死亡の増加につながる可能性が示唆されている[31]．

私たちはすでに，花粉媒介動物の数が十分でないことにより，重大な健康上の帰結を味わっている．アフリカ，アジア，ラテンアメリカの大小さまざまな農場で野外調査を行った結果，最大可能収量と実際に達成した収穫量との差の約4分の1は，野生の花粉媒介動物の数が不十分なためであることが明らかになった．野生の花粉媒介動物の密度と種の豊かさ（生物種の数）を実験的に増やした場合，この収穫量の差の空白を平均24%縮めることができた[32]．こうした結果はさまざまな作付け体系や地理的に異なる地域でも再現されており，私たちはすでに栄養面で重要な食用作物の収穫量を減らしてしまう「花粉媒介動物の欠落」に苦しめられている．

プラネタリーヘルスのテーマの1つは，いくつもある大規模な人為的変化が複雑な形で相互に絡み合い，人間の健康に大切な条件に影響を及ぼす点である．花粉媒介動物の場合，生息地や餌料の消失，殺虫剤の拡散，寄生虫のまん延の相互作用によって花粉媒介動物の個体群を減少させている[33]．花粉媒介動物は特定の植物を授粉すべく進化してきたが，気候変動が両者を時間的，地理的に断絶させ，もう1つの逆境を生み出している．気温が上昇するにつれて植物の開花時期が早くなり，植物群落は両極方向に移動する[34]．こうした変化は結果として，植物と花粉媒介動物が共生関係のミスマッチを引き起こし，相互作用と生態系の機能が崩壊する．植物の開花に同調して花粉媒介動物が出現する傾向が減少すれば，花粉媒介動物が食べ物を得にくくなり，結果として花粉媒介動物の個体数が減り，植物と花粉媒介動物の双方の絶滅が増加する．さらなるしわ寄せとして，大気中の二酸化炭素濃度の上昇がさまざまな植物の栄養組成を変えつつある．このことは人間が摂取する栄養にも影響を及ぼすが（Box 5.2），植物に栄養分を頼っている昆虫や他の動物の健康にも影響があるかもしれない．例えばアキノキリンソウ属の植物の花粉に含まれるタンパク質量は，1840年代以降，大部分は20世紀半ば以降に，二酸化炭素濃度の上昇に応じて3分の1減少した[35]．この植物の花粉（とおそらく同様の影響を受けている他の植物の花粉）を摂取する花粉媒介動物の健康にとってこれが何を意味するかは現在，活発に研究されている．これらの相互作用は途方もない複雑系であり，これらが束になったときフードシステムに与える影響を正確に予測することが不可能に近いことは，プラネタリーヘルスの中心的なテーマである．つまり私たちが地球上の自然システムの大部分を変えるのであれば，それに伴って予想外の不愉快な出来事が生じることは避けられないということだ．

Box 5.2 二酸化炭素の排出が食べ物を不健康にする仕組み

二酸化炭素濃度は世界的に速いペースで上昇し，今世紀の半ばまでには550 ppmを超える勢いである．より高い二酸化炭素濃度とその気候への影響が世界のフードシステムを破壊する過程については数多くの予測があるが，目に見えづらいもう1つの道筋が最近明らかになった．それは，より高い二酸化炭素濃度の下で育った作物からは直接的に栄養素が失われているということである．

開放系大気二酸化炭素増加（FACE）実験（**図5.2.1**）を用いることにより，農学者は二酸化炭素ガスが放出されるリングの内側と外側で同じ品種の作物を育て，土壌や天候や生物学的条件をコントロールしながら，高い二酸化炭素濃度が作物に与える影響をテストすることができる．FACE実験はオーストラリア，日本，米国において，主要作物である小麦，米，大麦，トウモロコシ，エンドウ豆，大豆，ソルガム（モロコシ）の栽培で実施されてきた．高い二酸化炭素濃度条件の下で育った作物は，自然の二酸化炭素濃度の下で育った作物よりも重要な栄養素（鉄，亜鉛，タンパク質）の濃度が3〜17％低かった[a]．この影響は，ある種の作物（小麦，米，大麦）においてより顕著であったが，影響が少ない作物（キビ，ソルガム，ジャガイモ）もあった．さらに，また別の作物（野生エンドウ，大豆，トウモロコシ）では，全部ではないが減った栄養素もあるといった，まちまちの反応が得られた．これらの結果は，その後の米だけを調べた分析においてもタンパク質，亜鉛，鉄で減少が確認された．しかも多くのビタミンB群（チアミン，リボフラビン，パントテン酸，葉酸）で13〜30％という大幅な減少が見られた．ビタミンEにおいては逆に14％の増加が見られた[b]．

図5.2.1　開放系大気二酸化炭素増加（FACE）実験で，リングの内外で栽培される大豆．リングからは二酸化炭素が放出される．このようなリングの内側と外側で作物を育てることによって，あらかじめ規定した二酸化炭素濃度の上昇が，作物の成長の特徴や作物に含まれる栄養素にどう作用するかを調べることができる．リングの内側で育つ大豆は，リングの外側の大豆とまったく同じ気候，土壌，害虫，その他の条件下にあるが，二酸化炭素濃度だけが異なる．このような方法により，農業経済学者は二酸化炭素濃度の上昇が作物に与える影響を，そうではない普通の農地の条件のときとは切り離して見ることができる．

［出典］Bruce Kimball（米国農務省），Creative Commons, license CC BY-2.0

栄養素の減少は控えめではあるものの，多くにおいて地球全体の健康に及ぼす影響は深刻な可能性がある．概して世界の人々はほとんどの栄養を植物から得ており，総食物量に含まれるタンパク質の63%，亜鉛の68%，鉄の81%は植物に由来している[c]．世界人口の大部分が栄養を植物から摂取しているため，二酸化炭素の増加に伴う栄養素の消失に対し，有効な対策が取られない限り，2050年には世界の大部分において作物から摂取できる栄養が今までよりも少なくなる．栄養素の欠乏，特にビタミンB群，鉄，亜鉛，タンパク質の欠乏は，健康面でのさまざまな問題，例えば先天性神経系障害，免疫機能の低下，貧血，認知発達の遅れ，出生時の低体重などを引き起こし得る．さらに，近年は世界全体で減ってはいるものの，鉄欠乏と亜鉛欠乏を合わせると，2015年の時点ではこれらがまだ，早死あるいは障害により失われたすべての障害調整生存年数(DALYs)のうち，5.7%の原因になっている[d]．タンパク質欠乏は必ずしも単独で推定されるわけではないが，こちらも同様に，早死や障害により失われた全年数のうち1.7%の原因となっている．そのため微量栄養素の現状が継続的に公平に改善することは，将来の世界の人々の健康を促進し発展させるために欠かせない．

二酸化炭素濃度が栄養素の欠乏に対し，将来的にどの程度の影響を及ぼすのかを特定するために，スミスとマイヤーズは国民の食事を栄養必要量と照らし合わせ，各主要食料の栄養素が二酸化炭素濃度の上昇にどのように反応するかを調べ，二酸化炭素濃度が550 ppmの状況下で栄養が欠乏する恐れがある人数を見積もろうと試みた[e]．その結果，2050年には世界で亜鉛欠乏のリスクがある人は今よりも1億7500万人，タンパク質欠乏では今より1億2200万人増加することがわかった．鉄欠乏については食事と欠乏との関連性が乏しいため，予測できなかった．とはいえ，およそ14億人の女性と5歳未満の子ども，つまり鉄欠乏の悪影響を最も受けやすい人々が二酸化炭素濃度上昇による鉄欠乏の増加リスクが最も高い国に住んでいると推定された．米に含まれるビタミンB群を個別分析した結果，21世紀半ばまでに，二酸化炭素濃度の上昇によってさらに約7000万人がチアミン欠乏に，1億3000万人が葉酸欠乏に陥るという予測が得られた[f]．すでにこれらの栄養素のうち1つ以上の欠乏に苦しみ，何の介入もなければさらに深刻な状態に陥る可能性がある人が現在でも約20億人いるが，こうした欠乏の増加はこの状況に拍車をかける．

欠乏のリスクの高まりに最も打撃を受けるのは，二酸化炭素濃度の上昇により栄養素が失われる食べ物を頼りにしており，多くの人々がすでに欠乏寸前になっている地域だ．インド，南アジア，東南アジア，中国，中東，北アフリカがそうである．インドだけでも推定5300万人にタンパク質欠乏と4800万人に亜鉛欠乏が新たに生じており，二酸化炭素濃度上昇による最も大きな負担を負っている．

しかしながら，二酸化炭素濃度が上昇すればこうした国々で必ず栄養素の欠乏が増加すると決まっているわけではない．今から2050年までの間に，食事や栄養状態において見られる変化がこうした栄養上の影響から人々を守るように作用することもあれば，そうした影響を増幅させるよう働く場合もある．それは食事の構成をコントロールする他の要因，例えば所得水準，食べ物の好み，多様な食料の普及拡大などによって決まってくる．重要なのは，世界的に見て1人あたりの二酸化炭素最大排出量の要因である富裕層の人々がこうした栄養上の悪影響を最も受けにくく，一方，排出がずっと少ない貧困層の人々が最も影響に苦しみやすいということである．この事実は環境正義という重要な問題をますます浮き彫りにしている．

参考文献

a. Myers SS, Kloog I, Huybers P, et al. Increasing CO_2 threatens human nutrition. *Nature*. 2014;510(7503):139–142.
b. Zhu C, Kobayashi K, Loladze I, et al. Carbon dioxide（CO_2）levels this century will alter the protein, micronutrients, and vitamin content of rice grains with potential health consequences for the poorest rice-dependent countries. *Sci Adv*. 2018;4(5).
c. Smith MR, Micha R, Golden CD, Mozaffarian D, Myers SS. Global Expanded Nutrient Supply（GENuS）Model: a new method for estimating the global dietary supply of nutrients. *PLoS One*. 2016;11(1):e0146976.
d. Afshin A, Sur PJ, Fay KA, et al. Health effects of dietary risks in 195 countries, 1990–2017: a systematic analysis for the Global Burden of Disease Study 2017. *Lancet*. 2019;393(10184):1958–1972.
e. Smith MR, Myers SS. Impact of anthropogenic CO_2 emissions on global human nutrition. *Nat Clim Change*. 2018;8(9):834–839.
f. Smith MR, Myers SS. Global health implications of nutrient changes in rice under high atmospheric carbon dioxide. *GeoHealth*. 2019;3(7):190–200.

汚染によって生じる大気や水や土壌の変化は食料生産にも影響を及ぼす．第4章と第14章で論じるように，汚染は世界の多くの場所でますます大きな問題となっており，病気という大きな負荷，そして食料の量と質の低下の両方の原因となっている．土壌汚染と水質汚染は，重金属，残留殺虫剤，病原微生物による汚染を通して食料の質を損なう．こうした懸念は，水不足のために，廃水処理が不十分な水で灌漑を推し進めている地域でより大きなものとなる[36]．さらに，ますます多くのメチル水銀や難分解性の化学物質が海洋食物網を通じて広がっており，魚と海洋哺乳類への食料供給が脅かされ，究極的には人間の健康にとっても脅威となる[37, 38]．大気汚染は作物の収穫量を著しく減少させる可能性がある．特に化学燃料の燃焼による生成物が太陽光や停滞した空気中で結合して発生する地上オゾンは植物にとって強力な毒素であり，この地上オゾンが原因で収穫量が減る主食作物も複数あることが示されている[39]．オゾンが与える影響は作物によってさまざまだが，すべての食料生産を総合的に評価した結果，深刻かつ現実的な気候変動を想定した筋書きで推定した場合，オゾン暴露だけで2050年までに世界の総作物収穫量がおよそ3.6％減少することが示された[40]．

気候変動は，汚染に関連したさらなる脅威を世界の食料生産に与える．気候変動が世界の食料生産と栄養面での安全性に与える最終的な影響については総合評価がいくつか存在するが，ここでは大まかな概要しか説明できない[41, 42]．気候変動は，すでにここで考察したさまざまな動的な作用のいくつかを悪化させる．気候変動により降水パターンが変わることで水不足が激しくなると予測され，湿った地域はますます多湿になり，乾いた地域はますます乾燥し，より極端な降水現象が見られるようになる．

これに加えて，世界で最も人口の多い地域では乾期に水を供給してきた氷河が急激に縮小しており，いずれ消失すると考えられている．一方，米国のロッキー山脈やシエラ・ネバダ山脈のような山岳地方では冬の間にできた雪塊氷原の解ける時期が早まり，雪解け水の流出のピークと作物の生育期とのずれが起きている．海洋温暖化は魚の量と分布を変え，これによって，重要な栄養源として魚に依存している熱帯地方の人々がますます魚を入手しづらくなる[21]．海面上昇と沿岸地域で発生する暴風雨の激化によって海岸沿いの低地において氾濫が見られ，耕地劣化の問題を悪化させる．

こうした変化のほかに，急激な気候変動の下で確実に起きる気温上昇は作物収穫量にとって脅威である．2011年の研究では，気候変動をゼロとする事実とは反する筋書きと比べた場合，1980年以降の気候の傾向により世界のトウモロコシと小麦の生産はおよそ5%減少したと推定されている[43]．降水量の変化と気温の上昇，そして二酸化炭素濃度の上昇によるわずかな好影響とが組み合わさった場合にそれらが作物の成長に及ぼす影響を評価した研究によると，2100年までに世界の気温が4℃高くなる筋書きでは，熱帯地方のトウモロコシ生産では約25%，小麦生産では15%の減少が見られると結論づけられている[44]．これらの研究は害虫，花粉媒介動物，土壌の質，地上オゾン，その他の要因による変化を含めていないため，その予測結果はかなり甘めである．

気候変動は熱波，干ばつ，熱帯性低気圧，洪水，森林火災といった異常気象がより頻繁に，また激しさを増して発生することとも関係する．人間は栄養を十分に満たすために食料の国際取引に依存している．歴史的に見ると，ある地域が気候による打撃を受けた場合，市場や貿易の機能が麻痺し，その地域における局地的な食料不足に関連して食料価格の急騰はより激しくなるが，これは食料生産規模の大きい国々が国内の食料価格を安定させるために，そうした食料の不足している国への輸出を禁止するためである．気候による打撃に対し，より脆弱になりつつあるという事態は，特に世界の食料生産が熱帯地方から離れて両極に移動し，その一方で人口増加の大部分が熱帯地方で起きることを考えると，気がかりな状況である．

最後に，生産されて国際市場を通じて手に入る食料の量だけでなく，質に対しても重大な影響が見られることに触れたい．最近の研究から，大気中の二酸化炭素濃度の上昇は主食作物の栄養価を低め，何億もの人々を栄養素欠乏の危険にさらすことがわかっている（Box 5.2参照）．最近の分析では，二酸化炭素濃度上昇が作物の栄養素に与える影響と気候変動が作物収穫量に及ぼす影響とを足し合わせた場合，食事に含まれる重要な栄養素である鉄，亜鉛，タンパク質の世界全体での供給力は，こうした影響がない場合と比べると15〜20%減少すると算出されている[45]．

Box 5.2はプラネタリーヘルスの重要な2つのテーマを描いている．1つ目は，人間の活動が地球の生物物理学的条件を変え，私たち自身のウェルビーイングへの影響は予測が難しいものとなる．2つ目のテーマは公平性の問題だ．環境変化の加速に最も加担している人々が富やインフラによって保護され，貧しい人々や将来世代が不釣り合いに大きな重荷を背負わされる．

3つの課題を達成するために

私たちは3つの課題に直面している．1つ目は，食料需要が人類史上最も速いペースで高まり，すでに栄養不足が途方もなく大きな疾病負荷の原因となっている中，増大する人口に対して栄養豊富な食事を供給する必要があるということだ．2つ目は，私たちはこのことを，急速に変化する気候，水不足の増加，耕地の劣化，漁場と花粉媒介動物の減少，その他の生物物理学的変化が起きているにもかかわらず行わなければならないということ．3つ目は，私たちはこうした栄養豊富な食事の増加を達成するにあたり，生物圏に残っているものを保全するために，食料生産システムのエコロジカル・フットプリント（第1章p.5の脚注を参照）を凍結するか，減少させる必要があるということである．現在の軌道に乗ったまま進んでいくことはまったく正当化できない．

うれしいことに，これら3つの課題に対処が必要な世界のフードシステムを根本的に変えることが可能かもしれないという証拠が次々に出てきている．たった1つの「特効薬」はないが，政策変更からテクノロジーまで，農業生態学的アプローチから行動変容までの一連の介入を行うことによって，より公平で栄養豊富な食事を供給しつつ，エネルギー，土地，水，農薬使用の効率が従来よりもはるかに高いフードシステムを配備できる可能性がある．こうした介入は大まかに3つの領域に分類される．それは生産，廃棄，消費である．

食料の生産と消費の仕方に見られる変化に絞って見ていく前に，すべての人々に食料を届けることは，もしその「すべて」の数が少なければより問題に取り組みやすいことを指摘しておくことは重要だ．第3章で取り上げているとおり，避妊などによる家族計画を望む夫婦にとって，それが可能となる機会や手段を増やして人口増加率を下げ，そうした中で女性と子どもの健康と生活を向上させられる重要な機会が生まれてくる．家族計画をしたいのにその機会や手段が得られない夫婦の需要に応えられれば，年間およそ4000万の出生（世界の総出生数の約半分）は避けたり遅らせたりできる[46]．長期的に子どもの数が減るとともに健康な子どもが増えれば食料需要が減少し，限られた資源への負担の軽減になる．

もう1つ初期介入としてきわめて重要なのは気候変動を緩和することだ．本書全体，とりわけ第10章において議論しているとおり，気候変動は先に論じた食料生産への影響など，人間の健康とウェルビーイングに大きな脅威を生み出す．回復力の高い農業開発としてできることはたくさんあるが，最も効果的な介入は一次予防である．それは，気候変動そのものを最小化する努力を倍加することだ．同様に，生物多様性の損失，水不足，耕地の劣化，地球規模の汚染へと向かう傾向の抑制は，すべての人々のための栄養豊富な食料生産を簡単にする初期介入といえる．

フードシステムの転換 —— 生産，廃棄，消費

食料生産

私たちが世界の農業の「フットプリントを凍結する」という生態学的な責務に向き合っていることには強い意見の一致が見られる．今よりもさらに森やその他の土地被覆の種類を農地に転換する（粗放化と呼ばれる）ことによる気候や生物多様性における損失はあまりにも大きい．代替手段は集約化である．これは同じ土地からより多くの食料が生産できるよう，収穫量を増やすことだ．収穫量増加の伝統的なアプローチでは，より収穫量が多い作物の品種開発や灌漑のための取水に加え，合成肥料，殺虫剤，除草剤などの農薬に大きく依存してきた．最近ではこうした実践による生態学的損失を長期間持続することはできないという認識から，持続可能な集約化に重きが置かれるようになった．このことは，1つの土地でより多くの食料を生産するだけでなく，使用するエネルギー，水，農薬の量を抑えながらそれを行うことを意味する．多種多様な地域で技術革新が行われ，持続可能な集約化は実現可能なだけでなく，順調に進んでいる．

技術革新の刺激的な領域の1つに精密農業がある．先進国のあちこちの農地を訪れれば，無人のトラクターが，コンピュータとGPS（全地球測位）システムが配備された農地を横切っているのを目にするだろう．農地は土や液体などの流出を減らすためにレーザーレベラーで平らにならしてある．農地作業者は土壌の状態を平方メートル単位で地図上に記録し，その情報をトラクターのデータバンクに入力する．トラクターは種をまき，種がそれぞれどこに植えられたかを正確に記憶し，種ごとの成長段階やその場所の土壌の性質に応じて必要な量の水分と養分を正確に供給する．さらに最近ではトラクターにさまざまな健康状態や成長段階にある作物や雑草の何十万という画像のライブラリーにアクセスできるロボットが搭載されている．このようなロボットは雑草を見分け，その種類に適した用量の除草剤をまく．さらに害虫などのまん延や病気などの懸念すべき兆候を認識し，作業者に知らせ，適切な介入をする．こうした開発は殺虫剤，肥料，灌漑用の水の使用において非常に高い効率が期待でき，また進歩も非常に速い（**図5.4**）．

その他にも数多くの技術革新が進行中だ．細流灌漑システムは水の使用料を50%以上削減し，収穫量はほぼ倍増する．このようなシステムについて，そのコストを下

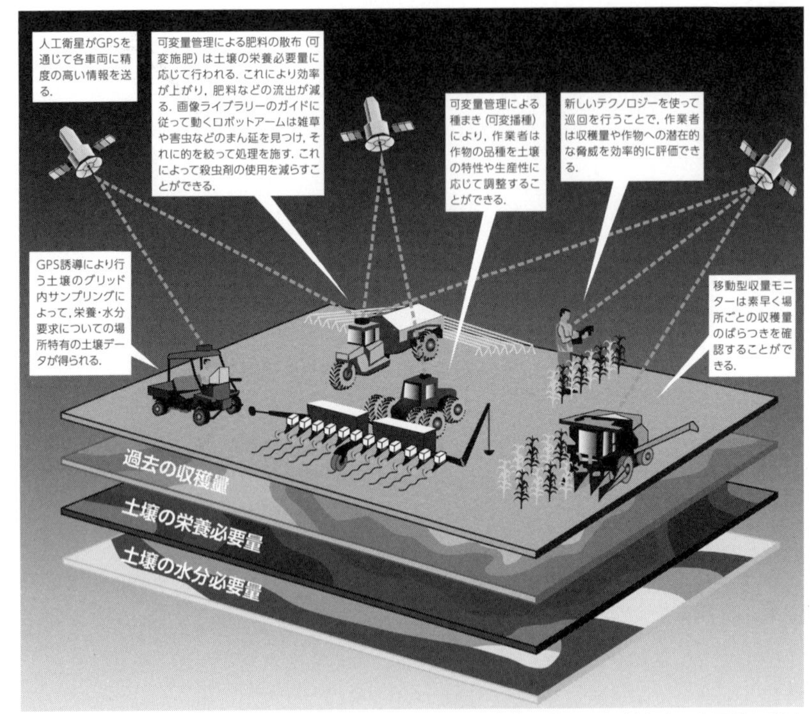

図5.4　精密農業には，土壌の化学組成，過去の収穫量，作物の種類，肥料や水の必要性に関する詳細な地理空間的データにアクセスでき，GPSシステムによって導かれる「スマート」トラクターがしばしば登場する．農地は土や液体などの流出を減らすために，レーザーで平らにならす．作物や雑草の何十万という画像のライブラリーとつながったロボットアームが装備されているトラクターもあり，作物の健康状態を評価しつつ，雑草を駆除する．このようなアプローチを用いれば収穫量と効率が高まる一方，水や農薬の使用は減少する．

［出典］https://www.gps4us.com/ より改変

げ，太陽光利用により電力に頼らず動力を供給することで，低所得者層が営む環境でも利用しやすくするという刺激的な取り組みが現在行われている[47]．技術革新は微生物学においても起きている．この分野の研究者は，作物が土壌からの栄養素をより効率的に集められるようにしたり，干ばつに対する作物の耐性を高めたりする土壌内の微生物を同定している．こうした微生物を土壌や種子と混ぜることで，より栄養素が高く干ばつに強い作物が育つ[48]．

新たな遺伝学的技術のおかげで，育種家は小麦，ジャガイモ，トウモロコシなどの重要な食用作物と近縁の野生型の作物の中に疾病耐性遺伝子を同定できるようになった．このような遺伝子は素早くスクリーニングされ，一般によく見られる害虫や病原体への耐性を与えるために，栽培化された品種に導入される．その結果，収穫量に著しい効果が見られる．こうした遺伝子は生物多様性があるからこそ同定されることから，このような遺伝子を使った取り組みは生物多様性維持の重要性も明確に示している．農学者は，背丈がずっと低く，成熟するまでの期間が短く，1年を通して収穫できるなどの特徴を持った，垂直農法により適した樹木作物を品種改良している．遺伝子組換え作物は依然として議論の余地があり注意深く規制がなされるべきだが，私たちが直面している困難の規模の大きさを考えると，遺伝子組換えの強力な技術と品種改良を，解決策に必要な装備一式から全面的に排除すべきと主張するのは難しい．

最後に，私たちは新しい生産アプローチ，特に農産物と養殖魚に関する手法の急速な拡大を目の当たりにしている．水耕法や空中栽培，垂直農法による生産のおかげで，大規模な人口密集地の近くや遠い北部地域の人々の身近にある建物内で多種類の果物や野菜を育てることができ，その生産量も増えている（**図5.5**）．こうしたアプローチによって栄養豊富な食料が入手しやすくなり，また多くの場合，伝統的農法と比べて水，土地，農薬の使用が少ない．

水産養殖は，すでに人間が直接消費する魚の半分を供給し，食料生産において急速に伸びている分野である（**図5.6**）．天然の漁業はすでに持続可能な生産レベルを超えており，結果的に漁獲量が減っているため[11]，世界の魚の消費の増大はすべて養殖魚によって賄われる必要がある．淡水養殖，海水養殖ともに，栄養豊富な食物の要となるタンパク質，ミネラル，ビタミン，脂肪酸の供給において重要な役割を果たし得る．こうした好ましい影響を生み出すために，水産養殖における技術革新はこれからも重要であり，一方で環境への悪影響も抑える．養殖業は植物由来の新たな配合飼料の生産とともに急速に発展しているが，この飼料は小魚を原料とした従来の飼料に比べて海洋環境に与える影響が少ない．海藻，カキのような濾（ろ）過摂食性の貝，魚など，複数の栄養段階を組み入れた複合水産養殖システムは，単一種養殖よりも生産性が高く，また魚の排泄物による周辺環境の汚濁を減らす可能性がある[49, 50]．淡水養殖と農業を結びつけることで，魚が農業から出る不要物を摂餌し，魚の排泄物が作物の収穫量増大を刺激するという価値ある相乗効果がもたらされる．こうしたシステムは特にアジアで広く行き渡っている．養魚システムの開発においては，誰が利益を得るのかにも注意を払わなければならない．今まで水産養殖の生産の多くは裕福な国へ出荷される高級な品種であり，栄養的に貧弱な国々の食事にほとんど好影響を与えていない．水産養殖がより貧困な国の人々に栄養面での恩恵を提供すべく発展することがきわめて重要になる[51]．

このような技術革新による前向きな道筋に加えて，効率性を高め，食料生産の環境への影響を軽減するために，農業生態学的な原理を利用できる非常に大きな可能性がある．関心を集めている分野の1つに，植える作物と植え方に焦点を当てるものがあ

図5.5　垂直農法システム．このシステムを用いると，多くの新鮮な作物が土地，水，農薬をさほど必要とせずに，都心やその近郊で生産できる．加温したり光照射するために再生可能エネルギーを用いれば，こうしたシステムは持続可能な集約農業を成立させる要素として将来有望である．

［出典］Valcenteu（Wikimedia）, Creative Commons, license CC BY-SA 3.0

図5.6　ティラピアの持続可能な淡水養殖システム

［出典］Regal Springsの厚意による提供

る．間作，被覆作物，輪作，花粉媒介動物に配慮した作業はすべて広範な利益をもたらすが，新技術とはほとんど関係がない．2種類の異なる作物を数列ずつ交互に植える間作は使う肥料の量が少なくて済み，収穫量は作物が1種類だけの場合と比べて10〜20%多くなる[52]．秋や冬に農地を荒れ地のままにしておく代わりに被覆作物を植えると，土壌の中の栄養素を保つのに有効であり，春の作付け前の耕耘時に被覆作物が土の中に取り込まれることで，土壌に有機物が加わる．2種類の作物を1年ごとに交互に植える輪作は，2種類の組み合わせが正しければ多くの利益をもたらす．例えば米国の農家はトウモロコシと大豆を交互に栽培する．大豆は窒素固定能力があるマメ科植物であり，トウモロコシは高濃度の窒素を必要とする．輪作を行うと収穫量を維持したまま窒素肥料の使用量を減らせる．野草などの植物を植えて生け垣や境界をつくれば野生の花粉媒介動物に食べ物とすみかを提供し，生物多様性を支え，さらに花粉媒介動物の数が増えれば収穫量は大きく増加する[32]．

これに関連することとして，世界中で食用作物の均質化が増えており，私たちが食べるものの多様性が減少しているという問題がある[53]．人間が消費するために5000種以上の植物（少なくともその10倍の植物は可食部を持っている）が育てることが可能であるが，世界の食料供給の4分の3はたった12種類の作物と5種類の家畜で成り立っている[54]．また，大豆，小麦，米，トウモロコシの4種類の作物が世界の農地のほぼ半分近くを占めている[55]．世界の地方在来品種の多くは商品として売られる作物に道を譲ってきたが，そのような品種にはビタミン，微量栄養素，抗酸化物質，薬効成分などが豊富に含まれているかもしれない．さらに，農業多様性が大きくなればフードシステムの回復力を強化するのに有効だ．アランブラキアやバオバブ，野生のビワやヤムイモなどといった「忘れられた作物」の生産を増やすという面白い試みがアフリカ孤児作物コンソーシアム（African Orphan Crops Consortium）のような団体を通じてなされており，大きな期待が見込める．

上記で概略を示したような実践に加えて，土壌の肥沃度の回復に役立ち，同時に付加的サービスを生み出す農業方式がほかにもある．不耕起栽培，集約輪換放牧，アグロフォレストリー（混農林業）などがそうだ．不耕起栽培は土壌のかく乱を最小限にし，浸食による土の流出を劇的に抑えることにより土壌を維持する．集約輪換放牧は密集した家畜の群れを頻繁に移動させ，長い回復期間を土壌に与える．アグロフォレストリーは樹木の栽培と多毛作を統合した方法である．この種の再生型農業が伝統的な方法よりも利益が大きいことは多く示されているが，これは投入する原価が安く，数年間の移行期間で同量の収穫量が得られるためだ[56,57]．また，こうした農業はさらに，大気から炭素を引き出して土壌に戻し，干ばつへの耐性を高め，農薬の使用が減ることでエコロジカル・フットプリントを減らしたり，アグロフォレストリーにより食料や燃料が得られるなど，社会的利益ももたらす可能性がある[56]．

時には革新のための技術的なアプローチの支持者（「魔法使い」と呼ばれる）と伝統的な農業生態学的原理を頼みとしたやり方の擁護者（「預言者」と呼ばれる）との間に緊張が見られる．しかし，そのような緊張は不要だ．なぜならどちらのアプローチも重要な役割を果たしており，今では持続可能な集約化への取り組みに両方のやり方を取り入れた「第3の道」を支持する人も出てきているからだ[14]．これらのアプローチを統合する方法の良い例は，精密農業が不耕起栽培をバックアップするというやり方である．不耕起栽培の課題は，耕作をしないために雑草コントロールが非常に難しいことだ．しかし雑草を認識して駆除するロボットを搭載したトラクターを使用すれば，不耕起栽培はずっと採算の合う効率的なアプローチとなる．以上をまとめると，土壌保全と土壌回復の技術や土壌微生物学の進歩，農耕法や食料の生産方法における技術革新，農業生態学とアグロフォレストリーから得られる中心的な原理により，世界の食料生産のエコロジカル・フットプリントを大幅に減らせる，非常に大きな可能性を秘めている．

世界の食料生産のエコロジカル・フットプリントを減らすために技術革新が必要となるのと同じように，技術革新は他の方面でも必要とされる．それは，私たちが生産する食料の質と量に急速に変化する環境条件が与える影響を相殺することだ．熱，干ばつ，塩分耐性がより強く，二酸化炭素濃度が上昇しても栄養素があまり減少しない作物を品種改良するためにいっそうの努力をすることが重要である．収穫量を増やし，私たちの健康と同時に他の多くの生物を守る花粉媒介動物に配慮した方法を世界中で採用することが優先事項だ．水の流れが変化しやすい，またはこうした水が流れるタイミングが気候変動により乱れることが考えられる地域では，化石帯水層に水を補給したり貯め池をつくったりして貯水をすることが必要だろう．これまでの歴史上で，気候による打撃から生じた貿易上のさまざまな失敗をもとに，最も弱い人々が受ける衝撃を和らげられるような貿易協定を定めることで，救われる命がある．各国の政府は，環境条件の急変に適した作物の品種や農法を開発するために，農業研究センターの地球規模のネットワークである国際農業研究協議グループ（CGAIR）のシステム[58]のような組織にいっそう深く関与し，得られた知見が実践のために素早く広く行き渡るよう努めていく必要がある．

食品廃棄

食料生産の効率性を格段に上げることに加え，フードシステムを変えるうえでの重要なステップが，食品廃棄を大幅に減らすことである．毎年，人間が消費するために生産される食料のおよそ3分の1が廃棄されている[59]．もし食品廃棄という現象を1つの国と考えると，中国と米国に次いで世界で3番目に高い温室効果ガス排出量がある国といえる[60]．さらに毎年，大量の水，土地，農薬が，一度も消費されることのない食料を生産するために無駄に消費されている．食品廃棄の原因は国によって異なる．低所得国では廃棄の大部分はフードシステムの早い段階の収穫後や加工段階で生じるが，富裕国では商品が売られたり消費されたりする段階で起きる．どちらの例でも，廃棄を減らすためにできることは山ほどある．富裕国の食料品店はどこも積極的なキャンペーンを導入しており，さまざまな方法によって食料が栄養豊かな食事に変わるように，ハイテク技術や提携関係を活用することで，「賞味期限切れ」で捨てられる食料の量を減らそうとしている．例えば欧州では「トゥ・グッド・トゥ・ゴー（捨てるにはもったいない）」というアプリケーションにより消費者を何千という食料品店と結びつけ，食料が廃棄される前に大幅に値引きされるときには消費者に知らせることが可能となっている[61]．消費者は通常の費用の何分の1かで栄養豊富な食料を手にし，食料品店は新たな収入源を確保し，地球環境は安堵のため息をつく．低所得国では食料の貯蔵や供給チェーンにおける技術革新で，食料が小売業者のところに届く前に廃棄されるのを劇的に減らせる．

食料需要

食料の生産の仕方や食料廃棄の削減において，効率面で達成すべきことはたくさんあるものの，私たちが口にする食べ物も変える必要があるということには強い意見の一致が見られる．2019年には，持続可能なフードシステムによる健康な食料に関するイート・ランセット委員会（EAT-Lancet Commission on Healthy Diets from Sustainable Food Systems）が「人新世時代の食料」（"Food in the Anthropocene"）と題する報告書を発表した[62]．その著者らは，地球のフードシステムをプラネタリー・バウンダリー（地球の限界）で言うところの「安全な機能空間」の範囲内にとどめておくためには世界全体で食生活を変える必要があると報告した．また，食事の選択が気候変動，生物多様性の減少，水の使用，農地の使用，窒素とリンの使用などといった環境変化のさまざまな側面に与える影響を評価した．さらに，もしこれから先も今までどおり同じルートをたどるなら，2050年までには環境変化のすべての領域において限界を超えるだろうと結論づけた．しかし，肉（特に牛肉）を減らし，豆類，ナッツ，種子，果物，野菜をより多く摂る食生活に転換することで，フードシステムのエコロジカル・フットプリントを大幅に減らすことができる．あまりにも多くの農地が家畜の飼料の生産に使用されているため，また家畜はこの飼料を肉へと転換するうえで効率が悪いため，さらに反芻動物は大量の温室効果ガスを排出するため，肉（特に牛肉，ラム肉，豚肉）の生産および消費は，フードシステムの他の要素に比べてエコロジカル・フットプリントが格段に大きくなる（**図5.7**）．

また，現在の食肉生産の産業システムは他の理由からも問題があることに留意しなければならない．おびただしい数の動物を高密度に集めて非人道的な状況に置き，不

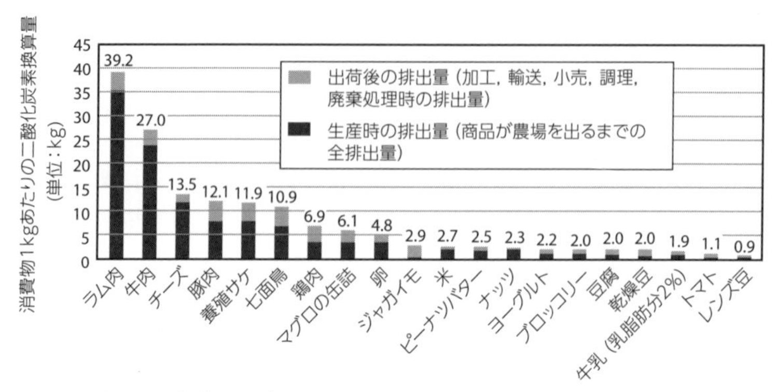

図5.7　一般的な動物性および植物性食品に関連して排出される温室効果ガスの量を，生産から消費，廃棄までのライフサイクルの全過程を通して表したもの．グラフはライフサイクル全体の温室効果ガス排出量を，消費物1 kgあたりの二酸化炭素換算量（kg）で表している．

[出典] Environmental Working Group. *Meat Eater's Guide to Climate Change and Health*. 2011. https://www.ewg.org/meateatersguide/a-meat-eaters-guide-to-climate-change-health-what-you-eat-matters/climate-and-environmental-impacts/

自然な飼料や環境に耐えられるよう大量の抗生物質を投与することは，薬剤耐性の世界的広がり[63]，深刻な汚染問題[64]，多くの人が非倫理的で残酷だと考える動物への行為の一因となってきた．家畜の消費から植物性の食事への転換は，こうした害を減らすうえでさらなるメリットがある．

イート委員会が提案している食生活の転換により，これまでよりも栄養豊富な食事を世界の人々に供給することも同時に可能となり，心臓病，脳卒中，糖尿病，がんなどの非感染症が実質的に減少する．全体的に見て，委員会は彼らが言う「プラネタリーヘルス・ダイエット（地球にとって健康な食事）」を取り入れることによって年間およそ1100万人の死亡，つまり成人の年間総死亡率の約20％を防ぐことを発見した．これは地球の健康にとって圧倒的に大きな利益となる[62]．

肉の摂取を減らすことで健康と環境の双方にとってメリットがある富裕層では，計算はかなり単純明快だ．貧しい人々においては状況はもっと微妙なものとなる．どちらの人々にとっても，砂糖，塩，飽和脂肪を添加した加工食品の消費を減らすことは健康上の重要な優先事項であることに変わりはない．しかし食事の多様性が乏しい貧しい人々の場合，食事を多様化し栄養豊富な食料を増やすことは最優先だが，動物性食品は大切で，必要不可欠といえる．こうした人々にとっては果物，野菜，ナッツ，種子，豆類を多く含むより健康的な食事のエコロジカル・フットプリントが，デンプン質の多い主食という既存の食事に比べて必ずしも好ましいとはいえない．さらなる懸念は，栄養に富んだ食料は，カロリー源となるものの栄養面ではやや劣る食料よりも値段が高く[65]，これは貧困層にとっては重荷となる．こうした価格設定は，不健康な食事が社会に与える損失が病気やそれに関連したヘルスケアにかかる費用という非常に大きな重荷となっている点で，市場の失敗の例だ．

食習慣を変えることのほかに，味が似ている食品や，栄養素は高められているが従来品より環境への影響の小さい食品といった代替食品において，新しい未開拓の領域が切り開かれつつある．近年の技術革新の領域は，赤身肉の味と食感を持ちつつ環境への影響を抑えた植物由来のフェイクミート（疑似肉）の生産に及んでいる．2019年の時点では，肉の代用品メーカーであるビヨンド・ミート社とインポッシブルフーズ社が大手ファーストフードチェーン店や食料品店を含む6万8000か所以上で何千万もの植物由来ハンバーガーを販売した[66]．おそらくさらに革新的なものとして，細胞由来の肉，乳製品，卵が登場し始めている．ある技術では乳タンパク質とまったく同じタンパク質の混合物をつくり出すよう酵母を改変し，動物の乳に通常含まれる脂肪や糖分の代わりに植物由来の脂肪と糖をその混合物に加える．ニワトリの卵のものとまったく同じ酵母由来の卵白をつくる場合にも同様の工程を用いる．評論家の中には，このような種類のタンパク質発酵，つまりエコロジカル・フットプリントを劇的に減らし，費用も少なくて済み，健康上の利益も増え，動物への残酷な行為を含まない，ほぼどんな構造のタンパク質もつくり出せる方法が広く採用されることで，今後数十年の間に伝統的な畜産の急激な減少に拍車がかかり，膨大な数の農地が解放されると言う者もいる[67, 68]．技術革新は，ウキクサ，藻類，マイコプロテイン（訳注：真菌由来の植物タンパク質および繊維源），さらには昆虫や昆虫食といった，エコロジカル・フットプリントがずっと小さな新原料を用いた食料生産にも起きている[14]．食料廃棄の削減，昆虫や昆虫食の消費の促進，子どもたちに野菜を中心とした食事について教える学校給食制度の利用を目指した革新的なアプローチが，「プラネタリーヘルスのケーススタディ――解決策選集」（Planetary Health Case Studies: An Anthology of solutions）（https://islandpress.org/books/planetary-health）の中でより深く説明されている．

食生活パターンを変える取り組みには複雑な要素が絡み合っており，教育と行動変容，政府による政策，企業責任の一体化が必要となる．近年，多くの富裕国における肉の消費は，赤身肉から魚や鶏肉への切り替えとともに減少している[69, 70]．例えば英国のスーパーマーケットを調査した2018年のデータでは，英国人の8人に1人は菜食主義者または完全菜食主義者（ヴィーガン）であり，それ以外の21％の人が自分を緩やかな菜食主義者（野菜中心の食事が中心だが時には追加で肉も食べる）だと考えていた．しかし，食生活パターンの変更は一筋縄ではいかない．人は自分が口にする食べ物を，自分や家族が受け継いでいる文化，一緒にいる集団のアイデンティティ，健康について抱く信念，環境，動物福祉，その他いろいろな要素と重ね合わせる[71, 72]．価格も重要だ．

政府には，栄養の乏しい食べ物に税金を課し，より栄養の豊富な食べ物を選択した場合に補助金を出すことにより，健康的な食べ物ほど高くなるという市場の失敗に取り組めるチャンスがある．世界中の食品産業の強力な圧力団体，特に牛肉，乳製品，砂糖，超加工食品，飲料産業は，ほんのわずかな国を除くすべての国が栄養改善や持続可能な環境を目指して定める食生活方針を妨害している．政府はそうした行為を許し，規制の虜となって被規制産業に支配される政治を排除することも必要だろう[3]．民間セクターもまた，食生活の変更を促進する重要な責任を担っている．ビヨンド・ミート社やインポッシブルフーズ社のような既存の価値基準を打ち砕く食品会社は，健康にも環境にも良い，消費者にとってできるだけ魅力のある選択肢を示すことにより，食生活を転換するまでの大変さを和らげるのに貢献できる．大きな農業食品業界は，彼らの生産コストの負担を外部に求めて社会全体に負わせず，人間や地球にとってより良い食料を生産し市場に出す責任ある行動を取ることができる．

結　論

本書の後の章では，現在のプラネタリーヘルスの危機を私たちにもたらすうえで大きく関与してきた，その他のきわめて重要な問題，例えばエネルギー生産，都市開発，ビジネスと経済のモデル，化学薬品製造などについて重点的に説明している．それらは同時に私たちをこの危機から救い出し，より希望に満ちた未来に送り届けるうえでも決定的な役割を担う可能性を持っている．フードシステムはそうした重要な問題の1つだ．世界のフードシステムのエコロジカル・フットプリントは途方もなく大きく，世界中のどこにでも栄養が豊かで健康的な食事を供給する結果を出せてこなかった．一連の利用可能な技術革新と政策を活用することによって，私たちには世界中の人々の健康を促進し，同時に生物圏に残っているものを保全するフードシステムをつくり直すチャンスがある．

何千年という長い間，宇宙から地球を眺めてきた観察者に話を戻すと，その観察者は今のこの瞬間を見て，地球では歴史の偉大なドラマが繰り広げられていると思うだろう．私たちは人間が食べるという行為と生物圏の破壊を切り離すことができるだろうか．私たちは，一方では飢えと栄養不良の問題を解決し，他方では進行し続ける環境悪化の問題を解決するという困難なことを成し遂げることができるのだろうか．すべての良くできたドラマがそうであるように，結局は私たちが今，今日というこの日にどんな決断をするかにかかっている．私たちがどんな技術革新を生み出すか，どんな研究を行うか，どんな政策を実行するか，何に投資をするか，どのような食事を選ぶか，そして根本的には，持続可能な未来への道を築こうという私たち全体の意思が重要なのである．

参考文献

1. FAO, IFAD, UNICEF, WFP, WHO. *The State of Food Security and Nutrition in the World 2018. Building Climate Resilience for Food Security and Nutrition*. Rome, Italy: Food and Agriculture Association (FAO); 2018.
2. Black RE, Victora CG, Walker SP, et al. Maternal and child undernutrition and overweight in low-income and middle-income countries. *Lancet*. 2013;382(9890):427–451.
3. Swinburn BA, Kraak VI, Allender S, et al. The global syndemic of obesity, undernutrition, and climate change: the Lancet Commission report. *Lancet*. 2019;393(10173):791–846.
4. Lim SS, Vos T, Flaxman AD, et al. A comparative risk assessment of burden of disease and injury attributable to 67 risk factors and risk factor clusters in 21 regions, 1990–2010: a systematic analysis for the Global Burden of Disease Study 2010. *Lancet*. 2012;380(9859):2224–2260.
5. Whitmee S, Haines A, Beyrer C, et al. Safeguarding human health in the Anthropocene epoch: report of the Rockefeller Foundation Commission on planetary health. *Lancet*. 2015;386(10007):1973–2028.
6. Smith P, Bustamante M, Ahammad H, et al. Agriculture, forestry and other land use (AFOLU). In: Edenhofer O, Pichs-Madruga Y, Sokona E, et al., eds. *Climate Change 2014: Mitigation of Climate Change. Contribution of Working Group III to the Fifth Assessment Report of the Intergovernmental Panel on Climate Change*. Cambridge, UK: Cambridge University Press; 2014.
7. Springmann M, Clark M, Mason-D'Croz D, et al. Options for keeping the food system within environmental limits. *Nature*. 2018;562(7728):519–525.
8. Vitousek PM, Mooney HA. Human domination of Earth's ecosystems. *Science*. 1997;5325:494–499.
9. Foley JA, Defries R, Asner GP, et al. Global consequences of land use. *Science*. 2005;309(5734):570–574.
10. Postel SL, Daily GC, Ehrlich PR. Human appropriation of renewable fresh water. *Science*. 1996;271(5250):785–788.
11. Pauly D, Zeller D. Catch reconstructions reveal that global marine fisheries catches are higher than reported and declining. *Nature*. 2016;7:10244.
12. *Dams and Development: A New Framework for Decision-Making*. London, UK: World Commission on Dams; November 2000. http://staging.unep.org/dams/WCD/report.asp.
13. Pimentel D, Harvey C, Resosudarmo P, et al. Environmental and economic costs of soil erosion and conservation benefits. *Science*. 1995;267(5201):1117–1123.
14. Little A. *The Fate of Food*. New York, NY: Harmony Books; 2019.
15. *Status of the World's Soil Resources*. Rome, Italy: Food and Agriculture Organization of the United Nations and Intergovernmental Technical Panel on Soils; 2015.
16. Sanchez PA. Soil fertility and hunger in Africa. *Science*. 2002;295(5562):2019.
17. Wood SA, Baudronc F. Soil organic matter underlies crop nutritional quality and productivity in smallholder agriculture. *Agric Ecosyst Environ*. 2018;266:100–108.
18. FAO. *Irrigated Crops Fact Sheet*. Rome, Italy: United Nations Food and Agriculture Organization; 2014. http://www.fao.org/nr/water/aquastat/infographics/Irrigated_eng.pdf.
19. Brown L. *Plan B 4.0 Mobilizing to Save Civilization*. New York, NY: W.W. Norton & Company; 2009.

20. Golden CD, Allison EH, Cheung WWL, et al. Fall in fish catch threatens human health. *Nature*. 2016;534:317–320.
21. Cheung WWL, Watson R, Pauly D. Signature of ocean warming in global fisheries catch. *Nature*. 2013;497:365.
22. Golden C, Fernald LCH, Brashares JS, Rasolofoniaina BJR, Kremen C. Benefits of wildlife consumption to child nutrition in a biodiversity hotspot. *Proc Natl Acad Sci U S A*. 2011;108(49):19653–19656.
23. Flood J. The importance of plant health to food security. *Food Secur*. 2010;2:215–231.
24. Fisher MC, Henk DA, Briggs CJ, et al. Emerging fungal threats to animal, plant and ecosystem health. *Nature*. 2012;484:186.
25. Bale J, Masters G, Hodkinson I, Awmack C, Bezemer T, Brown V. Herbivory in global climate change research: direct effects of rising temperature on insect herbivores. *Global Change Biology*. 2002;8:1–16.
26. Deutsch CA, Tewksbury JJ, Tigchelaar M, et al. Increase in crop losses to insect pests in a warming climate. *Science*. 2018;361(6405):916–919.
27. Bebber DP, Ramotowski MAT, Gurr SJ. Crop pests and pathogens move polewards in a warming world. *Nat Clim Change*. 2013;3:985.
28. Selvaraj S, Ganeshamoorthi P, Pandiaraj T. Potential impacts of recent climate change on biological control agents in agro-ecosystem: a review. *Int J Biodivers Conserv*. 2013;5:845–852.
29. Klein A-M, Vaissiere BE, Cane JH, et al. Importance of pollinators in changing landscapes for world crops. *Proc R Soc B*. 2007;274:303–313.
30. Eilers EJ, Kremen C, Greenleaf SS, Garber AK, Klein A-M. Contribution of pollinatormediated crops to nutrients in the human food supply. *PLoS One*. 2011;6(6):6.
31. Smith M, Ryan, Singh GM, Mozaffarian D, Myers SS. Effects of decreases of animal pollinators on human nutrition and global health: a modelling analysis. *Lancet*. 2015;386(1007):1964–1972.
32. Garibaldi L, Carvalheiro L, Vaissière B, et al. Mutually beneficial pollinator diversity and crop yield outcomes in small and large farms. *Science*. 2016;351(6271):388–391.
33. Potts S, Imperatriz-Fonseca V, Ngo H. *The Assessment Report of the Intergovernmental Science-Policy Platform on Biodiversity and Ecosystem Services on Pollinators, Pollination and Food Production*. Bonn, Germany: Intergovernmental Science-Policy Platform on Biodiversity and Ecosystem Services (IPBES); 2016.
34. Parmesan C, Yohe G. A globally coherent fingerprint of climate change impacts across natural systems. *Nature*. 2003;421:37–42.
35. Ziska L, Pettis J, Edwards J, Hancock J, Tomecek M. Rising atmospheric CO_2 is reducing the protein concentration of a floral pollen source essential for North American bees. *Proc R Soc B* 2016;283(1828).
36. Lu Y, Song S, Wang R, et al. Impacts of soil and water pollution on food safety and health risks in China. *Environ Int*. 2015;77:5–15.
37. Sunderland E. M, Li M, Bullard K. Decadal changes in the edible supply of seafood and methylmercury exposure in the United States. *Environ Health Perspect* 2018.126(1):017006.
38. von Stackelberg K, Li M, Sunderland E. Results of a national survey of high-frequency fish consumers in the United States. *Environ Res*. 2017;158:126–136.
39. Ainsworth EA, Yendrek CR, Sitch S, Collins WJ, Emberson LD. The effects of tropospheric ozone on net primary productivity and implications for climate change. *Annu Rev Plant Biol*. 2012;63(1):637–661.

40. Tai APK, Val Martin M, Heald CL. Threat to future global food security from climate change and ozone air pollution. *Nat Clim Change*. 2014;4:817–821.
41. Myers SS, Smith MR, Guth S, et al. Climate change and global food systems: potential impacts on food security and undernutrition. *Annu Rev Public Health*. 2017;38(1):259–277.
42. Porter J, Xie L, Challinor A, et al. Food security and food production systems. In: *Climate Change 2014: Impacts, Adaptation, and Vulnerability. Part A: Global and Sectoral Aspects. Contribution of Working Group II to the Fifth Assessment Report of the Intergovernmental Panel on Climate Change*. Cambridge, UK: Inter; 2014.
43. Lobell DB, Schlenker W, Costa-Roberts J. Climate trends and global crop production since 1980. *Science*. 2011:1–5.
44. Rosenzweig C, Elliott J, Deryng D, et al. Assessing agricultural risks of climate change in the 21st century in a global gridded crop model intercomparison. *Proc Natl Acad Sci U S A*. 2014;111(9):3268–3273.
45. Beach RH, Sulser TB, Crimmins A, et al. Combining the effects of increased atmospheric carbon dioxide on protein, iron, and zinc availability and projected climate change on global diets: a modelling study. *Lancet Planetary Health*. 2019;3(7):e307–e317.
46. Singh S, Remez L, Sedgh G, Kwok L, Onda T. *Abortion Worldwide 2017: Uneven Progress and Unequal Access*. New York, NY: Guttmacher Institute; 2018. https://www.guttmacher.org/report/abortion-worldwide-2017.
47. Chu J. Watering the world. *MIT News*. 2017. http://news.mit.edu/2017/design-cuts-costs-energy-drip-irrigation-0420. Accessed April 7, 2020.
48. Kumar A, Verma JP. Does plant–microbe interaction confer stress tolerance in plants: A review? *Microbiol Res*. 2018;207:41–52.
49. Little DC, Newton RW, Beveridge MCM. Aquaculture: a rapidly growing and significant source of sustainable food? Status, transitions and potential. *Proc Nutr Soc*. 2016;75(3):274–286.
50. Halweil B. *Farming fish for the future*. Washington, DC: Worldwatch Institute; 2008.
51. Golden CD, Seto KL, Dey MM, et al. Does aquaculture support the needs of nutritionally vulnerable nations? *Front Mar Sci*. 2017;4(159).
52. Himmelstein J, Ares A, Gallagher D, Myers J. A meta-analysis of intercropping in Africa: impacts on crop yield, farmer income, and integrated pest management effects. *Int J Agr Sustain*. 2017;15(1):1–10.
53. Khoury CK, Bjorkman AD, Dempewolf H, et al. Increasing homogeneity in global food supplies and the implications for food security. *Proc Natl Acad Sci*. 2014;111(11):4001–4006.
54. Bioversity International. *Mainstreaming Agrobiodiversity in Sustainable Food System: Scientific Foundations for an Agrobiodiversity Index*. Rome, Italy: Bioversity International; 2017.
55. Martin AR, Cadotte MW, Isaac ME, Milla R, Vile D, Violle C. Regional and global shifts in crop diversity through the Anthropocene. *PLoS One*. 2019;14(2):e0209788.
56. Montgomery DR. *Growing a Revolution: Bringing Our Soil Back to Life*. New York, NY: W.W. Norton; 2017.
57. LaCanne CE, Lundgren JG. Regenerative agriculture: merging farming and natural resource conservation profitably. *PeerJ*. 2018;6:e4428.
58. CGIAR. 2019. https://www.cgiar.org/. Accessed August 2019.
59. SAVE FOOD: Global Initiative on Food Loss and Waste Reduction. 2019. http://www.fao.org/save-food/resources/keyfindings/en/. Accessed March 13, 2019.
60. FAO. *Food Wastage Footprint: Impacts on Natural Resources*. Rome, Italy: Food and Agriculture Organization of the United Nations; 2013.

61. Too Good to Go. About us. 2019. https://toogoodtogo.co.uk/en-gb/about-us. Accessed August 2019.
62. Willett W, Rockström J, Loken B, et al. Food in the Anthropocene: the EAT-Lancet Commission on healthy diets from sustainable food systems. *Lancet*. 2019;393(10170):447–492.
63. Economou V, Gousia P. Agriculture and food animals as a source of antimicrobialresistant bacteria. *Infect Drug Resist*. 2015;8:49–61.
64. Thorne PS. Environmental health impacts of concentrated animal feeding operations: anticipating hazards—searching for solutions. *Environ Health Perspect*. 2007;115 (2):296–297.
65. Headey DD, Alderman HH. The relative caloric prices of healthy and unhealthy foods differ systematically across income levels and continents. *J Nutr*. 2019;149(11):2020–2033.
66. Shanker D. The hottest thing in food is made of peas, soy, and mung beans. *Bloomberg Businessweek*. 2019. https://www.bloomberg.com/news/features/2019-08-21/fake-meat-is-hot-led-by-impossible-foods-and-beyond-meat. Accessed September 2019.
67. Seba T, Tubb C. Disrupting the cow. *The Boston Globe*. 2019. https://www.bostonglobe.com/2019/11/29/opinion/disrupting-cow/. Accessed January 2020.
68. Mobiot G. Lab-grown food will soon destroy farming—and save the planet. *The Guardian*. 2020. https://www.theguardian.com/commentisfree/2020/jan/08/lab-grown-food-destroy-farming-save-planet. Accessed January 2020.
69. Neff RA, Edwards D, Palmer A, Ramsing R, Righter A, Wolfson J. Reducing meat consumption in the USA: a nationally representative survey of attitudes and behaviours. *Public Health Nutr*. 2018;21(10):1835–1844.
70. Smithers RJ. Third of Britons have stopped or reduced eating meat: report. *Guardian*. 2018. https://www.theguardian.com/business/2018/nov/01/third-of-britons-have-stopped-or-reduced-meat-eating-vegan-vegetarian-report. Accessed September 2019.
71. Perry BD, Grace DC. How growing complexity of consumer choices and drivers of consumption behaviour affect demand for animal source foods. *Ecohealth*. 2015;12(4):703–712.
72. O'Riordan T, Stoll-Kleemann S. The challenges of changing dietary behavior toward more sustainable consumption. *Environ Sci Policy Sustain Dev*. 2015;57(5):4–13.

第6章

プラネタリーヘルスと感染症

人類は歴史上絶え間なく感染症と戦い，その多くで成功してきた．例えば，麻疹（ましん）（はしか），流行性耳下腺炎（おたふくかぜ），風疹（三日はしか），水痘（水疱瘡（みずぼうそう）），ジフテリア，肝炎，百日咳などは，ワクチンで予防可能な疾患となった．ワクチン接種者は自分自身が守られると同時に，もし集団の中で十分な割合に免疫ができると，ワクチン非接種者も感染源への暴露から逃れることができる．なぜなら感染者が唯一の感染源だからである．一方，かぜ，季節性インフルエンザ，ある種の肺炎などは，まだワクチンがないか，あるいは部分的効果しかない．しかし，これらの疾患も個人衛生やその他の行動変容を促すことで予防可能である．疫学的には，このような疾患は，その病原体がヒトに特異的であり，感染性を有する感染者から感受性のある未感染者へのみ伝播するという比較的単純な疾病系に属する．数十年間にわたる科学研究は，病原体の重要な特性である感染経路や病原性，ヒト宿主の重要な特性である抵抗性，耐性，人口密度の閾値（いきち），そしてこれらが接触率や感染に影響を与えていることを明らかにしてきた．このような病原体と宿主の特性は，流行を予防する最も効果的な防御戦略を決定づけるものとして，効果的な予防法を導いてきた（Box 6.1）．

20世紀から21世紀にかけて，こうしたヒトに特異的な感染症が効果的に制御されるようになった一方で，多くの感染症が新興し，また再興してきた[1, 2]．これらのいわゆる新興感染症のほとんどは人獣共通感染症であり，病原体は1種類以上のヒト以外の脊椎動物宿主からヒトに伝播し，ヒトの体内で増殖する．いくつかの人獣共通感染症の病原体やヒトに特異的な病原体には，蚊，ノミ，マダニなどの媒介節足動物によって伝播されるものがある（表6.1）．すべての人獣共通感染症は，病原体はヒト以外の動物に存在し，ヒトへの伝播は病原体とヒト宿主の特性だけでなく，ヒト以外の宿主や，ベクターが介在する感染症の場合はベクターに影響を与える環境条件の変化によっても影響を受ける．同様に人獣共通感染症の宿主間，および宿主とベクター間の伝播は，これらの種が生息する生物群集の影響を受ける．これら新興感染症に関与する種や感染経路の数が非常に多いため，疾病系はきわめて複雑で，これらの疾病を予防・制御する私たちの能力が問われている．実際，過去50年間に発生した新興感染症のうち，うまく制圧されたものはほとんどなく，突発的に発生するアウトブレイクは依然として予測不可能である[3]．

Box 6.1 用語と定義

感染症とは，感染した宿主から同種または別種の感受性のある個体に伝播できる病原体または寄生体（パラサイト）によって起こされる病気のことである．‘病原体’と‘寄生体’いう用語は同義的に使われることがあるが，‘病原体’という用語は，細菌，ウイルス，一部の真菌（しんきん）などの微細な生物（プリオンと呼ばれる異常な感染性小タンパク質も含む）に限定されることが多いのに対して，‘寄生体’という言葉は，他の生物体内もしくは体表に寄生して，その生物から栄養分などを摂取して生きる多細胞生物や原生生物を指す．寄生体や病原体が寄生している生物は宿主とされる．寄生体や病原体は定義上，宿主に害を及ぼすものである．寄生体や病原体が宿主に侵入しコロニー形成に成功したとき，その宿主は感染したとみなす．また，‘感染’という用語は，宿主の体表に付着しているだけの寄生体に対しても使われることがある．寄生体や病原体には，ライフステージが1つだけの単純なライフサイクルを持つものもあれば，ライフステージが2つ以上ある複雑なライフサイクルを持つものもある．その場合，各ライフステージで異なる種の宿主を感染させることもある．複雑なライフサイクルを持つ寄生体はある種の宿主を使って幼生期を過ごし，別の種の宿主を使って生殖期（または成虫期）を過ごす．前者は中間宿主，後者は終宿主または生殖宿主とみなされる．

寄生体や病原体が一宿主から別の宿主に移動することを伝播といい，宿主間の典型的な移動方法を伝播経路という．寄生体や病原体が宿主間で直接接触やそれに近い形で伝播する場合，その伝播経路を直接伝播と呼ぶ．直接伝播の1つに性的伝播がある．ある寄生体や病原体では，宿主から離れてもすぐには別の宿主に感染せず，環境中にある程度留まる自由生活ステージがある．しかし，他の寄生体や病原体は，直接伝播するか，あるいは自由生活様式をもたず宿主から別の宿主へと移動するための媒介動物（ベクター）を必要とする．一般的には，蚊，サシバエ，ダニ，ノミ，シラミなどの節足動物がベクターとなる．

寄生体や病原体が単一種の宿主のみを感染させる傾向がある場合，その病原体はスペシャリストあるいは単一宿主病原体と考えられるが，複数種の宿主を感染させることができる場合は多宿主病原体と呼ばれる．多宿主性病原体の場合，しばしば複数の種の宿主が，病原体の増殖と維持を可能としており，これらを保有宿主（リザーバー）と呼ぶ．一般的に保有宿主が病原体によって受ける影響は軽度で，感染が長期にわたる（慢性的な）場合には，長い間多くの病原体を拡散や「排出」できる．保有宿主は，病原体が宿主集団やコミュニティ内で存続して拡散するのに特に重要である．他の宿主は病原体に感染しても，病原体が宿主から排出されるまでは感染が長続きしない．このような宿主を終末宿主と呼ぶ．終末宿主での感染が短期間である2つの理由は，宿主の免疫系による感染の迅速な除去と宿主の急死である．ヒトに感染する病原体の保有宿主がヒト以外の脊椎動物種である場合，その病原体とその結果生じる疾患は人獣共通性と呼ばれる．

病原体の感染を支持し，それを環境やベクターあるいは他の宿主へ直接伝播する宿主の能力を保有能といい，それは宿主からの伝播の割合や確率によって定量化される．人獣共通感染症病原体の最も有能な保有宿主が人間の居住地域やその近隣に生息する種，つまりシナントロープ（訳注：ヒトの生活圏に生息し，ヒトや人工物の恩恵を受けてヒトと共生する動植物）である場合，伝播のリスクは高くなる．

表6.1　ヒトの感染症の分類

A. ベクターが介在し，ヒト以外の脊椎動物からヒトへ伝播する病原体（人獣共通性）によるもの	B. ベクターが介在し，ヒトからヒトへ伝播する病原体によるもの
C. ベクターが介在しない，ヒト以外の脊椎動物からヒトへ伝播する病原体（人獣共通性）によるもの	D. ベクターが介在しない，ヒトからヒトへ伝播する病原体によるもの

分類Aの疾患例にはライム病があり，ベクターがマダニで，おもな感染源（保有宿主）は小型哺乳類である．分類Bの疾患例にはマラリアがあり，ベクターは蚊であり，ヒトは，保有宿主であると同時に感染の犠牲者でもある．分類Cの疾患例にはレプトスピラ症があり，ベクターが関与せずに保有宿主（げっ歯類）からヒトに伝播する．分類Dの疾患例には百日咳があり，ベクターが関与せずにヒトからヒトへのみ伝播する．エイズ，重症急性呼吸器症候群（SARS），エボラ出血熱などの疾患は，流行初期に人獣共通感染症として伝播し，その後ヒトからヒトへと伝播するため，CとDの両方に分類できる．

多くの点で従来のヘルスサイエンスは，増加する新興感染症の数と影響に対処するには十分ではなくなった．ヒトがこれらの新興感染症に暴露されるリスクは，人間の衛生状態や病原体固有の特性よりも，人獣共通感染症の宿主や潜在するベクターの個体群動態や行動に大きく影響される可能性があるからだ．同様に，人獣共通感染症の宿主やベクターの動態は環境条件に左右されるが，その中にはヒトによる影響が大きいものもある．プラネタリーヘルスの観点から新興感染症を理解するには，図1.4に示されている推進力，原因，媒介的な要因，健康への影響という流れのすべての段階を探求する必要がある．

従来のヘルスサイエンスと同様に，プラネタリーヘルスの世界における科学的探求も，実験的研究，モデル化研究，相関研究に依存しているが，それぞれの研究で重点は多少異なる．生物医学系のサイエンスでは実験的研究が絶対的基準で，それには正当な理由がある．例えば実験的研究は人間の病気の原因となる微生物の解明に役立っており，ワクチンや薬物療法の実験的検査はその有効性を厳密に評価することができる．しかしプラネタリーヘルスの世界では実証実験ができないことが多い．例えば「地球の気候変動がマラリアにかかるリスクにさらされる人口を増加させている」という仮説を検証するためには，複製した地球を温暖化の環境下に置き，温暖化となっていない別の地球を対照とするという緻密な実験計画が必要となる．しかしこのような大規模な実験は不可能であるため，科学者たちは別の方法に頼らざるを得ない．例えば，温度の変化によって，刺した蚊の生存や蚊が刺す頻度がどうなるかを評価する小規模な実験を行い，蚊の分布や行動の温度依存性変化などの実験データを人間の暴露リスクに変換するモデルと組み合わせたり，温度勾配とマラリアの罹患率などの相関関係と組み合わせたりするのである．プラネタリーヘルスでは広いスケールの大きな設問に対して答えようとしており，単純明解かつエレガントな実験で十分な答えが得られることを期待してはいけない．

以下では，図1.4に示している主要な生態学的要因がヒトの感染症への暴露にどのように影響するのか，また暴露リスクから感染症発症への転換を緩和するいくつかの要素について読み解いていく．各生態学的要因について，まずその要因と暴露リスクの主要な決定要素を関連づける一般原則を述べ，次に新興・再興感染症の具体的な例を挙げてその原則を説明する．各例では，知識を深めるために用いられた研究のタイプ（実験的研究，モデル化研究，相関研究）を明確に示す．

気候変動

病原体，ベクター，保有宿主はすべて天候パターンや総体的な気候の影響を受ける．一般的には気温，降水量，蒸気圧の組み合わせによりこれらの種のおおよその地理的（生息）範囲の限界が決まる．気温や降水の総平均，季節平均，季節的または全体的な変動は，ある種が特定の場所で発生できるか否かに影響を与える．ある種の発生を可能とする気象条件がそろった地域において，これらの種の数と活動レベルは日々の天候や季節の変化によって変動する．

ほぼすべての分類群において種の豊富さは低緯度で最大となり，高緯度になるにつれて減少する．ここでは病原体，ベクター，脊椎動物宿主も例外ではない[4]．外温性生物（外部の温度により体温調節する生物，冷血動物・変温動物とも呼ばれる）は，一般的に気温の上昇に伴い発育率，生理機能，活動率が増加する．このような気象勾配と生物的パターン（種の数など）との基本的な相関関係から，最も多様な病原体やベクターが生息する熱帯や亜熱帯地域の病原体やベクターは，高緯度で温暖化が進めばより高緯度に拡大すると予想される．さらに外温性のこれらの種はより高い気温でさらに急速に個体数が増加し，吸血活動が活発化するとも予想される．以上を総合すると気候変動に伴う生息域の拡大が予想され，それに伴い病原体やベクターの発育率や増殖率の加速，ベクターと宿主間の接触率の増加も予想される．これらのことが起きれば病原体の伝播リスクが高まる．このような考察は直感的なものであるが，温暖化した世界は，より病んだ世界になるという概念を裏づけているように思われる（**図**

6.1）．しかし，これらの‘先験的’予想は過度に単純化されている可能性がある．

複雑な因子の1つは，種の生息範囲や個体群動態は気温だけでなく，他の非生物的・生物的変数にも影響されるということである．例えば温暖化で気温が上昇しても，乾燥した地域では特定のベクター種に適した環境にならない可能性がある[5]．同様に地球規模の気候変動下では，ベクター個体群の極地への拡大は低緯度地域での分布縮小を伴う可能性があり，もしかすると総分布範囲は変化せずに，生息域が極地へシフトするだけかもしれない．加えて，気温とベクターや病原体の個体数増加との関係は一次関数的ではない可能性がある．すなわち，個体数はある閾値までは気温とともに増加するが，その後，暑くなりすぎると減少または絶滅する可能性がある．結局のところ，原理上，ある感染症の拡大を可能とする非生物的条件がそろったとしても，ベクターを制御し，生息環境を変え，人間のインフラを整備することで，その拡大を防ぐことができる．

プラスモジウム属の寄生虫が原因であるマラリアは，ハマダラカ属の蚊により伝播する感染症で，現在，熱帯・亜熱帯地域で最も流行しているが，公衆衛生の専門家たちは気候の温暖化に伴い，温帯地域へさらに浸淫する可能性を懸念している[5-7]．世界保健機関（WHO）の推計によると世界のマラリア患者数は年間約2億1200万人に上り，そのうち幼児が大部分を占める42万9000人が死に至る[8]．マラリアの分布と感染率の最近の変化を解明し，今後の変化を予測することは，どちらも非常に困難である．なぜなら，時に直感的に得られる予想と複雑化する要因が相反するからである．19

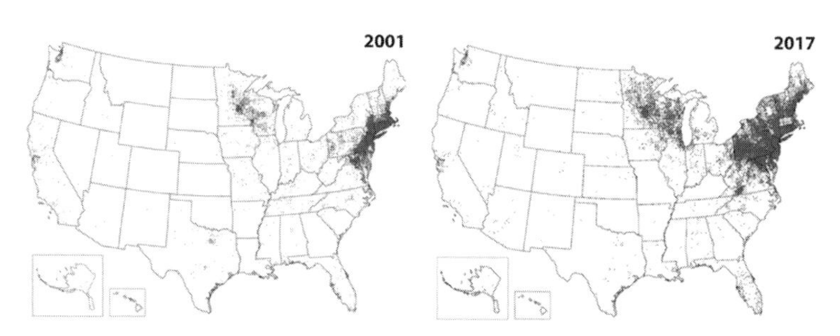

図6.1　米国における2001年（左）と2017年（右）のライム病の報告症例．点は，各症例の行政区画（county）を示している．この地図は，21世紀初頭の米国におけるライム病症例発生地域の顕著な地理的広がりを示している．北東部と中西部では北上し，東部では内陸に向かって広がっており，これは気候の温暖化により，以前は寒すぎてマダニが定着しなかった地域へのマダニの侵入が促進されたことと一致する．その他の生態学的・人口学的因子も，おそらく発生地域の拡大に重要な役割も果たしていると思われる．これらの因子には，森林の分断化，脊椎動物宿主コミュニティの変化，マダニの生息環境と住宅が並存する郊外化現象，そして保健機関による報告の効率化などが含まれる．

［出典］米国疾病予防管理センター，https://www.cdc.gov/lyme/datasurveillance/index.html

世紀の時点の地球では，マラリアは温帯地域の大半に，さらには亜寒帯地域でも，少なくとも季節性に発生していた．この感染症は涼しい環境でも適応できることがわかっている[7]．現在，温帯地域の大部分でマラリアが発生していないのは，蚊の繁殖地が大規模に農地に転換され，DDT（殺虫剤）の使用により個体数が大幅に駆除され，抗マラリア薬が広く使用された結果である．しかし，歴史的に示されてきたこれらの介入による効果がこれからも持続するとは考えにくい．さらに，蚊の繁殖地を取り除くための大規模な土地転換が擁護されるとは考えにくく，DDTをはじめとする環境に有害な殺虫剤は世界の多くの地域で制限または禁止されている．さらには，蚊と寄生虫の両方がおもな化学薬品に耐性を獲得するような進化を遂げている[9]．したがって，私たちが問うべきは，北温帯の大部分の地域の気候がマラリアの再侵入に適しているか否かといった問いではなく，温暖化に伴ってこれまでよりも適した気候になるかどうか，また，そうだとすればどの程度適した気候になるのかという問いである．

気候変動に伴うマラリア分布の変化を予測するには，これまで2つの一般的な方法が用いられてきた．1つは，今日のマラリアの分布と相関する気候や天候を特定する統計モデルである．理論上，マラリアは現在気候条件がそろっている地理的「エンベロープ」の中で発生し，条件がそろっていないと想定されるエンベロープの外側では発生しない．地球循環モデルを用いることで，現在マラリアに適した条件が将来どこに発生しそうかを考え，将来の分布を予測した地図を作成することができる[10]．残念ながらこの方法は，今日の分布を決定づけているのは気候だけであるとしているが，この仮定は妥当ではない．マラリアは，今日の気候で推定されるエンベロープの外でも，以前は発生していたため，気候の相関関係のみに基づいて将来の分布を予測すると，どうしても過度に控えめな結果になる．つまり，実際にはマラリアが発生する可能性のある地域でも，気候限界だけを根拠に発生しないと予測してしまう．もし，統計モデルが一連の相関関係（この場合，現在のマラリアと相関する一連の気候条件）に基づいていたとしても，他の既知の決定要因（この場合，生息環境の転換，殺虫剤，化学療法）を含めなかったとしたら，マラリア発生パターンの解明や予測において，このモデルの有用性は限定的となる．

実験とモデリングを併用することにより，気候変動が将来のマラリア分布にどのように影響するのかについて，より確実な評価方法を備えることができる．実験室内の実験と野外の実験から，特定の気象パラメータと特定の寄生体やベクターの生活史上のパラメータを関連づけるデータを得ることができる．例えばマラリア原虫やハマダラカ（アノフェレス属）の発育率は，幅広い環境条件下で気温の上昇とともに増加する．気温の上昇に伴い蚊が刺す回数が増加し，ベクターから宿主，宿主からベクター両方の伝播効率が上昇する．しかし，蚊の成虫の死亡率も温度の上昇とともに増加するため，伝播の機会は減少する可能性がある．このように，気温の上昇が寄生体やベクターの生活史に与える影響は複数が相互に影響し合うため，数理モデルなくして温暖化が伝播に与える正味の影響を見極めることは困難である．このようなモデルは，気温依存性の生存や活動率を集団としての疾病リスク単位に変換するもので[11]，一般的には疾病リスクが気温に応じてほぼ直線的に上昇し，最適気温でピークに達した後，リスクが急激に低下するという右に歪んだ曲線（ピークの左に長く緩やかな傾きを描き，右に短く急に傾く曲線）を示す（**図6.2**）[5]．これらのモデルは，あるベースラインの気温からのごくわずかな温度変化に対して特異的な疾病リスクの起こり得る変化を予測できる．このようなモデルによる予測は，ベースラインの気温がわかっているある特定の土地において，気候温暖化によってリスクが高まる可能性があるか否かの解答を導くのに役立つ．さらに，このような限定された土地に特異的な予測を積み重ねることで，予測規模が地域や地球規模レベルの予測にまで拡大できる可能性を秘めている．

マラリアの分布や流行の大きさの変化を予測するのはもともと複雑なので，より高度化した手法では，平均気温だけでなく日々の気温変動が伝播リスクに与える影響を加味した実験や[12]，高度勾配に沿った住民の暴露量と免疫状態の動態を取り入れた地域特有のモデル研究[13]，そして気候変動と予測される1人あたりのGDPの成長が，それぞれ個別に，あるいは相互作用的に，リスクにさらされている人の数に与える影響

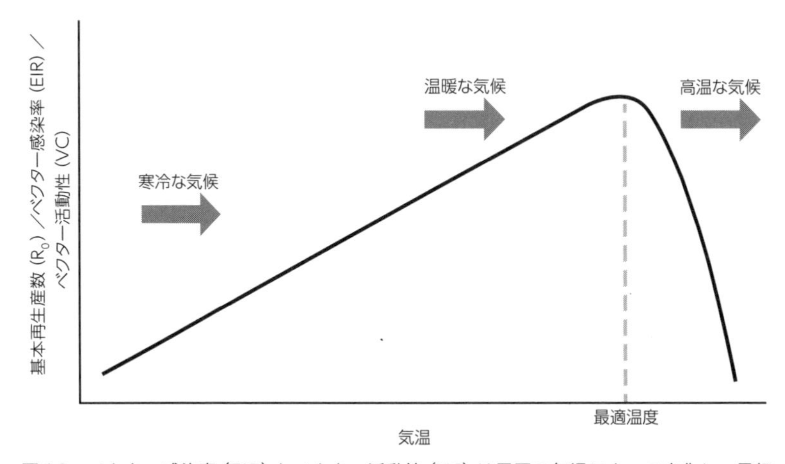

図6.2　ベクター感染率（EIR）とベクター活動性（VC）は周囲の気温によって変化し，最初は上昇し，気温が高い条件下では急激に低下する．どちらもヒトがベクター媒介性感染症にさらされるリスクに影響する．冷涼で温和な気候状態では，気温の上昇はしばしば暴露の増加を意味する．しかし，暑い気候状態では，気温の上昇がベクターにとっての最適温度を超過し，暴露リスクが急激に低下する．

［出典］Alitzer et al. Climate change and infectious diseases: from evidence to a predictive framework. *Science*. 2013;341（6145）:514–51より改変

について調べる地球規模のモデル研究がある[14]．総合すると，気候温暖化によってマラリアの分布が地理的にシフトし，リスクにさらされるヒト集団のサイズは，不均衡に分布しつつも，最終的に拡大すると思われる[5,14]．世界的に見ると，温帯地域と標高がより高い地域での拡大が最大となり，低緯度の乾燥した高温地域では緩やかに縮小するだろう．1人あたりのGDPが大幅に増加した地域では地理的な拡大を鈍化したり，あるいは停止したりできる可能性がある．図1.4で述べた媒介的な要因の一例である防疫インフラを整備することで，増加した伝播効率が暴露へと転化するのを防ぐことができる[14]．

気候変動がマラリアなどのベクター媒介性疾患の分布や流行に現在どのように影響しているかを理解し，将来のリスク変化を予測する私たちの能力を高めることは非常に重要な仕事である．地球規模の大きな健康負荷をもたらすベクター媒介性疾患にはマラリアのほか，デング熱，黄熱，住血吸虫症，リーシュマニア症，シャーガス病，ライム病，ジカ熱などさまざまなものがある．これらの疾患はすべて気候変動に反応するという共通の特徴があるが，病原体，ベクター，宿主がどのように気候変動に反応するのか，その詳細は解明の途中である．これらの詳細についての理解は今後の傾向予測に必要であるが，それだけでは十分ではない．なぜなら，並行して，人間の行動，制度，インフラが感染リスクにどのように影響するか，また気候変動が人間の適応能力にどのように影響するかを理解することも必要だからである．

気候変動は他の経路を介した感染症にも影響を与える可能性があり，その中にはベクターや人獣共通感染症の保有宿主への影響を伴わないものもある．例えば気候変動によって人口が別の場所へ移動したり，他国へ集団移住したりすると，免疫を獲得していない人々が罹患リスクの高い地域に移動する確率が増えるだろう．気候変動による人口移動が難民キャンプを形成するほど深刻なものであれば，麻疹（ましん）（はしか）やコレラなどの病気がまん延しやすくなる．また，気候変動によって食料の量や質が低下し栄養不良率が高まると，さまざまな感染症に対する免疫力が低下し，罹患率や死亡率が高くなる可能性がある．

生物多様性の損失

ヒトの感染症に対する従来のアプローチは，ヒトに特化した単純な伝播モデルの病原体にフォーカスする傾向がある．しかし，ヒトの感染症のほとんどは人獣共通感染症であるため，病原体の維持やヒトへの伝播には他の生物種が関係している．一般的に，人獣共通感染症の病原体はヒト以外の複数の宿主と関わり合い，各々の宿主が病原体の個体数や分布に影響を与え，結果としてヒトへの暴露リスクに影響する．疾病生物学者たちは，一次保有動物（病原体の個体数を増幅し伝播加速の主体となる生物種）といったごく少数に焦点を当てて，これらの生物種を制御や監視の対象とする傾向がある．しかし，多くの場合，感染症の一次保有動物と共存する他の多くの種は病原体の全体量や伝播率を低下させるにもかかわらず，それらの種は研究者たちによって軽視される傾向がある．このような人獣共通感染症の根本的特徴は，野生動物や家畜，植物の病気においても見られる[15]．

宿主の種によって病原体に対する影響の強度と（増幅または抑制の）方向性が異なる場合，宿主コミュニティの種の構成が変われば病原体の個体数と伝播の可能性が変化するのは当然である（**図6.3**）．この単純な概念が，生物多様性と感染症との関係についての理論の構築や豊富な実証的研究に役立ってきた．第4章で述べているように，ヒトは地域規模から地球規模までこれまでにはないペースで生物多様性を変化させている[16, 17]．特定地域での絶滅や地球上からの絶滅を含む在来種の損失をもたらす一次的な推進要因は，生息環境の破壊と分断，直接的搾取，汚染，外来性病原体を含む外来種による置き換わり，そして気候変動である[18]．これらの要因の中で生息環境の破壊と分断化が最も重要であり，広範囲に及んでいる[19]．

図6.3　米国東部の森林にオポッサムが生息していると，ライム病への暴露を減らすことができる．これは，オポッサムは非常に効果的に毛をつくろい，96.5％のマダニ幼虫を除去することができるからである．また，生き残ったごく一部のマダニではオポッサムに病原菌を伝播するには不十分なことから，オポッサムは宿主としての役目を果たさないのである．（Keesing et al. Hosts as ecological traps for the vector of Lyme disease. *Proc Biol Sci.* 2009; 276（1675）:3911–3919）

［出典］Pixabay

人為的な生息環境のかく乱や分断は，一部の種に対して他の種よりも大きな影響を与える．一般的に，体が大きく，生活のペースが遅く，生息環境や食物のニーズが独特でおもに肉食性の種は，体が小さく万能な環境適応力を持つ種よりも生息地の損失に感受性が高い．植物にも類似する傾向がある．生息環境の破壊や悪化の中でも雑草のように増殖の速い種は，衰退したり消滅したりする種に比べて小さく，より万能的で，ライフサイクルが短い[20-22]．実際，生息環境が人為的にかく乱，破壊された中で個体数や分布が拡大する種もあるが，それは，1つには捕食動物や競争が減少するためであり，他にも人間活動により栄養が補給されることがある[23]．そのため生息環境の破壊に対する種別の感受性，さらには種の消失の順序（生物多様性の減少に伴い，どの種が最初に消滅するか）は生活史の特徴から予測することが可能である[24-26]．

脊椎動物の中でも，都市化または郊外化した環境や農業環境で他の生物相の構成要素が消滅しても生き残り，さらには増殖する傾向にある種は，多くのげっ歯類と一部の鳴禽(めいきん)類である[27-29]．より多くのげっ歯類が人獣共通感染症病原体の保有（増幅）宿主として機能し，げっ歯類から伝播される病原体のほうが，哺乳類中の他の目(もく)から伝播される病原体よりも多い[30]．げっ歯類の中でも寿命が最も短く繁殖率が最も高い種が，人獣共通感染症の保有宿主になりやすい傾向がある[31]．げっ歯類は人獣共通感染症の病原体を増幅することが多く，生物多様性が失われるとしばしば増殖するという観察結果から，生物多様性が失われると人獣共通感染症のリスクや発生率が高まることが予期される．

生物多様性の変化に伴う疾病リスクの変化を最もよく研究されている例の1つが，ライム病である．ライム病は，ボレリア（*Borrelia burgdorferi*）というスピロヘータ細菌によって引き起こされるマダニ媒介性の人獣共通感染症である．北米ではクロアシマダニ（*Ixodes scapularis*）がおもなベクターであり，欧州，アジア，北アフリカでは同属の他の種がおもなベクターである．マダニ科の幼虫はライム病ボレリアに感染していない卵から孵化する．なぜなら，母ダニはこの病原体や他の大多数のダニ媒介性人獣共通感染症の病原体を子孫に伝達することができないからである．マダニ科の幼虫は，宿主を探しているときに遭遇したほぼすべての哺乳類や地上性の鳴禽類，あるいはトカゲからたった一度だけ吸血する．宿主の種によって吸血したマダニの幼虫に感染する確率は大きく異なる．究極はシロアシネズミで，このネズミに寄生するマダニの約90％に感染させ，その一方でオポッサム（キタオポッサム），アライグマ，オジロジカなどの種の宿主は吸血するマダニの5％以下にしか感染させない[32, 33]．シロアシネズミは，マダニ媒介性の人獣共通感染症の病原体にとって保有性が最も高いことに加えて，マダニの吸血に最も寛大な宿主でもある．マウスの表面で吸血するマダニの幼虫の約半数が生き残り，飽食状態まで吸血するのに対し，オポッサム上で吸血するマダニのその割合は5％未満である[32]．生息環境の分断や生物多様性の損失に対する脊椎動物群の反応を調査した数多くの実地調査によると，シロアシネズミは最大の汎存種であり，森林に覆われた地形が分断されたり悪化したりすると一般的に個体数が増加することがわかっている[33]．その結果，崩壊した地形，小さな森林区画，多様性の低い島々では感染したクロアシマダニの生息密度がより高くなることが繰り返し報告されてきた[34-37]．米国の動物群の生物種の豊富度が低い州では動物の多様性が高い州と比較して，ヒト集団における1人あたりのライム病発症率が高い[38]．

人為的なかく乱で生息数が増加したり，ヒトに近接したりする小型哺乳類やシナントロープ（通常人間の住居に住み着く）小型哺乳類は，世界中にはびこる他の多くの人獣共通感染症にとって最も強力な自然保有宿主である．例えばハンタウイルスは，腎症候性出血熱（おもにアジア），流行性腎症（北欧に分布するものと似ているが病原性は弱い疾患），ハンタウイルス肺症候群（北米，中米，南米）など，腎臓や心肺系の重篤な疾患を引き起こす可能性があり，後者は致死率が非常に高い．生物多様性の損失は，感染したげっ歯類の個体数の増加や，げっ歯類の排泄物からヒトに伝播するウイルスへのヒトの暴露リスクの上昇と関連していることが繰り返し指摘されている[39, 40]．同様に，新熱帯区（中米，南米，西インド諸島）のげっ歯類やシナントロープの小型有袋目は，シャーガス病の原因となる寄生虫クルーズトリパノソーマの主要な保有宿主である．シャーガス病はアメリカ大陸の寄生虫疾患における障害調整生存年数（第7章p.159の脚注を参照）で最大の負荷となっており[41]，年間72億米ドルの経済的負荷を世界にもたらしている．相関研究によると，哺乳類の多様性が低下すると，これらの保有宿主種とクルーズトリパノソーマのベクターであるサシガメの個体数が増加することが示されている[42, 43]．東アフリカのサバンナでは実験的に野生動物の囲い込みによって哺乳類の多様性が失われているが，これは最も広く生息するげっ歯類であるポケットネズミの個体数の増加と相関しており[2, 44]，その結果，こうしたげっ歯類に寄生するノミの全個体量が増加しているため[45]，生物多様性の損失に伴ってノミ媒介性疾患の伝播が増加すると考えられる．ノミはヒトに数種の異なる病気を引き起こすバルトネラ菌や[46]，ペストの原因となるペスト菌[47]の重要なベクターである．

生物多様性の損失と病原体の伝播リスクの増加との関係は，小型哺乳類と人獣共通感染症の病原体との関係を越えて一般化できる．チヴィテッロらによる体系的レビューとメタ解析では[48]，宿主の生物多様性と病原体個体数との間の負の相関は，野生動物とヒトの疾病，寄生微生物（ウイルスや細菌など）と大型寄生虫（原虫や蠕虫（ぜんちゅう）），そしてライフサイクルが単純な病原体と複雑な病原体において同じように強いことが証明されている．興味深いのは，この負の相関が実験的研究と非実験的（相関的）研究で同じように観察されたことである．ホワンらによる追跡調査のメタ解析では[49]，この負の関係は動物と植物の病気の間でも同様に存在することが示された．生物多様性の増大が病原体の生息数に影響を与えない，あるいは正の相関関係があることもあるが，それは少数事例であると考えられる．

土地利用と土地被覆の変化

人間はさまざまな機序により自然界の生息環境を変化させている（第4章参照）．時には人間が外来種を持ち込んだ結果，それが在来種の相対的な個体数に影響を与えるといったように，影響は分散的で軽微な場合もある．しかし，もともと森林だった場所が，都市化したり，郊外の開発に取って代わられたり，農地に転換されたりするなど，より劇的な影響を及ぼすことも多い．このような土地利用や土地被覆（以下，土地利用とまとめる）の人為的変化の例は感染性病原体の伝播パターンにさまざまな面で影響を与える．

土地利用の変化が疾病に影響を与える仕組みの1つとして，病原体の維持や伝播に関わる種の個体数，分布，活動の変化が挙げられる．例えば，生物多様性の変化が疾病に与える影響の多くは土地利用の変化自体が引き起こしている．病原体の伝播を増加させる土地利用の変化の一例としては一部の熱帯環境におけるダムの建設が挙げられ，これにより，住血吸虫症の原因となる寄生虫の中間宿主として機能する巻貝の増殖を引き起こす．病原体の伝播を減少させる土地利用の変化の例としては，自然の湿地帯を農地に転換することによりハマダラカや他の蚊などベクターの繁殖地が縮小する可能性があるが[50]，蚊媒介性疾患が増加する可能性もある[51]．土地利用の転換による正味の効果は，病原体の伝播を増幅または希釈する能力を持つ種の群集への影響によるのである．感染症の維持や伝播に関わる複数の種が影響を受ける場合，また，それらの種が環境変化によってそれぞれ異なる影響を受ける場合，正味の効果を予測することは困難である．

もう1つのメカニズムは，環境の変化に応じて人間の行動パターン，個体数，分布，生理機能が変化することである．土地利用の変化が宿主，ベクター，病原体の個体数や分布に正味の効果をもたらさないとしても，人間とこれらの病原体との関わり方が変わることで疾病パターンが変化する．例えば一部の熱帯林で伐採が行われると，マラリアの発生率が上昇する．それはマラリア感染蚊が生息しており，また人がまだらにしか住んでいなかった地域へ人を呼び込むからである（ここで留意すべきことは，このような森林伐採は同時に蚊の個体数も増加させる可能性があることである）[52]．対照的に都市化は，人間の活動を建造環境に集中させることで，病原体やベクターが多い危険な生息域の利用機会を減らす．人口密度を高める都市化は，それ自体が病原体の伝播に大きく影響するが，常に予測どおりとはいかない．例えば，多くのヒトの病原体は人口密度が高いほど伝播率が高くなり，疾病発生率が急激に高くなる．しかし，密度がより高い都市部の集団は，密度の低い農村部の集団よりも高いレベルの（集団）免疫を獲得できるため，農村部の集団は伝染病の爆発的流行を招きやすいと考えられる[53]．同様に，自然の生息地を農地に転換することで人間の栄養状態が改善され，その結果，ある種の感染症に対する抵抗力が高まる可能性がある．ある土地利用の変化がある感染症の伝播を抑制する一方で他の感染症の伝播を助長し，また，あるヒト集団での疾病を増加させる一方で他の集団では疾病を減少させたりする．よって，疾病やヒト集団のすべてにわたって正味の影響に注目する必要がある[54]．

アマゾン川流域における土地利用の大きな変化が森林伐採であり，これがマラリア発生率に与える影響については論争になっている．森林伐採はマラリアを減少させると主張する研究者と[55]，増加させると主張する研究者がいる[51]．この論争が起こる理由の一部は，森林破壊と疾病発生率に関するデータを同じ場所から適切な時期に入手することが困難であるということがあろう．例えばマラリア発生率のデータが森林破壊のデータよりもはるかに長い時間単位でしか得られない場合，推定原因と予測効果間の不一致により実際の相関関係がはっきりしない．この問題を克服するため，シャベスらは[56]，2009年から2015年にかけて，アマゾン川流域のブラジルにおける月平均のマラリア患者数と，アイマゾン森林破壊警告システム（訳注：アイマゾン（Imazon）とはアマゾン川流域の雨林の保護活動を行うNPOのこと）から得られた月平均の森林伐採データを相関させ解析した．その結果，5 km^2 以下の森林が1か月間に伐採もしくは崩壊した数と，その月のマラリア患者数との間に強い正の相関関係があることがわかった．また，研究者らはこの月間データをもとに，森林破壊された総面積とマラリア患者数の間に正の相関関係があることを発見し，森林破壊1 km^2 につき，新たに27人のマラリア患者が発生することを明らかにした．区画規模を5 km^2 以下としたのは，おもな媒介種であるハマダラカ（*Anopheles darlingi*）の繁殖環境が森林の辺縁地域により適するため，小さな森林区画が多数できると，その効果が最大になるという観察結果に基づく．

森林破壊とは逆の熱帯林の保全についても，感染症の観点で研究されている．ピエンコフスキーらは[57]，カンボジアの幼児の下痢，急性呼吸器感染症，発熱の発生率を，一定の人間のコミュニティから15 km以内の法的保護下にある森林の面積と関連づけて分析を行った．1766のコミュニティを代表する35 547世帯から健康情報と社会経済情報を収集した見事なデータセットをつくりあげた．その結果，コミュニティ近傍の保護区の広さと5歳以下の幼児の下痢と急性呼吸器感染症との間には，ともに有意な負の相関関係があることがわかった．また，ピエンコフスキーらは別の分析で，密林タイプの森林が限局的に失われると下痢，発熱，急性呼吸器感染症の発生率が増加することを明らかにした（ただし，密林以外の森林タイプではそのような関係はない）．コミュニティの近くに広大な保護林があることと森林の消失率が低いことが子どもたちをこれらの感染症から守っているかのようだが，詳細なメカニズムについては，この研究者らは直接調べていない．しかし，保護区が地域コミュニティの森林生息地へのアクセスを促進し，森林からもたらされる生態系機能や天然資源を利用することで人獣共通感染症への暴露も減少する可能性を示唆している．ピエンコフスキーらはさらに，密林破壊は地域の生息環境が地表水や地下水の微生物汚染を制御する能力を低下させ，バイオマス燃焼に伴う限定的な大気汚染を増加させる可能性があると仮定している．これらの研究は相関研究であるため，観測されたパターンの原因を推定することは難しい．しかし，複数の感染症を幅広く調べていること，コミュニティと個人のサンプル数が多いこと，保護地域・森林被覆・森林破壊と人間の健康の関連性についての詳細な概念モデルがあることなどから，これらの研究の価値は非常に高いといえる．

土地利用の変化を最も急速に促進させるタイプの1つである都市化は，感染症にも複雑な形で影響を与える．都市化はたいてい改善した医療インフラを伴っており，これにより感染症の負荷を軽減できる[58]．しかし最近中国の一部の都市で見られたように，一部の感染症を深刻化させることもある[59]．ハンタウイルスはユーラシア大陸とアメリカ大陸の全域でげっ歯類を宿主として伝播するウイルスで，ヒトがげっ歯類の排泄物に触れることで重篤な疾病を引き起こす．中国では2種類のハンタウイルスによる腎症候性出血熱（HFRS）により1950年から2010年の間に140万人以上が罹患し，低く見積もっても4万5000人が死亡した．HFRSが発生する地域の人口は12億人以上である[59]．ティアンらは[59]，1963年から2010年までのHFRS発生率と都市化のデータを分析し，急速な都市化が進んでいる地域では，都市化していない地域に比べて流行が長期化していたことを明らかにした．彼らはこのような傾向の原因として2つの過程を挙げている．1つは，都市化に伴い農村部から都市部へ感染症に対して感受性のある人の移住が急増することにより，病原体の伝播を助長するような脆弱なインフラ環境で生活する感受性のある人の数が増えることである．もう1つは，都市化によりハンタウイルスの宿主であるドブネズミとセスジネズミという2種類のげっ歯類の個体数が増え，人間との接触率が高まった可能性がある．両種ともシナントロープで，ドブネズミは都市部で繁殖し，セスジネズミは都市化に伴う森林伐採や農地転換により移動し，その数が増加する．

都市化が招くその他の疾病に関するものとして，ヤブカ属の蚊が伝播する病原体への暴露リスクの増大が挙げられる．ネッタイシマカとヒトスジシマカの2種は，ほぼ世界中の熱帯，亜熱帯，温帯地域に分布する．これらの種は，（人間があまりいない）「自然」の生息環境でも見られるが，都市部で最も個体数が多くなる．そこでは，古タイヤや生ゴミなど人間の排出する廃棄物によってできる小さな水たまりがあり，繁殖に理想的だからである．都市化は，媒介蚊とヒト宿主の密な集団が近傍に並存することで生じる疾病リスクを劇的に増やし，その結果，都市部ではデング熱，黄熱，ジカ熱，チクングニア熱などにより大勢の犠牲者が出ることになる．都市部でも社会経済的水準の低い住民が住む地域では，水準の高い住民の地域よりも蚊の密度が高くなることが示されている[60]．

汚染と生物地球化学的循環の変化

人間による自然環境への負荷は，土地被覆の大規模な転換を伴わない場合でも感染症の流行動態に影響を与える．重要な例として化学肥料や殺虫剤などの農薬による自然生態系の汚染が挙げられる．農地からさまざまな水域への窒素やリンの流出は，これらの汚染物質がベクター種，宿主生物種，寄生体種の個体数増加を引き起こす場合には，病原体の伝播を増加させることが予測され，草食性動物種や腐食性動物種，それらの種を利用するベクターや宿主の場合も同様である．農薬汚染では，農地から近くの水路に殺虫剤が流出した場合，殺虫剤の毒性によりベクター，宿主，寄生体種自体の個体数が減れば病原体の伝播が減少すると予測できるかもしれない．しかし，殺虫剤がベクターや宿主に致死量には至らない程度の影響をもたらし，ベクターや宿主の個体数を減らさずにベクターに対する抵抗力を低下させた場合は，病原体の伝播が増加するかもしれない[61]．ベリーズでは，マラリア原虫はおもにハマダラカ属の蚊，*Anopheles vestitipennis* と *Anopheles albimanus* によって人間に伝播し，前者はより高い媒介能を持つうえにより頻繁にヒトを刺すため，はるかに多くのマラリア症例に関与している．両種は沼地などの湿地帯で繁殖するが，湿地帯に優位に生息する植生の種類によって棲み分けを行っている．両種が共存している場所では幼虫間の種間競争が激しく，これが両種の繁殖地の分離に資する可能性がある．*Anopheles vestitipennis* はガマのような背の高い大型水生植物が生えている湿地や浸水した森林に多く生息しているのに対し，*Anopheles albimanus* は背の低い大型水生植物が生えている湿地で繁殖する傾向がある[62]．相関研究と実験の両方のエビデンスから，リンの濃縮は背の低い大型水生植物を犠牲にしてガマに恩恵をもたらし，その結果，*Anopheles albimanus* を犠牲にして，より危険なマラリアベクターである *Anopheles vestitipennis* に有益な生息環境を整えることがわかっている（**図6.4**）．結果として，湿地帯へのリンの流入量が多い農地が大部分を占める環境ではヒトがマラリアにさらされるリスクが高くなる[62]．収穫量を向上させるために肥料を追加しているベリーズの高地の農家は，その結果，知らず知らずのうちに低地に住む人々のマラリア感染リスクを高めている．これは，ヒトによる環境操作により生じる思いがけない（また多くの場合検知されない）健康への悪影響の一例であり，プラネタリーヘルス研究の主眼となっている．

マラウイ湖周辺の村々では，住民の約73％，学童の推定約94％が住血吸虫症の原因である槍（やり）の先のようなかたちをした寄生虫シストソーマ属に感染している．ヒトを

図6.4　ガマの植生．このような湿地帯では栄養素の量に応じて種の構成が変化し，その結果，病気を媒介する蚊やその他の種の生息環境の変化を招く．このように，遠隔地での農作業は下流域の人々が病気にさらされるリスクを変化させる可能性がある．

［出典］フロリダ大学Thomas Schriderの厚意による提供

衰弱させる可能性のあるこの病気は，約2億5000万人が罹患し，そのほとんどがアフリカのサハラ砂漠以南の地域で起きている（**図6.5**）．住血吸虫は淡水産巻貝を中間宿主とし，ヒトを終宿主とする．住血吸虫の個体数は巻貝の個体数と相関しており，マラウイ湖周辺で重要な巻貝はブリナス属に属するものである．マラウイ湖周辺ではここ数十年の間にブリナス属の巻貝の個体数が急激に増加しており，これらの中間宿主の増加に伴い住血吸虫症の有病率も大幅に上昇した[63]．巻貝の個体数の増加は，軟体動物を食べる魚の乱獲，湖への栄養素の流入と堆積量の増加とも関連している．このようにして，マラウイ湖に流れ込む流域での農業の強化は地域住民への住血吸虫症の伝播を激化させている[63]．特に，最近の湖水の温暖化傾向は，中間宿主内や寄生を要しない自由生活ステージにある住血吸虫の増殖率を高めることで状況を悪化させていると考えられる[63]．これらは，複数の人為的要因がどのように相互に作用して感染症の伝播に影響するかを例証している．

これまで述べてきた例のように，複数の人為的かく乱による正味の影響は，最も重大な影響を受ける生物種の特性と，それらが病原体の伝播の増加または減少に果たす役割によって左右される．これらの予測は，病原体の伝播に関わる主要な生物種に対する汚染物質やその他同時発生的な変化の影響を実験的に検証することで可能となり，それらの予測はモデルや実世界での相関的研究手法によって，洗練され，評価される．

図6.5　ビクトリア湖畔を裸足で歩く子ども．淡水産巻貝から排出された寄生虫の幼虫が，汚染された水に触れた際に皮膚から侵入することで，人々は住血吸虫症に罹患する．
［出典］写真提供Andrew Amiet

最近の研究では，人間の意図的な活動は，熱帯アフリカのシステムにおいて魚の乱獲，栄養素による汚染，気候変動の結果起こる住血吸虫症のリスクの意図しない悪化をある程度食い止めたり，あるいは好転させたりできる可能性を示唆している．ある甲殻類は住血吸虫症を伝播する巻貝を捕食することが知られており，一部の淡水系では巻貝の全個体数を制御する可能性がある．その甲殻類の1つが米国南東部からメキシコ北部原産のルイジアナアメリカザリガニである．このザリガニは，少なくともアフリカの地域レベルでは住血吸虫症の負荷を軽減する可能性があり，生物防除剤としての利用が期待されている[64]．残念ながらこのザリガニは，これらが持ち込まれた欧州，アジア，アフリカ，北米，南米の一部の地域では，侵襲性が高く，在来種のザリガニや大型植物の減少，漁場の悪化，水質の低下を引き起こしている[65]．幸いなことに，住血吸虫症が多発しているアフリカ地域原産の淡水産エビ（アフリカの川に生息するテナガエビ）が住血吸虫の宿主である巻貝を捕食し，ヒトへの伝播を減少させることが最近明らかになった[66]．この在来捕食生物の個体数を健全に維持するために陸水生態系を管理することは住血吸虫症の負荷を軽減するだけでなく，地域社会に持続可能で高品質な食料源も提供することになり，侵襲性の高い外来種の放流や拡散を要しない．セネガルの事例の詳細については「プラネタリーヘルスのケーススタディ

―― 解決策選集」(Planetary Health Case Studies: An Anthology of solutions) (https://islandpress.org/books/planetary-health) をご覧いただきたい.

政策および管理との関わり

ヒトの感染症を減少させる従来の手法は，（抗菌薬などの）医薬品，ワクチン，衛生設備や検疫，そして時にはベクターの個体数の制御システムを配備することである．歴史的に，これらの手法は，ヒト宿主と病原体という病気に対する明白な対象に狭い文脈の中でしか焦点を当ててこなかったことを反映している．多くの感染症に対するヒトの暴露は，これら直近の要因のみに焦点を当てるだけでは捉えきれないさまざまな要因によって影響を受けているという証拠で今やあふれている．このような広義の推進要因には，気候変動，生物多様性の損失，土地利用の変化，汚染，およびこれらの相互作用が含まれる．今や環境政策とその管理は，健康政策とその管理の不可欠な部分であることが明らかである．

多くの場合，天然資源，生物，生態系プロセス，生息環境の保護を目的とした環境政策は感染症から人間の健康を守ることにもつながる．本書全般で述べているように，このような人間の健康に対する潜在的な恩恵は，本書を通じて議論されてきた生態系サービス（第4章p.90の脚注を参照）の保護から生じる他の既知の健康効果をもたらす．環境保護を強いられた場合，健康効果がいつ，どのように生じるかは具体的な政策や管理努力に応じて追求する必要があるが，上述の一般原則に基づいて判断すべきである．人間の健康と環境衛生に同時に恩恵をもたらす政策は，ウイン・ウイン (win-win) の状況をつくりだすので，可能な限り積極的に模索されるべきである．場合によっては，人間の健康を促進する政策が環境を犠牲にするような，妥協によるトレードオフが存在する．例えば農業の拡大は，より多くの人々により多くの食料を提供することで多大な健康効果をもたらすことが多いが，こうした恩恵は農業利用により置き換えられてしまう自然の生息地，生物，および生態系サービスを犠牲にすることが多い．しかし，こうしたトレードオフ政策は，環境と健康のニーズは相反するという考えによって支配されがちだが，多くの場合それは必然の成り行きではない[54]．自然の生息地を悪化させたり破壊したりする開発プロジェクトの恩恵は，マイナス影響を受ける集団とはまったく別の集団にもたらされることがよく起こる[67]．その恩恵は短期的であることが多いのに対して，そのマイナス影響はそれよりはるかに長引く[68]．感染症への暴露という観点からすると，そのマイナス影響が計画過程にまったく組み込まれていないこともある．人間の健康と環境の健康のトレードオフは，より長い時間尺度とより大きな空間尺度でコストとベネフィットを説明しようとすれば，消えてしまうことがあるのは明らかである．トレードオフがコベネフィット（訳注：1つの政策，戦略または行動計画の成果から生まれる複数の分野における複数のベネフィットのこと）へとシフトする空間的・時間的尺度がどこかを探求することは重要な最先端研究である．

開発プロジェクトでは，規模の大小にかかわらず一般的に環境負荷のアセスメントを必要とし，これにより開発を開始する前に環境が被る潜在的な犠牲を予測し，改善できる可能性を秘めている．上述の原則と例に基づき，私たちは，環境負荷評価には病原体の伝播への影響や感染症のリスクへの変化をもっと頻繁に取り入れるべきであると提言する．ここではヒトの疾病に焦点を当ててきたが，野生動物，家畜，植物の病気にも同じ原則が適用できる[2]．

結　論

本章では，特定の環境要因が人間の感染症暴露リスクに結びつく一般原則と，リスクが実際の健康へ影響する際にどのような媒介的な要因が関わるかについて述べてきた．気候変動，生物多様性の損失，土地利用の変化，汚染，生物地球化学循環の変化などの主要な環境要因は，重要な種の個体数，分布，生理機能，行動に変化を生じさせることで，人獣共通感染症や非人獣共通感染症の病原体が人間への伝播に関与する．

病原体の伝播には複数，あるいは多数の生物種が関与していることが多く，人為的な推進要因の正味の効果は，関与している種と，その種が環境変化にどのように影響されるかによって決まる．多くの場合，環境による推進要因は，リスクを低減させる生物種よりもリスクを増大させる生物種に適切な環境を与えることで直接的または間接的に伝播リスクを高める．感染症に暴露されるリスクの変化が人間の健康に変化をもたらすかどうか，またどのような変化をもたらすかは，人間の行動やインフラといった媒介的な要因にかかっている．ガバナンス（ベクターの制御に関する政策を含む），テクノロジー（湿地帯の排水など），行動（自然生息地の地域利用など），その他の媒介的な要因により，環境要因が人間の健康や疾病にどれだけの強さで影響するかを決定づける．

人為的な環境要因が疾病リスクにいつ，どのように影響するのか，また，ガバナンス，テクノロジー，行動が人間の健康への影響をどのように緩和させるのかを評価することは，きわめて複雑かつ困難である．このような類いの問いを，科学的課題を解決する大規模な実験で扱えることは，ほとんどない．自然界と人間界が連動して感染症を引き起こすシステムは大きくて厄介なものであるからこそ，私たちはさまざまな相関関係やモデルを効果的かつ責任をもって活用し，そしてより制御されたシステムの中で行う小規模実験から，その理解を高めていかなければならない．しかしそういった難題をよそに，何十年にもわたる研究結果は，地球上の生物物理的環境に対する人為的な破壊が加速することで，私たちの感染症への暴露状況を変化させ，これまでよりも早い速度で，新しい疾病が出現し拡大し続けていくことを明らかにしてきた．この変化に対応するためには，疾病生態学，地球規模の疾病監視，地球健康への負荷を評価する研究を加速させることが急務である．このように複雑な分野では，システムの仕組みについて知りたいことをすべて知ることは決してできないし，常に不測の事態が起こり得る．私たちがチャレンジすべきことは，すべての知識を得ることと行動を起こすのに足る十分な知識を得ることとの境界線を把握することである．

参考文献

1. Jones KE, Patel NG, Levy MA, et al. Global trends in emerging infectious diseases. *Nature*. 2008;451(7181):990.
2. Keesing F, Belden LK, Daszak P, et al. Impacts of biodiversity on the emergence and transmission of infectious diseases. *Nature*. 2010;468(7324):647.
3. Han BA, Drake JM. Future directions in analytics for infectious disease intelligence: toward an integrated warning system for emerging pathogens. *EMBO Rep*. 2016;17(6):785–789.
4. Ostfeld RS, Keesing F. Is biodiversity bad for your health? *Ecosphere*. 2017;8(3).
5. Altizer S, Ostfeld RS, Johnson PT, Kutz S, Harvell CD. Climate change and infectious diseases: from evidence to a predictive framework. *Science*. 2013;341(6145):514–519.
6. Harvell CD, Mitchell CE, Ward JR, et al. Climate warming and disease risks for terrestrial and marine biota. *Science*. 2002;296(5576):2158–2162.
7. Gething PW, Smith DL, Patil AP, Tatem AJ, Snow RW, Hay SI. Climate change and the global malaria recession. *Nature*. 2010;465(7296):342.
8. World Health Organization. Global Health Observatory (GHO) data: Malaria. https://www.who.int/gho/en/. Accessed June 2019.
9. Huijben S, Paaijmans KP. Putting evolution in elimination: winning our ongoing battle with evolving malaria mosquitoes and parasites. *Evol Appl*. 2018;11(4):415–430.
10. Rogers DJ, Randolph SE. The global spread of malaria in a future, warmer world. *Science*. 2000;289(5485):1763–1766.
11. Mordecai EA, Paaijmans KP, Johnson LR, et al. Optimal temperature for malaria transmission is dramatically lower than previously predicted. *Ecol Lett*. 2013;16(1):22–30.
12. Paaijmans KP, Blanford S, Bell AS, Blanford JI, Read AF, Thomas MB. Influence of climate on malaria transmission depends on daily temperature variation. *Proc Natl Acad Sci*. 2010;107(34):15135–15139.
13. Pascual M. Climate and population immunity in malaria dynamics: harnessing information from endemicity gradients. *Trends Parasitol*. 2015;31(11):532–534.
14. Béguin A, Hales S, Rocklöv J, Åström C, Louis VR, Sauerborn R. The opposing effects of climate change and socio-economic development on the global distribution of malaria. *Global Environ Change*. 2011;21(4):1209–1214.
15. Ostfeld RS, Keesing F. Effects of host diversity on infectious disease. *Annu Rev Ecol Evol Syst*. 2012;43:157–182.
16. Ripple WJ, Wolf C, Newsome TM, Hoffmann M, Wirsing AJ, McCauley DJ. Extinction risk is most acute for the world's largest and smallest vertebrates. *Proc Natl Acad Sci*. 2017;114(40):10678–10683.
17. Ripple WJ, Wolf C, Newsome TM, et al. World scientists' warning to humanity: a second notice.

BioScience. 2017;67(12):1026–1028.

18. Ceballos G, Ehrlich PR, Dirzo R. Biological annihilation via the ongoing sixth mass extinction signaled by vertebrate population losses and declines. *Proc Natl Acad Sci*. 2017;114(30):E6089–E6096.
19. Soulé ME, Orians G. *Conservation Biology: Research Priorities for the Next Decade*. Washington, DC: Island Press; 2001.
20. Cronin JP, Welsh ME, Dekkers MG, Abercrombie ST, Mitchell CE. Host physiological phenotype explains pathogen reservoir potential. *Ecol Lett*. 2010;13(10):1221–1232.
21. Cronin JP, Rúa MA, Mitchell CE. Why is living fast dangerous? Disentangling the roles of resistance and tolerance of disease. *Am Nat*. 2014;184(2):172–187.
22. Lacroix C, Jolles A, Seabloom EW, Power AG, Mitchell CE, Borer ET. Non-random biodiversity loss underlies predictable increases in viral disease prevalence. *J R Soc Interface*. 2014;11(92):20130947.
23. Becker DJ, Hall RJ, Forbes KM, Plowright RK, Altizer S. Anthropogenic resource subsidies and host–parasite dynamics in wildlife. *Philos Trans R Soc Lond B Biol Sci*. 2018;373(1745).
24. Cardillo M, Mace GM, Jones KE, et al. Multiple causes of high extinction risk in large mammal species. *Science*. 2005;309(5738):1239–1241.
25. Guillemot N, Kulbicki M, Chabanet P, Vigliola L. Functional redundancy patterns reveal non-random assembly rules in a species-rich marine assemblage. *PloS One*. 2011;6(10):e26735.
26. Jiguet F, Gadot AS, Julliard R, Newson SE, Couvet D. Climate envelope, life history traits and the resilience of birds facing global change. *Glob Change Biol*. 2007;13(8):1672–1684.
27. Julliard R, Jiguet F, Couvet D. Common birds facing global changes: what makes a species at risk? *Glob Change Biol*. 2004;10(1):148–154.
28. Nupp TE, Swihart RK. Landscape-level correlates of small-mammal assemblages in forest fragments of farmland. *J Mammal*. 2000;81(2):512–526.
29. Rosenblatt DL, Heske EJ, Nelson SL, Barber DM, Miller MA, MacAllister B. Forest fragments in east-central Illinois: islands or habitat patches for mammals? *Am Midl Nat*. 1999:115–123.
30. Han BA, Kramer AM, Drake JM. Global patterns of zoonotic disease in mammals. *Trends Parasitol*. 2016;32(7):565–577.
31. Han BA, Schmidt JP, Bowden SE, Drake JM. Rodent reservoirs of future zoonotic diseases. *Proc Natl Acad Sci*. 2015;112(22):7039–7044.
32. Keesing F, Brunner J, Duerr S, et al. Hosts as ecological traps for the vector of Lyme disease. *Proc R Soc B Biol Sci*. 2009;276(1675):3911–3919.
33. Ostfeld R. *Lyme Disease: The Ecology of a Complex System*. New York, NY: Oxford University Press; 2011.
34. Allan BF, Keesing F, Ostfeld RS. Effect of forest fragmentation on Lyme disease risk. *Conserv Biol*. 2003;17(1):267–272.
35. LoGiudice K, Ostfeld RS, Schmidt KA, Keesing F. The ecology of infectious disease: effects of host diversity and community composition on Lyme disease risk. *Proc Natl Acad Sci*. 2003;100(2):567–571.
36. Brownstein JS, Skelly DK, Holford TR, Fish D. Forest fragmentation predicts local scale heterogeneity of Lyme disease risk. *Oecologia*. 2005;146(3):469–475.
37. Werden L, Barker IK, Bowman J, et al. Geography, deer, and host biodiversity shape the pattern of Lyme disease emergence in the Thousand Islands Archipelago of Ontario, Canada. *PLoS One*. 2014;9(1):e85640.
38. Turney S, Gonzalez A, Millien V. The negative relationship between mammal host diversity and

Lyme disease incidence strengthens through time. *Ecology*. 2014;95(12):3244–3250.
39. Khalil H, Hörnfeldt B, Evander M, Magnusson M, Olsson G, Ecke F. Dynamics and drivers of hantavirus prevalence in rodent populations. *Vector-Borne Zoonotic Dis*. 2014;14(8):537–551.
40. Luis AD, Kuenzi AJ, Mills JN. Species diversity concurrently dilutes and amplifies transmission in a zoonotic host–pathogen system through competing mechanisms. *Proc Natl Acad Sci*. 2018;115(31):7979–7984.
41. World Health Organization. Chagas disease. https://www.who.int/chagas/en/. Accessed June 2019.
42. Gottdenker NL, Chaves LF, Calzada JE, Saldaña A, Carroll CR. Host life history strategy, species diversity, and habitat influence *Trypanosoma cruzi* vector infection in changing landscapes. *PLoS Negl Trop Dis*. 2012;6(11):e1884.
43. das Chagas Xavier SC, Roque ALR, dos Santos Lima V, et al. Lower richness of small wild mammal species and Chagas disease risk. *PLoS Negl Trop Dis*. 2012;6(5):e1647.
44. Keesing F, Young TP. Cascading consequences of the loss of large mammals in an African savanna. *Bioscience*. 2014;64(6):487–495.
45. McCauley DJ, Keesing F, Young T, Dittmar K. Effects of the removal of large herbivores on fleas of small mammals. *J Vector Ecol*. 2008;33(2):263–269.
46. Gutiérrez R, Vayssier-Taussat M, Buffet J-P, Harrus S. Guidelines for the isolation, molecular detection, and characterization of Bartonella species. *Vector-Borne Zoonotic Dis*. 2017;17(1):42–50.
47. Gratz NG. Emerging and resurging vector-borne diseases. *Annu Rev Entomol*. 1999;44(1):51–75.
48. Civitello DJ, Cohen J, Fatima H, et al. Biodiversity inhibits parasites: broad evidence for the dilution effect. *Proc Natl Acad Sci*. 2015;112(28):8667–8671.
49. Huang ZY, Yu Y, Van Langevelde F, De Boer WF. Does the dilution effect generally occur in animal diseases? *Parasitology*. 2017;144(6):823–826.
50. Service M. Agricultural development and arthropod-borne diseases: a review. *Rev Saude Publ*. 1991;25:165–178.
51. Olson SH, Gangnon R, Silveira GA, Patz JA. Deforestation and malaria in Mancio Lima county, Brazil. *Emerg Infect Dis*. 2010;16(7):1108.
52. Patz JA, Graczyk TK, Geller N, Vittor AY. Effects of environmental change on emerging parasitic diseases. *Int J Parasitol*. 2000;30(12–13):1395–1405.
53. Diamond J. *Guns, Germs, and Steel*. Los Angeles: University of California Press; 1997.
54. Myers SS, Gaffikin L, Golden CD, et al. Human health impacts of ecosystem alteration. *Proc Natl Acad Sci*. 2013;110(47):18753–18760.
55. Valle D, Clark J. Conservation efforts may increase malaria burden in the Brazilian Amazon. *PLoS One*. 2013;8(3):e57519.
56. Chaves LSM, Conn JE, López RVM, Sallum MAM. Abundance of impacted forest patches less than 5 km^2 is a key driver of the incidence of malaria in Amazonian Brazil. *Sci Rep*. 2018;8(1):7077.
57. Pienkowski T, Dickens BL, Sun H, Carrasco LR. Empirical evidence of the public health benefits of tropical forest conservation in Cambodia: a generalised linear mixed-effects model analysis. *Lancet Planetary Health*. 2017;1(5):e180–e187.
58. Dye C. Health and urban living. *Science*. 2008;319(5864):766–769.
59. Tian H, Hu S, Cazelles B, et al. Urbanization prolongs hantavirus epidemics in cities. *Proc Natl Acad Sci*. 2018;115(18):4707–4712.
60. LaDeau S, Leisnham P, Biehler D, Bodner D. Higher mosquito production in lowincome neighborhoods of Baltimore and Washington, DC: understanding ecological drivers and mosquito-

borne disease risk in temperate cities. *Int J Environ Res Public Health*. 2013;10(4):1505–1526.
61. Rohr JR, Raffel TR, Halstead NT, et al. Early-life exposure to a herbicide has enduring effects on pathogen-induced mortality. *Proc R Soc B Biol Sci*. 2013;280(1772):20131502.
62. Rejmankova E, Grieco J, Achee N, et al. Freshwater community interactions and malaria. In: Collinge SK, Ray C, eds. *Disease Ecology: Community Structure and Pathogen Dynamics*. New York, NY: Oxford University Press; 2006:90–104.
63. Van Bocxlaer B, Albrecht C, Stauffer JR Jr. Growing population and ecosystem change increase human schistosomiasis around Lake Malaŵi. *Trends Parasitol*. 2014;30(5):217–220.
64. Mkoji G, Hofkin B, Kuris A, et al. Impact of the crayfish *Procambarus clarkii on Schistosoma haematobium* transmission in Kenya. *Am J Trop Med Hyg*. 1999;61(5):751–759.
65. Global Invasive Species Database. 2015; http://www.iucngisd.org/gisd/. Accessed June 2019.
66. Sokolow SH, Huttinger E, Jouanard N, et al. Reduced transmission of human schistosomiasis after restoration of a native river prawn that preys on the snail intermediate host. *Proc Natl Acad Sci*. 2015;112(31):9650–9655.
67. Myers SS. Planetary health: protecting human health on a rapidly changing planet. *Lancet*. 2017;390(10114):2860–2868.
68. Whitmee S, Haines A, Beyrer C, et al. Safeguarding human health in the Anthropocene epoch: report of the Rockefeller Foundation–Lancet Commission on Planetary Health. *Lancet*. 2015;386(10007):1973–2028.

第7章

地球環境の変化と非感染症のリスク

非感染症は，おもに心血管疾患，がん，慢性呼吸器疾患，糖尿病，精神疾患のほか，神経疾患，内分泌疾患，消化器疾患，腎疾患，アレルギー疾患，自己免疫疾患などを指す．近年ますます注目を集めているが，それには妥当な理由がある．これらの非感染症によって毎年世界で4000万人以上が死亡し，その数は世界の死亡者数の71％を占めている（**図7.1**）[1,2]．このうち1400万人以上が30歳から70歳までの間に，世界保健機関（WHO）の用語でいうところの「早すぎる死」を迎えている[3]．また，世界疾病負荷調査（Global Burden of Disease study）によると，非感染症は2016年の障害調整生存年数（DALYs：disability-adjusted life-years）*の損失に起因する原因の上位30項目のうちの21項目，80.6％（95％信頼区間で78.2％から82.5％）を占めている[4]．本章ではプラネタリーヘルスの観点から非感染症について考察する．

非感染症には特に顕著な3つの側面がある．第一に，非感染症は富裕国に限った問題ではなく，むしろほとんどは低中所得国の問題になっているということである．低中所得国では非感染症が早死の原因の86％を占め[3,5]，この数字は半世紀近く前から「疫学転換」（訳注：公衆衛生の拡大により，おもな死因が感染症から慢性疾患に移行する変化）として知られている現象が反映されている[6]．第二に，非感染症による経済的な影響は大きく，今後20年間で世界経済の負担額は47兆ドルに上ると予測されている[7]．特に低中所得国では非感染症によって経済発展が鈍化し，数百万人が貧困にあえいでいる[8,9]．第三に，非感染症のリスク要因の多くは環境による影響を受けていると考えられる．例えば，慢性閉塞性肺疾患の原因の約50％と虚血性心疾患の原因の約25％は環境要因（特に大気汚染）に起因している[10-12]．しかし，非感染症の予防と治療の戦略においては環境要因が軽視され，臨床的介入，またはタバコ，食事，身体活動，アルコールに関連する行動変化に焦点が絞られている．臨床的介入と行動

＊ 訳注：ある集団における，年齢構成の違いによる影響を加味した，罹患による障害を持つ者の生きた年数．疾病負荷を総合的に示す指標で，障害生存年数（YLDs）と早死によって失われた損失生存年数（YLLs）の合計値．

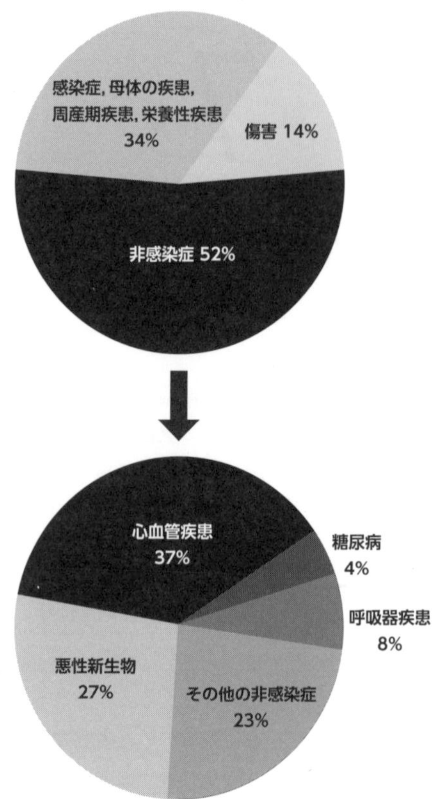

図7.1　世界における2012年の70歳未満の死亡者の死因別の割合（上），およびそのうちの非感染症による死亡の疾患カテゴリー別の割合（下）

［出典］世界保健機関（WHO）2014年非感染症に関する世界の状況報告（"Global Status Report on Non-Communicable Diseases, 2014."）2014. WHO/NMH/NVI/15.1. https://www.who.int/nmh/publications/ncd-status-report-2014/en/

変化は必要不可欠であるが，それだけでは不十分である．非感染症の上流の要因に対処できないと，下流での介入の効果は限定的なものとなる[13]．これらのことから，非感染症はプラネタリーヘルスの中心的な問題となっている[14]．

本章では他の章をふまえて，地球環境の変化とその原因が非感染症のリスクに影響を及ぼす一連の流れについて概説する．「エネルギー，大気汚染，気候変動（第10章と第12章も参照）」，「都市化（第13章も参照）」，「食料，栄養，農業（第5章も参照）」，「残留性環境化学物質（第14章も参照）」「生物多様性の損失（漁場の枯渇を含む．第4章も参照）」の5つを考察する．ただし他の章に記載されていることを繰り返すのではなく，非感染症に特化した追加的な知見を提供する．

地球の変化による非感染症への影響

エネルギー，大気汚染，気候変動

地球環境の変化のおもな要因は化石燃料である石炭，石油，ガスの燃焼であり，特に石炭の燃焼による影響が大きい．エネルギーを化石燃料に依存することは大気汚染の最大の発生源であり[15]，気候変動の主要な一因でもある．大気汚染と気候変動はそれぞれ，エネルギーの使用が非感染症につながる一連の流れを示している．

大気汚染

化石燃料の燃焼に関連する大気汚染は世界的に，さまざまな疾病と死亡のおもな原因である（**図7.2**）[11, 12]．第12章に記載されているように，おもな汚染物質には微小粒子状物質，オゾン，窒素酸化物，硫黄酸化物，炭化水素，金属などが含まれ，複雑な大気化学によって相互に関連し合っているものが多い．世界疾病負荷調査によると，環境中（家庭内との対比で，屋外の意）の微小粒子状物質（$PM_{2.5}$）は2015年の世界全体の死亡リスク要因の第5位であり，推定死亡者420万人（世界全体の死亡者数の7.6%）と障害調整生存年数（DALYs）の損失1億310万人年（世界全体の障害調整生存年数の4.2%）の原因となっている[16, 17]．死亡者は均一に分布しているものではなく，中国とインド（年間死亡数はそれぞれ約110万人），ロシア（13万7000人），パキ

図7.2　この写真のような石炭火力発電所は温室効果ガスの排出と大気汚染のおもな発生源であり，大気汚染は心血管疾患と呼吸器疾患の大きな原因である．
［出典］Pixabay

スタン（13万5000人），バングラデシュ（12万2000人）に最も大きな負荷がかかっている．なお，別の方法でWHOが推計した環境中の大気汚染による負荷は世界疾病負荷調査の推計値よりも若干低く，死亡者数は300万人，障害調整生存年数の損失は8500万人年であった[18]．クリーンな再生可能エネルギー源へと急速に移行していかなければ，経済成長によって今後数十年の間に，東南アジアなどの地域でこの負荷が大幅に増加すると予測されている[19]．

微小粒子状物質への暴露による超過死亡はおもに虚血性心疾患，脳血管疾患，慢性閉塞性肺疾患，肺がんなどの非感染症によるものであり，これらの超過死亡のうち，おそらく10人に1人程度が下気道感染症による．大気汚染への暴露，特に微小粒子状物質への暴露は不整脈[20]と心不全[21]を悪化させ，2型糖尿病のリスクを高める[22]．微小粒子状物質への暴露は生涯にわたる神経毒性もあり，関連性を示す証拠はまだ見つかっていないものの，子どもの神経発達の遅れや高齢者の認知機能低下[23]の一因となる．

オゾンは大気中の前駆物質である炭化水素（メタンと揮発性有機化合物）と窒素酸化物から生成され，それらの前駆物質の多くは燃焼生成物である．微小粒子状物質と同様，オゾンも超過死亡と関連しているが，影響の程度は微小粒子状物質よりも小さい[24]．世界疾病負荷調査のデータによると，2015年にはオゾンへの暴露によって25万4000人（95％信頼区間：9万7000人～42万2000人）の死亡者数の増加および慢性閉塞性肺疾患による410万人年（95％信頼区間：160万～680万人年）の障害調整生存年数の損失を引き起こしている[16]．同調査後に実施された最新の暴露反応関係を用いた推定によると，その負荷は少なくとも4倍以上とみられ，呼吸器疾患による成人の死亡者のうち104万～123万人では長期間にわたるオゾンへの暴露が影響したと示唆されている．推定関連死亡率の増加が最も大きかったのはインド北部，中国南東部，パキスタンであった[25]．オゾンへの暴露と死亡率の関係は，短期的な高濃度での暴露と長期的な暴露の両方に関連している[25, 26]．短期的なオゾンへの暴露は気道疾患（喘息（ぜんそく）と慢性閉塞性肺疾患）の悪化も引き起こし，相当な数の救急外来者数と入院者数の原因となっている[27]．

2019年の研究では，地球規模の大気化学（気候モデルに加えて，多くの国で行われた膨大な数のコホート研究*のデータ）を用いて化石燃料の燃焼による世界全体の死亡率が評価された[28]．この研究によると，化石燃料の燃焼は屋外の大気汚染による世界全体の年間超過死亡者361万人（95％信頼区間：296万～421万人）の一因であると推定された．この超過死亡数は，化石燃料以外の人間が引き起こす排出（農業と家庭からの汚染など）を加えると年間555万人（95％信頼区間：452万～652万人）にも上る可能性がある．化石燃料の燃焼を段階的に廃止すれば，これらの死亡を回避できる

---

* 訳注：共通の属性を持つ集団を長期間追跡し，ある要因の有無と疾病率との関係などを調べる研究．

だけでなく，燃焼によって発生するエアロゾル（訳注：気体中に浮遊する微小な粒子）が水循環に悪影響を及ぼすために現在，降雨量の減少に悩まされているインド，中国，中米，西アフリカ，サヘル地域の人口密集地では，水と食料に対する不安が軽減されるであろう．再生可能エネルギーへの移行によってもたらされる健康上のメリットが明らかになる．

気候変動

気候変動は，エネルギー使用とその結果として起こる地球環境の変化が健康[29]，特に非感染症[30]に影響を及ぼすまた別の一連の流れを示している．いくつかの直接的または間接的なメカニズムについては第10章に記載されている．本節では非感染症に関連して，追加的に言及する．

非感染症の患者の多くは，気候関連の災害によって必要不可欠な医療を受け続けることができなくなる．低気圧，洪水，暴風雨などの災害が非感染症関連の医療に及ぼす影響についての系統的レビューによると，がん，糖尿病，心血管疾患の患者は災害後に健康問題の悪化に苦しんでいる．これには交通機関の途絶，医薬品サプライチェーンを含む医療システムの弱体化，停電，集団避難などさまざまな要因がある[31]．

また別の一連の流れは暑さによるものである．気候変動に伴って暑い日が増えることは，心血管疾患，呼吸器疾患，腎疾患による死亡率，救急外来者数および入院数の増加と関連している[29]．気候変動の進展に伴う暑さに関連した死亡率の増加はおそらく，特に熱帯地域，亜熱帯地域，南欧における寒さに関連した死亡率の減少を上回る[29, 32]．

気候変動が心血管疾患のリスクを増大させる一連の流れは暑さだけではない．暑さは第一に睡眠障害と関連し[33]，その結果，心血管疾患のリスク要因となる[34]．第二に身体活動の低下につながり[35]，心血管疾患のリスク要因となる[36]．寒さも身体活動を低下させるため，寒冷地では温暖化に伴って身体活動が増加すると考えられるが，世界的に見ると正味の効果はマイナスになる．第三に，海面上昇は地下水の過剰取水，土地利用の変化，農法などの要因と相まって，沿岸地域の地下水への塩分の浸入につながる[37]．その結果，影響を受ける人たちの塩分摂取量が増加する．飲料水からの塩分摂取量の増加は，影響の程度はさほど大きくないものの血圧の上昇と関連する[38]．バングラデシュの研究では逆説的な結果が得られたが，おそらく塩分濃度の高い飲料水には高濃度の（そして保護的な）カルシウムとマグネシウムも含まれているからである[39]．塩分摂取量の増加は妊娠中の健康状態にも影響を及ぼす．バングラデシュの沿岸部で行われた研究では，WHOと国連食糧農業機関（FAO）が推奨する飲料水からの塩分摂取量制限値の2倍以上の塩分に同国の妊婦がさらされており，それによって子癇前症（しかんぜんしょう）（訳注：妊娠中に高血圧やタンパク尿を特徴とする疾患）と妊娠高血圧症のリスクが高まっていると示唆された[40]．他方，温暖化は血圧の低下につながると考えられ，一部の地域では温暖化によって心血管疾患のリスクが低減することもあると示唆されている[41]．

気候変動はがんのリスクを悪化させることもある．第一に，前述のように，暑さによって身体活動が低下する．座ることの多い生活はがんのリスクを高める．第二に，気候変動によって肝臓の発がん物質であるアフラトキシン（カビ毒）の生成量が増加する[42]．

気候変動は腎疾患のリスクを高めることもある．腎臓結石の形成は気温によって異なり，おそらく相対的な脱水とその結果としての尿の濃縮による[43]．最近の系統的レビューでは暑さと慢性腎臓病の間に一貫した関連性はないとしているものの[44]，原因不明の慢性腎臓病がニカラグアのサトウキビ刈り労働者など暑い場所で働く人たちに観察されている[45]．

気候変動はさまざまな栄養経路を通して非感染症リスクに影響を及ぼす．後の食料と栄養の節で説明する．

本節ではエネルギーと非感染症をつなげる一連の流れ（大気汚染によるものと気候変動によるものの2つ）について説明したが，これらは独立したものではない．大気汚染物質の中には，短寿命の気候汚染物質として機能し気候変動を促進すると同時に，ブラックカーボン（黒色炭素）や対流圏オゾンなどのように直接的な毒性作用によって，またはメタンのように対流圏オゾンを発生させることで健康を脅かすものがある[46]．

都市化

都市は人間の典型的な居住地であり，都市化は環境変化の古典的な形態ではないが，世界の人口動態と土地の利用傾向において，決定的な変化となっている．第13章に記載されているように，現在，人類の半分以上が都市部に住んでおり，世界の人口増加のほぼすべてが都市で起きていることから，都市部に居住する人口の割合は2050年までに3分の2に達すると予想されている[47]．メキシコシティ，サンパウロ，カイロ，ラゴス，カラチ，デリー，マニラ，ジャカルタなど人口1000万人以上のメガシティに注目が集まっているが，世界の都市居住者の約半数は増加の一途をたどる人口50万人未満の小規模都市に居住しており，小規模都市の人口はメガシティよりも急速に増加している[48]．

グローバル・サウス（第8章p.190の脚注を参照）で急成長している都市は健康と環境に関するさまざまな課題に直面しており，その課題には上下水道，固形廃棄物管理，電気，交通，住宅などの基本的なインフラの不備，きわめて質の悪い大気，騒音，安全でない道路などへの危険な暴露，複合的な問題である貧困およびガバナンスの低下，不十分な社会サービスの問題が含まれる[49]．特に北米，欧州，オーストラリアの裕福な環境において（ただし他の地域でも増加している），都市部の環境による健康問題は自動車への過度の依存が反映されており，それに伴う都市のスプロール現象（第13章p.316の脚注を参照），その結果として生じる大気汚染，座ることの多い生活様式，事故のリスクなどの問題がある[50]．最後に，富裕国と貧困国の両方の都市に共通する問題がいくつかあり，これには極端な社会的階層化，貧困が集中する地域，緑地の不足，食料不足，災害への脆弱性が含まれる．

都市化が地球環境の変化（および非感染症のリスク）に与える影響

都市における経済活動は世界の国内総生産（GDP）の70～85%，エネルギー関連の温室効果ガスの排出量の約75%を生み出している[51, 52]．都市では農村部に比べ移動距離が短いこと，1人あたりの居住空間が狭いこと，効率的に商品とサービスを提供できることなど，1人あたりの環境負荷を低減させる機会が提供されているものの，都市設計が不十分であるとこれらの潜在的な利点を失う．さらに，都市はエネルギーと物品のほとんどを都市の外から調達しているため，都市が地球環境の変化に与えている影響を完全に把握するには都市の境界線を越えて考えなければならない[53]．これらの一連の流れのうち，いくつかについてはよく立証されており，多くの場合，地球環境の変化と非感染症の両方の一因となっている．

第一に，自動車に依存した交通システム，都市のスプロール現象，産業と家庭内のエネルギー需要の集中が相まって，都市部とその周辺では大量の化石燃料が燃焼されている．このことは気候変動だけでなく，地域的な大気汚染の一因でもある．

都市部（特に低中所得国の都市）では空気質が悪いことが多い．WHOによると，大気汚染をモニタリングしている都市において人口の80%以上がWHO空気質ガイドラインの基準を超える汚染物質レベルにさらされており，低中所得国の人口10万人以上の都市の98%がガイドラインに違反している[54]．世界的に見て，都市の環境中の微小粒子状物質による大気汚染の原因は，交通（25%），産業活動（15%），家庭内の燃料燃焼（20%），人間由来の不特定の発生源（22%），自然の粉塵と塩（18%）である[55]．屋内で固形燃料が一般的に使われている都市では環境中の大気汚染への暴露に加え，家庭内の空気汚染への暴露も起こる．固形燃料は強力な短寿命の気候汚染物質とされるブラックカーボンの重大な発生源である[56]．大気汚染による非感染症への影響については前述したとおりである．

第二に，自動車に依存した交通システムは，徒歩や自転車などの交通手段が自動車に取って代わることで，温室効果ガスの排出と，座ることの多い生活様式の両方の一因となっている（**図7.3**）．第13章に記載されているように，身体活動量の増加が予測される都市の特徴には住宅密集度と交差点の密度，混合土地利用，アクセスしやす

図7.3　スプロール現象が見られる都市における自動車への依存は，空気質の悪化，身体活動の低下，ストレス，温室効果ガスの排出によって非感染症の一因となる．
[出典] AtlantaCitizen (Wikimedia), Creative Commons, license CC BY-SA 3.0

く充実した公共交通機関，魅力的な街並み，歩道と自転車道路のインフラ，公園などが含まれる．ある調査では，住人が最も活動しやすい地域と最も活動しにくい地域の間の身体活動の差は週に68〜89分（推奨は週150分）であった[57]．座ることの多い生活様式は心血管疾患，一部のがん，高血圧，肥満，一部の精神疾患，骨粗しょう症，胆嚢疾患などを含むさまざまな非感染症のリスクを高めるが，身体活動の向上によってこれらの非感染症を予防することは可能である[58, 59]．自動車への依存度および座ることの多い生活と，温室効果ガスの排出量の間の関係には双方向性がある．肥満が進むと歩行がより困難になり，それが交通関連の温室効果ガスの排出量の増加につながると考えられる[60]．

最後に，都市部での生活は地球環境変化との関連は間接的であるものの，非感染症のリスクに影響を及ぼしているといえる．

騒音　騒音は都市部に共通しており，交通，機械などの発生源（これらは地球環境の変化の一因でもある）によるものである．現在，多くの主要都市で導入されている電気自動車への切り替えは騒音を大幅に削減する効果がある．騒音は高血圧，心血管疾患，不安神経症，睡眠障害，聴力低下を含むさまざまな非感染症の一因となるストレス要因である[61]．

自然と緑地から切り離されること 都市部に住んでいると，農村部に比べ自然と緑地に触れる機会が必然的に減る．エビデンスレベルはさまざまであるが，健康になるための要因に焦点を当てると，自然と緑地と触れ合うことによって肥満[62]，糖尿病，高血圧，脂質異常症[63]，うつ病，不安神経症[64]，心血管疾患による死亡[65]のリスクが低減される．

過密 過密もまた都市生活（特に都市の貧困地域）に共通する特徴である．過密を正確に定義することは難しく，状況に依存するが[66]，騒音と同様，心血管とメンタルヘルスへの影響と関連している．子どもは騒音と過密の両方の影響を特に受けやすい[67, 68]．

劣悪な住宅環境 劣悪な住宅環境も，多くの都市，特に急成長を遂げている都市と貧困国の都市における問題である．都市人口の多く（ナイロビ，ムンバイ，メキシコシティなどの都市では人口の半分以上）がスラムで暮らしており，その数は世界全体で8億8100万人と推定され，増加の一途をたどっている[69]．このような環境では，コミュニティのインフラと医療サービスの不備によって慢性的なストレス，固形燃料の使用により汚染された屋内空気，極端な温度差への暴露，傷害のリスクなど不適切な住居による影響が増幅される．スラムにおける非感染症の負荷を調査した研究はほとんどないものの，呼吸器疾患と精神障害が考えられる[69]．

地球環境の変化が都市化（および非感染症のリスク）に与える影響

地球環境の変化は逆説的に，都市に（非感染症のリスクを含む都市衛生にも）影響を及ぼしている．第一に，第8章に記載されているように，干ばつ，洪水などの環境の破壊によって農村部から都市部への移住が促進され，その傾向はグローバル・サウス全体で記録されている[70, 71]．その結果，都市の急成長が促進され，大気汚染，過密，騒音，疲弊したインフラやサービスなどの問題が激化している．第二に，環境の変化は暑さ（都市のヒートアイランド現象によって増幅される）[72]，洪水リスク[73]，水不足[73]，空気質の悪化[74]などの経路を通して特に都市を脅かす．このような脆弱性は都市部に住む人たちにとって，暑さと空気質の悪化による心肺疾患，暑さと災害による精神疾患などの非感染症のリスクを高める．レジリエンス（適応回復力）を高めるために必要なインフラが欠如しているグローバル・サウスの貧困都市[75]および立地条件が悪く（氾濫原と急な斜面など），インフラが欠如している非公式居住区[76]に住む人たちにとっては特に顕著なリスクである．

都市環境においては，社会的，経済的，文化的または物理的に複雑な非感染症の決定要因がある．これらのリスクに対する理解を深めることは研究の優先事項である[77]．課題となるのは，特に低中所得国の急成長する都市において健康と生活を支える住宅とインフラを提供すると同時に，一部の裕福な都市における犠牲を伴う過ちを回避することである．既存の都市を変革し，より低い環境負荷で繁栄させることは主要な政策課題である．

食料，栄養，農業

地球環境の変化，食事，栄養，非感染症の関係には複雑性と多方向性がある．フードシステム（第2章p.30の脚注を参照）は都市と同様，環境の変化の一因となると同時にその影響を受けやすい．本節では第5章に基づき，相互に影響し合うプロセスの3つの例について説明する．第一に，世界的な食生活は動物性食品と加工食品の需要が増加していることを特徴とし，非感染症のリスクに直接的な影響を及ぼすだけでなく，非感染症のリスクに間接的に作用する環境へも影響を及ぼす．第二に，環境の変化は農業生産性に影響を及ぼし，一部の地域においては栄養状態を脅かし，非感染症にも密接に関係する．第三に，環境の変化は一部の食品の栄養成分に影響を及ぼし，非感染症にも密接に関係する．

世界的な食生活の変化

世界的な食生活の変化は数十年前から進行している[78]．高カロリー，多様性が乏しい動物性食品，油脂，精製炭水化物および砂糖入り飲料を含む加工食品の消費の増加，そして間食と外食の増加などの行動変容が特徴である．このような食生活の変化は孤立した現象ではない．ランセット委員会は2019年，食品，農業，交通，都市設計，土地利用の変化によって肥満，栄養不良，気候変動などの世界的なシンデミック*が牽引されていることを確認した[79]．プラネタリーヘルスの枠組みと密接に関連するシステム分析である．このような食生活の傾向は非感染症に直接的な関係性があり，肥満，心血管疾患，糖尿病，一部のがんを増加させる[78, 80-83]．温室効果ガスの排出，森林伐採，水の使用などの環境への影響もあり，これらは巡りめぐって人間の健康に間接的な影響を及ぼす．これらの関連性については第5章に詳しく説明されている．

気候変動による農業生産性への影響

地球環境の変化と非感染症の間の食料に関連する第二のつながりは，気候変動による農業生産性への影響である．第5章に記載されているように，そのメカニズムには耕地と土壌の損失，真水の枯渇，花粉媒介動物と害虫の個体数の有害な変化，天候の乱れ，汚染物質の影響などが含まれる．

作物の収穫量の減少が非感染症へつながる明確な一連の流れのうち，小児期の栄養

＊ 訳注：すでに負荷を受けている集団の中で複数の疾病が相互作用することによって疾病負荷をさらに悪化させ，その集団の脆弱性をいっそう高めている状況．

不良と発育不良のリスクの増加がある[84]．アジアでは小児期の発育不良の発症率は1990年の49％から2010年の28％へと劇的に減少したが，アフリカでは1990年の約40％で停滞しており，アフリカにおける脆弱性が懸念されるレベルである[85]．小児期の栄養不良と発育不良は認知機能の発達，長期的な経済見通し，後続の世代に深刻な影響を及ぼす[86]．小児期の栄養不良は成人期の肥満，メタボリックシンドローム，心血管疾患，糖尿病のリスクを高めることを示唆するエビデンスもある[87, 88]．

気候変動が2050年までに作物の収穫量に及ぼす影響をモデル化した研究によると，気候変動がない場合でも早期死亡者が年間実質52万9000人増加し，そのほとんどが南アジアと東アジアで見られ，非感染症に起因すると示唆されている[89]．果物と野菜の摂取量の減少は死亡率の増加の一因である．カロリー摂取量の減少によって栄養不良に関連する死亡者が増加すると予測されているが，過体重と肥満による死亡者の減少によってほぼ相殺される．

気候変動による作物の栄養レベルへの影響

地球環境の変化から非感染症への食料に関連する一連の流れの第三は，気候変動が作物の栄養価に及ぼす影響であり，この現象はBox 5.2に詳しく記載されている．環境中の二酸化炭素が増加すると，多くの食用作物に含まれるタンパク質，ビタミンB群，およびカルシウム，カリウム，亜鉛，鉄などの微量栄養素が減少する[90]．このような変化が非感染症に及ぼす影響は完全には解明されていないが，いくつかの潜在的なリスクは明らかである．例えばタンパク質中心から炭水化物中心の食生活に移行することによる高血圧，脂質疾患，冠状動脈性心臓病のリスクの増加[91]，食物性葉酸の不足による神経管欠損のリスクの増加[92]である．

パーム油用のヤシの栽培は地球環境の変化，食生活，栄養などと非感染症の間の複雑な関係を示す典型的な例である[93]．欧州でのバイオ燃料の需要とインド，インドネシア，中国での食料需要に伴ってパーム油の生産量が増加している．インドネシアではパーム油（および木材）の生産のために熱帯林を伐採する際には一般的に火が使われる．その結果，高濃度の微小粒子状物質を含む煙が発生し，インドネシア，マレーシア，シンガポールで例年3万人以上[94]，多い年には10万人もが死亡している[95]．パーム油の生産のために熱帯林を伐採することは気候変動と生物多様性の損失の一因ともなる．また，パーム油には飽和脂肪酸が豊富に含まれるため，エビデンスは明白ではないものの，食品として摂取するとメタボリックシンドロームと心臓病のリスクを高めることもある[96, 97]．インドネシアにおけるバイオマス（第3章p.41の脚注を参照）燃焼への対処に着目した詳細なケーススタディについては『プラネタリーヘルスのケーススタディ——解決策選集』（“Planetary Health Case Studies: An Anthology of Solution”）（https://islandpress.org/books/planetary-health）を参照されたい．

地球環境の変化から非感染症への別の一連の流れとして漁場の枯渇と花粉媒介動物の減少の2つがある．これは生物多様性の節で説明する．

環境中の残留性化学物質

人新世（第1章p.8の脚注を参照）のもう1つの特徴として，化学物質による地球環境の汚染が広範囲に及んでいることが挙げられる[10, 98]．この現象については第14章に記載されている．汚染についてはその範囲から，人間の健康への最大限の影響までまだ十分には解明されていない特徴も多くあるが，非感染症との関連性が明らかになっている．ここでは内分泌かく乱化学物質と金属の2つの例を挙げる．

内分泌かく乱化学物質

内分泌かく乱化学物質には性ホルモン，甲状腺などの内分泌経路の受容体を遮断あるいは活性化させることで内分泌経路に影響を及ぼすさまざまな種類の化学物質が含まれる．有機合成化学物質であるものが多く，ポリ塩化ビフェニル（PCB），ビスフェノールA（BPA）などのビスフェノール類，有機塩素系農薬，臭素系難燃剤，ペルフルオロオクタン酸やペルフルオロオクタンスルホン酸などのペルフルオロ物質などがある．これらの化学物質の多くは長期間にわたって環境中に残留するため残留性有機汚染物質（POPs）と呼ばれる．残留性有機汚染物質は化学的にはきわめて多様であるが，共通する特徴がいくつかある．第一に地球上の生態系に広く分布していること，第二に人体暴露が広範囲に及んでいること，第三に非感染症のリスクと関連していることである．第一と第二の特徴については第4章に記載されており，本節では非感染症のリスクに焦点を当てる．

環境中の化学物質への暴露がエピジェネティック（訳注：DNAの塩基配列変化によらない遺伝子発現を制御・伝達するシステム）または非エピジェネティックなメカニズムを通していくつかの非感染症の一因となっていることを示唆するエビデンスがある[99]．残留性有機汚染物質への暴露は，エビデンスには一貫性がないものの，肥満，インスリン抵抗性，脂質異常症などの代謝状態と関連している[100-103]．さらに一部のがん，特に非ホジキンリンパ腫[104]，乳がん，卵巣がん，前立腺がんなどのホルモン反応性がんのリスクとも関連しており，動物実験ではかなりのエビデンスが得られているが，ヒトの疫学的エビデンスはそれほど確立されていない[105]．残留性有機汚染物質は甲状腺疾患，神経行動学的異常，生殖機能障害のリスクを高めることもある[105]．これらの結果のいずれについても，職場などでのより集中した暴露に比べて環境中の環境汚染による影響はまだ明確になっていない．

金　属

金属は非感染症に関連した化学物質汚染が広範囲に及んでいることの2つ目の例である．人が金属に暴露することは通常，限定的な現象である．例えば子どもが低水準住宅の老朽化した塗料から鉛を摂取する，労働者が金鉱採掘で水銀にさらされるなどといったことである．しかし金属の利用はより広く分散しており，その影響は地球規模とまではいかないまでも，地域規模に広がっている．例えば中国では産業活動，鉱業，灌漑に処理不十分な排水が使用されることによって国の大部分の土壌が鉛，カドミウム，クロムなどの金属で汚染されている[106]．中国当局は約25万km^2の農地（メキシコの耕地面積に相当）が汚染されており，2017年には3万5000 km^2の農地がいかなる農業利用も許可できないほど汚染されていると報じている[107]．もう1つの例は，産業革命が始まって以降，石炭の燃焼によって水銀が排出されていることである．水銀による汚染は発電所，製錬所，セメント工場，鉄鋼工場などの汚染源の近くに集中しているが，大気中に排出された水銀は長距離を移動し，さらには大陸間さえも移動して地球に沈着するため，地球規模の現象でもある[108]．これらの金属はおしなべて神経行動学的異常（鉛，水銀），心血管疾患（鉛，カドミウム），腎疾患（鉛，カドミウム），一部のがん（ヒ素，クロム）など多くの非感染症の一因となっている[109]．

生物多様性の損失

生物多様性の損失は人新世において劇的に加速してきており[110]，種の絶滅はおそらく基準値の1000倍のスピードで進んでいる[111]．生物多様性の損失の2つの例である花粉媒介動物の減少と漁場の枯渇（第4章において紹介され，第5章にさらに詳しく説明されている）は非感染症に対して特定の影響がある．

多くの食用作物は花粉媒介動物である昆虫に依存しているため，その昆虫の減少は「プラネタリーヘルスダイエット」で最も優先度の高い食品群である果物，野菜，豆類，ナッツ，種子の生産を脅かす[112]．いまだエビデンスを蓄積している段階であるものの，これらの食品を多く摂取する食事は虚血性心疾患，糖尿病，脳卒中，一部のがんを含むさまざまな非感染症を予防する[113–117]．

同様に，魚（またはタラ肝油などの魚製品）を摂取することは虚血性心疾患[118]，一部のがん[119]，関節炎[120]，そしておそらく，うつ病[121, 122]，認知症[123]，糖尿病[124]，小児喘息[125]などさまざまな非感染症を予防する（エビデンスの強さは非感染症の種類によって異なる）．

第5章に記載されているように，生物多様性の損失が非感染症の発症率とそれによる死亡率への影響を予測した研究もある．授粉が50％減ると世界で毎年約70万人の死亡者が増えるという試算もある．そのおもな理由は，果物，野菜，ナッツ，種子の摂取量が減り，虚血性心疾患と脳卒中の発症率が高まるからである[126]．同様に，現在のような漁獲量の減少傾向が続けば，魚に依存する人口は食料不足に直面する．世界人口の推定11％が亜鉛，ビタミンA，鉄の欠乏症のリスクに，約19％がビタミンB_{12}とDHA（オメガ3脂肪酸）の欠乏症のリスクに直面する[127]．これらの不足はさまざまな非感染症に関連している．例えば亜鉛の欠乏によって炎症性腸疾患[128]，糖尿病[129]，メタボリックシンドローム[129]のリスクが高まり，ビタミンAの欠乏によって視覚異常[130]が，ビタミンB_{12}の欠乏によって貧血ならびにさまざまな神経疾患と精神疾患[131]が引き起こされる．

結　論

システムの理解の重要性

本章では，地球環境の変化の5つの側面である「エネルギー，大気汚染，気候変動」，「都市化」，「食料，栄養，農業」，「残留性化学物質の環境中への蓄積」，「生物多様性の損失」についてそれぞれ個別に紹介したが，これらは決して切り離せるものではない．バリー・コモナーが唱えた「生態学の第一法則」が再認識させてくれたように，すべてのものはすべてにつながっている．これこそがプラネタリーヘルスの基礎であり，地球環境の変化と非感染症の関連性に大きく関係している．これらのつながりを完全に理解するには相互関連性を考慮する必要がある．例えばエネルギー，汚染，生物多様性は関連している．エネルギー源として石油に大きく依存すると，石油由来の汚染物質によって海洋環境が汚染され，その汚染物質は魚の成長にとって有害であり，漁場への他の脅威をも増大させる[132]．もう1つの例は都市化とフードシステムとの関連性である．低中所得国における農村部から都市部への移動は，欧米式の加工食品を取り入れることなど食生活の急激な変化に関連する．ガーナの首都アクラでは，農村部に比べて肥満の有病率は4～5倍，糖尿病の有病率は2～3倍であった[133]．地球環境の変化が非感染症のリスクに影響を及ぼすさまざまな経路は複雑な相互関係にあり，その複雑さを考慮した解決策を得なければならない．

プラネタリーヘルス —— 非感染症のリスクの削減と環境持続性の達成

地球環境の変化は非感染症のリスクの一因であるが，その関連性はリスクだけではない．地球環境の変化が非感染症の一因であるからこそ，温室効果ガスの排出と他の地球環境の変化の発生原因を削減するための政策，技術，介入を通して非感染症を予防できる可能性が高い．地球環境の変化に対処することによって非感染症と闘う多くの機会については広く知られている[134-136]．第18章では，いかにクリーンかつ再生可能なエネルギー源を化石燃料と代替することができるのか，いかに都市を再構築することができるのか，いかに農場から食卓までのフードシステムを変革することができ

持続可能な開発目標（SDGs）における非感染症

統合的アプローチの必要性

1 貧困をなくそう
低中所得国の人たちは非感染症のリスク要因にさらされる機会が多く，不健全な行動，健康状態の悪化，早死による家計収入の減少を経験する可能性がある．弱い立場にある人たちとその家族は，治療費の支払い，あるいは失業もしくは収入減，またはその両方によって貧困の連鎖に陥ってしまう．

2 飢餓をゼロに
あらゆる形態の栄養失調，過体重，肥満，栄養不良は心臓病，がん，2 型糖尿病などの非感染症のリスク要因である．

13 気候変動に具体的な対策を
気候変動と非感染症には共通の原因があり，化石燃料からの脱却，活動的な交通手段の確保，持続可能なフードシステムの推進など，相互に恩恵のある取り組みを行うことで対処できる．気温の上昇と熱波の発生は心臓発作と脳卒中による死亡率の増加につながっている．

すべての人に健康と福祉を

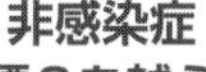

12 つくる責任 つかう責任
より地元に根ざし，季節に応じた植物性の食生活の促進を目的とする食料政策と農業政策の変更は人々の栄養状態を改善し，食品輸送に伴う排出物を最小限に抑え，地域の農家と市場を支援する．

4 質の高い教育をみんなに
特に健康に関する教育とリテラシーは，栄養失調，運動不足，喫煙，過度のアルコール摂取などの非感染症の一般的なリスク要因にさらされる機会を減らすために不可欠である．

11 住み続けられるまちづくりを
持続可能な都市は徒歩，自転車などの活動的な移動手段，持続可能なフードシステムと農業システム，責任ある廃棄物管理，エネルギー効率の高い建物，産業プロセス，インフラなどを促進することで運動不足，栄養失調，大気汚染と有害な化学物質への暴露と闘うことができる．

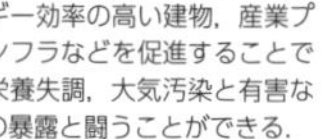

5 ジェンダー平等を実現しよう
女性と女児は非感染症とそのリスク要因による不相応な影響を受けており，生殖と母性の健康状態，感染症，非感染症による健康障害という三重苦に直面している．

6 安全な水とトイレを世界中に
きれいな水へのアクセスは栄養面と汚染削減に不可欠であり，これらはすべて健康な生活に貢献するものである．

10 人や国の不平等をなくそう
2015 年には低中所得国の死亡者の 75%以上が非感染症によるものであった．低中所得国では，良心的な価格で公平かつ必要不可欠な医療サービスと技術を利用できないことによって重い経済的負担を強いられている人たちがいる．

7 エネルギーをみんなに そしてクリーンに
家庭内からの空気汚染への暴露に起因する非感染症によって年間 380 万人が早期に死亡している．家庭内からの空気汚染の最も一般的な発生源は，改良されていない調理用コンロである．
屋外の大気汚染によって年間 370 万人が早期に死亡している．この死亡者数は再生可能エネルギーへの移行によって大幅に減らすことができる．

8 働きがいも経済成長も
十分かつ生産的な雇用と万人のための適正な仕事を促進する方法には，健康的な職場と適切に設計された健康維持プログラムへの投資が含まれる．非感染症は就職と仕事の継続を妨げる原因となる．
がんと診断された人の 57%が仕事をあきらめること，または職務を変えることを余儀なくされ，脳卒中の生存者の約 50%が 1 年後には失業している．

図7.4 この図はNCD（非感染症）アライアンス（訳注：包括的かつ疾病横断的な非感染症疾患対策の推進を目的とした共同プラットフォーム）が提供しているもので，持続可能な開発目標（SDGs）を達成する過程で非感染症を減らす機会があることが強調されている．

［出典］NCDアライアンス

るのか，化学者はいかに残留性と毒性が低く機能的な分子を設計することができるのか，いかに土地や水などの生態系の構成要素を持続的に管理することができるのかなど，世界的な非感染症の増加傾向と地球システムの劣化を抑制させる方法について説明する（**図7.4**）．地球環境の変化と非感染症は多くの根本原因を共有しており，広範囲に及ぶ共通の解決策を得ることが期待される．

参考文献

1. WHO. Global status report on non-communicable diseases, 2014. 2014. WHO/NMH/NVI/15.1. http://www.who.int/nmh/publications/ncd-status-report-2014/en/. Accessed April 2020.
2. Abajobir AA, Abbafati C, Abbas KM, et al. Global, regional, and national age–sex specific mortality for 264 causes of death, 1980–2016: a systematic analysis for the Global Burden of Disease Study 2016. *Lancet*. 2017;390(10100):1151–1210.
3. WHO. Global action plan for the prevention and control of noncommunicable diseases 2013–2020. 2013. http://www.who.int/nmh/publications/ncd-action-plan/en/. Accessed April 2020.
4. Abajobir AA, Abate KH, Abbafati C, et al. Global, regional, and national incidence, prevalence, and years lived with disability for 328 diseases and injuries for 195 countries, 1990–2016: a systematic analysis for the Global Burden of Disease Study 2016. *Lancet*. 2017;390(10100):1211–1259.
5. Bygbjerg IC. Double burden of noncommunicable and infectious diseases in developing countries. *Science*. 2012;337(6101):1499–1501.
6. Omran AR. The epidemiologic transition. A theory of the epidemiology of population change. *Milbank Q*. 1971;49(4):509–538.
7. Bloom DE, Cafiero ET, Jané-Llopis E, et al. *The Global Economic Burden of Noncommunicable Diseases*. Geneva, Switzerland: World Economic Forum and Harvard School of Public Health; 2011.
8. Jaspers L, Colpani V, Chaker L, et al. The global impact of non-communicable diseases on households and impoverishment: a systematic review. *Eur J Epidemiol*. 2015;30(3):163–188.
9. Muka T, Imo D, Jaspers L, et al. The global impact of non-communicable diseases on healthcare spending and national income: a systematic review. *Eur J Epidemiol*. 2015;30(4):251–277.
10. Landrigan PJ, Fuller R, Acosta NJR, et al. The Lancet Commission on pollution and health. *Lancet*. 2018;391:462–512.
11. Schraufnagel DE, Balmes JR, Cowl CT, et al. Air pollution and noncommunicable diseases: a review by the Forum of International Respiratory Societies' Environmental Committee, part 2: air pollution and organ systems. *Chest*. 2019;155(2):417–426.
12. Schraufnagel DE, Balmes JR, Cowl CT, et al. Air pollution and noncommunicable diseases: a review by the forum of International Respiratory Societies' Environmental Committee, part 1: the damaging effects of air pollution. *Chest*. 2019;155(2):409–416.
13. Pearce N, Ebrahim S, McKee M, et al. Global prevention and control of NCDs: limitations of the standard approach. *J Public Health Policy*. 2015;36(4):408–425.
14. Frumkin H, Haines A. Global environmental change and noncommunicable disease risks. *Annu Rev Public Health*. 2019;40(1):261–282.
15. International Energy Agency. *World Energy Outlook Special Report 2016: Energy and Air Pollution*. Paris, France: International Energy Agency; 2016.
16. Cohen AJ, Brauer M, Burnett R, et al. Estimates and 25-year trends of the global burden of disease

attributable to ambient air pollution: an analysis of data from the Global Burden of Diseases Study 2015. *Lancet*. 2017;389(10082):1907–1918.

17. Forouzanfar MH, Afshin A, Alexander LT, et al. Global, regional, and national comparative risk assessment of 79 behavioural, environmental and occupational, and metabolic risks or clusters of risks, 1990–2015: a systematic analysis for the Global Burden of Disease Study 2015. *Lancet*. 2016;388(10053):1659–1724.
18. WHO. Ambient air pollution: a global assessment of exposure and burden of disease. 2016. http://www.who.int/phe/publications/air-pollution-global-assessment/en/. Accessed April 2020.
19. Koplitz SN, Jacob DJ, Sulprizio MP, Myllyvirta L, Reid C. Burden of disease from rising coal-fired power plant emissions in Southeast Asia. *Environ Sci Technol*. 2017;51(3):1467–1476.
20. Folino F, Buja G, Zanotto G, et al. Association between air pollution and ventricular arrhythmias in high-risk patients (ARIA study): a multicentre longitudinal study. *Lancet Planet Health*. 2017;1(2):e58–e64.
21. Shah AS, Langrish JP, Nair H, et al. Global association of air pollution and heart failure: a systematic review and meta-analysis. *Lancet*. 2013;382(9897):1039–1048.
22. He D, Wu S, Zhao H, et al. Association between particulate matter 2.5 and diabetes mellitus: a meta-analysis of cohort studies. *J Diab Invest*. 2017;8(5):687–696.
23. Clifford A, Lang L, Chen R, Anstey KJ, Seaton A. Exposure to air pollution and cognitive functioning across the life course—a systematic literature review. *Environ Res*. 2016;147:383–398.
24. Turner MC, Jerrett M, Pope CA III, et al. Long-term ozone exposure and mortality in a large prospective study. *Am J Respir Crit Care Med*. 2016;193(10):1134–1142.
25. Malley CS, Henze DK, Kuylenstierna JCI, et al. Updated global estimates of respiratory mortality in adults ≥30 years of age attributable to long-term ozone exposure. *Environ Health Perspect*. 2017;125(8):087021.
26. Atkinson RW, Butland BK, Dimitroulopoulou C, et al. Long-term exposure to ambient ozone and mortality: a quantitative systematic review and meta-analysis of evidence from cohort studies. *BMJ Open*. 2016;6(2):e009493.
27. Ji M, Cohan DS, Bell ML. Meta-analysis of the association between short-term exposure to ambient ozone and respiratory hospital admissions. *Environ Res Lett*. 2011;6(2).
28. Lelieveld J, Klingmüller K, Pozzer A, Burnett RT, Haines A, Ramanathan V. Effects of fossil fuel and total anthropogenic emission removal on public health and climate. *Proc Natl Acad Sci*. 2019;116(15):7192–7197.
29. Smith KR, Woodward A, Campbell-Lendrum D, et al. Human health: impacts, adaptation, and co-benefits. In: Field CB, Barros VR, Dokken DJ, et al., eds. *Climate Change 2014: Impacts, Adaptation, and Vulnerability. Part A: Global and Sectoral Aspects. Contribution of Working Group II to the Fifth Assessment Report of the Intergovernmental Panel on Climate Change*. Cambridge, UK: Cambridge University Press; 2014:709–754.
30. Friel S, Bowen K, Campbell-Lendrum D, Frumkin H, McMichael AJ, Rasanathan K. Climate change, noncommunicable diseases, and development: the relationships and common policy opportunities. *Annu Rev Public Health*. 2011;32:133–147.
31. Ryan B, Franklin RC, Burkle FM Jr., et al. Identifying and describing the impact of cyclone, storm and flood related disasters on treatment management, care and exacerbations of non-communicable diseases and the implications for public health. *PLoS Curr Disast*. 2015;7.
32. Gasparrini A, Guo Y, Sera F, et al. Projections of temperature-related excess mortality under climate change scenarios. *Lancet Planet Health*. 2017;1(9):e360–e367.

33. Obradovich N, Migliorini R, Mednick SC, Fowler JH. Nighttime temperature and human sleep loss in a changing climate. *Sci Adv*. 2017;3(5):e1601555.
34. Cappuccio FP, Cooper D, D'Elia L, Strazzullo P, Miller MA. Sleep duration predicts cardiovascular outcomes: a systematic review and meta-analysis of prospective studies. *Eur Heart J*. 2011;32(12):1484–1492.
35. Obradovich N, Fowler JH. Climate change may alter human physical activity patterns. *Nat Hum Behav*. 2017;1.
36. Biswas A, Oh PI, Faulkner GE, et al. Sedentary time and its association with risk for disease incidence, mortality, and hospitalization in adults: a systematic review and metaanalysis. *Ann Intern Med*. 2015;162(2):123–132.
37. Taylor RG, Scanlon B, Doll P, et al. Ground water and climate change. *Nat Clim Change*. 2013;3(4):322–329.
38. Talukder MR, Rutherford S, Huang C, Phung D, Islam MZ, Chu C. Drinking water salinity and risk of hypertension: a systematic review and meta-analysis. *Arch Environ Occup Health*. 2017;72(3):126–138.
39. Naser AM, Rahman M, Unicomb L, et al. Drinking water salinity, urinary macromineral excretions, and blood pressure in the southwest coastal population of Bangladesh. *J Am Heart Assoc*. 2019;8(9):e012007.
40. Khan AE, Scheelbeek PF, Shilpi AB, et al. Salinity in drinking water and the risk of (pre) eclampsia and gestational hypertension in coastal Bangladesh: a case-control study. *PLoS One*. 2014;9(9):e108715.
41. Wang Q, Li C, Guo Y, et al. Environmental ambient temperature and blood pressure in adults: a systematic review and meta-analysis. *Sci Total Environ*. 2017;575:276–286.
42. Battilani P, Toscano P, Van der Fels-Klerx HJ, et al. Aflatoxin B(1) contamination in maize in Europe increases due to climate change. *Sci Rep*. 2016;6:24328.
43. Tasian GE, Pulido JE, Gasparrini A, et al. Daily mean temperature and clinical kidney stone presentation in five U.S. metropolitan areas: a time-series analysis. *Environ Health Perspect*. 2014;122(10):1081–1087.
44. Lunyera J, Mohottige D, Isenburg MV, Jeuland M, Patel UD, Stanifer JW. CKD of uncertain etiology: a systematic review. *Clin J Am Soc Nephrol*. 2015;11(3):379–385.
45. Wesseling C, Aragon A, Gonzalez M, et al. Kidney function in sugarcane cutters in Nicaragua: a longitudinal study of workers at risk of Mesoamerican nephropathy. *Environ Res*. 2016;147:125–132.
46. Shoemaker JK, Schrag DP, Molina MJ, Ramanathan V. Climate change. What role for short-lived climate pollutants in mitigation policy? *Science*. 2013;342(6164):1323–1324.
47. United Nations. *World Urbanization Prospects: The 2014 Revision*. New York, NY: United Nations Department of Economic and Social Affairs. Population Division; 2015. ST/ESA/SER.A/366.
48. UN Department of Economic and Social Affairs. *World Urbanization Prospects: The 2014 Revision, Highlights*. New York, NY: UN Department of Economic and Social Affairs, Population Division; 2014.
49. Satterthwaite D. Editorial: why is urban health so poor even in many successful cities? *Environ Urban*. 2011;23(1):5–11.
50. Frumkin H, Frank LD, Jackson R. *Urban Sprawl and Public Health: Designing, Planning, and Building for Healthy Communities*. Washington, DC: Island Press; 2004.
51. Global Commission on the Economy and Climate. *Seizing the Global Opportunity: Partnerships for Better Growth and a Better Climate. The 2015 New Climate Economy Report*. New York, NY:

New Climate Economy; 2015.

52. UN-Habitat. *Cities and Climate Change: Global Report on Human Settlements 2011*. London, UK: UN-Habitat and Earthscan; 2011.
53. Pincetl S. Cities in the age of the Anthropocene: climate change agents and the potential for mitigation. *Anthropocene*. 2017;20(suppl C):74–82.
54. Global urban ambient air pollution database. Geneva, Switzerland: World Health Organization; 2016. https://www.who.int/phe/health_topics/outdoorair/databases/cities/en/. Accessed April 2020.
55. Karagulian F, Belis CA, Dora CFC, et al. Contributions to cities' ambient particulate matter (PM): a systematic review of local source contributions at global level. *Atmos Environ*. 2015;120:475–483.
56. Leung DYC. Outdoor–indoor air pollution in urban environment: challenges and opportunity. *Front Environ Sci*. 2015;2(69).
57. Sallis JF, Cerin E, Conway TL, et al. Physical activity in relation to urban environments in 14 cities worldwide: a cross-sectional study. *Lancet*. 2016;387(10034):2207–2217.
58. Warburton DER, Nicol CW, Bredin SSD. Health benefits of physical activity: the evidence. *CMAJ*. 2006;174(6):801–809.
59. Lear SA, Hu W, Rangarajan S, et al. The effect of physical activity on mortality and cardiovascular disease in 130 000 people from 17 high-income, middle-income, and low-income countries: the PURE study. *Lancet*. 2017;390(10113):p2643–2654.
60. Goodman A, Brand C, Ogilvie D. Associations of health, physical activity and weight status with motorised travel and transport carbon dioxide emissions: a cross-sectional, observational study. *Environ Health*. 2012;11(1):52.
61. Recio A, Linares C, Banegas JR, Diaz J. Road traffic noise effects on cardiovascular, respiratory, and metabolic health: an integrative model of biological mechanisms. *Environ Res*. 2016;146:359–370.
62. Lachowycz K, Jones AP. Greenspace and obesity: a systematic review of the evidence. *Obes Rev*. 2011;12(5):e183e189.
63. Brown SC, Lombard J, Wang K, et al. Neighborhood greenness and chronic health conditions in medicare beneficiaries. *Am J Prev Med*. 2016;51(1):78–89.
64. Gascon M, Triguero-Mas M, Martinez D, et al. Mental health benefits of long-term exposure to residential green and blue spaces: a systematic review. *Int J Environ Res Public Health*. 2015;12(4):4354–4379.
65. Gascon M, Triguero-Mas M, Martínez D, et al. Residential green spaces and mortality: a systematic review. *Environ Int*. 2016;86:60–67.
66. Sunega P, Lux M. Subjective perception versus objective indicators of overcrowding and housing affordability. *J Housing Built Environ*. 2016;31(4):695–717.
67. Solari CD, Mare RD. Housing crowding effects on children's wellbeing. *Soc Sci Res*. 2012;41(2):464–476.
68. Evans GW, Lercher P, Meis M, Ising H, Kofler WW. Community noise exposure and stress in children. *J Acoust Soc Am*. 2001;109(3):1023–1027.
69. Ezeh A, Oyebode O, Satterthwaite D, et al. The history, geography, and sociology of slums and the health problems of people who live in slums. *Lancet*. 2017;389(10068):547–558.
70. Barrios S, Bertinelli L, Strobl E. Climatic change and rural–urban migration: the case of sub-Saharan Africa. *J Urban Econ*. 2006;60(3):357–371.
71. Warn E, Adamo SB. The impact of climate change: migration and cities in South America. *WMO Bull*. 2014;63(2):10–14.

72. Phelan PE, Kaloush K, Miner M, et al. Urban heat island: mechanisms, implications, and possible remedies. *Annu Rev Environ Res*. 2015;40(1):285–307.
73. Güneralp B, Güneralp İ, Liu Y. Changing global patterns of urban exposure to flood and drought hazards. *Global Environ Change*. 2015;31:217–225.
74. Orru H, Ebi KL, Forsberg B. The interplay of climate change and air pollution on health. *Curr Environ Health Rep*. 2017;4(4):504–513.
75. Giugni M, Simonis I, Bucchignani E, et al. The impacts of climate change on African cities. In: Pauleit S, Coly A, Fohlmeister S, et al., eds. *Urban Vulnerability and Climate Change in Africa: A Multidisciplinary Approach*. Cham, Switzerland: Springer International Publishing; 2015:37–75.
76. Scovronick N, Lloyd SJ, Kovats RS. Climate and health in informal urban settlements. *Environ Urban*. 2015;27(2):657–678.
77. Smit W, Hancock T, Kumaresen J, Santos-Burgoa C, Sánchez-Kobashi Meneses R, Friel S. Toward a research and action agenda on urban planning/design and health equity in cities in low and middle-income countries. *J Urban Health*. 2011;88(5):875–885.
78. Popkin BM, Adair LS, Ng SW. Global nutrition transition and the pandemic of obesity in developing countries. *Nutr Rev*. 2012;70(1):3–21.
79. Swinburn BA, Kraak VI, Allender S, et al. The global syndemic of obesity, undernutrition, and climate change: the Lancet Commission report. *Lancet*. 2019;393:791–846.
80. Popkin BM. Nutrition transition and the global diabetes epidemic. *Curr Diab Rep*. 2015;15(9):64.
81. Bouvard V, Loomis D, Guyton KZ, et al. Carcinogenicity of consumption of red and processed meat. *Lancet Oncol*. 2015;16(16):1599–1600.
82. Larsson SC, Orsini N. Red meat and processed meat consumption and all-cause mortality: a meta-analysis. *Am J Epidemiol*. 2014;179(3):282–289.
83. Anand SS, Hawkes C, de Souza RJ, et al. Food consumption and its impact on cardiovascular disease: importance of solutions focused on the globalized food system: a report from the workshop convened by the World Heart Federation. *J Am Coll Cardiol*. 2015;66(14):1590–1614.
84. Lloyd SJ, Kovats RS, Chalabi Z. Climate change, crop yields, and undernutrition: development of a model to quantify the impact of climate scenarios on child undernutrition. *Environ Health Perspect*. 2011;119(12):1817–1823.
85. de Onis M, Blossner M, Borghi E. Prevalence and trends of stunting among pre-school children, 1990–2020. *Public Health Nutr*. 2012;15(1):142–148.
86. Walker SP, Chang SM, Wright A, Osmond C, Grantham-McGregor SM. Early childhood stunting is associated with lower developmental levels in the subsequent generation of children. *J Nutr*. 2015;145(4):823–828.
87. Langley-Evans SC. Nutrition in early life and the programming of adult disease: a review. *J Hum Nutr Diet*. 2015;28(s1):1–14.
88. Heidari-Beni M. Early life nutrition and non communicable disease. *Adv Exp Med Biol*. 2019;1121:33–40.
89. Springmann M, Mason-D'Croz D, Robinson S, et al. Global and regional health effects of future food production under climate change: a modelling study. *Lancet*. 2016;387(10031):1937–1946.
90. Smith MR, Myers SS. Impact of anthropogenic CO2 emissions on global human nutrition. *Nat Clim Change*. 2018;8(9):834–839.
91. Appel LJ, Sacks FM, Carey VJ, et al. Effects of protein, monounsaturated fat, and carbohydrate intake on blood pressure and serum lipids: results of the OmniHeart randomized trial. *JAMA*. 2005;294(19):2455–2464.

92. Smith MR, Myers SS. Global health implications of nutrient changes in rice under high atmospheric carbon dioxide. *GeoHealth*. 2019(ja).
93. Kadandale S, Marten R, Smith R. The palm oil industry and noncommunicable diseases. *Bull World Health Organ*. 2019;97(2):118–128.
94. Marlier ME, Liu T, Yu K, et al. Fires, smoke exposure, and public health: an integrative framework to maximize health benefits from peatland restoration. *GeoHealth*. 2019;3(7):178–189.
95. Koplitz SN, Mickley LJ, Marlier ME, et al. Public health impacts of the severe haze in Equatorial Asia in September–October 2015: demonstration of a new framework for informing fire management strategies to reduce downwind smoke exposure. *Environ Res Lett*. 2016;11(9):094023.
96. Schwingshackl L, Bogensberger B, Bencic A, Knuppel S, Boeing H, Hoffmann G. Effects of oils and solid fats on blood lipids: a systematic review and network meta-analysis. *J Lipid Res*. 2018;59(9):1771–1782.
97. Ismail SR, Maarof SK, Siedar Ali S, Ali A. Systematic review of palm oil consumption and the risk of cardiovascular disease. *PLoS One*. 2018;13(2):e0193533.
98. Diamond ML, de Wit CA, Molander S, et al. Exploring the planetary boundary for chemical pollution. *Environ Int*. 2015;78:8–15.
99. Hou L, Zhang X, Wang D, Baccarelli A. Environmental chemical exposures and human epigenetics. *Int J Epidemiol*. 2012;41(1):79–105.
100. Taylor KW, Novak RF, Anderson HA, et al. Evaluation of the association between persistent organic pollutants (POPs) and diabetes in epidemiological studies: a national toxicology program workshop review. *Environ Health Perspect*. 2013;121(7):774–783.
101. Jaacks LM, Staimez LR. Association of persistent organic pollutants and non-persistent pesticides with diabetes and diabetes-related health outcomes in Asia: a systematic review. *Environ Int*. 2015;76:57–70.
102. Lee DH, Porta M, Jacobs DR Jr, Vandenberg LN. Chlorinated persistent organic pollutants, obesity, and type 2 diabetes. *Endocr Rev*. 2014;35(4):557–601.
103. Yang C, Kong APS, Cai Z, Chung ACK. Persistent organic pollutants as risk factors for obesity and diabetes. *Curr Diab Rep*. 2017;17(12):132.
104. Freeman MD, Kohles SS. Plasma levels of polychlorinated biphenyls, non-Hodgkin lymphoma, and causation. *J Environ Public Health*. 2012;2012:258981.
105. Gore AC, Chappell VA, Fenton SE, et al. EDC-2: the Endocrine Society's second scientific statement on endocrine-disrupting chemicals. *Endocr Rev*. 2015;36(6):E1–e150.
106. Khan S, Cao Q, Zheng YM, Huang YZ, Zhu YG. Health risks of heavy metals in contaminated soils and food crops irrigated with wastewater in Beijing, China. *Environ Pollut*. 2008;152(3):686–692.
107. The most neglected threat to public health in China is toxic soil. *Economist*. 2017. http://www.economist.com/news/briefing/21723128-and-fixing-it-will-be-hard-andcostly-most-neglected-threat-public-health-china. Accessed April 2020.
108. Selin NE. Global biogeochemical cycling of mercury: a review. *Annu Rev Env Resour.* 2009;34(1):43–63.
109. Nordberg GF, Fowler BA, Nordberg M, eds. *Handbook on the Toxicology of Metals*. 4th ed. San Diego, CA: Academic Press; 2015.
110. Newbold T, Hudson LN, Arnell AP, et al. Has land use pushed terrestrial biodiversity beyond the planetary boundary? A global assessment. *Science*. 2016;353(6296):288–291.
111. Pimm SL, Jenkins CN, Abell R, et al. The biodiversity of species and their rates of extinction, distribution, and protection. *Science*. 2014;344(6187).

112. Willett W, Rockström J, Loken B, et al. Food in the Anthropocene: the EAT-Lancet Commission on healthy diets from sustainable food systems. *Lancet*. 2019;393(10170):447–492.
113. Afshin A, Micha R, Khatibzadeh S, Mozaffarian D. Consumption of nuts and legumes and risk of incident ischemic heart disease, stroke, and diabetes: a systematic review and meta-analysis. *Am J Clin Nutr*. 2014;100(1):278–288.
114. Aune D, Giovannucci E, Boffetta P, et al. Fruit and vegetable intake and the risk of cardiovascular disease, total cancer and all-cause mortality: a systematic review and doseresponse meta-analysis of prospective studies. *Int J Epidemiol*. 2017;46(3):1029–1056.
115. Wang X, Ouyang Y, Liu J, et al. Fruit and vegetable consumption and mortality from all causes, cardiovascular disease, and cancer: systematic review and dose-response metaanalysis of prospective cohort studies. *BMJ*. 2014;349:g4490.
116. Miller V, Mente A, Dehghan M, et al. Fruit, vegetable, and legume intake, and cardiovascular disease and deaths in 18 countries (PURE): a prospective cohort study. *Lancet*. 2017;390(10107):2037–2049.
117. Boffetta P, Couto E, Wichmann J, et al. Fruit and vegetable intake and overall cancer risk in the European Prospective Investigation into Cancer and Nutrition (EPIC). *J Natl Cancer Inst*. 2010;102(8):529–537.
118. Rangel-Huerta OD, Gil A. Omega 3 fatty acids in cardiovascular disease risk factors: an updated systematic review of randomised clinical trials. *Clin Nutr*. 2018;37(1):72–77.
119. Lee JY, Sim TB, Lee JE, Na HK. Chemopreventive and chemotherapeutic effects of fish oil derived omega-3 polyunsaturated fatty acids on colon carcinogenesis. *Clin Nutr Res*. 2017;6(3):147–160.
120. Senftleber NK, Nielsen SM, Andersen JR, et al. Marine oil supplements for arthritis pain: a systematic review and meta-analysis of randomized trials. *Nutrients*. 2017;9(1).
121. Yang Y, Kim Y, Je Y. Fish consumption and risk of depression: epidemiological evidence from prospective studies. *Asia Pac Psychiatry*. 2018;10(4):e12335.
122. Grosso G, Micek A, Marventano S, et al. Dietary n-3 PUFA, fish consumption and depression: a systematic review and meta-analysis of observational studies. *J Affect Disord*. 2016;205:269–281.
123. Wu S, Ding Y, Wu F, Li R, Hou J, Mao P. Omega-3 fatty acids intake and risks of dementia and Alzheimer's disease: a meta-analysis. *Neurosci Biobehav Rev*. 2015;48:1–9.
124. Zhou Y, Tian C, Jia C. Association of fish and n-3 fatty acid intake with the risk of type 2 diabetes: a meta-analysis of prospective studies. *Br J Nutr*. 2012;108(3):408–417.
125. Yang H, Xun P, He K. Fish and fish oil intake in relation to risk of asthma: a systematic review and meta-analysis. *PLoS One*. 2013;8(11):e80048–e80048.
126. Smith MR, Singh GM, Mozaffarian D, Myers SS. Effects of decreases of animal pollinators on human nutrition and global health: a modelling analysis. *Lancet*. 2015;386(10007):1964–1972.
127. Golden CD, Allison EH, Cheung WW, et al. Nutrition: fall in fish catch threatens human health. *Nature*. 2016;534(7607):317–320.
128. Ohashi W, Fukada T. Contribution of zinc and zinc transporters in the pathogenesis of inflammatory bowel diseases. *J Immunol Res*. 2019;2019:8396878.
129. Ruz M, Carrasco F, Rojas P, Basfi-Fer K, Hernandez MC, Perez A. Nutritional effects of zinc on metabolic syndrome and type 2 diabetes: mechanisms and main findings in human studies. *Biol Trace Elem Res*. 2019;188(1):177–188.
130. Wiseman EM, Bar-El Dadon S, Reifen R. The vicious cycle of vitamin a deficiency: a review. *Crit Rev Food Sci Nutr*. 2017;57(17):3703–3714.
131. Shipton MJ, Thachil J. Vitamin B12 deficiency: a 21st century perspective. *Clin Med*. 2015;15(2):145–150.

132. Cherr GN, Fairbairn E, Whitehead A. Impacts of petroleum-derived pollutants on fish development. *Annu Rev Anim Biosci*. 2017;5(1):185–203.
133. Agyemang C, Meeks K, Beune E, et al. Obesity and type 2 diabetes in sub-Saharan Africans: is the burden in today's Africa similar to African migrants in Europe? The RODAM study. *BMC Med*. 2016;14(1):166.
134. Whitmee S, Haines A, Beyrer C, et al. Safeguarding human health in the Anthropocene epoch: report of the Rockefeller Foundation–Lancet Commission on planetary health. *Lancet*. 2015;386(10007):1973–2028.
135. Haines A, McMichael AJ, Smith KR, et al. Public health benefits of strategies to reduce greenhouse-gas emissions: overview and implications for policy makers. *Lancet*. 2009;374(9707):2104–2114.
136. Ürge-Vorsatz D, Herrero ST, Dubash NK, Lecocq F. Measuring the co-benefits of climate change mitigation. *Annu Rev Environ Res*. 2014;39(1):549–582.

第8章

環境変化，移住，紛争，健康

環境変化は人々の生活を取り巻く状況を不安定にし，人間が経験し得る最も辛い2つの事柄，強制移住と紛争の原因となる．本章ではハリケーン，津波，地滑り，洪水などの突発的な事象から，干ばつ，砂漠化，海面上昇，浸食，土地の劣化などの徐々に発生する事象に至るまでのさまざまな環境破壊が移住，紛争，健康にどのように影響を与えるかについて詳しく見ていく．

移住も紛争も複雑な現象であり，それぞれに複数の原因がある．移住にせよ，紛争にせよ，それを引き起こす要因が環境変化だけであることはめったにない．しかし，歴史上で実際に起きた事例や近年の悲劇的な事象を見れば，移住や紛争，またはその両方をもたらす原因となる人口的および経済的ストレス要因，ガバナンスやインフラの不備，その他の問題が環境圧力によって増幅されていることは明確である．そのため，このような地球規模の課題に取り組む際には，環境という視点を取り入れることが重要である．

まず，環境変化とそれが移住や紛争に及ぼす影響について過去と現代のさまざまな事例を見ていく．その後でこのような現象に対する私たちの理解が，それらを未然に防ぎ，その被害を軽減し，実際に生じた場合にレジリエンス（適応回復力）と復興を支えるうえでどう役立つかを考えながら，移住と紛争について議論する．

環境変化，移住，紛争 —— 過去と現代の事例

環境変化（特に気候変動），移住，紛争，健康の関連性を検討する文献は増え続けており，それらを通して私たちは多くの事例を知ることができる[1-3]．ここでは問題の複雑性を示す，古代から現代までの6つの出来事について記述する．

古代プエブロ人

古代プエブロ人（アナサジとも呼ばれる）は3000年以上昔から米国南西部のフォー・

コーナーズ地域に居住していた．共通紀元約700年から何世紀かの間，規則的な降雨により農業が安定したおかげで人口が増え，文明が栄えた．何百kmという道で結ばれた広大な集落には5階建て相当の高さの石造建築物があった．しかし共通紀元約1200年以降，激しい暴力行為が発生し，やがて人々がその集落を放棄して別の場所（行き先は不明）へと移ったために文明が崩壊した．この原因については考古学者間で意見の対立が見られるものの，その地域は13世紀末に長期間の深刻な干ばつに見舞われ，広い範囲で森林破壊が発生したことが判明している[4]．その結果，資源が枯渇し，おそらくそれが原因で紛争とそれに次ぐ移住が起きたものとみられる．同様の圧力が11世紀のマヤ文明の崩壊ももたらしたと考えられている[5]．

アイルランドのジャガイモ飢饉（ききん）

アイルランドのジャガイモ飢饉は，アイルランド史上，最も大きな災害の1つだった．アイルランドの土壌で育ちやすく，カロリー面での価値も高いため，ジャガイモは18世紀後半までにアイルランド各地において主要な作物となっていた．1840年代初期，メキシコ由来とされるジャガイモ疫病菌（*Phytophthora infestans*）が欧州に持ち込まれた．1845年，アイルランドの冷たく湿った環境がジャガイモの枯死の急速な拡大を助長し，その結果，ジャガイモの大凶作が起きた[6]．1種類の作物に過剰依存していたことや，当時の英国の非人道的な政策などの複数の要因が枯死の影響を拡大させた．この「大飢饉」では，最終的に大規模な飢餓で推定100万人が死亡，推定200万人が移住を余儀なくされた．飢饉前は800万人だったアイルランドの人口は，今でも以前の水準まで回復していない[7]．

オクラホマ州のダストボウル

1930年代に至るまでの数年間，技術革新（トラクター使用による大量生産）や第一次世界大戦中の小麦価格の上昇に刺激されて，米国のグレートプレーンズ（訳注：北米大陸中西部の大平原）の南部では農業の機械化が爆発的に進んだ．はるか遠くまで広がる乾燥した草原は農地に転換された．これまで手つかずだった表土を深く耕したため，何千年にもわたって土を固定し水分を逃さずに閉じ込めてきた草の根が掘り返された．その時代に一般的だった農業技術では，休耕期間を設けず農地を耕すと，雨がより土に浸透しやすく土中にとどまりやすくなると信じられていたからである．しかし実際は異なり，農地が干からび，風によって細かい土埃（ぼこり）が吹き飛ばされた[8]．巨大な土埃の嵐が空を真っ黒に覆い，大量の表土が失われた．1929年に大恐慌に見舞われたとき，わずかな利益で農業を営んでいた者たちは，水分も土壌も保てず土埃だらけとなった畑を残して自分たちの土地から立ち去った[9]．土埃の嵐と干ばつは，以前からグレートプレーンズ気候帯の特徴だった[10]．だが，当時の農業のやり方は，そ

図8.1　1930年代のダストボウル時代に移住を強いられた人々を写し出す象徴的な写真

［出典］Dorothea Lange/米国議会図書館

の時代の経済状況と相まって，典型的な干ばつを環境危機にまで拡大させた[11]．大規模な経済崩壊も続いた．1930年代に推定350万人がオクラホマなどグレートプレーンズの州を去った．これは米国史上，最も大規模な国内移住の例である（**図8.1**）．

ダルフール紛争

ダルフールはスーダン西部の山岳地帯と乾燥した高原からなる面積がスペインほどの地域で，降雨パターンが非常に変わりやすいところだ．ダルフールの人口は20世紀後半から21世紀にかけて急速に増加し，1973年には130万人だった人口が2008年には750万人になった．1960年代まで十分にあった降水量は徐々に減っていき，次第に乾燥した状態へと移行し，最終的には1970年代に長期にわたる干ばつが始まった．この傾向はおそらく気候変動によって強まったと思われる[12, 13]．こうした変化は，ダルフールの2つの集団間で長く続いている土地を巡る争いがある中で生じた．アフリカ系の定住農耕民が中心の集団とアラブ系の遊牧民が中心の集団である．2003年に戦争が勃発し，10年以上の間，激化と沈静化を繰り返し，推定30万人の死者を出したが[14]，その多くは飢餓によるものだった．21世紀初期の世界最大の人道危機の1つといわれるこの紛争によって，200万人以上が移住を強いられた．スーダン国内にとどまる者もいれば，チャドなど近隣の国々に移る人もいた（**図8.2**）．ダルフールは「近年の気候変動による初の紛争」[15]と呼ばれており，環境的なストレス要因が紛争と移住の原因となった例としてしばしば引き合いに出される．例えば，国連環境計画はダルフールでの「土地の劣化・砂漠化と紛争には非常に強い関連がある」と結論づけた[16]．しかし，気候と紛争の関連について過度に決定論的な見方をすることに対して注意を促す声もある[17]．気象データによると，紛争が起きる直前の数年間の降水量は平均以

図8.2　ダルフール紛争によって移住を強いられた200万人を超える人々．スーダンやチャドにはこうした大きな避難所が現れ，複雑な人道危機であることを示している．
［出典］Daniel Dickson (EC/ECHO), Creative Commons, license CC BY-SA 2.0

上だったことや，最も深刻な干ばつは紛争が始まる20～30年前に起きていた[18, 19]．おそらくもっと重要なのは，首都ハルツームに拠点を置く政府が伝統的な土地所有制度を廃止してしまったことなど，他の多くの事柄が大きな原因となっていたことだ．よって，戦争が気候変動により起きたとする単純な考えは，紛争に対するスーダン政府の責任をあいまいにすると批判されている．干ばつは紛争の一因ではあったものの，因果の経路は複雑であり，複数の要因が絡んでいる[19-21]．

中米からの移住

米国への不法移民は2016年までの10年間で全体的には減少したが，その期間，中米，おもに北部三角地帯の国々であるグアテマラ，ホンジュラス，エルサルバドルからの非正規移民は37万5000人増加した[22]．最も衝撃的だったのは，2018年の終わり頃に中米から数千人の移民が米国に向けて出発したときだった．この移民の「キャラバン」に加わった家族連れや同伴者のいない子どもたちは米国とメキシコとの国境にたどり着くまで4000 kmもの長い距離を歩き，国際的な注目を集めた．こうした移住を生じさせる推進要因としてよく引き合いに出されるのは，暴力，麻薬カルテル，貧困，不安定な政権などだが，メディアがほとんど見落としていた環境的な推進要因も2つある．1つ目は，2011年から始まったコーヒーさび病菌（*Hemileia vastatrix*）の大流行がラテンアメリカ全体，中でも中米において壊滅的な打撃を与えたことだ[23]．気温の上昇によって病原菌が以前より高緯度の地域でも繁殖するようになった．もう1つは，2015年のエルニーニョ現象が深刻な干ばつをもたらし，農業分野での損失を増大させたことだ．コーヒー生産に携わる170万人以上の労働者が職を失い，経済的損失は推定32億ドルに達した[24]．これは農業への依存度が高い経済にとっては大きな打撃である．この2つの出来事が社会的，経済的緊張の根底にあり，移住へと導く圧力となった．

チェサピーク湾

米国バージニア州の沖合に浮かぶ，小規模だが歴史的に重要なタンジール諸島は，すでに気候変動の影響に直面している．これら標高の低い島々は，チェサピーク湾のバージニア州領域にある島としては最後の有人島で，2010年の国勢調査の時点では727人が暮らしていた．海面上昇と海岸浸食のために，島民はタンジール諸島の1つであるアッパーズ島を去らざるを得なくなった[25]．2015年の米国陸軍工兵隊による研究は，早ければ2040年にも本島を放棄する必要性が生じるかもしれないと予測している[26]．チェサピーク湾の他の島で見られた過去の事例から考えると，島の人口が地域社会の活動を支え，希望を維持するのに必要とされる最少数を下回ったら，島民は島に物理的に住めなくなるよりも前に島を手放す可能性がある[27]．タンジール諸島の住民はこれまで，1850年以降に3分の2以上が消失している島の陸地面積の減少は気候変動が原因であるとする見解を拒んでおり，島の保全のために防波堤の建設を主張している[28, 29]．この難しい状況は，危険にさらされている沿岸地域の住民がその場所を離れたがらない場合に迫られる苦渋の決断を示す例である．

環境変化，移住，紛争 —— 中心となる概念

以上の事例が示すように，環境変化は人々の移動や武力紛争と関係する．そこで，いくつかの区別が重要になる．

1つ目は，移住や紛争の潜在的な前兆（第一要因）と，引き金となる出来事（第二要因）との区別である．第一要因は長期にわたる構造的な要因で，例えば人口動態の変化や経済成長のパターンなどがある．これらは単独では大規模な移住や武力紛争の原因とはならないかもしれないが，それらを引き起こす他のさまざまな衝撃の土台となる[30]．第二要因は，移住や武力紛争のきっかけとなる出来事である．これには脆弱なガバナンス，貧困，不平等，失業，不安定な政治情勢が含まれる．環境変化は多くの場合，このカテゴリーに当てはまる[31]．

関連して，移住や紛争を後押しする環境的な推進要因として緩慢に始まるものと急激に始まるものとの区別も必要だ．急激に始まる推進要因には，ハリケーン，津波，地滑り，洪水などの自然災害や環境災害などがある．一方，緩慢に始まる推進要因は干ばつ，砂漠化，海面上昇，浸食，土地の劣化といった長期間で変化するものだ．急

激に始まる災害の最近の例として，2005年のハリケーン・カトリーナや2017年のハリケーン・マリアがある．ハリケーン・カトリーナによってニューオーリンズ市のおよそ75%が浸水し，市の人口の半分以上に相当する約25万人が移住を余儀なくされ，湾岸地域全体からは100万人もの人々が他の地域へ移っていった[32]．プエルトリコではハリケーン・マリアが島を襲い，生活に不可欠なインフラの大部分を破壊した．プエルトリコ全土で推定3000人以上が死亡し[33]，人口の10%を大幅に上回る40万人近くが島を離れたと考えられる[34]．これらとは対照的に，古代プエブロ人と中米の人々の移住は緩慢に始まった環境的な推進要因，そしてダルフール紛争は緩慢に始まった紛争の推進要因のそれぞれ典型的な例である．

移住 —— その背景となるもの

移住は人間の生活様式として，はるか昔から存在する．研究者は人が移動を決心する際に影響する経済，政治，社会，人口，環境の5つの分野の推進要因を挙げている[31]．経済的要因は貧困，不安定な収入，賃金格差などで，これらはすべて経済的機会が少ない地域から多い地域への移住を誘発する．政治的要因は，貧弱あるいは機能不全に陥っているガバナンス，不安定な政治情勢，紛争などである．社会的要因は，ダウリー（結婚持参金）のための資金稼ぎ，教育機会，ディアスポラ・コミュニティ（訳注：元の国家や民族の居住地を離れて暮らす国民や民族の集団）と再統合する必要性などといった，家族や文化的規範である．人口学的要因には，出身地での人口増加によるさまざまな機会の縮小や，移民の受け入れ地域での高齢化に伴う新たな労働力需要の発生などが含まれる．環境的要因としては，海面上昇や暴風雨などの脅威や，干ばつや土壌劣化などの生態系サービス（第4章p.90の脚注を参照）の消失が挙げられる．前述のとおり，移住を促す環境的な推進要因は突発的に生じることもあれば，徐々に発生することもある．そのうえ，移住を促す要因は相互に作用し合う（**図8.3**）．例えば，環境悪化は貧困を引き起こすかもしれず，それがさらに移住を引き起こす要因となる．このような複雑さゆえに，移住を促すさまざまな推進要因のもつれを解きほぐすのは困難なことが多く，学者間でもアプローチが異なる．人口学者は人口構成に，経済学者は貧困と所得格差に，地理学者は環境変化にそれぞれ焦点を当てる傾向がみられる．

国際移民の数は世界的に増え，2000年の1億7300万人から，2010年には2億2000万人，2017年には2億5800万人になった．国際移民の移住元として人口あたりの数が最も多い地域は欧州で，次いでラテンアメリカ・カリブ海地域，アフリカ，そしてアジアの順となる（**表8.1**，**図8.4**）．近年では南から北への移住（特に，米国とメキシコの国境と欧州内）が注目されているが，移動の大多数は南から南，そのほとんどが同じ地域内での国際移動となっている．アフリカとアジアでは，国際移民全体の80%が今住んでいる地域で生まれた人々である[35]．欧州内で各国に入ってくる移民では，

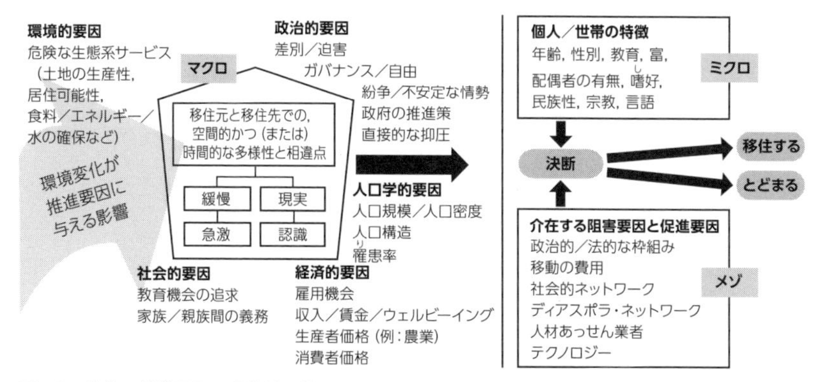

図8.3　移住の推進要因．環境的な推進要因は，社会的，政治的，経済的要因と相互に作用し，移住に関する世帯レベルでの意思決定を導く．こうした推進要因は複雑な形で互いに影響し合う．

［出典］The Government Office for Science, London. *Foresight: Migration and Global Environmental Change-Final Project Report*. 2011. https://assets.publishing.service.gov.uk/government/uploads/system/uploads/attachment_data/file/287717/11-1116-migration-and-global-environmental-change.pdf

表8.1　世界の地域別，移住元と移住先における国際移民の人口比（2017年）

地域	人口（100万人）	流出人口（国外へ出ていく人）人口（100万人）	流出人口の対人口比（%）	流入人口（国外から入ってくる人）人口（100万人）	流入人口の対人口比（%）
アフリカ	1256	36	2.9%	25	2.0%
アジア	4504	106	2.4%	80	1.8%
欧　州	742	61	8.3%	78	10.5%
ラテンアメリカ・カリブ海地域	646	38	5.8%	10	1.5%
北　米	361	4	1.1%	58	16.0%
オセアニア	41	2	4.6%	8	20.7%
不　明	—	11	—	—	—
全世界	7550	258	3.4%	258	3.4%

四捨五入をしているため，縦列の各欄を足しても合計欄（全世界）の数値にはならない．

［出典］UNDESA. *International Migration Report 2017*. New York, NY: United Nations Department of Economic and Social Affairs; 2017. https://www.un.org/en/development/desa/population/migration/publications/migrationreport/docs/MigrationReport2017_Highlights.pdf

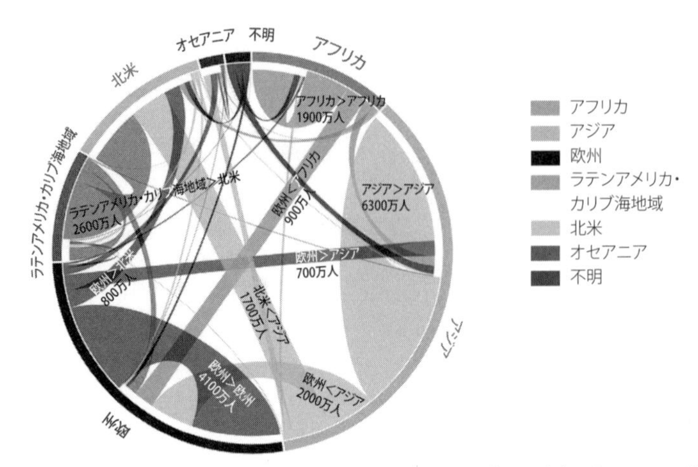

図8.4　移住元と移住先の地域によって分類した国際移民の人数（2017年）．米国とカナダは北米に，メキシコはラテンアメリカ・カリブ海地域にそれぞれ含まれる．

［出典］United Nations Department of Economics and Social Affairs. *International Migration Report 2017*. ST/ESA/SER.A/403. New York, NY: UNDESA; 2017

欧州出身者の数がアフリカとアジアの出身者を合わせた数よりも大きい．大量移住はグローバル・サウスからグローバル・ノース*に向かうという富裕国が持つ認識は，データによる裏づけがない[36]．

移住と環境変化

歴史上，干ばつ，土壌の劣化などの環境圧力は，人間の移動を引き起こす要因であった．旧約聖書には，4000年前にカナンの地で起きた長引く干ばつと飢饉がヤコブとその息子たちをエジプトに向かわせた様子が描かれている．先に述べたとおり，1930年代のダストボウル時代には，干ばつ，強風，不適切な土壌管理のために350万人の米国人が別の土地へと追いやられた．

人新世（第1章p.8の脚注を参照）においては，干ばつと海面上昇だけが移住の潜在的な推進要因というわけではない．花粉媒介動物の減少，暴風雨，猛暑，土壌流出をはじめとする，さまざまな推進要因が人々を移住へと向かわせる．これまでの研究で，メキシコの作物の低い収穫量が人々を米国へと駆り立てる推進要因となったこと[37]，サハラ以南のアフリカで異常気象が地方から都会への移住を加速化させていること[38]，

＊ 訳注：グローバル・ノースとグローバル・サウスは地理的に南北半球にある国々を指すのではなく，経済的に富裕国と貧困国を分類するものである．グローバル・ノースは米国，欧州，カナダ，ロシア，イスラエル，オーストラリア，シンガポール，日本，韓国などの先進国，グローバル・サウスはアフリカ，ラテンアメリカ・カリブ海諸国，太平洋諸島，中東，アジアの発展途上国を指す．

パキスタン[39]とインドネシア[40]では熱性ストレスが人々の村離れを促していることが示されている．気候変動に後押しされ，ベトナムのメコン川デルタ地帯，モザンビークのリンポポ川沿いの地域，アラスカの海岸地方，内モンゴル自治区，そしてパプア・ニューギニアのカーテレット諸島からブーゲンビル島において再定住の動きが増えている[40,41]．しかし，移住の推進要因とそれ以外の要因が果たす役割についても考慮しなければならず，環境的な要因が単独で作用しているとはいえない（図8.3参照）．移住の決断は，移民の受け入れ地域での社会的ネットワークや移民政策，移住後の生活再建に役立つ援助の水準にも影響されるからだ．

環境要因の影響を受けた移住は，いくつかのパターンに分類できる（**Box 8.1**，**図8.5**）[42]．図8.5の右下にあるのは労働移住である．これは環境変化のために地元での暮らし向きが悪化し，どこか別の場所でより良い機会を求める「生態学的・経済的移民」とも呼べる．このパターンでは世帯のうち1人だけが移住することが多く，たいていは一時的（季節ごと，あるいは長期間にわたるもの）であり，多くの場合，家への送金を伴うのが特徴だ．その左隣に強制移住がある．これは災害や，切羽詰まった状況から逃れるものである．このような移民は一般的に，避難所や親類の家など，とりあえず生活ができる最も近い場所に移動する．このパターンの移民は，元いた場所とつながりを持ち続ける傾向がある．急激に始まる環境変化は特に，通常は短期の短距離での移住を促し[43,44]，移住しても条件さえ許せばすぐに元の場所に戻ってくる傾向がある[36]．さらにその左隣は避難と再定住で，今の生活様式をこれ以上維持できない沿岸地域や小島嶼（とうしょ）国（訳注：小規模な島や低地からなる領土を持つ国）などを後にし，別の土地に永住するパターンである．最後に，左下の囲みに当てはまるのは移動の力や資源を持たない人々，いわゆる閉じ込められた人々を指す．図8.5の下に2か所，現状適応というカテゴリーがある．これは移住できない，またはしたくないため，今の場所にとどまり何とか対処しようと最善を尽くす人々のことである．

Box 8.1　強いられた移住に関する用語

- **移民**：元々住んでいた場所以外の場所へ永久的（または半永久的）に移り住んだ人．
- **強制的（または非自発的）移民**：強制的に地元を離れて別の場所に避難した人．原因としては，自然または人為的な環境災害，飢饉，開発事業，人身売買や密入国組織などがあり得る．
- **非正規（または未登録，無認可）移民**：入国方法を問わず，現在の滞在資格が受け入れ国の移民法に適合しない移民．
- **国内避難民**：特に武力紛争，暴力，人権侵害，災害が原因で元いた場所からの避難を強いられている人で，国境を越えていない者．

- **難民**：人種，宗教，国籍，特定の社会集団への所属，政治的見解を理由に迫害を受ける十分な恐れがあることにより，国籍のある国からの避難を強いられ，かつ受け入れ国により難民認定された者．1951年の「難民の地位に関する条約」に基づいて法的に認められた呼称．
- **庇護希望者**：受け入れ国の移民当局に難民としての保護を申請しており，1951年の「難民の地位に関する条約」に基づいた難民認定を待っている人．
- **環境移民（または気候移民）**：突発的または長期の環境の悪化のために居住する地域から去ることを強いられた人．この用語は，環境の悪化が移住の一因ではあるものの主因ではない場合に議論の的となる[a]．
- **マネージド・リトリート（管理された退去）**：海面上昇などの危険から深刻な影響を受ける前に，地域コミュニティやインフラを計画的に危険地域（通常は沿岸地域）から安全な地域へと移動させること[b]．
- **災害避難民プラットフォーム**：災害や気候変動に見舞われて国境を越えて移住せざるを得なかった人々を保護するために自発的に始まった，複数の政府と市民社会による新しい取り組みのこと．これに先立って行われたナンセン・イニシアチブという取り組みの後継として2016年に始まった．

Urquia ML, Gagnon AJ. Glossary: migration and health. *J Epidemiol Community Health*. 2011;65:467–472より改変．

参考文献

a. Dun OV, Gemenne F. Defining “environmental migration.” *FMR*. 2008:10–11.
b. Hino M, Field CB, Mach KJ. Managed retreat as a response to natural hazard risk. *Nat Clim Change*. 2017; 7(5):364.

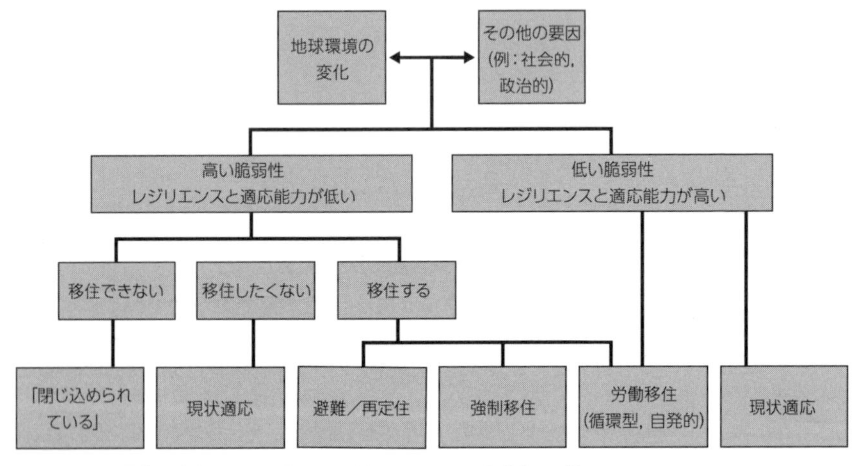

図8.5　地球環境の変化とそれに関連する推進要因から見た移住のパターン

［出典］Brzoska M, Fröhlich C. Climate change, migration and violent conflict: vulnerabilities, pathways and adaptation strategies. *Migr Dev*. 2016;5 (2) :190–210より改変

人々は社会的ネットワークに支えられている[45]．このようなネットワークは移住するかどうかの決断において大きな役割を果たす．移住元の社会的，文化的な圧力が移住に好意的である場合に限り，環境変化の弊害を受けている人は別の土地への移住を検討し始める[46]．

富の水準は移住の重要な決定要因だ．貧しい暮らしの人は資源を持つ人に比べて移住することが難しい．貧困は突発的，あるいは長期間にわたる環境のストレス要因に対する脆弱性を高め，地域コミュニティの適応能力を制限してしまう．それだけでなく，こうした変化を受けた際に別の場所へ移住する能力をも制限し，今いる場所に閉じ込めてしまう（**図8.6**）[47]．例えば，アフリカの農民は通常，土壌の質が下がるとどこか別の場所に仕事を求めて移住するが，ウガンダの農民に関する研究ではその反対のことが示された．つまり，土壌の質の低下とともに移住が減少した．これは，土壌の劣化の影響を受けた家族には，家族の誰かを職探しに送り出すための資金がないた

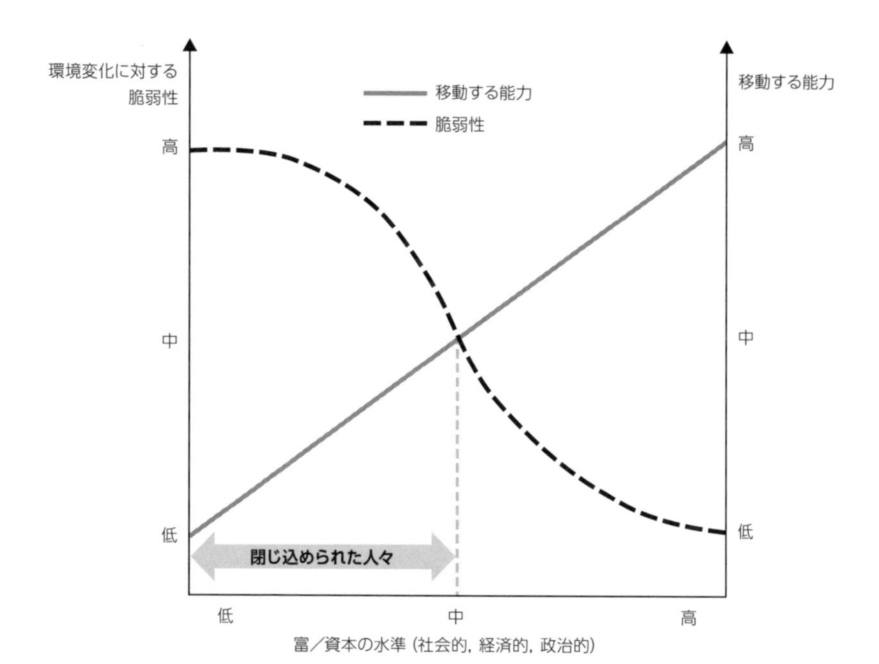

図8.6　貧困と気候変動に対する脆弱性：「閉じ込められた人々」の現象．資源が乏しい人々（グラフの左側）は環境変化による2種類のリスクに直面する．環境的リスクが増大しても今の場所から離れる経済力がないことと，資源が限られるために環境変化に対する脆弱性が高いことの2つだ．こうした人々は，環境変化に対して脆弱な場所に閉じ込められてしまうことが多い．

［出典］The Government Office for Science, London. *Foresight: Migration and Global Environmental Change—Final Project Report*. 2011. https://assets.publishing.service.gov.uk/government/uploads/system/uploads/attachment_data/file/287717/11-1116-migration-and-global-environmental-change.pdf

めだった[48].

移民は多くの場合，元いた地域社会との結びつきを持ち続けている．そのつながりの1つは送金という経済的なものであり，これが元の地域社会のレジリエンスを高めるのに役立つ[49]．もう1つのつながりは社会的なものである．どこか別の場所に居を移す必要がある人は，移住先に家族や友人がいることで移住をしようという気になる[2]．社会的資源はまた，受け入れる側と送り出す側の両方の地域社会をつなぐ移民ネットワークという形をとって，家族や地域社会の適応能力を強化する．ダストボウル移民を調べた研究によると，雇用や居住の機会に関する情報を与えてくれる社会的ネットワークを持つ人のほうが，経済的資源や社会的ネットワークが少ない人よりも暮らしが順調だった．資源やネットワークが少ない人は，線路沿い，幹線道路沿い，川べりのような危険な場所に掘っ立て小屋を立てて暮らす場合が多かった[50].

貧困は，強制移住の後，元の場所に戻る能力をも制限し得る．例えば，ハリケーン・カトリーナがニューオーリンズ市を襲ったとき，アフリカ系米国人の多くは同市の低い場所に住んでいた．家屋へのダメージのレベルがより深刻で，生活再建のための資金がより乏しかったという2つの困難に直面し，災害後も市に戻ることができなかった人が多数いた[51].

移住は最終手段，つまりある種の失敗として捉えることもできれば，適応のための解決策として前向きに捉えることもできる．特に，計画され管理された移住の場合，被害を受けやすい状況からより安全な場所へと移動することとなる[47,52,53]．集団の計画的な移住はマネージド・リトリート（管理された退去）として知られ（この用語は敗北を思わせる響きがあるため，物議を醸している．より偏りのない同等の用語としては，「計画的な移住」や「管理された居住地転換」などがある）[54]，海岸沿いの少数の住民やいくつかの島の住民がこれを実行したことはあるが，マネージド・リトリートを沿岸都市などのより大きな居住地に対して行うことは，まずめったに考えられない[55].

移住は実行可能な適応の形態ではあるが，適応が不完全なものとなる場合もある．これが生じる状況には少なくとも2通りある．1つは，経済活動の中心である若い人々が，例えば干ばつなどの環境的な圧力を受けている地域を離れた場合，その地域社会は技術や知識の不足によりレジリエンスが低いまま，そして種まきや収穫などを行う能力が低いままになってしまう[56]．もう1つは，多少なりとも環境的な圧力に押されて地方から都市へと移動する場合，困ったことに，よりリスクの大きい場所に移住せざるを得ない可能性がある[57]．第13章で述べるように，海面上昇や激しい気象現象，高温などの危険に対する脆弱性が高い都市は多い．

研究者の中には，進行する地球環境の変化，特に気候変動とともに起こり得る移住の程度を予測しようと試みる人もいる．例えばシアンとソベル[58]は，温度勾配は熱帯地方では小さいため，気温上昇から逃れるためには長い距離を移動する必要があり，短距離移住を典型的な行動様式とする見方の修正について触れている．彼らの予想では，今世紀末までには世界人口の12.5%（そのほとんどが熱帯に住んでいる）が，安定した気温を確保するために1000 km以上移動しなければならない．これは熱帯の周辺やそれを越えた地域への大規模な移住を意味する．世界銀行の報告書は，2050年までにはサハラ以南のアフリカ，南アジア，ラテンアメリカの全地域において1億4300万人が自国内での移動を強いられ，気候や開発に関する効果的な活動の妨げにもなると予測している[59]．もちろん，こうした予測にはかなりの不確定要素が含まれている．例えば，各地域で適応が起きることでこうした移住の大部分を未然に防ぐことができるかもしれない．このような予測は，今後数十年に地球の変化が移住に及ぼし得る多大な影響と，そうした予測を取り巻く不確実性の両方を浮き彫りにしている．

紛　争

第二次世界大戦が終わってから70年以上が経ち，武力紛争や集団虐殺で殺される人の数は全体として減少している．冷戦の終結以降，紛争の数も減った[60, 61]．しかし憂慮すべきは，世界の至るところで暴力は依然として発生し続けており，政治絡みの事件は2006年には278件だったのが，2016年には402件へと増えていることだ[62]．21世紀の紛争は従来のものに比べて規模が小さく，激しく，長期化し，過去の戦争と関係した特定の地域に集中して起きる傾向がある．最近の傾向は国家間の戦争から国内紛争や非国家による紛争へと移っている（**図8.7**）．

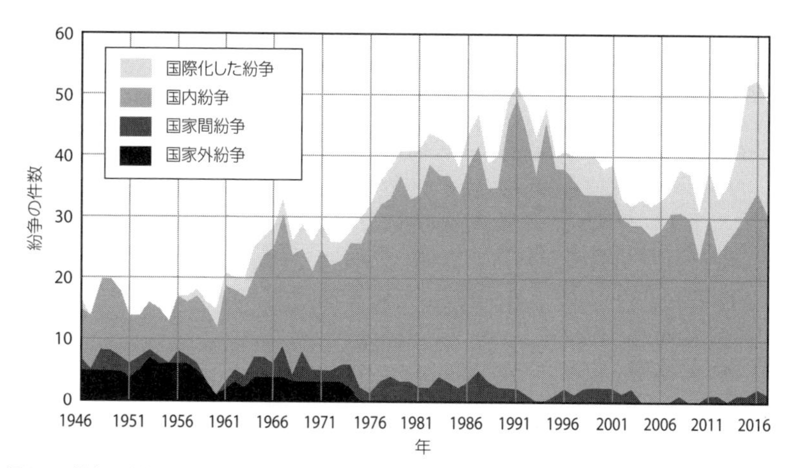

図8.7　紛争の種類別，世界の武力紛争の件数（1946－2017年）．国家外紛争（国家と非国家組織との紛争）と国家間紛争（2つ以上の政府間の紛争）が減少し，国内紛争（内戦）と国際化した紛争（第三の国家の介入がある紛争）が増加している点に注目．

［出典］Dupuy, Kendra & Siri Aas Rustad. Trends in Armed Conflict, 1946–2017. *Conflict Trends* 2018; 5. Oslo: PRIO. Creative Commons, license CC-BY

暴力的な衝突はBox 8.2や図8.7で示されているものよりもさらに複雑だ．対人暴力や犯罪といった個人の行動から，暴動，共同体内部での対立，暴力的な集団デモといった社会的な暴力や，組織的な軍事活動までと幅広い[63]．環境変化による紛争への影響を考えるときは，これらの違いをふまえることが重要だ．

Box 8.2 紛争に関する用語

- **武力紛争（または国家レベルの紛争）**：統治や領土を巡っての2つの集団間で起きる争いで，少なくともどちらかが政府であるもの．武力を行使し，暦年1年間で少なくとも25人の戦闘関連死を伴うもの．
- **異なる集団間の紛争**：宗教的または民族的なアイデンティティを持つ非国家集団間の紛争．ただし，より狭い意味でのアイデンティティが用いられる，村と村の衝突などが含まれる場合もある．
- **国家外紛争**：国家と非国家の政治組織との紛争で，国境の外側で起きるもの．
- **国家間紛争**：2つ以上の政府による武力を用いた紛争．
- **国内紛争（または内戦）**：政府と非政府集団との紛争で，外国による介入のないもの．その国の国境の内側で争われる（ただし周辺諸国に波及する恐れはある）．
- **国内紛争（外国による介入がある，または国際化したもの）**：政府と非政府集団との紛争で，片方または両方が他の政府から積極的な戦闘支援を受けるもの．
- **非国家集団間の紛争**：2つの組織化された武装集団間での武力行使で，1年間で少なくとも25人の戦闘関連死を伴うもの．
- **資源戦争**：国家間，国内，非国家間の暴力的な紛争であり，石油，水，土地，木材，鉱物などのきわめて重要で，価値の高い天然資源の支配権を巡る競争により引き起こされるもの．ただし，資源を巡る競争だけがこうした紛争を起こす要因ではないと考えられている．
- **戦争**：国家レベルの紛争で，暦年1年間で少なくとも1000人の戦闘関連死を伴うもの．

Uppsala University Conflict Data Program, Institute for Policy Analysis of Conflict; and Klare MT, Levy B, Sidel V. The public health implications of resource wars. *Am J Public Health*. 2011;101(9):1615–1619より改変．

環境変化と紛争

資源戦争という概念，つまり国家や非国家の団体が乏しい資源を巡って争うという考え方は直感で理解しやすそうに思える．数千年にわたる中東での水を巡る数々の戦争[64]から1941年のヒトラーによるソビエト連邦への侵攻（アゼルバイジャンの石油を求めたもの）に至るまで，歴史上の多くの紛争はそのような不和によって引き起こされてきた．水は多くの場所（ナイル川，ヨルダン川，チグリス・ユーフラテス川，インダス川など）で戦争の推進要因と指摘されてきた．木材や鉱物も同様である（鉱物に関し最も注目すべきはアフリカと東南アジアである）．

しかし移住と同じく，資源の乏しさと紛争の因果関係は複雑であり，複数の要因が絡み合っている[65]．前述したとおり，水や耕地の不足がダルフール紛争の原因となったかもしれないが，根底にある民族間の緊張や国の土地所有制度の変更も一因であった．同じように，深刻な干ばつや，ずさんな水管理，その結果として生じた農業分野での損失が，2011年に始まった壊滅的なシリア内戦の原因となったと考えられるが，宗派間の分裂やその地域で今も続いている革命，そしてアサド政権の政策も主要な原因だった[13, 66, 67]．国連環境計画は「環境的要因は仮にあるとしても，めったに単独では暴力的な紛争の原因にはならない」と結論づけた[68]．

国際的な規模で見ると，環境的な要因は暴力と関連があると思われる．高温は十分に研究されている要因の例である．実験室における研究から，高温は過敏性と攻撃性を誘発することが示されており[69]，観測データにより，犯罪や対人暴力は暑さに伴って増加することがわかっている．こうしたエビデンスの中には米国のクリーブランド，ボルチモア，フィラデルフィアなどの各都市での秩序を乱す行動や犯罪の時系列研究から得られたもの[70-72]や，多くの都市について前年比較によるデータから得られたもの[73]，さらに世界の暑い地域と涼しい地域との比較から得られたもの[74]がある．しかし，両者の関係は一貫性があると認められているわけではなく，関連性も単純ではない．気温が非常に高い場所では，人々は暑さから逃れようと避難するため，犯罪は実際のところ減少するかもしれない[75]．社会的状況，貧困，法の執行状況などの他の要因が，対人間の犯罪や暴力のレベルを決定づけるうえで，おそらく気温よりも大きく作用しているだろう[76, 77]．

しかし，対人暴力は，大規模な組織化された暴力とはかなり異なる現象だ．武力紛争を環境的な要因と関連づけることは可能なのだろうか．特に，広範囲に及ぶ地球環境の変化が起き，水，リン酸塩，農地，木材などの資源の潜在的な不足が見込まれると，天然資源を巡る紛争の脅威は増大するだろうか．

特定の状況において，環境的要因が暴力的な紛争のリスクを高めることはある．例えば一次産品の輸出に経済が依存している国は，そうした産品の入手が困難になり，それらが不平等に配分された場合，特に紛争に陥りやすいかもしれない．さらに紛争がいったん勃発すると，非常に価値の高い資源が対立する集団によって採取されたら暴力が長引くこともあり得るだろう．ダイヤモンド，カカオ，木材，鉱物といった資源は，シエラレオネ，リベリア，アンゴラ，カンボジアの武装集団によって活動資金を得るために使われてきた．このような価値の高い資源は「戦闘員の活動の方向を，戦いを継続させる資源の確保に向けさせることで，紛争そのものの力学を変えるように作用する可能性がある」[68]．

豊水年，渇水年，高温年などの異常気象と内戦との関連を示している研究もある[78-81]．アフリカの社会的紛争データベースを用い，20年以上にわたって6000事例を超えるアフリカの社会的紛争を分析した研究は，暴動，反政府暴力，組織的反乱，武力紛争など広範囲にわたる紛争のタイプについて検討した．その結果，降水量の変化が，規模の大小を問わず，政治的な紛争の発生に大きな影響を与えることがわかった[80]．こうした見解はアフリカのみに該当するわけではない．雨に関係する衝撃は，インドにおける宗教的な暴動[82]やブラジルにおける土地侵入[83]といった多様な紛争と関連づけられてきた．しかしながら，異常気象と紛争との関連性はあいまいとする研究結果もあり，一貫して見られるとは言い切れない[84, 85]．

以上のような見解に基づき，最近では地球環境の変化に関する議論は「安全保障化」，つまり国家の安全保障の問題の枠組みの中で捉えられるようになっている[86]．新マルサス主義という概念的アプローチは，資源の不足が不満や対立を深め，紛争を煽（あお）ると考える．別のアプローチは，機会費用に焦点を当て，人々は，不足の状態が広がり，他の経済的な選択肢が皆無に近く，失うものがほとんどない状況になると，暴力的行動への参加を決断しやすいと主張する[63]．そのような理論に基づいて，地球の変化が紛争の増加につながると予測した人もいた[61, 87]．こうした予測を裏づける実証的エビデンスにはさまざまなものが入り混じっているが，いくつかの結論は明確だ[88]．

1つ目として，資源の不足が紛争の唯一の原因となることは，仮にあるとしても，まれである．同時に作用する要因には，人口増加（資源を巡る競争が増える），貧困や所得格差，絶望感や限られた選択肢しかないという感覚，乏しい歳入や不正などにより政府が不足状態を緩和できない事実，根底にある政治的または民族的緊張などが含まれる[89, 90]．社会の繁栄，有能な政府，紛争を平和的に処理する機関が，集団間の紛争を未然に防ぐ[88]．紛争が勃発するには特定の条件がそろわなければならない．不満を持った人々が暴力的行為を起こせる民族的，宗教的，階級別の集団に加わっていたり，政治体制が人々の不満の平和的な表現を妨げたりする，といった条件だ[91, 92]．

2つ目として，資源の不足に関係した紛争のリスクは，アフリカの遊牧社会のような資源に依存した環境，つまり水，食料，土地の不足から人々を保護するものがほとんどない状況において最大となる[93]．環境悪化の影響を受けやすい地域社会は，外的あるいは内的な過程を経て結果的にいっそう貧しくなりやすい．この貧困によって紛争，生態系の大惨事，病気，経済的苦境などのさまざまな脅威に対する能力が低下してしまう．

3つ目として，環境的な圧力は国家間紛争よりも国家以外の組織による紛争につながりやすい．実際，ほとんどの専門家が資源の不足から国家間の戦争が生じるリスクは低いという考えに同意している[88]．

4つ目として，資源の不足と紛争との直接的な関連を示すエビデンスにはさまざまなものが混在しているとはいえ，資源の不足や災害は明らかに経済の低迷や経済的打撃を引き起こし，公共財を供給する機関を弱体化し，国家の衰退につながる政情不安をもたらし得る．その結果，紛争のリスクが高まる条件がさらに深刻なものとなる[94]．環境的な圧力が政情不安へとつながるという一連の流れは，ダルフール紛争，長年利用してきた草原の砂漠化に続いて起きた2012年のマリでのトゥアレグ反乱，5年間にわたる壊滅的な干ばつの後に起きた2011年来のシリア内戦などでも見られた．

5つ目として，資源の不足は紛争と関連づけられるが，逆の形も存在する．十分な資源があるために紛争が可能となったり，資源の不足が団結を生んだりする状況もある．大規模な軍事行動を開始するのは，資源の不足に直面している状況では難しい．戦闘員が入手できる資源はより乏しくなるし，乾燥した環境では十分に水がある環境に比べて戦いづらい．さらに，基本的ニーズが満たされていない人は暴力的行為に参加しにくい，または参加しようと思いにくいだろう[63]．例えばチンギス・ハンの帝国は，雨期がモンゴルの草原の生産性を高め，軍を招集して彼らに食料を提供できる期間にのみ拡大したと考えられている[95]．

条件が整っていれば，資源の不足や環境の悪化が大きな協力を生むこともある[96]．水不足については広く研究されており，協力（あるいは紛争）を予測する条件がきちんと説明されている．世界の276の国境をまたぐ流域に関する研究は，水に関する国際協力が紛争よりも多く見られ，それが急速な変化を緩和する組織能力に大きく左右されることを明らかにした[97, 98]．1997年から2009年までの地中海沿岸，中東，サヘル地域の35か国について水に関する紛争と協力の状況を調べた研究によると，水を巡る暴力的な紛争はまれであり，人口圧力，農業生産性，政治的安定性，経済発展などの他の媒介的な要因が水紛争を引き起こすリスクに強く影響するという[99]．

さらに，タイミング，深刻度，空間的な規模という3つの要因が水不足に対して協力が生じる可能性の有無と関連している．タイミングに関しては，水関連の紛争についての50年にわたる分析から，短期間の水不足は国家間の協力の増加と関連がある一方，長期間にわたる降水量の変動は紛争の発生の増加と関連があると指摘されている[100]．深刻度については，意外かもしれないが，深刻な不足のほうが中程度の不足よりも協力を生みやすい[101, 102]．最後の空間的な規模については，広大な地域にわたる水不足は，より狭い範囲で発生するものに比べて紛争に発展しづらい傾向が見られる[101, 102]．

移住と紛争の関係

移住が紛争の原因なのか

一般的に，移住と暴力的な紛争との強い関連を示すエビデンスはない[2, 42]．しかし例外はある．1960年代のエルサルバドルからホンジュラスへの移住は，ホンジュラスの側に圧力を与える結果となり，1969年の両国による「サッカー戦争」(訳注：同年6月22日の両国間の国際サッカー試合が対立を一挙に激化させるきっかけとなったため，この名で呼ばれる) の原因となった．また，環境悪化により生じた1980年代のバングラデシュにおける国内および国境を越えての移住は，インド側の受け入れ地域での暴力とバングラデシュ国内での内乱の両方を引き起こした[1]．紛争のリスクは受け入れ地域の資源が乏しいときや，受け入れ地域にすでに紛争が存在しているとき，さらには移民と受け入れ地域の人との間に民族的な緊張があるときに高まる[1, 42]．

実際には，移住が紛争の可能性を低くする場合もある．移住元での資源を巡る競争が減り，移住先からの送金を通じて適応能力が上がるというように，移住が安全弁として働く可能性がある．例えばマリ，モーリタニア，セネガルからの移民の家族への送金は出身地の経済を支え，環境変化へのレジリエンスを高めるのに役立っている[49]．

紛争が移住の原因なのか

逆の過程，つまり紛争が移住の原因となる過程についてのエビデンスのほうが多い．暴力の形態によって，移住を促す傾向は異なる．内戦が最も移住を引き起こしやすく，次が集団虐殺である．異なる集団間での暴力のようなより小規模の紛争が大規模な移住を引き起こすことはめったにない[93]．実際，国連難民高等弁務官事務所によれば，2018年半ばの世界の難民人口の半分以上は，戦争で引き裂かれたわずか3か国，アフガニスタン，南スーダン，シリアから生じた[103]．ソマリア[104]とモザンビーク[105]のような紛争下でのケーススタディは，たとえその背景に固有の重要な特徴があるにせよ，暴力に対する「移住という対処法」の役割を示す好例である．注目すべきことは，深刻な紛争状況にあってもほとんどの人々は住み慣れた土地を離れないということだ．移住率は意外なほどに低い．貧困 (移動する金銭の余裕がない) や予測のつかない暴力 (他の土地へと向かうルートがふさがれる) といった要因が，人々を今いる場所に踏みととどまろうという気にさせる[93]．紛争はそのような移住の唯一の推進要因ではない．国連世界食糧計画によると，暴力に食料不足が伴うと移住への圧力は著しく高まる[106]．

移住と紛争が健康に及ぼす影響

人間が耐え忍べるもののうち最も破壊的で辛い経験である移住と紛争は，多くの点で健康上の脅威となる．

紛争による健康へ影響

武力紛争は，健康の従来の概念をはるかに超えた形でウェルビーイングを揺るがす．専門家たちの言葉では，次のように表現されている．

> 戦争は人々の人生と環境にとって大きな悲劇となる．戦争は数ある大病よりも多くの死と障害の原因となる．戦争は家族，地域社会，時には国家や文化全体を破壊する．公共医療その他の社会福祉から人的資源や財源を吸い取る．安全な食料と水，電力，輸送，コミュニケーションなど，社会の健康を支えるインフラに損傷を与える．戦争は人権を侵害する．人々を元いたところから立ち退かせ，強制的に他の国へと移住させたり，自国における国内避難民の立場へと追いやったりする．戦争は感染症まん延の原因となる．戦争の思考様式は，暴力が葛藤や不和を解決する最善の方法だという考え方を肯定し，家庭内暴力，路上犯罪，その他，世界中の多くの暴力の原因となる．戦争やその準備は環境を汚染し，損ない，大量の再生不能な燃料やその他の資源を使う．要するに戦争は人々の健康だけでなく，社会の骨組みそのものにもダメージを与える[61]．

武力紛争が健康に与える広範囲に及ぶ影響について述べることは本章の扱う範囲を越えている．これに関してはタイパレ[107]や，レヴィとサイデル[108]が論じている．何よりもはっきりしているのは，武力紛争は戦闘員に対して負傷と死を強いる．さらに，争いによる暴力を通じて，また病気や飢えや性的暴力などの間接的な形で，民間人をも死に至らしめ，傷を負わせる．総死亡負荷を数値化するのは難しい．イラク戦争(2003～2006年）での総死亡数はおよそ10万～100万人と見積もられており[109]，正確な数字はおそらく50万人前後とされている[110]．民間人の紛争関連死の割合については議論があるが（また個々の紛争や集計方法に大きく依存するが)，おそらく過去の戦争に比べて現代の戦争のほうが高く，50～90％だと思われる[111]．民間人の負担の大部分は戦闘によるものではない．例えば1991年に湾岸戦争が勃発すると，イラクの乳幼児の死亡率は3倍に，下痢による死亡率が6倍に高まった[112]．関連して，1990年代のイラクにおける子どもの死亡は，通常時よりも推定で40万～50万人多かった[113]．

紛争が健康に及ぼす影響は，休戦と同時に終わるわけではない．死亡率および罹病率が非常に高い状況は，戦闘員と民間人のどちらにも見られる残留地雷問題から心的外傷後ストレスや外傷性脳損傷に至るまでの多様な要因により，長く続く．健康のために不可欠な保健施設や，上下水道設備，農業，学校などのインフラの破壊は，修復するのに何年もかかることがある．

移住による健康への影響

移民は一般的に，移住するという選択ができている段階で，移住しなかった人よりも健康面で勝っているかもしれない[114]．しかし何らかの問題のために移住させられた人々は，健康やウェルビーイングに関する数々の脅威に直面する[115]．これは，急激あるいは長期の環境悪化によって移住させられた人にはっきりと見られる共通性である[116, 117]．健康被害として最も重要なものは，感染症，栄養状態，メンタルヘルス，非感染症である．特に女性と子どもの間でリスクが高い（Box 8.3）．

Box 8.3　難民キャンプの女性と子どもの健康

紛争と移住は多くの意味で健康にとっての脅威となる．移住させられた女性や女児は特に影響を受けやすく，生きるうえで不可欠なリプロダクティブ・ヘルス・サービス（RHS：性と生殖に関する健康のためのサービス）を利用できない状況に日常的に直面している．

女性と子どもは，移住を強いられた人々の大多数を占めることが多い．例えば2016年と2017年にウガンダへ避難した100万人を超える南スーダンの人々のうち，85%以上が女性と子どもであった[a]．こうした状況下の女性には複数の脆弱な面があるとされる．強制移住，紛争による暴力，性的暴力に伴う心理的，身体的な後遺症に加え，医療へのアクセスの悪さ，エイズ（HIV/AIDS）などの感染症に対するリスク，栄養不足，教育を受ける機会の欠如，避妊その他のリプロダクティブ・ヘルスの手段に関する情報の無さなどだ[b, c]．文化的背景によっては，移住させられた女性は男性優位の力関係とそれによる無力化，早婚や多産を迫られる文化的圧力，医学的に必要であっても生じる帝王切開への抵抗，女性性器切除など，さらなる困難に直面する場合がある[d-f]．例えば2014年のセーブ・ザ・チルドレンの報告によると，ヨルダンで避難をしているシリア人女児の早期の強制結婚は，シリア内戦が勃発してからの3年間で倍増した[g]．こうした脆弱性が健康に及ぼす影響は難民キャンプに関する研究の中で明らかになっており，高い出生率（計画外妊娠の割合も高い），性感染症，妊娠合併症，妊産婦死亡，子どもの低体重と発育阻害の高い発生率，うつ病の高い発症率といった例が挙げられている[b, c, h, i]．

RHSには家族計画指導，定期的な出産前ケア，専門家による分娩対応，出産後の母子ケア，継続的に行われる教育とカウンセリング，さらに必要に応じて関連のあるメンタルヘルスケアや一般医療の提供が含まれる．こうしたサービスは，提供者のトレーニング，安定したサプライ・チェーンの管理，リプロダクティブ・ヘルスに関わる考え方や規範について人々を感化する支援活動によって強化されなければならない[j]．母子の健康を守る統合的アプローチの有効性は有力なエビデンスによって示されている[k]．

1990年代半ば以降，紛争と強いられた移住の影響を受けている女性へのRHSが不足していることに対し，世界的な注目が集まるようになった．1995年，国連機関，人道支援組織，学術機関，援助団体が集まって，危機的状況でのリプロダクティブ・ヘルスに関する機関間ワーキンググループが設立された（iawg.net参照）[l, m]．機関間ワーキンググループは，紛争や自然災害に見舞われた地域などでRHSに関するガイドラインを提供する．これには下記の項目を実現するために必須となる行動をまとめた，初期サービス・ミニマムパッケージ（MISP）が含まれている．

- RHSの提供を行う責任ある組織を指定する．
- 性的暴力による被害を防ぎ，また対処する．
- HIV感染を減らす．
- 母親と新生児の死亡と病気を防ぐ．
- 性と生殖に関する総合的な健康管理について計画し，理想的にはプライマリ・ヘルス・ケア（訳注：すべての人に健康を基本的な人権として認め，その達成の過程において住民の主体的な参加や自己決定権を保障する理念）に統合する形にする．

こうしたガイドラインの成果もあり，難民キャンプでのRHSの提供は時間とともに改善してきた．事実，医療へのアクセスや妊産婦死亡率などの健康指標が，難民が滞在している受け入れ国よりも難民キャンプ内のほうが良いという研究結果もある[n-p]．しかし難民キャンプ内でのRHSの欠点は根強く，研究対象となった多くのキャンプが完全にはMISPの基準を満たしていない[q, r]．障害としては，資金や熟練のサービス提供者の不足，医療を求めることの遅れ，そしておそらく最も多く見られるのが思想的，管理体制的，政策的な障害と，援助の提供者側に起因する悪しき影響である[s, t]．難民キャンプの人々のためのRHSは引き続き課題となっている．

参考文献

a. Robinson C. South Sudanese refugees in Uganda now exceed 1 million. United Nations High Commissioner for Refugees (UNHCR). 2017. https://www.unhcr.org/news/stories/2017/8/59915f604/south-sudanese-refugees-uganda-exceed-1-million.html. Accessed April 2020.

b. Austin J, Guy S, Lee-Jones L, McGinn T, Schlecht J. Reproductive health: a right for refugees and internally displaced persons. *Reprod Health Matters*. 2008;16(31):10–21.

c. Balinska MA, Nesbitt R, Ghantous Z, Ciglenecki I, Staderini N. Reproductive health in humanitarian settings in Lebanon and Iraq: results from four cross-sectional studies, 2014–2015. *Confl Health*. 2019;13:24.

d. Hattar-Pollara M. Barriers to education of Syrian refugee girls in Jordan: gender-based threats and challenges. *J Nursing Scholarship*. 2019;51(3):241–251.

e. Parmar PK, Jin RO, Walsh M, Scott J. Mortality in Rohingya refugee camps in Bangladesh: historical, social, and political context. *Sex Reprod Health Matters*. 2019;27(2):1610275.

f. Gee S, Vargas J, Foster AM. "The more children you have, the more praise you get from the community": exploring the role of sociocultural context and perceptions of care on maternal and newborn health among Somali refugees in UNHCR supported camps in Kenya. *Confl Health*. 2019;13:11–11.

g. Save the Children. *Too Young to Wed: The Growing Problem of Child Marriage among Syrian Girls in Jordan*. London: Save the Children; 2014.

h. Hashmi AH, Nyein PB, Pilaseng K, et al. Feeding practices and risk factors for chronic infant undernutrition among refugees and migrants along the Thailand–Myanmar border: a mixed-methods study. *BMC Public Health*. 2019;19(1):1586.

i. Falb KL, McCormick MC, Hemenway D, Anfinson K, Silverman JG. Symptoms associated with pregnancy complications along the Thai–Burma border: the role of conflict violence and intimate

partner violence. *Maternal Child Health J*. 2014;18(1):29–37.
j. Curry DW, Rattan J, Nzau JJ, Giri K. Delivering high-quality family planning services in crisis-affected settings I: program implementation. *Global Health Sci Pract*. 2015;3(1):14–24.
k. Singh NS, Smith J, Aryasinghe S, Khosla R, Say L, Blanchet K. Evaluating the effectiveness of sexual and reproductive health services during humanitarian crises: A systematic review. *PLoS One*. 2018;13(7):e0199300.
l. McGinn T, Austin J, Anfinson K, et al. Family planning in conflict: results of crosssectional baseline surveys in three African countries. *Confl Health*. 2011;5(1):11.
m. Girard F, Waldman W. Ensuring the reproductive rights of refugees and internally displaced persons: legal and policy issues. *Int Family Planning Perspect*. 2000;26(4):167–173.
n. Morgan SA, Ali MM. A review of methodology and tools for measuring maternal mortality in humanitarian settings. *Health Policy Plan*. 2018;33(10):1107–1117.
o. Tran NT, Dawson A, Meyers J, Krause S, Hickling C. Developing institutional capacity for reproductive health in humanitarian settings: a descriptive study. *PLoS One*. 2015;10(9):e0137412.
p. Pierce H. Reproductive health care utilization among refugees in Jordan: provisional support and domestic violence. *Womens Health (Lond)*. 2019;15:1745506519861224.
q. Whitmill J, Blanton C, Doraiswamy S, et al. Retrospective analysis of reproductive health indicators in the United Nations High Commissioner for Refugees post-emergency camps 2007–2013. *Confl Health*. 2016;10:3.
r. Krause S, Williams H, Onyango MA, et al. Reproductive health services for Syrian refugees in Zaatri Camp and Irbid City, Hashemite Kingdom of Jordan: an evaluation of the Minimum Initial Services Package. *Confl Health*. 2015;9(suppl 1):S4.
s. Hynes M, Sakani O, Spiegel P, Cornier N. A study of refugee maternal mortality in 10 countries, 2008–2010. *Int Perspect Sex Reprod Health*. 2012;38(4):205–213.
t. Hakamies N, Geissler PW, Borchert M. Providing reproductive health care to internally displaced persons: barriers experienced by humanitarian agencies. *Reprod Health Matt*. 2008;16(31):33–43.

感染症はさまざまな理由から懸念すべきである[118]．環境災害によって人々が突然，移住を余儀なくされ，難民キャンプや受け入れ準備の整っていない都市部など不安定なところにたどり着いた場合，新鮮な水や汚染されていない食料の入手，衛生施設の利用などに支障が生じ，食料や水を介する感染症（コレラ，赤痢，腸チフス，A型肝炎やE型肝炎など）のまん延を助長してしまう．過密状態は麻疹（ましん）（はしか），髄膜炎，急性呼吸器感染症，マラリアやデング熱などのベクター媒介性感染症の感染拡大につながる．マラリアの流行が少ない地域から多い地域への避難など，避難した先の地域でなじみのない病気のリスクに遭遇する人々は免疫上，無防備な状態であり，大きな危険にさらされる．痛ましくも集団移住と相関が見られる性的暴力は，性感染症のまん延を助長する．公共医療サービス，特にワクチン接種計画の中断は，麻疹などの病気にかかるリスクを増大させる．

栄養は，移住過程において不十分となりがちだ．移住のきっかけは元いた場所での食料の不足かもしれないが，行き着いた場所は経済的機会がほとんどない，あるいは援助プログラムによる食料供給が十分でないかもしれない[116]．その一方で移住は，送金を通して栄養不足を緩和するのに有効なこともある．2008年にエルサルバドルで起きた食料危機のとき，送金を得られる世帯の子どもは，送金を得られない世帯の子どもに対し，同年齢で比較した際，低身長となる割合が低かった[119]．

メンタルヘルスの問題は移民にとっての大きな懸念事項である．移住前の心的外傷によるものから，移住途中や移住後に直面するさまざまなストレス要因によるものまである．ストレス要因には「社会的ネットワークの崩壊，家族との別離，なじんだ社会環境の喪失，乏しい社会的つながり，帰属意識の低下，経済的困窮，不十分な住居，教育や雇用機会の少なさ，場合によっては強制収容」[116]などが含まれる．災害後など，移住が突発的だった場合，こうしたストレス要因は強まる[120]．うつ，不安，薬物乱用，心身症は，被災後の状況ではよく見られる（第9章参照）．受け入れ地域で歓迎してもらえず，社会的排除，差別，場合によっては訴訟に直面した際には，メンタルヘルスの問題はより深刻になる[121]．

非感染症は世界中で増加しつつあり，移民は場所を移動する際，この重荷を背負うことになる．問題の1つは，効果的な予防，検診，治療の継続が，移住に伴って途絶えてしまうことだ．いったん新しい環境に落ち着いた後でも，移民は公共医療サービスが利用しづらいこと（健康に関する知識の乏しさや言葉の壁の影響もある），収入の見通しが立たないこと，運動や食事のパターンが健康的でないことといった，さらなる困難が起こり得る．デンマークの研究では，同国のアフリカ，アジア，中東からの移民は，現地で生まれたデンマーク人よりも糖尿病の発症率が2.5倍も高かった[122]．

解決策

紛争と移住はどちらも環境変化への反応である一方，この2つは根本的に異なっている．暴力は決して望ましいものではないが，移住は賢明な適応反応にもなり得る．そのため解決策はいくつかに分類できる．

プラネタリーヘルスの枠組みで考えるなら，一次予防がきわめて重要といえる．世界経済の脱炭素化，耕地の減少や土壌流出の防止，淡水資源の責任ある管理，その他のさまざまな取り組み（第4章，第5章，第12章でより詳しく説明）は大いに役立つ．紛争や移住へと追い立てる圧力を減らすこともその1つである．

武力紛争の防止はあまりにも大きな目標であり，それを論じることは本章の範囲を超えている．重要な要素として，効果的で責任ある管理体制，資源の公平な配分，公共医療と教育を含む社会福祉の提供，軍事予算の削減，暴力を許容または助長する文化的規範への対抗などを指摘しておこう[123]．歴史を振り返ると，平和的な紛争解決は常に人々の目標とされてきた．過去1世紀間には世界における暴力が急減している．この間，地球規模での変化による新たな課題が出現しているものの，この成功が続くという希望はある．

地球環境の変化に適応できれば，移住の抑制につながる．適応によって，突然もたらされる衝撃と長期的に続く傾向の両方に対する脆弱性を低下させることができる．適応の例には，干ばつに強い作物や土壌保全技術を取り入れた農業への切り替え，氾濫原での建築の回避，堤防や防波堤の建設，海岸における砂洲地形の回復（マングローブ，植生のある砂丘，サンゴ礁，湿地帯の再生），電気・ガス・水道等の設備を地下室ではなく屋根に設置させるための建築基準の変更，などがある[124, 125]．

突然の環境災害により移住させられた人々の健康を守るためには，避難所，食料，水，衛生設備，医療（メンタルヘルスケアも含む）の準備，下痢性疾患の対策，麻疹の予防接種，母子の健康管理などの公衆衛生の提供，そして暴力からの保護が必要となる．避難先では元いた地域のコミュニティをそのままに維持することが有効だ．被災地域では迅速かつ組織立ったインフラの復旧と，それに続く避難民の帰還支援を，入手し得る限られた資源の範囲内で推進することが重要な目標となる．

もし移住が一時的でなく長期にわたるものであった場合，安全で健康的で公平な再定住がきわめて重要である．これはガバナンス上，また組織構造上からも非常に大きな課題だ[126, 127]．近年，欧州と北米の政治は，移民による「侵略」という認識（その真偽はさておき）によって大きく揺れた．人権，移住を管理する法体系（おそらく国際法における難民の再定義を含む），そして移民が新しい環境に落ち着き，溶け込むための組織的な対応への革新的なアプローチが必要不可欠となるだろう[128]．

参考文献

1. Reuveny R. Climate change–induced migration and violent conflict. *Political Geogr*. 2007;26(6):656–673.
2. Burrows K, Kinney P. Exploring the climate change, migration and conflict nexus. *Int J Environ Res Public Health*. 2016;13(4):443.
3. Diamond JM. *Collapse: How Societies Choose to Fail or Succeed*. New York, NY: Penguin Books; 2011.
4. Van West CR, Dean JS. Environmental characteristics of the A.D. 900–1300 period in the Central Mesa Verde region. *KIVA*. 2000;66(1):19–44.
5. Douglas PMJ, Demarest AA, Brenner M, Canuto MA. Impacts of climate change on the collapse of lowland Maya civilization. *Annu Rev Earth Planet Sci*. 2016;44(1):613–645.
6. Fraser EDG. Social vulnerability and ecological fragility: building bridges between social and natural sciences using the Irish Potato Famine as a case study. *Conserv Ecol*. 2003;7(2).
7. Donnelly JS. *The Great Irish Potato Famine*. Thrupp, Stroud, Gloucestershire: Sutton; 2001.
8. McLeman RA, Dupre J, Berrang Ford L, Ford J, Gajewski K, Marchildon G. What we learned from the Dust Bowl: lessons in science, policy, and adaptation. *Popul Environ*. 2013;35(4):417–440.
9. Hansen Z, Libecap G. Small farms, externalities, and the Dust Bowl of the 1930s. *J Political Econ*. 2004;112(3):665–694.
10. Miao X, Mason JA, Swinehart JB, et al. A 10,000 year record of dune activity, dust storms, and

severe drought in the central Great Plains. *Geology*. 2007;35(2):119.

11. Cook BI, Miller RL, Seager R. Amplification of the North American "Dust Bowl" drought through human-induced land degradation. *Proc Natl Acad Sci*. 2009;106(13):4997–5001.
12. Giannini A, Biasutti M, Verstraete MM. A climate model-based review of drought in the Sahel: desertification, the re-greening and climate change. *Glob Planet Change*. 2008;64(3–4):119–128.
13. Kelley CP, Mohtadi S, Cane MA, Seager R, Kushnir Y. Climate change in the Fertile Crescent and implications of the recent Syrian drought. *Proc Natl Acad Sci*. 2015;112(11):3241–3246.
14. Degomme O, Guha-Sapir D. Patterns of mortality rates in Darfur conflict. *Lancet*. 2010;375(9711):294–300.
15. Mazo J. Darfur: the first modern climate-change conflict. *Adelphi Pap*. 2009;49(409):73–86.
16. UNEP. *Sudan: Post-Conflict Environmental Assessment*. Nairobi, Kenya: United Nations Environment Program; 2007.
17. Salehyan I. From climate change to conflict? No consensus yet. *J Peace Res*. 2008;45(3):315–326.
18. Kevane M, Gray L. Darfur: rainfall and conflict. *Environ Res Lett*. 2008;3(3):034006.
19. Selby J, Hoffmann C. Beyond scarcity: rethinking water, climate change and conflict in the Sudans. *Glob Environ Change*. 2014;29:360–370.
20. Null S, Risi L. *Navigating Complexity: Climate, Migration, and Conflict in a Changing World*. Washington, DC: Wilson Center; 2016.
21. Unruh J, Abdul-Jalil MA. Land rights in Darfur: institutional flexibility, policy and adaptation to environmental change. *Nat Resour Forum*. 2012;36(4):274–284.
22. Passel J, Cohn D. U.S. Unauthorized immigrant total dips to lowest level in a decade. 2018. http://www.pewhispanic.org/2018/11/27/u-s-unauthorized-immigrant-total-dips-to-lowest-level-in-a-decade/. Accessed April 2020.
23. Avelino J, Cristancho M, Georgiou S, et al. The coffee rust crises in Colombia and Central America (2008–2013): impacts, plausible causes and proposed solutions. *Food Secur*. 2015;7(2):303–321.
24. World Coffee Research. World Coffee Research publishes manual for coffee leaf rust. 2016. https://worldcoffeeresearch.org/news/world-coffee-research-publishes-manual-coffee-leaf-rust/. Accessed April 2020.
25. Plott E. The country's first climate change casualties? *Pac Stand*. 2018. https://psmag.com/magazine/the-countrys-first-climate-change-casualties.
26. Schulte DM, Dridge KM, Hudgins MH. Climate change and the evolution and fate of the Tangier Islands of Chesapeake Bay, USA. *Sci Rep*. 2015;5(1).
27. Arenstam Gibbons SJ, Nicholls RJ. Island abandonment and sea-level rise: an historical analog from the Chesapeake Bay, USA. *Glob Environ Change*. 2006;16(1):40–47.
28. Gertner J. Should the United States save Tangier Island from oblivion? *New York Times Magazine*. 2016. https://www.nytimes.com/2016/07/10/magazine/should-the-united-states-save-tangier-island-from-oblivion.html.
29. Flitter E. Residents of Tangier Island reject "climate" victim label. *Reuters/The Wider Image*. 2017. https://widerimage.reuters.com/story/residents-of-tangier-island-reject-climate-victim-label.
30. Hanson G, McIntosh C. Is the Mediterranean the new Rio Grande? US and EU immigration pressures in the long run. *J Econ Perspect*. 2016;30(4):57–82.
31. Black R, Adger WN, Arnell NW, Dercon S, Geddes A, Thomas D. The effect of environmental change on human migration. *Glob Environ Change*. 2011;21:S3–S11.
32. Bliss L. 10 years later, there's so much we don't know about where Katrina survivors ended up. *CityLab*. 2015. https://www.citylab.com/equity/2015/08/10-years-later-theres-still-a-lot-we-dont-

know-about-where-katrina-survivors-ended-up/401216/. Accessed April 2020.

33. Santos-Burgoa C, Sandberg J, Suárez E, et al. Differential and persistent risk of excess mortality from Hurricane Maria in Puerto Rico: a time-series analysis. *Lancet Planet Health*. 2018;2(11):e478–e488.
34. Echenique M, L. M. Mapping Puerto Rico's hurricane migration with mobile phone data. *CityLab*. 2018. https://www.citylab.com/environment/2018/05/watch-puerto-ricos-hurricane-migration-via-mobile-phone-data/559889/. Accessed April 2020.
35. UNDESA. *International Migration Report 2017*. New York, NY: United Nations Department of Economic and Social Affairs; 2017.
36. Findlay AM. Migrant destinations in an era of environmental change. *Glob Environ Change*. 2011;21:S50–S58.
37. Feng S, Krueger AB, Oppenheimer M. Linkages among climate change, crop yields and Mexico–US cross-border migration. *Proc Natl Acad Sci*. 2010;107(32):14257–14262.
38. Marchiori L, Maystadt J-F, Schumacher I. The impact of weather anomalies on migration in sub-Saharan Africa. *J Environ Econ Manag*. 2012;63(3):355–374.
39. Mueller V, Gray C, Kosec K. Heat stress increases long-term human migration in rural Pakistan. *Nat Clim Change*. 2014;4(3):182–185.
40. Bohra-Mishra P, Oppenheimer M, Hsiang SM. Nonlinear permanent migration response to climatic variations but minimal response to disasters. *Proc Natl Acad Sci*. 2014;111(27):9780–9785.
41. de Sherbinin A, Castro M, Gemenne F, et al. Preparing for resettlement associated with climate change. *Science*. 2011;334(6055):456–457.
42. Brzoska M, Fröhlich C. Climate change, migration and violent conflict: vulnerabilities, pathways and adaptation strategies. *Migr Dev*. 2015;5(2):190–210.
43. Renaud FG, Bogardi JJ, Dun O, Warner K. *Control, Adapt or Flee: How to Face Environmental Migration?* Bonn, Germany: United Nations University Institute for Environment and Human Security; 2007.
44. Kniveton D, Schmidt-Verkerk K, Smith C, Black R. Climate change and migration. In: *IOM Migration Research Series*. Geneva, Switzerland: UN Migration; 2008.
45. Warner K, Erhart C, de Sherbinin A, Adamo SB, Chai-Onn TC. *In Search of Shelter: Mapping the Effects of Climate Change on Human Migration and Displacement*. A policy paper prepared for the 2009 Climate Negotiations. Bonn, Germany: United Nations University, CARE, CIESN Columbia University; 2009.
46. Piguet E, Pécoud A, de Guchteneire P, eds. *Migration and Climate Change*. Cambridge, UK: Cambridge University Press; 2011.
47. Black R, Bennett SRG, Thomas SM, Beddington JR. Migration as adaptation. *Nature*. 2011;478(7370):447–449.
48. Gray CL. Soil quality and human migration in Kenya and Uganda. *Glob Environ Change*. 2011;21(2):421–430.
49. Scheffran J, Marmer E, Sow P. Migration as a contribution to resilience and innovation in climate adaptation: social networks and co-development in Northwest Africa. *Appl Geogr*. 2012;33:119–127.
50. McLeman R, Smit B. Migration as an adaptation to climate change. *Clim Change*. 2006;76(1):31–53.
51. Fussell E, Sastry N, VanLandingham M. Race, socioeconomic status, and return migration to New Orleans after Hurricane Katrina. *Popul Environ*. 2009;31(1–3):20–42.
52. Naik A. Migration and natural disasters. In: Laczko FCA, ed. *Migration, Environment and Climate Change: Assessing the Evidence*. Geneva, Switzerland: International Organization for Migration;

2009:245–317.

53. Government Office for Science. *Foresight: Migration and Global Environmental Change: Future Challenges and Opportunities*. London, UK: Government Office for Science; 2011.
54. Dannenberg AL, Frumkin H, Hess JJ, Ebi KL. Managed retreat as a strategy for climate change adaptation in small communities: public health implications. *Clim Change*. 2019;153(1–2):1–14.
55. Koslov L. The case for retreat. *Public Cult*. 2016;28(2 79):359–387.
56. Jacobson C, Crevello S, Chea C, Jarihani B. When is migration a maladaptive response to climate change? *Reg Environ Change*. 2018;19(1):101–112.
57. Geddes A, Adger WN, Arnell NW, Black R, Thomas DSG. Migration, environmental change, and the challenges of governance. *Environ Plann C*. 2012;30(6):951–967.
58. Hsiang SM, Sobel AHJ Sr. Potentially extreme population displacement and concentration in the tropics under non-extreme warming. *Sci Rep*. 2016;6:25697.
59. Rigaud KK, de Sherbinin A, Jones B, et al. *Groundswell*. Washington, DC: World Bank; 2018.
60. Dupuy K, SA R. *Trends in Armed Conflict, 1946–2017*. Oslo, Norway: Peace Research Institute Oslo; 2018.
61. Klare MT, Levy BS, Sidel VW. The public health implications of resource wars. *Am J Public Health*. 2011;101(9):1615–1619.
62. United Nations Office for the Coordination of Humanitarian Affairs. *World Humanitarian Data and Trends 2018*. 2018. http://interactive.unocha.org/publication/datatrends2018/.
63. Salehyan I, Hendrix CS. Climate shocks and political violence. *Glob Environ Change*. 2014;28:239–250.
64. Gleick PH. Water, war & peace in the Middle East. *Environ Sci Policy Sustainable Dev*. 1994;36(3):6–42.
65. Koubi V. Climate change and conflict. *Annu Rev Political Sci*. 2019;22(1):343–360.
66. Gleick PH. Water, drought, climate change, and conflict in Syria. *WCAS*. 2014;6(3):331–340.
67. Selby J, Dahi OS, Fršöhlich C, Hulme M. Climate change and the Syrian civil war revisited. *Political Geogr*. 2017;60:232–244.
68. UNEP. *From Conflict to Peacebuilding: The Role of Natural Resources and the Environment*. Nairobi, Kenya: United Nations Environment Programme; 2009.
69. Anderson CA. Temperature and aggression: ubiquitous effects of heat on occurrence of human violence. *Psychol Bull*. 1989;106(1):74–96.
70. Butke P, Sheridan SC. An analysis of the relationship between weather and aggressive crime in Cleveland, Ohio. *WCAS*. 2010;2(2):127–139.
71. Michel SJ, Wang H, Selvarajah S, et al. Investigating the relationship between weather and violence in Baltimore, Maryland, USA. *Injury*. 2016;47(1):272–276.
72. Schinasi LH, Hamra GB. A time series analysis of associations between daily temperature and crime events in Philadelphia, Pennsylvania. *J Urban Health*. 2017;94(6):892–900.
73. Anderson CA, Bushman BJ, Groom RW. Hot years and serious and deadly assault: empirical tests of the heat hypothesis. *J Pers Soc Psychol*. 1997;73(6):1213–1223.
74. Van Lange PAM, Rinderu MI, Bushman BJ. Aggression and violence around the world: A model of Climate, Aggression, and Self control in Humans (CLASH). *Behav Brain Sci*. 2016;40.
75. Gamble JL, Hess J. Temperature and violent crime in Dallas, Texas: relationships and implications of climate change. *West J Emerg Med*. 2012;13(3):239–246.
76. O'Loughlin J, Linke AM, Witmer FDW. Effects of temperature and precipitation variability on the risk of violence in sub-Saharan Africa, 1980–2012. *Proc Natl Acad Sci*. 2014;111(47):16712–16717.

77. Raleigh C, Linke A, O'Loughlin J. Extreme temperatures and violence. *Nat Clim Change*. 2014;4(2):76–77.
78. Burke MB, Miguel E, Satyanath S, Dykema JA, Lobell DB. Warming increases the risk of civil war in Africa. *Proc Natl Acad Sci*. 2009;106(49):20670–20674.
79. Burke M, Hsiang SM, Miguel E. Climate and CONFLICT. *Annu Rev Econ*. 2015;7(1):577–617.
80. Hendrix CS, Salehyan I. Climate change, rainfall, and social conflict in Africa. *J Peace Res*. 2012;49(1):35–50.
81. Miguel E, Satyanath S, Sergenti E. Economic Shocks and civil conflict: an instrumental variables approach. *J Political Econ*. 2004;112(4):725–753.
82. Sarsons H. Rainfall and conflict: a cautionary tale. *J Dev Econ*. 2015;115:62–72.
83. Hidalgo FD, Naidu S, Nichter S, Richardson N. Economic determinants of land invasions. *Rev Econ Stat*. 2010;92(3):505–523.
84. Theisen OM, Gleditsch NP, Buhaug H. Is climate change a driver of armed conflict? *Clim Change*. 2013;117(3):613–625.
85. Buhaug H, Nordkvelle J, Bernauer T, et al. One effect to rule them all? A comment on climate and conflict. *Clim Change*. 2014;127(3–4):391–397.
86. Levy MA. Is the environment a national security issue? *Int Secur*. 1995;20(2):35–62.
87. Welzer H. *Climate Wars: What People Will Be Killed For in the 21st Century*. Hoboken, NJ: Wiley; 2015.
88. Adger W, Pulhin JM, Barnett J, et al. Human security. In: Field CB, Barros VR, Dokken DJ, et al., eds. *Climate Change 2014: Impacts, Adaptation, and Vulnerability. Part A: Global and Sectoral Aspects. Contribution of Working Group II to the Fifth Assessment Report of the Intergovernmental Panel on Climate Change*. Cambridge, UK: Cambridge University Press; 2014:755–791.
89. Raleigh C, Urdal H. Climate change, environmental degradation and armed conflict. *Political Geogr*. 2007;26(6):674–694.
90. Barnett J, Adger WN. Climate change, human security and violent conflict. *Political Geogr*. 2007;26(6):639–655.
91. Homer-Dixon TF. Environmental scarcities and violent conflict: evidence from cases. *Int Secur*. 1994;19(1):5–40.
92. Urdal H. People vs. Malthus: Population pressure, environmental degradation, and armed conflict revisited. *J Peace Res*. 2005;42(4):417–434.
93. Raleigh C. The search for safety: the effects of conflict, poverty and ecological influences on migration in the developing world. *Glob Environ Change*. 2011;21:S82–S93.
94. Scheffran J, Brzoska M, Kominek J, Link PM, Schilling J. Disentangling the climate–conflict nexus: empirical and theoretical assessment of vulnerabilities and pathways. *Rev Eur Stud*. 2012;4(5).
95. Pederson N, Hessl AE, Baatarbileg N, Anchukaitis KJ, Di Cosmo N. Pluvials, droughts, the Mongol Empire, and modern Mongolia. *Proc Natl Acad Sci*. 2014;111(12):4375–4379.
96. Dinar S. Resource scarcity and environmental degradation: implications for the development of international cooperation. In. *Beyond Resource Wars*. Cambridge, MA: The MIT Press; 2011:289–306.
97. Wolf AT, Yoffe SB, Giordano M. International waters: identifying basins at risk. *Water Policy*. 2003;5(1):29–60.
98. Carius A, Dabelko GD, Wolf AT. *Water, Conflict, and Cooperation*. Washington, DC: Wilson Center Environmental Change and Security Program; 2004.
99. Bšöhmelt T, Bernauer T, Buhaug H, Gleditsch NP, Tribaldos T, Wischnath G. Demand, supply,

and restraint: determinants of domestic water conflict and cooperation. *Glob Environ Change*. 2014;29:337–348.

100. Devlin C, Hendrix CS. Trends and triggers redux: climate change, rainfall, and interstate conflict. *Political Geogr*. 2014;43:27–39.
101. Moore S. The water wars within: preventing subnational water conflicts. In. *New Security Beat*. 2018.
102. Moore SM. Rethinking conflict over water. In: *Oxford Research Encyclopedia of Environmental Science*: Oxford, UK: Oxford University Press; 2016.
103. United Nations High Commissioner for Refugees. *UNHCR Mid-Year Trends 2018*. Geneva, Switzerland: Office of the United Nations High Commissioner for Refugees; 2018.
104. Lindley A. Leaving Mogadishu: towards a sociology of conflict-related mobility. *J Refugee Stud*. 2010;23(1):2–22.
105. Lubkemann SC. Migratory coping in wartime Mozambique: an anthropology of violence and displacement in fragmented wars. *J Peace Res*. 2005;42(4):493–508.
106. World Food Programme. *At the Root of the Exodus: Food Security, Conflict and International Migration*. Rome, Italy: World Food Programme; May 2017.
107. Taipale I, ed. *War or Health? A Reader*. London, UK: Zed Books; 2002.
108. Levy BS, Sidel VW. *War and Public Health*. Oxford, UK: Oxford University Press; 2008.
109. Levy BS, Sidel VW. Adverse health consequences of the Iraq War. *Lancet*. 2013;381(9870):949–958.
110. Hagopian A, Flaxman AD, Takaro TK, et al. Mortality in Iraq associated with the 2003–2011 war and occupation: findings from a national cluster sample survey by the University Collaborative Iraq Mortality Study. *PLoS Med*. 2013;10(10):e1001533.
111. Roberts A. Lives and statistics: are 90% of war victims civilians? *Survival*. 2010;52(3):115–136.
112. Ascherio A, Chase R, Coté T, et al. Effect of the Gulf War on infant and child mortality in Iraq. *N Engl J Med*. 1992;327(13):931–936.
113. Ali M, Blacker J, Jones G. Annual mortality rates and excess deaths of children under five in Iraq, 1991–98. *Popul Stud*. 2003;57(2):217–226.
114. Aldridge RW, Nellums LB, Bartlett S, et al. Global patterns of mortality in international migrants: a systematic review and meta-analysis. *Lancet*. 2018;392:2553–2566.
115. Abubakar I, Aldridge RW, Devakumar D, et al. The UCL-Lancet Commission on Migration and Health: the health of a world on the move. *Lancet*. 2018;392(10164):2606–2654.
116. McMichael C, Barnett J, McMichael AJ. An ill wind? Climate change, migration, and health. *Environ Health Perspect*. 2012;120(5):646–654.
117. Schwerdtle P, Bowen K, McMichael C. The health impacts of climate-related migration. *BMC Med*. 2018;16(1).
118. McMichael C. Climate change–related migration and infectious disease. *Virulence*. 2015;6(6):548–553.
119. de Brauw A. Migration and child development during the food price crisis in El Salvador. *Food Policy*. 2011;36(1):28–40.
120. Goldmann E, Galea S. Mental health consequences of disasters. *Annu Rev Public Health*. 2014;35(1):169–183.
121. Brabeck KM, Lykes MB, Hunter C. The psychosocial impact of detention and deportation on U.S. migrant children and families. *Am J Orthopsychiatry*. 2014;84(5):496–505.
122. Andersen GS, Kamper-Jørgensen Z, Carstensen B, Norredam M, Bygbjerg IC, Jørgensen ME. Diabetes among migrants in Denmark: incidence, mortality, and prevalence based on a longitudinal

register study of the entire Danish population. *Diab Res Clin Pract*. 2016;122:9–16.

123. Wiist WH, Barker K, Arya N, et al. The role of public health in the prevention of war: rationale and competencies. *Am J Public Health*. 2014;104(6):e34–e47.
124. Kelman I, Mercer J, Gaillard JC, eds. *The Routledge Handbook of Disaster Risk Reduction Including Climate Change Adaptation*. New York, NY: Routledge; 2017.
125. Berry P, Enright P, Shumake-Guillemot J, Villalobos Prats E, Campbell-Lendrum D. Assessing health vulnerabilities and adaptation to climate change: a review of international progress. *Int J Environ Res Public Health*. 2018;15(12):2626.
126. Warner K. Global environmental change and migration: governance challenges. *Glob Environ Change*. 2010;20(3):402–413.
127. Biermann F, Boas I. Preparing for a warmer world: towards a global governance system to protect climate refugees. *Glob Environ Politics*. 2010;10(1):60–88.
128. McAdam J. Institutional governance. In. *Climate Change, Forced Migration, and International Law*. Oxford, UK: Oxford University Press; 2012:212–236.

第9章

変化する地球上でのメンタルヘルス

急激に変化する環境条件はすでに世界中のメンタルヘルスに大きな被害を与えており，その影響は今後数十年の間に増大すると予測されている．うつ病や不安障害などのメンタルヘルスの問題は，世界的に最も深刻な健康問題の1つである．世界保健機関（WHO）の推計によると，うつ病は3億人以上（世界人口の4.4%）が罹患している障害の原因第1位であり，不安障害は2億6400万人（3.6%）が罹患しているとされる[1]．診断されないレベルの精神疾患でも，ウェルビーイングや社会参加の能力を損なう可能性がある．精神疾患は経済的にも大きな負担となり，働けなくなったり高額な治療費の負担を強いられたりする．同じく貧困は心身双方の健康問題を引き起こす原因となり，結果として悪循環を引き起こす可能性がある．

本章では心と身体の健康を区別しているが，両者は密接に関係している．身体的健康の問題はメンタルヘルスを損なうストレスの原因となり，その逆もまた然りである．メンタルヘルスの問題は，例えば危険な行動やデスクワークなどの座りっぱなし，薬物乱用，自己管理不足などによって身体的健康に影響を与える．そのうえ，メンタルヘルスの治療が身体的健康に影響を与えることもあり，多くの向精神薬がもつ副作用で，体重増加，眠気，高温などの環境条件に弱くなるという症状が現れる．つまり生理学的レベルで心身の健康は深く結びついている．ストレスがたまると血圧が高くなり，心臓血管系の健康が脅かされる．また，メンタルヘルスの問題は睡眠を妨げ，免疫力を低下させ，感染症による罹患率や死亡率を高め，身体的疾患を患ったり事故に遭ったりする確率を高める．

さらに，社会環境が担う役割も重要である．心身ともに健康を害すると社会的ネットワークが途絶え，友人や地域社会からの孤立につながる．研究によると，強い社会的ネットワークの存在は病気や死から私たちを守ってくれる一方で，孤独感や社会的孤立が健康に与える影響は，少なくとも喫煙による影響と同じくらい大きい[2]．環境の変化は，コミュニティの分散，コミュニティにおける交流機会の減少，もめ事の増加など，さまざまな形で社会的ネットワークを弱め，社会的サポートの減少によるメンタルヘルスの問題を引き起こす．メンタルヘルスを単に病気がない状態と捉えるのではなく，幸福感や生活満足度などの前向きな精神状態の表れと捉えれば，社会的要因の重要性は明らかである．大多数の人は社会的つながりを強く求めており，帰属感は人生を充実させるのに欠かせないものである．

環境条件とメンタルヘルスにはいくつかの因果関係が考えられる．農作物の不作，異常気象，自然災害，紛争，公害などの深刻な出来事は，うつ病，不安障害，心的外傷後ストレス，さらには自殺の原因となる．また，環境汚染や高温化などの周囲を取り巻く環境条件の変化もメンタルヘルスやウェルビーイングに影響を与える．そして，環境に関する脅威についての認識もストレスの原因となる．直接的な影響を受けていない人々でも，気候変動，貴重な生態系や自然風景の劣化，生物種の消失などの環境破壊への懸念により，不安や悲しみ，ストレス，さらには絶望感を覚えてしまう．結論としては，自然環境がメンタルヘルスにプラスの影響を及ぼすという認識が高まっている．大規模な疫学的調査から比較対照実験に至るまでさまざまな研究により，緑地に身を置くことでストレスが軽減され，病気からの回復が早まり，寿命が延びることが実証されている．環境の悪化により人々が健全な自然環境に触れる機会が減れば，それに伴い心身のウェルビーイングも低下する．

以下の節では，メンタルヘルスへの影響を種類ごとにより詳細に探っていく．まず，気象災害や火災などの突発的な事象や，干ばつなどの段階的に起こる事象など，環境条件の個々の変化から見ていく．次に，高温環境や大気汚染などの周囲の環境条件や，環境変化が原因となって引き起こされる移住について検討する．最後に人間の自然や場所との結びつきと，その結びつきが脅かされることによるメンタルヘルスへの影響を相関的な観点から検討していく．環境破壊がメンタルヘルスに与える影響の多くはまだ完全には定量的に解明されてはいないが，この不透明さのせいで，その関連性についての重大な示唆が無効になるわけではない．

個々の環境事象

ハリケーン，干ばつ，山火事，洪水などの深刻な災害は，変化する地球上でますます頻繁に起きている．このような災害の中での生活経験は，これまで経験したことがないような悲惨なものになり得る（**図9.1**）．心的外傷は，けが，資産の損失，仕事上の問題などの個人的な体験から生じることもあれば，愛する人の負傷や死，コミュニティの社会的な絆の崩壊，さらには最愛のペットの死など，他者の体験から生じることもある．自然災害への初期対応として，人々は恐怖，ショック，パニックなどを訴える．急性心的外傷性ストレスは最も一般的に報告されるメンタルヘルスの問題であり，いくつかの研究では自殺の割合の増加が報告されている[3]．自然災害がメンタル

図9.1　災害の経験は，メンタルヘルスに大きな打撃を与える．
［出典］Andy Campbell (SurfAid International) , Creative Commons, license CC BY-2.0

ヘルスに与える影響を調査した研究のメタ分析*によると，被災者の7〜40%が，恐怖，全般的な不安，抑うつ，身体疾患など，メンタルヘルスへの何らかの脅威を報告している[4]．つい最近では自然災害後の心的外傷後ストレス障害 (PTSD) を対象としたメタ分析で，累積発生率が3.7〜60%と大幅な差があり，災害の初期対応にあたったり災害の影響を直接受けたりした人々において発生率が高いことが報告されている[5]．

このような反応は，最初の出来事の後もずっと続くことがある．秩序が回復した後すぐに回復する人もいるが，多くの人はうまく適応できずに問題を抱え続ける．交通機関，企業，教育機関，公共施設，電気・ガス・水道，ゴミ収集などが通常復旧するまでには時間がかかることがあり，ストレスが増大してしまう．また，予想外の災害が起こると人々は無力感や不安を感じることもある．災害発生から数年後，被災者は基準値と比較して精神障害の有病率が高くなり，中には災害から6年以上経っても症状が顕著な被災者もいる．いくつかの事例では，メンタルヘルスの問題は時間の経過とともに強度や有病率が増している．例えばハリケーン・カトリーナの災害直後よりも1年後のほうが心的外傷後ストレス障害の発生率が高くなっている[6]．ヨハネッソンら[7]は災害後に起こり得る4つの道筋として，レジリエンス (適応回復力) (メンタルヘルスに影響なし)，回復，遅発性機能障害，慢性的影響を挙げている．研究者らは，

＊ 訳注：統計的分析のなされた複数の研究を収集し，それらを統合したり比較したりする研究法．

インド洋で発生した津波を経験したスウェーデン人数千人のうち，72%がレジリエンスを示し，12%が回復を示し，16%が災害発生の6年後にもある程度の慢性症状を示すことを見出した．レジリエンスのあるグループの人たちは，重度の心的外傷を経験していない可能性が高かった．また，慢性症状のある人たちは教育水準が低い傾向にあり，これはおそらく社会的支援を受けにくいことに関連していると考えられる．

また，災害は健康に関連する行動にも影響を与える．自然災害後には，喫煙，睡眠障害，一般的にいう危険な行動などと同様に，薬物乱用の件数が増加する[8]．災害は社会的な交流を途絶えさせ，仕事上の問題，対人攻撃，家庭内暴力などを引き起こす[9]．

誰もが同じように影響を受けるわけではない．最も被害の大きかった地域に住んでいる人や，大きな損失，あるいは複数の損失を経験した人が最悪の影響を受ける傾向にある．自然災害後のうつ病発生率についての人口学的な予測因子としては，女性，未婚，信仰深さ，教育水準の低さなどが挙げられる[10]．一般的に，社会的つながりはレジリエンスの重要な予測因子である[11]．また，個人の情動反応も重要である．特定の場所への愛着はウェルビーイングと関連しているが，その場所がダメージを受けると，その環境がメンタルヘルスに与えるプラスの効果が減少したり逆効果を与えたりする[12]．オーストラリアの山火事の被災者を対象とした調査では，災害そのものの不公平さと，不十分な復旧プログラムに責任を負うべき当局への怒りの感情を訴えた人々は，特に男性でメンタルヘルスへの影響が大きかった[13]．これらの個々の因子に加えて外発的要因も重要な役割を果たす．それら外発的要因には，情報へのアクセス，援助やサービスの有効性，自分の感情表現や理解を助けてくれる強力な心理的・社会的サポートネットワークなどがある．

周囲の環境条件

長期的かつ大規模な環境変化は，個々の災害よりもはるかに多くの人々に影響を与える．気候変動に伴う気温，降水量，海面レベルの継続的で緩やかな変化，真水や耕作地のますますの不足，増加し続ける汚染，そしてマングローブ林，湿地，植生した砂丘，サンゴ礁などの沿岸防護システムの消失は，すでに世界の多くの地域で居住適性と安全性に影響を与えている．このような変化はメンタルヘルスに直接影響を与えるだけでなく，第8章で議論されているように，人口移動や紛争を引き起こし，そのことがさらにメンタルヘルスに重大な影響を与える．

暑　さ

温暖化は主観的ウェルビーイング（第11章p.254の脚注を参照）に悪影響を与えるため，メンタルヘルスを脅かす[14]．2002～2012年の間に無作為に抽出された200万人の米国居住者を対象とした調査では，5年間で1℃の温暖化があった場合，メンタルヘルスの問題が2%増加することがわかった[15]．米国とメキシコの郡レベルのデータを数十年にわたって慎重に分析した結果，暑さと自殺率の間には，所得水準やエアコンの普及率では説明できない明白な関係があることが判明したが[16]，すべての研究でこのような関係が認められたわけではない．同じ研究でツイッターの投稿を分析したところ，気温の上昇は抑うつ的な言葉の増加とも関連していた．注目すべきは，温暖化への適応のエビデンスはないものの，関連性の強さは時系列でほぼ一貫していたことである．インドでは，熱波が自殺と精神疾患での入院のどちらにも関連している[17]．この関連性は世界中で指摘されている[18]．

気温が高くなると，攻撃性の上昇も引き起こす．例えば野球の試合中に投手が打者の頭部を狙った危険球を投げたり[19]，車の運転手がけんか腰にクラクションを鳴らしたりといった行動から[20]，特に真水や耕作地などの資源へのアクセスが制限されていることへの不満が重なったときなどは凶悪犯罪にまで発展するなど，さまざまな形で現れる（**図9.2**）．ある分析では，気候変動によって殺人やレイプが増加すると指摘している[21]．気候条件と暴力との関連性を調査した研究のメタ分析では，暑さと攻撃性の間に因果関係があることがわかった．気温が上がると対人暴力（スポーツでの暴力的報復行為からレイプなどの私的な暴力犯罪まで）や，第8章で論じられているように，より大規模な集団間の暴力も増加する[22]．また，以前は別々のコミュニティに暮らしていた人々が接触すると，環境の変化のせいで仕事や土地などの資源をめぐって競争せざるを得なくなり，その結果紛争が誘発される．最終的には，熱ストレスは経済的プレッシャーや不確実性を高め[23]，不安要素を増やす．

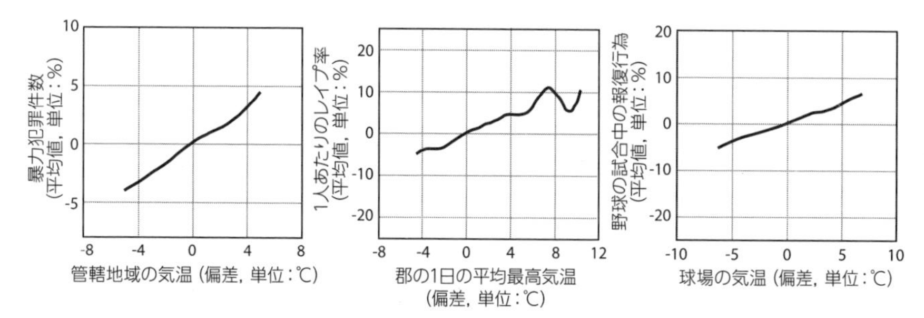

図9.2　暴力犯罪（左），レイプ（中央），野球の試合中の報復行為（右）など，気温と攻撃的または暴力的な行動には明白な関連性がある．

［出典］Hsiang S, Burke M, Miguel E. Quantifying the influence of climate on human conflict. *Science* 2013;341 (6151) : 1235367より改変

大気汚染

大気汚染は気分を憂うつにし，社会的関係を脆弱にし，不安障害や自殺のリスクを高める[24]．また，空気の質が落ちると精神病的な体験も増加する（おそらく，都市部での精神疾患が農村部に比べて過剰に多いことの説明にもなる）[25]．全米各地では，多くの物理的，行動的，社会経済的因子を考慮し調整しても，大気汚染によって心理的苦痛が上昇している[26]．大気汚染は脳の機能に直接影響を与える．また，以降で詳述するように，人々の外で過ごす時間が減ると，間接的にも影響を及ぼす可能性がある．興味深いことに，中国の9年間の保管データに基づく研究では，大気汚染の程度が都市レベルでの犯罪や倫理に反する行動に関連していることが判明した．さらに，汚染レベルの高い日と快晴の日の北京の写真を被験者に見せた追加実験を行ったところ，この関係が確認され，少なくとも汚染された風景から生じる不安感の増大が部分的な原因であることが示唆された[27]．このように，汚染は個人のウェルビーイングを低下させるだけでなく，コミュニティの結束力をも希薄にする．

図9.3　2018年の干ばつで飢えた羊を眺めるオーストラリアの農場主．干ばつなどの災害時には，農村部の人々の間でうつ病が増加する．

［出典］Shutterstock

干ばつ

干ばつの長期化や繰り返しは精神的苦痛と関連しており，特に土地に働きかける仕事で生計を立てている農村部の人々にとっては深刻な問題である[28]．うつ病や不安障害に加えて，干ばつ時に農業従事者の自殺率が上昇するのはおもに経済的な影響によるものだろうが，社会的孤立などの他の因子も影響している（**図9.3**）[29]．

人口移動と移住

環境条件の変化により，一部のコミュニティは家を捨てて新しく生活の場所を探さざるを得なくなる．第8章に記述されているように，環境条件による転居は増加している．人々の都市への移動は人口上の主要な傾向であり（第13章参照），現在，大多数の人々が都市に住んでおり，今後数十年間の人口増加のほとんどが都市部で起こると予測される．環境要因（およびそれに関連する経済要因）は，おそらく農村部から都市部への転換を促進している．

選択の余地のない移住は，メンタルヘルス問題の重大なリスク因子である[30, 31]．移住につながる状況はストレスが多く，移住のプロセスは危険と不安に満ちている．そのうえ，移住者が新しい土地で歓迎されないこともあり，社会的緊張や目に見える紛争に発展することもある．その結果，移住者の最大30％が心的外傷後ストレス障害を発症し，最大50％が重大な精神的苦痛に悩まされている[32]．ストレスが少ない状況であっても，移住者は新しい環境に適応するために学び，新しい技術や新しい職業を身につけ，自分のアイデンティティを再定義する必要性からくるメンタルヘルス上の負荷の増大と向き合うことになる．メキシコからの移民を対象とした研究では，大うつ病，パニック障害，不安障害，そして薬物乱用障害の発生率の上昇が「移民後の生活難」と関連していることがわかった[33]．移民は新たな社会的ストレス要因に直面するだけでなく，彼らのコミュニティの崩壊は，本来ならば重要な支援やレジリエンスの源となるはずの社会的ネットワークをも弱めてしまう．

都市化

世界の都市では，社会経済的地位や両親のメンタルヘルスなどのリスク因子をコントロールしても，都市環境での生活はメンタルヘルスの低さと関連してきた[34, 35]．都市化の影響として可能性がある理由はストレス，騒音，汚染などである．また，社会的結束力の希薄化も影響している可能性があり，社会関係資本*は，都市化によるメンタルヘルスへの影響を軽減する保護因子として認識されている[36]．

---

* 訳注：個人や集団が恩恵を受けたり問題を解決したりするために活用できる人間関係，信頼，ネットワークなど社会的資源の総体をさす概念．

自然とのふれあいの減少

都市の課題の1つに，自然とのふれあいの減少がある．西洋社会では，自然から次第に遠ざかり，自然界と出合う機会が減り，自然との関わりに対する関心が徐々に薄れている[37]．数世代前までは，農村部などの地方で自然と密接に関わりながら生活する人の割合が圧倒的に多かった．現在，子どもも大人も車に乗っている時間が長くなる反面，歩く時間は短くなり，家の中で過ごす時間が長くなる反面，庭で過ごす時間は短くなっている．自然の中で過ごす時間の減少は，公衆衛生上の深刻な問題の代表格である．

自然に触れることで，心身の健康上さまざまなメリットが得られる[38-40]．これらのメリットは生涯にわたり，文化を超越し，短期から長期までのさまざまな時間的スケールに及び，そして健康状態と関係なく作用し，その恩恵は社会経済的地位の低い人々のほうが，経済的に恵まれた人々よりも大きいというデータもある[41, 42]．自然に触れる機会は，植物から海岸まで，そして窓の外の景色から実際に自然を疑似体験できるような木々に囲まれた地域での生活に至るまでさまざまな形がある．現在，研究者たちは，自然との具体的な相互作用と特定の有益な結果との関連性を詳細に理解しようと取り組んでいる（**図9.4**）[43]．

最もよく研究されている自然とのふれあいの形の1つが近隣の緑の多さで，通常，人々が住む場所付近の植物の密度として測定される．欧州を中心とした28件の研究を系統的に調査した結果，緑の多い場所に住む大人は，自己報告による精神的苦痛，不安，抑うつなどのレベルの低下を含む広義のメンタルヘルスが良好であることがわかった[44]．また，この関連性は固定的なものではなく，緑の少ない場所から多い場所に引っ越したり[45, 46]，緑が多くなるような場所に住んだりすることで[47]，メンタルヘルスの改善につながるのである．他にもメンタルヘルスに関連する自然とのふれあいとしては，ちょっとした時間に公園を散歩する[48]，自然の中で運動する[49, 50]，「森林浴」や山歩きなどの自然体験をする[51, 52]，海岸，河川，湖などの水のある場所に行くこと[53]などがある．

これらの効能は生涯にわたり作用する．緑あふれる校庭，近所の地域，公園，自然体験プログラムなどで自然に触れた子どもたちはレジリエンスが高く，自信にあふれ，行動上の問題が少なく，学業成績がよく，不安や抑うつが少ない傾向がある[51, 54, 55]．さらに，子どもの頃の自然とのふれあいの少なさは，大人になってからのメンタルヘルスの悪化を予測する[56, 57]．一方，老年期のエビデンスは十分ではないものの，緑に触れることが高齢者のメンタルヘルスの改善につながると考えられている[58]．

特定の精神疾患のいくつかは自然とのふれあいの減少に関連しており，その中には，最も一般的な精神疾患であるうつ病[59-61]，不安障害[62]，心的外傷後ストレス障害[63]，

図9.4　ニューヨーク市のセントラルパークでくつろぐ住民たち．このような環境で過ごす時間は，社会的結束や心身の健康を向上させる．

［出典］Corey Harmon（Flickr）, Creative Commons, license CC BY-ND 2.0

そして重度の精神疾患である統合失調症や双極性障害[64]などがある．

自然とのふれあいが健康に良いことについては，いくつかの説明が可能である[65, 66]．心理学的メカニズムを利用した2つの補完的な理論的枠組みが提唱されている．1つは自然がもつストレスを和らげる役割を強調する「ストレス低減理論」で，もう1つは自然がもつ精神的疲労を和らげる役割を強調する「注意回復理論」である．他にも，緑地での身体活動の増加，屋外活動による社会的交流，植生による騒音の低減と空気質の改善なども考えられ，これらはすべてメンタルヘルスの向上を予測する要因となる．

心理療法の中には，自然とふれあう経験を増やすことでメンタルヘルスを促進させる手法がある．その中で厳密に検証評価されたプログラムはほとんどないが，野外自然体験療法の効果を示すデータはいくつかある[67]．エコサイコロジーとは心理学の臨床分野の1つで，メンタルヘルスの低下を人間と自然との関係悪化に関連づけることを提唱している．その関係性は人類の進化の歴史に根ざしており，人間と自然界との関係改善を促進することでメンタルヘルスが向上するというものである．

自然とのふれあいは間接的なメリットももたらす．自然の中で過ごす時間は，特に子どもの頃には，自分が自然界とつながっていて相互に依存しているという感覚，つまり環境の中でのアイデンティティの形成に寄与する[68]．同じく，このような環境で培われたアイデンティティは，人生の満足度やウェルビーイング，さらには生命力やレジリエンスと関連している[69, 70]．また，環境アイデンティティは，おそらく環境への連帯感の高まりを通じて，環境保護への意識や関心とも関連している．(しかし，自然とのつながりが強いと，環境への不安を感じやすくなる可能性もある[71].) したがって，自然とのつながりを取り戻すことは，直接的にも間接的にもメンタルヘルスにさまざまなメリットをもたらす可能性がある[40, 72].

自然から分離したり遠ざかったりするとどの程度メンタルヘルスを損なうのか，あるいは自然とつながる新しい方法がどの程度までそれを補うのかという予測は不可能である．しかし，自然との関係の断絶がすでに世界中で報告されてきたうつ病の増加の原因になっている，という指摘もある[73]．より具体的には，多くの人は特定の環境に愛着を持ち，それによって幸福感を高めることができる[74]．次に，これらの環境へのダメージが，場所への愛着，あるいはその愛着が生み出す健康への効果，またはその両方をどのように脅かすかについて述べていく．

人間と地球との関係の侵害 —— メンタルヘルスへの影響

加速する環境変化によるメンタルヘルスへの影響を理解するうえで最も重要な最先端領域の1つは，環境変化への認識がどのようにして精神的苦痛の大きな原因になるのかを探ることである．ソラスタルジア (訳注：愛着のある土地が環境破壊などで変貌してしまうのではないかという不安感や喪失感)，心的外傷前ストレス障害 (訳注：心的外傷後ストレス障害とは逆に，すでに目にしている環境破壊などにより未来は苦痛の種であるという無力感に捉われた状態)，エコ不安症 (訳注：環境破壊や気候変動に強い不安や悲しみを感じている状態)，気候変動ストレス (訳注：持続可能な環境改善対策への取り組みに参加できない際に感じるストレス)，エコロジカル・グリーフ (生態学的悲嘆，訳注：地球温暖化など環境悪化により生じる深い喪失感や悲嘆) など，さまざまな用語が文献に登場している．クンソロとエリス[75]は，極北のイヌイット族のコミュニティとオーストラリアの農家を対象とした調査に基づき，3つの広いカテゴリーで構成される「エコロジカル・グリーフ」という枠組みを提言している．それは，物理的な共同体の損失に関連するグリーフ (悲嘆)，生態学的な知識やアイデンティティの喪失に関連するグリーフ，そして予測されるこれからの損失に関連するグリーフである．1つ目のカテゴリーは，上述した突発的な出来事や周囲の環境条件の変化による影響と同類である．2つ目のカテゴリーは，その土地と土地の周期的変動に関する深い知識を時代遅れのものにしてしまった状況の変化に伴うグリーフである．例えばイヌイットの長老が，氷の上を移動するルートや伝統的な食生活に欠かせない動物の行動を予測できなくなったり，オーストラリアの農家が周囲の状況の変化に伴い，天候や害虫，作物の収穫量を予測できなくなったりすることが挙げられる．3つ目のカテゴリーは最も研究が遅れているが，おそらく最も広く浸透している．極北のコミュニティでは，急速に温暖化する北極圏で自分たちの生活様式や文化的アイデンティティの存続力が失われつつあることを知ることで，メンタルヘルスがどのような影響を受けるのか．低地の島国では，将来の世代が自分たちの祖先がずっと住んできた場所に住めなくなると知ることが，メンタルヘルスとどのように関連するのか．2019年に発表された「生物多様性および生態系サービスに関する政府間科学-政策プラットフォーム（IPBES）」の地球規模評価報告書では，最大100万種の生物種が絶滅の危機に瀕（ひん）しており，その多くが今後数十年のうちに絶滅するとされているが，世界中の人々はこの情報にどのように対処しているのだろうか[76]．

これらの問いに対する答えはまだないが，地球の自然体系の現状とこれまでの道筋がストレスを引き起こしていることを示す兆候が増えており，この兆候はオーストラリアの農家やイヌイット族のコミュニティだけにとどまらない．2019年だけでも，地球環境の現状に対する不安の表明は，世界各地で数万人の学童による抗議のストライキ，英国を中心に女性たちが気候変動により環境が混沌とした世界に子どもを産みたくないという意思表示をしたバースストライキ運動[77]，世界40か国以上（2019年時点）で展開されている，気候変動に対する政府の有効な政策の欠如や種の絶滅速度の加速に抗議するエクスティンクション・レベリオン（絶滅への反対運動）など，社会的な市民運動として爆発的に広まっている（**図9.5**）[78]．一般向けのマスコミ報道や初期の調査によると，世界中の夫婦が子どもを持つことを先延ばしにしているのは，少なくとも加速する環境変化への懸念が一因だと考えられている．夫婦は自分の子どもたちが，過大な負荷がかかっている地球にさらなる負担を強いることになるのではないか，あるいは環境崩壊によって自分たちの子どもが住むのに適さない世界になってしまうのではないかと心配しているのである[79]．このような懸念は当然，出産適齢期の夫婦に限ったことではないと考えられる．

定性的研究によると，人は環境の変化に応じて，いら立ち，無力感，恐怖心，怒り，極度の疲労といった感情を経験する[80]．例えば2018年の調査では，米国人の49%が地球温暖化によって自分自身が直に被害を受けると考え，56%が自分の家族が被害を受けると考えており，69%が多少なりとも不安を感じていた（**図9.6**）[81]．多くの国で行われた調査では，かなりの割合の回答者が「非常に心配だ」と答えており，英国とオーストラリアでは20%，フランスでは40%，実際に存続が脅かされているソロモン諸島ではほぼ全員となっている[82-84]．欧州の小規模な非無作為抽出調査では，環境について心配していないと回答したのはわずか9%であった．心配だと答えた人は，地球温暖化，汚染，生物種の絶滅，資源の枯渇，森林伐採などを理由に挙げた．重要なのは，環境に関する心配は，より一般的な心配の傾向とは関連していない．つまり，これは単に習慣的に心配性の人が環境に至るまで範囲を広げて心配しているというわけではないことを示唆している[85]．

図9.5　2019年9月20日，ロンドンでバースストライキ運動の環境活動家らが抗議活動を行っている様子．デモ参加者たちは，「私の未来はどこにあるのか」，「炭素を取るか，子どもを取るか」，「私の赤ちゃんが生きる場所はどこにあるのか」などのメッセージが書かれた石油のドラム缶を乗せたベビーカーを押している．加速する環境変化の影響の1つとして，子どもたちを不確かな未来へ送り出すことへの不安や悲嘆が増えている．

［出典］Sarah Cresswellの厚意による提供

人によっては，気候変動に関するネガティブな感情が精神疾患の原因となるほど強くなる[86]．上述したように，気候の乱れによる地域環境の変化を経験しているオーストラリアの農家はアイデンティティの喪失を感じており，その喪失感の結果，自己認知されたうつ病や自殺のリスクが高まっている[87]．また，この研究では，干ばつによる土壌への影響を目の当たりにして「強烈で，すみずみにまで及ぶ喪失感」に襲われたと報告されている[88]．米国の事例では，環境問題に関連したストレスと定義されている生態学的ストレスが抑うつ症状を引き起こすことが予測された[89]．環境変化についての認識がメンタルヘルスに与える影響は，まだ十分に定量化されていないが，人類全体の不安感，不安定感，喪失感がもたらす潜在的な影響は明らかになり始めている．

気候変動は，不安障害や気分障害，ストレス障害，薬物乱用，自殺念慮，悲嘆などの割合の増加と関連している[90]．多くの支援を受けている人にとっては，このような感情は我慢できるものかもしれないが，支援をほとんど受けていない人や，すでに他のストレス要因を感じている人にとっては，転機となる可能性がある．たとえば強迫性障害患者（確認脅迫亜型）を対象とした研究では，対象患者の28%が気候変動への

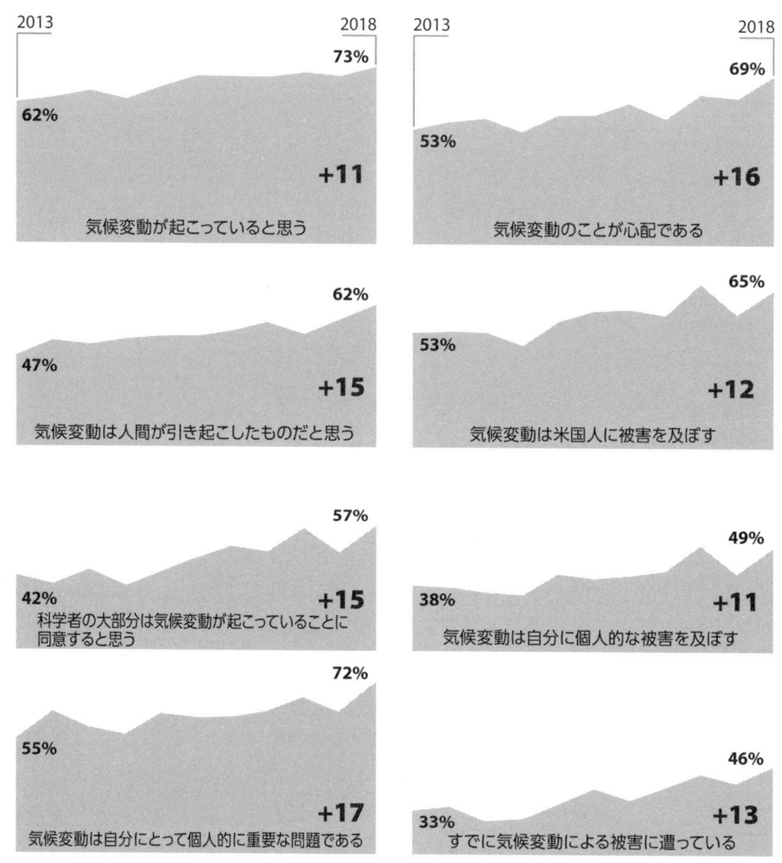

図9.6　米国人の気候変動に対する意識の動向．2013～2018年の5年間で関心が高まっていることに注目．

［出典］Yale Program on Climate Change Communications and George Mason University Center for Climate Change Communications

懸念を強迫観念の動機として報告している[90]．

不公平

環境変化によるメンタルヘルスへの影響は不公平に分布している．公平性を目指すことは道徳的な理由からも重要だが，メンタルヘルスを促進するための戦略としても重要である．ある調査によると，メンタルヘルスの問題は，最も不平等な社会では最も平等な社会の3倍も発生している．これは，おそらく不平等が社会的関係の構造に影響を与えていることが原因であると考えられ，メンタルヘルスとコミュニティのウェルビーイングとの相互関連性のさらなるエビデンスである[91]．

本書で一貫して強調しているように，環境被害は不公平に分布している．貧しいコミュニティや有色人種のコミュニティは，産業廃棄物やごみ埋立地などの環境有害物質に汚染された地域に住む可能性が高く，それにより，公園や庭園，都市樹木などの環境財*を利用できる可能性が低くなる．大規模で人為的な環境破壊の影響は空間的にも時間的にも均等に分布しておらず，なおかつその影響を軽減するすべが最も少ない人々が不均衡にその影響を被っているという理由で不公平である．一般的に，経済的に貧しい立場にある人は医療サービスを受ける機会が少なく，また，リスクへの暴露を軽減したり回復を支援したりする経済的手段の利用も少ないため，影響を受けるリスクが高くなる（軽減要因については図1.4を参照）．

リスクにさらされる割合の格差は，環境災害に対する脆弱性を高める．先住民コミュニティは地理的により災害に見舞われやすい地域に住み，自然とのつながりがより密接なため，不均衡な影響を受けている．このような自然とのふれあいは身体活動を促し，社会的つながりや文化的アイデンティティを高めるなど，健康やウェルビーイングの源となり得るが，一方で，環境悪化や環境災害に対する脆弱性についての意識を高め，環境変化に対する不安を引き起こすこともある[92]．

北極圏やオセアニアの先住民コミュニティでは，環境条件の変化に伴う社会的・心理的な負荷がすでに報告されている．いくつかの先住民コミュニティでは伝統ある土地を離れることを余儀なくされ，多くのコミュニティでは天然資源の利用を伴う，何世代にもわたって受け継がれてきた文化的に重要な慣習をもはや行うことができなくなっている．その結果，大切な社会的交流が減り，文化的アイデンティティの感覚が低下し，自殺や薬物乱用の割合が高まる[93]．カナダのイヌイットのコミュニティでは自殺率がカナダの全国平均の11倍も高く，10代の若者ではさらに高い．この差はもっぱら環境因子だけに関連するものではなく，環境との相互作用の形態の変化もその一因となっている[86]．

同様に，特定の職業集団が環境変化によってさらなる脅威にさらされている．特に，土地に密着して仕事をしている人や，狩猟，漁業，農業などによる天然資源の利用で利益を得ている人である．農民はうつ病のリスクが高いことが知られており[94]，前述のように，影響のメカニズムに議論はあるものの，世界のいくつかの地域（オーストラリア，インド）では干ばつにより農民の自殺が急増している[95]．

＊ 訳注：環境が持つ資質そのものを財産として認識し，整った環境空間，環境による付加価値，環境を維持するための施設・機器をはじめその手法等の総称．

環境災害に対するレジリエンスの脆弱性は社会的要因からも生じる．先住民や少数民族のコミュニティがより多くの環境災害を被る傾向にあるという事実は，彼らの社会的，政治的，経済的な力の欠如に起因する部分もある．彼らは政策，都市計画の建築規制，開発の議論において，自分たちの利益を主張することがほとんどできなかった．同様に女性は，男女別の役割によって自律性や情報の利用が制限されてきたため，気候変動への対応力が特に脆弱だと考えられている．女性は伝統的に子どもの世話をしたり，薪集めや水汲みの役割を担っていたため，資源の利用が制限されたり，危険にさらされる機会が増えたりする環境変化の影響を受けやすい．

子どもは環境災害に対して特に影響を受けやすい．これは，環境変化の影響が将来にわたって持続し，拡大していくので重要な見解である．社会的要因も子どもの災害時の脆弱性を高めており，それは，子どもは他人に依存しているため，直接的な影響だけでなく，依存の代償としての影響も受けやすいからである．さらに，子どもたちは生理機能的にも弱い．体も脳も発達途上にあるため持続的な影響を受けやすく，影響から回復する能力も低い．また，子どもたちのメンタルヘルスに与える影響も不均衡なものになる．子どもたちは自然災害や強制移住の余波で心的外傷後ストレス障害やうつ病など，極端な反応を示す傾向がある[3]．また，子どもたちは養育者に依存しているため，養育者との別離や養育者自身のネガティブな感情が，さらなるストレスの原因となる．実際，ジュースら[96]は，インドネシアの大地震発生後，親の心的外傷後ストレス障害の症状と子どもの心的外傷後ストレス障害の症状が関連していたことを明らかにし，災害の影響を個人単位よりも社会単位で考えること，特に親子の場合はひと組にして考える必要性を論じている．

特に懸念されるのは，環境上の出来事が子どもの自然な成長を妨げたり変化させたりすることで，子どもに不可逆的な影響を与える可能性である．子どもの頃に大きなストレスを経験すると脳が感作され，後になってより顕著なストレス反応を示すようになる[97]．

他にも生理学的に環境の影響を受けやすい集団もいる．精神疾患を持っている人はすでにストレス対処システムに負荷がかかっており，規則的な日常生活を維持することが対処システムの機能の重要な部分を占めているため，特に影響を受けやすい．また，向精神薬は暑さの影響を増幅させる可能性があることや，医療システムの混乱により必要な介護を受けることができなくなる可能性があることも，影響を受けやすい原因として考えられる[18]．また，高齢者は暑さにより強く影響を受けるし，自然災害後にメンタルヘルスの問題を抱える傾向も高い[98]．子どもと同じように，高齢者も生理機能的な弱さだけでなく社会的な弱さも抱えており，住居や職業などの生活様式の変化に適応する柔軟性が低く，社会的にも孤立しがちである．さらに高齢者はメンタルヘルスサービスの利用にも抵抗感を示す[99]．

人新世におけるメンタルヘルス —— 人と地球の良好な関係を目指して

環境の悪化が精神的なウェルビーイングに及ぼす現在の影響ならびに潜在的な影響の重大さと範囲の広さから，環境悪化を緩和し，新しい環境の実態に適応する方策を検討するための大いなる努力が求められている．しかし，環境への影響を無視し，気候変動などの変化の現実を否定する傾向が広く見られ，これが障壁となっている．否定の動機にはいくつもの異なる要因が関わっている．環境変化という現象からの認知面と感情面での距離，恐ろしい示唆的予測に向き合いたくないという感情，そしてイデオロギー的な抵抗感などがすべて，人々に環境変化の事実を無視させる原因となっている．政治的イデオロギーは最も強力な障壁の1つであるが，宗教的信念，テクノロジーへの信頼，あるいは単に消費が多くても快適な生活様式を維持したい思いが否定の動機となる．したがって，（気候変動などについての）意見の相違は通常，事実についての相違ではなく，「その問題が社会に与える影響」についての相違である[100]．環境問題へ適切に対応してもらえるよう人々を説得するためには，問題についてのそれぞれの聴衆の理解に注意を払う必要がある．

環境変化への対応を検討するうえで，適応はますます重要な要素となっている．適応には人間と自然環境との関わり方の変化が重要視され，物理的なインフラや建築基準，農作業のやり方だけでなく，社会的関係や個人の行動の変化も必要とされている．例えば，都市化の弊害は避けられないものではなく，第13章で論じられているように，公園や樹木や庭園を含むように都市がうまく設計されていれば，自然とのふれあいは保たれ，むしろ高まる可能性すらある．社会は「経験の消滅」ではなく，「経験の変容」の可能性を考えるべきである[101]．

幸いにも，地球環境の変化に対処するための努力は，精神的なウェルビーイングに効果をもたらす可能性がある．その中でも特に注目に値するものが2つある．第一に，個人による参加は，その意義や目的を感じることに役立つ．複数の研究で，持続可能な行動と幸福度の間に相関関係があることがわかっており，自分が前向きな取り組みに貢献していると感じている人ほど，自分自身や自分の価値，自分の効力感についての自己評価が高くなる[69, 102]．また，脅威が深刻だと感じている人でも，気候変動を緩和するための行動に参加することは，苦痛や抑うつ症状の軽減につながるという研究結果もある[89, 103]．第二に，集団的な社会活動への参加は，心身双方のリスク因子に直面したときのレジリエンスの重要なよりどころである社会的つながりを強める（**図9.7**）．集団レベルの主導的活動への参加は，効力感と有力感を強化できるだけでなく，集団が主観的ウェルビーイングに関わる支援の源となることで，肯定的な感情と関連する帰属意識と集団的アイデンティティを構築することもできる[104]．オース

図9.7　気候変動対策に積極的な権利擁護団体「マザーズ・アウト・フロント（Mothers Out Front）」によるデモの様子．地球環境の変化に対応するために，声を上げたり，コミュニティのレジリエンスを高めたりする集団行動は，メンタルヘルス上のメリットをもたらす．

［出典］写真提供 Emily Rose，許可を得て使用．

トラリアの精神科医であるヘレン・ベリー氏は，干ばつ時に不利益を被ったコミュニティの社会的機能を改善するための地域による率先的な活動を紹介し，それがメンタルヘルスに好影響を与えたことを述べた．彼女は，干ばつによるメンタルヘルスへの影響を軽減するためには，このようなコミュニティを基礎とした介入のほうが，個々に重点を置く対策よりも効果的だと主張し，この機会を「牡蠣（かき）の中の真珠」（訳注：牡蠣を食べようと思ったら中に真珠が入っていたというような思いがけない幸運）と呼んだ[105]．

環境への有害な影響が増加し，有益な影響が減少する，不確実で恐ろしい未来に目を向けるとき，個人やコミュニティは環境の影響を受けるだけの受動的な存在ではないことを忘れてはならない．個人やコミュニティは行為の主体性を持ち，負の環境変化に対してレジリエンスをより高めるための手段を講じることができる[92]．情報を得て準備をし，社会と強いつながりを持ち，自分自身の対処能力を信じ，集団行動に参加し，そして楽観的な感覚を持ち続けるほど，人々はより良い状況に身を置けるだろう．

情報通であること，人とつながっていること，楽観的であることなどは個人の特性であるが，それらは社会的背景によって育まれたり損なわれたりする．コミュニティは将来の危険な兆候，現在の状況，効果的な準備，利用可能な資源などの情報を人々に提供するためのコミュニケーション手段を構築し，これらのコミュニケーション手段がすべての人々に確実に届くようにすることでレジリエンスを養うことができる．また，市民が計画や政策決定に参加できる方法を構築する必要もある．このようなコミュニティの率先した取り組みは人と人とを結びつけ，権限を与え，来たるべき課題に対処するためのコミュニティの能力をより前向きにする．

コミュニティは単に個人に情報提供をして結びつけるだけではない，それ以上の役割を果たす．例えば環境問題に直面したときに，自分たちのコミュニティとしての特性がどのような弱みや強みになるかを熟考する必要が出てくる．強みと弱みの分析により，コミュニティは自分たちが直面している特定の環境リスクと，レジリエンスを強化するために利用できる既存の社会的，経済的，物理的資源についての情報を得ることが可能になる．重要なこととして，効果的なシステムの1つの側面に多様性が挙げられる．多様性は柔軟性と変化する状況への適応能力を高めるのに役立つ．多様性の定義はさまざまであるが，一般的には人間の可変性が含まれる．さまざまな経験，知識，技能，そして脆弱性があることで，コミュニティや社会は環境変化の潜在的な影響を認識し，可能な解決策や対応策を作成することができるのである．

結　論

環境の変化がメンタルヘルスに与える影響については確かなエビデンスが増えている．自然災害などの個別の環境事象による直接的な影響に加えて，人々の自然界とのふれあい方に影響を及ぼす緩やかな環境条件の変化を懸念する理由もある．そして，人々が自然界との関係をどのように理解し，将来の変化をどのように予測しているかは，人々の心理的なウェルビーイングに関係している．本章で見てきた研究が示すように，人と自然の良好な関係を促進し，環境負荷要因からの影響を和らげるためには，社会的背景がきわめて重要である．

人間のウェルビーイングと生態系のウェルビーイングとの関係性を考えることは，人間の繁栄を阻害したり促進したりする要因を理解するために重要である．また，人間と自然界との相互依存関係についての認識を促進するうえでも重要である．環境保護は時折，私利私欲を超えた利他的な行為のように見られるが，実際には，私たち全員がその一部である地球という惑星の保護と記載するのがより正確であって，基本的には自衛本能の行為だといえる．人間と地球の関係に注目することは，より健全な建築環境をデザインし，自然とのふれあいを促進し，そして地球と私たちの心身の健康を守るための政策を実行することにつながるのである．

参考文献

1. World Health Organization. *Depression and Other Common Mental Disorders: Global Health Estimates*. Geneva, Switzerland: World Health Organization; 2017. http://apps.who.int/iris/bitstream/10665/254610/1/WHO-MSD-MER-2017.2-eng.pdf.
2. Holt-Lunstad J, Robles TF, Sbarra DA. Advancing social connection as a public health priority in the United States. *Am Psychol*. 2017;72(6):517–530.
3. Fritze JG, Blashki GA, Burke S, Wiseman J. Hope, despair and transformation: climate change and the promotion of mental health and wellbeing. *Int J Ment Health Syst*. 2008;2(1):13.
4. Rubonis AV, Bickman L. Psychological impairment in the wake of disaster: the disaster–psychopathology relationship. *Psychol Bull*. 1991;109(3):384–399.
5. Neria Y, Nandi A, Galea S. Post-traumatic stress disorder following disasters: a systematic review. *Psychol Med*. 2007;38(4):467–480.
6. Kessler RC, Galea S, Gruber MJ, Sampson NA, Ursano RJ, Wessely S. Trends in mental illness and suicidality after Hurricane Katrina. *Mol Psychiatry*. 2008;13(4):374–384.
7. Johannesson KB, Arinell H, Arnberg FK. Six years after the wave. Trajectories of posttraumatic stress following a natural disaster. *J Anxiety Disord*. 2015;36:15–24.
8. Flory K, Hankin BL, Kloos B, Cheely C, Turecki G. Alcohol and cigarette use and misuse among Hurricane Katrina survivors: psychosocial risk and protective factors. *Subst Use Misuse*. 2009;44(12):1711–1724.
9. Schumacher JA, Coffey SF, Norris FH, Tracy M, Clements K, Galea S. Intimate partner violence and Hurricane Katrina: predictors and associated mental health outcomes. *Violence Vict*. 2010;25(5):588–603.
10. Tang B, Liu X, Liu Y, Xue C, Zhang L. A meta-analysis of risk factors for depression in adults and children after natural disasters. *BMC Public Health*. 2014;14(1).
11. Noel P, Cork C, White RG. Social capital and mental health in post-disaster/conflict contexts: a systematic review. *Disaster Med Public Health Prep*. 2018;12(6):791–802.
12. Knez I, Butler A, Ode Sang Å, Ångman E, Sarlöv-Herlin I, Åkerskog A. Before and after a natural disaster: disruption in emotion component of place-identity and wellbeing. *J Environ Psychol*. 2018;55:11–17.
13. Forbes D, Alkemade N, Waters E, et al. The role of anger and ongoing stressors in mental health following a natural disaster. *Aust N Z J Psychiatry*. 2015;49(8):706–713.
14. Osberghaus D, Kühling J. Direct and indirect effects of weather experiences on life satisfaction: which role for climate change expectations? *J Environ Plann Manag*. 2016;59(12):2198–2230.
15. Obradovich N, Migliorini R, Paulus MP, Rahwan I. Empirical evidence of mental health risks posed by climate change. *Proc Natl Acad Sci*. 2018;115(43):10953–10958.
16. Burke M, Gonzalez F, Baylis P, et al. Higher temperatures increase suicide rates in the United States and Mexico. *Nat Clim Change*. 2018;8(8):723–729.
17. Carleton TA. Crop-damaging temperatures increase suicide rates in India. *Proc Natl Acad Sci*. 2017;114(33):8746–8751.
18. Thompson R, Hornigold R, Page L, Waite T. Associations between high ambient temperatures and heat waves with mental health outcomes: a systematic review. *Public Health*. 2018;161:171–191.
19. Larrick RP, Timmerman TA, Carton AM, Abrevaya J. Temper, temperature, and temptation: heat-related retaliation in baseball. *Psychol Sci*. 2011;22(4):423–428.
20. Kenrick DT, MacFarlane SW. Ambient temperature and horn honking: a field study of the heat/

aggression relationship. *Environ Behav.* 1986;18(2):179–191.

21. Ranson M. Crime, weather, and climate change. *J Environ Econ Manag*. 2014;67(3):274–302.
22. Carleton T, Hsiang SM, Burke M. Conflict in a changing climate. *European Eur Phys J Special Topics*. 2016;225(3):489–511.
23. Carleton TA, Hsiang SM. Social and economic impacts of climate. *Science*. 2016;353(6304).
24. Gu X, Liu Q, Deng F, et al. Association between particulate matter air pollution and risk of depression and suicide: systematic review and meta-analysis. *Br J Psychiatry*. 2019:1–12.
25. Newbury JB, Arseneault L, Beevers S, et al. Association of air pollution exposure with psychotic experiences during adolescence. *JAMA Psychiatry*. 2019.
26. Sass V, Kravitz-Wirtz N, Karceski SM, Hajat A, Crowder K, Takeuchi D. The effects of air pollution on individual psychological distress. *Health Place*. 2017;48:72–79.
27. Lu JG, Lee JJ, Gino F, Galinsky AD. Polluted morality: air pollution predicts criminal activity and unethical behavior. *Psychol Sci*. 2018;29(3):340–355.
28. Austin EK, Handley T, Kiem AS, et al. Drought-related stress among farmers: findings from the Australian Rural Mental Health Study. *Med J Aust*. 2018;209(4):159–165.
29. Vins H, Bell J, Saha S, Hess J. The mental health outcomes of drought: a systematic review and causal process diagram. *Int J Environ Res Public Health*. 2015;12(10):13251–13275.
30. Bourque F, van der Ven E, Malla A. A meta-analysis of the risk for psychotic disorders among first- and second-generation immigrants. *Psychol Med*. 2010;41(05):897–910.
31. Mindlis I, Boffetta P. Mood disorders in first- and second-generation immigrants: systematic review and meta-analysis. *Br J Psychiatry*. 2017;210(3):182–189.
32. Kaltenbach E, Härdtner E, Hermenau K, Schauer M, Elbert T. Efficient identification of mental health problems in refugees in Germany: the Refugee Health Screener. *Eur J Psychotraumatol*. 2017;8(sup2):1389205.
33. Garcini LM, Peña JM, Galvan T, Fagundes CP, Malcarne V, Klonoff EA. Mental disorders among undocumented Mexican immigrants in high-risk neighborhoods: prevalence, comorbidity, and vulnerabilities. *J Consult Clin Psychol*. 2017;85(10):927–936.
34. Chen J, Chen S, Landry P. Urbanization and mental health in China: linking the 2010 population census with a cross-sectional survey. *Int J Environ Res Public Health*. 2015;12(8):9012–9024.
35. Evans BE, Buil JM, Burk WJ, Cillessen AHN, van Lier PAC. Urbanicity is associated with behavioral and emotional problems in elementary school-aged children. *J Child Fam Stud*. 2018;27(7):2193–2205.
36. Wang R, Xue D, Liu Y, Chen H, Qiu Y. The relationship between urbanization and depression in China: the mediating role of neighborhood social capital. *Int J Equity Health*. 2018;17(1):105.
37. Cox DTC, Hudson HL, Shanahan DF, Fuller RA, Gaston KJ. The rarity of direct experiences of nature in an urban population. *Landscape Urban Plann*. 2017;160:79–84.
38. Lai H, Flies EJ, Weinstein P, Woodward A. The impact of green space and biodiversity on health. *Front Ecol Environ*. 2019;17(7):383–390.
39. van den Bosch M, Bird W, eds. *Oxford Textbook of Nature and Public Health*. Oxford, UK: Oxford University Press; 2017.
40. Ives CD, Giusti M, Fischer J, et al. Human–nature connection: a multidisciplinary review. *Curr Opin Env Sust*. 2017;26(suppl C):106e113.
41. McEachan RR, Prady SL, Smith G, et al. The association between green space and depressive symptoms in pregnant women: moderating roles of socioeconomic status and physical activity. *J Epidemiol Community Health*. 2016;70(3):253–259.

42. Mitchell R, Popham F. Effect of exposure to natural environment on health inequalities: an observational population study. *Lancet*. 2008;372:1655–1660.
43. Frumkin H, Bratman GN, Breslow SJ, et al. Nature contact and human health: a research agenda. *Environ Health Perspect*. 2017;125(7):075001.
44. Gascon M, Triguero-Mas M, Martinez D, et al. Mental health benefits of long-term exposure to residential green and blue spaces: a systematic review. *Int J Environ Res Public Health*. 2015;12(4):4354–4379.
45. van den Bosch M, Östergren P-O, Grahn P, Skärbäck E, Währborg P. Moving to serene nature may prevent poor mental health—results from a Swedish longitudinal cohort study. *Int J Environ Res Public Health*. 2015;12(7):7974.
46. Alcock I, White MP, Wheeler BW, Fleming LE, Depledge MH. Longitudinal effects on mental health of moving to greener and less green urban areas. *Environ Sci Technol*. 2014;48(2):1247–1255.
47. South EC, Hohl BC, Kondo MC, MacDonald JM, Branas CC. Effect of greening vacant land on mental health of community-dwelling adults: a cluster randomized trial. *JAMA Network Open*. 2018;1(3):e180298.
48. van den Berg M, van Poppel M, van Kamp I, et al. Visiting green space is associated with mental health and vitality: a cross-sectional study in four european cities. *Health Place*. 2016;38:8–15.
49. Barton J, Bragg R, Wood C, Pretty J, eds. *Green Exercise: Linking Nature, Health and Well-Being*. Abingdon, Oxon, UK: Earthscan/Routledge; 2016.
50. Mitchell R. Is physical activity in natural environments better for mental health than physical activity in other environments? *Soc Sci Med*. 2013;91:130–134.
51. Mygind L, Kjeldsted E, Hartmeyer R, Mygind E, Bølling M, Bentsen P. Mental, physical and social health benefits of immersive nature-experience for children and adolescents: a systematic review and quality assessment of the evidence. *Health Place*. 2019;58:102136.
52. Mygind L, Kjeldsted E, Hartmeyer RD, Mygind E, Bølling M, Bentsen P. Immersive nature-experiences as health promotion interventions for healthy, vulnerable, and sick populations? A systematic review and appraisal of controlled studies. *Front Psychology*. 2019;10(943).
53. Gascon M, Zijlema W, Vert C, White MP, Nieuwenhuijsen MJ. Outdoor blue spaces, human health and well-being: a systematic review of quantitative studies. *Int J Hyg Environ Health*. 2017;220(8):1207–1221.
54. Vanaken GJ, Danckaerts M. Impact of green space exposure on children's and adolescents' mental health: a systematic review. *Int J Environ Res Public Health*. 2018;15(12).
55. Madzia J, Ryan P, Yolton K, et al. Residential greenspace association with childhood behavioral outcomes. *J Pediatr.* 2018.
56. Preuß M, Nieuwenhuijsen M, Marquez S, et al. Low childhood nature exposure is associated with worse mental health in adulthood. *Int J Environ Res Public Health*. 2019;16(10).
57. Engemann K, Pedersen CB, Arge L, Tsirogiannis C, Mortensen PB, Svenning J-C. Residential green space in childhood is associated with lower risk of psychiatric disorders from adolescence into adulthood. *Proc Natl Acad Sci*. 2019;116(11):5188.
58. Carver A, Lorenzon A, Veitch J, Macleod A, Sugiyama T. Is greenery associated with mental health among residents of aged care facilities? A systematic search and narrative review. *Aging Ment Health*. 2018:1–7.
59. Gascon M, Sanchez-Benavides G, Dadvand P, et al. Long-term exposure to residential green and blue spaces and anxiety and depression in adults: a cross-sectional study. *Environ Res*. 2018;162:231–239.

60. Taylor MS, Wheeler BW, White MP, Economou T, Osborne NJ. Research note: urban street tree density and antidepressant prescription rates—a cross-sectional study in London, UK. *Landscape Urban Plann*. 2015;136:174–179.
61. Berman MG, Kross E, Krpan KM, et al. Interacting with nature improves cognition and affect for individuals with depression. *J Affect Disord*. 2012;140(3):300–305.
62. Nutsford D, Pearson AL, Kingham S. An ecological study investigating the association between access to urban green space and mental health. *Public Health*. 2013;127(11):1005–1011.
63. Hyer L, Boyd S, Scurfield R, Smith D, Burke J. Effects of Outward Bound experience as an adjunct to inpatient PTSD treatment of war veterans. *J Clin Psychol*. 1996;52(3):263–278.
64. Iwata Y, Dhubháin ÁN, Brophy J, Roddy D, Burke C, Murphy B. Benefits of group walking in forests for people with significant mental ill-health. *Ecopsychology*. 2016;8(1):16–26.
65. Kuo M. How might contact with nature promote human health? Exploring promising mechanisms and a possible central pathway. *Front Psychol*. 2015;6.
66. Frumkin H, Bratman GN, Breslow SJ, et al. Nature contact and human health: a research agenda. *Environ Health Perspect*. 2017.
67. Bettmann JE, Gillis HL, Speelman EA, Parry KJ, Case JM. A meta-analysis of wilderness therapy outcomes for private pay clients. *J Child Fam Studies*. 2016;25(9):2659–2673.
68. Rosa CD, Collado S. Experiences in nature and environmental attitudes and behaviors: setting the ground for future research. *Front Psychol*. 2019;10.
69. Olivos P, Clayton S. Self, nature and well-being: sense of connectedness and environmental identity for quality of life. In. *Handbook of Environmental Psychology and Quality of Life Research*. Berlin, Germany: Springer International Publishing; 2016:107e126.
70. Zelenski JM, Nisbet EK. Happiness and feeling connected: the distinct role of nature relatedness. *Environ Behav*. 2014;46(1):3–23.
71. Dean JH, Shanahan DF, Bush R, et al. Is nature relatedness associated with better mental and physical health? *Int J Environ Res Public Health*. 2018;15(7):1371.
72. Ives CD, Abson DJ, von Wehrden H, Dorninger C, Klaniecki K, Fischer J. Reconnecting with nature for sustainability. *Sustain Sci*. 2018;13(5):1389–1397.
73. Hidaka BH. Depression as a disease of modernity: explanations for increasing prevalence. *J Affect Disord*. 2012;140(3):205–214.
74. Knez I, Butler A, Ode Sang Å, Ångman E, Sarlšv-Herlin I, Åkerskog A. Before and after a natural disaster: disruption in emotion component of place-identity and wellbeing. *J Environ Psychol*. 2018;55:11–17.
75. Cunsolo A, Ellis NR. Ecological grief as a mental health response to climate changerelated loss. *Nat Clim Change*. 2018;8(4):275–281.
76. IPBES. *Summary for Policymakers of the Global Assessment Report on Biodiversity and Ecosystem Services of the Intergovernmental Science-Policy Platform on Biodiversity and Ecosystem Services*. Bonn, Germany: IPBES Secretariat; 2019.
77. Hunt E. BirthStrikers: meet the women who refuse to have children until climate change ends. *Guardian*. 12 March, 2019.
78. Feder JL. Extinction rebellion shut down London to shock people into facing the reality of climate change. That was just the beginning. *BuzzFeed*. 12 July, 2019.
79. Scheinman T. The couples rethinking kids because of climate change. BBC, 1 October 2019. https://www.bbc.com/worklife/article/20190920-the-couples-reconsidering-kids-because-of-climate-change. Accessed April 2020.

80. Moser SC. More bad news: the risk of neglecting emotional responses to climate change information. In: *Creating a Climate for Change*. Cambridge, UK: Cambridge University Press; 2007:64–80.
81. Leiserowitz A, Maibach E, Rosenthal S, et al. *Climate Change in the American Mind*. New Haven, CT: Yale Program on Climate Change Communication George Mason University Center for Climate Change Communication; 2018. http://climatecommunication.yale.edu/publications/climate-change-in-the-american-mind-december-2018.
82. Steentjes K, Pidgeon N, Poortinga W, et al. *European Perceptions of Climate Change: Topline Findings of a Survey Conducted in Four European Countries in 2016*. Cardiff, Wales: Cardiff University; 2017.
83. Asugeni J, MacLaren D, Massey PD, Speare R. Mental health issues from rising sea level in a remote coastal region of the Solomon Islands: current and future. *Australas Psychiatry*. 2015;23(6 suppl):22–25.
84. Reser J, Bradley G, Glendon A, Ellul M, Callaghan R. *Public Risk Perceptions, Understandings, and Responses to Climate Change and Natural Disasters in Australia, 2010 and 2011*. Southport, Australia: National Climate Change Adaptation Research Facility, Gold Coast; 2012.
85. Verplanken B, Roy D. My worries are rational, climate change is not: habitual ecological worrying is an adaptive response. *PLoS One*. 2013;8(9):e74708.
86. Bourque F, Willox AC. Climate change: the next challenge for public mental health? *Int Rev Psychiatry*. 2014;26(4):415–422.
87. Ellis NR, Albrecht GA. Climate change threats to family farmers' sense of place and mental wellbeing: a case study from the Western Australian Wheatbelt. *Soc Sci Med*. 2017;175:161–168.
88. Polain JD, Berry HL, Hoskin JO. Rapid change, climate adversity and the next big dry: older farmers' mental health. *Aust J Rural Health*. 2011;19(5):240.
89. Helm SV, Pollitt A, Barnett MA, Curran MA, Craig ZR. Differentiating environmental concern in the context of psychological adaption to climate change. *Glob Environ Change*. 2018;48:158–167.
90. Jones MK, Wootton BM, Vaccaro LD, Menzies RG. The impact of climate change on obsessive compulsive checking concerns. *Aust N Z J Psychiatry*. 2012;46(3):265–270.
91. Wilkinson R, Pickett K. *The Spirit Level: Why Greater Equality Makes Societies Stronger*. New York, NY: Bloomsbury Press; 2011. Accessed April 2020.
92. Durkalec A, Furgal C, Skinner MW, Sheldon T. Climate change influences on environment as a determinant of Indigenous health: relationships to place, sea ice, and health in an Inuit community. *Soc Sci Med*. 2015;136–137:17–26.
93. MacDonald JP, Willox AC, Ford JD, Shiwak I, Wood M. Protective factors for mental health and well-being in a changing climate: perspectives from Inuit youth in Nunatsiavut, Labrador. *Soc Sci Med*. 2015;141:133–141.
94. Truchot D, Andela M. Burnout and hopelessness among farmers: the Farmers Stressors Inventory. *Soc Psychiatry Psychiatr Epidemiol*. 2018;53(8):859–867.
95. Parida Y, Dash DP, Bhardwaj P, Chowdhury JR. Effects of drought and flood on farmer suicides in Indian states: an empirical analysis. *Econ Disaster Clim Change*. 2018;2(2):159–180.
96. Juth V, Silver RC, Seyle DC, Widyatmoko CS, Tan ET. Post disaster mental health among parent–child dyads after a major earthquake in Indonesia. *J Abnorm Child Psychol*. 2015;43(7):1309–1318.
97. McLaughlin KA, Kubzansky LD, Dunn EC, Waldinger R, Vaillant G, Koenen KC. Childhood social environment, emotional reactivity to stress, and mood and anxiety disorders across the life course. *Depress Anxiety*. 2010;27(12):1087–1094.

98. Parker G, Lie D, Siskind DJ, et al. Mental health implications for older adults after natural disasters: a systematic review and meta-analysis. *Int Psychogeriatr*. 2015;28(1):11–20.
99. Polain JD, Berry HL, Hoskin JO. Rapid change, climate adversity and the next big dry: older farmers' mental health. *Aust J Rural Health*. 2011;19(5):239–243.
100. Markowitz EM, Guckian ML. Climate change communication: challenges, insights and opportunities. In: Clayton S and Manning C, eds. *Psychology and Climate Change: Human Perceptions, Impacts, and Responses*. Amsterdam, The Netherlands: Elsevier;2018:35–63.
101. Clayton S, Colléony A, Conversy P, et al. Transformation of experience: toward a new relationship with nature. *Conserv Lett*. 2017;10(5):645–651.
102. Howell AJ, Passmore H-A. The nature of happiness: nature affiliation and mental wellbeing. In: Keyes CLM, ed. *Mental Well-Being: International Contributions to the Study of Positive Mental Health*. Berlin, Germany: Springer Netherlands; 2012:231–257.
103. Bradley G, Reser J, Glendon AI, Ellul M. Distress and coping in response to climate change. In: Kaniasty K, Moore K, Howard S, Buchwald P, eds. *Stress and Anxiety: Applications to Social and Environmental Threats, Psychological Well-Being, Occupational Challenges, and Developmental Psychology*. Berlin, Germany: Logos Verlag; 2014:33–42.
104. Bamberg S, Rees JH, Schulte M. Environmental protection through societal change. In: Clayton S and Manning C, eds. *Psychology and Climate Change: Human Perceptions, Impacts, and Responses*. Amsterdam, The Netherlands: Elsevier; 2018:185–213.
105. Berry H. Pearl in the oyster: climate change as a mental health opportunity. *Australas Psychiatry*. 2009;17(6):453–456.

第10章

気候変動と人間の健康

本書の他章では，栄養，感染症，非感染症，人口移転と紛争，メンタルヘルス，幸福など，人間の健康とウェルビーイングに対する環境変化の幅広い影響を紹介している．近年では，地球規模の気候変動がもたらす健康への影響が大きな注目を集めている．本章は短いが，気候変動という環境要因が人間の健康のほぼすべての側面をどのように脅かしているのかを，型に捉われずに検討していく．

第4章の気候変動の節に記載されているように，また，図4.1に示したとおり，炭素系分子からなる石炭，石油，ガスの燃焼により酸化生成物である二酸化炭素が大気中に放出される．その結果として起こる大気組成の変化は数百ppmという比較的小さな数値ではあるものの，人類や他の生物圏に与える影響は劇的で広範囲にわたる．

プラネタリーヘルスの中核的テーマの1つを解説することで，この大気の化学組成のわずかな変化がさまざまな物理システムや生物システムに波及し，地球上のほぼすべての生物に影響を与えることへの理解が深まる．二酸化炭素は（メタン，亜酸化窒素，そして炭素・フッ素・塩素からなるフロンの1種であるクロロフルオロカーボンとともに）温室効果ガスとして作用し，地表の放射エネルギーを閉じ込め，地球の温度自動調節装置を機能的に上昇させる．蓄積されたエネルギーがより高いレベルになると地球の平均気温が上昇する．温暖化は暴風雨，干ばつ，熱波，洪水，山火事などの自然災害をより激しくし，その頻度も増していく．水の熱膨張や，特に極地にある陸地の氷の融解を引き起こし，海面上昇の原因となる．蓄積されたエネルギーの増加は水循環にも変化をもたらす．極端に降水量が増え，雨の多い地域はより湿潤に，乾燥した地域はより乾燥度が高くなる．さらに大気中の二酸化炭素濃度の上昇は，海洋の酸性化，多くの植物の成長パターンや化学組成の変化など，温暖化とは無関係なところで直接的な影響を及ぼす．そして，これらの変化は海や川，氷河や陸地，植物や動物，そして人間にも広範囲にさまざまな影響を与える．

人々への影響は，気温変化による影響，荒天や災害の影響，大気汚染による影響，アレルギーの悪化，感染症のリスクの増加，栄養面での影響，人口移動，内戦，メンタルヘルスへの影響など，いくつかに分けることができる．これらは，**図10.1**に示すように，さまざまな要因が複雑に絡み合って起こる．これらの影響の中には，気候関連の災害で発生する被害のように直接的なものもある．また，気候の影響を受けた農作物が栄養面で問題を起こすなど，間接的なものもある．また，紛争などのように

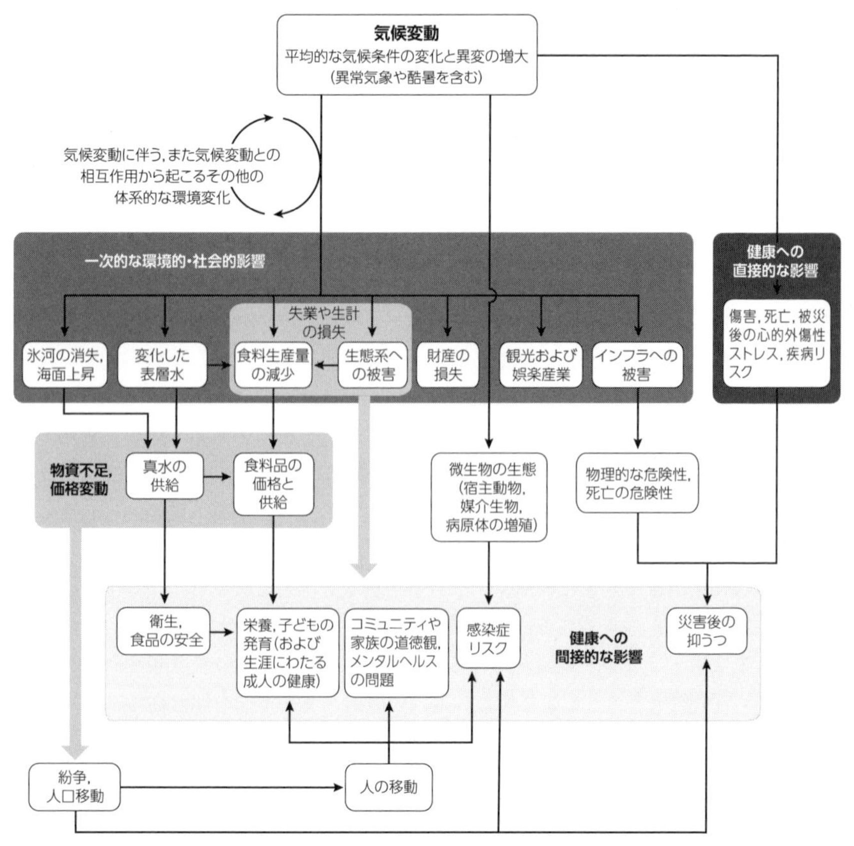

図10.1　気候変動から健康被害への道筋．最も濃い部分（右）は，気象かく乱現象の影響など，健康への直接的な影響を示している．次に濃い部分（上）は，気候関連の環境変化に伴う環境的・社会的影響を示しており，これらの多くは，水などの必須資源の利用の減少，インフラへの損害，そして生計の損失などに関連している．一次的な環境的・社会的影響を及ぼすもので，健康への直接的影響が少ないものは図の下段に示している．最も薄い部分（下）は，間接的な健康への影響を5つのカテゴリーで示している．上向きの矢印で示されている三次的な影響は，さらなる混乱の拡大，人口移動，紛争から生じるもので，気候変動が進むにつれて増加する可能性が高い．この図はすべての影響を含んだ包括的なものではない．

[出典] Frumkin H, Haines A. Global environmental change and noncommunicable disease risks. *Annu Rev Public Health*. 2019;40:261–282, McMichael AJ. Globalization, climate change, and human health. *N Engl J Med*. 2013;368:1335–1343より改変

社会的プロセスを介した三次的なものもある．気候変動による健康への影響については，これに関する政府間パネル[1]や世界保健機関（WHO）[2]，連邦政府[3, 4]，学術誌[5-9]，書籍[10-12]などで幅広く調査と検討がなされている．したがって，本章では簡単に要約するにとどめる．

重要なことは，世界中のどこにいてもすべての人が気候変動の影響を受けやすいが，すべての人が均一に受けやすいわけではないということである．富裕国は貧困国よりもはるかにレジリエンス（適応回復力）が高く，特に貧困国は大打撃を受ける．また，どの国やどのコミュニティにおいても，貧しい人々のほうが裕福な人々よりも災害の影響を受けやすい[13]．そしてその他の特定の集団，例えば子ども[14]，高齢者[15]，特定の疾患を持つ人たちなどは特に影響を受けやすい．また，気候変動の変遷を考えると，未来の世代は現在生きている私たちよりもさらに影響を受けやすくなるだろう[16]．

気温変化による影響

過度の暑さは夏の酷暑時のみならず長期的な「ニューノーマル（新常態）」としても（**図10.2**），数多くの形で健康とウェルビーイングを脅かす．暑さで起こる医学的症状は，あせもやけいれんなど自然に治癒する軽度の症状から熱中症などの重度で死に至る症状まで多岐にわたる．さらに，人口という二次的観点から見ると，暑さが厳しい時期には死亡率が上昇するが，そのおもな原因は心血管疾患による死亡の増加である[17]．例えば1995年のシカゴの熱波では約700人以上[18]，2003年の欧州の熱波ではそれより2桁多い約7万人以上[19]，2010年のロシアの熱波では約1万1000人以上[20]という，はなはだしい死亡者数を記録した．このような致死的な影響に加えて，暑さは腎臓結石[21]や慢性腎臓病[22]のリスクの増加，睡眠障害[23]，暴力行為[24]，そしておそらく自殺[25]の増加や労働能力の大幅な低下[26, 27]（社会的・経済的に深刻な影響を伴う）など，他にもさまざまな事象とも関連している．都市部に住む人が増えると（第13章参照），都市部のヒートアイランド現象により，より厳しい暑さになる．これは，熱を吸収して再放射する現象がある暗い色の物質表面，蒸発散（地球上の水循環の1つで，地面からの蒸発と植物からの蒸散）により冷却効果をもたらすはずの植生の損失，局所的な熱の集中的な発生により，都市が近隣の農村部よりも気温が高くなる傾向にあるからである[28]．同様に，熱はそれ自体のリスクを生み出すだけでなく，地上付近のオゾン層（オゾンは呼吸器系に対する毒性物質）の形成を促進することで空気の質を低下させる[29]．今後数年間は，より温暖な気候で寒さによる死亡者数が減少する地域もあるが，暑さによる死亡数の増加には及ばない．米国の200以上の都市を対象とした調査では，適応策を講じなければ今世紀末までに毎年数千人の超過死亡者が純増すると予測されている[30]．貧困層，社会的に孤立している人々，有色人種，若年層，高齢者，

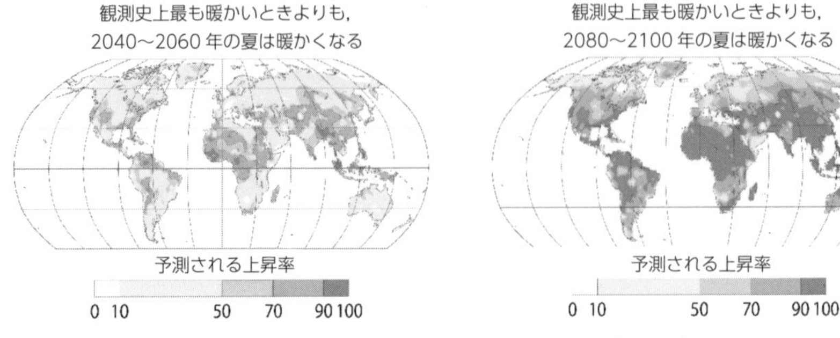

図10.2　地球の温暖化が進むと，上昇した気温が「ニューノーマル（新常態）」となり，上図のような気温上昇が予測されている．

［出典］Battisti DS, Naylor RL. Historical warnings of future food insecurity with unprecedented seasonal heat. *Science*. 2009;323:240–244

特定の疾患を持つ人々，屋外で働く人々などの特定集団は酷暑によるリスクが特に高くなる[31–33]．

悪天候と災害

悪天候事象の頻度はここ数十年で増加しており，今後も継続すると予測されている[34–36]．このような悪天候は危険である．洪水，森林火災，ハリケーン，暴風雨などは，発生時に外傷や死亡を引き起こす．その他の健康への影響は急性期を過ぎても続く．例えば短期的には，電気が復旧する前にプロパンガスのコンロや発電機を使用する人は一酸化炭素中毒になる危険性がある[37]．災害時には医療活動が中断されたり医療施設が破壊されたりして，急性ならびに慢性疾患の医療業務に支障をきたす[38, 39]．洪水の後，家屋にはカビが大量発生し，呼吸器疾患を引き起こす[40]．大規模な火災が発生すると大気汚染が進行する[41]．火災や暴風雨とは対照的に，干ばつは数か月から数年かけてゆっくりと進行し，農作物の不作や栄養不足，水質や水の供給量の低下による感染症，大気汚染による呼吸器疾患，メンタルヘルスなどのリスクを増大させ，さまざまな形で健康を脅かす[42]．

災害直後には人々の生活が根底から覆され，生活の糧が損なわれ，移転を余儀なくされることがある．これら一連の過程で感染症や栄養不良（資源の乏しい地域）[43]のリスクが高まり，災害後の不安障害，うつ病，心的外傷後ストレス障害（PTSD），薬物乱用，家庭内暴力の発生率の上昇など，メンタルヘルスを脅かす[44]．貧困層やマイノリティ・コミュニティ，被害に遭いやすい場所に位置するコミュニティなど貧困層の人々は子どもたちと同様に[14]，気候変動により引き起こされる災害を被るリスクが高くなる[13, 33].

大気質

第12章に記載されているように，気候変動の根本的原因である化石燃料の燃焼は多くの大気汚染物質の主要な発生源でもある．気候変動は，少なくとも以下に示す2つの重要な事象で大気質に影響を与える[45]．まず第一に，気温の上昇により地上付近のオゾン層の生成が促進される[46]．オゾン濃度が高くなると呼吸器疾患の悪化，職場の欠勤日数や学校の欠席日数の増加，病院や救急外来への受診や早死の増加などの影響が出る．第二に，乾燥した高温の気候と森林の減少・劣化（害虫の発生などが原因）により山火事発生の頻度が高くなる（**図10.3**）[47]．山火事では大量の煙が発生し，それにより風下にいる人は心肺疾患のリスクを招く[48]．子どもや喘息などの呼吸器疾患を持つ人は特に大気汚染物質の影響を受けやすい．

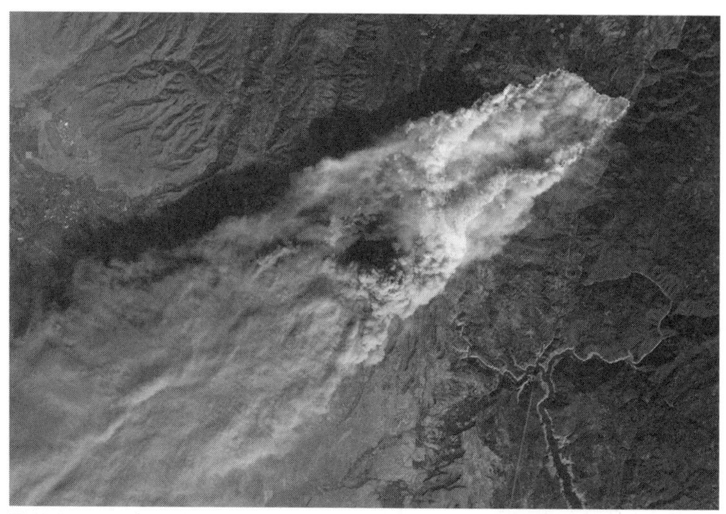

図10.3　2018年11月にカリフォルニア州北部で起きた，「キャンプ・ファイア」と名づけられた山火事の衛星画像．カリフォルニア州で史上最悪の森林火災であった．死者85人，倒壊建物1万8000棟以上，被害総額160億ドル以上という被害を出した．サンフランシスコとセントラル・バレーの大気質が深刻な影響を受け，住民の心肺疾患のリスクが高まった．

［出典］写真提供 Joshua Stevens（NASA）

アレルギー

気候変動はいくつかの経路でアレルギー反応を悪化させる．第一に，ブタクサなどのアレルギー誘発性の植物や特定のアレルギーを誘発する樹木の成長が速くなり，成長する季節が延長するという傾向が米国の多くの地域で記録されている[49, 50]．第二に，これらの植物はより多くの花粉を産生するようになる（**図10.4**）[51]．第三に，花粉に含まれるアレルギー誘発性タンパク質の量が増える可能性がある[52, 53]．その結果，アレルギーを持つ人たちの苦しみが増す[54]．

感染症

気候変動により，多くの場所で感染症のリスクが高まる[55]．特に顕著なのは，ベクター媒介性感染症と食品や水を介する感染症の2つである．

ベクター媒介性感染症とは，蚊やマダニなどの生物が媒介して伝播する疾患のことである[56]．蚊はデング熱[57]，マラリア[58]，ウエストナイルウイルス感染症[59]などの病気を媒介し，マダニはライム病などの病気を媒介する[60]．第6章に詳しく記載されてい

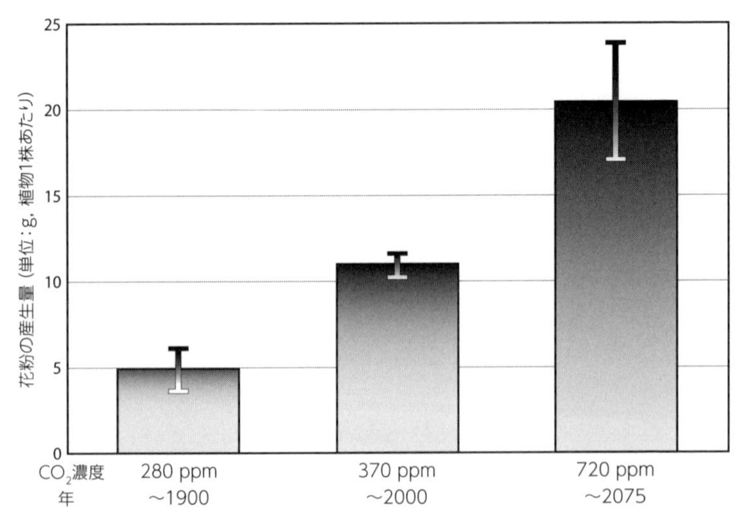

図10.4　二酸化炭素濃度の上昇に伴うブタクサの花粉産生量の増加

［出典］Ziska L, Caulfield F. Rising CO_2 and pollen production of common ragweed (*Ambrosia artemisiifolia*), a known allergy-inducing species: implications for public health. *Aust J Plant Physiol*.2000;27:893–898 より改変.

るように，気候変動の多くは病気のまん延を促進する可能性がある．例えば，蚊の生息環境を拡大させる降雨パターンの変化，媒介生物の代謝作用，繁殖，摂食を促進する気温の変化，マダニの増殖を助長する植生の変化などである[61]．ライム病などの一部のベクター媒介性感染症は近年，地理的範囲や季節分布を拡大しており，この傾向は今後数十年にわたって続くと予測されている[60, 62]．ベクター媒介性感染症の広がりは複雑で，土地利用の変化や予防対策（網戸や虫除けなど）の実施など，気候変動以外の多くの因子にも左右される．しかしながら，気候変動が続くと感染症リスクは高まる．

また，コレラ[63]，サルモネラ，カンピロバクター[64]など，水や食べ物を介して起こる感染症も重大である．これらの感染症のリスクは水環境や病原体の生態などの変化により高まる．水系感染症の下痢性疾患は，気候変動の基本的特徴である温暖化[65]と豪雨[66]により増加する．このことは，気候変動が続くと水系感染症のリスクが高まることを示唆している．食品由来感染症と水系感染症は，食品が水により汚染されることが多いことや，どちらか一方の感染症を助長する条件が他の感染症も助長することから，密接に関連している．したがって，気候変動は食品由来感染症のリスクも高めると考えられる[67]．

栄養素

気候変動によって，カナダ北部やロシアなどの一部の地域では農業生産性の向上がもたらされるが，多くの地域では農業生産性が低下する．気候変動は，猛暑，暴風，干ばつ，洪水の影響，病害虫や雑草，オゾン濃度の上昇など[68-70]，複雑な経路によって農業を脅かしており，このテーマについては第5章で詳述している．このような農作物自体への影響が悪化すると，農家の作業能力が低下する[27]．

農作物の収穫量だけが懸念材料ではなく，その品質にも被害が及ぶ．小麦，米，トウモロコシ，大豆などの一部の穀類や豆類のタンパク質と微量栄養素の含有量は，大気中の二酸化炭素濃度の上昇に伴い減少する[71]．モデル化研究によると，大気中の二酸化炭素濃度の上昇に伴い何億もの人々が微量栄養素やタンパク質の欠乏症に陥るリスクが高まるとされる[72]．別の影響では，沿岸部に住む人々の飲料水（その結果，食べ物も）に含まれる塩分濃度が高くなることで食生活の質が低下する可能性がある．例えばバングラデシュでは海面上昇と水資源管理の不備が重なり，沿岸帯水層に海水が侵入している．地下水の塩分濃度の上昇はその水を飲んだり料理に使ったりする人の高血圧のリスクを高め[73]，また，妊娠中の女性の子癇前症（しかんぜんしょう）や妊娠高血圧症のリスクも高める[74]．気候変動による食品の品質には化学物質による汚染という別の影響がある．農家は，害虫のまん延がより激しくなると農薬の使用量を増やし[75]，雑草による生存競争の激化や除草剤の効果の低下により除草剤の使用量を増やす[76].

農作物に加えて，気候変動は動物性食品をも脅かす．魚は多くの人々にとって重要なタンパク源であるが，乱獲によってすでに危機に瀕(ひん)している世界の漁業は[77]，特に低・中緯度地域において気候変動の脅威にさらされており[78, 79]，重要な適応策となり得る水産養殖は海洋酸性化により脅威にさらされている[80, 81]．動物の成長や生乳生産量などを含む家畜生産量は，気候変動の特徴である暑さなどで減少する[82].

食料の供給が需要を下回ると価格が上昇し，食料を満足に購入することのできない人々にとっては特別な困難が生じる．米国においては8世帯にほぼ1世帯近くになる計算である[83]．家計のやりくりが難しい家庭では，安いが栄養価は低い，高カロリー食品を購入する傾向があり[84, 85]，これがさまざまな慢性疾患の原因となっている．

人口移動

世界の多くの地域では，人々の住まいは気候変動の影響を受けやすい場所，すなわち海岸や河川沿い，温暖な気候の地域に集中している．第8章で考察しているように，干ばつ，海面上昇，深刻な気象現象などにより，食料，水，居住に適した土地が局所的に不足し，内在する社会的，政治的，経済的なストレス要因が悪化すると，気候変動によって居住地を変える人々が出てくる[86, 87]．人々は，大規模な災害後のように緊急に新しい場所に移動することもあれば，コミュニティの居住性が次第に低下する（あるいは居住性の維持費用が法外に高くなる）のに合わせて，より慎重に，より長い時間をかけて移動することもある[88-90]．国連難民高等弁務官事務所によると，2019年時点で世界には6850万人の避難民がおり，その半数以上が子どもで，それまで記録された中で最多の人数となっている[91]．これらの人々の多くは紛争や迫害によって移動を余儀なくされるが，こうした状況は環境の変化が原因となっている場合も少なくない．避難民のおもな健康リスクは，感染症，栄養，リプロダクティブ・ヘルス（訳注：性と生殖に関する健康），メンタルヘルス，心理社会的なストレス因子などに関連している[92, 93].

紛　争

ますます希少資源の種類の増加に拍車がかかっており，避難民，その他の不安定要素は内戦のリスク因子となるが[94-96]，このテーマについては第8章で詳しく説明している．気候変動による気象パターンの変化は，21世紀の最初の10年間に起きたダルフール紛争[97]や，その次の10年間に起きたシリアやエジプトでの暴動[98]にも影響を与えた（ただしこれらは複合的な過程を経ており，他の要因も影響している）．健康への影響は，戦闘員や紛争に巻き込まれた民間人を脅かす直接的なものと，健康やその他の重要な福祉サービスへの資金が転用されるという間接的なものの両方がある．さらに細かい区分では，気温の上昇は対人暴力の発生頻度の高さと関連しており[24]，負傷者や死亡者，持続する精神的ダメージ，ならびにその他の有害作用を招く[99]．

メンタルヘルスへの影響

第9章により詳しく記載されているように，気候変動や環境の悪化はいくつかの点でメンタルヘルスを脅かす．洪水やハリケーンなどの災害は，多くの人々にうつ病や不安障害，その他の心的外傷後ストレスの症状をもたらす[100]．愛着のある場所へのアクセスを継続的に絶たれ，慣れ親しんだ天候パターンや生物多様性などの環境的特徴が失われ，将来への不確かさが招く不安は，悲しみ，苦痛，不安，その他の精神障害を引き起こす[101, 102]．また，精神疾患を持つ人は，特定の薬剤の副作用や不適切な行動反応，あるいは生理的な恒常性維持機構の異常などにより，暑さの影響を受けやすい[103]．

予期せぬ影響

プラネタリーヘルスを考えるうえで繰り返し登場するテーマの1つは，大気の化学組成のような1つのシステムのわずかな変化が他の物理システムや生物システムにまで連鎖的に影響を及ぼし，予測困難な結果をもたらすということである．地球上に蓄積されたエネルギーが増えれば気温が上昇し，氷の融解や水の熱膨張を引き起こすことは以前から長い間予測されてきた．しかし，海面上昇により沿岸帯水層に海水が侵入したためにバングラデシュの女性の子癇前症（しかんぜんしょう）や妊娠高血圧症のリスクが高まることは誰も予想していないことであった．また，大気中の二酸化炭素がわずかに増加するだけで食物の栄養価が低下し，何億もの人々が微量栄養素欠乏のリスクの上昇にさらされるなどということも容易には予想できなかった．地球のシステムは複雑であり，その構成要素間の相互作用はさらに複雑であるため，気候変動やその他の人為的な環境変化が健康に及ぼす予期せぬ影響に今後も遭遇する可能性が高いと考えられる．

結 論

人間の健康を脅かす可能性がある地球環境の変化は数多くあるが，中でも気候変動は最もよく理解されているものの1つである．気候変動と健康の関係はいくつかの原則を例示している．第一に，気候変動は感染症，慢性疾患，メンタルヘルスの低下，けが，生活の混乱など，ほとんどすべての形で人間の苦しみのリスクを高める．第二に，その影響は直接的なものもあれば間接的なものもあり，多くの経路を通じて影響する．第三に，すべての人が同じように影響を受けやすいわけではなく，さまざまな理由から特に高いリスクを抱えている集団もある．第四に，健康への脅威は現在も顕在になっているが，気候変動の進行に伴い将来的に悪化することが確実である．最後に，気候変動の影響から人々を守るためにはある程度の対応策をとることが可能であり必要であるものの，唯一の決定的な解決策は，気候変動を後退させて安定した気候を実現するという第一次予防策である．この使命を実践することで健康を促進する機会を多くもたらすのだが，このテーマについては第18章で詳しく述べることとする．

参考文献

1. Smith KR, Woodward A, Campbell-Lendrum D, et al. Human health: Impacts, adaptation, and co-benefits. In: Field CB, Barros VR, Dokken DJ, et al., eds. *Climate Change 2014: Impacts, Adaptation, and Vulnerability. Part A: Global and Sectoral Aspects. Contribution of Working Group II to the Fifth Assessment Report of the Intergovernmental Panel on Climate Change*. Cambridge, UK: Cambridge University Press; 2014:709–754.
2. World Health Organization. *Health & Climate Change. COP24 Special Report*. Geneva, Switzerland: World Health Organization; 2018.
3. Crimmins A, Balbus J, Gamble JL, et al. *The Impacts of Climate Change on Human Health in the United States: A Scientific Assessment*. Washington, DC: U.S. Global Climate Research Program; 2016.
4. Ebi KL, Balbus JM, Luber G, et al. Human health. In: Reidmiller DR, Avery CW, Easterling DR, et al., eds. *Impacts, Risks, and Adaptation in the United States: Fourth National Climate Assessment*. Vol II. Washington, DC: U.S. Global Change Research Program; 2018:539–571.
5. McMichael AJ. Globalization, climate change, and human health. *N Engl J Med*. 2013;368(14):1335–1343.
6. Patz JA, Frumkin H, Holloway T, Vimont DJ, Haines A. Climate change: challenges and opportunities for global health. *JAMA*. 2014;312(15):1565–1580.
7. Semenza JC. Climate change and human health. *Int J Environ Res Public Health*. 2014;11(7):7347–7353.
8. Duffy PB, Field CB, Diffenbaugh NS, et al. Strengthened scientific support for the Endangerment Finding for atmospheric greenhouse gases. *Science*. 2018:eaat5982.
9. Haines A, Ebi K. The Imperative for climate action to protect health. *N Engl J Med*. 2019;380(3):263–273.
10. Luber G, Lemery J. *Global Climate Change and Human Health: From Science to Practice*. San Francisco, CA: Jossey-Bass; 2015.
11. Levy BS, Patz JA. *Climate Change and Public Health*. New York, NY: Oxford University Press; 2015.
12. Butler CD. *Climate Change and Global Health*. Wallingford, UK: CABI; 2014.
13. Leichenko R, Silva JA. Climate change and poverty: vulnerability, impacts, and alleviation strategies. *Wiley Interdiscip Rev Clim Change*. 2014;5(4):539–556.

14. Ahdoot S, Pacheco SE, Council on Environmental Health. Global climate change and children's health. *Pediatrics*. 2015; 136(5):e1359.
15. Carnes BA, Staats D, Willcox BJ. Impact of climate change on elder health. *J Gerontol A Biol Sci Med Sci*. 2013.
16. Skillington T. *Climate Change and Intergenerational Justice*. Abingdon, UK: Routledge; 2019.
17. Kovats RS, Hajat S. Heat stress and public health: a critical review. *Annu Rev Public Health*. 2008;29:41–55.
18. Semenza JC, Rubin CH, Falter KH, et al. Heat-related deaths during the July 1995 heat wave in Chicago. *N Engl J Med*. 1996;335(2):84–90.
19. Robine JM, Cheung SL, Le Roy S, et al. Death toll exceeded 70,000 in Europe during the summer of 2003. *C R Biol*. 2008;331(2):171–178.
20. Shaposhnikov D, Revich B, Bellander T, et al. Mortality related to air pollution with the Moscow heat wave and wildfire of 2010. *Epidemiology*. 2014;25(3):359–364.
21. Tasian GE, Pulido JE, Gasparrini A, et al. Daily mean temperature and clinical kidney stone presentation in five U.S. metropolitan areas: a time-series analysis. *Environ Health Perspect*. 2014;122(10):1081–1087.
22. Sorensen C, Garcia-Trabanino R. A new era of climate medicine: addressing heattriggered renal disease. *N Engl J Med*. 2019;381(8):693–696.
23. Obradovich N, Migliorini R, Mednick SC, Fowler JH. Nighttime temperature and human sleep loss in a changing climate. *Sci Adv*. 2017;3(5).
24. Mares DM, Moffett KW. Climate change and interpersonal violence: a "global" estimate and regional inequities. *Clim Change*. 2015;135(2):297–310.
25. Burke M, González F, Baylis P, et al. Higher temperatures increase suicide rates in the United States and Mexico. *Nat Clim Change*. 2018;8(8):723–729.
26. Kjellstrom T, Briggs D, Freyberg C, Lemke B, Otto M, Hyatt O. Heat, human performance, and occupational health: a key issue for the assessment of global climate change impacts. *Annu Rev Public Health*. 2016;37:97–112.
27. Dunne JP, Stouffer RJ, John JG. Reductions in labour capacity from heat stress under climate warming. *Nat. Clim Change*. 2013;3(6):563–566.
28. Phelan PE, Kaloush K, Miner M, et al. Urban heat island: mechanisms, implications, and possible remedies. *Annu Rev Environ Res*. 2015;40(1):285–307.
29. Avise J, Abraham RG, Chung SH, et al. Evaluating the effects of climate change on summertime ozone using a relative response factor approach for policymakers. *J Air Waste Manag Assoc*. 2012;62(9):1061–1074.
30. Schwartz JD, Lee M, Kinney PL, et al. Projections of temperature-attributable premature deaths in 209 U.S. cities using a cluster-based Poisson approach. *Environ Health*. 2015;14(1):85.
31. Klinenberg E. *Heat Wave: A Social Autopsy of Disaster in Chicago*. Chicago, IL: University of Chicago Press; 2002.
32. Xu Z, Etzel RA, Su H, Huang C, Guo Y, Tong S. Impact of ambient temperature on children's health: a systematic review. *Environ Res*. 2012;117:120–131.
33. Gamble JL, Balbus J, Berger M, et al. Populations of concern. In: Crimmins A, Balbus J, Gamble JL, et al., eds. *The Impacts of Climate Change on Human Health in the United States: A Scientific Assessment*. Washington, DC: U.S. Global Change Research Program; 2016:247–286.
34. Donat MG, Lowry AL, Alexander LV, Ogorman PA, Maher N. More extreme precipitation in the world's dry and wet regions. *Nat Clim Change*. 2016;6(5):508–513.

35. Tippett MK, Lepore C, Cohen JE. More tornadoes in the most extreme U.S. tornado outbreaks. *Science*. 2016;354(6318):1419–1423.
36. Vitousek S, Barnard PL, Fletcher CH, Frazer N, Erikson L, Storlazzi CD. Doubling of coastal flooding frequency within decades due to sea-level rise. *Sci Rep*. 2017;7(1):1399.
37. Iqbal S, Clower JH, Hernandez SA, Damon SA, Yip FY. A review of disaster-related carbon monoxide poisoning: surveillance, epidemiology, and opportunities for prevention. *Am J Public Health*. 2012;102(10):1957–1963.
38. Bell JE, Herring SC, Jantarasami L, et al. Impacts of extreme events on human health. In: Crimmins A, Balbus J, Gamble JL, et al., eds. *The Impacts of Climate Change on Human Health in the United States: A Scientific Assessment*. Washington, DC: U.S. Global Change Research Program; 2016:99–128.
39. Ryan B, Franklin RC, Burkle FM Jr., et al. Identifying and describing the impact of cyclone, storm and flood related disasters on treatment management, care and exacerbations of non-communicable diseases and the implications for public health. *PLoS Curr Disast*. 2015;7.
40. Barbeau DN, Grimsley LF, White LE, El-Dahr JM, Lichtveld M. Mold exposure and health effects following hurricanes Katrina and Rita. *Annu Rev Public Health*. 2010;31:165–178.
41. Balmes JR. Where there's wildfire, there's smoke. *M Engl J Med*. 2018;378(10):881–883.
42. Stanke C, Kerac M, Prudhomme C, Medlock J, Murray V. Health effects of drought: a systematic review of the evidence. *PLoS Currents Disasters*. 2013;5.
43. Abbas M, Aloudat T, Bartolomei J, et al. Migrant and refugee populations: a public health and policy perspective on a continuing global crisis. *Antimicrob Resist Infect Control*. 2018;7:113.
44. Neria Y, Galea S, Norris FH. *Mental Health and Disasters*. New York, NY: Cambridge University Press; 2009.
45. Fann N, Brennan T, Dolwick P, et al. Air quality impacts. In: Crimmins A, Balbus J, Gamble JL, et al., eds. *The Impacts of Climate Change on Human Health in the United States: A Scientific Assessment*. Washington, DC: U.S. Global Climate Research Program; 2016:69–98.
46. Fiore AM, Naik V, Leibensperger EM. Air quality and climate connections. *J Air Waste Manag Assoc*. 2015;65(6):645–685.
47. Harvey BJ. Human-caused climate change is now a key driver of forest fire activity in the western United States. *Proc Natl Acad Sci*. 2016;113(42):11649–11650.
48. Reid CE, Brauer M, Johnston F, Jerrett M, Balmes JR, Elliott CT. Critical review of health impacts of wildfire smoke exposure. *Environ Health Perspect*. 2016;124(9):1334–1343.
49. Zhang Y, Bielory L, Mi Z, Cai T, Robock A, Georgopoulos P. Allergenic pollen season variations in the past two decades under changing climate in the United States. *Glob Chang Biol*. 2015;21(4):1581–1589.
50. Ziska L, Knowlton K, Rogers C, et al. Recent warming by latitude associated with increased length of ragweed pollen season in central North America. *Proc Natl Acad Sci U S A*. 2011;108(10):4248–4251.
51. Ziska LH, Makra L, Harry SK, et al. Temperature-related changes in airborne allergenic pollen abundance and seasonality across the northern hemisphere: a retrospective data analysis. *Lancet Planet Health*. 2019;3(3):e124–e131.
52. Ziska LH, Beggs PJ. Anthropogenic climate change and allergen exposure: the role of plant biology. *J Allergy Clin Immunol*. 2012;129(1):27–32.
53. D'Amato G, Pawankar R, Vitale C, et al. Climate change and air pollution: effects on respiratory allergy. *Allergy Asthma Immunol Res*. 2016;8(5):391–395.
54. Sheffield PE, Weinberger KR, Kinney PL. Climate change, aeroallergens, and pediatric allergic

disease. *Mt Sinai J Med*. 2011;78(1):78–84.
55. Altizer S, Ostfeld RS, Johnson PT, Kutz S, Harvell CD. Climate change and infectious diseases: from evidence to a predictive framework. *Science*. 2013;341(6145):514–519.
56. Beard CB, Eisen RJ, Barker CM, et al. Vector-borne diseases. In: Crimmins A, Balbus J, Gamble JL, et al., eds. *The Impacts of Climate Change on Human Health in the United States: A Scientific Assessment*. Washington, DC: U.S. Global Climate Research Program; 2016:129–156.
57. Morin CW, Comrie AC, Ernst K. Climate and dengue transmission: evidence and implications. *Environ Health Perspect*. 2013;121(11–12):1264–1272.
58. Ermert V, Fink AH, Morse AP, Paeth H. The impact of regional climate change on malaria risk due to greenhouse forcing and land-use changes in tropical Africa. *Environ Health Perspect*. 2012;120(1):77–84.
59. Paz S. Climate change impacts on West Nile virus transmission in a global context. *Philos Trans R Soc Lond B Biol Sci*. 2015;370(1665).
60. Ostfeld RS, Brunner JL. Climate change and Ixodes tick-borne diseases of humans. *Philos Trans R Soc London B Biol Sci*. 2015;370(1665).
61. Gage KL, Burkot TR, Eisen RJ, Hayes EB. Climate and vectorborne diseases. *Am J Prev Med*. 2008;35(5):436–450.
62. Monaghan AJ, Moore SM, Sampson KM, Beard CB, Eisen RJ. Climate change influences on the annual onset of Lyme disease in the United States. *Ticks Tick-Borne Dis*. 2015;6(5):615–622.
63. Vezzulli L, Colwell RR, Pruzzo C. Ocean warming and spread of pathogenic vibrios in the aquatic environment. *Microb Ecol*. 2013;65(4):817–825.
64. Semenza JC, Herbst S, Rechenburg A, et al. Climate change impact assessment of foodand waterborne diseases. *Crit Rev Environ Sci Technol*. 2012;42(8):857–890.
65. Philipsborn R, Ahmed SM, Brosi BJ, Levy K. climatic drivers of diarrheagenic escherichia coli incidence: a systematic review and meta-analysis. *J Infect Dis*. 2016;214(1):6–15.
66. Cann KF, Thomas DR, Salmon RL, Wyn-Jones AP, Kay D. Extreme water-related weather events and waterborne disease. *Epidemiol Infect*. 2013;141(4):671–686.
67. Hellberg RS, Chu E. Effects of climate change on the persistence and dispersal of foodborne bacterial pathogens in the outdoor environment: a review. *Crit Rev Microbiol*. 2015:1–25.
68. Springmann M, Mason-D'Croz D, Robinson S, et al. Global and regional health effects of future food production under climate change: a modelling study. *Lancet*. 2016;387(10031):1937–1946.
69. Paini DR, Sheppard AW, Cook DC, De Barro PJ, Worner SP, Thomas MB. Global threat to agriculture from invasive species. *Proc Natl Acad Sci*. 2016;113(27):7575–7579.
70. Myers SS, Smith MR, Guth S, et al. Climate change and global food systems: potential impacts on food security and undernutrition. *Annu Rev Public Health*. 2017;38:259–277.
71. Myers SS, Kloog I, Huybers P, et al. Increasing CO_2 threatens human nutrition. *Nature*. 2014;510(7503):139–142.
72. Smith MR, Myers SS. Impact of anthropogenic CO_2 emissions on global human nutrition. *Nat Clim Change*. 2018;8(9):834–839.
73. Scheelbeek PF, Chowdhury MA, Haines A, et al. Drinking water salinity and raised blood pressure: evidence from a cohort study in coastal Bangladesh. *Environ Health Perspect*. 2017;125(5).
74. Khan AE, Scheelbeek PFD, Shilpi AB, et al. Salinity in drinking water and the risk of (pre) eclampsia and gestational hypertension in coastal Bangladesh: a case-control study. *PLoS One*. 2014;9(9):e108715.
75. Delcour I, Spanoghe P, Uyttendaele M. Literature review: impact of climate change on pesticide

use. *Food Res Int*. 2015;68:7–15.
76. Varanasi A, Prasad PVV, Jugulam M. Impact of climate change factors on weeds and herbicide efficacy. In: Sparks DL, ed. *Advances in Agronomy*. Vol 135. Cambridge, MA: Academic Press; 2016:107–146.
77. Pauly D, Zeller D. Catch reconstructions reveal that global marine fisheries catches are higher than reported and declining. *Nat Commun*. 2016;7:10244.
78. Pörtner H-O, Karl DM, Boyd PW, et al. Ocean systems. In: Field CB, Barros VR, Dokken DJ, et al., eds. *Climate Change 2014: Impacts, Adaptation, and Vulnerability. Part A: Global and Sectoral Aspects. Contribution of Working Group II to the Fifth Assessment Report of the Intergovernmental Panel on Climate Change*. Cambridge, UK: Cambridge University Press; 2014:411–484.
79. Barange M, Bahri T, Beveridge MCM, Cochrane KL, Funge-Smith S, Poulain F. *Impacts of Climate Change on Fisheries and Aquaculture: Synthesis of Current Knowledge, Adaptation and Mitigation Options*. Rome, Italy: Food and Agriculture Organization of the United Nations; 2018.
80. Clements JC, Chopin T. Ocean acidification and marine aquaculture in North America: potential impacts and mitigation strategies. *Rev Aquacult*. 2016;9(4):326–341.
81. Froehlich HE, Gentry RR, Halpern BS. Global change in marine aquaculture production potential under climate change. *Nat Ecol Evol*. 2018;2(11):1745–1750.
82. Rojas-Downing MM, Nejadhashemi AP, Harrigan T, Woznicki SA. Climate change and livestock: impacts, adaptation, and mitigation. *Clim Risk Manag*. 2017;16:145–163.
83. Coleman-Jensen A, Rabbitt MP, Gregory CA, Singh A. *Household Food Security in the United States in 2017*. Washington, DC: USDA Economic Research Service; 2018.
84. Darmon N, Drewnowski A. Contribution of food prices and diet cost to socioeconomic disparities in diet quality and health: a systematic review and analysis. *Nutr Rev*. 2015;73(10):643–660.
85. Rehm CD, Monsivais P, Drewnowski A. Relation between diet cost and Healthy Eating Index 2010 scores among adults in the United States 2007–2010. *Prev Med*. 2015;73:70–75.
86. McLeman RA. *Climate and Human Migration: Past Experiences, Future Challenges*. New York, NY: Cambridge University Press; 2014.
87. McAdam J, ed. *Climate Change and Displacement: Multidisciplinary Perspectives*. Oxford, UK: Hart Publishing; 2010.
88. Koslov L. The case for retreat. *Public Cult*. 2016;28(2 79):359–387.
89. Dannenberg AL, Frumkin H, Hess JJ, Ebi KL. Managed retreat as a strategy for climate change adaptation in small communities: public health implications. *Clim Change*. 2019.
90. Siders AR, Hino M, Mach KJ. The case for strategic and managed climate retreat. *Science*. 2019;365(6455):761–763.
91. United Nations High Commissioner for Refugees. Figures at a glance. 2018. https://www.unhcr.org/figures-at-a-glance.html. Accessed April 2020.
92. McMichael C, Barnett J, McMichael AJ. An ill wind? Climate change, migration, and health. *Environ Health Perspect*. 2012;120(5):646–654.
93. Schwerdtle P, Bowen K, McMichael C. The health impacts of climate-related migration. *BMC Med*. 2018;16(1):1.
94. Schleussner C-F, Donges JF, Donner RV, Schellnhuber HJ. Armed-conflict risks enhanced by climate-related disasters in ethnically fractionalized countries. *Proc Natl Acad Sci*. 2016;113(33):9216–9221.
95. Bollfrass A, Shaver A. The effects of temperature on political violence: global evidence at the subnational level. *PLoS One*. 2015;10(5):e0123505.
96. Hsiang SM, Burke M, Miguel E. Quantifying the influence of climate on human conflict. *Science*.

2013;341(6151):1235367.

97. UNEP. *Sudan: Post-Conflict Environmental Assessment*. Nairobi, Kenya: United Nations Environment Programme; 2007.
98. Werrell CE, Femia F, Sternberg T. Did we see it coming? State fragility, climate vulnerability, and the uprisings in Syria and Egypt. *SAIS Review of International Affairs*. 2015;35(1):29–46.
99. Levy BS, Sidel VW. *War and Public Health*. Oxford, UK: Oxford University Press; 2008.
100. Goldmann E, Galea S. Mental health consequences of disasters. *Annu Rev Public Health*. 2014;35(1):169–183.
101. Albrecht G, Sartore G-M, Connor L, et al. Solastalgia: the distress caused by environmental change. *Australas Psychiatry*. 2007;15(suppl 1):95–98.
102. Cunsolo A, Ellis NR. Ecological grief as a mental health response to climate change–related loss. *Nat Clim Change*. 2018;8(4):275–281.
103. Bulbena A, Sperry L, Cunillera J. Psychiatric effects of heat waves. *Psychiatr Serv*. 2006;57(10):1519.

第11章

より健康な地球における幸福

プラネタリーヘルスは幸福とウェルビーイングを特徴とする満足のいく人生につながっているのか．そうであれば，人にとっても地球にとってもより良くなるという一石二鳥を意味するため，とても良いことであろう．より良い，より幸福な未来の前向きな話題が持続可能な地球へと移行することを後押しする．人は，奪い合いと犠牲を伴う厳しい見通しよりも，充実した人生が約束されることにはるかに惹かれるものである．

本章では，幸福とプラネタリーヘルスとの間の直接的または間接的な関連性について説明する．第一に，幸福度を高めることに焦点を置いた社会は，経済生産を高めることに焦点を置いた社会よりもエコロジカル・フットプリント（第1章p.5の脚注を参照）が小さくなる．なぜなら，幸福を決定する要因のいくつかは，地球の環境収容力にほとんど負荷をかけないからである．第二に，より幸福な人は心身ともにより健康であり，より健康な人はより幸福である．因果関係を示す経路の多くがこの好循環に寄与している．第三に，それぞれの社会がより幸福であれば，差し迫った環境問題に取り組むためにより協力することができる．

人類は，長い間さまざまな方法でウェルビーイングと幸福について考えてきた．初期の幸福の哲学者には釈迦とアリストテレスがいる．幸福についての釈迦の考え方（釈迦は苦しみから逃れると表現した）は四諦と八正道に集約されている．釈迦は，人は感覚的な喜び，所有，執着を求めるものと信じていた．そして，そのような目標は無常であり，喪失感と嫉妬から必然的に不幸になると主張した[1]．アリストテレスは異なる視点を有し，人間は社会的な動物であり，個人の幸福は政治的な共同体（ポリス）の中でのみ確保されると主張した．ポリスは徳の高い行動を促進するために組織されるべきである．仏教の教えにあるように，徳は個人のウェルビーイングだけで

＊ 本章で述べられている見解はいずれも著者らのものであり，国連開発計画，人間開発報告書室ならびに国連の他の組織，機関，計画の見解を示すものではない．

なく，社会の調和にもつながるものである[1]．この2つの初期の教えにあるこれらの要素は現在のウェルビーイング研究にも反映されており，幸福とプラネタリーヘルスを両立する基盤となっている．ただしこれらの関連性を考える前に，いくつかの用語を定義し，現代の研究において幸福をどのように測定しているのかを明らかにする必要がある．

幸福の定義と測定

用語の定義 ―― ウェルビーイング，主観的ウェルビーイング，幸福

幸福とウェルビーイングの概念は密接に関連している．ウェルビーイングは人間の生存に関わる経済，社会，感情，身体などのすべての側面について言及する際に使われる．他方，幸福は，人がどのように感じるのかに焦点を当てているため，より正式には「主観的ウェルビーイング*」と表現されることが多い．

幸福の尺度にはポジティブな感情（良い影響）の測定，ネガティブな感情（悪い影響）の測定，人生全体の評価の3種類がある[2]．幸福は，良い影響の測定と人生評価の両方を表す際によく使われる．したがって，気分を反映する感情としての幸福（今幸福なのか）と認知的判断を反映する人生評価としての幸福（最近，自分の人生全体に満足しているのか）という2つの異なることを表現するのに幸福という1つの言葉が使われる．この違いは，「快楽的幸福」対「より深い認知と人生に関わる幸福」[3]，「瞬間的な喜びの積み重ね」対「意義と目的に溢れた人生」[4]など，さまざまに表現される．2つの意味を有していることによって，幸福の尺度がすべて同等であると思い込み混乱を招くリスクがあるが，幸福を測定するこれら2つの方法は，それぞれの信頼性を裏づける点において異なっていることを示すエビデンスが次第に明らかになってきている．次節以降では，人生評価は主観的ウェルビーイングの包括的な尺度であり，肯定的な感情，健康，収入，友情，およびアリストテレスと仏教的な意味での徳の影響を包括するのに十分に広義であると主張する．

国内総生産を超えて

著名な経済学者であるジョセフ・スティグリッツ，アマルティア・セン，ジャン＝ポール・フィトゥシは，「何を測定するのかは，何をするかに影響する」と主張した．指標とするものが間違っていれば，間違ったものを目指すことになる．国内総生産（GDP）を増やすことを追求するあまり，国民のほとんどがより困窮する社会になってしまうかもしれない[5]．幸福，健康，環境の持続可能性などの社会的目標を追求す

＊ 訳注：自己申告による幸福度の尺度であり，一般的にはアンケートなどで測られる．

るためには，適切なパフォーマンス指標を使用することが重要である．なぜなら，成功の測定方法によって私たちの行動は形成されるからである．

社会的実績を測る指標として最も広く使われているのはGDPであり，ある期間における一国の生産（生産された物とサービスのすべて）の市場価値の総額である．ただし，この指標には古くから認識されている多くの欠点がある．国民経済計算体系の考案者の1人であるサイモン・クズネッツは驚くべき先見の明を示し，約1世紀前に「国民所得を測定しても国家の福祉を推測することはできない」と述べた[6]．より最近では，経済的成果と社会的進歩の測定に関するフランスの委員会が福祉の指標としてのGDPの限界とそのような使い方の危険性を指摘した[5]．GDPの限界については第15章で詳しく説明する．

社会的な指標は，経済活動から人間のウェルビーイングに焦点を当てた，より人間を中心とする指標であってもよい．1972年にブータンのジグメ・シンゲ・ワンチュク国王が「国民総幸福は国内総生産（GDP）よりも重要である」と述べ，より人間を中心とする方向への一歩が踏み出された．その後，ブータンは国民総幸福を国内政策の中心に据え，国民総幸福会議を重ねることによって世界的な取り組みを促してきた（**図11.1**）．国連総会は2011年6月，加盟国が自国民の幸福を測定し，その測定値を公共政策の指針とするというブータンが提案した決議を可決した．続いて2012年4月には幸福とウェルビーイングに関する国連ハイレベル会合が開催され，ブータンの首相が議長を務めた．最初の「世界幸福度報告書」は同会合のために作成され，会合の

図11.1　ブータンのおばあさんと赤ちゃん

［出典］写真提供 Jon Hall

場で発表された．その目的は，利用可能なデータと科学的研究の検討と幸福を理解し，政策ツールとして活用するための各国の取り組みへの支援であった．

「世界幸福度報告書」は，同国連会合において翌年以降の報告書につながるほどの関心が得られ，現在，国連の持続可能な開発ソリューション・ネットワークによって毎年3月20日の「世界幸福デー」に発表されている．同報告書はギャラップ社の世界世論調査のデータを利用し，毎年150か国以上で約1000人を対象に人生を評価する質問を行い，その直近3年間の回答に基づきそれぞれの国民の幸福度を順位づける．この年次データに基づき，健康寿命，1人あたりGDP，困ったときに頼れる人がいること，寛容さ，国への信頼度（政府の腐敗がないことで測定する），人生の重要な選択における自由度という6つの要素について国ごとの幸福の差異を調査している．6要素のうち後の4つは幸福にきわめて重要な役割を果たしており，これらが必要とする物質的資源は典型的なGDPの拡大に必要とされるものに比べてはるかに少ないため，進歩の尺度を所得から幸福に変更すれば，人類の進歩と物質的消費との間の関連性は低くなる．このことは，プラネタリーヘルスにとって明らかに有益である．

多次元的な指標か単一の指標か

ウェルビーイングはさまざまな要素に依存するという意味で多次元的であることは多くの人が認めるところであろうが，それらの次元が何であるか，どのように定義すべきかにはさまざまな見解がある．

ウェルビーイングに寄与するものは何か，それぞれをどのように測定すべきかについてコンセンサスが得られたとしても，結果として得られる指標のダッシュボード（訳注：指標を整理して表示したもの）には健康，教育，所得，犯罪，大気汚染などの尺度が含まれており，政治的な意思決定と公的な議論にすぐに役立つものではない．GDPが進歩の指標として使われ続けている理由の1つは，それがただ1つの数字だからである．GDPの変動を解釈し（増えれば良い，減れば悪い），GDPによって国を順位づけすることは，異なる方向に向かって動いているかもしれない複数の個別の指標の変化をまとめるよりもはるかに簡単だからである．

このことは，政策上の注目を集めるための競合候補となる指標は一般国民の注目を集める説得力のある焦点を提供し，単一の指標であるというGDPの特徴をも有すべきであることを示唆している．それでは，どのような指標がその役割を果たすのであろうか．最も広く知られている方法は，ウェルビーイングのさまざまな側面を1つの数値に集約した総合指標である．例えば国連開発計画の人間開発指数は，平均寿命，教育，1人あたり所得を組み合わせた指標である．しかし，総合指標では平均寿命（年数），所得（購買力），大気汚染（空気中の体積あたりの粒子数）など，通常は異なる単位で測定される構成指標を組み合わせる際に任意に重みづけしなければならないため，これが批判の対象となる．これらの単位の異なる指標を組み合わせることは，方法論的にも（さらに倫理的にも）根本的な問題がある．総合指標は，構成要素に適用される相対的な重みづけに関する何らかの判断に基づいている．そして，政治的な議論が指標全体よりも重みづけの選択に集中する危険性があり，ウェルビーイングを定量化する試みにおいて問題を解決するどころか，憤りを感じさせるだけの結果となる[7]．

このジレンマを解決するには，主観的な人生評価という単一の尺度を使うことである．個人による自分自身のウェルビーイングの評価は，人が自分の人生の質について実際に考えていることを示すありのままの尺度である．Box 11.1に，ウェルビーイングの全体的な尺度として自己評価が指標よりも優れている理由をいくつか示す．

Box 11.1 ウェルビーイングの総合指標に対する主観的な自己評価の6つの概念的優位性

- 自分の人生を評価することには根本的な重要性があり，専門家が作成した指標にはない現実性と力を与えてくれる．客観性を追求する測定では，専門家が人生の質に影響を与えると考える尺度ではなく，集団ベースの個人サンプルから収集した基本的なデータに完全に基づき順位づけすることが重要である．
- 人生を評価することは，自分の人生にどのような価値を見出すのかという主要な事実を表している．つまり，より良い人生を支えるのは何であるのかを研究する基礎としてこのデータを利用することができる．
- 集団ベースのサンプルから得られたデータであるという事実によって，推定値に関する信頼区間を計算し，提示することができる．
- 指標はいずれも，何が重要であるのかについて指標作成者の意見に（未知の程度まで）依存している．この不確実性によって，ある指標をウェルビーイングの全体的な尺度として扱うことまたは個々の構成要素の変動が全体の得点にどの程度影響するのかを調べることさえも難しくなっている．このような分析が行われたとしても指標自体は各構成要素の合計にすぎず，ウェルビーイングを独立的に測定するものではないため，その妥当性を確立する方法はない．
- 主観的ウェルビーイング，そして特に人生評価の尺度，または人生全体にどれだけ幸福を感じているのかについての個人による判断を包括的な社会指標として扱うことができる．さまざまな社会指標のうち，人生評価だけが包括的な尺度としての2つの主要な評価基準を満たしている．第一に，人生評価は人生の質の世界的な評価であると主張できるものであり，それ以上の構築や操作がなされることはない．第二に，人生評価は主要な尺度であり，その範囲も包括的であるため，人生を歩んでいる人の観点から見て，より良い人生につながる傾向があるものは何かという人生の質についての基本的な質問への回答に関する調査基盤を提供する．
- 主観的なウェルビーイングは個人単位で測定されるため，選択された地域と人口セグメントで平均化することができる．これは，総体的な測定では不可能である．

主観的ウェルビーイング —— 有効な測定

つまり，ウェルビーイングの主観的な評価には概念的な強さがある．しかし，幸福を意味のある方法で定量化できるのか．前述した幸福という言葉のあいまいさが有効な測定を妨げてしまうのではないのか．

幸いなことに調査の回答者は，今幸福かどうか（自分の感情）についての質問と，自分の人生全体の幸福についての質問の違いを知っている．調査の回答内容は，回答者が質問されていることの背景を認識して適切に答えていることを示している．ギャラップ社の米国世論調査で前日に幸福であったかどうかを質問したところ，週末は平日に比べて幸福度が高かった[8]．さらに，これらの回答の大規模なサンプルを対象とした研究によると，週末に幸福度が高まるかどうかは，仕事とプライベートの両方の社会生活の質に依存する．職場の直属上司を上司ではなく職場の仲間と考えている人は，平日も週末と同じように幸福を感じている．このように，人の感情的な反応はその日の生活の質に応じて日々変化している[9]．人生全体の満足度と幸福度を問う質問は，平日でも週末でも同じ答えが返ってくる．これは，哲学者がそうであるべきと主張していることにほかならない．人は，幸福という言葉の意味が文脈によって異なることを認識しており，感情を表現することを求められればそのように回答し，人生評価を行うことを求められればそのように回答する．

世界幸福度報告書に示されているように，感情についての質問に対する国民の平均的な回答は，人生評価に関する回答とは異なる要因によって決定されている．そこにはアリストテレスが予想していたような階層がある．ポジティブな感情は，健康，物質的な支援の充足などの因子と並び，より高い人生評価を予測する因子の1つにすぎない．短期的なポジティブな感情も良い人生の一部であることは確かであるが，感情と人生評価の間には階層的な関係があり，ウェルビーイングの包括的な尺度としては人生評価がより適している．

幸福とプラネタリーヘルス

政策の関心を具体的な物質的目標からウェルビーイング，特に幸福へと移すことで，プラネタリーヘルスの改善にどのように役立てることができるのか．少なくとも，3つの直接的な経路と2つの間接的な経路がある．

第一に，幸福のおもな要素は多くの種類の経済成長に比べて希少な地球資源を必要としないため，プラネタリーヘルスにおける「プラネタリー（地球）」の側面を促進する．第二に，幸福は心身の健康の源であり，逆もまた然りで，プラネタリーヘルスにおける「人間の健康」の側面を促進する．さらに，これらのポジティブなつながりは人間の健康だけでなく，生態系の健康にとっても良いことである．幸福度を高めることは病気になってから治療することに比べて，あまり資源を使わずに健康を促進する．第三に，健全な生態系は人間の幸福にとって重要であるため，幸福を目標として重視する社会は環境保護にも大きな関心を寄せ，プラネタリーヘルスの人間の側面と地球の側面の両方を促進する．

幸福からプラネタリーヘルスへの間接的な経路も重要であり，それには少なくとも2つある．第一に，幸福は向社会的規範と向社会的行動の原因であると同時に結果でもあり，これらによって，プラネタリーヘルスの重要な要素としての国，他の種，そして将来世代にまで思いやりを広げる社会的アイデンティティを支えることができる．さらに，信頼が社会の接着剤となり，プラネタリーヘルスという大義のために人々が協力し合う．このこと自体が，社会の進歩を促進する役割を超えた幸福の重要な源となる．第二に，幸福を研究することの間接的な利点として，どのように社会的サービスを提供するのかなど，プラネタリーヘルスに関連する特定の分野においてより良い政策が実現される．

幸福の創出は資源を集約させない

社会的関係が幸福な人生の基盤であることは広く認識されているが，社会的関係をはじめとする幸福の重要な要素には通常，使用量の増加に伴って地球の持続可能性を脅かす物質的，エネルギー的な資源をほとんど必要としないということはあまり認識されていない．

これまでに世界幸福度報告で発表されたギャラップ社の世界世論調査のデータによると，ポジティブな感情もネガティブな感情も人生の物質的な側面にはほとんど依存せず，社会的な要因のほうがはるかに重要であることがわかっている*．これは人生評価も同様に6つの因子に基づき，個人によっても国によっても差異がある．これらの6つの因子のうち，困ったときに頼れる人がいること，寛容さ，人生の選択における自由，政府の腐敗がないことの4つの因子はこの差異の半分以上を占めており，地球の環境収容力にほとんど負荷を与えない．他の2つの因子である所得と健康はこの差異の残りの部分を占め，物質的な投入を必要とするが，社会的な背景にも大きく依存している．

幸福の予測因子は個人レベルと総体レベルで異なる．おもな違いは，国レベルでは所得による影響に比べて社会的要因による影響が高くなることである．なぜなら，所得から得られる心理的な利益の重要な部分は相対的な所得効果に由来するものであり

---

* 貧困，不安定な状況，紛争に苦しむ社会では，最低限の繁栄と安定を得ることが幸福の重要な基盤となる．

(隣人に負けじと張り合うこと)，国民全体の所得が一斉に増加すると心理的な利益は消滅するからである．これに対し，人は自分自身がより強い信頼感と帰属意識を有していると幸福になり，他者も同じように感じているとさらに幸福になる．簡単に言えば，他者の物質的な消費には幸福に対するネガティブな影響があるが，信頼や健康などの非物質的な要素には同様の影響はないということである．

コミュニティ，国，世代を越えて，またはそれらを問わず，いかに互いに支え合い尊重し合うのかという人生の社会的な背景の重要性に焦点を移すことで，国家の発展に伴うエネルギーと物質の消費を減少させる．

幸福と人間の健康は密接に関係している

人間の健康はプラネタリーヘルスの中心である．この概念において，幸福と人間の健康の間には強い関連性があると理解することが重要である．

心身の健康は幸福度を決定する重要な要素である[10]．この関連性は双方向に作用しており，幸福が健康に寄与することは研究でも明らかになっている[11-14]．この恩恵には，行動上の選択によってもたらされるものがある．幸福な人は不幸な人に比べて，健康的な食事をし，運動を頻繁に行う傾向がある[15, 16]．一方，生物学的にも興味深い直接的な経路がある．幸福は一般的なかぜから重篤な病気までさまざまな症状を回避し，これらから回復する能力に影響を与える．例えば，ポジティブな感情は感染症に対する免疫反応の向上と関連しており[17, 18]，他方，幼少期の逆境とストレスは数年後に炎症マーカーの上昇を招き，心血管疾患リスクとなる[19, 20]．つまり，他の条件が同じであれば，幸福な人はより健康でより長生きするということである．

自然環境は人を幸福にする

あなたが政治家 (例えば市長) で，市民の幸福度を高める政策の必要性を確信しているとする．この目標を達成するため，経済，教育，健康，社会と文化，行政サービスとガバナンス，環境とインフラという，少なくとも6つの政策空間がある．本節では環境とインフラに焦点を当てる．

建造物と自然環境の両方とも幸福に大いに貢献する．例えば，第13章で説明されている都市環境における緑地へのアクセスは，幸福度を直接高める (**図11.2**)．ある研究によると，オタワの川沿いの並木道を歩くように指示された人たちは，地下トンネル設備を通って同じ地点間を歩いた人たちに比べて幸福度が高く，その幸福度の増加分は参加者たちが予想していたよりも高かった[21]．別の研究では，2万人以上の参加者に対し，1日のうちスマートフォンのアプリで指示された無作為な時点に幸福度を評価するように求め，回答した時点で参加者がいた場所の土地被覆の種類 (森林，草地，都市など) とその回答との相関性を調べた．緑地や自然の生息地にいるときは，

図11.2　家族と友人との社会的なつながりならびに自然とのふれあいの両方によって，幸福が予測される．

［出典］写真提供 Jove Duero（Unsplash）

屋内や連続性のある都市環境にいるときに比べて大幅に幸福度が高かった[22]．同様の結果が他の多くの研究でも報告されている[23]．

さらに重要なことは，長期的な自然とのふれあいは人生の満足度の向上と関連しているということである（前述した主観的ウェルビーイングの考えに合致する）．中国の281都市で18 441人を対象に実施された調査によると，人生の満足度と都市の植物被覆の程度との間の関連性（および大気汚染レベルとのネガティブな関連性）が明らかになり[24]，同調査以前に行われたオーストラリア[25, 26]，日本[27]，英国[28]での調査結果と同様の結果が得られた．自然とのつながりを感じていると回答した人は，より幸福であるとも回答している[29]．

自然とのふれあいと幸福度との関連性は，直接的に作用するだけでなく，近隣と公園において観察される恩恵である社会的なつながりを高めることで間接的にも作用している[30-32]．そして，社会的なつがなりも幸福と健康の両方を促進している．

自然とのふれあいと健康を関連づける利用可能なエビデンスの多くは，世界人口の半分以上が居住している都市環境から得られる．しかし，自然が最も大きく広がっているのは都市と町の外である．大規模な生態系を保全することによって，人間の幸福に寄与できるのだろうか．また，幸福をより重視することによって，大規模な生態系を保全することに寄与できるのだろうか．2つの考え方によって，そうであると肯定する答えが示唆されている．

第一に，農村部には世界中の多くの人たち，特に先住民族のコミュニティが暮らしている（**図11.3**）．このような環境を保護することは幸福だけでなく，プラネタリーヘルスのさまざまな側面にも大きな影響を与える．例えば，先住民が巨大な生態系を所有したり，そこに居住したりしている国もある．オーストラリアの先住民の土地所有は国土の5分の1を占める．カナダでは過去40年間に29の包括的な土地要求や自治協定が批准され，発効しており，それらのほぼすべてに広範な資源管理規定が含まれ，国土の40%以上に適用されている[33]．研究事例は少ないが，先住民の多くが土地や海と，経済的，精神的，文化的に緊密な絆を有していることを鑑みると，自然の場所の保全は先住民の幸福に計り知れない恩恵をもたらしていると思われる．例えばオーストラリア国立大学の研究者たちは，「自分の故郷または伝統ある国に住み収穫活動を行うことは，オーストラリア先住民が自己申告している幸福度の高さと関連している」と述べている[34]．

第二に，このような直接的な関連性を超えて，生物多様性と生態系は少なくとも一部の人たちにとって，これらが存在すると知ることで得られる恩恵としての存在価値がある[35]．その価値はたとえ決して見ることはなくても，アフリカゾウがタンザニアのセレンゲティ国立公園を歩き回っていること，アマゾンの熱帯雨林が存続していることなどを知っているだけで得られる喜びに由来するものである．この価値の強さに

図11.3　コロンビアのシエラネバダ・デ・サンタ・マルタの山中にあるコギという先住民族の村

［出典］Shutterstock

大きな幅があることは疑いの余地がないものの，その価値は十分に確立されている（例えば，1989年にアラスカ州沖で起きたエクソン・バルディーズ号原油流出事故後の損害賠償の法的評価*にも使用されている[36]）．

自然環境から人間の幸福へとつながるこのような直接的または間接的な経路は，文化的生態系サービスと呼ばれる[37, 38]．各国が自国民の人生評価を向上させることに真剣に取り組むのなら，経済以上の利益である自然環境が提供するこのようなサービスに注目するようになると思われる．さらに，そのような国は政策立案者が通常計算するような利益に比べ，より幅広い一連の利益を考慮する．プラネタリーヘルスにとっても良いことであろう．幸福を重視するなら環境にも配慮すべきなのである．

向社会的行動，幸福，信頼

向社会的行動は，他者を助けることを目的とする親切で寛大な行動である．本節では，はじめに向社会的行動と幸福との関連を示すエビデンスについて説明する．次に，これらの2つの特性が3つ目の特性である「信頼」と合わさって，より広範な社会的アイデンティティの形成にどのように結びついているかを示す．この社会的アイデンティティは，幸福度を高めながら環境保護のための政策と行動を促進するものである．

出発点となるのは，人間が向社会的な存在であるという事実である．自明のことではないかもしれない．古典的な哲学的理論と経済モデルに基づき，人間は冷酷で計算高く利己的であると示唆する体験談に支配され，これが浸透している．しかし，この推定に対抗し，人間は本来，向社会的な種であると主張する研究が相次いで発表されている．幼い子どもたちは他者を助け，たとえ見ず知らずの人であっても，たとえ人に知られなくても自発的に他者を助けることに前向きである（**図11.4**）．実際，幼い子どもは困っている人を見ると生理的な興奮の兆候を示し，その子ども自身か第三者が手助けできると興奮状態は落ち着くのである．重要なことに，向社会的傾向は高度な実行制御のいくつかの兆候の前に現れ，向社会的行動は将来の利益を得るために計画的に行われるものではなく，他者のウェルビーイングに対する純粋な関心を反映していることが示唆されている[39, 40]．

子どもから大人になっても，人は日常的に向社会的行動をとっている．毎年慈善団体に何十億ドルも寄付する人や，困っている人を助けるために数え切れないほどの時間を捧げる人がいる．また，献血，臓器提供など身体的にも貢献する人がいる．このような寛大さは高所得国に限らず，世界中の幅広い文化圏で見ることができる．大人

---

* 訳注：原油タンカーの座礁により積荷の原油を流出させた事故．遠隔地で発生したため災害状況の検証と復旧に多くの時間と費用を要した．

図11.4　向社会的行動は，子どものうちから早期に発達する．
［出典］Shutterstock

の向社会的行動は前述した発達上のエビデンスに合致し，直観的または自動的な反応を反映している．例えばいくつかの実験では，とっさの経済判断（10秒以内）を迫られた人は，ゆっくりした経済判断（10秒以上）を迫られた人に比べて寛大であり，特に向社会的な人であればなおさらその傾向が見られた[41]．このことは，自分自身への被害を減らすためよりも見ず知らずの人への被害を減らすためにより多くのお金を払うことを厭（いと）わない人がいる理由の説明に役立つかもしれない．

人は向社会的な存在であるだけでなく，向社会的行動は人を幸福にする．2歳未満の子どもにおやつを与え，そのおやつを他者に分け与えるように指示したところ，自分自身がおやつをもらったときよりもおやつを他者にあげたときに笑顔が増えた．さらに，実験者が用意した同じおやつをあげたとき（つまり費用のかからない寄付）に比べて，自分のおやつをあげたとき（費用のかかる寄付）のほうが笑顔の大きさが著しく大きいと評価され，幼い子どもたちにとって与えることがやりがいにつながるだけでなく，費用がかかるときには特にやりがいを感じることが示唆された[42]．大人の場合，慈善団体に寄付した人や近い将来に寄付をすると公約した人は，さまざまな形で自己利益を得た人に比べ，報酬の処理に通常関連する脳領域が活性化されている[43]．同様に，他者のためにお金を使うよう無作為に割り振られた参加者は，自分自身のためにお金を使うよう無作為に割り振られた参加者に比べてその後の幸福度が高く，世界中の富裕国と貧困国で同様の結果が得られている[44]．

大規模なデータセットからも同様のことがいえる．ギャラップ社の世界世論調査のデータはウェルビーイングにおける社会的なつながりの重要性が反映されており，他者へ与えること（過去1か月間のチャリティーへの寄付として測定）を，世界中で人生の満足度を予測する6つのおもな因子の1つとしている[45]．

人を幸福にするのは与えるという行為だけではない．向社会的行動にはポジティブな外部性（第1章p.13の脚注を参照），すなわち波及効果をも伴う．つまり，ボランティア活動が盛んなコミュニティに住んでいると，たとえ自分自身がボランティア活動に従事していなくとも，周囲の人のすべての善意によって自分の主観的ウェルビーイングが高まり，地域の社会規範が強ければ自分の将来の寛大さも高まる．怒りが怒りを生むことがあるのに対し，優しさは将来の善行をもたらすのである．

したがって，幸福と向社会的行動は互いに補強し合っている[46]．もう1つの特性である信頼は，向社会的行動と幸福の両方に密接に関連している．実際，この好循環によって，これらすべては結びついている．他者を信頼できると信じている人たちはより幸福で，互いに協力する可能性が高く，失業，病気または差別による幸福の喪失感から実質的に守られている[47]．信頼感の高さ自体が身体的な健康状態の良さと関連しており[48]，数十年の実験と実地試験によって，社会的なつながりが緊密な人たちほど他者を信頼し，希少な地球資源の利用と保全のために協力的な解決策を生み出す可能性がある[49]．信頼度が高く社会的なつながりが良好な社会は生きていくのにより幸福な場所となり，幸福な社会に住む人たちは向社会的に行動する可能性が高くなる．

興味深いことに，人は自分のコミュニティに対する信頼度を過小評価しがちである．**図11.5**はカナダ統計局がトロントで実施した総合社会動向調査の結果である．200ドル入っている財布の落とし物を近隣住民が見つけた場合（左の棒グラフ）と見ず知らずの人が見つけた場合（中央の棒グラフ）を想定し，財布が返還される確率について回答者に評価させた．これを受けてトロント・スター紙は，実際に現金の入った財布20点を路上に落とす実験をした．結果は右の棒グラフに示されている[50]．見ず知らずの人は予想以上に大幅に信頼度が高かった．最近の研究では，このような実験結果は世界的にも通用することが示されている．ギャラップ社の世界世論調査は132か国の人々を対象に，貴重品の入った財布の落とし物を見ず知らずの人が見つけた場合の返還確率について質問した．また，最近40か国で行われた実験では，財布を架空の所有者に返還するよう求めた[51]．その後，著者たちは金銭の入った財布についてのギャラップ社の調査と同実験のデータを比較調査し，実際の返還率における国際的な違いは両方のサンプルの16か国における返還率の期待値（+0.83）と高い相関関係があり，実際の返還率の平均値（42%）が期待値（20%）よりも大幅に高いことがわかった．

人が本質的に向社会的であり，向社会的行動によって幸福度と信頼感が高まるのなら，向社会的行動を促すことはできるのか．世界中の例を見ると，その答えは肯定的

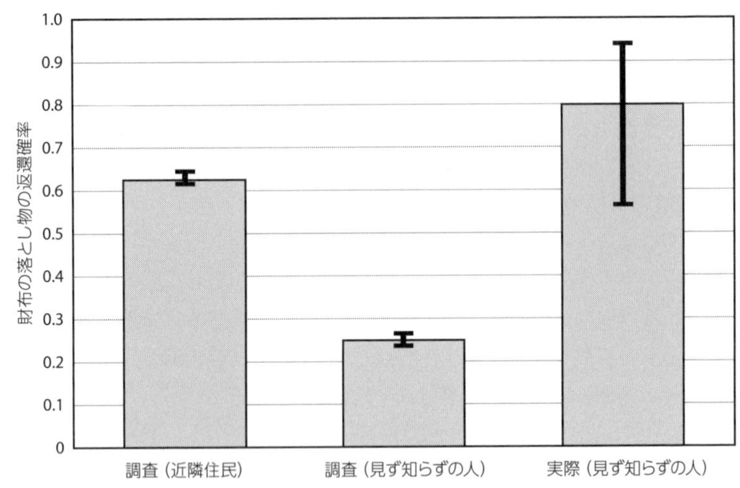

図11.5　財布の落とし物の返還確率について，調査による信頼度の推定値と観測値の比較
[出典] John Helliwell

である．献血や慈善団体に寄付を促すキャンペーンは効果を発揮し，税制優遇措置があるとより多くの人々が寄付するようになる．2年足らずで530万kgのゴミを撤去したムンバイのビーチ清掃を代表とする環境活動を対象としたキャンペーン[52]など，他にも多く行われている．

ムンバイのキャンペーンは，より向社会的な社会はプラネタリーヘルスにどのように役立つのかという決定的な質問を提起している．

向社会的行動を活用し，幸福とプラネタリーヘルスを高める

今日，最も差し迫った環境問題の多くは，魚類資源や森林などのコモン・プール資源（第16章p.415の脚注を参照）の保護に関わるものである．これは国，地域，または地球規模の問題かもしれない．経済学者は，古くからあるフリーライダー（ただ乗り）問題という，対価を支払わずに共有の資源や集合的な財産を利用して便益を享受しようとする人がいることで生じる市場の失敗によって，その資源が損なわれることを理解している[53]．このような問題は，人が個人または企業として個人主義的に行動し，自分自身に直接影響を与える費用と便益のみを考え，他者への影響やコモン・プール資源の持続可能性を考慮しない場合に生じる．週末に釣りをするという選択は自分の冷凍庫を満杯にするかもしれないが，隣人が釣れる魚を減らし，漁場の長期的な持続可能性をも損なう．

フリーライダー問題には数多くの潜在的な解決策がある．環境経済の従来の政策立

案者は，税金，規制，補助金を取るか，取引可能な汚染許可や公共料金の水準と構造を取るかを議論し，選択を行う．このような手段，特に消費する資源の全体的，社会的，環境的な費用についてユーザーが知ることができる手段は必要不可欠な部分ではあるものの，これらはホモ・エコノミクス（訳注：「経済人」とも呼ばれ，経済的合理性のみに基づき個人主義的に行動する人間像）の考えに基づいており，人は他者よりも自分自身に大きな関心を持つことを前提としている．確かに，そもそもフリーライダー問題を引き起こすのはそのような行動である．

しかしこれらの手段では，より良い解決策を生み出すために社会的規範の力を利用することができない．人も企業もコミュニティも時に利己的になるのは確かであるが，適切な状況下では互恵性も発揮する．さらに重要なことは，共感と寛大さによって互恵関係で結ばれたコミュニティの境界を越えて遠く離れた土地と遠い将来世代に利益をもたらす行動を促すことができることである．さらに，このような行動が幸福を促進するという事実は，幸福を容易に促進することができることを示唆している．

地球システムへの理解が深まり，人々の態度が変化するにつれ，新しい環境規範を生み出し活用する可能性が高まっている．つまり，環境の劣化に対処する方法が他にもあるということであり，社会においてフリーライダーとして行動しない人，またはそうしたくないと思っている人が十分にいる場合は特にそうである．なぜならその人たちは向社会的行動によって幸福になることを学んだからかもしれないし，あるいはより多くの社会的な（環境に優しい）規範を取り入れるようになったからかもしれない．

これまで述べてきたように，主観的ウェルビーイングは，他者のために何かをする機会を与えられ，それを受け入れたときに高まる．現在の私たちの世代，そしてきわめて重要な将来世代の便益のために地域と地球の環境を改善する行動は，まさにその最高の結果をもたらす領域に該当する．政治学者のエリノア・オストロムと共著者たちが1999年に主張したように，「狭量かつ利己的な姿勢で常に行動する人の割合が当初あまり高くなければ，互恵的な協力関係は確立され，維持され，さらには拡大する」[54]のである．

人は他者とともに，または他者のために何かをすることを楽しみ，適切な状況下ではより広範な共通の目的のために自分自身の個人的な利益を埋もれさせてしまうことも厭（いと）わない．プラネタリーヘルスを支える潜在能力の活用に必要な条件は何であるのか．国家規模あるいは世界規模のコンセンサスやガイドラインは有用かもしれないが，地域の状況はきわめて重要である．人は自分自身で選択し，強制されることや金銭を提供されることなく，向社会的な方法で行動するほうが幸福である．また，自分の行動が良い目的のために役立っていると確信できる場合，そのようなときに人はより幸福になるのである[55].

人は向社会的行動をどこでも起こすことができる．好循環は，歩道のゴミを拾うという無作為の行動のように簡単に始まる可能性がある．このような活動の利点をより広く伝え，より広範な向社会的規範をつくるためには，このような行動が有効であることを示す体系的なエビデンスが必要であり，効果的で説得力のある体験談を広く伝える必要がある．利己主義が当たり前だ，もしくは望ましいと考えられている環境では，向社会的行動の普及と力を示すエビデンスがさらに必要となる．

無意識のうちに知っていることを意識的に受け入れるよう説得するだけでも重要な第一歩である．なぜなら，与えることによって自分自身と他者が得るポジティブな影響は，系統的に過小評価されているからである．このことは，20ドルを渡され，自分自身と他者のいずれのために使うのかを無作為に頼んだ実験においてはっきりと示されている．2つの選択肢のうちどちらがより幸福を感じるのかを予測してもらったところ，ほとんどの人が自分のために使うと予測したが，実際にはその逆の結果となった[56]．

英国北東部のサウスタインサイド首都圏評議会による，同大都市区の最貧困地区を中心とした「グリーン・ジム」という取り組みは，その良い例である[57]．これらのコミュニティ主導のプロジェクトには，市民農園の開発，自然保護区の保全，コミュニティ・ガーデンと公共緑地の復元などが含まれる．世界中の都市部において同様に刺激を受け，近隣に庭園が造築されたり再現されたりしている[58]．こうした活動を始めるにはリーダーシップと社会的規範の支持を得ることが必要であるが，社会的孤立の解消または軽減，現在のウェルビーイングとコミュニティの能力の両方を向上させるつながりの構築，身体活動の増加と環境保護の姿勢の促進など，個人レベルやコミュニティレベルでの恩恵が得られることから，これらの活動が自立する可能性は高い[59, 60]．成功すれば他の活動においても採用され，改善の導き手となる．

二酸化炭素の排出をはじめとする地球規模の主要な課題に対処するために必要とされる，時空間的に広く適用される社会的規範を広げるためには，コミュニティはもちろんのこと，自国の境界線を越え，将来世代にまで及ぶ利他主義と信頼が必要となる．これがより難しいとされる理由はいくつかあるが，特に（オストロムの言葉を借りれば）見ず知らずの人同士よりも互いの顔を識別できる人たちのグループのほうが「信頼，互恵，評判を利用」[54]し，資源の利用を制限する規範を策定する可能性が高い[61]．

また，文化的な多様性には，オストロムが説明した付随する課題もある．多様性によって問題を解決するアイデアはより多くもたらされるかもしれないが，文化的な多様性によって共通の利益と理解を見出すための複雑さが増す[61]．これまでの世代では，この複雑さによって協力可能なグループの規模と多様性が制限されていた．しかし現代では，インターネットとソーシャルメディアによって多くの人たちが互いにつながること，また，持続可能な未来を模索するうえで何が有効であり何が有効でないかを簡単に知ることができるようになった．他方，これらの技術は疑惑や憎しみ，不信感を広めようとする人たちにとっても同等に強力なツールとなっている．このような技術的な変化による社会的または環境上の実質的な影響についてはいまだ疑問が残っている．確かなことは，長期的なプラネタリーヘルスを人間の個人的行動と集団的な行動の中心的な価値観の基盤とするには，より広範な社会的アイデンティティ，連帯感，共有の価値観が必要であるということである．このような社会的なアイデンティティと価値観を共有することは，これまで述べてきたように，それ自体が人生の満足度を高めるものである．

必要な変革は一夜にして起こらないが，人間が本来持っている向社会性に訴えかけることが基本的な第一歩である．これを実現するためには権限を与えると同時に，人が向社会的で環境に配慮した規範を育むのは，オストロムの言葉を借りれば，「資源問題を完全に無視する体制や中央当局がすべてを決定しなければならないと思い込んでいる体制よりも，国民の努力を促進する政府のもと」[54]であることを認識する必要がある．また，他者の動機と行動についてより生産的，楽観的で現実的な見方をするために宿命論を捨てること，または少なくともこれを二の次にすることも有効である．より信頼感が高く，より幸福な国においてでさえも，同胞の国民の善意と向社会的行動について誤った悲観的な考えがまん延している．

社会的規範は，特に世界中の人たちと将来世代を含めたより広範な社会的アイデンティティによって支えられている場合，プラネタリーヘルスを維持するうえで重要な役割を果たす．このように広範な社会的アイデンティティは，より広範な共感の領域，すなわちより大きな「私たち」を生み出すことによって，ともすれば対立と利己的な行動を引き起こし，プラネタリーヘルスの人間と環境の両方の側面を脅かしてしまう溝を埋めることができるのである．

政策の設計方法と提供方法を変える

官民によるサービスがどのように設計され提供されているのかは重要である．包括的なコミュニティへの参加は，短期よりも長期を，現在よりも未来を，そして自己よりも他者を優先する社会的規範を育む．協調して設計され提供されたサービスは，それを提供する側と提供される側の両方に幸福な人生をもたらす．

例えばシンガポール政府は2004年に，「間違いのないドア（“No Wrong Door”）」という取り組みを導入した．これは，政府職員が情報とサービスの提供を求められた場合，その要求に職員が直接対応するか，もしくは助けてくれる人を探すかのどちらかの方法で最善を尽くすようにする取り組みである．この政府全体の方針は，「どのような」公共サービスを提供するのかだけでなく，「どのように」提供するかを変えることで，国民と政府の間の社会的関係の再設計を目指したものである．その目的は間違いなく，国民の人生の質を高めることにあった[62]．

その後，この「間違いのないドア」政策は，カナダのオンタリオ州ダーラムの児童・青少年サービス，オーストラリアのシドニーのメンタルヘルスサービス，米国バージニア州の高齢者サービスなど多くの地域で実施されている．このような取り組みが厳密に評価されたことはほとんどないが，英国ノースヨークシャー州の青少年サービス事業は評価が行われた数少ない例である[63]．事業開始から2年後の評価で，児童と若者の行動と感情の問題を精査する「強さと困難さについてのアンケート」の総合得点が大幅に改善した．同事業をはじめとする「間違いのないドア」政策の成功の中心となるのは，政府の省庁間のより協力的で前向きな連携である．この緊密な協力関係がケアワーカーの幸福に及ぼす影響はおそらくポジティブなものであるが，まだ適切に評価されていない．同様に，このような早期の積極的な介入によってトラブルと治療から守られた子どもたちとその家族は，結果的に幸福な生活を送っていることはほぼ間違いないが，その影響はまだ調査されていない．

本章で明らかになってきた教訓は，より一般的な福祉政策にも応用できるであろうし，プラネタリーヘルスを重視することを目指した他の多くの政策にも応用できるであろう．エビデンスは乏しいが，プロセスがシンプルで効果的であり，国民と企業が敬意，礼儀，さらには親しみを持って扱われるのならば，国民と企業が二酸化炭素の排出量を相殺または削減すること，責任を持って有害廃棄物を処理すること，環境に関するあらゆる指示に従うことの可能性は高くなると思われる．

結　論

幸福は社会の進歩を測定する中心的な尺度となるべきである．なぜなら，幸福はさまざまな方法でプラネタリーヘルスを促進するからである．これらの利益には直接的でよく理解できるものがある．GDPではなく幸福度の向上に焦点を当てる社会ではエネルギーと物質の消費にあまり焦点を当てなくなり，（言うまでもなく）幸福な人は一般的に健康である．他方，間接的なメカニズムもあるが，これらはまだ政策への応用が試みられていない．しかし，幸福で向社会的な国民は，それぞれの社会と調和する信頼関係のあるネットワークとともにプラネタリーヘルスを高め，地球の難題への取り組みに必要とされる包括的な社会的アイデンティティを持つ，あるいは発展させるという実験的エビデンスは豊富に存在している．

参考文献

1. Sachs J. Restoring virtue ethics in the quest for happiness. In: Helliwell JF, Layard R, Sachs J, eds. *World Happiness Report 2013*. New York, NY: UN Sustainable Development Solutions Network;

2013:80–97.

2. Diener E, Helliwell JF, Kahneman D. *International Differences in Wellbeing*. New York, NY: Oxford University Press; 2010.
3. Ryan RM, Deci EL. On happiness and human potentials: a review of research on hedonic and eudaimonic well-being. *Annu Rev Psychol*. 2001;52(1):141–166.
4. Hall J, Helliwell JF. *Happiness and Human Development*. New York, NY: United Nations Development Programme; 2014. http://hdr.undp.org/sites/default/files/happiness_and_hd.pdf.
5. Stiglitz JE, Sen A, Fitoussi J-P. *Mismeasuring Our Lives: Why GDP Doesn't Add Up*. New York, NY: The New Press; 2010.
6. Kuznets S. *National Income, 1929–1932*. Washington, DC: National Bureau of Economics, U.S. Congress; 1934.
7. Hall J, Barrington-Leigh C, Helliwell JF. Cutting through the clutter: searching for an over-arching measure of well-being. *CESifo DICE Rep*. 2010;8(4):8–12.
8. McCarthy J. Holidays, weekends still Americans' happiest days of year. *Gallup News*. 2015. https://news.gallup.com/poll/180911/holidays-weekends-americans-happiest-days-year.aspx.
9. Helliwell JF, Wang S. How was the weekend? How the social context underlies weekend effects in happiness and other emotions for US workers. *PloS One*. 2015;10(12): e0145123.
10. Clark A, Fleche S, Layard R, Powdthavee N, Ward G. The key determinants of happiness and misery. In: Helliwell JF, Layard R, Sachs J, eds. *World Happiness Report 2017*. New York, NY: Sustainable Development Solutions Network; 2017.
11. Chida Y, Steptoe A. Positive psychological well-being and mortality: a quantitative review of prospective observational studies. *Psychosom Med*. 2008;70(7):741–756.
12. Veenhoven R. Healthy happiness: effects of happiness on physical health and the consequences for preventive health care. *J Happiness Stud*. 2008;9(3):449–469.
13. Siahpush M, Spittal M, Singh GK. Happiness and life satisfaction prospectively predict self-rated health, physical health, and the presence of limiting, long-term health conditions. *Am J Health Promot*. 2008;23(1):18–26.
14. Diener E, Chan MY. Happy people live longer: subjective well-being contributes to health and longevity. *Appl Psychol Health Well-Being*. 2011;3(1):1–43.
15. DuBois CM, Lopez OV, Beale EE, Healy BC, Boehm JK, Huffman JC. Relationships between positive psychological constructs and health outcomes in patients with cardiovascular disease: a systematic review. *Int J Cardiol*. 2015;195:265–280.
16. Kubzansky LD, Huffman JC, Boehm JK, et al. Positive psychological well-being and cardiovascular disease: JACC health promotion series. *J Am Coll Cardiol*. 2018;72(12):1382–1396.
17. Cohen S, Alper CM, Doyle WJ, Treanor JJ, Turner RB. Positive emotional style predicts resistance to illness after experimental exposure to rhinovirus or influenza A virus. *Psychosom Med*. 2006;68(6):809–815.
18. Cohen S, Doyle WJ, Turner RB, Alper CM, Skoner DP. Emotional style and susceptibility to the common cold. *Psychosom Med*. 2003;65(4):652–657.
19. Slopen N, Goodman E, Koenen KC, Kubzansky LD. Socioeconomic and other social stressors and biomarkers of cardiometabolic risk in youth: a systematic review of less studied risk factors. *PLoS One*. 2013;8(5):e64418.
20. Slopen N, Koenen KC, Kubzansky LD. Childhood adversity and immune and inflammatory biomarkers associated with cardiovascular risk in youth: a systematic review. *Brain Behav Immun*. 2012;26(2):239–250.

21. Nisbet EK, Zelenski JM. Underestimating nearby nature: affective forecasting errors obscure the happy path to sustainability. *Psychol Sci.* 2011;22(9):1101–1106.
22. MacKerron G, Mourato S. Happiness is greater in natural environments. *Glob Environ Change.* 2013;23(5):992–1000.
23. McMahan EA, Estes D. The effect of contact with natural environments on positive and negative affect: a meta-analysis. *J Posit Psychol.* 2015;10(6):507–519.
24. Yuan L, Shin K, Managi S. Subjective well-being and environmental quality: the impact of air pollution and green coverage in China. *Ecol Econ.* 2018;153:124–138.
25. Ambrey C. An investigation into the synergistic wellbeing benefits of greenspace and physical activity: moving beyond the mean. *Urban Forestry Urban Green.* 2016;19:7–12.
26. Ambrey C, Fleming C. Public greenspace and life satisfaction in urban Australia. *Urban Stud.* 2013;51(6):1290–1321.
27. Tsurumi T, Imauji A, Managi S. Greenery and subjective well-being: assessing the monetary value of greenery by type. *Ecol Econ.* 2018;148:152–169.
28. Houlden V, Weich S, Jarvis S. A cross-sectional analysis of green space prevalence and mental wellbeing in England. *BMC Public Health.* 2017;17(1):460.
29. Cervinka R, Röderer K, Hefler E. Are nature lovers happy? On various indicators of wellbeing and connectedness with nature. *J Health Psychol.* 2012;17(3):379–388.
30. Peters K, Elands B, Buijs A. Social interactions in urban parks: stimulating social cohesion? *Urban Forestry Urban Green.* 2010;9(2):93–100.
31. Orban E, Sutcliffe R, Dragano N, Jöckel K-H, Moebus S. Residential surrounding greenness, self-rated health and interrelations with aspects of neighborhood environment and social relations. *J Urban Health.* 2017;94(2):158–169.
32. Jennings V, Bamkole O. The relationship between social cohesion and urban green space: an avenue for health promotion. *Int Environ Res Public Health.* 2019;16(3):452.
33. Aboriginal Affairs and Northern Development Canada. General briefing note on Canada's self-government and comprehensive land claims policies and the status of negotiations. 2015. http://publications.gc.ca/site/eng/9.836051/publication.html.
34. Biddle N, Swee H. The relationship between wellbeing and Indigenous land, language and culture in Australia. *Aust Geogr.* 2012;43(3):215–232.
35. Krutilla JV. Conservation reconsidered. *Am Econ Rev.* 1967;57(4):777e786.
36. Carson RT, Mitchell RC, Hanemann M, Kopp RJ, Presser S, Ruud PA. Contingent valuation and lost passive use: damages from the Exxon Valdez oil spill. *Environ Resour Econ.* 2003;25(3):257–286.
37. Daniel TC, Muhar A, Arnberger A, et al. Contributions of cultural services to the ecosystem services agenda. *Proc Natl Acad Sci.* 2012;109(23):8812–8819.
38. Dickinson DC, Hobbs RJ. Cultural ecosystem services: characteristics, challenges and lessons for urban green space research. *Ecosyst Serv.* 2017;25:179–194.
39. Schroeder DA, Graziano WG. Prosocial behavior as a human essence. In: van Zomeren M, Dovidio JF, eds. *The Oxford Handbook of the Human Essence.* Oxford, UK: Oxford University Press; 2018.
40. Silk JB, House BR. Evolutionary foundations of human prosocial sentiments. In: Strassman JE, Queller DC, Avise JC, Ayala F, eds. *In the Light of Evolution: Volume V: Cooperation and Conflict.* Washington, DC: The National Academies Press; 2011.
41. Rand DG, Greene JD, Nowak MA. Spontaneous giving and calculated greed. *Nature.* 2012;489(7416):427.
42. Aknin LB, Hamlin JK, Dunn EW. Giving leads to happiness in young children. *PLoS One.*

2012;7(6):e39211.
43. Park SQ, Kahnt T, Dogan A, Strang S, Fehr E, Tobler PN. A neural link between generosity and happiness. *Nat Commun*. 2017;8:15964.
44. Aknin LB, Barrington-Leigh CP, Dunn EW, et al. Prosocial spending and well-being: cross-cultural evidence for a psychological universal. *J Pers Soc Psychol*. 2013;104(4):635.
45. Helliwell JF. World happiness report 2017. In: Helliwell JF, Layard R, Sachs J, eds. *World happiness report 2017*. New York, NY: Sustainable Development Solutions Network; 2017. http://worldhappiness.report/ed/2017/.
46. Aknin LB, Dunn EW, Norton MI. Happiness runs in a circular motion: evidence for a positive feedback loop between prosocial spending and happiness. *J Happiness Stud*. 2012;13(2):347–355.
47. Helliwell JF, Huang H, Wang S. New evidence on trust and well-being. In: Uslaner E, ed. *The Oxford Handbook of Social and Political Trust*. Oxford, UK: Oxford University Press; 2018:248–252.
48. Kawachi I. Trust and population health. In: Uslaner E, ed. *The Oxford Handbook of Social and Political Trust*. Oxford, UK: Oxford University Press; 2018:447–472.
49. Balliet D. Communication and cooperation in social dilemmas: a meta-analytic review. *J Conflict Resolution*. 2010;54(1):39–57.
50. Zlomisic D. We left 20 wallets around the GTA. Most came back. *Toronto Star*. 2009. https://www.thestar.com/life/2009/04/25/we_left_20_wallets_around_the_gta_most_came_back.html. Accessed April 2020.
51. Cohn A, Maréchal MA, Tannenbaum D, Zünd CL. Civic honesty around the globe. *Science*. 2019;365(6448):70–73.
52. Arora M. From filthy to fabulous: Mumbai beach undergoes dramatic makeover. CNN. 2017. https://www.cnn.com/2017/05/22/asia/mumbai-beach-dramatic-makeover /index.html. Accessed April 2020.
53. Hardin G. The tragedy of the commons. *Science*. 1968;162(3859):1243–1248.
54. Ostrom E, Burger J, Field CB, Norgaard RB, Policansky D. Revisiting the commons: local lessons, global challenges. *Science*. 1999;284(5412):278–282.
55. Helliwell JF, Aknin LB. Expanding the social science of happiness. *Nat Hum Behav*. 2018;2(4):248.
56. Dunn EW, Aknin LB, Norton MI. Spending money on others promotes happiness. *Science*. 2008;319(5870):1687–1688.
57. Bacon N, Brophy M, Mguni N, Mulgan G, Shandro A. *The State of Happiness*. London, UK: Young Foundation; 2010. https://youngfoundation.org/publications/the-state-of-happiness/.
58. Soga M, Cox D, Yamaura Y, Gaston K, Kurisu K, Hanaki K. Health benefits of urban allotment gardening: improved physical and psychological well-being and social integration. *Int J Environ Res Public Health*. 2017;14(1):71.
59. Teig E, Amulya J, Bardwell L, Buchenau M, Marshall JA, Litt JS. Collective efficacy in Denver, Colorado: strengthening neighborhoods and health through community gardens. *Health Place*. 2009;15(4):1115–1122.
60. Hale J, Knapp C, Bardwell L, et al. Connecting food environments and health through the relational nature of aesthetics: gaining insight through the community gardening experience. *Soc Sci Med*. 2011;72(11):1853–1863
61. Balliet D, Wu J, De Dreu CK. Ingroup favoritism in cooperation: a meta-analysis. *Psychol Bull*. 2014;140(6):1556.
62. Helliwell JF. Global happiness policy synthesis 2018. In: Global Happiness CouncilH, ed. *Global Happiness Policy Report 2018*. New York, NY: Sustainable Development Solutions Network;

2018:10–25.

63. Lushey C, Hyde-Dryden G, Holmes L, Blackmore J. *Evaluation of the Wrong Door Innovation Programme*. London, UK: Department of Education; 2017. https://assets.publishing .service.gov.uk/government/uploads/system/uploads/attachment_data/file/625366/Evaluation_of_the_No_Wrong_Door_Innovation_Programme.pdf.

第 III 部

脅威からチャンスへと
軌道修正するために

第 12 章

エネルギーとプラネタリーヘルス

すべての人がエネルギーを利用できるようでなくては，人類は繁栄できない．基本的ニーズ（食料生産，調理，住宅暖房など）も，より現代的な事柄（通信，製造，輸送など）への関心も，エネルギーが利用できるかどうかにかかっている．食料生産システム，都市環境，ビジネスと産業のあり方を設計するのと同様に，エネルギー源をどう選択していくかがプラネタリーヘルスにとってきわめて重要だと考えられている．エネルギーの選択によっては，プラネタリーヘルスの2大課題である大気汚染と地球規模で起きている気候の混乱が深刻化する．一方で，クリーンエネルギーを十分に利用できないことが，10億人以上の人々にとって今なお喫緊の問題である．しかし慎重にエネルギー選択をすることで，未来を変えることは可能だ．脱燃焼（ポスト・コンバッション）エネルギーシステムによって気候変動に拍車をかける温室効果ガスや毎年何百万という命を奪う大気汚染が発生する時代が終焉し，すべての人がクリーンで安定したエネルギーを利用できる未来である．

エネルギーは健全な地域社会を支え，生活を向上させるが，どのような形でエネルギーを使っても，程度はさまざまだが健康と環境に悪影響をもたらす．**図12.1**はエネルギーと健康のおもな関係性を示している．この図では，燃料と燃料加工を，電力などの中間的なエネルギー形態と分けて示し，電気や輸送といったさまざまな利用端エネルギー供給を目立つように表している．この概念的なエネルギー経路の各ステージにおいて，健康に関わる潜在的な影響が示されている．

現在の世界のエネルギー情勢では，発電と輸送を石炭や石油や天然ガスなどの化石燃料の燃焼に依存している．1973年から2016年までの間に総エネルギー消費量は2倍以上に増えた[1]．地熱，太陽光，風力，水力発電などの再生可能なエネルギー資源による発電の割合は同時期に劇的に増大したが，再生可能エネルギーはまだ総消費量のおよそ4%しか占めていない[1]．この状況はクリーンエネルギーの継続的な成長にとっては大きなチャンスであり，一方で継続的な化石燃料依存は，環境と人々の健康の双方にとって大きな危機をもたらすだろう．

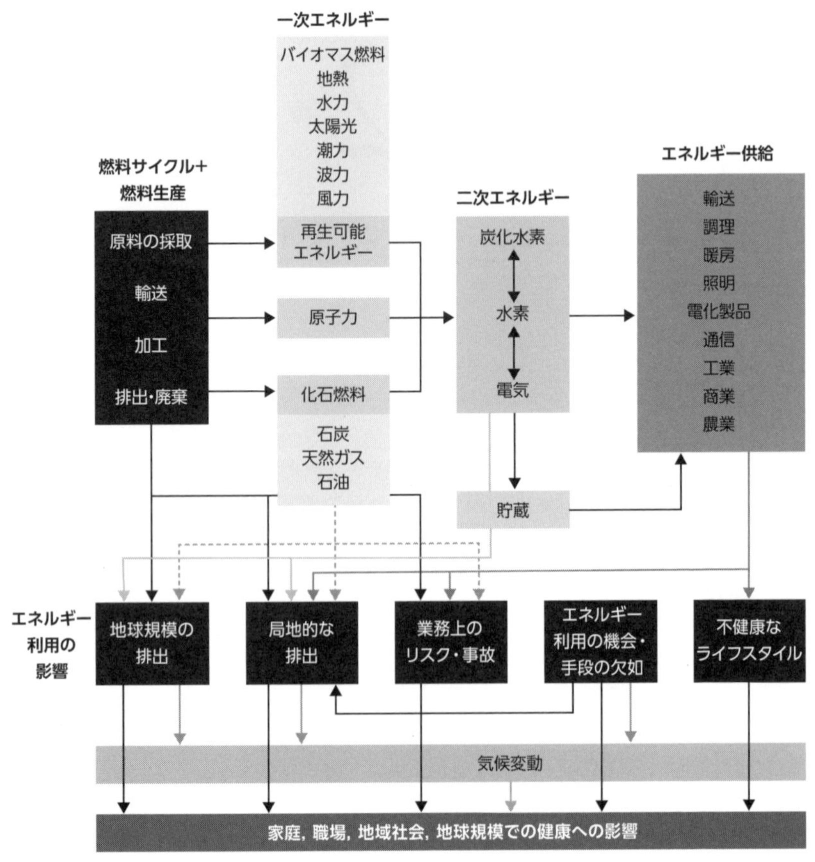

図12.1 エネルギー利用と健康との関連性を概念的に示した経路

［出典］Jaccard M. *Sustainable Fossil Fuels: The Unusual Suspect in the Quest for Clean and Enduring Energy*. Cambridge, UK: Cambridge University Press; 2005 and Wilkinson P, Smith KR, Joffe M, Haines A. A global perspective on energy: health effects and injustices. *Lancet* 2007; 370(9591):965-978より改訂および改変

化石燃料とバイオマス（第3章p.41の脚注を参照）の燃焼によって，地球規模の気候変動と，人体にとって非常に有害な大気汚染が進行する．理想的な希望に満ちた未来とは，エネルギー需要に燃焼をほとんど，あるいはまったく必要としない世界かもしれない．いわゆる脱燃焼の世界である[2]．それは，今なお続く化石エネルギー利用の歴史とはまったく対照的な世界だ(**図12.2**)．この理想的な未来では，風力，太陽光，地熱，潮力，水力などの再生可能エネルギーと，そして（潜在的には）原子力の組み合わせによって電力供給がまかなわれ，電力需要の問題を解決するため堅固に分散化された蓄電システムを利用することになる．そのように電力化した世界を想像するこ

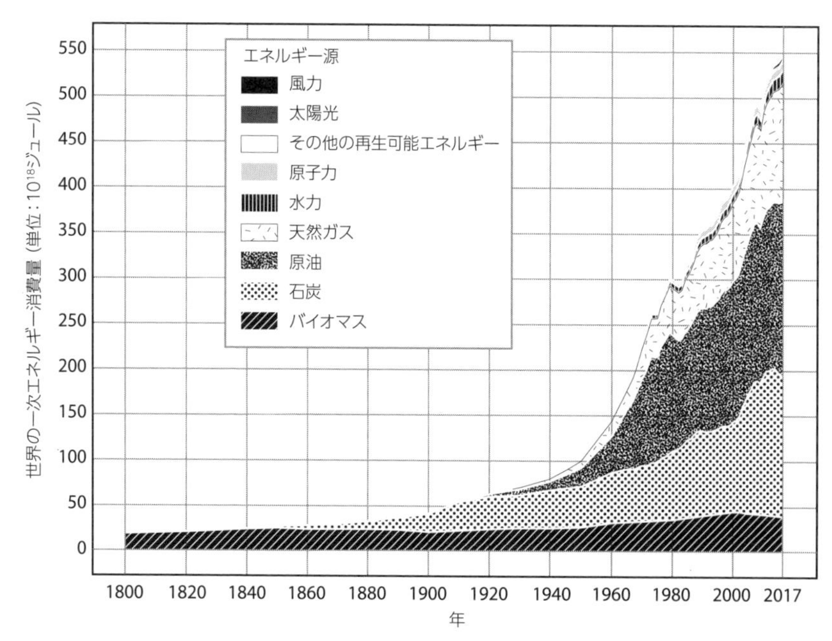

図12.2 世界の一次エネルギー源（1800〜2017年）．新しい再生可能エネルギーは，ここ数十年で登場した．他の形のエネルギーが次第に増えている中で，バイオマスエネルギーはほぼ一定していることに注目．風力，太陽光，その他の再生可能エネルギー（バイオ燃料を含む）は，現時点ではあまりにも少ないため図ではほとんど見えないが，急速に増加している．

［出典］*Our World in Data*（ourworldindata.org/energy-production-and-changing-energy-sources）にて収集されたデータをもとに作成．

*Our World in Data*より．1965年以前のすべてのデータはSmil(2017)による．1965年以降のすべてのデータは，伝統的なバイオマスを除き，BP Statistical Reviewによる．伝統的なバイオマスについては，Smilによる推定値が全期間に用いられている．Smilの算出による5年間の増加量のうち，年ごとの推移についてはOur World in Dataにより補間されている．

BP Statistical Review of World Energyより．原子力発電と水力発電の一次エネルギー消費量は，再生可能なエネルギー源による電力と同様，火力発電所で同等の電力を発生させるために必要な化石燃料量として算定されている．エネルギー変換効率は38%（OECD諸国の火力発電効率の平均）と想定している．変換工程（ガスから液体，石炭から液体，石炭からガス）に必要な電力として使用される燃料は原料となる燃料の生産として，発電量は変換後の燃料の消費として算定されている．

とで，私たちは気候や健康の観点から見た脱燃焼の世界がもたらす恩恵について，そして起こり得る喫緊の課題（例：製造に十分なエネルギーの確保，電気自動車を充電するインフラ，再生可能な資源を得る場所の決定，廃棄物と資源の管理，利益の公平な配分，世界の送電網管理）について検討することができる．

本章は過去の報告[3]をもとに構成されているが，まずはエネルギー利用とプラネタリーヘルスの3つの中心的な課題との関係について概説する．その課題とは，すべての人がクリーンエネルギーを利用できるようにすること，大気汚染を防止すること，地球規模の気候の混乱を食い止めることの3つである．その後，化石燃料，原子力，再生可能なエネルギー源がもたらす影響に焦点を移し，その中でエネルギーの生産，輸送，貯蔵における枠組みの変化に関連した，重要な新しいトピックについての考察も交える．また，本章には2つのBoxを掲載している．1つは，インドの家庭用エネルギーの不足と大気汚染に対処する新しい政策に注目したケーススタディ，もう1つは，米国における非在来型石油（訳注：従来の簡易的な掘削技術では得られなかった，オイルサンドやオイルシェールなど）採取手法とそれが健康と安全に与える影響に関するケーススタディである．

クリーンエネルギーの利用をすべての人に

今日のエネルギー源には，畜力（牛馬などを農作業などに利用した動力），バイオマスから加工されたバイオ燃料，化石燃料，さらに水力，太陽光，風力などの再生可能エネルギーに至るまで，人類史上で発見されたさまざまな種類がある．こうしたエネルギー源を現代的な形で利用することによって家庭や地域社会がより健全なものとなり，市場の参入と経済的チャンスが増加し，人類の発展が促された[4]．2015年，国連は，ミレニアム開発目標（MDGs）の後継プランとして持続可能な開発目標（SDGs）を採択した．健康，水，食料，気候，エネルギーなどの幅広い領域にわたり，17の目標が設定された．MDGsと異なる点は，MDGsの最終版にはエネルギーへの取り組みが含まれていないが，SDGsの目標7では，2030年までに「すべての人々の，安価かつ信頼できる持続可能な近代的エネルギーへのアクセスを確保する」ことを明確に求めており，これまでにはなかった3つの野心的な目標を掲げている．

7.1　誰もが安価で安定した現代的なエネルギーを利用できるようにする．
7.2　世界のエネルギーミックス（訳注：さまざまなエネルギー資源をバランスよく組み合わせること．電源構成ともいう）に使用する再生可能エネルギーの割合を大幅に増やす．
7.3　今までの倍の速さで世界全体のエネルギー効率を改善させる．

目標7は，目標1（貧困と開発），目標3（健康と福祉），目標5（女性と女児の地位向上），目標8（人間らしい雇用と経済成長），目標13（気候変動への対策），目標15（持続可能な森林の管理と土地の劣化の阻止）など，他の多くの目標と強い関連がある．実際，SDGsの各目標はエネルギー[5]やエネルギー源の選択の仕方によって影響されるものであり，これが健康的な環境とライフスタイルを促進するうえで重要な役割を果たす．

エネルギーと社会の発展との関連は広く認められているものの[4]，安定したクリーンで持続可能なエネルギーを，電気が使えないおよそ11億人[6]とクリーンな調理用燃料を持たない25億人[7]に供給する経路については依然として議論があり，人口増加によってますます複雑化するだろう．人口が2020年には78億人に，そして2050年には推定98億人[8]になる世界へ向けてエネルギー利用の将来的な軌道設計を行うためには，気候変動という制約条件の中ですべての人々がクリーンエネルギーを利用できる段階的経路について，幅広く対話していくことが求められる．

エネルギーが健康に与える影響

屋内と家庭内の空気汚染

現代の人間を人類の出現以前の祖先と区別する決定的な違いは，25万～200万年前に食料を調理するために火を利用し管理したことだ[9,10]．しかし，その後に続く長い歴史で世界規模の広範囲な発展があったにもかかわらず，おもに低中所得国と農村地域に住む何十億もの人々が，たき火で燃やしたバイオマスと簡素なコンロを調理と暖房のためのおもなエネルギー源として使い続けている（**図12.3**）[7,11,12]．その結果，空気動力学的直径が2.5 μm以下（$PM_{2.5}$）または10 μm以下（PM_{10}）の粒子状物質や，一酸化炭素，二酸化窒素，多環芳香族炭化水素，ダイオキシン，発がん性があることが知られている物質（木材を燃焼したときの煙に含まれる汚染物質の報告については，Naeher et al.[13]参照）など，さまざまな物質が深刻な汚染濃度で生活環境に排出されている．

2017年の世界疾病負荷の推定*によると，こうした家庭内空気汚染（HAP）は世界の死亡率に関与するリスク要因の13番目にあたり，年間およそ160万人の死亡原因となっている[7,14,15]．障害調整生存年数（第11章を参照）で測られる早死や障害により失われた健康年数で見ると，HAPは2017年，6000万人年（総数の2.4%）相当の早死や障害に対する直接的な原因となっているだけでなく，同時に環境大気汚染の大きな要因にもなっている．

保健指標評価研究所[7]は，2016年にはおよそ25億人（世界人口の33.7%）が基本的な家庭内エネルギー需要を，薪（まき），肥やし（糞），作物残渣，石炭，木炭などのクリー

---

* 世界疾病負荷推定は，保健指標評価研究所により毎年，そしてWHOにより数年おきに作成されている．こうした数値の算出に用いられる方法やデータの流れには通常差異があり，その結果，時には疾病負荷の推定値は毎年大きく変わる場合がある．そのため明記されている数値が，家庭内空気汚染と環境大気汚染への暴露量と明らかに関連した疾病負荷として正確に結果を表しているとはいえない．とはいえ推定値のばらつきは，おそらく背景にある死亡率や疾病率の変化や，暴露応答関数の変化など，多くの要因によるものと思われる．疾病負荷のばらつきの誘因を調べた感度解析については，Kodros et al.[14]を参照のこと．

図12.3　バイオマスを利用する調理用コンロ．(A) 伝統的なバイオマスの調理用コンロ，(B) 北インドで見られる，半ガス化されたファン付き新型調理用コンロ，(C) 煙突型コンロ，(D) グアテマラ西部の高原地方で見られる，伝統的なたき火．

[出典] 写真提供 Ajay Pillarisetti

ンでない固形燃料に依存していたと推定している．インド，中国，サハラ以南のアフリカ諸国が固形燃料を利用する人口のおよそ70％を占めている（それぞれ順に，23％，17％，32％）．高所得国でも木材利用が根強く行われている地域があるが，その場合は冬の暖房用燃料としておもに使われている．

固形燃料の利用様式は，国あるいは国内地域によってもさまざまであり，季節ごとの必要性や燃料の入手のしやすさ，地形，その他さまざまな要因によって異なる．例えば北インドの家庭では，特定の作業に対し薪と肥やしを組み合わせ[16-18]独特の電気器具に入れて用いている．ガーナ[19]の家庭では木材と木炭の組み合わせに頼っている．このような燃料と電気器具を組み合わせて利用する手法は，スタッキングとして知られており[20-22]，家庭に天然ガスコンロ，オーブン，木炭燃料によるアウトドアグリル，炊飯器や湯沸かし器などの電化製品，バイオマス燃料による暖炉など，用途によって燃料を変えるという高所得国の流行を反映している．バイオマス燃焼に対する文化的な思い入れは収入の増加とは関係なく見られ，高所得層と低所得層の双方でクリーンな燃料へと移行することを妨げている．

バイオマス燃焼から最も多く測定される汚染物質は$PM_{2.5}$と一酸化炭素だが，ブラックカーボン（黒色炭素）[23]と多環芳香族炭化水素[24]などの他の汚染物質も明らかになっている．HAPの研究では測定対象が3つに大別される．それは，コンロの煙に含まれる排出量の測定，室内濃度の測定（例：台所や居間），センサーを体に装着した人を時間と場所の変化の中で追跡して行う個人暴露量の測定である．1980年から2016年の間に，200件以上の研究でHAPの濃度と暴露量が評価されている[25, 26]．入手できるデータから，$PM_{2.5}$のレベルは家庭の調理過程で肥やしを燃やした際に最も高く（平均7.8 ± 11.2 mg/m^3），次いで木炭（3.9 ± 8.4 mg/m^3），薪（2.1 ± 2.9 mg/m^3）と続く．排出量と暴露量は時間と空間によって大きく変化するものの，低中所得国の家庭における年平均濃度は，WHO空気質ガイドライン[27]と各国の空気質基準を上回る．

家庭で発生する空気汚染は室内環境を抜け出し，周辺地域や風下においてかなりの暴露をもたらす．例えばインド[28-30]と中国[28, 29, 31]における最近の研究では，屋外の大気汚染の大部分が家庭内燃焼に由来するものと推定されている．インドでは，これが屋外大気汚染の原因となっている最大のカテゴリーであり，中国では工業に次いで2番目となっている．こうした研究から，農村地域の家庭内エネルギー源をクリーンにすることは，その家庭や近隣の都市部にとって有益であることが示されている．こうした理由により，家庭内エネルギー源をクリーンにすることが，中国における国家レベルの大気汚染規制戦略の一環となっている．

さらには，バイオマス燃料の使用は大気汚染の域を超えて森林破壊につながり，燃料調達という無償労働が多くの女性や子どもに降りかかっている．地域による差異は大きいものの[32]，集められるバイオマスのうち推定30％が再生不可能な形で収穫されており，森林と他のバイオマス資源を圧迫している．日々燃料収穫に費やされる時間は1〜5時間である[33-35]．場合によっては，こうした燃料収穫行為が，人々を自然災害やジェンダーに基づいた暴力の被害にさらす[33, 36]．

家庭の空気汚染を軽減する

家庭内エネルギーの施策のほとんどは，調理用コンロでバイオマス燃料をクリーンで効率よく燃焼させることに焦点が当てられてきた．研究室レベルでは，特定の燃料を使用し，高性能なコンロを併用すれば可能だが，現実世界での成果は最善のものとはいえない[37, 38]．入手できるバイオマス燃料を「クリーン」にするこの方法は，非政府組織と政府組織が実行してきた従来のコンロ計画の基本方針であった．こうした計画のほとんどは1980年代初期にインドと中国で打ち出された．中国での計画だけが燃料を節約するうえでは成功したと考えられている．

図12.4は，HAP（と他のタイプの空気汚染）と健康の関係を示している．リスク–

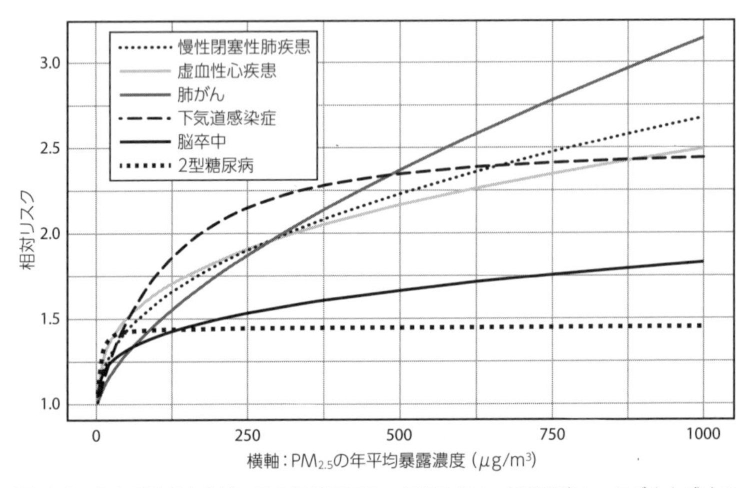

図12.4　統合暴露反応曲線．統合暴露反応は，年間の$PM_{2.5}$暴露濃度と，子どもと成人の下気道感染症，および，成人の慢性閉塞性肺疾患，虚血性心疾患（25〜30歳に見られるもの），肺がん，2型糖尿病，脳卒中（25～30歳に見られるもの）にかかる相対リスクとの関係を示している．相対リスクは，規定の$PM_{2.5}$濃度に暴露された人と暴露されない人とが発症する可能性の比で表されている．曲線は，環境大気汚染，副流煙（訳注：たばこから立ち上る煙），家庭内空気汚染，喫煙における暴露濃度とリスク値を用いて推定されている．これらの曲線の生成に用いた数学的モデルによる検証からさまざまな想定がなされるが，どの発生源から排出された$PM_{2.5}$であってもすべて毒性がある．

［出典］Burnett RT, Pope CA, Ezzati M, et al. An integrated risk function for estimating the global burden of disease attributable to ambient fine particulate matter exposure. *Environ Health Perspect*. 2014;122:397-403

反応関係[39]において最も明確な特徴は，非線形であることだ．このことは，空気汚染の規制措置，特にHAPにおいて重要な意味を持つ．なぜなら，この曲線が正しければ，暴露によってもたらされる疾病負荷を軽減するためには，HAPを非常に低水準まで減らさなければならないことを示唆するからだ．たとえバイオマスコンロを使ったとしても，明らかな差異がわかるほどクリーンな燃焼にすることは難しい．そのため，クリーン技術（電気や天然ガス，液化石油ガス，エタノール，バイオガスを燃料とするもの）を幅広く利用できるようにすることへと焦点が移った[40]．この方針転換は，調理や暖房に固形燃料を使用する人がほとんどおらず，代わりにガスと電気を使う高所得国の燃料使用法を反映している．

ガスと電気は家庭レベルではクリーンではあるものの，コスト，供給の安定性，利用しやすさ，文化的な受容度といった別の課題も投げかけており，このことがクリーン燃料の全面採用を遅らせている．インド政府はクリーンな調理への移行を加速させるための政策を実施している（Box 12.1）．エクアドルやインドネシアなどの他の国では，燃料移行を拡大するため，過去に広範で革新的な政策を実施しており，その成功の程度はさまざまである．

Box 12.1　補助金から社会的投資へと転換するインド ―― 保健的な介入として

液化石油ガスは，おもにプロパンとブタンからなる炭化水素燃料であり，多くの天然ガス資源の採取と加工段階，または原油を精製する段階で回収される副産物である．天然ガスと違い，適度な圧力をかけることによって液化し，ボンベに入れて常温で安全に輸送することができる．電気や天然ガスが手に入らない，または使えない地域での調理用燃料として期待されている．近年，石油資源やガス資源の新しい採取方法が増えたことにより，世界市場で液化石油ガスが入手しやすく，また価格が下がり，現在，調理用燃料としてバイオマスに頼っている多くの場所で今後数十年間，クリーンな過渡的燃料[a]として利用可能である．そのような過渡的な移行が急速に進んでいるのがインドである．

政府全体により徹底的に，また情報技術（IT）を創造的に活用することによって推進された革新的政策転換により，インドは2019年までに全家庭のおよそ95%が液化石油ガスを利用できるようにした．原則として貧困者に対する公的支出に焦点を当て，侮辱的な含みをもつ「補助金」を，より意欲的な「社会的投資」へと転換させた．仕組みとしてはどちらも公的資金の投入だが，「社会的投資」にはこれまでのものとは異なったより肯定的な含みがある[b]．

燃料に関する補助金は世界中の国で見られる．経済学者は補助金を，政府にとって高くつく，無駄使いへの報奨金となる，貧困者よりもおもに裕福な人への支援である，と考えて好まない．近年では補助金は，気候変動リスクを高める化石燃料の過度な使用につながるという懸念に後押しされ，いくつかの改革が実施され功を奏している．実際，インドでは輸送部門の燃料に対する補助金の撤廃において進歩を見せている．

液化石油ガスの補助金は，社会的目標の達成を援助するための新しい計画を通じて変化してきた．貧困者が使用するバイオマス燃料の健康被害について，多くの科学的知見が蓄積されたことが，政策決定の大きなきっかけとなった．長期的な目標は電気調理への移行だが，それに至るまでの中間的な解決策として，液化石油ガスが世界の貧困層の健康的な燃料となる[c]．

インドの政策転換は，PAHAL（給付金の直接送付を意味するヒンディー語であるPratyaksh Hanstantrit Labhの頭文字を取ったもの）と呼ばれる構想からスタートした．これにより，すべての液化石油ガスが市場価格で販売されるようになった．補助金は販売時点での価格から差し引くのではなく，個人の銀行口座に直接振り込まれた．これは人類史上最大の政府による銀行振り込みとなった．アドハーカードと呼ばれるデジタル身分証明書の普及とともにデータベース照合が可能となり，これによって不正な支払いや不要な支払いの防止も容易になった．このおかげで，「架空の」，さもなければ違法の銀行口座，双方を大幅に減らすことができ，さらに家庭用ボンベの商業用への横流しを抑えることができた．これにより，液化石油ガス補助金のメリットを，本来の受益者である各家庭が受け取れるようになった．

次いで2015年には，ギブ・イット・アップ（GIU）キャンペーンという，不要となった補助金を撤廃するという難題に挑む革新的なアプローチが登場した．20年前であれば現在の中流家庭は液化石油ガス補助金に頼ってきたかもしれない．しかし今日では，1戸あたり液化石油ガス配管に対して支払われていた年間およそ35米ドルの公的資金が不要となっている．しかし，補助金の取り下げには2つの難点がある．それは，本当に補助金が必要でない人を見極めることが難しいことと，人々が長期の補助金を社会保障のような給付金（自分に受給資格があるもの）と捉え，給付金設立の意図（粗末な燃料からクリーンな燃料への移行を助ける）を忘れがちなことである．GIUキャンペーンでは，液化石油ガスの補助金打ち切りの代わりに，その補助金を貧しい家庭に寄付するという条件つきで自主的に手放すことを人々に呼びかけた．何百万という人々がこれに応え，2018年半ばまでにその数は1100万世帯になった．ITを用いることによって，寄付者は政府が運営するウェブサイト上で，新たに液化石油ガスの接続を受けた貧困者の名前を調べることができるのだ．

GIUのその他の特徴としては，社会的，伝統的なメディアによるキャンペーンと，首相官邸から一般職員に至る組織的な広報活動を幅広く展開したことが挙げられる．異例なことではあったが，首相は毎月何十というスピーチの中でクリーン燃料による調理を推奨した．簡単に計算することはできないが，控えめに見積もっても2018年までに年間3億3000万米ドルが，多くの貧しい人が液化石油ガスを利用できるようにと中流家庭から送金された[d]．

2016年には，2019年までに新たに5000万の貧困家庭へ液化石油ガスを供給することを目的として，Pradhan Mantri Ujjwala Yojana (PMUY) キャンペーンが始まった．新しいガス供給は女性に限定された．これは，女性の地位を向上させることと，1家庭につき1人だけを補助金対象とするためである．さらに，液化石油ガス配給業者1万8000人を補充するために，新たに1万人が採用された．このような大幅な増員が必要だった理由は，多くの貧困家庭が既存の配給業者がいない僻地（へきち）にあるためだった．2018年，予定よりも早く，インド政府は目標を2021年までに8000万世帯，つまり5億人前後に拡大すると発表した．この目標は2019年9月初旬に達成された．貧困層を対象としたことが功を奏し，このプログラムの進展に伴いインド人納税者の負担は減り，推定で正味30億米ドル以上の負担軽減が達成された．

液化石油ガス供給をすれば，即刻，すべての人がすぐに使用可能となるわけではない．約4本以上のボンベにガスを再充塡して液化石油ガスを1年以上使用し続けたPMUY利用家庭は，僻地の家庭の60％程度だった．これは，トイレ，蚊帳，避妊具，施設内分娩室などの使用といった行動変容を伴う健康促進制度を導入する場合と共通している．より良いテクノロジーを提供するだけでは道半ばであり，残り半分は人々の使用を勧める働きかけである．健康上の観点からは液化石油ガスコンロを常時使用すべきであり，大気汚染対策のためにバイオマスコンロは使うべきではない[e]．このように，さらなる取り組みが必要ではあるものの，本プログラムの出だしはきわめて好調である．

参考文献

a. Shen G et al. Evaluating the performance of household liquefied petroleum gas cookstoves. *Environ Sci Technol*. 2018;52(2): 904–915.
b. Smith KR. Pradhan Mantri Ujjwala Yojana: transformation of subsidy to social investment in India. In: Debroy B, Gangul A, Desai K, eds. *Making of New India: Transformation under Modi Government*. New Delhi, India: Dr. Syama Prasad Mookerjee Research Foundation and Wisdom Tree; 2018:401–410.
c. Goldemberg J, Martinez-Gomez J, Sagar A, Smith KR. Household air pollution, health, and climate change: clearing the air [Editorial]. *Environ Res Lett*. 2018;13:030201.
d. Mittal N, Mukherjee A, Gelb A. Fuel subsidy reform in developing countries: direct benefit transfer of LPG cooking gas subsidy in India. CGD Policy Paper 114. Washington, DC: Center for Global Development; 2019.
e. Harish S, Smith KR, eds. Ujjwala 2.0: from access to sustained usage. Policy Brief CCAPC/2019/03. New Delhi, India: Collaborative Clean Air Policy Centre; 2019.

屋外の大気汚染

家庭内空気汚染の第一の要因がバイオマスの燃焼であるのと同じように，屋外大気汚染のおもな要因は化石燃料の燃焼である．これに対し，さらに，家庭内バイオマス燃焼と農業廃棄物の燃焼が加わる．また，家庭内空気汚染が毎年何百万人もの命を奪っているのと同じように，屋外大気汚染は，2015年には推定420万人の命を奪い，大きな犠牲者を出す原因となっている．現在のエネルギー利用傾向を変えられない限り，この死者数は2050年までに年間660万人へと増加すると予測されている[7, 41]．

化石燃料は今日最もよく使用されているエネルギーの形である（図12.2）．化石燃料には石炭，石油，天然ガスなどがあり，世界の総エネルギー消費量のおよそ67％，世界の発電量の65％を占める[1]．採掘・採取から加工・精製，輸送，燃焼，廃棄管理までのライフサイクル（訳注：このような各工程からなる一連の流れ）を通して，化石燃料は人間の健康と環境に対し，時間的，空間的に大規模な影響を及ぼす．化石燃料を燃焼すると，一次粒子や健康と環境に有害な汚染物質が周囲に放出される．健康被害が懸念される一次汚染物質には$PM_{2.5}$や，発生源の風下で二次エアロゾル（微粒子）やオゾンに変化する汚染物質がある．

あらゆる化石燃料の中で石炭が最も汚染源となりやすく，大気汚染に最も深く関与している．石炭燃焼の直接の副産物には，二酸化炭素，一酸化炭素，硫黄酸化物，窒素酸化物，有機化合物，粒子状物質，水銀が含まれる．石炭燃焼はまた，一次汚染物質発生源風下に影響を与える二次有機エアロゾルとオゾン生成の要因でもある．石炭燃焼の健康被害は非常に大きく広域にわたり，国境を超えて影響を及ぼす．中国では，石炭燃焼が大気中$PM_{2.5}$の最大発生源であると推定されており，人口による重みづけをした暴露量のおよそ40％が石炭燃焼に起因する．その結果，2013年には推定36万6000人が死亡した[31]．インドでは，人口による重みづけをした総$PM_{2.5}$暴露量のおよそ16％が石炭燃焼に起因しており，2015年におよそ16万9000人の死亡原因となった[30]．

石油燃焼は，二酸化炭素，一酸化炭素，窒素酸化物，硫黄酸化物，粒子状物質など，石炭燃焼と似たさまざまな副産物を発生する．石油の最も多い使用方法は個人の移動手段のための燃料であり，その直接的，間接的な健康被害はこれまで多く論じられてきた[42-44]．その他の用途は暖房[45, 46]と海上輸送[47]であり，近年では，これらが有害な汚染物質放出と健康被害の双方に関連しているといわれている．

要するに，バイオマス燃焼による家庭内空気汚染と，発電，暖房，輸送のための化石燃料燃焼によってもたらされる屋外大気汚染は，世界の疾病負荷の大きな原因となっている．心臓疾患，脳卒中，肺疾患，がんなどを中心とする特定の健康への影響は第7章で詳しく説明されている．こうした燃料源からクリーンで再生可能なエネルギー源に移行することにより，毎年何百万という命を守ることができるだろう．

気候変動

化石燃料の燃焼は，それ自身による大気汚染が病気と死に大きく関与しているのに加えて，世界の気候変動の第一要因でもある（気候変動科学の紹介については第4章を参照）．化石燃料の燃焼は，二酸化炭素，メタン，ブラックカーボン（ばい煙の主成分で，化石燃料の不完全燃焼により生成される）などの気候を変える汚染物質を放出する．単位エネルギーあたりに生成される汚染物質量は燃料によって異なるため（「炭素強度」と呼ばれる），地球の気候に与える影響は化石燃料によってさまざまである．このことは気候変動に対する最善の対処法を考えるうえで重要な意味を持つ．気候変動が健康に与える数々の影響については第10章で考察する．

エネルギー源ごとの気候への影響

化石燃料

石　炭

石炭は世界の一次エネルギーの27％を占めており，2017年には全世界の発電量の

38%をまかなった[1]．この年，中国，インド，米国が世界の3大石炭生産国であり，それぞれ世界総生産量の45%，10%，9%を生産した．世界全体で見ると，石炭燃焼は人間の活動に起因する二酸化炭素排出のおよそ44%を占めていた[1,48]．したがって，石炭は地球の気候変動の大きな原因の1つとみなすことができ，他の主要な燃料と比べても，ライフサイクル全体の単位キロワットアワーあたり二酸化炭素排出量(gCO_2 eq/kWh)が最も多い(**図12.5**)．

石　油

石油は，脂肪族炭化水素と芳香族炭化水素の混合液であり，精製されることによって潤滑油からアスファルトまでさまざまなものを生成するが，大部分は燃料となる[3]．世界全体で見ると，石油は一次エネルギー消費量の41%[1]，輸送燃料のおよそ94%[49]，発電の4%[1]を占めており，その結果，世界全体の二酸化炭素排出量のおよそ35%が石油に起因する[50]．石油の炭素強度は石炭よりもやや低いため，総エネルギー量に占める割合が石炭とあまり変わらないにもかかわらず，二酸化炭素の総排出量は石炭のほうが大きな割合を占める．42ガロン(1バレル．訳注：石油42ガロンは1バレルに

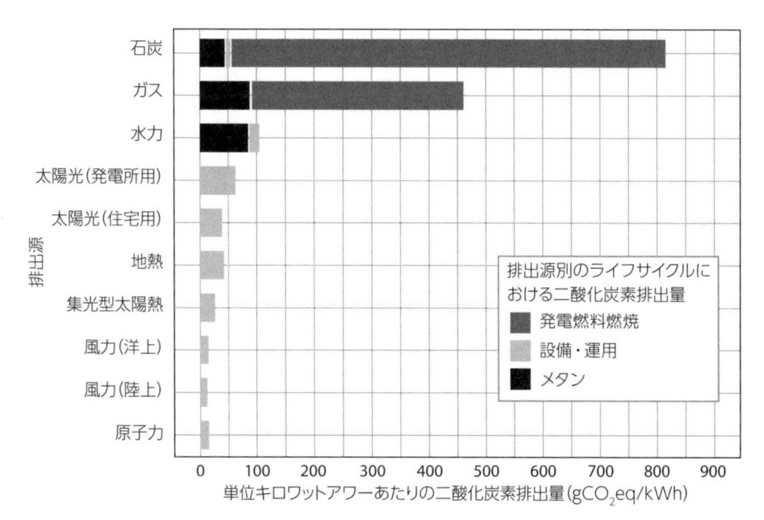

図12.5　現在利用可能な発電技術を用いた場合の，ライフサイクルにおける排出量の概観．網掛けにより排出源を示している

[出典] Appendix Table A.III.2 of Bruckner T, Bashmakov IA, Mulugetta Y et al. Chapter 7: Energy Systems. In: Edenhofer O, Richs-Madruga R, Sokona Y et al, eds. *Climate Change 2014: Mitigation of Climate Change. Contribution of Working Group III to the Fifth Assessment Report of the Intergovernmental Panel on Climate Change*. Cambridge, UK: Cambridge University Press; 2014に掲載されているデータより改変．

相当．1石油バレル＝42米液量ガロン＝約159リットル）の原油から，およそガソリン20ガロン，ディーゼル燃料および灯油9ガロン，ジェット燃料3ガロン，その他，液化石油ガスやプロパンなどを精製することができる．中には暖房や発電に使用されるものもある[4]．

在来型の原油掘削（垂直や斜めに掘削する坑井（こうせい））が難しくなったことから，砂，水，炭化水素化合物である瀝青（れきせい）混合物のタールサンドから原油を採取する方法に焦点が移った．タールサンドを加工することで石油ができる．2010〜2014年にオイルサンド（タールサンド）や他の非在来型の採取方法への投資が世界的に増え，投資総額の20%から30%に増加した．こうした方法による生産量が1日あたりおよそ1220万バレル，つまり世界の原油総生産量の16%にまで増加した[51]．2015〜2040年では石油生産全体が増え続け，その半分は非在来型掘削によって供給されると推定されている（世界の車両が急速に電動化されない限り）．こうした採取が気候に与える影響は深刻である．オイルサンドの採取，分離，加工処理に必要なエネルギー強度は，在来型の原油採取方法と比べ，気候変動を引き起こす汚染物質を3〜4倍排出する[52, 53]．気候への影響どころか，タールサンドの生産は北米において二次有機エアロゾルの最大発生源の1つとなっており[54]，その地域の環境と生態系を著しく悪化させる[53, 55]．例えば，2013年までに，アサバスカ・タールサンドの操業によってカナダのアルバータ州の森林地帯およそ813 km^2が伐採または破壊された（この影響の規模についての詳細はMcIntosh and Pontius [56]の4.3節を参照）．アルバータ州でのエネルギー産業によるフットプリントの合計は他と比べてきわめて高く，およそ1万2000 km^2である[57]．石炭採掘の副産物と同じように，タールサンドの加工によるテーリングと呼ばれる廃棄物は池に貯められ，ここから化学物質が周辺流域に到達する可能性がある[58]．

天然ガス

天然ガスは，無色かつ無臭のメタンを主成分とする炭化水素化合物で，次の3つの生成過程のうちのいずれかによって地下でつくられる．熱分解起源（有機物がゆっくりと分解してできる），生物分解起源（メタン生成細菌による分解を通してできる），自然発生（マグマの冷却中に二酸化炭素が減少することでできる）である[59]．天然ガスの生産と回収は過去10年で着実に増え続け，現在では世界の発電量の23%，一次エネルギー総供給量の22%を占めている[1]．天然ガスは炭素強度が石炭など従来の化石燃料よりも低いため，持続可能な世界のエネルギーシステムに向けての過渡的なエネルギー源として有望だと考えられている（図12.5）．ただし，メタンの大気漏洩と非在来型のガス回収にかかるエネルギー強度がその利点を相殺している[60-62]．天然ガスの需要は近年急速に高まってきており，おもに米国と中国で伸びている[63]．生産量の増加は米国が主導しており，世界の生産量の30〜40%を占める[63]．米国の生産量は，頁岩と砂岩の採取へ，水平掘削と水圧破砕の利用を増大させることにより勢いづいており，2015年の乾性天然ガスの全生産量のおよそ50%を占め，2040年までには全生産量の約70%を占めると推定されている[64]．天然ガス燃焼による発電を推進することが，より炭素強度の高い化石燃料からの移行にとって重要なステップとなるのか，それとも，気候の面ではそこそこの利益にしかならない中でパイプラインやガス火力発電所などのインフラ建設により長期的には化石燃料への依存が増えるおそれがあるのか，活発な議論が交わされている．

化石燃料が労働衛生と環境衛生に与えるその他の影響

大気質と地球の気候への悪影響に加えて，化石燃料の生産は職業環境の有害性と地域環境への悪影響にも関連している．2012年には世界でおよそ700万人，世界の労働人口の約0.2%が石炭産業に雇用されており[65]，国際労働機関は，労災死亡数の8%はこうした労働者が占めると見積もっている（**図12.6**）[66-68]．採炭作業中の職業暴露は，珪肺や石炭じん肺などの呼吸器疾患をもたらす[69, 70]．採炭はさらに，生態系を混乱さ

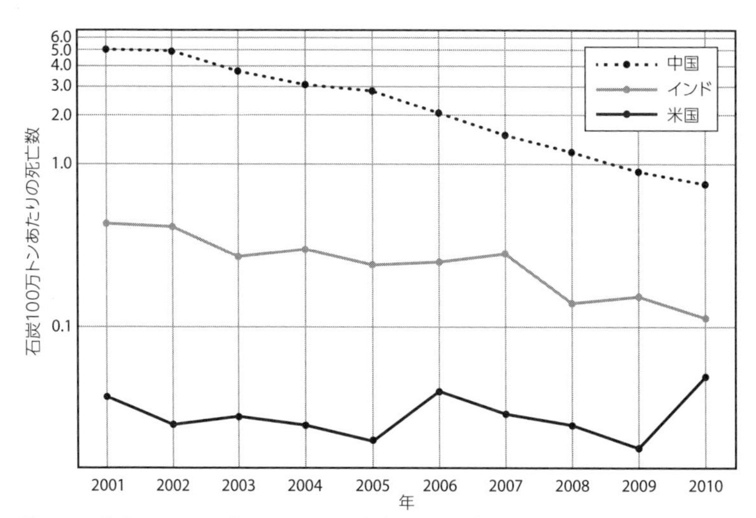

図12.6　中国，インド，米国における，生産される石炭100万トンあたりの死亡数．インドと中国での人数は減っているものの，米国よりもずっと多い．米国では近年増加が見られる．

［出典］Jennings N. Mining: An Overview. In: Stellman, J, ed. *Encyclopedia of Occupational Health & Safety*. International Labor Organization: Geneva, 2011.

Chu C et al. Statistical analysis of coal mining safety in China with reference to the impact of technology. *Journal of the Southern African Institute of Mining and Metallurgy* 2016;116:73-78.

Wang L, Cheng YP, and Liu HY. An analysis of fatal gas accidents in Chinese coal mines. *Safety Science* 2014;62:107-113.

せ，環境流量（訳注：生態系維持のために河川などへ供給される流量）を変え，地域に供給される水や土壌を汚染する．採掘された石炭は，燃焼または加工などの過程に進ませるための準備として，粘土，岩，砂利などの鉱石，重金属などの不純物を取り除くために化学物質の混合液で洗浄される．石炭加工に使われる化学物質には，発がん性物質と心肺障害との関連が認められる物質が含まれる[71]．

石油の探査，採掘，採取は，多くの職業環境の有害性と周辺地域への環境リスクをもたらす．職場環境の危険性としては，人類働態学的な危険，騒音，振動，化学物質への暴露，長時間労働による身体的負担などが含まれる[72, 73]．石油と関連廃棄物の大規模な漏出や流出はかなり頻繁に見られる．2017年初頭以降，インドのチェンナイ近辺，アラスカ北極圏，ギリシャ近辺，メキシコ湾，東シナ海，インドネシアにおいて流出が報告されている．2010年のメキシコ湾原油流出事故[74]のような大規模な流出は，生態系への大きな被害を引き起こし，直接的，間接的に人間へ健康被害を及ぼす（海洋での石油噴出，タンカーからの石油流出など石油関連の環境汚染事故の概要については，2010年のJernelöv[75]を参照）．流出した石油やその副産物，石油の除去に用いられるさまざまな化学物質への暴露の影響として，暴露から何か月も経った後に血中に高濃度のさまざまな芳香族化合物が見られ[76]，血液機能，肝機能[77]，呼吸器機能[78-80]の状態が変化するなど，他にもさまざまな健康被害[81]が確認されている．石炭と同じく，多くの潜在的な暴露が石油精製のライフサイクルを通して生じる．コホート研究[82]（第7章p.162の脚注を参照）により，石油産業の労働者にがんの発症率が増えており[83]，その中には暴露依存性と関連のあるさまざまなタイプのがんが含まれることがわかっている[83, 84]．ガス爆発やガス回収に関連する職業上のリスクは石油産業労働者が経験するものと類似している．在来型・非在来型のガス回収過程で使われる化学物質は，労働者，潜在的には近隣の地域社会にもリスクをもたらす[85, 86]．非在来型のガス開発が健康に与える幅広い影響については，Box 12.2で詳しく述べる．

Box 12.2 石油・ガス開発における環境衛生に関する側面

石油とガスの開発は，大気，水，土壌への汚染物質放出を通して人間に健康被害をもたらす．水圧破砕や傾斜掘削の技術革新は，輸入エネルギー依存率を低減させるという政治的要求と相まって，過去10年間，米国で著しい石油とガスの生産量増加をもたらした．増加した生産量の大部分は「非在来型」と呼ばれており，この用語は資源（例：頁岩やその他の低浸透性の地層）と，石油やガスの採取技術（例：水圧破砕）の両方に対し用いられる．このような生産量増加は，石油・ガス開発が人間の健康にどのような影響を及ぼすかを調査する科学的研究を急速に発展させた．

大気の経路，近接性，濃度

石油やガスに起因する大気汚染物質への人体の暴露は，意図しない放出（例：漏出や噴出）と操業や保守整備中の意図的な排出（例：圧力を軽減するための排出や放出，油水分離や加工）によって生じる．こうした排出の多くには，近隣の地域社会に健康被害をもたらす発がん性物質や有害な大気汚染物質が含まれている[a]．

疫学研究とリスク評価の両方から，非在来型の石油・ガス開発と関連した健康被害が見つかっている．密集した油井と，非在来型のガス開発場所と居住地が近接していることと，先天性心臓疾患，早産，子宮内胎児発育遅延などといった高リスクの妊娠とさまざまな予後不良が見られる出産に相関が見られた[b-g]．石油・ガス開発との近接性はまた，がんの発症率や有病率の増加[h]，心血管と神経系病状に関連する通院[i]，喘息（ぜんそく）の悪化[j]とも相関がある．近年ようやくリスク評価から，非在来型の石油・ガス開発との近接性が増すに伴い，がん以外とがん双方の健康リスクが高まることが示された．こうした健康リスクが，米国環境保護庁が定める1万人あたり1事例という許容水準をおよそ8倍も上回っていたケースもある[k,l]．

騒　音

非在来型の石油・ガス開発との近接性はまた，騒音への暴露とも関連している．油井の建設と掘削の期間中，近隣居住地域での騒音は，吐き気，頭痛，睡眠障害，心血管疾患をもたらすほどの水準であった[m,n]．石油・ガス開発と輸送に使われるコンプレッサーステーションは，睡眠障害をもたらすレベルの騒音を発生させる[o]．

化学物質の使用と水の経路

石油とガスに関連する活動は，さまざまな作用によって地表水と地下水の両方を汚染する．石油・ガス開発に起因する水質汚染は，おもに地表近くでの液体の移動および地下水と掘削孔の分離不足，化学添加物と坑井（こうせい）刺激剤の使用，廃水処理（生成された水や逆流した水の処理），排水再利用により生じる．地表への廃水流出，漏出，意図的な排出は，土壌，地表水，地下水を汚染する．石油とガスの主要生産国では，非在来型の開発に関連する流出として報告されている案件の半分が自噴線（訳注：油田やガス田から分離装置までのパイプライン．フローラインともいう）を経由する液体の貯蔵と輸送に関連している．しかし事案報告を必要とする条件は国によって異なり，流出の頻度と量はおそらく実際よりも少なく報告されている[p]．

油ガス井の掘削，定期的な保守整備，掘削孔の清掃に使われる坑井（こうせい）化学物質とその派生物質は，廃水に含有される．こうした多くの化合物がさまざまながん[q]や非がん性の健康被害の要因となる[r-v]．刺激剤やその他の注入液の化学組成と生成された水が地理的，地質的・時間的にそれぞれ大きく異なることを考えると，そのような化学物質への暴露量と健康被害との関連性を証明することは一筋縄ではいかない．多くの新規化学物質は基本的な毒性の資料がなく，さらに特許で保護されている化合物の成分や毒性プロフィールは公表されていないことも多い．

自治体や各家庭の水源，あるいは水源となっている可能性がある帯水層へ廃水が廃棄，注入された場合，一帯の地下水は汚染される[w]．さらに，廃水を素掘の穴や貯水池に捨てることにより，その下層や近くを流れる地下水資源，家庭用井戸を汚染することが実証されている[x]．このような廃棄行為はカリフォルニア州のサンホアキン・バレーで大規模に発生した[y]．

新たな課題

人間の健康と石油・ガス開発を取り巻く新たな重要課題の1つは，廃棄物の管理全般と，特に廃液の再利用である．油田から生成された廃水は，人間や家畜が消費するための食用作物の灌漑(かんがい)用[z]，家畜の飲料用，道路の凍結防止や粉塵抑制に使われることが増えてきた．こうした行為と人体への潜在的な影響はまだわからないことが多く，現在調査中である[aa, bb]．

生成された廃水は通常塩分濃度が高く，自然発生した化学物質の混合物，化学添加物，娘生成物と合成副生成物を含んでいる．石油の地質学的形成によっては，廃水に自然発生した放射性物質（ラジウム226，ラジウム228，ウラニウムなど）が含まれることがある．ペンシルベニア州では，廃水から取れた塩を凍結防止のために道路へ撒(ま)く行為により，州全体の処理施設と廃水による流出案件をすべて合わせた分よりも多くのラジウムが周囲に放出され，環境動態，交通，潜在的な人体への暴露について疑問が投げかけられている[cc]．

結　論

石油・ガス開発に関連する健康被害，健康リスク，人体への影響については引き続き研究がなされているが，およそ1760万人の米国人が現在稼働中の油ガス井の約1.6 km圏内で暮らしている[dd]．石油・ガス開発地近隣では連邦政府の保護指定がなされた地下水資源，特に，現在または将来的に家庭用，自治体用，農業用に使われる可能性のある地下水資源を守ることを検討すべきである[ee]．地下水と地表水の質を守り，人体に有害な大気汚染物質の排出を減らし，石油・ガスの操業場所を，人々が暮らし，働き，遊ぶ場所から切り離すための最低限の距離を取ることが，環境悪化と有害汚染物質への暴露を抑制するための重要な戦略である．

参考文献

a. Garcia-Gonzales DA, Shonkoff SBC, Hays J, Jerrett M. Hazardous air pollutants associated with upstream oil and natural gas development: a critical synthesis of current peer-reviewed literature. *Ann Rev Public Health*. 2019;40(1):283–304.
b. Casey JA, Savitz DA, Rasmussen SG, et al. Unconventional natural gas development and birth outcomes in Pennsylvania, USA. *Epidemiology*. 2016; 27(2):163–172.
c. McKenzie LM, Guo R, Witter RZ, Savitz DA, Newman LS, Adgate JL. Birth outcomes and maternal residential proximity to natural gas development in rural Colorado. *Environ Health Perspect*. 2014;122(4):412–417.
d. Whitworth KW, Marshall AK, Symanski E. Maternal residential proximity to unconventional gas development and perinatal outcomes among a diverse urban population in Texas. *PLoS One*. 2017;12(7):e0180966.
e. Stacy SL, Brink LL, Larkin JC, et al. Perinatal outcomes and unconventional natural gas operations in southwest Pennsylvania. *PLoS One*. 2015;10(6):e0126425.
f. Currie J, Greenstone M, Meckel K. Hydraulic fracturing and infant health: new evidence from Pennsylvania. *Sci Adv*. 2017;3(12):e1603021.
g. Whitworth KW, Marshall AK, Symanski E. Drilling and production activity related to unconventional gas development and severity of preterm birth. *Environ Health Perspect*. 2018;126(3):037006.
h. McKenzie LM, Allshouse WB, Byers TE, Bedrick EJ, Serdar B, Adgate JL. Childhood hematologic cancer and residential proximity to oil and gas development. *PLoS One*. 2017;12(2):e0170423.
i. Jemielita T, Gerton GL, Neidell M, et al. Unconventional gas and oil drilling is associated with

increased hospital utilization rates. *PLoS One*. 2015;10(7):e0131093.

j. Rasmussen SG, Ogburn EL, McCormack M, et al. Association between unconventional natural gas development in the Marcellus Shale and asthma exacerbations. *JAMA Intern Med*. 2016;176(9):1334–1343.
k. McKenzie LM, Witter RZ, Newman LS, Adgate JL. Human health risk assessment of air emissions from development of unconventional natural gas resources. *Sci Total Environ*. 2012;424:79–87.
l. McKenzie LM, Blair BD, Hughes J, et al. Ambient non-methane hydrocarbon levels along Colorado's Northern Front Range: acute and chronic health risks. *Environ Sci Technol*. 2018;52(8):4514–4525.
m. Hays J, McCawley M, Shonkoff SBC. Public health implications of environmental noise associated with unconventional oil and gas development. *Sci Total Environ*. 2017;580:448–456.
n. Blair BD, Brindley S, Dinkeloo E, McKenzie LM, Adgate JL. Residential noise from nearby oil and gas well construction and drilling. *J Expo Sci Environ Epidemiol*. 2018;28:538–547.
o. Boyle MD, Soneja S, Quirós-Alcalá L, et al. A pilot study to assess residential noise exposure near natural gas compressor stations. *PLoS One*. 2017;12(4):e0174310.
p. Patterson LA, Konschnik KE, Wiseman H, et al. Unconventional oil and gas spills: risks, mitigation priorities, and state reporting requirements. *Environ Sci Technol*. 2017;51(5):2563–2573.
q. Elliott EG, Trinh P, Ma X, Leaderer BP, Ward MH, Deziel NC. Unconventional oil and gas development and risk of childhood leukemia: assessing the evidence. *Sci Total Environ*. 2017;576:138–147.
r. Webb E, Bushkin-Bedient S, Cheng A, Kassotis CD, Balise V, Nagel SC. Developmental and reproductive effects of chemicals associated with unconventional oil and natural gas operations. *Rev Environ Health*. 2014;29(4):307–318.
s. Kassotis CD, Bromfield JJ, Klemp KC, et al. Adverse reproductive and developmental health outcomes following prenatal exposure to a hydraulic fracturing chemical mixture in female C57Bl/6 mice. *Endocrinology*. 2016;157(9):3469–3481.
t. Webb E, Moon J, Dyrszka L, et al. Neurodevelopmental and neurological effects of chemicals associated with unconventional oil and natural gas operations and their potential effects on infants and children. *Rev Environ Health*. 2018;33(1):3–29.
u. Webb E, Hays J, Dyrszka L, et al. Potential hazards of air pollutant emissions from unconventional oil and natural gas operations on the respiratory health of children and infants. *Rev Environ Health*. 2016;31(2):225–243.
v. Kassotis CD, Klemp KC, Vu DC, et al. Endocrine-disrupting activity of hydraulic fracturing chemicals and adverse health outcomes after prenatal exposure in male mice. *Endocrinology*. 2015;156(12):4458–4473.
w. California Council on Science and Technology. Impacts of well stimulation on water resources. In: *An Independent Scientific Assessment of Well Stimulation in California*. 2015. https://ccst.us/wp-content/uploads/160708-sb4-vol-II-2.pdf
x. DiGiulio DC, Jackson RB. Impact to underground sources of drinking water and domestic wells from production well stimulation and completion practices in the Pavillion, Wyoming, field. *Environ Sci Technol*. 216;50(8):4524–4536.
y. DiGiulio DC, Shonkoff SBC. Potential impact to groundwater resources from disposal of produced water into unlined produced water ponds in the San Joaquin Valley. An assessment of oil and gas water cycle reporting in California. Preliminary evaluation of data collected pursuant to California Senate Bill 1281, Phase II. In press.
z. California State Water Resources Control Board. Food Safety Expert Panel recycled oilfield water for crop irrigation: fact sheet. 2019. https://www.waterboards.ca.gov/centralvalley/water_issues/oil_fields/food_safety/data/fact_sheet/of_foodsafety_fact_sheet.pdf
aa. DiGiulio D, Shonkoff SBC. Is reuse of produced water safe? First, let's find out what's in it. *EM*

Magazine. August 1, 2017.
bb. Shonkoff SBC, Domen JK, Stringfellow WT. 2016. Hazard assessment of chemical additives used in oil fields that reuse produced water for agricultural irrigation, livestock watering, and groundwater recharge in the San Joaquin Valley of California: preliminary results. *PSE Healthy Energy*. September 2016. https://www.psehealthyenergy.org/our-work/publications/archive/hazard-assessment-of-chemical-additives-used-in-oil-fields-that-reuse-produced-water-for-agricultural-irrigation-2/
cc. Tasker TL, Burgos WD, Piotrowski P, et al. Environmental and human health impacts of spreading oil and gas wastewater on roads. *Environ Sci Technol*. 2018;52(12):7081–7091.
dd. Czolowski ED, Santoro RL, Srebotnjak T, Shonkoff SBC. Toward consistent methodology to quantify populations in proximity to oil and gas development: a national spatial analysis and review. *Environ Health Perspect*. 2017;125(8):086004.
ee. DiGiulio DC, Shonkoff SBC, Jackson RB. The need to protect fresh and brackish groundwater resources during unconventional oil and gas development. *Curr Opin Environ Sci Health*. 2018;3:1–7.

原子力

2016年には世界中でおよそ450基の原子炉が稼働しており，総発電容量はおよそ390ギガワットである．これは世界のエネルギー供給量のおよそ10%，発電量の11%を占める[1]．フランス(およそ73%)とウクライナ(およそ50%)が国内の総エネルギー生産量の50%以上を原子力から得ており，英国，米国，ロシアでは，原子力は国内総生産量の20%を供給していた．原子力の利点は，化石燃料に由来する大気汚染物質も温室効果ガスも生み出さずにエネルギーを生産し得ることだ．にもかかわらず，原子力の増加率は予測や期待に達しておらず，これはおもにテロに関連した燃料の安全保障上の問題，放射性廃棄物処理についての不安，福島第一原子力発電所事故を受けての安全への懸念，結果として発電所や施設が負担する追加費用や経済的リスクが原因となっている．核燃料サイクルの複雑さについては本章の枠を越えているが，鉱石の採掘から放射性廃棄物の処理まで，原子力を生産する過程の1つひとつが，放射線被曝や化学廃棄物および放射性廃棄物への暴露につながり得る．

原子力に関連する健康リスクは，大まかに4つのカテゴリーに分類される．1つ目は，原子力施設内や採掘作業中の作業員にとっての職業上のリスクだ．原子力産業の業務上最大の懸念事項はがん発症リスクの上昇であり[87-90]，これは長期にわたる低レベルの放射線被曝によって生じる[91]．これに関連していえば，原子力発電所の周辺地域にとってもリスクがある．ウラン採掘によって大量の廃棄物が発生するが，これには低レベルの放射線，金属，酸が含まれる．これが環境に放出されると生態系を害し，汚染された飲料水や食料の摂取によって被曝させる[3]．さらに，通常操業中には原子炉から大気中に放射性ガスが，また近隣の水域に放射性の廃水が排出される．しかし，その結果生じる放射線量は，自然放射線や医療用放射線による被曝に比べると少ない[3]．原子力発電所の風下にある地域と発がんの関連性については意見が分かれている．14種類の研究を扱った2014年のメタ分析（第9章p.215の脚注を参照）では，原子力発電所から25 km圏内の居住地域と子どもの白血病罹患率の相関には何の異常も見られなかった．しかし二次分析からは，原子力発電所から5 km圏内に住む5歳未満の子どもでは白血病の罹患率の高さが，わずかであるものの統計学的に有意であることが示された．これは他の研究結果とも一致している[92]．もしこのまま各国の原子力離れが続けばこうした懸念は時間とともに小さくなるかもしれないが，各国政府は，上述のエビデンスの不確かさ，社会動向，そしてクリーンエネルギーの必要性を比較検討していく必要がある．

2つ目は，原発事故に伴うリスクである．これは他と比較して頻度が低く死亡率が低いにもかかわらず，世の中に最もよく知られている原子力発電のリスクだ．今日までの重大な事象としては，スリーマイル島（米国，1979年），チェルノブイリ（ウクライナ，1986年），福島（日本，2011年）での事故がある．しかし，この3つのうち人間の健康への重大な影響があったのはチェルノブイリの事故だけだ．過去数十年の報告についてはHasegawa et al.[93]を参照されたい．

3つ目は，放射性廃棄物の貯蔵と処理という難問だ．おもにウランを主成分とする高レベル放射性廃棄物は，すでに存在する推定25万トンに加えて，年間推定1万2000トン生産される[94]．現在の貯蔵計画には，環境への漏出を防ぐ地形に囲まれた土地の地下深くに設置した人工の貯蔵容器の中に放射性物質を入れて隔離するというものがある[95]．そのような施設はまだほとんどなく，建設を目的とした候補地の選定には地元住民の反対を引き起こす可能性がある．

4つ目は，核兵器として使用可能な，または核兵器のために開発された核物質が，放射性物質のサイクルから引き抜かれ，国家レベル以下の（テロリストの）グループのもとに回される可能性だ．これまでのところ，国際協定と世界中で適用されている厳格な規制により，こうしたことは起きていないように思われる[96]．しかし，原子力事業が気候への悪影響を大幅に相殺することができるほど大きくなれば，循環中の危険物質の量を厳密にコントロールし続けることは困難になる．このような場合のリスクは定量化することが難しく，今日までの成功は励みとなるものではあるが，将来の成功を保証するものではない．

再生可能エネルギー

再生可能な資源は化石燃料に比べて多くの利点があり，原子力にもまさる点がある．再生可能な資源は，限りある資源を使い果たすことなく，大気汚染をほとんど引き起こさず，気候への影響は化石燃料に比べると無視できるほど小さい．再生可能な資源のおかげで国や地域社会は，クリーンなエネルギー源からつくられた電気が，家庭，村，都市，文明社会において，照明，調理，暖房から身近な交通や長距離旅行に至るまでの，ほとんどのエネルギー需要をまかなうという，希望に満ちた未来を思い描くことができる．しかし，そのような展望が現実のものとなるまでは，再生可能エネルギーを天然ガスや液化石油ガスなどのよりクリーンな化石燃料と併用することが，未来へと続く道筋を示すであろう．再生可能エネルギーは万能薬ではない．再生可能エネルギーは，土地の使用と所有権，原料とエネルギーのための資金など，あらたな問題を提起する．また，エネルギー貯蔵を必要とする場合も多く，このことが多岐にわたる経済的影響や環境衛生への影響をもたらす．

太陽エネルギー

太陽光電池は，太陽から降り注ぐ放射線により電気を起こす方法である．2005年から2016年の間に，太陽光発電による電力生産量は，世界全体でおよそ4テラワット時 (TWh) から330テラワット時（総エネルギー生産量のおよそ1%）にまで増加し，その筆頭となったのは，中国 (75 TWh，国内エネルギー生産量の1.2%)，日本 (51 TWh，同5%)，米国 (47 TWh，同1.1%)，ドイツ (38 TWh，同6%) であった[1]．太陽エネルギーによる他の発電形態も存在するが，設置されている数はずっと少ない．太陽熱発電は，媒体となる液体を熱することで蒸気を発生させ，その蒸気の力学的エネルギーによりタービンを回転させることで発電機も同時に回転させ，電気エネルギーを取り出す．いくつも並んだ反射鏡を使ってソーラータワーが太陽光を中心地点に集め，熱エネルギーを溶融塩に蓄電し，この電気を使って水を沸騰させ，蒸気を発生させてタービンを回転させる[97]．

太陽エネルギーについての健康上，環境上の懸念の大部分は，太陽光電池のライフサイクルとリサイクル性，蓄電技術と関係している．太陽光パネルの廃棄物は，2050年にはおよそ1000万トンに達する見込みである[98]．使用済み太陽電池の処理方法に関する報告によると，太陽光パネルのリサイクル計画として，これといった特定のものはまだ何もない[99]．

太陽光パネルに使われる化合物の採取や採掘，製造は，作業員に対して就業上のリスクを負わせる．太陽熱発電所とソーラータワーを用いた発電所は非常に高度な設備を必要とするが，化石燃料をエネルギー源とした場合よりも，運転期間中の環境負荷はずっと小さい[100, 101]．太陽光発電では景観や土地利用，太陽熱発電所の場合には水の利用方法を変えてしまうなどの影響を環境に与える[97]．しかしながら全体的には太陽エネルギー発電による環境や人体への影響は小さく，化石燃料に比べるとわずかだといえる．

風　力

風力発電による世界全体の発電量は，2005年の104 TWhから増加し，2016年にはおよそ960 TWh（世界の総生産量の3.8%）に達した[1]．風力発電は気候を変える汚染物質を直接生成しないことや，廃棄物を常時排出しないなど，健康被害への影響が限定的であり，多くの利点があることから，世界的に高い可能性を有している[102]．他の再生可能エネルギー源と同様，気候を変える汚染物質は設備建設の際に排出されるが，風力タービンの長い寿命を考えれば，この排出量は単位発電量あたりに換算すると微々たるものである．

風力発電に関連する健康上，環境上の懸念は，大まかにいくつかのカテゴリーに分類できる．まず，太陽光発電と同じく，風力発電は低いエネルギー強度で稼働するため，タービンが設置できる広大な土地や海が必要である．しかし太陽光発電と違い，風力タービンの周囲地域は他の目的に使うことが可能だと考えられる．洋上の風力タービンは，騒音，振動，電磁気の流れなどによって海洋生態系に影響を及ぼすかもしれない．風力タービン設備近隣住民に対する調査により，不快感，心理状態の変化，睡眠の乱れ，生活の質の低下とタービンとの関連性がわかっている[103-105]．総合的に見ると，在来型化石燃料を用いる方法に比べて，風力発電が気候や健康にもたらす脅威は限定的である．

水　力

水力発電は，落水や流水でタービンの羽根を回転させることで力学的エネルギーを取り出し，それを電気エネルギーへ変換する[3]．2016年にはおよそ4200 TWhの電力が水力発電によってつくられ，これは世界の電力供給量のおよそ17%であった[106]．水力発電設備の規模はさまざまで，小規模な地域用水力発電装置から中国の三峡ダムのような巨大な設備まで幅広い．大きな水力発電所には，発電，洪水調節，家庭や地域で使用するための貯水，レクリエーション用途，その他，工業用水や農業用水などのための大きな貯水池をつくるダムを有するのが特徴だ．

水力発電は世界中で急速に成長しており，今後数十年間に何千という新しい設備が建設され稼働を開始すると予想されている[107]．最近の報告によると，49か国において，明確に水力発電用として200基以上のダム（高さ60 m以上）が計画されており[108]，150か国において8万か所以上の小規模水力発電所が稼働予定または建設中である[109]．この成長は水力発電がクリーンなエネルギー源として世界的に受け入れられるようになってきたことを反映しているが，水流，水温，水質（化学物質汚染や濁度の変化など）を変えてしまうことや，魚の行動パターンを混乱させ絶滅させてしまう種もあるかもしれないことなど，河川生態系への環境影響を軽視している可能性がある[110-112]．さらに，水力発電が気候に与える影響に関する最近の推測では，設備の存続期間を通しての排出は在来型化石燃料よりも少ないものの，ダムによってつくられる貯水池から大量の温室効果ガスが排出されている可能性があることが示されている（図12.5）[107]．

水力発電による健康リスクは大まかに3つのカテゴリーに分類される．それは，住民の立ち退き，感染症リスク，ダムの決壊に関連する災害である[3]．これまでに推定で4000万～8000万人がダム建設のためにやむを得ず立ち退きをしており[113]，およそ4億7000万人がダム開発の影響を受けた地域に住んでいる[114]．このような住民は，貧しかったり，川に頼って生活していたり，その他数多くの社会的，健康的な困難に直面していたりする[115-118]．こうした住民の立ち退きは結果的に貧困，ホームレス状態，ストレス，自己評価による健康状態の悪化，うつ病など，多岐にわたる社会的，健康的影響を及ぼす[119-121]．

水路，水流，疾病媒介動物の生息地を変えることで媒介動物と宿主の接触パターンを変えることになり，それによって水力発電ダムは感染症の発症に影響を及ぼす[122-125]．例えば西アフリカのダムは住血吸虫症（媒介動物は淡水産巻貝）のまん延が急増する原因となった．マラリアとその他のベクター媒介性感染症の流行は，世界の他の地域でもダム建設の後に発生している[126, 127]．このトピックについては第6章で詳しく述べている．

ダムの決壊は，技術的な欠陥，貯水池での沈殿物の堆積，建設に使用した材料の老朽化などにより生じる[128]．決壊は破局的な事態を引き起こし得る．2018年，豪雨と洪水により，ラオスのセーピアン・セーナムノイ水力発電用ダム建設計画において副ダムの決壊が起きた．これによって約5 km^3の水が流出した[129]．猛烈な降雨は，地域によっては気候変動が原因でより頻繁に起きるようになっており，これがダムの決壊をもたらしているかもしれない．

バイオ燃料

バイオ燃料は，バイオマスとなって間もない生物資源から抽出されるもので，基本となる4つの世代に分類されている[130]．第1世代のバイオ燃料はサトウキビ，トウモロコシ，キャッサバなどの原材料のうちの糖質とでんぷんをエタノールに変換した燃料である．第2世代のバイオ燃料は，木片，わら，サトウキビの絞りかすであるバガスなどの残留物や原材料をエタノールとメタノールに変換した燃料である．こうした燃料は植物全体が使われる．第3世代のバイオ燃料には，低コストでの生産を実現するために，藻類を高エネルギーかつ再生可能な原材料として作用するよう操作する高度なバイオ技術が用いられる．第4世代のバイオ燃料は開発途上であり，高度な合成生物学によって支えられている[130]．現在のところ，第1世代と第2世代のバイオ燃料がおもに液体輸送燃料，通常はガソリン添加剤として利用可能であり，実際に使用されている．第2世代，第3世代，第4世代のバイオ燃料の開発は，燃料生産のための食用作物の使用を削減することに重点を置いている．これは，世界の食料価格の歪み（ゆが）を防ぎ，食物生産用の土地を確保し，水と化石燃料の使用を減らすためである．

世界のバイオ燃料生産は，およそ45億ガロンのバイオエタノールが生産された2000年以降，大幅に増加している．2013年にはおよそ234億ガロンが，おもに米国，ブラジル，欧州で生産された[131]．比較として，液体燃料の総生産は1日あたり42億ガロンである[132]．バイオ燃料の増加は，2つの健康上の利点によって加速している．温室効果ガス排出削減と大気汚染防止だ[133]．しかし，どちらの利点についても近年は厳しい視線が注がれている．第1世代と第2世代のバイオ燃料のライフサイクル分析では，これらの気候上の利益はごくわずかか，あるいは実質的には不利益となることが示されている[130, 134–136]．これはおもに，作物の成長を促進するために土地を転換する際や，窒素肥料を撒く際に放出される炭素が原因である[137]．その影響度合がどの程度になるかは，原材料，植え付け，収穫，加工方法によって大きく変わる．同様に，混合燃料（エタノールとガソリン）の使用により削減される排出量の測定値や推定値にも一貫性がなく，汚染物質，車両動作条件，動作年数や車種，そしておそらく燃料の原材料によってさまざまである[139]．しかし全体として，米国で輸送燃料としてより多くのエタノールを使用した場合の見積もりによると，ライフサイクル全体の環境大気質の推定値は，粒子状物質と一酸化炭素の排出量はガソリンよりもエタノールのほうが多いことが示されている[130, 133, 138]．混合燃料による自動車の排出ガスでは，一酸化炭素と粒子状物質の排出量は少ないが，揮発性有機化合物など，燃焼時に出る他の副産物の排出量は多く，その結果，オゾンが生成されやすくなる可能性がある[130, 139]．

これと関連したバイオマスとバイオ燃料の使い方としては，成長中に二酸化炭素を吸収し，その後，炭素を回収して隔離する（炭素回収貯留）設備の中で，燃やすことのできる原材料の生産である．この技術は理論上，二酸化炭素の発生量が吸収量よりも少なくなるため魅力的である．成長中に二酸化炭素を吸収し，燃焼中に回収することによって，この燃焼過程で発生するよりも多くの二酸化炭素を大気中から取り除ける可能性がある．このような計画を実行できる既存のインフラは限られており，まだ技術的には未完成だ[140]．しかし，既存のバイオ燃料工場での炭素回収貯留の将来性は高いため，バイオ燃料を使った，より大規模な炭素回収貯留への道が開かれるかもしれない[140]．

バイオ燃料はそのライフサイクルを通して，他にも多くの問題を提起する．職業上の観点から見ると，農作業（ブラジルで場所によっては今なお行われている，手作業によるサトウキビの収穫など）や，生物学的な物質や化学物質への暴露には懸念がある．こうしたリスクの正確な数値化はほとんど手がけられていないが，エタノール製造に使われる通常の成分は，水酸化ナトリウム，アンモニア，硫酸，抗生物質，酵母菌などである[139, 141]．さらに，例えばブラジルでは，サトウキビ畑の野焼きが一般的に行われており，その地域やさらにその周辺地域の大気汚染と健康に影響を及ぼしている．原材料となる作物の生産用に転換された土地は，栄養素や水の枯渇，水質汚染という害を被る．もう1つは，通常であれば食用である作物をバイオ燃料に使用することで，世界の食品市場が混乱し，「食料 対 燃料」のジレンマを招く．これは，プラネタリーヘルスの分野で浮かび上がる複雑な問題の代表的な例である．バイオ燃料がどの程度，食料価格や食料供給に影響を及ぼすかは，数多くの文献で議論されている[142–145]．例えば米国ではバイオ燃料により燃料価格が下落し，食料価格はわずかに高騰しただけで，貧困者は大きな影響を被ると考えられる[142]．不安定な食料価格は食料の純輸入国に影響を与えると考えられており，こうした国は低所得国であることが多く，最も不利な立場に追いやられる場合が多い[143, 146]．

現在そして未来のエネルギーミックスにおいてバイオ燃料の適切な役割を確立するためには，バイオ燃料がライフサイクル全体を通して気候と健康に与える影響を詳細に評価することが求められる．第2世代，第3世代，そして第4世代のバイオ燃料の開発はこうした懸念の多くを和らげ，食料と燃料，双方の需要を満たす生産的な土地利用をもたらす．バイオ燃料の開発に焦点を当てた政策は，気候，健康，フードシステム（第2章p.30の脚注を参照）の持続可能性に関する相反する懸念についてバランスのよい舵取りを続ける必要がある．

新たな課題

風力発電と太陽光発電では，風が吹いているときや太陽が照っているときにだけ断続的にエネルギーが供給されるため，電力供給システムの安定性を保つことができない．例えば2008年2月にテキサス西部で発生した気象の変化によって，風力発電所での発電量が減少し，その結果，何千軒もの家で電圧低下が起きた[147]．一方でエネルギー貯蔵技術は数多く存在する．揚水式水力発電は余剰電力を使って水を発電所上方にある調整池にくみ上げ，必要なときに下方に流下するという，最古の，また最も一般的な蓄電形態が存在する．圧縮空気エネルギー貯蔵は，電力需要が低い時間帯に地下の大きな貯蔵槽などに圧縮空気を貯めておき，必要なときにそれを放出してタービンを回す仕組みである．かなり効率的ではあるが，まだ広く使われていない．フライホイール蓄電システムは，フライホイールを電力で高速回転させて電力を運動エネルギーとして蓄電する．フライホイールの回転速度が落ちると発電機で電力が発生する．

おそらく最も有望な蓄電形態は電池であろう[148, 149]．携帯電話および携帯用電子機器産業と電気自動車の発展により，電池の技術がここ数十年で大きく進歩した．進化した電池は，寿命もエネルギー密度も十分だが，大規模に配備するには依然として費用がかかる．健康リスクの観点からすると，こうした電池の多くは先々難題を投げかけることになる．電子機器内の小さな電池の寿命は平均2〜4年であり，世界的に急速に利用が拡大している[148]．そのため，こうした電池は世界の電子機器廃棄物フローへ大量に入っていくことになる．特にリチウムイオン電池は，電気自動車や再生可能エネルギーシステムにとって，エネルギー貯蔵のための有望な解決策である．2040年までには，こうした電池の年間廃棄量は34万トンに達するかもしれず[149]，世界の重要な設備を大幅に進化させ，部品のリサイクルや，製造や組み立ての過程で使用する成分や化合物の回収および再利用ができるようにする必要がある．電池に必要な重金属の採掘もまた，その地域の大きな汚染源となるため，今後の環境や作業員の状況について見通しを立てるための国際学会が呼びかけられている[150]．1つの選択肢としては，使わなくなった自動車の電池を使うことである．こうした電池は蓄電容量がもとの量のおよそ80%まで減っていると，自動車には使用できないが，家庭や商業施設，可能性としては送電網のための第2エネルギー貯蔵システムとして利用できる[151]．こうした電池製造からリサイクル過程の頑強な世界的追跡システムにより，電池が消耗してリサイクルが必要となる時点までの利用最適化が可能になるかもしれない．

エネルギー貯蔵のための補完的アプローチは，いわゆるスマートグリッドを通じて適切な需給管理を強化する．スマートグリッドとは，使用がピークとなる時間帯の需要を，例えば一時的にある地域全体のエアコン，ヒートポンプ，冷蔵庫など重要性の低い電気器具の電源を落としたり，需要を減らしたりすることによって調整するものである．このようなシステムを大規模に実施することで，ピーク時の電気需要をなだらかにできる．スマートグリッドと電池の組み合わせは，需要と供給の問題を解決するために役立つ[152, 153]．

エネルギー効率と省エネルギー

省エネルギーとは，エネルギー利用機会を抑える（例：自動車の運転を控える），効率よくエネルギーを使用する（例：より燃費の良い自動車に乗る）などによってエネルギー使用量を削減する取り組みである[3]．推定では，一次エネルギーのたった14%しか供給できる形に変換されていないとされている．つまり，供給の段階（例：自動車や暖房器具）でのエネルギー効率を1単位高めることで7単位の一次エネルギー投入量を減らせる[154]．このように，一次エネルギーの投入量が減少することで，クリーンで再生可能なエネルギー源であれ，化石燃料であれ，生産過程で生態系に与える害，職業上の有害性，気候を変動させる汚染物質の放出，人間の健康への影響といった関連リスクが相殺される．

健康，気候，生態系へ恩恵をもたらす省エネルギー技術革新には，経済全般において炭素強度を下げる技術，輸送の際の燃料効率を上げる技術，エネルギーを分散生成し電力供給をよりスマートかつ最適化させる技術，建設の効率を向上させる技術などが含まれる[155]．数学モデルを用いた最近の検証では，利用端エネルギー供給効率を上げるための一致団結した努力によって，世界のエネルギー需要を今よりも40%低下させることができ，2050年までの世界気候変動対策目標の達成に向けて貢献できることがわかった[154]．分析では，エネルギー利用の3領域における効率アップが顕著な影響を示した．その3つとは，熱的快適性，消費財，輸送である．分析で描かれている筋書きは野心的ではあるものの，おもにエネルギー供給側の制御メカニズムを通して，地球平均気温上昇を1.5℃に維持することを求めたモデルによる筋書きの範囲内に収まるものである．

プラネタリーヘルスを実現するエネルギーを目指して

エネルギー利用とプラネタリーヘルスと開発には切っても切れない複雑な関連がある．エネルギー利用がもたらす影響の大部分は，バイオマスと化石燃料という2種類の燃料の採取，回収，加工，燃焼の段階で生じる．

人類のおよそ35%は今でも家庭で必要なエネルギーを，薪，肥やし，作物残渣，木炭を燃やす単純な方法に頼っており，高レベルの有害大気汚染物質の数々にさらされている．こうした燃料の調達は，家族，特に女性と女児に対し時間面や安全面での重荷を背負わせ，状況によっては森林資源に圧力がかかる．最も重要なことは，こうした燃料の使用が，貧困者に対し大きな健康上の負荷をかけ，年間200万～400万人の死亡原因となっていることだ．一方で，家庭に電気が供給されている，クリーン燃料が利用できる場合でも，多くの場合は供給が不安定であったり，電圧が十分でなかったり，費用が高すぎて調理や暖房といった家庭での基本的なエネルギー需要をまかなうことができない．

クリーンな家庭用エネルギー利用に向けての進歩が，多くの国で「標準の」開発として展開中である．そうした移行は確かに起きているものの，大部分はゆっくりと進んでおり，恒常的な供給，各家庭の購入能力，在来型燃料の継続使用の問題に悩まされる．バイオマスから，電気，液化石油ガス，エタノール，バイオガスなどの，クリーンな燃料への完全移行にあたり，その迅速化を最優先することで，気候リスクを最小限にしながら人間にとって大きな利益をもたらすことができる．この野心的な目標は，日常的な作業によって人々の健康が損なわれることがないようにすべく，最低限のクリーンエネルギーをすべての家庭に供給するものである．このようなクリーン燃料への移行には，再生可能エネルギーでつくられた電気を各家庭に供給するという目標を念頭に置くとともに，その過渡期の政策にも十分配慮しなければならない．

地球上のほとんど誰もが――バイオマスを使っている多くの人も含めて――発電や

輸送に使われる化石燃料の燃焼と関連した大気汚染を経験している．この燃焼排出物質の影響は甚大であり，直接的な影響（人体への影響，職業上の害，生態系と地域社会の汚染）と，気候変動などの長期的な影響の両方をもたらす．気候変動の影響はすでに世界中の人々が経験しており，次の数十年間で著しく拡大する（第10章参照）．

プラネタリーヘルスを長期にわたって守っていくためには，さまざまな一連の解決策を講じて気候を変動させる汚染物質の排出量を劇的に削減することが必要である．こうした移行がコベネフィット（相乗便益）につながることが多い．つまり，気候変動にとっても人間の健康にとっても好ましい結果となる．そのような一連の解決策のすべてにおいて，国内課題と国際的課題双方のバランスを取り，公平性，気候，健康，環境，エネルギーという対立しがちな優先事項について，それぞれをどのように最適化すべきかを考えていく必要がある．これはつまり，大規模なエネルギー生産のためには，少なくとも近い将来，継続的，規則的な供給を確保するために，天然ガスを効率的に使い続ける一方で，太陽エネルギー，風力，水力などの再生可能エネルギー源への依存率を高めることを示している．化石燃料利用を続ける場所では，炭素回収貯留の利用よってその影響を軽減できるかもしれない．エネルギー源にかかわらず，エネルギー生産側と供給側が協調し，最大効率を目指す取り組みが必要である．

テクノロジーが進歩するにつれ，送電網や電気製品の新技術を導入すれば，各家庭や地域レベルで電力の消費・貯蔵・発電容量を中央制御することも可能となり，最大効率のクリーンエネルギーが供給できるような解決策が生まれるかもしれない．再生可能エネルギーの健康への影響は，短期間で見ると化石燃料による影響に比べて小さいが，再生可能エネルギーを発生させる全過程のテクノロジーを注意深く考慮しなければならない．原子力などの他のエネルギー源については，リスクに対する認識と政策が今後数十年間にどのような動きを見せるかによるが，将来のエネルギーミックスにおいて何らかの役割を担うかもしれない．

世界のエネルギーシステムについて検討することで，社会に見られる他の多くの側面と同様，人間が岐路に立っていることが明らかになる．現在のエネルギーシステムには深刻な欠陥があり，破滅的な結果を招くことなく永遠に使い続けることはできない．迂回経路としてたどれる道筋は1つあり，それは，誰もが利用できるクリーンエネルギーの確保を重視すること，世界の大気汚染被害を劇的に減らすこと，今世紀最大の脅威の1つである地球規模の気候危機に対処することだ．

エネルギーシステムのいくつかの領域のうち，たとえば発電の領域では，風力や太陽エネルギー発電に必要な既存のテクノロジーの利用により再生可能エネルギーを中心に据える構想が現実的である．しかし，非常に大きな難題がある．たとえば，太陽光パネルや風力タービンの現在の製造能力では，今世紀半ばに世界中の電力供給の半分を再生可能エネルギーとするための，ほんの一部をまかなうことしかできない．輸送部門で石油を他のものに変えることも大きな課題である．電気自動車や水素燃料電池トラックなどのテクノロジーは，従来の内燃機関（エンジン）を搭載する自動車に比べてずっと費用がかかり，さらに充電所や燃料補給所のために供給基地や新しいインフラが必要となる．しかしながら，大気汚染，衝突事故，温室効果ガスを低減する「3 Revolutions (3つの改革)」――電化，ITを基盤とした共有モビリティ，自動運転――が実現される可能性は大きい[156]．研究，開発，配備への投資によって，化石燃料後の世界規模のエネルギー転換は実現可能だが，何十年にもわたる努力と，実現に必要な規模の物資や人員確保という政治的意志が全世界で必要となる．選択するのは私たち自身である．

参考文献

1. International Energy Agency. *Key World Energy Statistics*. Paris, France: International Energy Agency; 2017.
2. Nazaroff WW. Previsualizing a post-combustion world. *Indoor Air*. 2015;25(6):569–571.
3. Smith KR, Frumkin H, Balakrishnan K, et al. Energy and human health. *Annu RevPublic Health*. 2013;34:159–188.
4. Johansson TB, Patwardhan A, Nakićenović Na, Gomez-Echeverri L. *Global Energy Assessment (GEA)*. Cambridge, UK: Cambridge University Press; International Institute for Applied Systems Analysis; 2012.
5. McCollum DL, Echeverri LG, Busch S, et al. Connecting the sustainable development goals by their energy inter-linkages. *Environ Res Lett*. 2018;13(3):033006.
6. United Nations Economic and Social Council. *Progress towards the Sustainable Development Goals*. 2017.
7. Health Effects Institute. *State of Global Air 2018. Special Report*. Boston, MA: Health Effects Institute; 2018.
8. UN Department of Economic and Social Affairs - Population Division. *World Population Prospects: The 2017 Revision, Key Findings and Advance Tables*. 2017.
9. Smil V. *Energy and Civilization: A History*. Cambridge, MA: MIT Press; 2017.
10. Wrangham RW. *Catching Fire: How Cooking Made Us Human*. New York, NY: Basic Books; 2009.
11. Bonjour S, Adair-Rohani H, Wolf J, et al. Solid fuel use for household cooking: country and regional estimates for 1980-2010. *Environmental Health Perspectives*. 2013;121(7):784-790.
12. Smith KR, Bruce N, Balakrishnan K, et al. Millions dead: how do we know and what does it mean? Methods used in the comparative risk assessment of household air pollution. *Annu Rev Public Health*. 2014;35:185–206.
13. Naeher LP, Brauer M, Lipsett M, et al. Woodsmoke health effects: a review. *Inhal Toxicol*. 2007;19(1):67–106.
14. Kodros JK, Carter E, Brauer M, et al. Quantifying the contribution to uncertainty in mortality attributed to household, ambient, and joint exposure to PM2.5 from residential solid fuel use. *GeoHealth*. 2017;2(1):25–39.
15. World Health Organization. Household air pollution and health. 2018. http://www.who.int/en/news-room/fact-sheets/detail/household-air-pollution-and-health. Accessed April 2020.
16. Mukhopadhyay R, Sambandam S, Pillarisetti A, et al. Cooking practices, air quality, and the

acceptability of advanced cookstoves in Haryana, India: an exploratory study to inform large-scale interventions. *Glob Health Action*. 2012;5:1–13.

17. Pillarisetti A, Vaswani M, Jack D, et al. Patterns of stove usage after introduction of an advanced cookstove: the long-term application of household sensors. *Environ Sci Technol*. 2014;48(24):14525–14533.
18. Fleming LT, Lin P, Laskin A, et al. Molecular composition of particulate matter emissions from dung and brushwood burning household cookstoves in Haryana, India. *Atmos Chem Phys*. 2018;18(4):2461–2480.
19. Van Vliet ED, Jack DW, Kinney PL, et al. Personal exposures to fine particulate matter and black carbon in households cooking with biomass fuels in rural Ghana. *Environ Res*. 2013;127:40–48.
20. Masera OR, Saatkamp BD, Kammen DM. From linear fuel switching to multiple cooking strategies: a critique and alternative to the energy ladder model. *World Dev*. 2000;28(12):2083–2103.
21. Ruiz-Mercado I, Masera O. Patterns of stove use in the context of fuel-device stacking: rationale and implications. *Ecohealth*. 2015;12(1):42–56.
22. Ruiz-Mercado I, Canuz E, Walker JL, Smith KR. Quantitative metrics of stove adoption using Stove Use Monitors (SUMs). *Biomass Bioenergy*. 2013;57:136–148.
23. Kelp MM, Grieshop AP, Reynolds CCO, et al. Real-time indoor measurement of health and climate-relevant air pollution concentrations during a carbon-finance-approved cookstove intervention in rural India. *Dev Eng*. 2018;3:125–132.
24. Du W, Li X, Chen Y, Shen G. Household air pollution and personal exposure to air pollutants in rural China: a review. *Env Pollut*. 2018;237:625–638.
25. Balakrishnan K, Thangavel G, Ghosh S, et al. The Global Household Air Pollution Database 2018 (version 5.0). Geneva, Switzerland: World Health Organization. https://www.who.int/airpollution/data/Background_Global_HAP_Db_v5_2018.pdf. Accessed April 2020.
26. Shupler M, Balakrishnan K, Ghosh S, et al. Global Household Air Pollution Database: kitchen concentrations and personal exposures of particulate matter and carbon monoxide. *Data Brief*. 2018;21:1292–1295.
27. Bruce N, Pope D, Rehfuess E, Balakrishnan K, Adair-Rohani H, Dora C. WHO indoor air quality guidelines on household fuel combustion: strategy implications of new evidence on interventions and exposure–risk functions. *Atmos Environ*. 2015;106:451–457.
28. Conibear L, Butt EW, Knote C, Arnold SR, Spracklen DV. Residential energy use emissions dominate health impacts from exposure to ambient particulate matter in India. *Nat Commun*. 2018;9(1):617.
29. Chafe ZA, Brauer M, Klimont Z, et al. Household cooking with solid fuels contributes to ambient PM2.5 air pollution and the burden of disease. *Environ Health Perspect*. 2014;122(12):1314–1320.
30. GBD MAPS Working Group. *Burden of Disease Attributable to Major Air Pollution Sources in India*. Special Report 21. Boston, MA: Health Effects Institute; 2018.
31. GBD MAPS Working Group. *Burden of Disease Attributable to Coal-Burning and Other Major Sources of Air Pollution in China*. Special Report 20. Boston, MA: Health Effects Institute; 2016.
32. Bailis R, Drigo R, Ghilardi A, Masera O. The carbon footprint of traditional woodfuels. *Nat Clim Change*. 2015;5:266.
33. Practical Action. *Gender and Livelihoods Impacts of Clean Cookstoves in South Asia*. Washington, DC: Global Alliance for Clean Cookstoves; 2015. https://www.cleancookingalliance.org/binary-data/RESOURCE/file/000/000/363-1.pdf.
34. Saksena S, Prasad R, Joshi V. Time allocation and fuel usage in three villages of the Garhwal

Himalaya, India. *Mt Res Dev*. 1995;15(1):57–67.

35. International Energy Agency. *Energy Access Outlook 2017 from Poverty to Prosperity*. Paris, France: IEA; 2017. https://www.iea.org/publications/freepublications/publication/WEO2017SpecialReport_EnergyAccessOutlook.pdf.
36. Global Alliance for Clean Cookstoves. *Gender-Based Violence in Humanitarian Settings: Cookstoves and Fuels*. Washington, DC: Global Alliance for Clean Cookstoves; 2016.
37. Pope D, Bruce N, Dherani M, Jagoe K, Rehfuess E. Real-life effectiveness of "improved" stoves and clean fuels in reducing PM2.5 and CO: systematic review and meta-analysis. *Environ Int*. 2017;101:7–18.
38. Quansah R, Semple S, Ochieng CA, et al. Effectiveness of interventions to reduce household air pollution and/or improve health in homes using solid fuel in low-and-middle income countries: a systematic review and meta-analysis. *Environ Int*. 2017;103:73–90.
39. Burnett RT, Pope CA III, Ezzati M, et al. An integrated risk function for estimating the global burden of disease attributable to ambient fine particulate matter exposure. *Environ Health Perspect*. 2014;122(4):397–403.
40. Smith KR, Sagar A. Making the clean available: escaping India's chulha trap. *Energy Policy*. 2014;75:410–414.
41. Landrigan PJ, Fuller R, Acosta NJR, et al. The Lancet Commission on pollution and health. *Lancet*. 2018;391(10119):462–512.
42. Samet JM. Traffic, air pollution, and health. *Inhal Toxicol*. 2008;19(12):1021–1027.
43. Douglas MJ, Watkins SJ, Gorman DR, Higgins M. Are cars the new tobacco? *J Public Health*. 2011;33(2):160–169.
44. Nieuwenhuijsen MJ, Khreis H. Car free cities: pathway to healthy urban living. *Environ Int*. 2016;94:251–262.
45. Johnson EP. Carbon footprints of heating oil and LPG heating systems. *Environ Impact Assess Rev*. 2012;35:11–22.
46. Hernández D. Clean heat: a technical response to a policy innovation. *Cityscape (Washington, DC)*. 2016;18(3):277–282.
47. Sofiev M, Winebrake JJ, Johansson L, et al. Cleaner fuels for ships provide public health benefits with climate tradeoffs. *Nat Commun*. 2018;9:406.
48. European Commission Joint Research Centre. *Trends in Global CO_2 Emissions*. The Hague, Netherlands: PBL Netherlands Environmental Assessment Agency; 2016.
49. BP energy economics. In: *BP Energy Outlook 2018 Edition*. London, UK; 2018.
50. International Energy Agency. *CO_2 Emissions from Fuel Combustion: Highlights*. Paris, France: International Energy Agency; 2018.
51. U.S. Energy Information Administration. *International Energy Outlook 2017*. Washington, DC: U.S. EIA; 2017.
52. Cai H, Brandt AR, Yeh S, et al. Well-to-wheels greenhouse gas emissions of Canadian oil sands products: implications for U.S. petroleum fuels. *Environ Sci Technol*. 2015;49(13):8219–8227.
53. Finkel ML. The impact of oil sands on the environment and health. *Curr Opin Environ Sci Health*. 2018;3:52–55.
54. Liggio J, Li S-M, Hayden K, et al. Oil sands operations as a large source of secondary organic aerosols. *Nature*. 2016;534:91.
55. Tenenbaum DJ. Oil sands development: a health risk worth taking? *Environ Health Perspect*. 2009;117(4):A150–A156.

56. McIntosh A, Pontius J. Human impacts on the global landscape. In: McIntosh A, Pontius J, eds. *Science and the Global Environment*. Boston, MA: Elsevier; 2017:361–470.
57. Westman CN, Joly TL. Oil sands extraction in Alberta, Canada: a review of impacts and processes concerning indigenous peoples. *Hum Ecol*. 2019;47(2):233–243.
58. Kelly EN, Short JW, Schindler DW, et al. Oil sands development contributes polycyclic aromatic compounds to the Athabasca River and its tributaries. *Proc Natl Acad Sci*. 2009;106(52):22346.
59. Faramawy S, Zaki T, Sakr AAE. Natural gas origin, composition, and processing: a review. *J Nat Gas Sci Eng*. 2016;34:34–54.
60. Howarth RW, Santoro R, Ingraffea A. Methane and the greenhouse-gas footprint of natural gas from shale formations. *Clim Change*. 2011;106(4):679.
61. Alvarez RA, Zavala-Araiza D, Lyon DR, et al. Assessment of methane emissions from the U.S. oil and gas supply chain. *Science*. 2018;361(6398):186–188.
62. Omara M, Zimmerman N, Sullivan MR, et al. Methane emissions from natural gas production sites in the United States: data synthesis and national estimate. *Environ Sci Technol*. 2018;52(21):12915–12925.
63. International Energy Agency. Gas 2019: analysis and forecasts to 2024. 2019 https://www.iea.org/gas2019/. Accessed April 2020.
64. Energy Information Administration. Natural gas explained: where our natural gas comes from. 2018. https://www.eia.gov/energyexplained/natural-gas/where-our-natural-gas-comes-from.php. Accessed April 2020.
65. Heinrich Böll Foundation, Friends of the Earth International. *Coal Atlas: Facts and Figures on a Fossil Fuel*. Berlin, Germany: Heinrich Böll Foundation; 2015.
66. Jennings N. Mining: an overview. In: Stellman SM, ed. *Encyclopedia of Occupational Health & Safety*. Geneva, Switzerland: International Labor Organization; 2011. http://www.iloencyclopaedia.org/part-xi-36283/mining-and-quarrying.
67. Chu C, Jain R, Muradian N, Zhang G. Statistical analysis of coal mining safety in China with reference to the impact of technology. *J South Afr Inst Min Metall*. 2016;116:73–78.
68. Wang L, Cheng Y-P, Liu H-Y. An analysis of fatal gas accidents in Chinese coal mines. *Saf Sci*. 2014;62:107–113.
69. Coelho PCS, Teixeira JPF, Gonçalves ONBSM. Mining activities: health impacts. In: Nriagu JO, ed. *Encyclopedia of Environmental Health*. Burlington, MA: Elsevier; 2011:788–802.
70. Buchanan S, Burt E, Orris P. Beyond black lung: scientific evidence of health effects from coal use in electricity generation. *J Public Health Policy*. 2014;35(3):266–277.
71. Epstein PR, Buonocore JJ, Eckerle K, et al. Full cost accounting for the life cycle of coal. *Ann N Y Acad Sci*. 2011;1219:73–98.
72. Gardner R. Overview and characteristics of some occupational exposures and health risks on offshore oil and gas installations. *Ann Occup Hyg*. 2003;47(3):201–210.
73. Niven K, McLeod R. Offshore industry: management of health hazards in the upstream petroleum industry. *Occup Med*. 2009;59(5):304–309.
74. Lichtveld M, Sherchan S, Gam KB, et al. The Deepwater Horizon oil spill through the lens of human health and the ecosystem. *Curr Environ Health Rep*. 2016;3(4):370–378.
75. Jernelöv A. The threats from oil spills: now, then, and in the future. *Ambio*. 2010; 39(5–6):353–366.
76. Sammarco PW, Kolian SR, Warby RA, Bouldin JL, Subra WA, Porter SA. Concentrations in human blood of petroleum hydrocarbons associated with the BP/Deepwater Horizon oil spill, Gulf of Mexico. *Arch Toxicol*. 2016;90(4):829–837.

77. D'Andrea MA, Reddy GK. The development of long-term adverse health effects in oil spill cleanup workers of the Deepwater Horizon offshore drilling rig disaster. *Front Public Health*. 2018;6(117).
78. Jaligama S, Chen Z, Saravia J, et al. Exposure to Deepwater Horizon crude oil burnoff particulate matter induces pulmonary inflammation and alters adaptive immune response. *Environ Sci Technol*. 2015;49(14):8769–8776.
79. Rusiecki J, Alexander M, Schwartz EG, et al. The Deepwater Horizon oil spill coast guard cohort study. *Occup Environ Med*. 2018;75(3):165–175.
80. Alexander M, Engel LS, Olaiya N, et al. The Deepwater Horizon oil spill coast guard cohort study: a cross-sectional study of acute respiratory health symptoms. *Environ Res*. 2018;162:196–202.
81. McGowan CJ, Kwok RK, Engel LS, Stenzel MR, Stewart PA, Sandler DP. Respiratory, dermal, and eye irritation symptoms associated with Corexit EC9527A/EC9500A following the Deepwater Horizon oil spill: findings from the GuLF Study. *Environ Health Perspect*. 2017;125(9):097015.
82. Sorahan T. Mortality of UK oil refinery and petroleum distribution workers, 1951–2003. *Occup Med*. 2007;57(3):177–185.
83. Stenehjem JS, Kjærheim K, Rabanal KS, Grimsrud TK. Cancer incidence among 41,000 offshore oil industry workers. *Occup Med*. 2014;64(7):539–545.
84. Stenehjem JS, Kjærheim K, Bråtveit M, et al. Benzene exposure and risk of lymphohaematopoietic cancers in 25,000 offshore oil industry workers. *Br J Cancer.* 2015;112:1603.
85. Esswein EJ, Breitenstein M, Snawder J, Kiefer M, Sieber WK. Occupational exposures to respirable crystalline silica during hydraulic fracturing. *J Occup Environ Hyg*. 2013;10(7):347–356.
86. Moore CW, Zielinska B, Pétron G, Jackson RB. Air impacts of increased natural gas acquisition, processing, and use: a critical review. *Environ Sci Technol*. 2014;48(15):8349–8359.
87. Qu SG, Gao J, Tang B, Yu B, Shen YP, Tu Y. Low-dose ionizing radiation increases the mortality risk of solid cancers in nuclear industry workers: a meta-analysis. *Mol Clin Oncol*. 2018;8(5):703–711.
88. Leuraud K, Richardson DB, Cardis E, et al. Ionising radiation and risk of death from leukaemia and lymphoma in radiation-monitored workers (INWORKS): an international cohort study. *Lancet Haematol*. 2015;2(7):e276–e281.
89. Richardson DB, Cardis E, Daniels RD, et al. Risk of cancer from occupational exposure to ionising radiation: retrospective cohort study of workers in France, the United Kingdom, and the United States (INWORKS). *BMJ*. 2015;351:h5359.
90. Hamra GB, Richardson DB, Cardis E, et al. Cohort profile: the International Nuclear Workers Study (INWORKS). *Int J Epidemiol*. 2016;45(3):693–699.
91. Wakeford R. Radiation in the workplace: a review of studies of the risks of occupational exposure to ionising radiation. *J Radiol Prot*. 2009;29(2A):A61–79.
92. Mueller W, Gilham C. Childhood leukemia and proximity to nuclear power plants: a systematic review and meta-analysis. *J Cancer Policy*. 2015;6:44–56.
93. Hasegawa A, Tanigawa K, Ohtsuru A, et al. Health effects of radiation and other health problems in the aftermath of nuclear accidents, with an emphasis on Fukushima. *Lancet*. 2015;386(9992):479–488.
94. Pravalie R, Bandoc G. Nuclear energy: between global electricity demand, worldwide decarbonisation imperativeness, and planetary environmental implications. *J Environ Manage*. 2018;209:81–92.
95. Sanders MC, Sanders CE. A world's dilemma "upon which the sun never sets"—The nuclear waste management strategy (part I): Western European Nation States and the United States of America. *Prog Nucl Energy*. 2016;90:69–97.

96. Black-Branch J. Nuclear terrorism by states and non-state actors: global responses to threats to military and human security in international law. *JCSL*. 2017;22(2):201–248.
97. Breeze P. Solar integration and the environmental impact of solar power. In: *Solar Power Generation*. New York, NY: Academic Press; 2016:81–87.
98. Monier V, Hestin M. *Study on Photovoltaic Panels Supplementing the Impact Assessment for a Recast of the WEEE Directive*. Brussels, Belgium: European Commission Studies on Waste Electrical and Electronic Equipment; 2011.
99. Xu Y, Li J, Tan Q, Peters AL, Yang C. Global status of recycling waste solar panels: a review. *Waste Manag*. 2018;75:450–458.
100. Bakhiyi B, Labreche F, Zayed J. The photovoltaic industry on the path to a sustainable future: environmental and occupational health issues. *Environ Int*. 2014;73:224–234.
101. Aman MM, Solangi KH, Hossain MS, et al. A review of Safety, Health and Environmental (SHE) issues of solar energy system. *Renew Sust Energ Rev*. 2015;41:1190–1204.
102. Millstein D, Wiser R, Bolinger M, Barbose G. The climate and air-quality benefits of wind and solar power in the United States. *Nat Energy*. 2017;2(9).
103. Zerrahn A. Wind power and externalities. *Ecol Econ*. 2017;141:245–260.
104. Schmidt JH, Klokker M. Health effects related to wind turbine noise exposure: a systematic review. *PLoS One*. 2014;9(12):e114183.
105. Onakpoya IJ, O'Sullivan J, Thompson MJ, Heneghan CJ. The effect of wind turbine noise on sleep and quality of life: a systematic review and meta-analysis of observational studies. *Environ Int*. 2015;82:1–9.
106. International Hydropower Association. *2018 Hydropower Status Report: Sector Trends and Insights*. London: UK: IHA Central Office; 2018.
107. Zarfl C, Lumsdon AE, Berlekamp J, Tydecks L, Tockner K. A global boom in hydropower dam construction. *Aquat Sci*. 2015;77(1):161–170.
108. Berga L. The role of hydropower in climate change mitigation and adaptation: a review. *Engineering*. 2016;2(3):313–318.
109. Couto TBA, Olden JD. Global proliferation of small hydropower plants: science and policy. *Front Ecol Environ*. 2018;16(2):91–100.
110. Gleick PH. China dams. In: Gleick PH, ed. *The World's Water: The Biennial Report on Freshwater Resources*. Washington, DC: Island Press/Center for Resource Economics; 2011:127–142.
111. Botelho A, Ferreira P, Lima F, Pinto LMC, Sousa S. Assessment of the environmental impacts associated with hydropower. *Renew Sust Energ Rev*. 2017;70:896–904.
112. Kelly-Richards S, Silber-Coats N, Crootof A, Tecklin D, Bauer C. Governing the transition to renewable energy: a review of impacts and policy issues in the small hydropower boom. *Energ Policy*. 2017;101:251–264.
113. World Commission on Dams. *Dams and Development: A New Framework for Decision-Making*. London, UK: Earthscan; 2000.
114. Richter BD, Postel S, Revenga C, et al. Lost in development's shadow: the downstream human consequences of dams. *Water Altern*. 2010;3(2):14–42.
115. Namy S. Addressing the social impacts of large hydropower dams. *J Int Policy Solut*. 2007;7:11–17.
116. VanCleef A. Hydropower development and involuntary displacement: toward a global solution. *Indiana J Glob Legal Stud*. 2016;23(1):349–376.
117. Singh Negi N, Ganguly S. *Development Projects vs. Internally Displaced Populations in India: A Literature Based Appraisal*. Vol 103. Bielefeld, Germany: DEU; 2011.

118. International Rivers. *Three Gorges Dam: A Model of the Past*. Berkeley, CA: International Rivers: International Rivers; 2012.
119. Xi J, Hwang S-S. Relocation stress, coping, and sense of control among resettlers resulting from China's Three Gorges dam project. *Soc Indic Res*. 2011;104(3):507–522.
120. Xi J, Hwang S-S, Drentea P. Experiencing a forced relocation at different life stages: the effects of China's Three Gorges project–induced relocation on depression. *Soc Ment Health*. 2012;3(1):59–76.
121. Hwang S-S, Cao Y, Xi J. The short-term impact of involuntary migration in China's Three Gorges: a prospective study. *Soc Indic Res*. 2011;101(1):73–92.
122. Zhou Y-B, Liang S, Chen Y, Jiang Q-W. The Three Gorges Dam: does it accelerate or delay the progress towards eliminating transmission of schistosomiasis in China? *Infect Dis Poverty*. 2016;5(1):63.
123. Steinmann P, Keiser J, Bos R, Tanner M, Utzinger J. Schistosomiasis and water resources development: systematic review, meta-analysis, and estimates of people at risk. *Lancet Infect Dis* 2006;6(7):411–425.
124. Sokolow SH, Jones IJ, Jocque M, et al. Nearly 400 million people are at higher risk of schistosomiasis because dams block the migration of snail-eating river prawns. *Philos Trans R Soc Lond B Biol Sci*. 2017;372(1722).
125. Li F, Ma S, Li Y, et al. Impact of the Three Gorges project on ecological environment changes and snail distribution in Dongting Lake area. *PLOS Negl Trop Dis*. 2017;11(7):e0005661.
126. Kibret S, Lautze J, McCartney M, Nhamo L, Wilson GG. Malaria and large dams in sub-Saharan Africa: future impacts in a changing climate. *Malar J*. 2016;15(1):448.
127. Kibret S, Wilson GG, Ryder D, Tekie H, Petros B. The influence of dams on malaria transmission in Sub-Saharan Africa. *EcoHealth*. 2017;14(2):408–419.
128. Moran EF, Lopez MC, Moore N, Müller N, Hyndman DW. Sustainable hydropower in the 21st century. *Proc Natl Acad Sci*. 2018;115(47):11891.
129. Ives M, Paddock R. In Laos, a boom, and then, "The water is coming!." *New York Times*. 2018. https://www.nytimes.com/2018/07/25/world/asia/laos-dam-collapse-rescue.html.
130. Acheampong M, Ertem FC, Kappler B, Neubauer P. In pursuit of Sustainable Development Goal (SDG) number 7: will biofuels be reliable? *Renew Sust Energ Rev*. 2017;75:927–937.
131. Guo M, Song W, Buhain J. Bioenergy and biofuels: history, status, and perspective. *Renew Sust Energ Rev*. 2015;42:712–725.
132. U.S. Energy Information Administration. *Short-Term Energy Outlook*. Washington, DC: U.S. EIA; September 2019.
133. Hill J, Polasky S, Nelson E, et al. Climate change and health costs of air emissions from biofuels and gasoline. *Proc Natl Acad Sci*. 2009;106(6):2077.
134. Schmer MR, Jin VL, Wienhold BJ. Sub-surface soil carbon changes affects biofuel greenhouse gas emissions. *Biomass Bioenergy*. 2015;81:31–34.
135. Popp A, Rose SK, Calvin K, et al. Land-use transition for bioenergy and climate stabilization: model comparison of drivers, impacts and interactions with other land use based mitigation options. *Clim Change*. 2014;123(3):495–509.
136. Timilsina GR, Shrestha A. How much hope should we have for biofuels? *Energy*. 2011;36(4):2055–2069.
137. Pehl M, Arvesen A, Humpenöder F, Popp A, Hertwich EG, Luderer G. Understanding future emissions from low-carbon power systems by integration of life-cycle assessment and integrated energy modelling. *Nat Energy*. 2017;2(12):939–945.

138. Hoekman SK, Broch A, Liu X. Environmental implications of higher ethanol production and use in the U.S.: a literature review. Part I: impacts on water, soil, and air quality. *Renew Sust Energ Rev*. 2018;81:3140–3158.
139. Scovronick N, Wilkinson P. Health impacts of liquid biofuel production and use: a review. *Glob Environ Change*. 2014;24:155–164.
140. Sanchez DL, Johnson N, McCoy ST, Turner PA, Mach KJ. Near-term deployment of carbon capture and sequestration from biorefineries in the United States. *Proc Natl Acad Sci*. 2018;115(19):4875–4880.
141. Schlünssen V, Madsen AM, Skov S, Sigsgaard T. Does the use of biofuels affect respiratory health among male Danish energy plant workers? *Occup Environ Med*. 2011;68(7): 467.
142. Hochman G, Zilberman D. *Corn Ethanol and US Biofuel Policy Ten Years Later: Am J Agricult Econ*. 2018;100(2):570–84.
143. Serra T, Zilberman D. Biofuel-related price transmission literature: a review. *Energy Econ*. 2013;37:141–151.
144. Filip O, Janda K, Kristoufek L, Zilberman D. Food versus fuel: an updated and expanded evidence. *Energy Econ*. 2017.
145. Zhang Z, Lohr L, Escalante C, Wetzstein M. Food versus fuel: what do prices tell us? *Energy Policy*. 2010;38(1):445–451.
146. de Gorter H, Drabik D, Just DR, Kliauga EM. The impact of OECD biofuels policies on developing countries. *Agric Econ*. 2013;44(4-5):477–486.
147. Lindley D. Smart grids: the energy storage problem. *Nature News*. 2010;463(7277):18–20.
148. Kang DH, Chen M, Ogunseitan OA. Potential environmental and human health impacts of rechargeable lithium batteries in electronic waste. *Environ Sci Technol*. 2013;47(10):5495–5503.
149. Richa K, Babbitt CW, Gaustad G, Wang X. A future perspective on lithium-ion battery waste flows from electric vehicles. *Resour Conserv Recy*. 2014;83:63–76.
150. Initiative for Responsible Mining Assurance. 2019. https://responsiblemining.net/. Accessed April 2020.
151. Hu Y, Cheng H, Tao S. Retired electric vehicle (EV) batteries: integrated waste management and research needs. *Environ Sci Technol*. 2017;51(19):10927–10929.
152. Fox-Penner P. *Smart Power: Climate Change, the Smart Grid, and The Future of Electric Utilities, Second Edition*. Washington DC: Island Press; 2014.
153. Hui L, Li H, Jiang Y. Using air source heat pump air heater (ASHP-AH) for rural space heating and power peak load shifting. *Energy Procedia*. 2017;122:631–636.
154. Grubler A, Wilson C, Bento N, et al. A low energy demand scenario for meeting the 1.5°C target and sustainable development goals without negative emission technologies. *Nat Energy*. 2018;3(6):515–527.
155. Haines A, Smith KR, Anderson D, et al. Policies for accelerating access to clean energy, improving health, advancing development, and mitigating climate change. *Lancet*. 2007;370(9594):1264–1281.
156. Sperling D. *Three Revolutions: Steering Automated, Shared, and Electric Vehicles to a Better Future*. Washington, DC: Island Press; 2018.

第13章

都市空間とプラネタリーヘルス

「都市」という言葉は，私たちの頭の中に相反するイメージを思い起こさせる．周囲の建物を覆い隠すほどの濃いスモッグの中をマスクをつけた大勢の人々が歩いているというディストピア（訳注：ユートピアとは正反対の悲惨な想像上の場所）的なイメージを思い浮かべるかもしれない．ダンボールやトタンで建てられたスラム街では，急な斜面に人々がしがみつき，あるいは氾濫危険個所に密集して居住し，上下水道設備や廃棄物処理の管理も整備されていない世界を思い描くかもしれない．また，自然から切り離された生活を送る時代を想像するかもしれない．自動車でしか移動できない無秩序に広がった大都市圏は，歩くという単純な喜びや，快適な公共の場で社会的交流を促進するのを阻止するようにつくられていると想像するかもしれない．

しかし一方では，都市は希望に満ちた刺激的な空間でもある．都市は，文化，教育，商業の中心地にもなり，そこでは住民が徒歩，自転車や公共交通機関で通勤し，公園，自然環境を残した緑道（訳注：自然環境を残した歩行者自転車専用遊歩道路，緑地帯），そして街の中心部で人々が交流できる．都市は環境に優しく，健康促進のための建物，フードシステム（第2章p.30の脚注を参照），水管理など，技術革新の中心となる．未来の都市は今日の都市よりもはるかにエコロジカル・フットプリント（第1章p.5の脚注を参照）を小さくし，人間の繁栄のための良い環境となることも可能である．

都市化は21世紀の世界的な人口動態の主流となり，どのような建物，地域，都市をつくるかによって，エコロジカル・フットプリントと人類の健康およびウェルビーイングの両方の行く末を決定づけることになる．

私たちが暮らし，働き，余暇を過ごす空間（家庭，近隣地域，都市など）は自分たちの健康に大きな影響を与える．環境ハザードに影響し，自然の猛威や災害への脆弱性を決定づけ，私たちの行動を形づくり，そして社会的交流を形成する．私たちが自分たちのためにつくる空間は，地域の生態系や地球全体の環境にも大きな影響を与える．また，地域の生態系や地球環境は私たちの健康に影響を与える．

建築環境，自然環境，公衆衛生は複雑に絡み合っているため，空間を基盤とする政策や干渉は，環境と健康の両方に影響を与える．例えば健康を増進する都市政策（体力づくりになるような移動手段や身体活動の機会を増やし，大気環境の向上や，肉類や加工食品の消費を減らす戦略など）は，自然環境に重大な効果を与える．同様に，自然環境保護を目的とした政策や介入（都市のスプロール現象*の抑制や温室効果ガスの排出量の削減など）は健康に大きな効果をもたらす．このように，ある領域への介入は他の領域にも大きな影響を与え，有益な場合もあればそうでない場合もある．システム思考に基づいて慎重に計画を立てれば，この相互関連性を生かして健康増進と自然環境保護という2つの目標設定を同時に最適化することができる．これは「プラネタリーヘルス」を支える基本原則である[1,2]．

本章では，都市空間，環境，健康との因果関係にプラネタリーヘルス的な思考法を適用する．都市空間がどのように環境に影響を与え，また環境変化によって都市がどのような影響を受けるのか，そして都市空間が健康にどのように影響するのかを検討していく．次に，既知，あるいは潜在的な環境および健康のコベネフィット（相乗便益）に重点を置く，空間を基盤とした政策や介入の例を紹介する．最後に，空間を基盤とするプラネタリーヘルスを推進するための研究機会について考察する．

都市空間と地球の未来

現在，世界の人口の過半数が都市に住んでおり，2050年までにその割合が3分の2まで増加すると予測されている[3]．この期間の人口増加は，特にアフリカやアジアの低中所得国においてはほぼすべてが都市部で起こる[4]．人口1000万人以上の巨大都市が多くの注目を集めているが，今後数十年で都市が成長するのは人口100万人未満の中規模都市が中心となる[5]．都市は世界経済の主要な原動力であり，世界の国内総生産(GDP) の80%以上を占める．人や経済活動が都市部に集中しているため，都市はエネルギー，水，その他の天然資源の大量消費者であり，温室効果ガスの排出，汚染物質，廃棄物の主要な生産者である[4]．さらに都市化は，健康，生活の質，公平性にも影響を及ぼす社会的，文化的な大転換と関連している．都市とは，社会的相互作用やつながりを強め，その効果を高め，世界的な影響を及ぼすことがよく起こる空間である[6]．

都市は，健康や環境に複合的に影響を与える重要な統治機能や政策機能を担っている．都市は国よりも機動的な統治構造を持っていることが多く，国では不可能な方法で新しいものを導入し，実験を行うことができる．加えて，都市には進歩的で国際的志向を持つ人々が多く住んでいる．都市の統治においては，より水平的で階層性の低い管理方法が革新的な意思決定を促進することができる[7]．また，都市は，分野を横断

＊ 訳注：都心が急速に発展し，都市部から周辺へ無秩序，無計画に開発が広がる現象．

する連携・協力関係を育み，住民が直接関わることで，政策策定や実行への市民参加を促進できる[8]．これらの理由から都市は，健康と環境体系の相互関係を活用することにより，プラネタリーヘルスを促進するための重要な行動機会を与えてくれるのである．

都市空間が自然生態系へ及ぼす影響

都市空間は，地球の生物圏に多大な影響を与えている[9]．おもな要因は，市街地のフットプリントの拡大，それに伴う自然生息環境への脅威（減少または分断化），そして生物多様性の損失である[9-11]．このような影響は，都市化が加速し，世界の新たな地域に影響を及ぼすにつれて増大しつつある．例えばアフリカやアジアにおける都市のフットプリントの拡大は，これまで保護されてきた貴重な生態系を脅かすことになる[9]．都市は，川の流域沿い，あるいは生物多様性ホットスポット（訳注：多様な生物が生息しているにもかかわらず，原生の生態系の7割以上が改変され多様性や絶滅の危機に瀕（ひん）している地域），自然保護地域の近くなどの，特に肥沃な土地やその付近に位置していることが多い．その結果，都市成長の影響は，地理的な拡大範囲と比例しないことがある[9]．市街地のフットプリントが拡大すると，バイオマス（地球の気候に影響を与える）や，農業生産に利用できる面積が減少する[9, 12]．

このような環境への影響は，都市圏という空間を超えて広がっている．例えば都市化が進行し利用可能な農地が減少すると，他の地域の土地を新たに耕作地や牧草地に転用する圧力を生み，環境に悪影響を及ぼす[13]．また，都市部は水循環や生物地球化学的循環にも大きな影響を与えている[9]．急激な都市の成長は数百 km^2 に及ぶ範囲の降水量の劇的な変化と関連しており，都市で降水量が不足することもあれば[14]，増加することもある（例えば，マニラの雨季の降水量は，都市から25〜100 km離れた地域と比較して3倍以上に増加している）[15]．農地として利用可能な土地が減少していることに加えて，不浸透面（訳注：アスファルトやコンクリートなどの浸透性のない材料で舗装されている舗道や駐車場など）の増加，特に都市のスプロール現象が進む中で洪水被害の危険性が増加している[16]．

また，都市は地球の気候変動や汚染の主要原因でもある．これは人口と経済活動が都市に集中しているという純然たる事実など，複数の要因が招いた結果である．都市は世界のGDPの80％以上を占め[17]，エネルギー関連の二酸化炭素排出量の71〜76％を占めている[18]．また，都市の拡大は植生バイオマスの減少につながり，地球温暖化の原因となる[19]．都市化が水，炭素，エアロゾル，窒素の循環に複合的な変化をもたらし，それが気候システムに重大な影響を与える[20]．大気汚染の主要原因は，都市部での交通関連の排気ガスはもちろん，産業活動やエネルギー生成などである[21]．都市部に住む人の約80％が，世界保健機関（WHO）の指標に満たない大気環境にさらされている[22].

都市空間は，地球の気候変動や大気環境に影響を及ぼすだけでなく，地域の気温に直接影響を与える．都市は周辺に比べて気温が高いことが多く，これはヒートアイランド現象として知られている[23]．都市における1～3℃（時には12℃まで）の相対的な温暖化は，多くの因子が招いた結果である[24]．屋根や道路などの暗い色の表面は太陽エネルギーを吸収して熱として放出し，炉やボイラーなどの熱源は都市部に集中し，高層ビルの谷間などをつくる都市の構造は熱や大気汚染物質を閉じ込め，都市（または都市内にある特定の地域）では植生や水など，冷却を促進する地形の特色が乏しい[25].

住宅やその他の建築物のライフサイクル（設計，施工，運用，管理，解体，廃棄物処理[26]）はさまざまな形で環境に影響を与える．建築分野からの温室効果ガスの排出は気候変動の主要原因となっている[27]．建物の運用段階では，その活動と一次エネルギー（自然界に存在する人為的に変換や加工をしていないエネルギーで，石油や石炭，太陽光，風力などがある）の使用により，エネルギー関連の世界の温室効果ガス排出量の30～40％を占める．また，建築物の施工段階だけで世界のエネルギー消費量の10％を占めており，施工と解体は固形廃棄物の重大な発生源となっている．過剰なエネルギー使用，エネルギーの非効率性，化石燃料への依存は，都市空間における建築分野の環境負荷を悪化させている[28, 29].

真水の利用と廃水や雨水の処理の必要性は，都市による環境負荷の重要な要素である．都市の水管理システムの質は，資源の利用効率や自然環境に多大な影響を与える[30, 31]．過去100年間で，世界の水使用量は人口増加率の2倍以上のペースで増加している[32]．特に乾燥地域における都市の拡大は，限られた水資源の窮境を増大させ，住宅や自治体による生活に欠くことのできない基本利用と，屋外の暑さの緩和，生物多様性の向上，灌漑などの水利用を，どれも著しく制限している[33]．都市部の洪水リスクを軽減し，乾期に十分な水供給を確保するためには，水貯留や排水に影響を及ぼす管理政策や土地利用に関する判断がますます重要になっている．

また，都市の廃水も環境を脅かす．都市の廃水の80％ほどは適切な処理をされずに環境に放出されている[34]．上下水道設備の利用は一般的に農村部よりも都市部のほうが高いが，多くの都市，特に低中所得国の急成長している都市ではインフラ整備が都市化の急速なペースに追いついていない．その結果，約7億人の都市居住者が適正な下水処理施設のない生活をしている[35]．都市の広範なアスファルトなどの不浸透面からの流出は，都市の洪水を引き起こす重大な原因となるだけでなく，水域汚染の主要な原因でもあり，水圏生態系に重大な影響を与える[36].

都市生活に伴う消費傾向は，環境にも悪影響を及ぼす．都市部の人口密度は農村部に比べて高いため，理論的には効率が上がるはずだが，都市部の住民は平均して農村部の住民よりも多くの資源やエネルギーを消費しており，その利点を台無しにしている．例えば，都市では膨大な量の固形廃棄物を排出する．廃棄物の排出量は都市化そのものよりも急速に増加しており，低所得国では今後20年間で2倍になると予測されている[37]．固形廃棄物は温室効果ガスであるメタンの巨大発生源であり，廃棄物は大気汚染や水質汚染だけでなく，洪水の原因にもなっている．また，肉類や加工食品の消費量の多さなど，都市の特徴的な食料消費傾向も，土地利用や温室効果ガスの排出に関連して環境に悪影響を及ぼす（第5章参照）[38, 39]．自動車を中心に設計された都市はスプロール現象を起こす傾向があり，土地利用，交通関連の公害，温室効果ガスの多量な排出などの結果をもたらす[18, 40, 41]．

土地利用や水資源，生物多様性，大気環境や気候変動，ヒートアイランド現象，廃棄物の排出など，これらの種類のさまざまな都市環境への影響は，脅威とチャンスの両方になり得る．世界の都市人口は非常に規模が大きいため，都市で旧態依然とした活動を続けた場合の環境負荷は，他の生物圏や人類にとって壊滅的なものになる．しかし，人口規模が大きいからこそ，先端技術による環境への配慮と生活の質向上を両立させるスマートシティへの転換は，土地，エネルギー，水の利用効率を高め，廃棄物の処理とリサイクル，食料生産と消費，緑地の保護などにおいて，プラネタリーヘルスを推進する大きな可能性を秘めている．

環境変化が都市部へ及ぼす影響

都市は，自然の生態系に大きな影響を与えるだけでなく，その地域や地球規模の生態系から大きな影響を受け，それに依存している．前節で述べた都市の地域ならびに地球規模の環境はすべて，都市環境と都市住民の生活に大きな影響を与え，都市がより広範な生態系に影響を与え，そのより広範な生態系が都市とその住民に影響を与えるというサイクルを形成している．このような都市と自然生態系との動的な関係は，人々の健康にもいくつかの影響を及ぼす．本節では，都市が地域や地球規模の環境に影響を受けているおもな例を取り上げる．

都市化は経済的，社会的プロセスに加えて，農村部から都市部への移住を促す地域的な環境要因からも強い影響を受ける（第8章で検討している）．水不足はその一因となることが多いが，災害や暑さも農村部の住民が都市に移住する動機となる．この現象はサハラ以南のアフリカの都市での実例でよく知られているが[42]，ラテンアメリカなどの他の地域でも発生している[43]．

気候変動は都市に直接的かつ多大な影響をもたらす．その1つは，気温の上昇と異常な熱現象による．たとえ温室効果ガスの排出量が削減されたとしても，生死に関わるような気温にさらされる世界人口の割合は2100年までに30%から48%近くまで増加し，その多くが都市部に住んでいると予想されている[44]．他の環境的な脆弱性と同様に，貧困層，移民や移住者，非白人層などの社会的に取り残されがちな集団は不相応な被害を受ける[45-47]．また，猛暑は大気汚染による危険性を増幅させる[48]．そして都市のヒートアイランド現象も，都市の異常ともいえる高い気温を引き起こし，さらに助長させる．多くの都市では，気温上昇による悪影響を最小限に抑える取り組みを強化している[25, 49]．

都市は環境災害に対して非常に脆い．例えば国連の推計によると，2014年には人口30万人以上の1692都市のうち56％（944都市）が，6種類の自然災害（サイクロン，洪水，干ばつ，地震，地滑り，火山噴火）のうち少なくとも1種類の災害が起きるリスクが高かったとされている[50]．これらの都市には14億人の人々が住んでいた．さらに，2種類以上の自然災害が起きるリスクが高い都市は約15％，3種類以上の自然災害が起きるリスクが高い都市は，巨大都市である東京，大阪，マニラを含む27都市であった[51]．

洪水は，多くの都市に影響を与える主要な環境災害である．特に沿岸部の都市は洪水の影響を受けやすい．およそ24億人（世界人口の40％）が海岸から60マイル（約96 km）以内に住んでいる．都市における洪水は，より激しい降雨や暴風雨，海面上昇，そしてマングローブ林やサンゴ礁，植生した砂丘，湿地帯などの沿岸防護システムの消失という「3大脅威」がそろった結果，より頻繁に発生すると予想されている[52-54]．洪水のリスク下に置かれる市街地面積は，2000年から2030年にかけて倍増すると予測されている[55, 56]．洪水の影響を防止・軽減することは世界的に都市計画のきわめて重要な課題となっており，低影響開発[57]や「スポンジシティ[58]（訳注：雨水管理などのインフラを強化し，暑いときには土地や植物から水を蒸発させ冷却を行うスポンジのような都市モデル）」など，水を遮水，貯留，貯蔵するための斬新で多様な発想が登場している．都市地域の洪水リスクの軽減には，貯水や排水に効果を発揮する管理政策や土地利用の判断がますます重要になっている．2019年，インドネシア政府が首都をジャカルタからボルネオ島インドネシア領であるカリマンタンに移転する計画を発表したことは，その印象的な一例である．ジャカルタは，人口増加による地下水の過剰取水や海面上昇の影響で何年も前から地盤沈下を起こしていた[59]．市街地の一部は海抜0 mより数m低く，洪水は定期的に発生し，多くの犠牲者を出し莫大な財政費用が発生していた（**図13.1**）．これらの問題は今後数十年の間にさらに悪化すると予測され，移転という苦渋の決断を強いられた．しかし，手つかずの熱帯雨林が広がる過疎地域の島に新しい都市を開発するという解決策は，森林破壊や汚染に関連する生態系や健康面での課題をもたらす可能性がある．

また，世界の都市は，近年の水の危機に見られるように，環境条件の変化に伴う水需要の増加から水不足の問題に直面している[60]．これは最近，世界中の都市で水危機の事例が増加していることに裏打ちされている．2015年から2017年にかけて南アフ

図13.1　ジャカルタでは洪水の被害が拡大しており，2019年にインドネシアの首都移転が発表された．

［出典］写真提供 Seika（Flickr）, Creative Commons, license CC BY-2.0

リカのケープタウンでは都市部での慢性的な水不足が発生し，記録的な大干ばつに促されて家庭用の水供給が水位低下により停止する「デイ・ゼロ」が懸念されたが[61]，間一髪のところで降雨により大惨事を回避できた．水不足は他にも世界の多くの地域で課題となっている．インドでは推定6億人が水不足に悩まされており，2020年までに21の都市で地下水からの供給が枯渇するおそれがあると指摘されている[62]．沿岸部の多くの都市では，地下水の摂取と海面上昇の複合要因により地下水帯水層への海水の浸入を招き，飲料水の供給を脅かしている[63]．影響を受ける都市には，マイアミ，ロサンゼルス，マニラ，深圳などがある．

その他，自然生態系に直接影響を与える都市の特徴は，都市そのものにも影響を与える．過剰な廃棄物や未処理の廃水により，病気の伝播リスクや環境有害物質への暴露リスクが高まる．都市の範囲が拡大し，居住地，供給，雇用が不均衡になると遠距離通勤が必要になり，交通量が増加し，その結果，騒音や大気汚染が発生する．また，都市の建設密集地が増えることで緑地や植生は減少する．これらの因子はすべて人間の健康に大きな影響を与える．

都市空間と健康

都市空間は，そこに位置する都市や近隣の物理的環境と社会的環境に関わる複数のメカニズムによって健康に影響を及ぼす．すべてではないものの，都市による環境負荷の多くは都市の住人の健康に重大な影響を与えている．**図13.2**は，都市とその環

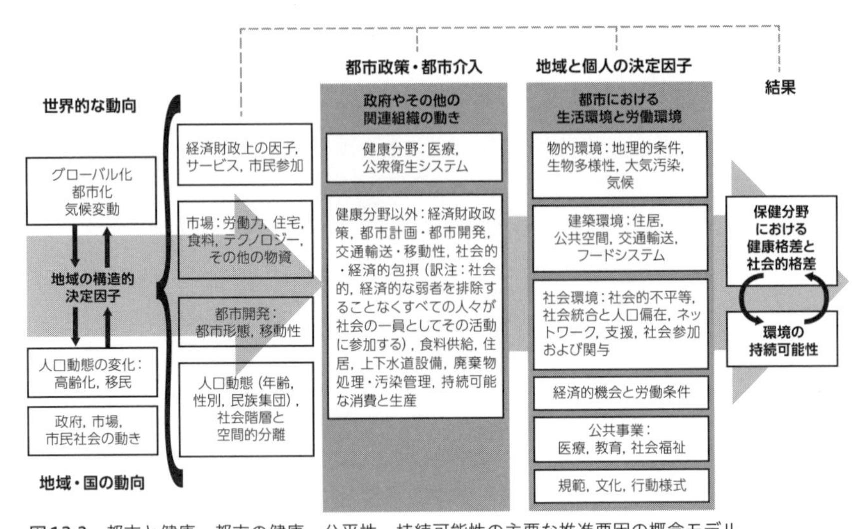

図13.2　都市と健康．都市の健康，公平性，持続可能性の主要な推進要因の概念モデル

［出典］Diez Roux A, Slesinski S, Alazraqui M, et al. A novel international partnership for actionable evidence on urban health in Latin America: LAC-Urban Health and SALURBAL. *Global Challenges*. 2018;3 (4) :1800013

境負荷が人間の健康に影響を与える動的関係を示している．

土地利用と交通輸送は，健康に影響を与える，都市の2大特徴である．都市のスプロール現象や車両による交通輸送への依存が高まると，日常的な身体運動を低下させる[64]．（住宅，小売，教育，娯楽など異なる用途を1つの場所に集めた）複合的な土地利用の拡大，公共交通機関ルート，ウォーキングや自転車移動を奨励する歩道や自転車レーンの区分けなどの近隣地域の建築環境の特徴は，自動車の利用を減らし，身体運動を促進する．とりわけ自動車やバスなどの車両による交通輸送の利用が増えると，大気汚染[65]や健康への悪影響のほか[66]，騒音にさらされる可能性が増え，負傷率や死亡率も高くなる（歩行者や自動車・自転車に乗っている人の両方が危険にさらされる）[67]．したがって，密集度を高める複合的な土地利用を促進し，自動車交通輸送への依存度を減らして公共交通機関，自転車やウォーキングを奨励する都市戦略は，生態系への恩恵に加え，身体運動の促進，騒音や大気汚染にさらされる危険性の低減，負傷率の低下など，複数の面で健康を改善できる．

また，都市のスプロール現象や自然と緑地の減少も，ストレスやメンタルヘルス，生活の質全般に重大な影響を及ぼす．例えば長時間に及ぶ通勤時間は，強いストレスとメンタルヘルスへの悪影響に関連している[68, 69]．その一方，自然環境や緑地の利用はストレスを軽減し，メンタルヘルスを向上させる（第9章参照）[70–72]．緑地が近くにあることで身体運動が促進され，慢性疾患のリスクが軽減する[73–75]．複合的な土地利用と快適な緑の公共空間は社会交流活動にも重要な効果があり，結果として社会的結束力が高まり，健康に有益な影響をもたらす[76]．

都市部の食生活は，伝統的な食生活に比べて高カロリー，高糖分，高塩分であり，果物や野菜の消費が少ない加工食品，使い捨て容器に入った食品，ファストフードの大量消費という特徴がある[38, 77, 78]．これらの傾向を増長する要因としては，食品の入手しやすさ，広告，費用，文化的規範の変化，長時間労働と長時間通勤により家庭で食品を調理する時間が少なくなったことなどが挙げられる[78]．このような食習慣は，座ったままほとんど動かない生活習慣と重なり，世界的に増加している肥満や非感染症などのさまざまな健康上の有害な転帰と関連している[79, 80]．

また，都市空間での水の利用方法や廃棄物の処理方法も，健康に大きな影響を与えている．世界の都市人口の推定20%が適正な下水道設備を利用できておらず，低中所得の都市住民の50%が上下水道設備に関連した感染症の影響を被っているとされる[22]．そして，固形廃棄物は温室効果ガスの排出，洪水，大気汚染，水質汚染の原因となり，これらはすべて健康への影響としてはね返ってくる．上水道の利用や環境的に持続可能な下水処理整備を促進するとともに，固形廃棄物の排出の際の再利用，リサイクル，削減を促進する都市政策は，環境面と健康面，そしてその両者に相乗的に大きなメリットをもたらす[81, 82]．その良い例として，チリでのバイオファクトリーを使った廃水処理を第16章で取り上げている．

都市のヒートアイランド現象による気温上昇の深刻化は，住民の健康に大きな影響を与える．暑さにさらされると心臓血管系，呼吸器系，腎臓系の疾患の罹患率や死亡率が高まる[83]．高齢者，子ども，社会的孤立者や経済的弱者は，暑さによる健康へのリスクが最も高い[84, 85]．降雨量の増加や都市部の溜まり水の存在とともに気温の上昇が起こると，ジカ熱やデング熱などの感染症が都市部での重大な健康問題となる[86, 87]．また，熱波もメンタルヘルス問題や都市部での暴力事件とも関連しており，この問題については第8〜10章でより詳細に記述している．

気温上昇に伴う健康被害軽減に取り組むためには，建物，近隣地域，都市の設計方法や建設方法を幅広く見直す必要がある．しかし，これらは単なる工学的な課題ではなく，最も弱い立場にある市民を守るための自治体の対策も必要不可欠である．

都市のイメージチェンジ —— プラネタリーヘルス促進の機会

これまで，土地利用の傾向，自然生態系の侵害，都市の消費傾向，エネルギーや物質の使用傾向を通して，都市が健康や環境に与える多くの影響を検証してきた．都市がもたらすこれらの潜在的な負の影響はすべて，エコロジカル・フットプリントを低減する重要な機会も与えてくれる．管理の行き届いた都市化は複数の環境上のメリットをもたらしてくれる．例えば密集度が高い都市部は，密度の低い郊外の開発よりも1人あたりのエネルギー使用量や温室効果ガス排出量が少ない[88]．また，密集度をより高める開発は，バイオマス，生物多様性，農業生産に利用可能な土地の損失に対する都市化の影響を最小限に抑える[16, 19]．

密集度を高めることは，有望な都市戦略の1つにすぎない．私たちには，エネルギー効率が格段に高く，自家発電のためのソーラーパネルを備えた，より優れた建物の建設が可能である．また，建物を利用して，雨水を貯留，浄水して蓄え，都市のヒートアイランド現象を緩和し，食料を生産し，人々の集まる社交場をつくるために，緑のカーテンや屋上庭園を取り入れたりすることも可能である（**図13.3**）．住宅地，商業地，職場を混在させる都市計画の地域制，信頼性があり安価な大量輸送手段，歩行者・自転車用の機能性の高いインフラ整備，広大な緑地整備により，自動車の利用を減らし，より強固なコミュニティを形成し，メンタルヘルスを向上させ，身体運動を促進することができる．自治体の廃棄物管理システムにより，固形廃棄物や汚水をエネルギー，水，堆肥や肥料に変えることができ，有害物質の放出やエネルギー消費を抑え，地域の農業に有益な資源をもたらすことが可能である．全体として，建物，近隣地域，大都市という各規模における設計要素と政策を組み合わせ，さらに，この構想が世界のほとんどの都心で実施されれば，人類のエコロジカル・フットプリント全体を劇的に削減できる可能性がある．また，これらの構想の多くは健康面でかなりのコベネフィットをもたらす．このように，都市は持続可能性という解決課題を生み出すが，環境の持続可能性を達成するための鍵も握っている[89]．本節では，環境や健康面で大きなコベネフィットをもたらす，いくつかの都市が実施する政策や戦略の例に焦点を当てていく．

統合型グリーンアーバニズム

グリーンアーバニズムとは都市開発政策の1つで，有害排出ガスゼロ，ごみゼロの都市デザインを推進し，人と地球に有益な都市を構築することを目的としている．おもな重点分野は，コンパクトな都市形態，エネルギー効率，環境に優しい交通輸送，ならびに都市緑化などである[90, 91]．

グリーンアーバニズムの優れた例としてコペンハーゲンが挙げられる（**図13.4**）．コペンハーゲンの注目すべき都市改造は環境的にも社会的にもその有益性が認められており，世界で最も環境に優しい都市の1つとされている[92-94]．最新の2015年自治体計画では，グリーンエネルギーによって2025年までにカーボンニュートラル（訳注：温室効果ガスの1つとして排出される二酸化炭素量と吸収される二酸化炭素量を同じにして実質排出量をゼロにする政策）を達成すると同時に，「さらなる生活水準と質の向上」の推進を目指す．コペンハーゲンの都市政策は，環境に優しい住民主体の都

図13.3　シンガポールにあるような都市の屋上庭園は，冷房，雨水管理，人々にとっての快適な場所，動植物の生息環境，さらには食料生産など，多くの用途に応えるサービスを提供できる.

［出典］写真提供 Jimmy Tan（Flickr）, Creative Commons, license CC BY-2.0

市，社会的結束，生活の質，経済成長と雇用，地域の統率力を優先事項としている[94].この計画では，2027年までに4万5000戸の持続可能な新築住宅を建設すること，交通量の3分の1が自転車，3分の1が公共交通機関，最大でも3分の1が自動車となるような配分を実現すること，公営住宅を20％増やすこと，恵まれない地域での社会プログラムを増やすこと，排出ガスと粒子状物質による汚染を削減すること，そして移動性および環境の質の向上による健康の公平性を支援することなどがうたわれている[95].

図13.4　コペンハーゲンは，歩行者用と自転車用のインフラ，環境に配慮した廃棄物処理など，持続可能で健康上メリットのある多くの特徴で広く認知されている．
[出典] Pixabay

また，コペンハーゲンは「ごみゼロの都市」を目指し政策を実施しており，都市が排出する固形廃棄物の100%をリサイクルし，廃棄物から100%の資源エネルギーを回収するという目標を達成している[96]．コペンハーゲンの廃棄物管理における技術革新は，再利用物質の使用量を3倍にし，廃棄物の管理および監視のためのテクノロジーを開発することを目標に，資源を持続させる設計，資源の再利用，管理，回復，変換を奨励している[97,98]．世界の多くの都市がグリーンアーバニズムを取り入れている．代表的な例として，ブラジルのクリティバ[94]，フィンランドのヘルシンキ，フランスのパリ，イタリアのヴェネツィア，英国のロンドン，スペインのビトリア=ガステイスなどがある[99]．

健康的かつ環境的に持続可能な都市の交通輸送

世界各地の都市や民間企業は，官民一体となった技術革新により，自動車や一般的な公共バス，あるいは地下鉄などの従来の移動手段に代わる新たな移動方法を導入し始めている．これらの技術革新は，目的地への交通の便を向上させ，体を動かしながらの移動や身体運動を促進し，1人あたりのエネルギー消費量を減らし，温室効果ガスなどの排出量を削減し，交通事故による負傷者数を減少させ，大気汚染関連の罹患率や死亡率を低下させる可能性を秘めている．また，身体的・環境的な健康上の効果以外にも，社会関係資本（第9章p.219の脚注を参照），コミュニティの結びつき，個人的なストレスなどに影響し，メンタルヘルスやウェルビーイングにも無数の影響を与える可能性もある．次に，環境と健康に多大なコベネフィットをもたらす都市における移動戦略の3つの事例について述べる．

バス・ラピッド・トランジット

バス・ラピッド・トランジット（訳注：バス高速輸送システム，BRT）とは，バス車両を中心とした公共交通システムのことで，専用車線，交通信号の優先，降車時の運賃徴収，そして整備された駅などが特徴である（**図13.5**）．世界の168の都市でBRTが運行されており，その内訳は，中南米55都市，欧州44都市，アジア43都市，北米18都市，アフリカ4都市，オセアニア4都市である[100]．BRTが鉄道と比べて特徴的な点は，そのモジュール性である．密集した都市環境ではバスが鉄道と同じように走るが，密集度の低い地域では通常のバスのように運行することもできる．BRTの効果に関する研究では，特に停留所周辺の土地利用がBRTに対応している場合，移動時間の短縮[101]，高密度化と土地利用の変化[102]，そして自動車利用率の低下などのメリットが実証されている[103–105]．BRTは，運動量の増加，炭素排出量の削減，交通安全の向上などの効果がある[104, 106, 107]．

こうした肯定的な結果の一方で，BRTは都市やプラネタリーヘルスにいくつかの課題ももたらしている．例えばいくつかの研究では，BRTの利用者が$PM_{2.5}$，ブラッ

図13.5 ブラジルのクリティバで見られるように，バス・ラピッド・トランジットは，専用車線と効率的な乗車・降車を特徴としている．

［出典］写真提供 Mario Roberto Duran Ortiz (Wikimedia)，

クカーボン（黒色炭素），超微粒子などの汚染物質に多くさらされることがわかっている[108]．土地の価値が上がるため，ジェントリフィケーション（訳注：都市の富裕化現象のことで，都市再開発などで地価が高騰しそれまで住んでいた低所得層が立ち退きを余儀なくされる）による圧迫がBRTへの投資を増大させ，住宅の購入しやすさを低下させ，優位性や分離のパターンが強化される可能性がある[109, 110]．これらの結果を総合すると，革新的な都市交通輸送という新たな取り組みが組み込まれた，より広範なシステムを検討することの重要性が浮き彫りになった．このような負の転帰に対する懸念は，公平性を考慮し，さまざまな影響を受けやすいコミュニティの声を計画段階に取り入れる必要性を明確に示している．

自転車の利用促進

コペンハーゲン，アムステルダム，フライブルクなどの欧州の都市は依然として自転車利用の先導的存在であるが，グローバル・ノース，グローバル・サウス（第8章p.190の脚注を参照）を問わず，世界中の何十もの都市が，移動や娯楽のための自転車利用を推進し始めている．自転車による身体運動は，あらゆる原因による死亡率の低下，肥満，糖尿病，心血管疾患，高血圧症の減少など，自転車利用者の命を守る重要な効果がある[111-113]．また，自転車で移動することで汚染物質の排出量を減らすことができ，健康面でも大きな効果がある．

自転車の利用を促進するために，さまざまなコミュニティでは，インフラ計画，教育や交通法規の施行などの政策，コミュニティ・サイクリング・デーや定期的な交通規制などのプログラム，自転車シェアプログラム，自転車利用者や潜在的利用者に自転車をより魅力的に見せるための宣伝活動などに重点が置かれている．インフラ計画では，遊歩道，車道（および歩行者）から自転車を分離する自転車専用車線，そして自動車を減速させるための交通機器などを中心に投資することになる．これらの改善がサイクリストにもたらすメリット（安全性，身体運動の向上，混雑時の移動時間の短縮）や非サイクリストにもたらすメリット（安全性の向上，排気ガスの削減）は十分に証明されている[114, 115]．自転車利用を促進するためには，自動車運転者やサイクリストの教育，制限速度の引き下げ，駐輪場の整備などの政策が効果的である．また，コロンビアの首都ボゴタでのシクロビアと呼ばれる自動車が走行できない自転車・歩行者専用道路のように，1年を通してほぼ毎週日曜日は道路を封鎖して車のないコミュニティ空間にし，娯楽や身体運動を行うプログラム[116]も，自転車の利用を増加させる見込みがある．

BRTと同様に，多くの都市で行われている自転車インフラへの投資は，よく利用される目的地に集中して行われている．これらの目的地を利用するのは非常に高くつくため，中高所得者層がこうした都市空間に居住する傾向がある．一方，周辺地域に住む低所得者層は，坂道や丘陵地などの物理的障壁，活動拠点までの距離などの理由から，あるいは単に意思決定過程で考慮されていないことから，こうしたインフラの利用に制限がある．また，自転車インフラへの投資が引き起こす併発的なジェントリフィケーションも懸念されており，地域住民からは住宅価格の高騰や住居移転への懸念が寄せられている[117, 118]．

車両の共用，電気自動車，自動運転車

民間企業が主導する画期的なモビリティ・イノベーションは，都市交通輸送の風景を一変させている．車両の共用（共用自転車から共用スクーター，共用自動車まで），よりクリーンな車両推進システム（電動自転車，電動スクーター，電動自動車），そして自動運転車は，いずれも都市の持続可能性とプラネタリーヘルスに重大な効果がある．導入や本格的な市場への浸透までに要する時間は技術革新によって異なるが（電気モーターや共用車などの技術革新は世界中で積極的に展開されているが，自動運転車など他の技術革新はより超現代的なものである），これらの技術革新は都市環境に直接的な影響を与え，都市生活の質に間接的な影響を与える．

直接的な影響は，化石燃料の排出量，大気環境，土地利用の変化，安全性の変化に関連する．一部の人々が身体運動を伴う交通手段や公共交通機関から車両の共用へ移行することになり，交通量や渋滞の増加の一因となっているエビデンスもあるにせよ，車両の共用は，各車両がより集中的に使用されて駐車場の需要が減少する[119]．また，車両の共用は，公共交通機関の最寄り駅までの移動方法を柔軟にしてくれる．車両の電動化は，特に電気エネルギーが再生可能資源から供給されるため，大気環境の大幅な改善につながる[120]．世界的に交通事故による死亡率が高いことを考えると，安全性は最終的に自動運転車による最大の貢献の1つになると思われる．車両の自動化は交通の流れをスムーズにし，排出ガスを大幅に削減させる[121, 122]．

より効率的な移動方法による好ましくない影響は，慎重に計画を立てなければ都市部が周辺地域で成長し続け，都市のフットプリントが拡大することである．同様に，移動を容易にすると移動が増えるため[123]，自動車に乗っている時間も長くなり，同じ姿勢で座り続けて身体運動を低下させ，それに伴う健康上の悪影響を被る．

共用車，電気自動車，自動運転車の影響には，生活の質に影響を与え，公平性への懸念を引き起こす間接的なものもある．例えば周辺地域では，人口密度が低いことから，公共交通機関サービスの維持が困難になる．さらに，人口密度が低いと移動距離が長くなり，徒歩や自転車での移動が困難になる[124]．このことにより，プラネタリーヘルスの分野では次のような問いが繰り返し問題提起されている．これらの技術革新によってもたらされた優れたシステムにより誰が恩恵を受け，誰が犠牲を払うのか．私たちは恵まれない立場の集団にモビリティ・イノベーションの負担を背負わせ，より恵まれた立場の集団がその恩恵を享受するという状況を再現してしまうのか．

このような技術革新の多くは民間企業が主導してきたため，公平性は最優先では配慮されてこなかった．モビリティ・イノベーションが都市のスプロール現象を助長することなく，確実に誰もが平等に恩恵を受けられるようにするには積極的な取り組みが必要である．

公共交通指向型都市開発による健康的かつ環境的に持続可能な地域社会づくり

コンパクトで歩きやすく公共交通機関に適した地域社会の設計は持続可能な都市計画の重要な特徴であり，公共交通指向型都市開発（TOD）として知られている．TODは自動車の渋滞や大気汚染を軽減し，緑や広々とした空間を保護する[125]．密集度が高くコンパクトな都市形態は持続可能な良い結果につながっている[126]一方で，周辺地域の密集度の低い孤立した地域では自動車の使用率が多く，歩く量も少なく，社会的なつながりも弱く，大気環境も劣化する[102]．コンパクトな地域ほど住宅のエネルギー効率が高い傾向にある[127]．

ブラジルのクリティバ市の取り組みは，TODとBRTを統合して都市の持続可能性を実現した注目すべき例である．1970年代初頭，クリティバ市では，BRTへの投資とTODを推進する土地利用計画を連携させる，自治体の持続可能な都市開発に向けた政策を採択した[128, 129]．この過程を支持するために，クリティバ市はBRT沿線の都市開発の密集度を高める一方，沿線から離れた場所の密集度を積極的に抑制した．BRT沿線は都市発展の構造上の中心となった．現在，クリティバ市は1人あたりの自動車保有台数がブラジルで最も多いにもかかわらず，公共交通機関の利用率は85%と最も高い[130]．クリティバ市の都市構造の変革は，BRTを導入する他の都市のモデルとなっている[131, 132]．

TODは注目を引くが，健康面での効果を最大限に生かすためには，集中的な都市開発による潜在的な副次的影響を軽減する，先を見越した都市計画が必要となる．例えば，建物密集地域における都市のホットスポットの出現[133]，レクリエーションスペースの利用や身体運動を行う機会の制限[134]など，特に子どもや高齢者などの特定の年齢層への配慮が必要となる[135]．具体的な設計方法としては，緑地や娯楽用空間を戦略的に配置し[133]，年齢や所得に応じて利用の制約が起きないように注意を払い，レクリエーションと通勤の両方を目的としたウォーキングや自転車に乗る機会を充実させることが挙げられる[134, 136]．

より健康的かつ環境的に持続可能な都市フードシステムの促進を目指す都市政策

各都市は，持続可能な都市フードシステムの開発を持続させるためにさまざまな手段を講じている[137]．2015年，世界のあらゆる地域の都市が「都市食料政策ミラノ協定」

に署名し，都市化とフードシステムの課題は相互に関連しており，解決策の実施において都市が戦略的な役割を担っていることを正式に承認した[138]．2019年時点で199都市がこの協定に署名しており，食料政策と都市政策を一体化し，健康と持続可能な食料政策を推進するために複数の段階で関係者に参加してもらうことを掲げている[138]．この協定の主要目標は，持続可能かつ弾力的な都市フードシステムの促進である．重点分野には，食料政策に関するガバナンスの改善，健康的な食生活の促進，社会的・経済的公平性，環境的に持続可能な食料生産，効率的な食料供給と流通，食料廃棄物の削減などが含まれる．これらのテーマの多くは第5章で詳細に記述している．

多くの都市が地元で生産された新鮮な果物や野菜，特に都市に隣接する農業地域で生産された食品の消費，いわゆる「地産地消」を支援する取り組みを開始している（**図13.6**）．例えば，ブラジルのベロオリゾンテ市とアルゼンチンのロサリオ市では政策的介入により，地元の都市周辺部や農村部の農家が生産した食品の消費を促進している．これらの戦略には，組織団体による購入，啓発活動，地元の農産物を近隣都市の市場に直接販売することなどが含まれている[139]．都市農業の推進はよりいっそうの地産地消を支えている．セネガルのダカール市ではマイクロガーデン・プログラムを実施しており，都市部の貧困層が新鮮で栄養価の高い食品を栽培し，家庭で消費したり販売したりするためのマイクロガーデン用の土地やそれに必要なものを提供してい

図13.6　ニューヨーク市のユニオン・スクエアにあるこのような都市型ファーマーズ・マーケットは，市の中心で都市周辺部の農家と消費者をつなぐ役割を果たし，コミュニティの形成と健康に良い食品の選択肢の多様化に貢献している．

［出典］写真提供 Phil Roeder（Flickr），Creative Commons, license CC BY-2.0

る[137]．ナイロビ・アーバン・フード法（法案）は，都市住民が合法的に都市農業を展開することを可能にする[140]．このような都市農業の取り組みは，より健康に良い食品を消費することで健康を促進するとともに，雇用機会を提供し，社会関係資本を増加させる．垂直農法とは，1年を通して屋内で高効率の水耕栽培や養液栽培を行うもので，従来の農業に比べて土地，肥料，水の投入量が少なくて済むため新鮮な地元の農産物を都市住民に提供できる，急成長しているもう1つの技術革新である．都市部での食料の生産や流通方法が大きく変化することで，環境や健康に大きなメリットをもたらす．しかし，こうした技術革新が健康や環境に与える影響はまだ十分には調査されておらず，土壌汚染などの問題も依然として懸念されている[141]．

食品廃棄物の削減も，急速に革新が進んでいる分野である．例えば2012年にフランスのパリ市は，民間企業と市民社会の相互協力により，廃棄されてしまう食品を安全に回収し，低所得層などの食料不安を抱える人々に再提供する活動を開始した[137]．他の都市でも同様の取り組みが行われている．クリティバ市では，市民がリサイクル可能な物資を地元の家族経営の農場で生産された新鮮な農産物と交換したり，その農産物を割引価格で購入したりできる．また，この施設では固形廃棄物の回収も同時に行っている．このプログラムは，地元の農産物の消費，環境に有害な廃棄物処理の削減，雇用の創出，社会的結束の実現を同時に促進する[139]．このような取り組みによる健康面や環境面での効果については精査が必要である．

都市空間におけるプラネタリーヘルス的アプローチ推進の試み

エビデンスに基づく手法の構築

都市空間の特徴を環境面での成果や健康に関連づける経験的なエビデンスは数多くある．しかし，健康面と環境面での成果を複合的成果として評価する研究者はほとんどいない．多くの健康に関する研究では健康の予測因子として環境を調査しているが，環境自体への関心から環境の影響に焦点を当てているわけではない．最も関心の高い環境構成要素は，健康または健康に関連する行動パターンに直接的な影響を与えると仮定されているものである．長い時間をかけた環境の持続可能性などのより複雑な環境面での成果は，あまり注目されない．同様に，環境研究では，環境を保護する政策の健康への効果（コベネフィット）については必ずしも十分に調査されていない．

さまざまな分野の科学者が，都市を人々の健康と環境の両方に影響を与える複雑なシステムとして研究する，新たな都市科学を探求している[6]．複雑性，双方向性，非線形性を考慮し，専門分野を横断するシステムアプローチの必要性はプラネタリーヘルスにおいて繰り返し取り上げられている．このようなアプローチは，健康的で住みやすく，環境的にも持続可能な都市づくりに向けたより効果的な政策を生み出す中核をなす．この科学を発展させるためには，都市計画の専門家，健康科学者，環境科学者の間で意見交換や連携を深める必要がある．また，今日の多くの研究で主流となっているかなり単純な線形概念モデルを超越することも必要となる．

世界中で，都市や近隣地域は都市空間を変えるために行動を起こしている．このような政策や介入は，健康や生活の質向上のメリットへの期待が動機となる場合がある．また，環境面や経済面での利益への期待が動機となる場合もある．これらの介入を厳格に評価することは，何が効果的であるかというエビデンスの基盤を構築するものであり，特定の政策や介入による健康面と環境面のコベネフィットを同時に評価するという，これまで十分に活用されてこなかったまたとない機会である．このような評価を行うには，政策立案者，学術関係者，実務者を含む学際的な協調が必要となる．

公平性を目指すさまざまな影響への取り組み

都市空間の多くでは，健康状態や社会経済的地位に大きな格差があることが特徴である．都市における不公平は，歴史的な事情，社会的・経済的な過程，人種差別など，非常に多くの因子が相互に影響をして生じている．この不公平は，社会階級，人種，民族性，出身国による居住地の分離により，都市という空間において現れている．居住地の分離は，近隣地域の社会的，物理的環境や，公共サービスや資源の利用にも同じように影響を与えることで，階級や人種，その他の因子による不公平感を強めている．居住地の分離が特に顕著に表れているのが，多くの大都市にある非公式居住区や「スラム街」の存在である[142]．プラネタリーヘルスのための重要な課題は，都市空間の環境的な持続可能性を促進しながら，社会の中で最も弱い立場にある人々の健康と生活状態を改善する（つまり不公平を低減する）必要性にある．

都市の中で環境上の脅威に最も影響を受けるのは，貧しい地域である．例えば，貧しい地域は熱波による健康への悪影響の被害を受けやすい[143]．また，恵まれない地域は豪雨や暴風雨の後に洪水や地滑りがより発生しやすい地区であり[144]，そして交通の往来場所やその他の発生源の近くに位置する結果，大気汚染レベルが高くなることが多い[37, 145]．同時に，裕福な地域ではエネルギー消費量やごみの排出量が多く，環境負荷が大きいが[18]，健康面への環境上の影響という観点では，その影響は最も恵まれない人々が負担している．このようなパターンをふまえると，都市による環境負荷を低減する取り組みは最も恵まれない人々にメリットをもたらすことが期待できるが，このような公平なメリットを最大限に活用できる要件についてはさらなる研究が必要となる．

都市における公平性の促進を目的とする，空間を基盤とした政策介入には，長きにわたる伝統がある．例えば，ブラジル・ベロオリゾンテの「ヴィラヴィーヴァ・プログラム」，チリ・サンチアゴの地域復興プログラム，ケニアのスラム街再生アップグレードプログラム，インドのスラム街人的ネットワーク形成計画，バルセロナの地域環境改善法整備，スコットランド・グラスゴーのクライド川南岸地域のゴーバル都市再生プロジェクトなど，スラム街や非公式居住区，あるいは恵まれない地域の状況を改善することに重点を置くプログラムが挙げられる[146–151]．これらのプログラムには一般的に，道路や住宅の物質的な改善，適切な上下水道設備の利用の改善，社会福祉サービスや職業訓練，住民の直接参加型の想定などの要素がある[152, 153]．その他，確固たる公平性の要素を取り入れた空間基盤型の介入策の例としては，コロンビア・メデジンの「メトロケーブル」[154]や，ボゴタの新しい「トランスミケーブル」のような，都市の周辺部に位置する不利な近隣地域の公共交通機関の利用改善を目的とした交通輸送戦略がある．これらの介入策の健康面での効果についてはある程度のエビデンスはあるものの[155, 156]，都市のフットプリント，気候への影響，廃棄物の排出，渋滞，大気汚染などの広範な環境面での影響については評価が限られている．環境への悪影響を増大させることなく公平性を促進するために，これらの介入策をどのように設計するかという重要な問題が残っている．

プラネタリーヘルスのアプローチが公平性に影響を与え得る別の方法には，都市のエコロジカル・フットプリントの削減を目的とした介入策の意図しない成り行きから導かれるものもある．その一例が都市の緑化である．都市の緑化は，富裕層の流入と低中間層の移転を特徴とするプロセスであるジェントリフィケーションを引き起こす[154, 157, 158]．環境的に恵まれた地域（例えば洪水から守られている高台地域など）もジェントリフィケーションが進んでいる[159]．環境の持続可能性を促進するための善意で実施する戦略が都市部における社会面・健康面での不平等の拡大という結果を招かないよう保証することは重要な課題である．そのためには，都市の緑化政策を，さまざまな所得層向け住宅の促進や，近隣地域の環境改善に伴う転居の軽減を目的とした社会福祉プログラムと組み合わせて実施することが必要となる．

社会面ならびに環境面での目標を盛り込んだ努力が見える包括的な政策の一例に，1990年代初頭のメデジンで実施されたソーシャルアーバニズム戦略がある[160]．ソーシャルアーバニズムとは，物質的な変革，社会福祉プログラム，制度的な変化，直接参加型のプロセスを組み合わせた都市開発戦略である[161, 162]．このプログラムの結果，生活の質の向上，暴力行為の減少[156]，社会関係資本の増加などが見られた[161]．しかし，その他の環境への影響は体系的な評価が行われていない．今後の前進に向けて，プラネタリーヘルスを促進するための政策や介入策の公平性への影響を評価するとともに，公平性の推進を目的とした介入策のプラネタリーヘルスへの影響を評価することが重要になる．

周知活動と実践

世界の都市を変革するためには，建物の設計，交通輸送インフラ，廃棄物処理，複合用途のゾーニング，緑地化などにおける技術革新が必要であるが，それだけではまだ不十分である．さらに，都市ごと，そして地域ごとにアクティブラーニング戦略も必要となる．

成功裏にデータを実行に移すには，健康と環境の促進に最も効果的な設計要素，政策，プログラムに関する知識を広めることが必須である．このような周知活動の取り組みには，一般市民と政策立案者の両方が情報を理解し，利用できるようにすることに明確な重点を置いたネットワークや協調が必要である．また，これらの技術革新を最も効果的に実施し，規模を拡大する方法に関する研究も，重要なニーズがある．現在の取り組みから学び，将来の行動に反映させるためには，このような「実践科学」が不可欠である[163, 164]．

また，技術開発やインフラの改善は都市変革の中核的要素であるが，都市は政治的な存在であり，都市変革は根本的には政治的なプロセスである．市民を巻き込み，意思決定を共有し，超地域密着的な問題に取り組む包括的なプロセスが必要である[165]．先見性のある自治体の統率力も同様である．都市全域の変革には，利害関係が対立する多数の地域や管轄区域の複雑さ，意思決定のための断片的な構造，影響力を持つ既得権者の存在，緊急性の高い事項と長期にわたり優先される事項との間の葛藤，必然的に起こる資源の限界など，これらすべての課題が存在する．さらに，重大な変革には何十年もかかることがある一方で，政治指導者，コミュニティ，寄付者，投資家らはより短期間で実務をこなしていることが多い．このような課題に対処し打開していくためには，市民の積極的な参加，効果的で責任のあるガバナンス，そして献身的なリーダーがきわめて重要である．

健康と環境の持続可能性を向上させる政策の実施に向けた資源と政治的意思がある場合でも，正しい行動方針が常に明確であるとは限らない．トレードオフや，利得と望ましくない結果との比較考察が，こうしたプロセスをさらに複雑にする．例えば，近隣地域の活性化運動はジェントリフィケーションの弊害に直面し，健康面での公平性に影響を及ぼす．また，都市緑化の取り組みは資産価値を高騰させ，地域のジェントリフィケーションを誘発することで社会的不公平を悪化させる[166]．公共交通機関の利用を促進する取り組みは，汚染物質への意図しない有害な暴露[108]や安全性への懸念の増大を招く．新たなテクノロジー（自動運転車やテクノロジーを基盤とする移動手段など）は，健康と環境に有益で，かつ公平性を促進するように活用する必要がある．多くの多面的な方策が必要となるであろう．このような場合には，体系的に考え，エビデンスを頼りにし，協調関係を構築し，直接参加型の計画手法に一般市民を巻き込むことが鍵となる．

結　論

私たちが生活する都市空間は健康増進と環境保護のために設計され，建設され，管理されるというきわめて重要な特質がある．しかし，このような空間が経済的な優先事項により，健康や環境の保護とは無関係なところで形成されてしまうことがあまりにも多い．

幸いなことに，多くの都市横断的なイニシアチブが協調関係，ネットワーク，連合体を構築し，プラネタリーヘルスが促進できるような都市や都市空間の新たな構想を奨励している．これらのネットワークや連合体の例としては，C40都市気候リーダーシップグループ，世界気候エネルギー首長誓約，持続可能な都市と地域を目指す自治体協議会（ICLEI），100のレジリエント・シティ・ネットワーク（100RC）などがある．世界気候エネルギー首長誓約は，7100都市の地域自治体の首長で構成する連合体で，パリ協定の目標達成に向けた活動と，その他の気候変動対策活動を推進している[167]．ICLEIは1500以上の市や町，地域などの地方自治体が参加する国際ネットワークで，持続可能な都市システムの構築のための地方政策やイニシアチブの推進を主導している．この連合体の政策には，食品流通，エネルギー，交通輸送，緑道など，広く相互に関連するシステムが含まれている[168]．同様に，100のレジリエント・シティ・ネットワークは，物質的，社会的，そして経済的なレジリエンス（適応回復力）を構築するために，財政的，物流的，その他の支援を都市に提供している[169]．他にも多くのさまざまなプログラムが新たに生まれている．例えば，エコディストリクト（訳注：エコロジカル・フットプリントの削減や自然との共生を目指す，持続可能な都市再生計画を基盤とする地区）やトランジション・タウン（訳注：世界の石油産出量がピークに達する時期や気候破壊，経済の不安定さなどを鑑み，自給率の向上を目指す草の根コミュニティ運動）は，健康に良く，公平であり，持続可能で，市民参加型の都市ならびに地域開発の促進・支援を目的とした取り組みである[170, 171]．これらのネットワークやプログラムは，都市間の交流，技術支援，責任を果たすための実践の機会の提供において重要な役割を果たしている．これらはまた，これまで各国政府が主導してきたきわめて重要な協議やグローバルな合意形成の場であり，都市の首長の発言力を確保するためにも必要不可欠である．

都市や近隣地域に重点を置いた空間を基盤とする介入や政策は，健康と環境の持続可能性を連携させて促進するという非常に大きな可能性を秘めている．また，健康の公平性を推進するために活用することもできる．既存の都市を改善し，低中所得国，つまり発展途上国で行われる都市建設が確実に健康と環境を促進するには，まだ間に合う．都市は創造力，技術革新，進歩主義の中心である．実際，優れた設計の都市と健康的な都市生活は，地球が直面している環境問題に関する解決策の中心となるかもしれない．私たちの課題は，厳密な調査を用いて，これらの空間を基盤とするシステムが現在どのように機能し，また，より健康的で環境的に持続可能な方向へどのように軌道修正できるかを理解することである．そのためには，さまざまな分野の関係者や一般市民を巻き込んで，空間，健康，そして環境のつながりについての新しい考え方について共通理解を図り，健康，環境の持続可能性，公平性を促進するために空間の力を活用した政策や介入を提唱していく必要がある．

エネルギーシステムと同様に，私たちは岐路に立っている．「都市」というと，公害，スプロール現象，スラム街，そして自動車の渋滞する道路など，ディストピア的なイメージがつきまとう．しかし都市を変革することで，人々が健康的な地域に集まり，効率的で環境に優しい建物に住み，低エネルギーで健康的な方法で移動し，ごみをほとんど，あるいはまったく出さずに，今日の都市住人のエコロジカル・フットプリント全体のごく一部で済むようになるという別の道が開けるのである．裕福なグローバル・ノースの都市はこのビジョンに向けた新たな方向設定が必要であり，グローバル・サウスの急成長都市は，過去の過ちではなく，前向きな未来を見据えた開発形態を目指すことが必要である．すべての都市は，裕福な人とそうでない人との格差を減らし，公平性を追求する必要がある．おそらく最大の難題は「想像力」である．つまり，真の意味での人々の健康と地球の持続可能な未来を体現した，進むべきであると同時に実現可能である，さまざまな未来の形を思い描くことが最重要課題なのである．

参考文献

1. Myers SS. Planetary health: protecting human health on a rapidly changing planet. *Lancet*. 2017;390(10114):2860–2868.
2. Horton R, Beaglehole R, Bonita R, Raeburn J, McKee M, Wall S. From public to planetary health: a manifesto. *Lancet*. 2014;383(9920):847.
3. United Nations. *World Urbanization Prospects: The 2014 Revision, Highlights*. New York, NY: United Nations; 2014.
4. UN-Habitat. *World Cities Report 2016, Urbanization and Development Emerging Futures*. Nairobi, Kenya: United Nations Human Settlements Programme; 2016.
5. UN-Habitat. *State of the World's Cities 2012/2013*. Nairobi, Kenya: United Nations Human Settlements Programme; 2012.
6. Alberti M. Grand challenges in urban science. *Front Built Environ*. 2017;3.
7. Barber BR. *If Mayors Ruled the World: Dysfunctional Nations, Rising Cities*. New Haven, CT: Yale University Press; 2013.
8. Sarig E. Business partnerships in local government. *Curr Urban Stud*. 2015;03(03):216–230.
9. Seto KC, Fragkias M, Güneralp B, Reilly MK. A meta-analysis of global urban land expansion. *PloS One*. 2011;6(8):e23777.

10. Bhat PA, Shafiq Mu, Mir AA, Ahmed P. Urban sprawl and its impact on landuse/land cover dynamics of Dehradun City, India. *Int J Sustain Built Environ*. 2017;6(2):513–521.
11. Zhou D, Shi P, Wu X, Ma J, Yu J. effects of urbanization expansion on landscape pattern and region ecological risk in Chinese coastal city: a case study of Yantai City. *Sci World J*. 2014;2014:1–9.
12. Bren d'Amour C, Reitsma F, Baiocchi G, et al. Future urban land expansion and implications for global croplands. *Proc Natl Acad Sci U S A*. 2017;114(34):8939–8944.
13. Jiang L, Deng X, Seto KC. The impact of urban expansion on agricultural land use intensity in China. *Land Use Policy*. 2013;35:33–39.
14. Kaufmann RK, Seto KC, Schneider A, Liu Z, Zhou L, Wang W. Climate response to rapid urban growth: evidence of a human-induced precipitation deficit. *J Clim*. 2007;20(10):2299–2306.
15. Oliveros J, Vallar E, Galvez M. Investigating the effect of urbanization on weather using the Weather Research and Forecasting (WRF) model: a case of Metro Manila, Philippines. *Environments*. 2019;6(2):10.
16. Eigenbrod F, Bell VA, Davies HN, Heinemeyer A, Armsworth PR, Gaston KJ. The impact of projected increases in urbanization on ecosystem services. *Proc R Soc B Biol Sci*. 2011;278(1722):3201–3208.
17. World Bank. Urban Development. 2018; July 2019. https://www.worldbank.org/en/topic/urbandevelopment/overview.
18. Intergovernmental Panel on Climate Change. *Climate Change 2014: Impacts, Adaptation, and Vulnerability. Part A: Global and Sectoral Aspects. Working Group II Contribution to the IPCC Fifth Assessment Report*. Cambridge, UK: Cambridge University Press; 2014.
19. Seto KC, Guneralp B, Hutyra LR. Global forecasts of urban expansion to 2030 and direct impacts on biodiversity and carbon pools. *Proc Natl Acad Sci*. 2012;109(40):16083–16088.
20. Seto KC, Shepherd JM. Global urban land-use trends and climate impacts. *Curr Opin Environ Sustain*. 2009;1(1):89–95.
21. Karagulian F, Belis CA, Dora CFC, et al. Contributions to cities' ambient particulate matter (PM): a systematic review of local source contributions at global level. *Atmos Environ*. 2015;120:475–483.
22. World Health Organization. Health and sustainable development: unsafe drinking water, sanitation and waste management. 2018. http://who.int/sustainable-development/cities/health-risks/water-sanitation/en/. Accessed April 2020.
23. Imhoff ML, Zhang P, Wolfe RE, Bounoua L. Remote sensing of the urban heat island effect across biomes in the continental USA. *Remote Sens Environ*. 2010;114(3):504–513.
24. US Environmental Protection Agency. Heat island effect. 2018. https://www.epa.gov/heat-islands. Accessed April 2020.
25. Leal Filho W, Echevarria Icaza L, Emanche V, Quasem Al-Amin A. An evidence-based review of impacts, strategies and tools to mitigate urban heat islands. *Int J Environ Res Public Health*. 2017;14(12):1600.
26. Kotaji S, Schuurmans A, Edwards S, SETAC-Europe. *Life-Cycle Assessment in Building and Construction: A State-of-the-Art Report, 2003*. Pensacola, FL: Society of Environmental Toxicology and Chemistry; 2003.
27. United Nations Environment Programme. *Assessment of Policy Instruments for Reducing Greenhouse Gas Emissions from Buildings*. Budapest, Hungary: United Nations Environment Programme; 2007.
28. de la Rue du Can S, Price L. Sectoral trends in global energy use and greenhouse gas emissions. *Energy Policy*. 2008;36(4):1386–1403.
29. United Nations Environment Programme. *Buildings Investing in Energy and Resource Efficiency*. Budapest, Hungary: United Nations Environment Programme; 2011.

30. Afgan NH. Sustainability concept for energy, water and environment systems. In: Hanjalic K, Van de Krol R, Lekic A, eds. *Sustainable Energy Technologies: Options and Prospects*. Dordecht, The Netherlands: Springer Netherlands; 2008:25–49.
31. Harmancioglu NB, Barbaros F, Cetinkaya CP. Sustainability issues in water management. *Water Resour Manag*. 2012;27(6):1867–1891.
32. United Nations Water. Water scarcity. http://www.unwater.org/water-facts/scarcity/.Accessed April 2020.
33. Johnson TD, Belitz K. A remote sensing approach for estimating the location and rate of urban irrigation in semi-arid climates. *J Hydrol*. 2012;414–415:86–98.
34. UNESCO. *The United Nations World Water Development Report 2017: Wastewater the Untapped Resource*. Paris, France: United Nations Educational, Scientific and Cultural Organization; 2017.
35. United Nations Water. Water and Urbanization. http://www.unwater.org/water-facts/urbanization/. Accessed April 2020.
36. National Research Council. *Urban Stormwater Management in the United States*. Washington, DC: The National Academies Press; 2009.
37. Hoornweg D, Bhada-Tata P. *What a Waste: A Global Review of Solid Waste Management*. Washington, DC: World Bank; 2012.
38. Popkin BM, Adair LS, Ng SW. Global nutrition transition and the pandemic of obesity in developing countries. *Nutr Rev*. 2012;70(1):3–21.
39. Swinburn BA, Kraak VI, Allender S, et al. The global syndemic of obesity, undernutrition, and climate change: The Lancet Commission report. *Lancet*. 2019;393(10173):791–846.
40. Brownstone D, Golob TF. The impact of residential density on vehicle usage and energy consumption. *J Urban Econ*. 2009;65(1):91–98.
41. Clark TA. Metropolitan density, energy efficiency and carbon emissions: multi-attribute tradeoffs and their policy implications. *Energy Policy*. 2013;53:413–428.
42. Barrios S, Bertinelli L, Strobl E. Climatic change and rural–urban migration: the case of sub-Saharan Africa. *J Urban Econ*. 2006;60(3):357–371.
43. Nawrotzki RJ, DeWaard J, Bakhtsiyarava M, Ha JT. Climate shocks and rural–urban migration in Mexico: exploring nonlinearities and thresholds. *Clim Change*. 2016;140(2):243–258.
44. Mora C, Dousset B, Caldwell IR, et al. Global risk of deadly heat. *Nat Clim Change*. 2017;7(7):501–506.
45. Azhar G, Saha S, Ganguly P, Mavalankar D, Madrigano J. Heat wave vulnerability mapping for India. *Int J Environ Res Public Health*. 2017;14(4):357.
46. Jesdale BM, Morello-Frosch R, Cushing L. The racial/ethnic distribution of heat risk–related land cover in relation to residential segregation. *Environ Health Perspect*. 2013;121(7):811–817.
47. Taylor EV, Vaidyanathan A, Flanders WD, Murphy M, Spencer M, Noe RS. Differences in heat-related mortality by citizenship status: United States, 2005–2014. *Am J Public Health*. 2018;108(S2):S131–S136.
48. Harlan SL, Ruddell DM. Climate change and health in cities: impacts of heat and air pollution and potential co-benefits from mitigation and adaptation. *Curr Opin Environ Sust*. 2011;3(3):126–134.
49. Bowler DE, Buyung-Ali L, Knight TM, Pullin AS. Urban greening to cool towns and cities: a systematic review of the empirical evidence. *Landscape and Urban Plann*. 2010;97(3):147–155.
50. UN DESA. *The World's Cities in 2016, Statistical Papers: United Nations (Ser. A), Population and Vital Statistics Report*. New York, NY: United Nations Department of Economic and Social Affairs; 2016.

51. Gu D, Gerland P, Pelletier F, Cohen B. *Risks of Exposure and Vulnerability to Natural Disasters at the City Level: A Global Overview*. New York, NY: United Nations Department of Economic and Social Affairs; 2015.
52. Intergovernmental Panel on Climate Change. Summary for policy makers. In: Parry ML, Canziani OF, Palutikof JP, van der Linden PJ, CE H, eds. *Climate Change 2007: Impacts, Adaptation and Vulnerability. Contribution of Working Group II to the Fourth Assessment Report of the Intergovernmental Panel on Climate Change*. Cambridge, UK: Cambridge University Press; 2007:7–22.
53. Miller JD, Hutchins M. The impacts of urbanisation and climate change on urban flooding and urban water quality: a review of the evidence concerning the United Kingdom. *J Hydrol Regional Stud*. 2017;12:345–362.
54. Muis S, Guneralp B, Jongman B, Aerts JCJH, Ward PJ. Flood risk and adaptation strategies under climate change and urban expansion: a probabilistic analysis using global data. *Sci Total Environ*. 2015;538:445–457.
55. Arnell NW, Gosling SN. The impacts of climate change on river flood risk at the global scale. *Clim Change*. 2014;134(3):387–401.
56. Guneralp B, Guneralp I, Liu Y. Changing global patterns of urban exposure to flood and drought hazards. *Glob Environ Change*. 2015;31:217–225.
57. Dietz ME. Low impact development practices: a review of current research and recommendations for future directions. *Water Air Soil Pollut*. 2007;186(1–4):351–363.
58. Liu D. China's sponge cities to soak up rainwater. *Nature*. 2016;537(7620):307–307.
59. Ward PJ, Marfai MA, Yulianto D, Hizbaron DR, Aerts JCJH. Coastal inundation and damage exposure estimation: a case study for Jakarta. *Nat Hazards*. 2011;56(3):899–916.
60. Richter BD, Abell D, Bacha E, et al. Tapped out: how can cities secure their water future? *Water Policy*. 2013;15(3):335–363.
61. Sousa PM, Blamey RC, Reason CJC, Ramos AM, Trigo RM. The "Day Zero" Cape Town drought and the poleward migration of moisture corridors. *Environ Res Lett*. 2018;13(12):124025.
62. National Institution for Transforming India (NITI Aayog). *Composite Water Management Index: A Tool for Water Management*. New Delhi, India: NITI Aayog; 2018.
63. Werner AD, Bakker M, Post VEA, et al. Seawater intrusion processes, investigation and management: recent advances and future challenges. *Adv Water Resour*. 2013;51:3–26.
64. Stevenson M, Thompson J, Herick de Sa T, et al. Land use, transport, and population health: estimating the health benefits of compact cities. *Lancet*. 2016;388(10062):2925–2935.
65. Cepeda M, Schoufour J, Freak-Poli R, et al. Levels of ambient air pollution according to mode of transport: a systematic review. *Lancet Public Health*. 2017;2(1):e23–e34.
66. Hoek G, Krishnan RM, Beelen R, et al. Long-term air pollution exposure and cardiorespiratory mortality: a review. *Environ Health*. 2013;12(1).
67. World Health Organization. *Global Status Report on Road Safety 2015*. Geneva, Switzerland: World Health Organization; 2015.
68. Milner A, Badland H, Kavanagh A, LaMontagne AD. Time spent commuting to work and mental health: evidence from 13 waves of an Australian cohort study. *Am J Epidemiol*. 2017;186(6):659–667.
69. Gimenez-Nadal JI, Molina JA. Daily feelings of US workers and commuting time. *J Transport Health*. 2019;12:21–33.
70. Houlden V, Weich S, Porto de Albuquerque Jo, Jarvis S, Rees K. The relationship between greenspace and the mental wellbeing of adults: a systematic review. *PLoS One*. 2018;13(9):e0203000.

71. van den Berg M, van Poppel M, van Kamp I, et al. Visiting green space is associated with mental health and vitality: a cross-sectional study in four european cities. *Health Place*. 2016;38:8–15.
72. Beyer K, Kaltenbach A, Szabo A, Bogar S, Nieto F, Malecki K. Exposure to neighborhood green space and mental health: evidence from the survey of the health of Wisconsin. *Int J Environ Res Public Health*. 2014;11(3):3453–3472.
73. Twohig-Bennett C, Jones A. The health benefits of the great outdoors: a systematic review and meta-analysis of greenspace exposure and health outcomes. *Environ Res*. 2018;166:628–637.
74. Bowler DE, Buyung-Ali LM, Knight TM, Pullin AS. A systematic review of evidence for the added benefits to health of exposure to natural environments. *BMC Public Health*. 2010;10(1).
75. Takano T. Urban residential environments and senior citizens' longevity in megacity areas: the importance of walkable green spaces. *J Epidemiol Community Health*. 2002;56(12):913–918.
76. Jennings V, Bamkole O. The relationship between social cohesion and urban green space: an avenue for health promotion. *Int J Environ Res Public Health*. 2019;16(3):452.
77. Seto KC, Ramankutty N. Hidden linkages between urbanization and food systems. *Science*. 2016;352(6288):943–945.
78. Kearney J. Food consumption trends and drivers. *Philos Trans R Soc B Biol Sci*. 2010;365(1554):2793–2807.
79. Ford ND, Patel SA, Narayan KMV. Obesity in low- and middle-income countries: burden, drivers, and emerging challenges. *Annu Rev Public Health*. 2017;38(1):145–164.
80. Goryakin Y, Rocco L, Suhrcke M. The contribution of urbanization to non-communicable diseases: evidence from 173 countries from 1980 to 2008. *Econ Hum Biol*. 2017;26:151–163.
81. Ma X, Xue X, González-Mejía A, Garland J, Cashdollar J. Sustainable water systems for the city of tomorrow: a conceptual framework. *Sustainability*. 2015;7(9):12071–12105.
82. Neczaj E, Grosser A. Circular economy in wastewater treatment plant: challenges and barriers. Paper presented at: 3rd EWaS International Conference on "Insights on the Water-Energy-Food Nexus"; July 31, 2018; Lefkada Island, Greece.
83. Harlan S, Chowell G, Yang S, et al. Heat-related deaths in hot cities: estimates of human tolerance to high temperature thresholds. *Int J Environ Res Public Health*. 2014;11(3):3304–3326.
84. Benmarhnia T, Deguen S, Kaufman JS, Smargiassi A. Review article: vulnerability to heat-related mortality. *Epidemiology*. 2015;26(6):781–793.
85. Xu Z, Sheffield PE, Su H, Wang X, Bi Y, Tong S. The impact of heat waves on children's health: a systematic review. *Int J Biometeorol*. 2013;58(2):239–247.
86. Asad H, Carpenter DO. Effects of climate change on the spread of Zika virus: a public health threat. *Rev Environ Health*. 2018;33(1):31–42.
87. Matysiak A, Roess A. Interrelationship between climatic, ecologic, social, and cultural determinants affecting dengue emergence and transmission in Puerto Rico and their implications for Zika response. *J Trop Med*. 2017;2017:1–14.
88. Norman J, MacLean HL, Kennedy CA. Comparing high and low residential density: life-cycle analysis of energy use and greenhouse gas emissions. *J Urban Plann Dev*. 2006;132(1):10–21.
89. Grimm NB, Faeth SH, Golubiewski NE, et al. Global change and the ecology of cities. *Science*. 2008;319(5864):756–760.
90. Lehmann S. What is green urbanism? Holistic principles to transform cities for sustainability. In: *Climate Change: Research and Technology for Adaptation and Mitigation*. London, UK: InTech; 2011.
91. Beatley T. *Green Urbanism: Learning from European Cities*. Washington, DC: Island Press; 2000.

92. Brüel M. Copenhagen, Denmark: green city amid the Finger Metropolis. In: Beatley T, ed. *Green Cities of Europe*. Washington, DC: Island Press/Center for Resource Economics; 2012:83–108.
93. Hall P, Falk N. *Good Cities, Better Lives: How Europe Discovered the Lost Art of Urbanism*. London, UK: Routledge, Taylor & Francis; 2014.
94. Ortegon-Sanchez A, Tyler N. Constructing a vision for an "ideal" future city: a conceptual model for transformative urban planning. *Transp Res Procedia*. 2016;13:6–17.
95. City of Copenhagen. *City of Copenhagen Municipal Plan 2015: The Coherent City*. 2015.
96. Zaman AU, Lehmann S. Challenges and opportunities in transforming a city into a zero waste city. *Challenges*. 2011;2(4):73–93.
97. Geissdoerfer M, Savaget P, Bocken NMP, Hultink EJ. The circular economy: a new sustainability paradigm? *J Clean Prod*. 2017;143:757–768.
98. C40 Cities. *Municipality-Led Circular Economy Case Studies*. 2019.
99. Beatley T. *Green Cities of Europe: Global Lessons on Green Urbanism*. Washington, DC: Island Press; 2012.
100. Global BRT Data. Key indicators per region. 2018. https://brtdata.org/. Accessed April 2020.
101. Rodriguez DA, Mojica CH. Capitalization of BRT network expansions effects into prices of non-expansion areas. *Transp Res A Policy Pract*. 2009;43(5):560–571.
102. Rodriguez DA, Vergel-Tovar E, Camargo WF. Land development impacts of BRT in a sample of stops in Quito and Bogota. *Transp Policy*. 2016;51:4–14.
103. Combs TS, Rodrguez DA. Joint impacts of bus rapid transit and urban form on vehicle ownership: new evidence from a quasi-longitudinal analysis in Bogot, Colombia. *Transp Res A Policy Pract*. 2014;69:272–285.
104. Hidalgo Do, Gutirrez L. BRT and BHLS around the world: explosive growth, large positive impacts and many issues outstanding. *Res Transp Econ*. 2013;39(1): 8–13.
105. Venter C, Jennings G, Hidalgo Do, Valderrama Pineda AsF. The equity impacts of bus rapid transit: a review of the evidence and implications for sustainable transport. *Int J Sustain Transp*. 2017;12(2):140–152.
106. Lemoine PD, Sarmiento OL, Pinzon JD, et al. TransMilenio, a scalable bus rapid transit system for promoting physical activity. *J Urban Health*. 2016;93(2):256–270.
107. Welle B. Health impacts and assessment from BRT and complete streets: Mexico City's line 5 metrobus corridor. *J Transp Health*. 2017;5:S66.
108. Morales Betancourt R, Galvis B, Balachandran S, et al. Exposure to fine particulate, black carbon, and particle number concentration in transportation microenvironments. *Atmos Environ*. 2017;157:135–145.
109. Lucas K. Making the connections between transport disadvantage and the social exclusion of low-income populations in the Tshwane Region of South Africa. *J Transp Geogr*. 2011;19(6):1320–1334.
110. Wood A. Moving policy: global and local characters circulating bus rapid transit through South African cities. *Urban Geogr*. 2014;35(8):1238–1254.
111. Flint E, Cummins S. Active commuting and obesity in mid-life: cross-sectional, observational evidence from UK Biobank. *Lancet Diab Endocrinol*. 2016;4(5):420–435.
112. Furie GL, Desai MM. Active transportation and cardiovascular disease risk factors in U.S. adults. *Am J Prev Med*. 2012;43(6):621–628.
113. Møller NC, Østergaard L, Gade JR, Nielsen JL, Andersen LB. The effect on cardiorespiratory fitness after an 8-week period of commuter cycling: a randomized controlled study in adults. *Prev Med*. 2011;53(3):172–177.

114. Chen P, Shen Q. Built environment effects on cyclist injury severity in automobileinvolved bicycle crashes. *Accid Anal Prev*. 2016;86:239–246.
115. DiGioia J, Watkins KE, Xu Y, Rodgers M, Guensler R. Safety impacts of bicycle infrastructure: a critical review. *J Saf Res*. 2017;61:105–119.
116. Sarmiento OL, D'az del Castillo A, Triana CA, Acevedo MaJ, Gonzalez SA, Pratt M. Reclaiming the streets for people: insights from Ciclov'as Recreativas in Latin America. *Prev Med*. 2017;103:S34–S40.
117. Golub A, Hoffmann ML, Lugo AE, Sandoval GF, eds. *Bicycle Justice and Urban Transformation*. Abingdon, UK: Routledge; 2016.
118. Flanagan E, Lachapelle U, El-Geneidy A. Riding tandem: does cycling infrastructure investment mirror gentrification and privilege in Portland, OR and Chicago, IL? *Res Transp Econ*. 2016;60:14–24.
119. Bliss L. How much traffic do Uber and Lyft cause? *CityLab*. 2019. https://www.citylab. com/transportation/2019/08/uber-lyft-traffic-congestion-ride-hailing-cities-driversvmt/595393/. Accessed April 2020.
120. Requia WJ, Mohamed M, Higgins CD, Arain A, Ferguson M. How clean are electric vehicles? Evidence-based review of the effects of electric mobility on air pollutants, greenhouse gas emissions and human health. *Atmos Env*. 2018;185:64–77.
121. Stern RE, Cui S, Delle Monache ML, et al. Dissipation of stop-and-go waves via control of autonomous vehicles: field experiments. *Transp Res C Emerg Technol*. 2018;89:205–221.
122. Wadud Z, MacKenzie D, Leiby P. Help or hindrance? The travel, energy and carbon impacts of highly automated vehicles. *Transp Res A Policy Pract*. 2016;86:1–18.
123. Soteropoulous A, Berger M, Ciari F. Impacts of automated vehicles on travel behaviour and land use: an international review of modelling studies. *Transp Rev*. 2018;39:29–49.
124. Meyer J, Becker H, Bšsch PM, Axhausen KW. Autonomous vehicles: the next jump in accessibilities? *Res Transp Econ*. 2017;62:80–91.
125. Rodriguez DA, Vergel-Tovar CE. Urban development around bus rapid transit stops in seven cities in Latin-America. *J Urban*. 2017;11(2):175–201.
126. Wilson B, Chakraborty A. The environmental impacts of sprawl: emergent themes from the past decade of planning research. *Sustainability*. 2013;5(8):3302–3327.
127. Silva M, Leal V, Oliveira V, Horta IM. A scenario-based approach for assessing the energy performance of urban development pathways. *Sustain Cities Soc*. 2018;40:372–382.
128. Lindau LA, Hidalgo D, Facchini D. Curitiba, the cradle of bus rapid transit. *Built Environ*. 2010;36(3):274–282.
129. Suzuki H, Cervero R, Iuchi K. Lessons from sustainable transit-oriented cities. In: *Transforming Cities with Transit*. Washington, DC: The World Bank; 2013:49–94.
130. Parra DC, Hoehner CM, Hallal PC, et al. Perceived environmental correlates of physical activity for leisure and transportation in Curitiba, Brazil. *Prev Med*. 2010.
131. Rosário MdR. Curitiba revisited: five decades of transformation. *Archit Des*. 2016;86(3): 112–117.
132. Cervero RB. Linking urban transport and land use in developing countries. *J Transp Land Use*. 2013;6(1):7.
133. Myint SW, Zheng B, Talen E, et al. Does the spatial arrangement of urban landscape matter? Examples of urban warming and cooling in Phoenix and Las Vegas. *Ecosyst Health Sustain*. 2015;1(4):1–15.
134. Lu Y, Gou Z, Xiao Y, Sarkar C, Zacharias J. Do transit-oriented developments (TODs) and

established urban neighborhoods have similar walking levels in Hong Kong? *Int J Environ Res Public Health*. 2018;15(3):555.

135. Reyes M, Páez A, Morency C. Walking accessibility to urban parks by children: a case study of Montreal. *Landsc Urban Plann*. 2014;125:38–47.
136. Wang H, Qiu F. Spatial disparities in neighborhood public tree coverage: do modes of transportation matter? *Urban For Urban Green*. 2018;29:58–67.
137. Forster T, Egal F, Renting H, Dubbeling M, Getz Escudero A, eds. *Milan Urban Food Policy Pact. Selected Good Practices from Cities*. Milan, Italy: Fondazione Giangiacomo Feltrinelli; 2015.
138. Milan Urban Food Policy Pact. 2015. http://www.milanurbanfoodpolicypact.org/text/.Accessed April 2020.
139. Dubbeling M, Bucatariu C, Santini G, Vogt C, Eisenbeiß K. *City Region Food Systems and Food Waste Management: Linking Urban and Rural Areas for Sustainable and Resilient Development*. Bonn and Eschborn, Germany: Giz, Food and Agriculture Organization of the United Nations and RUAF Foundation; 2016.
140. Food and Agriculture Organization. *Nairobi: An Act to Promote and Regulate Urban Agriculture*. Nairobi, Kenya: Food and Agriculture Organization of the United Nations; 2018. http://www.fao.org/urban-food-actions/knowledge-products/resources-detail/en/c/1146758/
141. Li G, Sun GX, Ren Y, Luo XS, Zhu YG. Urban soil and human health: a review. *Eur J Soil Sci*. 2018;69(1):196–215.
142. Ezeh A, Oyebode O, Satterthwaite D, et al. The history, geography, and sociology of slums and the health problems of people who live in slums. *Lancet*. 2017;389(10068):547–558.
143. Klein Rosenthal J, Kinney PL, Metzger KB. Intra-urban vulnerability to heat-related mortality in New York City, 1997–2006. *Health Place*. 2014;30:45–60.
144. Rufat S, Tate E, Burton CG, Maroof AS. Social vulnerability to floods: review of case studies and implications for measurement. *Int J Disast Risk Re*. 2015;14:470–486.
145. Hajat A, Hsia C, O'Neill MS. Socioeconomic disparities and air pollution exposure: a global review. *Curr Environ Health Rep*. 2015;2(4):440–450.
146. Prefeitura Belo Horizonte. Vila Viva. 2018; https://prefeitura.pbh.gov.br/urbel/vila-viva.
147. Ministerio de Vivienda y Urbanismo. *Programa Recuperación de Barrios: Lecciones Aprendidas y Buenas Prátcias*. Santiago de Chile: Ministerio de Vivienda y Urbanismo, Programa de Recuperación de Barrios; 2009.
148. Meredith T, MacDonald M. Community-supported slum-upgrading: innovations from Kibera, Nairobi, Kenya. *Habitat Int*. 2017;60:1–9.
149. Das AK, Takahashi LM. Evolving institutional arrangements, scaling up, and sustainability. *J Plann Educ Res*. 2009;29(2):213–232.
150. Nel·lo O. The challenges of urban renewal. Ten lessons from the Catalan experience. *Análise Social*. 2010(197):685–715.
151. Bansal P, Kockelman KM. Are we ready to embrace connected and self-driving vehicles? a case study of Texans. *Transportation*. 2018;45(2):641–675.
152. Corburn J, Sverdlik A. Slum upgrading and health equity. *Int J Environ Res Public Health*. 2017;14(4):342.
153. Turley R, Saith R, Bhan N, Rehfuess E, Carter B. Slum upgrading strategies involving physical environment and infrastructure interventions and their effects on health and socio-economic outcomes. *Cochrane Database Syst Rev*. 2013.
154. Brand P, Dávila JD. Mobility innovation at the urban margins. *City*. 2011;15(6):647–661.

155. Cerdá M, Morenoff JD, Hansen BB, et al. Reducing violence by transforming neighborhoods: a natural experiment in Medellín, Colombia. *Am J Epidemiol*. 2012;175(10): 1045–1053.
156. Maclean K. *Social Urbanism and the Politics of Violence: The Medellín Miracle*. New York, NY: Palgrave Macmillan; 2015.
157. Cole H, Triguero M, Connolly J, Anguelovski I. A longitudinal and spatial analysis assessing green gentrification in historically disenfranchised neighborhoods of Barcelona: implications for health equity. *J Transp Health*. 2017;5:S44.
158. Dawkins C, Moeckel R. Transit-induced gentrification: who will stay, and who will go? *Hous Policy Debate*. 2016;26(4-5):801–818.
159. Keenan JM, Hill T, Gumber A. Climate gentrification: from theory to empiricism in Miami-Dade County, Florida. *Environ Res Lett*. 2018;13(5):054001.
160. Hernandez-Garcia J. Slum tourism, city branding and social urbanism: the case of Medellín, Colombia. *J Place Manag Dev*. 2013;6(1):43–51.
161. Calderon C. Social urbanism: integrated and participatory urban upgrading in Medellín, Colombia. In: *Requalifying the Built Environment: Challenges and Responses*. Gottingen, Germany: Hogrefe Publishing; 2012.
162. Sotomayor L. Equitable planning through territories of exception: the contours of Medellin's urban development projects. *Int Dev Plann Rev*. 2015;37(4):373–397.
163. Damschroder LJ, Lowery JC. Evaluation of a large-scale weight management program using the consolidated framework for implementation research (CFIR). *Implement Sci*. 2013;8(1).
164. Kirk MA, Kelley C, Yankey N, Birken SA, Abadie B, Damschroder L. A systematic review of the use of the Consolidated Framework for Implementation Research. *Implement Sci*. 2015;11(1).
165. Elelman R, Feldman D, L. The future of citizen engagement in cities: the council of citizen engagement in sustainable urban strategies (ConCensus). *Futures*. 2018;101:80–91.
166. Wolch JR, Byrne J, Newell JP. Urban green space, public health, and environmental justice: the challenge of making cities just green enough. *Landsc Urban Plann*. 2014;125:234–244.
167. Global Covenant of Mayors for Climate & Energy. About the Global Covenant of Mayors for Climate & Energy. 2019. https://www.globalcovenantofmayors.org/about/.Accessed April 2020.
168. Local Governments for Sustainability. What we do. n.d. https://www.iclei.org/en/what_we_do.html. Accessed April 2020.
169. 100 Resilient Cities. About us. 2019. https://www.100resilientcities.org/about-us/.Accessed April 2020.
170. EcoDistricts. Neighborhoods for all. https://ecodistricts.org/. Accessed August 2019.
171. Transition United States. Transition towns. 2013. http://www.transitionus.org/transition-towns. Accessed April 2020.

第 14 章

有害物質への暴露を抑制する

現代の化学製品製造業は，1700年代後半から1800年代前半の産業革命期に欧州で始まった．この時代に開発された多くの製品は現代の産業の基礎として残っており，英国の硫酸（1736年），スコットランドのさらし粉（次亜塩素酸カルシウム）（1799年），英国の世界初となる商業用合成染料である「モーベイン」（1850年代）などが挙げられる．大規模な石油掘削が1859年にペンシルベニア州のドレイク油井で始まり，現在最も重要な化学原料である石油が無限といえるほどに供給されるようになった．第4章で取り上げたように，1950年以降，化学製造における物質量と複雑性が大幅に増加し，これまでに14万種以上の化学物質と混合物が商業利用されている．それらの多くは，これまで地球上に存在しなかった新しい化学物質である．このような化学物質は現代社会の至るところに存在し，今日では石けん，シャンプー，子ども服，玩具，自動車のシート，除草剤，殺虫剤，毛布，電子製品，家具，航空機，食品包装材，食品，哺乳瓶など数百万もの製品に含まれている．

合成化学物質は人間の健康と福祉に大いに貢献している．飲料水用殺菌剤によって，かつて流行したコレラ，赤痢などの消化器疾患による死亡者数は大幅に減少している．抗生剤，抗寄生虫薬，抗真菌薬，抗ウイルス薬と防藻剤は感染症を抑制し，化学療法剤（抗がん剤）は多くのがんの治療を可能にしている．化学物質は，現代の建築，輸送システム，電子機器の他，再生可能エネルギーの中心となっている．化学物質の製造が私たちの文明の未来の基盤となる要素であることは明らかである．

しかし，化学物質を広く使用することによって課題ももたらされている．化学物質が人間を含む生態系や生物を介して地球上に無秩序に広がり，有害な影響を及ぼしている．第4章では，化学物質生産の規模と複雑性の急速な拡大，特定の化学汚染物質の環境媒体における残留，食物網における残留性化学物質の生物濃縮と生物蓄積，長距離移動，気候変動などの地球システムに同時に生じている変化など，その要因のいくつかを紹介している[1]．今後予想される化学物質製造の拡大のほとんどは，環境保護と公衆衛生保護が脆弱であることが多い低中所得国で起こると考えられている．

プラネタリーヘルス問題としての化学物質汚染

世界各地で観測されている化学物質による汚染は，懸念すべきレベルなのか．科学者たちは当初，地球が化学物質を希釈することによって，汚染レベルは被害を回避できるほどに低下すると推測していたが，それは3つの懸念事項によって疑問視されている．第一に，生物蓄積と生物濃縮によって生体内の化学物質の濃度が環境中濃度よりもはるかに高くなる可能性，第二に，化学物質の混合物はそれぞれが低濃度であっても，混合物の個々の成分による作用を超えた影響を及ぼす可能性，第三に，作用機序の解明によって，特に発育初期の脆弱な時期に暴露した場合，または内分泌かく乱作用を有する化合物のように受容体の作用によって毒性が引き起こされる場合において，かつては想像できなかった感受性が明らかになってきている．

生物蓄積と生物濃縮，そしてこれらの影響の深刻化

第4章で述べられているように，残留性有機汚染物質（POPs）やメチル水銀などの汚染物質は生体内に蓄積する（食物網の上位であるほど濃度が高まる）．したがって，捕食者が汚染された獲物を食べ，さらにより大きな捕食者に食べられることで，生物蓄積性化合物は動物組織内での濃度が次第に高くなる．その結果，海洋哺乳類と人間のような捕食者である上位種の組織内の残留性有機汚染物質の濃度は，食物網の下位種に比べて100万倍以上にも増幅される[2]．

物理化学的プロセスも汚染物質の濃度を高める．例えば脂溶性の汚染物質は，死滅した生命体の脂質が一部を占める海表面の薄い膜（1〜1000 μm）である海面表層ミクロ層に濃縮される．ミクロ層の化学物質の濃度は水中濃度の500倍にもなる[3]．海面表層に浮遊するマイクロプラスチックはこの脂質と付随する汚染物質を吸着し，高等生物がこれらを摂取する可能性がある．

混合物は生態毒性の影響を増幅する

有害化学物質は単独で環境中に存在することはほとんどなく，組成が大きく変化する複雑な混合物として存在している．毒性試験はほとんどの場合，一度に1種類の化学物質に対して行われてきたため，このような混合物の遍在性によって，健康への影響を評価することは複雑になっている．混合物の危険性に関する文献は限られているものの，混合物の個々の化学物質の成分が一見無害な濃度であっても混合物として影響を及ぼしている事例は数多く存在する[4]．規制はほとんど個々の化学物質ごとの試験結果に基づいており，危険性（リスク）は過小評価されている．このように焦点が狭められていることによって，グリホサート（除草剤）やネオニコチノイド（殺虫剤）

などの潜在的に毒性を有する農薬が広く生産され使用されている[5].

低用量で大きな影響

製造化学物質の中には，これまで安全であると考えられてきたppb（10億分の1）程度のきわめて低いレベルでも生物学的機能をかく乱し，生体に有害な影響を及ぼす可能性があるものがある．例えば地球上で最も多くの光合成を行う生物で，環境上重要な役割を果たしているプロクロロコッカス属の海洋植物プランクトンを例にとってみよう．大西洋，太平洋，インド洋で行われた実験の結果によると，海水に一般的に含まれている有機汚染物質の2倍程度の低濃度の有機汚染物質が海洋植物プランクトンのような生物の光合成遺伝子の発現を低下させ，潜在的に地球の大気への酸素の供給量を減少させる[6].

低用量の汚染物質に対する高等生物のこのような繊細な感受性は，多くの場合，内分泌（ホルモン）シグナル伝達システムがかく乱されることによる[7,8]．内分泌かく乱作用は複雑である．内分泌かく乱化学物質は，その量によって健康への影響が異なる．例えば，ある内分泌かく乱化学物質を高用量で摂取すると体重低下を引き起こすが，同じ物質にその1000分の1のレベルで暴露されると，病的な肥満を引き起こす[9].

内分泌かく乱化学物質に関して新たに出現した科学によって，16世紀に遡る「量-反応関係」という毒物学の前提が覆された．従来の化学物質の安全性試験では高用量の試験で重要な有害作用を明らかにし，用量反応関係に基づきその化学物質を低用量まで下げていき，影響が見られないポイント（「無毒性量（NOAEL）」と呼ばれる）を特定することができると考えられていた．NOAELが化学物質の法的基準を設定する際の出発点となった．それに従って，安全係数を適用し，安全と思われるレベルが算出された．それは一般的にNOAELの1000分の1であり，（米国規制当局の用語で）「参照用量」と呼ばれる．参照用量のレベルを直接試験することはなく，高用量の試験からは低用量の内分泌かく乱化学物質による影響を予測できないため，この方法では低用量での有害な影響をまったく把握できない．その結果，化学物質を規制するための既存の実施手順はもはや支持されなくなり，内分泌かく乱化学物質の安全性試験には用量反応曲線が非単調であることを前提とするアプローチが必要であることが示唆された[10].

化学物質の生産量が増加していること，人間と生態系の両方が広く混合物にさらされていること，生物が低用量にきわめて敏感であることといった事実から，化学汚染物質に対するプラネタリー・バウンダリー（地球の限界）が近づいているかもしれず，そしてその限界を越えると人間と生態系への広範囲に及ぶ影響があることが示唆されている[11]．近年，昆虫や鳥類の個体数が大幅に減少していることから，このような地球の限界をすでに越えてしまっているのかもしれない[12-16].

生態系への汚染の影響

行動，人口，コミュニティ，生態系に関する生態学者たちは従来，調査地が遠隔地であることを理由に，これらの環境は自然のままであると考えてきた．しかし，この前提は人新世（第1章p.8の脚注を参照）における化学物質汚染の偏在性を無視しており，一見して低レベルでの暴露によって強い影響があることを考慮していない．どんなに人里離れ，自然の環境が残っている場所でもある程度は汚染されていることを現在の大前提とすべきである．

化学物質による汚染が生態系の機能に及ぼす影響を調査した研究はほとんどないが，入手可能な研究を総括すると，化学汚染物質が海洋[17]と淡水[18]の両方の生態系の機能をかく乱するという強いエビデンスが見出されている．サンゴ礁，昆虫類，鳥類，湖，北極圏の大型種，窒素循環の例を示す．

サンゴ礁

合成化学物質は，紫外線から人間を守るための日焼け止めとパーソナルケア製品に使用するためにいくつも開発されている．その1つがオキシベンゾン（別名：ベンゾフェノン-3）である．オキシベンゾンは，海水浴客の皮膚から落ちたり排水に含まれて排出されたりすることで海洋環境を汚染する．毎年かなりの量のオキシベンゾンが海水浴客から直接的に，そして排水流によって間接的にサンゴ礁に放出されている．特に，多くの海水浴客が訪れる人気の高いサンゴ礁ではオキシベンゾンへの暴露が多くなる．最近の研究で，オキシベンゾンがショウガサンゴ（*Stylophora pistillata*）の幼生（プラヌラ）や同種とその他6種のサンゴの細胞に及ぼす影響を調べ[19]，オキシベンゾンがサンゴにいくつかの毒性作用を及ぼすことが発見された．すなわち，運動性のある状態から変形して固着状態に変化すること，白化現象が増加すること，変形した骨格が形成されること，DNA損傷が増加することなどである．これらの影響は，海水中濃度が100 ppt（pptは1兆分の1）以下でも現れ始める．ハワイとバージン諸島の人気の高いサンゴ礁で測定された海水中濃度はこのレベルを劇的に超えており，1.4 ppm（ppmは100万分の1）にも達していた．

オキシベンゾンによる有害な影響は，地球温暖化と海洋酸性化によるサンゴ礁へのリスクをさらに高める．サンゴ礁の白化によって，多くの生物の生育場所であり，沿岸の人々の栄養源として重要な役割をも果たしているこの豊かな生態系が最終的に破壊される．

昆虫類

授粉などの生態系サービスは，ネオニコチノイド系殺虫剤による花蜂などの花粉媒介動物への悪影響に見られるように，化学物質による汚染，特に農薬に対してきわめて脆弱である．多くの研究では，ネオニコチノイドがハチの個体に短期的な亜致死的影響を与えることが示されている[20]．最近の研究では，より長い時間軸ではこのような亜致死的影響が個体群の絶滅にまで拡大する可能性があることが示されている[21]．1989〜2016年の間にドイツの63の自然保護区では，すべての飛翔昆虫のバイオマス（生物体量）の総量が驚くべきことに75％も減少していた[12]．混合農薬を保護区全体に散布したことが一因であるのだろうか．第5章で述べられているように，花粉媒介動物のこのような減少は，人間の栄養と健康に多大かつ直接的な影響を与える．

鳥　類

昆虫類の個体数の減少は生態系に波及的な影響を及ぼし，その影響の多くは予測が困難である．欧州で報告されてきた食虫鳥類の広範な減少は，昆虫類の個体数の減少が一因であると考えられており，例えばオランダでは，ネオニコチノイド系殺虫剤の散布に関連した大規模な食虫鳥類の減少が見られた[22]．米国での研究でも，農地における鳥類の種の減少と殺虫剤の使用の関連性が示されており，牧草地の消失も一因である[14]．明らかな毒性と餌の減少のみが，農薬が鳥類の個体群を脅かすメカニズムではない．神経毒のある農薬によって，移動中に方向を定める能力が損なわれることもある[23]．直接的な死亡率に計測可能な影響はなくとも，個体群に壊滅的な影響を与える可能性がある．

湖

製造化学物質による生態系への影響は，残留性有機汚染物質や食物連鎖の上位の動物に限ったものではない．カナダの湖では（通常の状態での）観察データではなく実験によってその例が示されている．流出廃水に一般的に含まれている合成エストロゲン化学物質（避妊薬の有効成分）を7年間にわたって湖に流し入れた．この化学物質は，オスのミノウ（コイ科の小型淡水魚）を雌性化させ，オスとメスの生殖能力を低下させ，個体数を99％減少させた[24]（**図14.1**）．これらの影響は，処理された排水が地域の流域に放水される際に許容される範囲内の濃度（1リットルあたり5〜6ナノグラム）で発生した．ミノウの捕食動物の個体数も減少したが，それはこの化学物質による直接的な影響ではなく，捕食動物のおもな食料源（ミノウ）が減少したからである．また，ミノウの減少に対応して，ミノウの餌である無脊椎動物が増加したことも示唆された．有害化合物が地域の生態系に連鎖的に悪影響を及ぼしたのである．避妊薬に含まれる成分（および同様の分子作用を有する他の化学物質）が世界中で使用され，その後，地球環境において広範囲にわたって移動することから，このような暴露による影響が広範囲に及ぶことが懸念される．

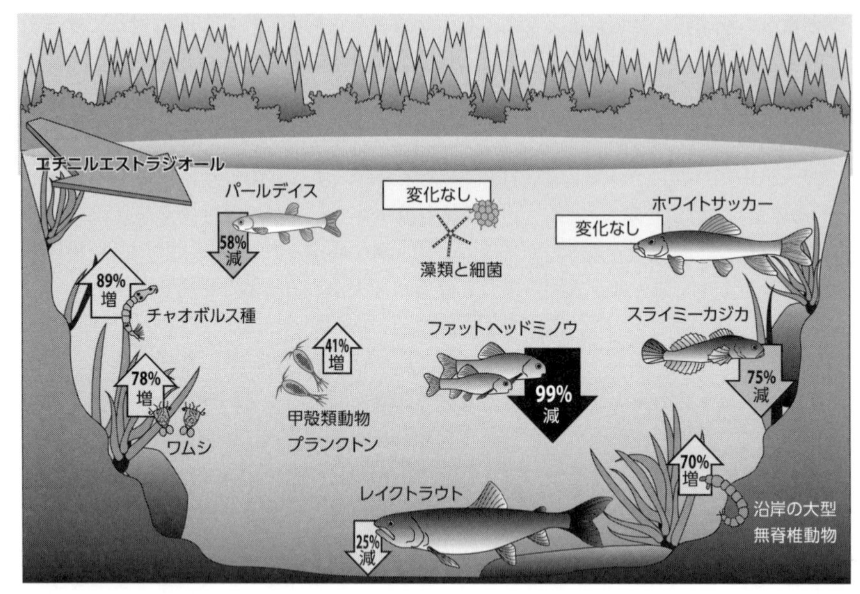

図14.1 合成エストロゲン（エチニルエストラジオール）の実験的添加の最中とその後に湖の食物網で観察された個体数の変動．ファットヘッドミノウがほぼ絶滅したことはエストロゲンの直接的な影響による可能性がある．明るいグレーの矢印は間接的な影響，暗いグレーの矢印は直接的な影響の可能性を示す．パーセント表記は，個体数またはバイオマスの変化を示す．

［出典］Kidd KA, Paterson MJ, Rennie MD, et al. Direct and indirect responses of a freshwater food web to a potent synthetic oestrogen. *Philos Trans R Soc Lond B Biol Sci* 2014;369(1656):20130578

北極圏の大型種

大気中での蒸留，環境中での残留，生物濃縮が相まって，きわめて高濃度のポリ塩化ビフェニル（PCB）などの残留性有機汚染物質（POPs）がクジラ，アザラシ，ホッキョクグマなどの北極圏の海洋哺乳類に蓄積されている．その結果，アザラシの免疫機能が低下し，さまざまな海洋哺乳類の繁殖能力が低下している[25]．POPsによる海洋哺乳類への影響は，場所によって度合いが異なるものの，POPsを測定するために採取した海洋哺乳類のうち，何らの汚染がないものはほとんどない．また，半揮発性のPOPsは大気流に乗って世界中に運ばれ，その後より寒い地域で凝縮されるため，化学物質を生産，使用，廃棄する場所から離れた地球の極地に高い汚染負荷がかかる[26]．極地の海洋哺乳類に蓄積されたPOPsは，これらの哺乳類を重要な栄養源としている先住民の健康に大きな脅威を与えており，POPsへの暴露による人間の健康への脅威は生殖や代謝の異常からがんにまで及ぶ[27]．北極と高山地域の気候温暖化によって氷の中に閉じ込められていたPOPsと重金属が再放出され，野生生物と人間への汚染負荷をさらに悪化させている[28, 29]．

窒素循環

窒素はタンパク質，酵素，DNAの化学的構造の基礎であるため，環境中の窒素循環は生命にとって不可欠である．第4章で述べられているように，肥料と燃焼によって，通常の窒素循環は地球規模で阻害されている．また，製造化学物質も窒素循環に影響を及ぼす可能性がある．製造化学物質には，植物と土壌中の窒素固定共生微生物との間のシグナル伝達を阻害し，その結果，窒素固定を減少させるものがある[30, 31]．その影響の大きさは地域の農業生産性にのみ関係し，地球の窒素バランスには関係しないかもしれないが，これまでに合成化学物質によるそのような影響が検証されたことはほとんどない．さらに，農業環境での使用が知られている農薬以外にもさまざまな物質が候補に挙がることが考えられる．なぜなら，医薬品などの多様な生物活性物質を豊富に含む下水汚泥が広範囲に使用されているからである．

有害化学物質による生態系への影響として挙げたこれらの例は，いくつかの結論を示唆している．第一に，これが地球規模の問題であることである．第二に，広範囲の種に影響が及んでおり，生物の7つの界のうち，植物界，動物界，原生生物界，菌界，古細菌界（アーキア），真正細菌界（細菌，バクテリア）の6つに関与していることである．第三に，化学物質は，生殖，神経，ホルモン，発達などさまざまな経路とメカニズムで生物に有害作用を及ぼす可能性があることである．これらの経路の多くは生物界において保存されており，人間にも発見されることがあるため，人間も他の生物種と同じ影響を受けることが予想される．昆虫類を殺す殺虫剤は，人間を殺す神経ガスと化学的に密接な関係がある．

汚染物質による人間への影響

人間が有害化学物質へ暴露されることは，ほぼ普遍的なものである．米国疾病管理予防センター（CDC）の全米バイオモニタリングプログラムでは，ほぼすべての米国人の血液と尿から生産量の多い200種類の化学物質が測定可能な量で日常的に検出されている[32]．これらの化学物質による人間の健康への影響は，多様かつ広範囲に及んでいる．化学汚染物質による人間の健康への影響を詳しく説明することは，本章で扱う範囲を超える．あらゆる形態の汚染の中で，最大の地球規模の疾病負荷をもたらす大気汚染については第7章と第12章で述べられている．本章では，化学物質への暴露に関する重要な原則とリスクに直面するおもなヒト集団について触れる．

労働者

化学物質製造業にはその始まりから疾病がつきまとっており，製造化学物質によって労働者に発症する疾病は，合成化学物質の生産の危険性を示す最初の兆候に繰り返しなってきた．化学産業の労働者は新たな化学物質に最初にさらされることが多く，その暴露量もきわめて多くなるため，化学物質による疾病のリスクが高い．

がんは，製造化学物質に関連して人間が最初に被った健康影響の1つである．合成化学物質による職業病の先駆的な報告は，1898年に行われた初期の合成化学物質の1種である合成アニリン染料に職業的に暴露したスイスとドイツの化学産業の労働者の間で発生した膀胱がんに関する研究である[33]．化学物質と染料の製造産業が世界に広がるにつれ，膀胱がんも増加した．溶剤ベンゼンへの職業暴露による白血病もまた，化学物質製造の初期の影響の1つである[34]．アニリン染料による膀胱がんと同様に，ベンゼンによる白血病もまた，化学物質製造の国際規模の広がりに伴って増加した．ベンゼンは，さまざまなリンパ腫などの血液関連のリンパ造血系の悪性腫瘍にも関連がある．アスベストは職業がんの原因の第3位であり，肺がん，中皮腫，卵巣がんなどの悪性腫瘍の一因である[35]．アニリン系染料，ベンゼン，アスベストはそれぞれ，世界保健機関（WHO）のがん専門機関である国際がん研究機関が定める発がん性物質に分類されている．

職場から地域社会へ

この数十年に化学物質の生産拠点がますます低中所得国に移ってきたことに伴って，それらの国々の化学産業の労働者の間で有害化学物質による疾患がまん延してきている．さらに，有害化学物質は，職場を越えて近隣地域へと広い範囲に拡散し，時には壊滅的な影響を与える．初期の工業国で立証された傾向が繰り返されており，ミズーリ州タイムズビーチとイタリアのセベソにおけるダイオキシン汚染，ハドソン川におけるポリ塩化ビフェニル（PCB）汚染，オーストラリアのポートピリーとテキサス州エルパソの製錬所周辺における鉛汚染などの大惨事が思い起こされる．低中所得国における化学物質による汚染の例を次に挙げる．

- インドのボパール事故では，農薬製造工場における化学爆発の後，大量のメチルイソシアネートが環境中に放出され，数千人が死傷した[36]．
- 毎年200万トンものアスベストが新たに生産され，世界の最貧国に輸出され続け，おもに建築物に使用され，労働者と，乳幼児を含む地域住民が規制されることなく暴露している[37]．
- 低中所得国において，自動車のバッテリーの非公式な再利用による職業性鉛中毒とコミュニティにおける「持ち帰り」（労働者が衣類についた鉛に汚染された粉塵を家に持ち帰ってしまうこと）による鉛への暴露が発生している[38]．
- 小規模金鉱採掘によって水銀が環境中に放出されることは，多くの場合，農村部と都市部地域の近隣で起こっており，妊婦と幼児がこれに暴露する可能性がある[39]．

小規模金鉱採掘は，内陸部の淡水の水銀による汚染の地球規模のおもな発生源となっている[40].
・毎年4500万トンの電子廃棄物が貧困国に輸出されている．子どもたちは，電子廃棄物の回収場所で選別や分類の作業員として雇用されていることが多く，重金属，フラン，ダイオキシンなどの有害化学物質への暴露の危険性にさらされている[41, 42].

子どもたちの繊細な脆弱性

有害化学物質への暴露に対する脆弱性は，遺伝的素因や基礎疾患などのさまざまな要因によって異なる．重要なリスク要因は年齢であり，胎児と乳幼児は内分泌系に支配された，今でなければ二度とないという発達過程にあるため，内分泌かく乱化学物質などへの暴露による特別な危険にさらされている．有害化学物質による子どもの健康影響は，20世紀初めに有害化学物質が産業施設から環境と消費者製品に移行した過程で初めて見られるようになった．近年では，1848年にフランスで，1904年にオーストラリアで，鉛系塗料に暴露したことによる鉛中毒が報告されている．胎児が特別に脆弱であることが明らかになったのは，1950年代から1960年代にかけて欧州の医師が妊娠初期（3か月以内）の女性のつわりを緩和するためにサリドマイドを処方したことによって，それまでまれだった四肢の先天性欠損症であるアザラシ肢症が1万件以上発生したときである．

これらの経験を経て，現在では子どもと胎児が有害化学物質に対してきわめて敏感であることが広く理解されている．全米科学アカデミー（NAS）の1993年の報告書『乳幼児の食事に含まれる農薬』（“Pesticides in the Diets of Infants and Children”）では，「子どもは小さな大人ではない」とし[43]，子どもが有害化学物質の影響を受けやすい原因として，子どもと大人の4つの違いが特定されている．

・子どもは大人よりも有害化学物質への体重あたりの暴露量が大きい．
・子どもの代謝経路は未熟であり，有害化学物質を代謝する能力は大人とは異なる．
・子どもの初期の発達過程はきわめて繊細で脆弱である．発達初期の重大な時期には「特定の脆弱性の時期」が存在し，大人には悪影響を及ぼさない程度の微量の有害化学物質に暴露しただけでも器官の形成が阻害され，生涯にわたって非感染症のリスクが高まり，生涯続く機能障害が引き起こされる．
・子どもは大人よりも将来の生存年数が長いため，乳幼児期の有害な暴露が引き金となって長い潜伏期を経て病気を発症する．

同報告書が発表されたことで，1990年代半ばから子どもの環境衛生に関する研究への投資の拡大に拍車がかかった．それ以降に行われた前向き出生コホート疫学研究では，特に科学的発見の重要な原動力であることが証明され，有害化学物質の胎内暴露と低出生体重，喘息，神経発達障害，その他の小児期と成人期の病気との間に複数の因果関係があることの認識につながった．これらの影響は子どもの一生において，さらには世代を超えて出現し，複数の世代にわたるプラネタリーヘルスという視点の重要性を強調している．

内分泌かく乱物質

内分泌（ホルモン）かく乱作用は，近年広く研究されている化学物質の毒性のメカニズムとしてきわめて重要である．現在，多くの製造化学物質がホルモンシグナルをかく乱し，その結果，発達を変化させ，認知機能と知能を低下させ，生殖能力を損なう可能性があると認識されている[8]．

内分泌かく乱には，いくつかの重要な原則がある．

- きわめて低用量でも生物学的に大きな影響が生じる．
- 毒性の影響はミノウからヒトまで多様な生物種に生じ，生物界のあらゆる種に共通の生物学的経路が存在する．
- 暴露の時期は重要である．発達経路と発達段階によって決定される乳幼児期特有の特定の脆弱性の時期は，最も深刻で持続的な影響と関連している．このような特定の時期に受けた影響は，小児期に限られるものではない．
- 影響は，生涯にわたって生じる可能性がある．例えば憂慮すべき傾向の1つとして，欧米諸国では1970年代以降，ヒトの精子数が50～60％減少しており[44]，減少が鈍化する兆しはない．中国の研究でも同様の結果が出ており，ここ数十年で精子数が40％も減少している[45, 46]．このような傾向は人口増加率に影響を与えるほどの出生率の低下として現れている．デンマークで行われた最近の研究では，約25％が精子数の減少のために妊娠するまでにより長い期間がかかり，15％に不妊治療を受けなければ生殖できないなど深刻な影響があった[47]．

内分泌かく乱作用は，化学汚染物質による人間への広範囲に及ぶ影響を象徴している．

なぜ有害化学物質がプラネタリーヘルスの大きな脅威となるのか

問題の歴史的な起源

新たに製造される化学物質は，その安全性と毒性を評価する慎重な取り組み，特に人間の健康への影響を検討するための取り組みに先んじて，商業導入されてきた．詳細調査が実施されていないため，どの化学物質が有益であり，どれを慎重に扱わなければならないのかを事前に知ることは不可能である．

化学物質の歴史的な失敗を示す一連の事象がある．数千もの化学物質と新製品が徹底して導入され，広く普及した後（**図14.2**；次ページ），これらの一見有益な化学物質の中にヒトの健康と環境に予期せぬ脅威をもたらすものがあることが発見された[48]．

大々的に導入され，安全性や毒性の試験が十分に行われず，ヒトの健康と環境に大きな被害を与えていることが後になって判明した物質の歴史的な事例には，塗料とガソリンに鉛が添加されたこと，断熱材と耐火材にアスベストが使用されたこと，殺虫剤としてジクロロジフェニルトリクロロエタン（DDT）が使用されたこと（**図14.3**），妊娠中のつわりを抑えるためにサリドマイドが導入されたこと，電気変圧器にポリ塩化ビフェニル（PCB）が広範囲に使用されたこと，妊娠中の流産を防ぐために合成ホルモンのジエチルスチルベストロール（DES）が使用されたこと，オゾン層を破壊するクロロフルオロカーボン（CFC）が冷蔵装置に使用されたことなどがある．

無視され続けた初期の警告

共通していえることは，新たな化学物質がヒトの健康と環境に害を及ぼすとの初期の警告が無視され続けたことである．その結果，化学物質への暴露を抑制し，疾病を予防するための取り組みには遅れが生じ，時には数十年遅れることもあった．危険な技術の市場を保護することに強い既得権益を有する産業は，これらの物質への暴露を解明かつ抑制する努力に積極的に反対し，危険性の存在を否定し，自社の科学者が危険性を証明した後でさえもその危険性を否定した．これらの産業は，高度に洗練された偽情報キャンペーンによって一般市民を混乱させ，新しい技術の危険性への注意を喚起する医師や環境科学者を直接攻撃してきた．このような産業主導の戦術は，鉛，水銀，タバコの規制に反対する取り組みでも展開され，現在も塩素系溶剤，有機リン系農薬，化学除草剤，内分泌かく乱化学物質，化石燃料などの分野において残っている[49, 50]．

図14.3 コロラドハムシ対策でDDTを気ままに散布する子どもたち（東ドイツ，1953年）

［出典］Bundesarchiv, Bild (Wikimedia),

図14.2　第二次世界大戦後の合成化学製品の陽気な広告（訳注：合成物質が生活を豊かにする理由が書かれている）

ガバナンスと一貫性のある化学政策の欠如

現在，化学製品の製造のほとんどを担っている大企業は，そのほとんどが上場企業である．上場企業の役員の第一義的な法的責任は投資家への財務リターンを最大化することである．このような法的構造の必然的な結果として，人間の健康と地球環境を保護することは二次的な関心事にすぎない．施行された規制がない場合，公衆衛生は保護されないことが多い．不要な物質が環境中に排出され，この汚染によって生じる健康上および経済的なコストは外部化によって企業の財務会計から除外され，一般市民に課されることが多い．このような企業モデルは短期的な財務利益を重視し，長期的な影響や社会的正義を無視しているため持続不可能であり，不公平であり，長期的なプラネタリーヘルスとは相容れない．これは，プラネタリーヘルスの分野の中核にある次の2つのテーマを示している．

・環境の悪化によって恩恵を受ける人とそのコストを負担する人は，まったく異なる集団である．
・環境の悪化による人間の健康に関するコストを定量化することは，これらを漠然とした外部性（第1章p.13の脚注を参照）の領域からコストとベネフィットの分析と政策立案領域に移すための重要な手段である．

特に深刻な政策ギャップは，現在世界の市場に流通している生産量の多い化学物質のうち，安全性または毒性に関して試験されたものが半分にも満たないことであり，試験された化学物質のうち，ヒトの初期の発達を阻害する可能性や乳幼児に病気を引き起こす可能性について精査されたものは約20%にすぎないということである．新たな化学物質の厳密な市販前評価が義務化されたのは今世紀に入ってからのこの20年の間で，さらには高所得国のごく一部に限られる[51-53]．ほとんどの国で化学物質からの一貫した保護政策が欠如していることが，化学物質による汚染と毒性という地球規模の問題の根本原因である．

不十分な管理責任と詳細調査の欠如の結果は次のとおりである．

・ヒトの健康と環境に害を及ぼす可能性がまったく検討されなかった化学物質と農薬が前述した病気，死亡，環境悪化の原因に繰り返しなっている．
・現在，世界中で使用されている合成化学物質のほとんどがヒトの健康や環境に及ぼす潜在的な危険性を有していることについてはほとんど知られていない．さらに知られていないことは，複数の化学物質に同時に暴露した場合の健康への潜在的な影響，化学物質が人体内でどのように相互作用し，健康に相乗的な悪影響を及ぼすかについてである.

これらの課題につき，現在までの事例をBox 14.1に示す.

Box 14.1 市販前評価がほとんどまたはまったく行われることなく，商業と環境に導入されている化学物質の最近の事例

- **発達期神経毒性物質** ソファ，カーペット，マットレス，コンピュータなどに広く使用されている臭素化難燃剤は，脳の発達を遅らせ，IQ指数と注意力の低下を引き起こす[a].
- **内分泌かく乱物質** フタル酸類やビスフェノールA (BPA) は，神経系，内分泌系，生殖系の発達障害ならびに肥満に関与している[b-d].
- **化学除草剤** 最も注目すべきはグリホサートであり，国際がん研究機関によって「人間に対しておそらく発がん性がある」と考えられている．グリホサートの使用量は，米国では過去20年間で2500%増加し，世界的にも急増している．そのおもな用途は，除草剤耐性を有する遺伝子組換え作物の雑草を抑制することである．現在，米国で栽培されているトウモロコシと大豆の90%以上に使用されている．欧州連合 (EU) は使用制限を真剣に検討したが，最近，5年間の使用延長が認められた[e].
- **新規殺虫剤** 注目すべきはネオニコチノイドであり，イミダクロプリドのような化学物質は神経毒性を有する．蜂群崩壊症候群 (訳注：ミツバチが原因不明で大量に失踪する現象) にも関与している．公開されている文献には，人体と発達への有害性についての情報はほとんどない[f].
- **医薬品廃棄物** 世界人口の増加に伴って医薬品の製造と使用が増加し，人間と動物から排出される代謝物を含む医薬品廃棄物が生態系に流入する量が増加している．都市部の廃水がおもな発生源であるが，製薬工場，病院，農業，水産養殖も地域レベルのおもな発生源である．ある調査では，71か国の地表水，地下水，水道水，糞尿，土壌などの環境媒体の検体から600種類以上の医薬品が存在する証拠が検出された[g]．医薬品は低用量で生物学的効果を発揮するように設計されていることから，意図していない環境への影響，ヒトへの影響が予想される[h].
- **ナノマテリアル** ナノスケールとは，1〜1000ナノ (10^{-9}) メートルの大きさの範囲を指すが，一般的には，ナノ粒子は1〜100ナノメートルの大きさの粒子と定義される．数千種類ものナノ粒子が設計かつ開発され，パーソナルケア製品，電子機器，医薬品など幅広い用途に使用されている．ナノテクノロジーの急速な発展に伴い，ナノ粒子は環境中に広く分散しているが，毒性試験はその使用に追いついていない[i,j]．上述のパターンを繰り返し，やがて毒性作用が出現するかもしれない.

参考文献

a. Lam J, Lanphear BP, Bellinger D, et al. Developmental PBDE exposure and IQ/ADHD in childhood: a systematic review and meta-analysis. *Environ Health Perspect*. 2017;125(8):086001.
b. Ejaredar M, Nyanza EC, Ten Eycke K, Dewey D. Phthalate exposure and children's neurode-

velopment: a systematic review. *Environ Res*. 2015;142:51–60.
c. Miodovnik A, Edwards A, Bellinger DC, Hauser R. Developmental neurotoxicity of ortho-phthalate diesters: review of human and experimental evidence. *Neurotoxicology*. 2014;41:112–122.
d. Braun JM, Sathyanarayana S, Hauser R. Phthalate exposure and children's health. *Curr Opin Pediatr*. 2013;25(2):247–254.
e. Guyton KZ, Loomis D, Grosse Y, et al. Carcinogenicity of tetrachlorvinphos, parathion, malathion, diazinon, and glyphosate. *Lancet Oncol*. 2015;16(5):490–491.
f. Cimino AM, Boyles AL, Thayer KA, Perry MJ. Effects of neonicotinoid pesticide exposure on human health: a systematic review. *Environ Health Perspect*. 2017;125(2):155–162.
g. aus der Beek T, Weber FA, Bergmann A, et al. Pharmaceuticals in the environment: global occurrences and perspectives. *Environ Toxicol Chem*. 2016;35(4):823–835.
h. Arnold KE, Brown AR, Ankley GT, Sumpter JP. Medicating the environment: assessing risks of pharmaceuticals to wildlife and ecosystems. *Philos Trans R Soc Lond B Biol Sci*. 2014;369(1656).
i. Jeevanandam J, Barhoum A, Chan YS, Dufresne A, Danquah MK. Review on nanoparticles and nanostructured materials: history, sources, toxicity and regulations. *Beilstein J Nanotechnol*. 2018;9:1050–1074.
j. Missaoui WN, Arnold RD, Cummings BS. Toxicological status of nanoparticles: what we know and what we don't know. *Chem-Biol Interact*. 2018;295:1–12.

毒性学的データの欠如

ほとんどの製造化学物質の潜在的な影響についての知識が不足していることは，生態毒物学研究においてまん延している問題である．フロン類（CFC）による成層圏オゾンへの影響を発見した経緯は，このような情報不足によってもたらされ得る結果を示している．この発見は3つの個別分野の調査結果であり，かなりの確率の偶然の産物であった．その3つとは，1920年代半ばにクロロフルオロカーボン（CFC）が発見されてからの世界的な分布状況の調査，1960年代後半から1970年代前半にかけてのオゾン層破壊の仮説につながる化学的性質の検討，1970年代後半から1980年代前半にかけてのオゾンホールの検出である．これら3つの調査はほとんど偶然に，そして天才的な頭脳をもつ少数の人たちによって行われたものであり[54]，まったく起きなかったことかもしれない．他にも多くの合成化学物質が広く使用されていることを考えると，今日，他の化学物質が地球の脅威となる規模で生物地球化学プロセスを妨げている可能性はどのくらいあるのだろうか．

これに関し，現在使用されている他の化学物質はヒトの健康に対して認識されていない危害を及ぼしているのかという疑問があるが，その答えは出ていない．**図14.4**は，このような概念を発達期神経毒との関連で示している．臨床と疫学的研究によって，子どもへの発達期神経毒性があることがわかっている化学物質はほんの少ししかないが，成人労働者に神経毒性を引き起こすことが明らかになっている化学物質は200種類，さらには，実験動物に神経毒性を引き起こすことがわかっている化学物質は1000種類もある[55]．これらの1200種類の化学物質（それらのうちいくつかは現在

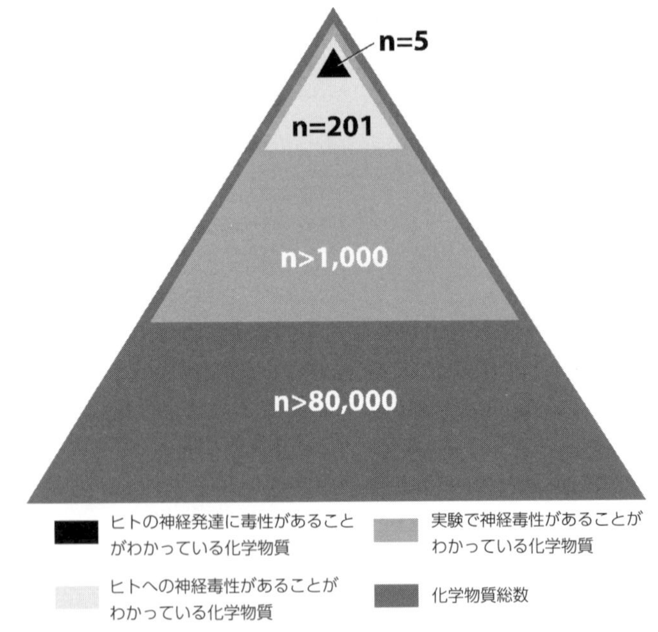

図14.4　神経毒性を有する化学物質に関する知識の度合．市販されている数千もの化学物質のうち，子どもの神経発達毒性を引き起こすことが証明されているのはごく一部であるが，成人労働者に神経毒性を引き起こす可能性のあるものは200種類，さらに実験動物に神経毒性があるものは1000種類もある．

［出典］Grandjean P, Landrigan PJ. Developmental neurotoxicity of industrial chemicals. *Lancet* 2006; 368 (9553) :2167-2178

広く使用されている）のうち，いくつの化学物質が乳幼児に神経毒性を及ぼす可能性があるのかは不明である．

米国国立環境健康科学研究所（NIEHS）の元所長デビッド・ロール博士は，「もしサリドマイドが四肢の明らかな先天性障害ではなく，IQ指数を10ポイント低下させるだけであったら，おそらくまだ市販されていただろう」と述べたといわれている[56]．

プラネタリーヘルスの観点からの化学物質へのアプローチ ――新しい政策，新しい枠組み

製造化学物質による健康被害から人々と生態系を守るための一貫した戦略は，最も脆弱な胎児と乳幼児，妊娠中の女性の健康を保護し，そして最も脆弱である，ヒト以外の生物種を保護するために調整された政策に基づいていなければならない．このよ

うな化学物質の安全性に関する政策の要点は，次のとおりである．

- **現在使用されている化学物質の試験**　すでに商業利用されている化学物質のうち，広く使用され，毒性が最も高い可能性があるものを優先し，その安全性と毒性の試験を法的に義務づけ，厳格に実施する．後の節に記述されているように，現在行われている毒性試験の枠組みは，低用量による影響（内分泌かく乱作用によって介在されることが多い影響）の検出を最適化するために再設計されなければならない．
- **新たな化学物質すべての市販前試験**　新たな化学物質のすべてに市販前評価を義務づけ，製品に広く使用されることを意図した化学物質には最大の精査を行い，低用量による有害な影響を徹底的に調査する段階的なアプローチを採用する．
- **市販後調査**　化学物質が市場に投入された後，実験室，現場，臨床的手法，疫学的手法を用いてヒトの健康と環境衛生への影響を監視する．このような市販後調査は，市販前の毒性試験を補完する重要な手段であり，医薬品に対して日常的に行われている重要な予防措置である．市販前の評価では見落とされていたか検出されなかった化学物質による生態系とヒトへの影響につき，その影響が大きくなる前に検出することで，サリドマイドの被害や大気中のオゾンホールのような化学物質による大惨事の発生頻度を減らすことができる．また，市販後調査は，化学物質によるヒトの健康と環境への影響の直接的なエビデンスとなり，政策介入の有効性に関する情報を提供する．
- **強制的な除去**　ヒトと生態系に最も大きな悪影響を及ぼす場所を優先し，必要に応じて汚染者負担の原則を適用し，負の遺産である化学物質を除去する．
- **持続可能かつ環境に優しいグリーンケミストリー**　持続可能な化学企業を実現するための技術的，法的，規制的，経済的，文化的，政治的な障壁のすべてに対処する活気ある学際的分野の発展である．グリーンケミストリーについては後の節で詳しく説明する．

化学物質の試験 —— 新たな政策枠組み

各国政府は近年，抑制できない化学物質への暴露の危機に対処するため，化学物質の安全性に関する政策を打ち出している．これらの政策は，毒性試験を義務づけることを中心としている．代表的な例は，欧州における化学物質の登録，評価，認可，制限に関するREACH規制と米国の有害物質規制法の2016年改正の2つである．

EUは，2007年，「化学物質の登録，評価，認可および制限（REACH）」に関する規制を制定した．REACH規制は化学産業に対し，新たな化学物質を市場に投入する前に広範な安全性試験を行うことを義務づけている．企業は試験情報を欧州化学機関に提出しなければならず，欧州化学機関はその情報に基づき製品に使用されても安全な化学物質であるのかどうかを判断し，子どもたちの健康を守るための規制を策定する．REACH規制によって，米国では製品に使用が認められている有害化学物質が欧州では禁止されている．REACH規制が可塑剤などの危険な化学物質の使用削減に効果があったことを示すいくつかの証拠がある[57]．また，欧州化学機関は，危険な化学物質に関する情報を一般市民が広く閲覧するための公開データベースの開発をも進めている．REACH規制の潜在的な欠点は，低用量または低濃度での暴露に伴う内分泌かく乱作用などの毒性メカニズムの試験に関する規定がないことである．

EUに続き，日本，ノルウェー，メキシコ，アルゼンチン，オーストラリアなどの多くの国では，化学物質の市場投入を許可する前に化学物質が引き起こす可能性のある有害性をより詳細に調査している．これらの国では，化学物質が子どもの発達に悪影響を及ぼすことはないという十分な科学的エビデンスがない場合，その化学物質の市場投入は禁止される．

米国では公衆衛生団体，環境保護団体，人権団体などによる長年にわたる取り組みの後，化学産業によって全面的に反対されたにもかかわらず，超党派からの化学物質安全法が2016年に制定され，バラク・オバマ大統領がこれに署名した．21世紀に向けたフランク・R・ローテンバーグ化学物質安全法と題されたこの新法は，不備が広く指摘されていた1976年の有害物質規制法を改正するものであった[58]．このローテンバーグ法にもいくつかの欠点はあったものの，全米で最も強力な環境法の1つとなり[53]，米国環境保護庁 (EPA) に対し，次の事項を義務づけている．

- 明確で強制力のある期限内に既存の化学物質の安全性の評価を実施すること．
- 既存の化学物質のうち，どれを優先的に評価するのかを決定するプロセスを確立すること．
- 化学物質の安全性を評価するため，リスクベースの新たな基準を使用すること．化学物質の危険性のみを考慮し，リスクベネフィット (訳注：見込まれる利益に対する潜在的なリスク) または保護措置の費用については考慮しないこと．この基準に基づき化学物質を評価し，その使用によって「不合理なリスク」がもたらされるのかどうかを判断する．
- 2年以内，または延長が必要な場合は4年以内に不合理なリスクに対処するための措置を講じること．
- 市場投入を許可する前に新たな化学物質の，または既存の化学物質の新たな使用の安全性についての肯定的な見解を示すこと．
- 化学物質の安全性に関する情報の一般公開を拡大すること．
- 米国環境保護庁自体が新たな責任を果たせるよう，一貫した資金を確保すること．

このローテンバーグ法が成立した翌年，新たに選任されたトランプ政権は，同法などの環境法の施行を妨げる動きを見せた．米国における化学物質の規制については今後も活発な政治的議論が継続される．

化学物質のハイスループット毒性試験 ―― 期待と落とし穴

近年，新たな化学物質安全法の観点から，毒性学的スクリーニングのための新たなハイスループット技術（訳注：高度にシステム化された方法で，自動的かつ短期間に多数の化合物を生化学的に評価すること）の開発に大きな注目が集まっている．これらのアプローチには，毒物学的な知見をゲノムデータと健康状態データと統合することだけでなく，暴露のモデル化，センサー，バイオモニタリング，オミックス技術（訳注：生体内の特定の機能分子に着目し，網羅的に解析する技術），新計算方法，ビッグデータマイニング（訳注：蓄積されたデータから，新しい傾向などを自動的に採掘する手段），バイオインフォマティクス（訳注：DNA，RNA，タンパク質など生命が有するさまざまな情報を対象に，情報科学，統計学などのアルゴリズムを用いた方法論やソフトウェアを開発し，またそれらを用いた分析から生命現象を解き明かすことを目的とした学際分野）などの革新技術が含まれる[59]．

これらの方法は従来の動物実験よりも効率的で費用がかからないため，多くの化学物質をかなり迅速に評価することができる．さらに，毒性試験のための動物使用も回避できる．米国環境保護庁（EPA）と米国国立環境健康科学研究所（NIEHS）は，「21世紀の毒性学」プログラムを通してこれらの開発を推進している[60]．

ハイスループット毒性スクリーニングのプロトコルの欠点は，低用量と内分泌系を介した影響に対して本質的に感度が低いことである．これらの影響を検出するため特別に設計された細胞や生物個体ベースのアッセイを組み込まない限り，内分泌シグナル伝達のかく乱または他の受容体ベースの影響を介した低用量の影響を検出することはできない．このような複合的な影響を検出するためには，生物個体を対象とした試験か，場合によっては生態系を対象とした評価が必要となる[59]．

化学物質試験の根本的に新しい枠組みの必要性

内分泌かく乱作用によって媒介された毒性を含む低用量の毒性を効果的に検出するためには，現行の規制試験の枠組みを徹底的に見直す必要がある．現在の毒性試験のプロトコルでは，高用量での化学物質を試験することに始まり，有害作用レベルが検出されなくなる無毒性量（NOAEL）まで用量を段階的に下げていき，その数桁下に基準用量を設定している．より高感度で健康を守るための試験方法では，低用量から始めて，観察される悪影響が最も少ないレベル（最小毒性量，LOAEL）まで用量を増やし，それに応じて基準用量を設定する．この低用量から高用量への戦略は，低用量での毒性作用を検出することに基づいているため，内分泌かく乱作用によって介在された毒性を含む非単調性の低用量での毒性を検出するには現在の試験体制よりもはるかに優れている．このような低用量での暴露は，先進国における化学物質への暴露の現状，特に乳幼児や妊婦などの脆弱な人々の暴露を反映したものである．

必要となる革新的な試験方法の一例として，グリーンケミストリー研究者と環境衛生科学者の連携により開発されたTiPEDという内分泌かく乱作用の段階的なプロトコルがある[59]．TiPEDは，インシリコ評価（訳注：細胞または生きた生物を使わずに，コンピュータを用いて総合的に評価するアプローチ），ハイスループットスクリーニング，細胞ベースと生物個体ベースのアッセイを含む5つの試験段階を特徴としている．TiPEDは，化学物質によるホルモンに似た作用やホルモン阻害作用の可能性を測定するだけでなく，細胞ベースの多様な受容体における多くの考え得る相互作用やシグナル伝達の流れを測定するように設計されている．このようなアプローチは化学物質の開発プロセスにおいてできるだけ早い段階で実施され，安全かつ持続可能な化学物質の製造を可能にすべきである．

透明性と一般公開

世界の多くの国では，人は自分自身の健康とウェルビーイングに関連する情報への権利を有しているというコンセンサスが高まっている．第17章で述べられているように，この知る権利は，医療記録から食品と化学製品の内容，さらには潜在的に危険な環境や職場での暴露にまで及ぶ．知る権利の具体的な例には，バイオモニタリングまたは環境モニタリングによって，職業暴露した労働者，研究調査の対象者，消費者，一般市民に関連する情報が得られた場合に化学物質の毒性に関する情報をこれらの者と共有することが含まれる．化学物質への暴露に関連した知る権利に関する法律は，米国では1980年代から連邦，州，地方レベルで公布され，毒性暴露を低減させることに役立っていると評価されている[61,62]．毒性暴露に関する情報は複雑であいまいであり，かつ，一般市民の多くは科学と健康に関する知識が低いため[63]誤解が生じやすいことを認識することが重要である[64]．したがって，化学物質に関する情報は透明性をもって共有されるだけでなく，一般市民の認識を考慮し，コミュニティの住民を丁重にそして相互に参加させ，成人学習の原則に基づいている必要がある[65,66]．

グリーンケミストリー（地球に優しい化学）―― 期待と課題

グリーンケミストリーへの期待

有害化学物質による汚染という地球規模の問題を解決するには，化学製品製造業をグリーンケミストリーの原則と実践に基づいたシステムへ根本的に変革する必要がある．このような変革を実現するために必要なことは，有害な製品やプロセスの削減や排除などの単なる技術的な進化にとどまらない．そのためには，化学教育を根本的に見直すとともに，新しい分子の特性やその経済的な実施可能性といった狭い範囲での検討を超えて，急場しのぎや目先の利益ではなく未来の福祉を優先させる，化学分野全体のより幅広い文化的な転換を図る必要がある．

グリーンケミストリーの核心は，新たな化学物質の設計開発の初期段階から，人間，生態系，社会への潜在的な悪影響を考慮し回避することにある．グリーンケミストリーは，新たな化学物質の内分泌かく乱作用などに介在される低用量での毒性の可能性に特別の注意を払い，化学物質が環境中または生物に残留するような新製品を回避する．このように潜在的な危険性を広範囲に評価することの目標は安全で無害な物質と技術を創造することであり，結果として，将来における健康と環境の激変を防ぎ，持続可能な化学経済を構築することである．グリーンケミストリーはさまざまな研究分野の知見と知識を必要とし，化学者，環境衛生学者，毒物学者，生態学者，健康専門家などの学際的な連携に基づくものである[67]．

米国環境保護庁（EPA）は，グリーンケミストリーを「有害化合物の使用と生成を削減かつ排除するための化学製品とプロセスの設計」と定義している．グリーンケミストリーの基盤となる方程式は「リスク＝暴露×ハザード（危険）」である[68]．グリーンケミストリーの化学者はリスク方程式のハザードの構成要素を削減することを目指す．そのために，理想としては，危険性のない，危険な既存製品の代替製品や代替プロセス，危険性のない新たな製品，捨てるには価値がありすぎると考えられる有害化学物質については，これらが生態圏に放出される前に封じ込めること，または破壊することによって安全に緩和することができる技術を設計する．

グリーンケミストリーにおいて一般的に策定される標準的な原則をBox 14.2に示す．

Box 14.2　グリーンケミストリーの12原則

1. **防止**
   廃棄物が発生した後に処理または浄化を行うよりも，廃棄物を出さないようにする．
2. **アトムエコノミー（原子経済）**
   合成プロセスにおいて使用するすべての材料を最終製品に最大限に組み込むよう合成方法を設計する．
3. **危険性の低い化学合成**
   実施可能な限り，ヒトの健康と環境に対する毒性がほとんど，またはまったくない物質を使用して生成するよう，合成方法を設計する．

4. より安全な化学物質の設計
毒性を最小限に抑えながら，必要な機能が発揮できるような化学製品を設計する.

5. より安全な溶剤と補助剤
補助物質（溶剤，分離剤など）を可能な限り使用せず，使用する場合も無害なものを使用する.

6. エネルギー効率の高い設計
環境と経済に与える影響を認識し，化学プロセスに必要なエネルギーを最小限に抑える. 可能であれば常温常圧による合成方法を設計する.

7. 再生可能な原材料の使用
技術的かつ経済的に可能な限り，枯渇するものではなく，再生可能な原材料を使用する.

8. 誘導体の削減
不要な誘導体化（ブロッキング基の使用，保護と脱保護，物理的かつ化学的プロセスの一時的な変更）を最小限にするか，可能であれば回避する. このような手段は追加の試薬を必要とし，廃棄物を生成するからである.

9. 触媒作用
触媒作用のある試薬（可能な限り選択性の高いもの）は，化学量論的な試薬よりも優れている.

10. 分解を考慮した設計
化学製品がその機能を終えた時点で無害な物質に分解され，環境中に残留しないよう設計する.

11. 汚染防止のためのリアルタイム分析
有害物質の発生前にプロセス内でリアルタイムに監視かつ制御できる分析方法の開発が必要である.

12. 事故防止のための本質的に安全な化学
放出，爆発，火災などの化学事故の可能性を最小限にするため，化学プロセスで使用する物質とその形態を選択する.

[出典] Anastas PT, Warner JC. *Green Chemistry: Theory and Practice*. Oxford, UK: Oxford University Press; 1998.

生態学的背景におけるグリーンケミストリー

私たちの文明は生態圏を維持する物質の流れの観点から生態圏と相互作用しており，このモデルは化学物質だけでなく，人間の活動の多くに関係している（**図14.5**）. 毎日，数千万トンもの物質が人間の経済活動のための原料として生態圏から取り出されている（右から中央に向かう矢印）. これらの物質は経済活動の中で経済的に価値のある製品に変換され，その後，その価値がすべて引き出されるまで経済活動の中で循環する（中央の循環している矢印）. 経済的に消費された物質は再び生態圏に排出される（中央から左に向かう矢印）.

大まかにいえば，化学企業の技術的な持続可能性の課題は，これらの物質の流れの度合いと特性に関連している. 持続可能かつ地球に優しいグリーンケミストリーは，

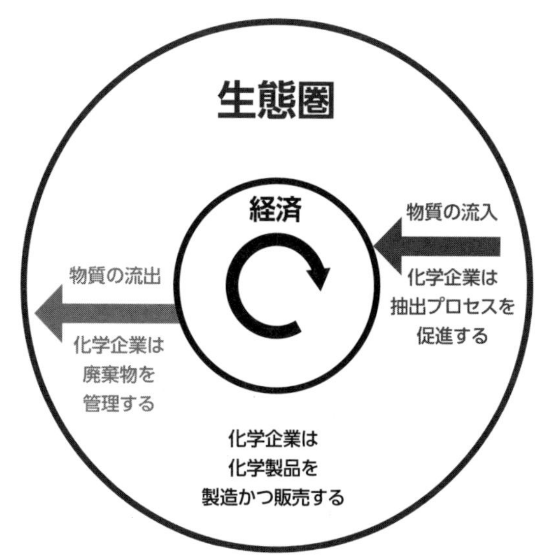

図14.5　ハーマン・ダリーの考えに基づく文明の活動を支える物質の流れ

これらの流れを持続可能な文明の実現に向けた軌道に乗せることを支援する事業である．公共政策によって，さまざまな方法でそれぞれの矢印に対する解決策を支援することができる．

化学者が参加する場合，右から中央に向かう矢印では抽出プロセスの最適化に焦点を当てる．官民による再生可能エネルギー研究への投資を拡大し，主要な技術を導入し実践することによって，資源の採取を持続可能な方向に導くことができる．

中央の循環している矢印は，新しい化合物が発見または発明され，その特性が研究され，市場に適した製品に調合され，その価値が消滅するまで経済の中で循環していることを示している．この段階で化学者は，有害化学物質を検出して回避し，低用量の毒性試験を統合することによって，無害で分解または再利用が容易である物質を設計することに注力しなければならない．特に懸念されるのは難分解性分子化合物である．これらの化合物は自然環境においてほとんど，あるいはまったく分解されないため，合理的な場合にはこれらの化合物を回避，または必要に応じて効果的に管理することとなる．

最後に，中央から左に向かう矢印の持続可能性のパラメータを改善しようとする化学者はほとんどいないが，生態系に放出される前にすべての有害化学物質を破壊できるとしたら（実現不可能な理想であるが，研究開発の志と方向性を示す指針となる），化学物質の持続可能性に関する課題のかなりの部分を解決できる．

参考文献

1. Bernhardt ES, Rosi EJ, Gessner MO. Synthetic chemicals as agents of global change. *Front Ecol Environ*. 2017;15(2):84–90.
2. Suedel BC, Boraczek JA, Peddicord RK, Clifford PA, Dillon TM. Trophic transfer and biomagnification potential of contaminants in aquatic ecosystems. *Rev Environ Contam Toxicol*. 1994;136:21–89.
3. Wurl O, Obbard JP. A review of pollutants in the sea-surface microlayer (SML): a unique habitat for marine organisms. *Mar Pollut Bull*. 2004;48(11–12):1016–1030.
4. Backhaus T, Porsbring T, Arrhenius A, Brosche S, Johansson P, Blanck H. Single-substance and mixture toxicity of five pharmaceuticals and personal care products to marine periphyton communities. *Environ Toxicol Chem*. 2011;30(9):2030–2040.
5. Milner AM, Boyd IL. Toward pesticidovigilance. *Science*. 2017;357(6357):1232–1234.
6. Fernández-Pinos M-C, Vila-Costa M, Arrieta JM, et al. Dysregulation of photosynthetic genes in oceanic *Prochlorococcus* populations exposed to organic pollutants. *Sci Rep*. 2017;7(1):8029–8029.
7. Vandenberg LN, Colborn T, Hayes TB, et al. Hormones and endocrine-disrupting chemicals: low-dose effects and nonmonotonic dose responses. *Endocr Rev*. 2012;33(3):378–455.
8. Gore AC, Chappell VA, Fenton SE, et al. EDC-2: The Endocrine Society's second scientific statement on endocrine-disrupting chemicals. *Endocr Rev*. 2015;36(6):E1–e150.
9. Newbold RR, Padilla-Banks E, Snyder RJ, Jefferson WN. Perinatal exposure to environmental estrogens and the development of obesity. *Mol Nutr Food Res*. 2007;51(7):912–917.
10. Cote I, Anastas PT, Birnbaum LS, et al. Advancing the next generation of health risk assessment. *Environ Health Perspect*. 2012;120(11):1499–1502.
11. Diamond ML, de Wit CA, Molander S, et al. Exploring the planetary boundary for chemical pollution. *Environ Int*. 2015;78:8–15.
12. Hallmann CA, Sorg M, Jongejans E, et al. More than 75 percent decline over 27 years in total flying insect biomass in protected areas. *PLoS One*. 2017;12(10):e0185809.
13. Lister BC, Garcia A. Climate-driven declines in arthropod abundance restructure a rainforest food web. *Proc Natl Acad Sci U S A*. 2018;115(44):E10397–e10406.
14. Mineau P, Whiteside M. Pesticide acute toxicity is a better correlate of U.S. grassland bird declines than agricultural intensification. *PLoS One*. 2013;8(2):e57457.
15. Inger R, Gregory R, Duffy JP, Stott I, Voříšek P, Gaston KJ. Common European birds are declining rapidly while less abundant species' numbers are rising. *Ecol Lett*. 2015;18(1):28–36.
16. Stehle S, Schulz R. Agricultural insecticides threaten surface waters at the global scale. *Proc Natl Acad Sci U S A*. 2015;112(18):5750–5755.
17. Johnston EL, Mayer-Pinto M, Crowe TP. Chemical contaminant effects on marine ecosystem functioning. *J Appl Ecol*. 2015;52(1):140–149.
18. Malaj E, von der Ohe PC, Grote M, et al. Organic chemicals jeopardize the health of freshwater ecosystems on the continental scale. *Proc Natl Acad Sci U S A*. 2014;111(26): 9549–9554.
19. Downs CA, Kramarsky-Winter E, Segal R, et al. Toxicopathological effects of the sunscreen uv filter, Oxybenzone (Benzophenone-3), on coral planulae and cultured primary cells and its environmental contamination in Hawaii and the U.S. Virgin Islands. *Arch Environ Contam Toxicol*. 2016;70(2):265–288.
20. Crall JD, Switzer CM, Oppenheimer RL, et al. Neonicotinoid exposure disrupts bumblebee nest behavior, social networks, and thermoregulation. *Science*. 2018;362(6415):683–686.
21. Woodcock BA, Isaac NJB, Bullock JM, et al. Impacts of neonicotinoid use on long-term population

changes in wild bees in England. *Nat Commun*. 2016;7:12459.
22. Hallmann CA, Foppen RP, van Turnhout CA, de Kroon H, Jongejans E. Declines in insectivorous birds are associated with high neonicotinoid concentrations. *Nature*. 2014;511(7509):341–343.
23. Eng ML, Stutchbury BJM, Morrissey CA. Imidacloprid and chlorpyrifos insecticides impair migratory ability in a seed-eating songbird. *Sci Rep*. 2017;7(1):15176.
24. Kidd KA, Paterson MJ, Rennie MD, et al. Direct and indirect responses of a freshwater food web to a potent synthetic oestrogen. *Philos Trans R Soc Lond B Biol Sci*. 2014;369(1656): 20130578.
25. Jepson PD, Deaville R, Barber JL, et al. PCB pollution continues to impact populations of orcas and other dolphins in European waters. *Sci Rep*. 2016;6:18573.
26. Vorkamp K, Riget FF. A review of new and current-use contaminants in the Arctic environment: evidence of long-range transport and indications of bioaccumulation. *Chemosphere*. 2014;111:379–395.
27. Laird BD, Goncharov AB, Chan HM. Body burden of metals and persistent organic pollutants among Inuit in the Canadian Arctic. *Environ Int*. 2013;59:33–40.
28. St. Pierre KA, Zolkos S, Shakil S, Tank SE, St. Louis VL, Kokelj SV. Unprecedented increases in total and methyl mercury concentrations downstream of retrogressive thaw slumps in the Western Canadian Arctic. *Environ Sci Technol*. 2018;52(24):14099–14109.
29. Miner RK, Campbell S, Gerbi C, et al. Organochlorine pollutants within a polythermal glacier in the interior Eastern Alaska Range. *Water*. 2018;10(9).
30. Ahemad M, Saghir Khan M. Pesticides as antagonists of rhizobia and the legumerhizobium symbiosis: a paradigmatic and mechanistic outlook. *Biochem Mol Biol*. 2013;1:65–75.
31. Fox JE, Gulledge J, Engelhaupt E, Burow ME, McLachlan JA. Pesticides reduce symbiotic efficiency of nitrogen-fixing rhizobia and host plants. *Proc Natl Acad Sci U S A*. 2007;104(24):10282–10287.
32. CDC. National Report on Human Exposure to Environmental Chemicals. 2019. https://www.cdc.gov/exposurereport/. Accessed April 2020.
33. Dietrich H, Dietrich B. Ludwig Rehn (1849–1930): pioneering findings on the aetiology of bladder tumours. *World J Urol*. 2001;19(2):151–153.
34. Rinsky RA, Smith AB, Hornung R, et al. Benzene and leukemia. An epidemiologic risk assessment. *N Engl J Med*. 1987;316(17):1044–1050.
35. Selikoff IJ, Hammond EC, Churg J. Asbestos exposure, smoking, and neoplasia. *JAMA*. 1968;204(2):106–112.
36. Mishra PK, Samarth RM, Pathak N, Jain SK, Banerjee S, Maudar KK. Bhopal Gas Tragedy: review of clinical and experimental findings after 25 years. *Int J Occup Med Environ Health*. 2009;22(3):193–202.
37. Frank AL, Joshi TK. The global spread of asbestos. *Ann Glob Health*. 2014;80(4):257–262.
38. Haefliger P, Mathieu-Nolf M, Lociciro S, et al. Mass lead intoxication from informal used lead-acid battery recycling in Dakar, Senegal. *Environ Health Perspect*. 2009;117(10): 1535–1540.
39. Wade L. Mercury pollution. Gold's dark side. *Science*. 2013;341(6153):1448–1449.
40. Obrist D, Kirk JL, Zhang L, Sunderland EM, Jiskra M, Selin NE. A review of global environmental mercury processes in response to human and natural perturbations: changes of emissions, climate, and land use. *Ambio*. 2018;47(2):116–140.
41. Heacock M, Kelly CB, Asante KA, et al. E-Waste and harm to vulnerable populations: a growing global problem. *Environ Health Perspect*. 2016;124(5):550–555.
42. Grant K, Goldizen FC, Sly PD, et al. Health consequences of exposure to e-waste: a systematic review. *Lancet Glob Health*. 2013;1(6):e350–e361.

43. Committee on Pesticides in the Diets of Infants and Children. *Pesticides in the Diets of Infants and Children*. Washington, DC: National Academies Press; 1993.
44. Levine H, Jorgensen N, Martino-Andrade A, et al. Temporal trends in sperm count: a systematic review and meta-regression analysis. *Hum Reprod Update*. 2017;23(6):646–659.
45. Huang C, Li B, Xu K, et al. Decline in semen quality among 30,636 young Chinese men from 2001 to 2015. *Fertil Steril*. 2017;107(1):83–88.e82.
46. Wang L, Zhang L, Song XH, Zhang HB, Xu CY, Chen ZJ. Decline of semen quality among Chinese sperm bank donors within 7 years (2008–2014). *Asian J Androl*. 2017;19(5):521–525.
47. Jørgensen N, Joensen UN, Jensen TK, et al. Human semen quality in the new millennium: a prospective cross-sectional population-based study of 4867 men. *BMJ Open*. 2012;2(4):e000990.
48. Gee D, Grandjean P, Hansen SF, et al., eds. *Late Lessons from Early Warnings: Science, Precaution, Innovation*. Copenhagen, Denmark: European Environmental Agency; 2013.
49. Michaels D. *Doubt Is Their Product: How Industry's Assault on Science Threatens Your Health*. Oxford, UK: Oxford University Press; 2008.
50. Oreskes N, Conway EM. *Merchants of Doubt: How a Handful of Scientists Obscured the Truth on Issues from Tobacco Smoke to Global Warming*. London, UK: Bloomsbury; 2010.
51. Landrigan PJ, Goldman LR. Children's vulnerability to toxic chemicals: a challenge and opportunity to strengthen health and environmental policy. *Health Aff*. 2011;30(5):842–850.
52. Williams ES, Panko J, Paustenbach DJ. The European Union's REACH regulation: a review of its history and requirements. *Crit Rev Toxicol*. 2009;39(7):553–575.
53. Schmidt CW. TSCA 2.0: a new era in chemical risk management. *Environ Health Perspect*. 2016;124(10):A182–A186.
54. Molina M, Zaelke D, Sarma KM, Andersen SO, Ramanathan V, Kaniaru D. Reducing abrupt climate change risk using the Montreal Protocol and other regulatory actions to complement cuts in CO_2 emissions. *Proc Natl Acad Sci U S A*. 2009;106(49):20616–20621.
55. Grandjean P, Landrigan PJ. Developmental neurotoxicity of industrial chemicals. *Lancet*. 2006;368(9553):2167–2178.
56. Weiss B, Cory-Slechta D, Gilbert S, et al. The new tapestry of risk assessment. *Neurotoxicology*. 2008;29(5):883–890.
57. Sackmann K, Reemtsma T, Rahmberg M, Bunke D. Impact of European chemicals regulation on the industrial use of plasticizers and patterns of substitution in Scandinavia. *Environ Int*. 2018;119:346–352.
58. Vogel SA, Roberts JA. Why the Toxic Substances Control Act needs an overhaul, and how to strengthen oversight of chemicals in the interim. *Health Aff*. 2011;30(5):898–905.
59. Schug TT, Abagyan R, Blumberg B, et al. Designing endocrine disruption out of the next generation of chemicals. *Green Chem*. 2013;15(1):181–198.
60. National Toxicology Program. Toxicology in the 21st Century (Tox21). 2018. https://www.niehs.nih.gov/research/programs/tox21/. Accessed April 2020.
61. Gouldson A. Risk, regulation and the right to know: exploring the impacts of access to information on the governance of environmental risk. *Sustain Dev*. 2004;12(3):136–149.
62. Bennear LS, Olmstead SM. The impacts of the "right to know": information disclosure and the violation of drinking water standards. *J Environ Econ Manag*. 2008;56(2):117–130.
63. Nutbeam D. The evolving concept of health literacy. *Soc Sci Med*. 2008;67(12):2072–2078.
64. Zikmund-Fisher BJ, Turkelson A, Franzblau A, Diebol JK, Allerton LA, Parker EA. The effect of misunderstanding the chemical properties of environmental contaminants on exposure beliefs: a

case involving dioxins. *Sci Total Environ*. 2013;447:293–300.

65. Brody JG, Brown P, Morello-Frosch RA. Returning chemical exposure results to individuals and communities. In: Finn S, O'Fallon LR, eds. *Environmental Health Literacy*. Cham, Switzerland: Springer International Publishing; 2019:135–163.
66. Brody JG, Morello-Frosch R, Brown P, et al. Improving disclosure and consent. "Is it safe?": new ethics for reporting personal exposures to environmental chemicals. *Am J Public Health*. 2007;97(9):1547–1554.
67. Collins TJ. Green chemistry. In: Lagowski JJ, ed. *Macmillan Encyclopedia of Chemistry*. Vol 2. New York, NY: Simon and Schuster Macmillan; 1997:691–697.
68. Anastas P, Eghbali N. Green chemistry: principles and practice. *Chem Soc Rev*. 2010; 39(1):301–312.

第 15 章

プラネタリーヘルスのための新しい経済学

経済の姿は一変した —— 新しいルールが必要だ

産業化が始まって間もない頃の世界経済は，その規模は生物圏と比べるとごく小さなものだった．資源の利用や廃棄物の処理などという，経済が生物圏に突きつける要求も小さく，たいていの場合，地球規模で見るとほとんど表に現れないほどのものだった（**表15.1**）．今日の世界経済の規模は途方もなく大きい（**図15.1**）．必要とする資源も産出する廃棄物の量も，持続可能な地球の収容力をはるかに超えている．

人間が行う生産と消費の現在の水準が地球の持続可能な収容力を超えているという単純な事実は，グローバル・フットプリント・ネットワークによる「グローバルヘクタール」を用いた活動を通して明確に示されてきた．「グローバルヘクタール」とは，人間活動に起因するエコロジカル・フットプリント（第1章p.5の脚注を参照）を測る総合的な単位である．毎年，その1年間の自然の予算（生産可能な資源の量）を人間が使い果たした日は，アース・オーバーシュート・デーとして記録されている．この日からその年の終わりまでは，人間は身近なストック（資源）を使い込み，大気中の二酸化炭素を蓄積させながら，生態系の赤字を持ち越すことになる．グローバル・フットプリント・ネットワークの方法論によると，人間の活動が初めて地球の年間収容力を超えたのは1970年であった．このときのアース・オーバーシュート・デーは1970年12月29日だったことから，人間がこの年の必要と欲求を満たすには，地球が1個とあと少し，必要だったことがわかる．それが2018年には，アース・オーバーシュート・デーは8月1日まで前倒しとなり，人間には地球が1.7個必要となった[1]．

2009年に地球システム科学と環境科学の科学者たちが，「人間の安全な機能空間」を持続可能な発展の前提条件として定義することを目指し，「プラネタリー・バウンダリー（地球の限界）」という枠組みを提案した[2]．この枠組みは，地球環境の変化の推進要因と，その推進要因が窒素循環，淡水循環，気候調整の過程などの地球システ

表15.1　経済，汚染，自然資源の利用に関する統計データ（過去／現在）

全世界の測定値	過去（年）	現在（年）	増減率（%）
GDP（インフレ調整後，2011年，ドル）[a]	1兆2000億ドル（1820年）	108兆ドル（2015年）	+10 800%
舗装地域または市街地の面積[b]	2200km² (1800年)	59 500 km² (2016年)	+2603%
農業面積（作物，牧草）[b]	1340万km²（1800年）	4870万km²（2016年）	+362%
家畜数（牛，羊，ヤギ，豚）[c]	13億4900万頭（1890年）	46億6700万頭（2014年）	+346%
プラスチックの年間生産量[d]	なし（1800年） 200万トン（1950年）	3億8100万トン（2015年）	— +19 050%
化石燃料エネルギーの年間消費量（石炭，石油，ガス）[e]	97テラワット時（1800年） 5972テラワット時（1900年）	132 052テラワット時（2016年）	+135 824% +2211%
二酸化炭素の年間排出量（石炭，石油，ガス，セメント，燃焼によるもの）[f]	2900万トン（1800年） 19億5800万トン（1900年）	358億4400万トン（2013年）	+122 188% +1831%
原料の年間使用量（化石燃料を除く）（バイオマス，建築用鉱物，鉱石）[g]	61億4900万トン（1900年）	551億7400万トン（2009年）	+897%
固形廃棄物の年間排出量[h, i]	1億1000万トン（1900年）	14億6000万トン（2010年）	+1327%
原野の現存面積（南極大陸を除く）[j, k]	1億240万km²（1800年）	2990万km²	−71%
原生海洋の現存面積[l]	3億4300万km²（1700年）	5500万km²	−86%
大型捕食魚のバイオマス[m]	100%（1700年）	10%（2010年）	−90%

［出典］

a. Roser, M. Economic growth. *Our World in Data*. 2017. https://ourworldindata.org/economic-growth.

b. Goldewijk KK, Beusen A, Doelman J, Stehfest E. New anthropogenic land use estimates for the Holocene; HYDE 3.2. *Earth Syst. Sci. Data Discuss.* doi:10.5194/essd-2016-58, 2016.

c. Data for all livestock from 1890 to 1950 are sourced from the HYDE Database (History Database of the Global Environment), published by the PBL Netherlands Environmental Assessment Agency. Available at http://themasites.pbl.nl/tridion/en/themasites/hyde/landusedata/livestock/index-2.html. Accessed October 12, 2017.

d. Geyer R, Jambeck JR, Law KL. Production, use, and fate of all plastics ever made. *Sci Adv*. 2017;3(17):e1700782.

e. Smil V. *Energy Transitions: Global and National Perspectives*. Santa Barbara, CA: Praeger; 2016.

f. Boden TA, Andres RJ, Marland G. *Global, Regional, and National Fossil-Fuel CO_2 Emissions*. Oak Ridge, TN: Carbon Dioxide Information Analysis Center, Oak Ridge National Laboratory, US Department of Energy; 2017.

g. Krausmann F, Gingrich S, Eisenmenger N, Erb KH, Haberl H, Fischer-Kowalski M. Growth in global materials use, GDP and population during the 20th century. *Ecol Econ*. 2009;68(10):2696–2705.

h. Hoornweg D, Bhada-Tata P, Kennedy C. Environment: waste production must peak this century. *Nat News*. 2013;502(7473):615–617.

i. Kaza S, Yao LC, Bhada-Tata P, Van Woerden F. *What a Waste 2.0: A Global Snapshot of Solid Waste Management to 2050*. Washington, DC: World Bank; 2018.

j. Goldewijk K, Beusen A, van Drecht G, de Vos M. The HYDE 3.1 spatially explicit database of human-induced global land-use change over the past 12,000 years. *Glob Ecol Biogeogr*. 2011;20(1):73–86.

k. Watson JEM, Venter O, Lee J, et al. Protect the last of the wild. *Nature*. 2018;563:27–30. 著者は，2009年の総農地面積と人為的な土地面積の比率（4870万km²/9980万km² = 0.49）を用いて1800年の推定値を保守的に算出し，この比率の逆数を1800年の総農地面積に適用し（1340万km²/0.49 = 2730万km²），これを世界の陸地面積（1億2970万km²−2730万km² = 1億240万km²）から差し引いて原野の現存面積を算出した.

l. Jones KR, Klein CJ, Halpern BS, et al. The location and protection status of Earth's diminishing marine wilderness. *Curr Biol*. 2018;28(15):2506–2512.e3. 1700年に人間が直接影響を与えた海洋面積を全体の5%と保守的に仮定した著者による推定値.（95% ×3億6110万km² = 3億4300万km²）.

m. Myers RA, Worm B. Rapid worldwide depletion of predatory fish communities. *Nature*. 2003;423:280–283.

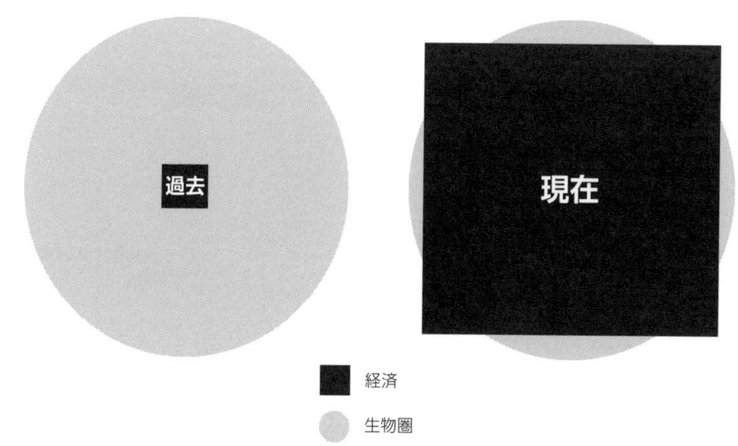

図15.1　産業化時代の到来以降，経済と生物圏との関係がどのように変わったかを表した図

ムのプロセスと相互作用することに関する科学的な根拠に基づいている．**図15.2**に示されているとおり，科学者たちは，9つのうち2つが限界をすでに越えており，さらにもう2つが環境の急変によるリスクが高まり始める「不確実性領域」にあると結論づけた．

過去2世紀にわたって維持されてきた経済成長のおかげで，世界中のほとんどの場所において，大多数の人々の物質的なウェルビーイングが大きく進歩した事実を無視することはできない．飢えと極貧の根絶や最悪の感染症の撲滅という，かつては乗り越えられないと思われた世界的な困難に対する解決策が，今では目に見えるところまできているが，これは長く続いた経済成長によるところが大きい．しかし，前の段落ではっきりと示しているように，グローバルな社会としては，私たちは問題を抱えている．これらはすべて，私たちが環境の資源量を超えた不相応な暮らしをしていることが一因となっている．こんな状況が続けば人間にとって深刻な，破滅的な事態を招くことになろう．私たちは地球が持続不可能となる環境破壊といった，望ましくない副作用を避けながら経済と富を生み出し，貧困を減らす力のある今のシステムを保持した経済システムへと移行する方法を見つけなければならない．

私たちはどうしてこうなったのだろうか

経済学が悪いのだろうか？

私たちを取り巻く環境が現在困難な状況にあるのは，経済理論の欠陥のせいだけでもなければ，それがおもな理由ですらない．第一に，ほとんどの経済理論は記述的(「実証」経済学）であり，経済全体における原因と結果について理解を深めることと，経

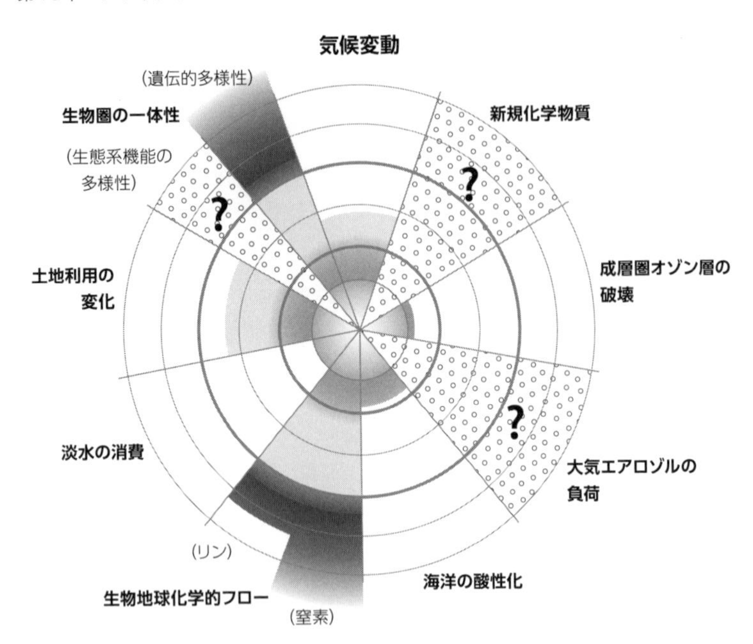

図15.2　9つのプラネタリー・バウンダリーの現状

[出典] Steffen W, Richardson K, Rockström J et al. Planetary boundaries: Guiding human development on a changing planet. *Science* 2015;347(6223):1259855より改変

済活動をする特定の主体の行動や相互作用について説明することを試みる．経済政策提言の領域でさえ，どのくらいの責任を経済学者自身に負わせられるかといえば，疑問である．多くの学問領域が政府の行動に影響力を発揮したがっている中で，経済学者の理念や理論がたまたま現代の問題への対処に役立つ提案として最も説得力があったからといって，彼らを責めるべきだろうか．おそらくそんなことはないだろう．

しかし，社会が時間とともに変化するのと同じように，経済学者が直面する最大の問題も移り変わる．さらに，問題を説明する理論や解決へ導く提案も変わるに違いない．社会と環境の関係もまた，時を経て様変わりした．変化する社会を反映できるように適応していくと同時に，経済理論は，もし今日の最も差し迫った問題に対して適切な処方箋(せん)を提供しようというのなら，環境科学と生態学から得られた知見を組み込めるくらいまで徹底的に拡張しなければならない．

経済学はプラネタリーヘルスの敵ではないが，経済学の教義は敵である．今とは異なる一連の問題に対処すべく設計された過去の経済学に教条主義的に固執することは，プラネタリーヘルスにとって真の脅威である．

経済学をプラネタリーヘルスの実現に役立てるための数々の方法を見ていく前に，「私たちはどうしてこうなったのか」という問いへの答えを見つけるため，前時代に生まれた主流派の経済学的思考を検証してみよう．

「見えざる手」に導かれたのだろうか？

多くの人々から近代経済学の父とみなされているアダム・スミス（1723–1790）は，「見えざる手」という概念を唱えたことで知られている．彼の理論によると，各個人や会社が，たとえ自分たちの利益に基づいて行動している場合でも，完全な情報があって自由な価格設定ができる競争市場で活動している限り，社会的に最適な結果が出るよう導く．スミスは1776年の『国富論』の中でこう書いている．「私たちが食事にありつけるのは，肉屋や酒屋やパン屋の優しさのおかげではなく，彼らの自分たちの利益に対する関心からである」．

経済学者は規制のない自由市場を支持する裏づけとして，スミスの説を頻繁に引用してきた．それは，利益を求める個々の会社の多くは，あたかも見えざる手に導かれるように人間にとって最善の行動を取るものだから，政府の介入は制限されるべきであるというものだ．もちろん私たちは今では，市場だけでは社会的に（そして環境的に）最適な結果を生み出せないことの多い，数え切れないほどの状況があることを知っている．失敗のおもな原因に外部性（第1章p.13の脚注を参照）がある．これは第三者に影響を与えはするものの，市場価格に反映されないような経済活動によってもたらされるものだ．例えば，ディーゼル燃料の燃焼により発症した呼吸器疾患による損失は，ディーゼル燃料の市場価格には反映されない．また，パーム油の価格には，パーム油生産のために熱帯林が皆伐された際に失われた生物多様性の損失分は入っていない．外部性は，情報が不十分である場合や市場が不完全である場合に生じる．こういう状況はあちこちで見られる[3]．

外部性は，1700年代にアダム・スミスが著述していた時代には取るに足りないことだったが，経済が発展するにしたがって，いわば指数関数的にその重要性が増した．今日では外部性は私たちの環境問題を生み出す，唯一にして最大の原因である．

要素は3つ？　2つ？　そもそも少なすぎるのか？

スミス以降のいわゆる古典派経済学者は，経済的生産性というのは土地，労働，資本という3つの要素の相互作用による機能だとみなした．この3つの要素のモデルでは，土地の重要性はその生産性にあると認め，このモデルの変形型の中には土地どころか，石炭などの天然資源の役割を認識しているものさえあった．当時は1つの土地の区画から，どのくらいの食料が生産できるのかについて明確にはわからなかったため，とりわけ土地の量を成長を左右する重要な制約条件だとみなしていた．ところがやや厄介なことに，このモデルは土地（そして，その延長線上にある天然資源）は「不変である」と仮定していた．土地が劣化するわけがない，資源を使っても将来の世代が使える量は変わらないというわけだ．外部性を憶測で排除するのと同じように，土地，水，その他の天然資源を単純に捉えるこの仮定は，1700年代という，産業による資源の需要が比較的少なかった時代に多くの状況で適用されたが，今日の経済の枠組みで考えるとお粗末な仮定だといえる．

幸いなことに，3つの要素のモデルは1800年代以降，大幅に改訂された．しかし残念ながら，1900年代初頭の新古典派経済学者による最初の大々的な見直しの際には内容が大きく後退した．少なくとも経済と環境の相互作用の描かれ方に関してはそうであり，3つの要素が2つに減らされてしまった．知ってのとおり，労働と資本の2つになったのである．実際，20世紀への変わり目の頃には，資源の利用可能性は主流派の経済理論から姿を消してしまった．**図15.3**は，その時代のマクロ経済を比喩的に表した代表的な図で（「経済学101」という米国発の標準基礎講座において，今なお使われる定番の図だ），収入–支出循環図や単にフロー循環図と呼ばれるものだ．ここでは経済は，労働と収入と財の循環的な交換が永遠に続くかのような描かれ方をしており，潜在的な天然資源の枯渇についてはまったく触れられていない．

新古典派経済学者が天然資源について楽観的であるという印象は，1つの概念図に天然資源が書かれていないことだけに基づいているわけではない．資源の価格設定，資源の代用品，技術的な変化に関する新古典派の経済理論は，再生不能な天然資源でさえ，基本的には無尽蔵だと主張している．驚くかもしれないが，ある主要な農作物の貿易については，この主張を支持する経験的証拠も存在する[4]．しかし，こうした見解に対して言っておくべき重要な点がある．まず，状況が変化するときには，過去は必ずしも未来についての信頼できる案内役ではない．さらに，おそらくもっと大事なこととして，土壌，生物多様性，淡水，水産資源などの複雑な天然資源が使い果たされたり，人間が天然資源から得る便益の形がより複雑なために，原料のまま売買される農作物のような商品には起きないような形で劣化することが，多くの証拠からわかっている（世界自然保護基金の『生きている地球レポート』[5]などを参照）．

新古典派経済学者の影が，20世紀の大部分にわたって正統派の西洋型経済を定義づけてきたため，その思考が経済政策に与えた影響はどれだけ誇張してもしきれないほど大きい．生態系に関してそのような乏しい認識しか持っていない経済思想の学派が，あまりにも長い間，政治経済を牛耳ってきたことを考えれば，私たちが今このような状態に陥っている理由も説明しやすい．

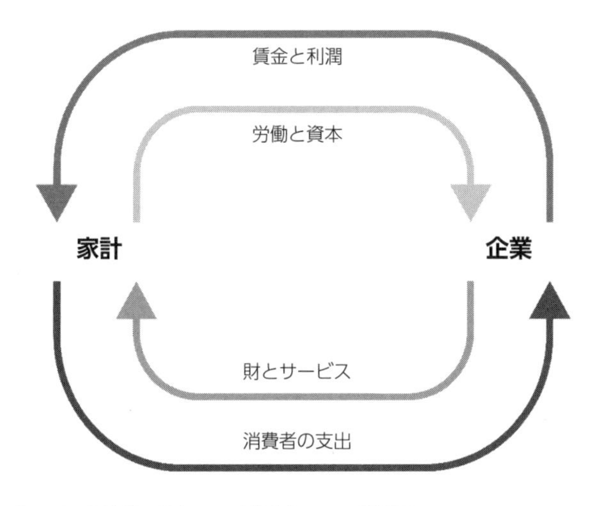

図15.3 経済学で使われる古典的なフロー循環図

成長すべきか……成長すべきか？ それが問題だ

現代の政治経済が経済成長を際限なく求めることの問題については，多くの人が筆を尽くしてきた．現実に問題となっているのは成長の追求ではなく，何の成長であり，何のための成長なのかということだ．例えば，人間のウェルビーイングの成長を追求するのは悪いことではないと主張する人は多いだろう（第11章で詳しく見ているように）．本当の問題が生じるのは，私たちが完全に間違った尺度を使って，かたくなに成長を追い求める場合である．

人間の発展を測る，甚(はなは)だ不十分な尺度

国内総生産（GDP．国民総生産ともいう）は，国内で1年間に生産された財やサービスの価値の総額と定義される．言い換えれば，その国の年間総生産高である．国中の非常に有能な多くの統計学者たちの手を借りて年間経済生産高を測ることにおいては，GDPはかなり良い仕事をした．ところが，GDPはそれ以上のものを測定する尺度としてみなされるようになってしまった．何世代もの経済学者と政治家の間で，1人あたりのGDPの上昇は国全体の経済発展を測る最も重要な尺度としてだけでなく，国のウェルビーイングの上昇を測るものと区別なく扱われるようになった．

もし政府の重要な目的の1つが国民全体（とその子どもたちと，さらにそのまた子どもたち）のウェルビーイングを着実に高めることであると私たちが認めるのであれば，少なくとも何かその代用となる良い尺度を使うべきなのは間違いない．GDPは

国民のウェルビーイングを測るのに適切な代用品ではない．この見方は新しいものではなく，GDPをウェルビーイングの尺度として用いることへの批判は，ほとんどGDPが誕生した頃から存在している．例えば1968年の大統領選挙戦のスピーチの際，ロバート・ケネディは雄弁に，次のようにGDPをこき下ろした．

> GDP*は……大気汚染や，タバコの広告や，幹線道路の交通事故に駆けつける救急車を勘定に入れている．ドアの特殊な鍵や，脱獄囚を入れておく刑務所も計算に含まれている．セコイアの森の破壊や，無秩序な都市のスプロール現象による，自然の驚異の損失も含まれている．ナパーム弾や，核弾頭や，街なかの暴動を鎮圧する警察用の武装車両も入っている．……しかし，GDPには，子どもの健康や，彼らが受ける教育の質や遊びの喜びは入っていない．詩の美しさも結婚による絆の強さも，公開討論の知性も公務員の誠実さも入っていない．GDPは私たちの機転も勇気も測らず，知恵も学びも測らず，思いやりも国家への献身も測らない．要するにGDPは，私たちの人生を価値あるものにしてくれるものを，何ひとつ測らないのだ[6]．
>
> ＊（訳注）原文ではGNPとなっているが，ここではほぼGDPと同義と捉えて訳している．

ケネディは，GDPのおもな欠点のいくつかを見事にあげつらってくれたが，GDP以外の選択肢を探るうえでの参考となるように，それらをもう少し詳しく分析する価値がある．

GDPは人間の発展とウェルビーイングを測る尺度として不十分である．その理由は以下のとおりだ．

- **結果ではなく，投入量と産出量を測っている．**ウェルビーイングの尺度としてのGDPの根本的な欠点は，最もよく見逃されているものでもある．GDPは投入量と産出量を測るものであり，私たちが実際に関心がある「結果」を測ってはいない．痛ましいほど当たり前に聞こえるかもしれないが，もし社会のウェルビーイングについて理解したいのならば，選ぶべき理想的な測定対象は社会のウェルビーイングである（詳しくは第11章を参照）．次善の選択肢は，ウェルビーイングと最も結びつきが強い信頼性のあるウェルビーイングの指標を代用品として注意深く使うことだろう．
- **売買されない財，サービス，害を考慮に入れていない．**GDPは，市場価格に基づいて財やサービスの価値を合計することにより算出される．しかし，ここには売買されない重要な財やサービスの多くが入り損なっている．例えば，もし新米パパが子育てのために仕事をしばらく休むという場合，この育児は完全にGDPから抜け落ちる．もしこの父親が休むのではなく，そのまま働き続けて誰か他の人に有料で子どもの面倒を見てもらうことを選んだ場合，おっとびっくり，GDPが上昇する．こんなふうに，あらゆる無給の家事労働が，明らかに価値があるにもかかわらずGDPから締め出される．しかしこの締め出しは家事労働にとどまらない．ボランティア活動に費やす時間もまた，GDPには入らない．余暇の活動がGDPに含まれるのは，そこにお金が使われるときだけだ．もっと悪いことに，余暇の時間そのものはGDPと直接競合する．なぜなら私たちが余暇に時間を使えば使うほど，GDPを生み出すために捧げる時間が減るからだ．売買されないカテゴリーの最後の脱落群は，外部性である．前述したような経済活動による，意図的ではなく補償されることのない影響のことであり，これには正のものも負のものもあり得る．外部性が省かれるということは，GDPは負の外部性を引き起こした活動による利益を実際よりも大きく見せ，正の外部性を引き起こした活動による利益を実際よりも小さく見せるということを意味する．

・**防御費用や修復費用を利益として扱う．** GDPに加算される多くの支出は，実際には生活の質を改善するためのものではないものも多い．むしろ質が落ちないようにするのが目的だったり，すでに起きてしまった害を取り消そうとする試みだったりする．ロバート・ケネディが注目したように，例としては，安全保障制度，健康保険，治安維持，国家の防衛への支出や，犯罪，依存症，予防可能な体の異常に手を打つための費用などがある．

・**商品の耐久性，リサイクル，再利用を抑制する．** 完成品としての商品はGDPの中には一度だけ，それが初めて購入されたときにしか登場しない．そこから先は，最初の商品を使い続けるために購入しなければならない追加の商品しかGDPに入らない（例：燃料，電気，洗剤，予備の部品）．このことがなぜプラネタリーヘルスにとって問題になるかを説明するために，例としてベビーカーを思い浮かべてほしい．家族1がベビーカーを買った場合，その購入によりGDPは上昇するが，彼らが家族2にそのベビーカーを売った場合（家族2はベビーカーを使うことで，家族1とまったく同じだけの便益を得る），GDPには何の影響も及ぼさない．同じように，家族3，家族4へとベビーカーが渡っていったとする．もし家族1が購入したのが質の悪いベビーカーで，もう使わなくなったときにそれをただ捨ててしまったら，新たに別のベビーカーが2つか3つ製造され，販売されていたかもしれない．これはGDPにとっては吉報だろうが，地球にとってはそうではないだろう．さて，例えば家族4が，そのベビーカーはもうこれ以上使えないと判断し，それを解体してリサイクルしてもらうために手放すという選択をしたとしよう．新しいベビーカーをつくるのに再利用される部品や材料は，その新しいベビーカーが売れたときにGDPにまったく反映されない．一方，新品の部品はすべて反映される．結果として，同じ価格の2つの商品からどちらか1つを選ぶ場合，GDP成長率の最大化に焦点を当てるならば，常に質が悪く，寿命の短い，再利用やリサイクルをしづらい商品を選ぶことになる．これが消費者にとっても地球にとっても良くないことであるにもかかわらずだ．

- **資本金の減価償却や資産の減耗を考慮していない．** GDPのG（Gross：総計の）は，その年の国内での生産を行うために使われた資本資産の年間の減価償却を考慮しないという事実を言っている．建物，機械，車両などの従来の資本資産の減耗率を理解することは，GDPの持続可能な成長を理解するために重要となり得る．GDPが，鉱床や化石燃料の埋蔵量といった国内の天然資源の年間売上は加算するが，こうした資源のストックの減少を無視するという一段と大きな問題は，よく知られているが，GDPの数字が報告されるときには通常無視される．GDPから省かれるものの中でさらに厄介なのは，自然，社会，人材，知識からなるより複雑な資産だが，これらは総じて国内の統計家の注意を十分に引いてきていない（こうした「資産」については本章の後のほうで考察する）．
- **国内消費の損害を輸出に割り当てる．** GDPは，国内や行政区内で生産された財とサービスのみを評価の対象とする．これはつまり，輸入品の価値はGDPに含まれず，輸出品の価値は含まれるということだ．このことは，GDPをウェルビーイングの尺度とした場合，2つの問題を生み出す．1つは，輸入品の消費から得られた価値がその商品の輸出国に誤って割り当てられることだ．もう1つは，輸入国は生産に関連する負の外部性を輸出できてしまうということだ．もし国際貿易が，生産の価値や環境的な厳しさの観点から見てバランスが取れていれば，この問題はどちらもそれほど重要ではない．しかし多くの場合，いずれの問題においても，貿易はより裕福な国が有利になる形にゆがめられている．裕福な国は，生産時の環境への悪影響を抑えながら，より高い付加価値をつけた財とサービスを生産して輸出する（例：ソフトウェア，金融サービス）．一方，貧しい国は，環境に重大な悪影響を与えながら（農業や基礎素材の生産など），付加価値の低いものを生産する傾向があり，これらを裕福な国が輸入する．
- **不公平さが見えていない．** これは，最初に紹介したポイントの「GDPは結果ではなく，投入量と産出量を測っている」の延長線上にあるのだが，ここに挙げることはとても重要だ．GDPと1人あたりのGDPからは，国内の収入と支出の配分については，何ひとつわからない．2つの仮想の国を想像してほしい．どちらも国民は100人とする．片方の国では，国民全員が毎年10ドルを受け取り，10ドルを使う．もう片方の国では，ある1人の幸運な国民だけが毎年901ドルを受け取り，901ドルを使い，残りの99人は全員，1ドルで何とかやり繰りしなければならない．GDPの観点からすると，どちらの国も同等である．つまりGDPは1000ドルであり，1

人あたりのGDPは10ドルだ．同じことがGDPの成長率についても当てはまる．ある国が目を見張るようなGDPの年間成長率を達成したとしても，その国の誰がその成長から恩恵を受けているのかについては，まったく見えてこないのだ．

経済学者は上記の問題が相対的に重要である点について議論するかもしれないが，GDPが国民のウェルビーイングの尺度として明らかに誤解を招く可能性があることに，異議を唱える人はほとんどいないだろう．しかし，GDPの欠点がこれだけよく知られているのなら，なぜいまだに国の成功度を測る尺度として圧倒的に目立っているのだろうか．

まず，GDPには，経済活動の尺度として以下のような重要な利点がある．

- **簡便さ**　計算が簡単で解釈がしやすい（数字が大きければ大きいほど良い）．
- **普遍性**　経済の性質にかかわらず，生産物とサービスの貨幣的価値の総計を出して，世界に広く認知されている測定値を出すことができる．それをもとに国家間比較ができる．
- **客観性**　観測可能な市場価格に基づいている．

結果として，GDPを使えば，政策立案者や中央銀行は，経済が収縮しているのか拡大しているのかを判断でき，経済を刺激する必要があるのか，それとも引き締めによって利益が出るのかの見極めにGDPを役立てられる．ニュースで報道されるGDPの数字だけでなく，国民所得勘定（これに基づいてGDPが計算される）を用いることで，政策立案者，経済学者，企業は，金融政策や財政政策，経済的打撃などが経済全体や特定の要素に対して，どのような影響を与えるかを分析することが可能となる．

こうした利点が，GDPを世の中に知らしめ，今もその地位にとどまらせている．解釈が簡単であることは，複雑な事柄に取り組んでいる政策立案者，アナリストや評論家にとっても魅力的だ．計算が容易であることで，いったん数か国で測定過程が確立されると，簡単に他の国にも広げることができた．十分な数の国がGDPを導入した段階で，一種のネットワーク効果（訳注：利用者が増えれば増えるほど，そのものの価値が高まること）が広がり，それによって，信用ある国民所得勘定を出せない国はすべて，自らを経済的後進国だと認識することとなった．この普遍性はまた，GDPに代わる一段と洗練された尺度の参入をはばむ障壁となった．GDPを使えば可能だというのに，すべての国がどの期間について測るのにも使える新しい尺度をつくる作業は，非常に大変だからだ．

残念ながら，GDPの利点やそれが脚光を浴び続けている理由も，GDPが社会のウェルビーイングを測る優れた尺度ということにはならない．簡便さは，測定結果に意味がなければ強みにはならない．普遍性は，比較が容易でも，それが間違った測定基準によるものであれば長所とはいえない．間違ったものを測る客観性などはとても利点とは言いがたい．

GDPに過度に依存していることの問題は，GDPがある時点でのウェルビーイングを十分に反映していないことだけでなく，時間とともに社会のウェルビーイングとプラネタリーヘルスに対して有害となるやり方で政策と資源の配分を行うよう，積極的に促進してしまうことだ．要するに，GDPは何らかのただし書きのもとでは経済活動を測るまずまずの尺度ではあるものの，社会の進歩，ウェルビーイング全般，プラネタリーヘルスを測定するためには他にもっとやりようはあるし，またそうでなくてはならないのである．

プラネタリーヘルスに向けての成功度を測るより優れた尺度

GDPの代替案

人間の発展を測る尺度としてGDPを使うことの欠点を和らげるために，長年にわたって多くの改善案や代替案が開発されてきた．そのうちのどれも，政策立案者や財界のリーダーや一般の人々の意識の中で，GDPのような地位にまでのぼりつめてはいないが，それでもいくつかは進化する世界の状況を私たちが理解するうえで，大きく貢献し続けている．それらは，次の3つのカテゴリーに当てはまる．

・**GDPを調整したもの．** GDPを出発点とし，そこへ環境的，社会的な要素を貨幣に換算した数字を加算したり差し引いたりする．

このカテゴリーの顕著な例には，真の進歩指標（Genuine Progress Indicator：GPI）や持続可能経済福祉指標（Index of Sustainable Economic Welfare：ISEW）という，貨幣に換算した環境的，社会的な一連の要素を用いてGDPを修正するものや，調整純貯蓄（またはジェニュイン・セービング）という，製造資本と自然資本と人的資本への年間の純投資を測る基準を提示することを目指したもの，それから，経済活動が環境に与えた害を貨幣に換算した推定値を差し引いたり，環境にとって利益となった場合には，その価値の推定値を加えたりしてGDPを調整する「グリーンGDP」を算出するなど，さまざまな試みがある．

・**GDPに補足を加えたもの．** 社会的，環境的情報を追加してGDPを補足するもの．

このカテゴリーの顕著な例には，環境経済統合勘定（System of Economic

Environmental Accounts：SEEA）や環境経済統合勘定–実験的生態系勘定（SEEA Experimental Ecosystem Accounting：SEEA EEA）という，国際的に知られている国民経済計算体系（System of National Accounts：SNA）を拡張したものや，持続可能な開発目標（SDGs）などがある．SDGsの17目標は，169の達成基準と230の指標で構成されている（しかし，発展を測る1つの総計の値を出すことはできない）．

・**GDPの代わりとなるもの．** GDPに代わって，人間のウェルビーイングをより直接的に測る尺度．

このカテゴリーの突出した例は，長らく人間開発指数（Human Development Index：HDI）であり，これは健康，教育，生活水準を測る簡単な尺度をまとめて1つにし，国ごとに0から1までの数字で表したものである．もっと最近では，国連大学と国連環境計画（UNEP）によって，GDPや人間開発指数に代わる，より洗練された，包括的な豊かさの指標（IWI）が提案されている．これは製造資本，人的資本，自然資本を統合したストックを，社会のウェルビーイングの代替値として測定することを目指している．

ここで説明した尺度はそれぞれ，GDPよりも人間の発展を測る優れた測定値を提供してくれるが，すべてに共通する重大な欠点が2つある．まず，どれもすべて代替値（活動，生産高，中間的な結果）に頼っている．私たちが実際に社会として求めている結果を直接測っているものは1つもない．さらに，限りある地球上に住んでいるという物理的な制約条件を有意義に組み込んでいるものもない．

さらに別の尺度として，ニュー・エコノミクス財団が提案する地球幸福度指数（HPI）[7]というものがある．これは，すぐに使える既存の堅固なデータベースを用いながら，上記の2つの欠点に取り組むうえでまずまずの役目を果たしている．さらに，国際比較を容易にするとともに，経時的に進歩状況を追跡するのに役立つ1つの集計値を提供する．地球幸福度指数は，平均生活満足度，平均寿命（いずれも結果の数値に内在する不平等を反映すべく調整してある），エコロジカル・フットプリントのデータを集計して1つの指標にまとめる．そうする中で，それぞれの国の居住者が長くて満足のいく生活を実現するためにどれだけ効率的に天然資源を使っているのかを比較し，持続可能なウェルビーイングを測ることを目指している．ところが国のこうしたデータの数値から指標を求める恣意（しい）的なやり方は，単純化された各国の1人あたりのエコロジカル・フットプリントの尺度を持続可能性の基準として使うのと同様，政策立案者やその他の意思決定者にとっては実用的な意味での有用性が限られることを意味する．

ケイト・ラワースの独創的なドーナツモデル（**図15.4**）は，一風変わったアプロー

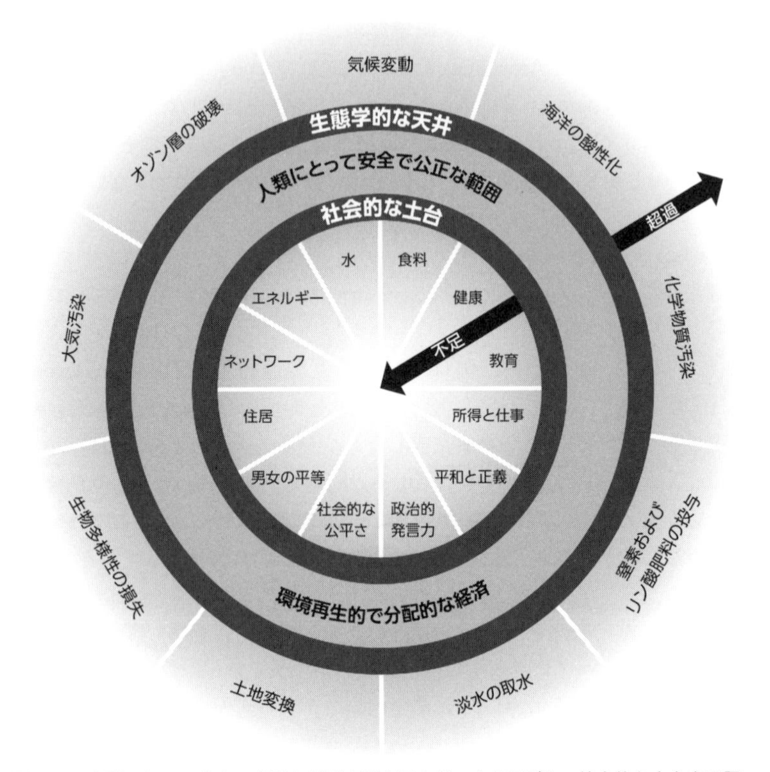

図15.4　人間にとって安全で公正な機能空間を示すドーナツモデル．社会的な土台を下限，生態学的な天井を上限として表している．
［出典］Kate Raworth (Wikimedia), Creative Commons, license CC BY-SA 4.0

チを取っている．ドーナツの外側の輪である「生態学的な天井」は，プラネタリー・バウンダリー[8]によって形成されており，内側の輪である「社会的な土台」は，人間のウェルビーイングの重要な決定要因で構成されている．ドーナツモデルはGDPに代わるような持続可能な発展についての使い勝手の良い1つの測定値を提示するわけではないが，「人間にとって安全で公正な範囲」――私たちすべての必要なニーズが地球の持つ力の限度内で満たされる範囲――と呼ぶものを明らかにする．ますます膨らむGDPを目標にする代わりに，ただドーナツの中（訳注：外側と内側の輪にはさまれた，ドーナツの食べられる部分）で生きていくことを目指すよう提案している．この非集約的，多目的アプローチの明らかな欠点は，社会的な土台や生態学的な天井の中のさまざまな項目に優先順位をつける，あるいはそれぞれの輪の項目同士，または2つの輪同士でどうしても必要となる歩み寄りについて，何か情報を得る手段を提供しない点だ．

最近の研究では，現在，地球が持続可能なレベルの資源利用をした場合，国民の基本的ニーズを満たせる国は1つもないことが示されている[9]．それどころか，あと一歩まで近づいている国もない．最近の分析によると，11の社会的に必要な最低ラインのうち6つ以上を達成している国の中で，7つの生物物理学的な限界のうち，超過してしまっている項目が5つ未満の国は1つもない．反対に，限界を超えている項目が5つ未満で，6つ以上の必要最低ラインを達成できている国もない．このような厳しい結果は，私たちが一刻も早く，これまでとは根本的に異なる発展の軌道を見つけ出す必要があることを示している[9]．

なぜ結果に注目することが重要なのか

意思決定のすべての段階で，決定の内容は入手可能な成果測定の結果の影響を強く受ける．古い格言にあるように「計測できるものは管理できる」．残念ながらこの言葉は，選択した尺度が，それが示しているとされる結果と関係があろうがなかろうが当てはまってしまう．

いかにして国家レベルで間違った方向に進むのかは，前述のとおりだ．情け深い政府は社会のウェルビーイングに改善をもたらしたいと考えているが，多くの場合，GDPを測定して何とか使いこなす道を選ぶ．その挙句，GDPは高まるものの，社会のウェルビーイングにとっては害となる活動を奨励することになる．その一方で，ウェルビーイングにとっては言うことなしだがGDPにとっては都合が悪い活動を無視する．

成果測定の問題は，国だけでなく，あらゆるレベルの公共部門や民間企業の関係者にも影響を及ぼす．例えば，多くの会社がたった1つの限定的な成果測定，つまり短期的な利潤を過度に重視しているとしよう．しかし利潤だけでは，会社の活動がもたらした，より幅広い結果を反映できないし，利潤を生み出すのに必要だった資産の状況についても，何も語りはしない．政府がGDPの上昇を評価し過ぎることで誤った方向に進むのとまったく同じように，会社が短期的な利潤に焦点を絞ることで誤った決定や行動を助長し，望ましくない結果につながってしまう傾向がある．

あまりにも長い間，政府は短期的なGDP成長をもたらすことに，そして企業は短期的な財務上の利益を出すことに過剰に焦点を当ててきた．もし私たちがプラネタリーヘルスを実現するつもりなら，この両者の執着を変えていく必要がある．

プラネタリーヘルスを実現するために，望ましい結果を定義する

プラネタリーヘルスの目標を，現在，そして将来の人間の健康とウェルビーイングを最大にすることだと定義するなら，その目標は次のような記述的な方程式の形で示すことができる．

(現在の健康寿命の総量＋現在のウェルビーイングの総量)＋［(健康寿命の総量＋ウェルビーイングの総量)×余命年数の合計］＝最大化

この包括的な定義は，すぐにいくつかの重要な質問を呼び起こす．これで全部なのか？　どうやって測定するのか？　プラネタリーヘルスのためにより良い決定を下すのに，いったいどう役に立つのか？

一見すると，この方程式は不完全に思えるかもしれない．プラネタリーヘルスを測る最終的な尺度には，地球の健康や，少なくとも環境の状態の測定値が含まれなければならないのは確かだ．実のところ，直感に反しているように思えるが，プラネタリーヘルスに理論的な一貫性を持たせるためには，最終的な成果測定は環境の状態も地球の健康も参照しないことが本当は重要だと私たちは主張する．もし参照することにしたら，それによって環境的な発展そのものの追求，潜在的には人間の健康とウェルビーイングに害をもたらす発展の追求に拍車をかけてしまう場合もあるだろう．

そうはいうものの，環境の価値を評価し，その価値を守り高めることが非常に重要であることに変わりはない．現在と将来の人間の健康とウェルビーイングを最大化するためには，将来のどこかの時期に達成された健康とウェルビーイングの総量が，今生きている人々が経験している健康とウェルビーイングの総量と少なくとも同程度に高くなければならない．別の言葉でいえば，今日達成される水準が（少なくとも）維持される必要がある．

環境条件は現在の健康とウェルビーイングに大きく影響を及ぼし，将来世代の健康とウェルビーイングを形づくる．そのため，望ましい結果を達成するために，私たちは将来，（少なくとも）人間の健康とウェルビーイングに大きく影響する環境の側面を特定し，それを保護しなければならない．人間の繁栄において環境が果たす役割は多岐にわたり，また根本的であるため，健全な自然システムを持つ地球を同時に実現することなくして，プラネタリーヘルスを成し遂げることは不可能だ．いかにも，私たちが行う成果測定において将来世代のウェルビーイングに焦点を合わせるためには，自然資本の状態や安定性と，将来に向けて継続的に恩恵を届けるためにそれらをどう守り，どう高められるかに，今まで以上に注目することが求められる．

不平等についても，成果測定をするうえで特に言及されるわけではない．しかし，不平等を減らすことは，健康とウェルビーイングの総量を増やすうえで重要な役割を果たす．比較的当たりさわりのない仮定を1つさせてほしい．数字を使って説明するためにほぼ必須なのだ．その仮定とは，健康とウェルビーイングの増大を目指す尺度は，いわゆる利ざやの減少の影響を受けやすい，というものだ．これは，次のような事実を反映している．お金を20ドルしか持っていない相手に100ドル支払うことは，同じ金額を億万長者に支払うよりも，相手のウェルビーイングに対してより大きな影響を与える．世界人口のうち最も貧しい70%の人たちは世界全体の金融資産のたった30%しか所有しておらず[10]，また，金融資産は健康とウェルビーイングと関連しているため，健康とウェルビーイングを十分に高めるただ1つの方法は，この70%の人々に狙いを定めることである．この非常に厚い層をなす人々全員の状況をわずかに改善するだけで，総量としてはかなり大きなものになる．対照的に，富裕層の上位1%を大幅に改善しても，より大多数の層で少しでも悪化があれば，それで簡単に帳消しになってしまう．

環境の状態，経済の不平等，健康とウェルビーイングの総量は，前の段落で示したよりももっと密接に絡み合っている．この理由は，環境悪化が最も健康とウェルビーイングに影響しやすい人々は，地球上で最も貧しい人々であるためだ．その結果，もし現在と将来の健康とウェルビーイングの総量を増大させたいと思うのなら，環境の衰退と経済の不平等の両方に取り組むことには説得力ある自己強化的な理由があるといえる．

実際のところは，「現在の健康寿命の総量＋現在のウェルビーイングの総量」を測定することは十分に可能だが，現在の状態と傾向をもとにして将来世代の健康とウェルビーイングを予測することは，本質的にいっそう困難である．そうした予測を政策決定や日々の変化を促す大きな推進要因に敏感に反応しつつ行うことは，私たちの現在の能力を超えている．

結論として，私たちはプラネタリーヘルスへと続く旅路において，何か他の暫定的な成功指標に頼る必要があるだろう．とはいえ，理想的な状況であればこういうものが測定できるだろう，ということを理解することで，暫定的な指標としてより適切なものを特定しやすくなるはずだ．GDPの話が示しているように，完璧な尺度がない場合に間違った指標を選ぶ危険は重大である．人間の進歩を測る次世代の尺度を開発している経済学者，生態学者，健康の専門家，国の統計学者は，自分たちが優先する要素が現在と将来において人間の健康とウェルビーイングにどのような影響を与える可能性があるか，慎重に考える必要がある．

プラネタリーヘルスに多様な経済思想を利用する

多くの分野がそうであるように，経済学もまた，経済学者を自認する者全員が同意する1つの均一な思考のまとまりではない．事実，今日の経済学は数多くの関連する学派からなっており，その多くが経済とは異なる分野から着想や洞察を得ており，事実上，独自に学際的な追求を行っている．プラネタリーヘルスへの旅を支える道具を見つけるためには，経済学の多くの学派を，この分野の最先端の領域も交えて利用する必要がある．

最も重要な経済学の学派として選んだものを以下に紹介し[*1]，いくつかについてはこの後の章でさらに詳しく分析する．

実証的経済学と規範的経済学

経済思想のさまざまな学派について見る前に，経済学の中心にある，より基本的な区別を理解することが大切である．実証的経済学と規範的経済学は互いに別々の経済学の形態であり，いずれもほぼすべての学派や分派や下位区分において存在する．

・**実証的経済学**は客観的な分析に基づいた経済学であり，概して説明的である．原因と結果，行動の関係性，事実に注目し，経験的に検証可能な主張を生み出す．実証的経済学は，「どうなっているか」の経済学とも呼ばれる．
・**規範的経済学**は主観的で価値判断に基づいており，指示的であることも多い．しばしば政治的イデオロギーと関連づけられる．規範的経済学は，「どうあればよいか」または「どうあるべきか」の経済学と表現されることもある．

実証的経済学と規範的経済学の意図の違いを正しく認識しておくことは非常に重要だ．しかし，純粋に客観的であると主張する社会科学理論はすべて，疑問を持ってしかるべきである．1つには，善意にあふれた社会科学者であっても，自分の価値観が自分の理論に入り込まないようにすることは不可能なためだ．もう1つとしては，科学的根拠に基づく客観的で公平な理論だと提示することで，その理論の魅力が大幅に増大するならば，その同じ理論を観念的な理論として公然と述べようと思う学者などいないためである．1つ目の理由であろうと2つ目の理由であろうと，純粋に実証的であると示されている膨大な数の経済理論は，例えば使われる用語，暗黙の前提，省略されている事柄のために明らかに規範的に見えることもある．規範的経済学に本質的に間違ったところは何もない．実証的経済学の理論を魅力的で実行可能な政策的理念へと置き換えることが不可欠な場合も多い．しかし，自分が扱っている経済学の特色を知っておくに越したことはない．

＊1　経済学の下位区分の定義や扱う領域は組織によってかなり違いが見られ，また時間とともに発展する．例えば，ある大学では「自然資源経済学」は「生態経済学」の多くの側面を取り込むべく発展してきたが，他の大学ではどちらも「環境経済学」の学位の一部として研究されている．それらの基盤は多種多様であり，私たちがプラネタリーヘルスの新しい経済学をまとめ上げようと努めるうえで，こうした違いが重要となる場合もある．

環境経済学

環境経済学は，環境政策の効果を研究する福祉経済論を用いた，主流派経済学の下位区分として始まった．費用便益分析は，この初期の環境経済学の基礎であった．

環境経済学の手法は，この数十年で劇的な進歩を遂げた．それは特に環境科学を直接取り入れることによってだが，データの可用性，IT，統計的手法の進歩によっても促進された．この分野はまた，扱う領域を大幅に拡大し，市場の失敗のすべての領域を網羅するようになり，多くの場合，伝統的な領域である自然資源経済学と農業経済学にも広がっている．環境の経済的価値を評価することはこの分野の大きなテーマであり，費用便益分析は，大気汚染，水質，毒物，固形廃棄物，気候変動までも含んだ数々の問題に対する環境政策の代替案について，その市場効果と非市場効果を評価するために広く用いられている．

自然資源経済学

自然資源経済学は，長期にわたる自然（天然）資源の効率的な管理を中心的に扱う．歴史的には，おもに石炭や金属鉱石などの再生不能な資源に関心があった．自然資源経済学を特徴づける考え方はホテリング・ルール[11]であり，これは，枯渇し得る資源は時間とともに少なくなるため，その実質価格は上昇すると主張する．ホテリング・ルールは時を経てかなり拡大されてきているが，おそらく最も重要なのはハートウィック・ルール[12]による影響だろう．これは現在，枯渇し得る自然資源に依存している国は資源開発によって得た超過利潤（「資源使用料」）を別の形の資本に投資することによって，将来に向け，経済的福祉の水準の維持に努めることができると述べている．

しかし現実的には，入手可能な経験的証拠によれば，基本的な再生不能資源の実質価格は短期間では変わりやすいが，長期的に上昇する傾向は見られていない[4]．これは技術的な進歩や，長期間の物価上昇を受けての代わりの原料による代用などといった，相互に関連する複数の要素による．自然資源経済学は，しばしば自然資本と呼ばれる，生態系から得られる複雑な資源まで扱い，その場合には環境経済学と生態経済学とともに1つにまとまり，プラネタリーヘルスの新しい経済学における重要な思想を生み出すことにつながっていく．

生態経済学

経済学の分派に下位区分があるように，生態経済学にも今は複数の変型がある．もともと生態経済学は，経済は生物圏の中で機能するという見解を反映させ，生態学の一領域として経済を置くという抜本的な再配置を行った．古典派経済学の教育を受けている経済学の分派と違って，生態経済学のパイオニアの多くはまず生態学者として学び，それから人間と経済活動が生態系に与える影響やその逆の影響について検討するために，自分の研究の範囲を拡大した．

このシステム思考的なものの見方は，生態経済学者をいくつかの大きな論点に真っ向から取り組ませた．その論点とは，世代間の公平さ，環境変化の不可逆性，長期的結果に伴う本質的な不確実さ，さまざまなタイプの資本間の代替性，生態学的な制約を前提とした経済発展の達成の根本的な難しさなどがあった．以来，生態経済学の重要な思想の多くは環境経済学に取り入れられ，それと引き換えに，より柔軟な生態経済学者が，生態学的な観点から優先すべき事項を意思決定に確実に反映させる手段として，複雑な生態学的ストック（在庫・蓄え）とフロー（流れ）を評価するために環境経済学を使うようになってきた．

健康経済学とウェルビーイング経済学

健康経済学は，互いにごくわずかな関連しかない重要な下位区分がいくつかある経済学の独特な分派である．これらの下位区分には，医療の必要性，医療の供給，保健活動の計画・予算・モニタリング，医療システムの設計・評価などが含まれる．しかし，プラネタリーヘルスの目的に最も関係が深く有益なのは，健康とウェルビーイングの定義，数値化，評価と，そして健康（医療だけにとどまらない）のより幅広い決定要因，特に経済の不平等や環境に関連するものの理解である．本章の後のほうで健康負荷と改善を測る有用な健康経済の尺度をいくつか紹介し，新しい分野である主観的ウェルビーイング（第11章p.254の脚注を参照）の評価（第11章でより詳しく説明している）について短く紹介する．

行動経済学

行動経済学は最も新しく，また急速に伸びている経済学の学派であり，この分野で近年，最も前向きな進展を見せていると広く認知されている．行動経済学は，個人の合理的行動や市場の効率性などといった主流派経済理論の主要な仮定に異議を唱える．行動経済学の原点は，経済の動きを理解する最も良い方法は，人間の心が市場の状態にどう反応し，どう順応するかを理解することだという前提である．この方向性には，中心的な主唱者の多くがもともとは心理学者としての訓練を受けているという事実が表れている．

行動経済学で用いる手法や洞察は，消費者がより環境的な観点から見て健全な選択をするよう，それとなく影響を与えるために，すでに応用されている．環境的な害を平均的な現代的生活スタイルから持続可能な水準まで減らすには大きな行動変化が必要とされるため，ここに行動経済学が果たす重要な役割がある．

開発経済学

開発経済学は低所得国の経済性や生活状態の改善に広く関心がある．開発経済学の多様な理論には，国家間の不公平，世界の権力の不均衡，包摂的な成長など，プラネタリーヘルスの経済学にとって価値ある洞察を与えてくれる重要な見解が数多く含まれるが，教訓として最も的を射たものは，開発経済学そのものが開発されてきた経緯である．開発経済学は誕生以来，経済学のすべての学派から得た最高の理念を発展途上国が直面している膨大な数の困難に注ごうと努めてきた．開発経済学を経済学の分野に制限せず，分析や提言の際に現地の社会的，政治的要素を常時組み込んでいる．最高の理念をその出どころに関係なく取り入れ，発展させ，応用するという，この多元的で実用的なアプローチを通して，開発経済学は最も影響力があり多様性のある経済学の学派の1つとなり，これまでにノーベル賞を受賞した経済学者を5人生み出し，プラネタリーヘルスを目指す新しい経済学の手本となるものである．

私たちが目指す多様で新しい分野を構造化できるよう，プラネタリーヘルス実現への経済学の役立て方を3つのカテゴリーに分けることができる．

- **人と地球の関係の概念化**　プラネタリーヘルスのすべての側面を理解し，解釈し，測定し，評価するために経済学の理念を活用する．
- **プラネタリーヘルスの管理と政策**　プラネタリーヘルスを実現するために，制度の設計，管理の枠組み，（奨励金を再調整するための）政策措置に役立つ経済学の洞察を活用する．
- **プラネタリーヘルスのためのビジネスソリューション**　既存のビジネスモデルに改良や変更を加えるために，またプラネタリーヘルスを実現する新しいビジネスモデルを開発するために経済学の洞察を活用する．

1番目のカテゴリーには理論的な内容の大部分が含まれており，これについては本章で扱う．この理論の管理，政策，ビジネスへの応用については第16章で扱う．

人と地球の関係を概念化する

環境を概念化する

経済学のより新しい領域から得られた洞察について見ていく前に，主流派（または新古典派）経済学が，利潤最大化を追求する企業やGDP最大化を求める国が示すかもしれない単純過ぎる展望にとどまらない，経済と環境の相互作用に対する理解の仕方を提供することを認識しておく必要がある．私たちの目的にとって最も有益な2つの概念は，いずれもある種の市場の失敗であり，そこでは市場はそれ自体では効率的な資源の配分を実現できない．その2つの概念とは外部性と公共財である．この2つについて正しく説明できるように，基本的な経済の思想についてあらかじめいくつか手短に取り上げる．

厚生経済学

厚生経済学は，各個人にはその人がどれだけの効用（便益）を経験するかをさまざまな要素に基づいて定義する効用関数（または便益関数）があるという中心概念を根拠としている．ある人がさまざまな選択肢の中から得る効用の量はその人の好みによって定義され，できるだけ大きな効用を生む選択を求める人は効用最大者と呼ばれる．主流派経済学では，人々の好みは合理的である[*2]こと，すべての人々は効用最大者であることが仮定されている．人々が自分の効用を高める方法の1つは，財とサービスを消費することである．ある人が何かを1単位追加で消費することで得る効用の増加分は，その消費行動から得た「私的限界便益（PMB）」と呼ばれる．すべての人々の効用の総量は一般的に「社会的厚生」[*3]と呼ばれ，総便益の変化の評価を重視する経済学の下位分野のことを厚生経済学と呼ぶ．

おそらく，すべての経済学の中で最もよく知られている図は，**図15.5**にあるような，ある仮想的なの商品の市場における，供給と需要の交点を描いたものだろう．需要曲線[*4]は，ある価格のときに市場がどれだけの量を購入するかを表している．需要曲線上の各点は，1単位追加で消費したときの「私的限界便益」と等しい．線が右下がりになっているのは，その商品を非常に高い価格で購入するほど高く評価している人はほとんどいないが，価格が下がり続けるにつれてより多くの人が購入する（または追加で何単位か購入する）ためである．供給曲線は，ある価格のときに市場がどれだけの量を生産するかを表している．競争市場においては，これはその商品を供給することにおける「私的限界費用（PMC）」に等しい．供給曲線上の各点は，広く行きわたっているテクノロジーや供給に影響するその他の条件に基づいて，1単位追加で生産する場合の費用を表している．数量と価格の均衡は供給と需要が交差するところ，この図では価格P^1と数量Q^1の点のところでもたらされる．

＊2　正確にいえば，主流派経済学では，人々の好みは移行性，継続性，完全性を示す．現実的には，ほとんどの経済学者は人々が実際に常に合理的な選択をするとは主張しておらず，そうなるのはほとんどの場合，大きな集団において全員の分を総合したときにだけ合理性の仮定は妥当な単純化であるとされる．合理的な好みの仮定は（一般的に明言されているように）利他的な行動を除外してはおらず，実際は非常に幅広い多種多様な好みを受け入れている．

＊3　「効用」と「厚生」は通常，それぞれ実証的経済学，規範的経済学の応用と関連しているが，私たちの目的を考慮して，どちらの用語も同義として扱うこととする．

＊4　価格と需要の関係は需要曲線と呼ばれるが，ほとんどの場合，ここでのように直線で表される．供給曲線についても同様である．

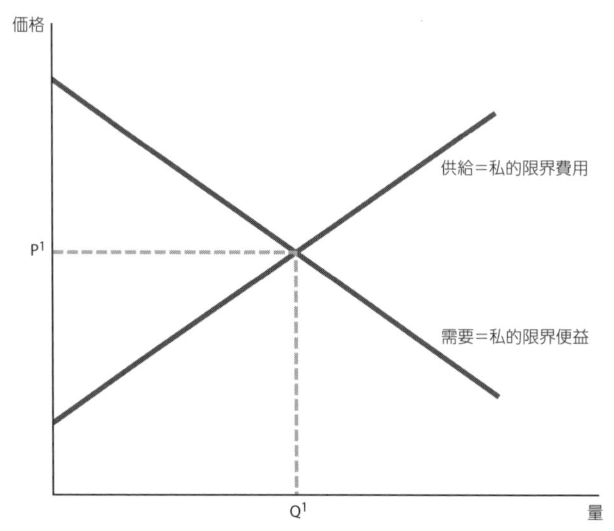

図15.5　市場における供給と需要，均衡を表した典型的な図

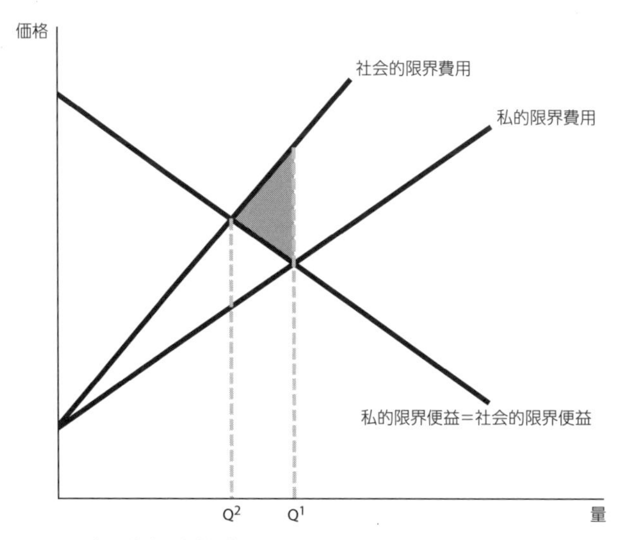

図15.6　負の生産外部性が見られる供給と需要

外部性

図15.6の例では負の生産外部性が表されている．これは先に述べたとおり，生産者が直面している費用は生産費用だけではなく，第三者にも余分な費用がかかること

を意味している．汚染はこの種の外部性が生じる例である．生産者は，生産物の各単位が社会に対して及ぼす悪影響，例えば生産の結果生じる，工場からの排出物による大気汚染などの影響が存在するという事実にもかかわらず，自分の工場の生産費用だけに左右されやすい．

社会的費用や社会的便益が私的費用や私的便益と重なっていない地点ではすべて，市場は効率的な水準での生産の分配に失敗する．生産量がQ^1のときの市場の均衡が非効率であることを確認するために，この生産水準での社会的限界費用と社会的限界便益を比較することができる．Q^1では，社会的限界費用はかなりの差で社会的限界便益よりも大きいため，その生産から便益を得る人は，その生産に関連する汚染の害を被る人の分を埋め合わせることができ，どちらも今後状態が上向くだろう．このことは，生産量がQ^2の地点に減るまで当てはまる．この状態は社会的最適と呼ばれる．Q^2というのは，誰かの暮らしが悪くならない限り，誰の暮らしも良くならない地点である．

図15.6の網掛け部分は社会的厚生の損失分と考えられるため，外部性にかかる費用となる．もし，図15.6に実際の値段と量を書き加えるなら，たとえ実際のお金は取引されないとしても，貨幣に換算してその社会的費用を産出することができる．これは非市場評価の例である．これについては後でより詳しく考察する．厚生経済学に基づく非市場評価にはかなり幅広い応用性があり，依然としてプラネタリーヘルスを実現するための最も影響力のある手法の1つである．

公共財

公共財は「非競合的」であるという点で，ほとんどの一般的な財と区別される．つまり，ある人が何かの財を消費しても，他の人が入手可能なその財の量は減らない．純粋な公共財のもう1つの特徴は，「排除不能性」だ．これは，財を使いたい人に対してそれを妨げることはできないということだ．純粋な公共財の例としてよく引き合いに出されるのは，共通語，国の統計データ（より一般的には情報財を自由に使えること），国防，無料放送のテレビ番組などである．

私たちの目的に最も関連があるのは漁場，放牧地（または共有地），森林などの「コモン・プール資源（第16章p.415の脚注を参照）」である．これらはいずれも，かつては公共財の性質を持っていると考えられていた．つまり誰でも利用することができ（特に所有者はおらず，たとえいたとしても他の人の利用を禁じることは実行不可能），また基本的に供給量に制限がないため，誰かが使ったからといって実質的には誰にも影響しないものとされていた．実際のところは，すべては事実上「競合性がある」ことが徐々にわかってきた．この3つのコモン・プール資源の例は，もし一定限度の量（持続可能な生産量と呼ばれる）だけが捕獲，収穫されるなら再生するが，誰も近づけないよう管理することは難しく，どれも実質的には自由に使えるため過剰に使われ，そのため重度に劣化してしまうものも多い．

このような結果は「コモンズ（共有地）の悲劇」[13]と呼ばれ，政府による広範な規制や個人所有を正当化するために用いられてきた．しかし，コモンズを悲劇と特徴づけることに反論している人たちは，さまざまな管理方式を代替案として用いたコモン・プール資源の効果的な共同管理が長く続いている例を強調している[14]．また，かつてコモン・プール資源だったものに対し，政府による規制をかけたり個人所有としたりする動きが，時には資源そのものにとって，また多くの場合はかつてその資源を頼りにしていた人たちにとって，望ましくない結果に終わってしまう例もある．

生態経済学と生態系サービス

伝統的な経済理論に対する主要な批判の1つは，その理論が環境を経済の外にあるもの，何の影響も生じさせずにそこから経済が資源を取ることができ，そこに廃棄物を溜めておけるものとして位置づけがちなところである．対照的に，生態経済学は環境の‘中で’作動するものとして経済を表しており，環境そのものを複雑で，相互作用の関係にある複数のシステムからなるもの，つまり生態系として考える．

生態系は，生命有機体（植物，動物，細菌），無生物の要素（大気，水，地質，天候，日光）がすべて相互に関係し合った形で構成されている．生態系が人間のウェルビーイング（あるいは福利）に貢献する方法の多くは，生態系サービスと呼ばれている．生態系サービスの概念はミレニアム生態系評価（MA）[15]によって広く知られるようになった．この評価によると，生態系サービスは大まかに以下のように分類される．

・供給サービス（例：食料，繊維，燃料）
・調整サービス（例：気候調整，自然災害調整）
・文化的サービス（例：審美的，レクリエーション的，教育的サービス）
・基盤サービス（例：栄養循環，土壌形成）*5

ミレニアム生態系評価が作成した**図15.7**は，こうした生態系サービスと人間のウェルビーイングの構成要素との関連性を描いたものである．

---

*5　その後に出てきた類型では，生態系は他の「最終的な」生態系サービスを経由して間接的に人々に恩恵をもたらすという考えに基づき，これらは生態系サービスではなく，生態系機能として分類される．生態系サービスの適切な分類については数多くの文献や意義深い議論が見られる．生物多様性および生態系サービスに関する政府間科学-政策プラットフォーム（IPBES）が，生態系サービスを「自然が人々にもたらすもの」として再び特徴づけるために行った提案も同様である（https://www.sciencedirect.com/science/article/pii/S187734351400116X https://www.tandfonline.com/doi/full/10.1080/26395916.2019.1669713）．

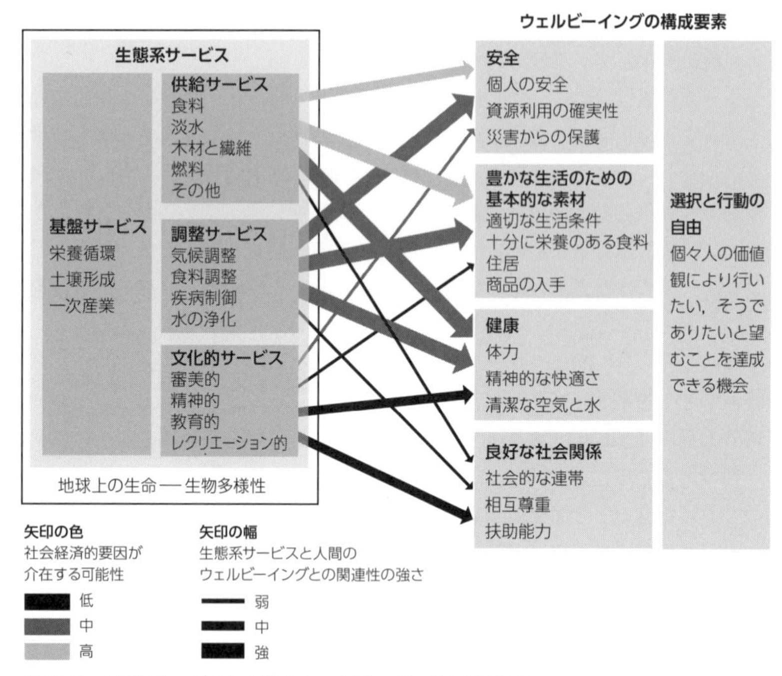

図15.7　生態系サービスと人間のウェルビーイングとの関係性

[出典] Millennium Ecosystem Assessment. *Ecosystems and Human Well-being: Biodiversity Synthesis*. Washington, DC: World Resources Institute; 2005. https://www.millenniumassessment.org/documents/document.354.aspx.pdf

経済学者と生態学者は，時に「最終的な」生態系サービスと「中間の」生態系サービスの違いについて意見が分かれるが，生態系サービスが生態系の状態と人間のウェルビーイングとの間に築く関連性は，私たちが生態学と経済学とのつながりを理解するうえでの大きな一歩を表している．

自然資本

最後に，環境を「マルチキャピタル」アプローチの中の重要な「資本」の1つとして概念化した，(準)経済学理論における最も新しい環境の概念化を紹介する（**図15.8**）．マルチキャピタルアプローチは経済のさまざまな領域を大いに活用するだけでなく，財務管理や企業経営の理論も参考にしている．マルチキャピタルの世界観をごく簡単に説明するには，伝統的なミクロ経済学の世界観から始めるのがよい．この世界観では，会社は通常，金融資産と製造（または有形）資産を組み合わせた形の資本を，長期にわたり収入（収益）の流れを生み出すために運用する．金融，製造という2つの

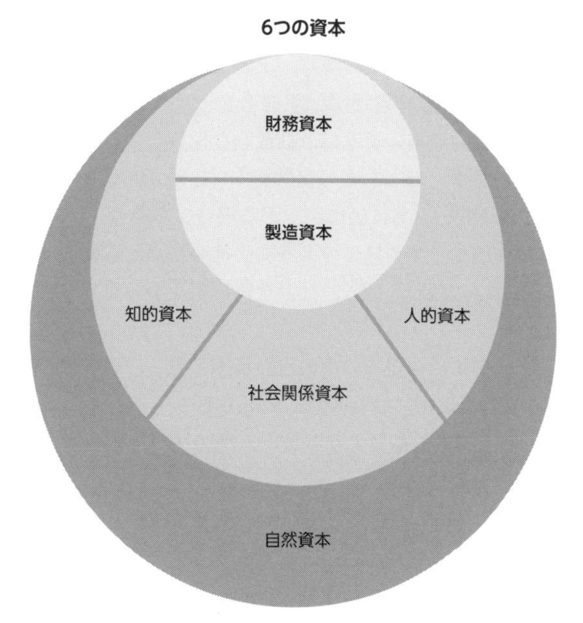

図15.8　マルチキャピタルの枠組みの例

［出典］Copyright© March 2013 by the International Integrated Reporting Council.無断複写・転載を禁じる．International Integrated Reporting Councilの許可を得て掲載．1人でも多くの人に見てもらうために，この図の複製を許可されている．

資本を，賃金と引き換えに得た労働力と組み合わせることで，会社は顧客や株主にとっての価値を創造する．マルチキャピタルアプローチの場合はそれだけにとどまらない．まず労働という，労働市場において購入される投入物としての単純な表現は，人的資本という人々の行動特性，能力，経験だけでなく，心身の健康とウェルビーイングまでも含んだ概念で置き換えられる．人的資本は国や，健康，教育，研修関係の民間の会社からの投資によって強化でき，もしおろそかにされれば時間とともに劣化する．

知的資本には，法的に所有している知的財産権（例:特許権，著作権，許諾権）など，知識をもとにした無形財産や，会社の経営を行うのに必要な手続きや手順，会社が発展させてきたブランドや評判が生んだ価値などが含まれる．社会関係資本（第9章p.219の脚注を参照）には，会社と外部出資者との間の共有の規範，価値，行動や，仕入先，ビジネスパートナー，その他の利害関係者と築いてきた信頼や関係性，会社の経営に必要な社会的営業免許が含まれる．

最後の1つは，他に劣らず重要な，残りの5つの資本すべてを支える自然資本(環境)である．これはつまり，森林，河川，海洋，土壌などの環境資産と，長期にわたって便益の流れを生み出すその他の天然資源（生態系サービス）のストックのことである．製造，人的，知的，社会的資本の資産は，継続的な投資をされない限り時間が経つと価値が下がる傾向があるが，ほとんどの自然資本は，適切に使われれば自立的（再生可能）であり，時には時間とともに価値が上がる場合すらある．

さまざまな資本について，まずはこのように会社の視点から要約を行ったが，マルチキャピタルの枠組みは，政府，個人，社会全体の観点から見ても同じように重要である．

環境をマルチキャピタルの枠組みの中の自然資本と見る，この最も新しい環境の再概念化は，3つの本質的な理由により非常に重要である．

1つ目は，環境を社会の最も基盤となる資産，他のすべての資産を下支えするものとして再配置しているためである．

2つ目は，環境に与えている影響だけでなく，環境に依存してきた方法を特定するよう組織を導くことができるためである．自然から投入されるものは値段がついていないことが多いため，それらが非常に重要で貴重な状況であっても，組織にとって経済的なものとして目に入らない．そのため，自然資本への依存を特定することは，環境をより効果的に管理するための最初の一歩として不可欠である．さらに，環境を社会にとっての非常に大事な資産として位置づけることによって，その修復や改善に投資する利点が明確化する．

3つ目は，システム思考によるアプローチを取っており，資本間の相互のつながり合いと区別の両方と，すべての資本が社会で価値を生み出すうえで果たす役割とを強調しているためである．これによって，マルチキャピタルの枠組みがプラネタリーヘルスと特に関連を持つようになる．このことは，環境の状態と人間の健康およびウェルビーイングとのつながりを明確に認め，また暗に環境と社会の体系的な結びつきをさらに幅広く考慮するものといえる．

環境を測定・評価する

経済学が私たちと環境との関係を理解するうえで役立つ形をいくつか概観してきたが，それではその関係を数量化し，守っていくうえで経済学はどう役に立つのか．もっと具体的にいえば，両立が難しい優先事項が数多くある世界において，プラネタリーヘルスの実現のために本当に重要なものを経済学が特定できるのだろうか．

ここで経済‘評価’が登場する．今の文脈では，評価は単に人々にとってのあるものの重要性，価値，有用性を表現することを意味する．そのため評価は，質的（AはBより良い），量的（AはBより5倍良い），貨幣的（Aは50ドル，Bは10ドル）といった形を取る．しかし，市場価値も非市場価値もいくつでも互いに比較でき，また理解も容易であることから，貨幣的評価がプラネタリーヘルスに向けての取り組みに情報を与えてくれるものとして最も便利だとされる．

経済学における人間中心的な価値観は，心の狭い功利主義者のようだとして誤って伝えられることが多いため，大部分の経済学者が認めるであろう価値の種類（総経済価値の構成要素と呼ばれるもの）を確認しておくことが役に立つ*6．

まず，**利用価値**である．これは3つのカテゴリーにまとめられる．

- **直接利用価値**：財やサービスを使うことで直接得られる価値．通常，消費可能で，少なくとも競合性がある（例：食料や原料の利用）．市場取引において最も一般的に見られる．
- **間接利用価値**：資源を消費する必要なく，間接的にそこから得られる便益（例：生態系による気候の安定化や，水と大気の浄化）．
- **オプション価値**：将来，自分が財やサービスを使えるよう取っておくことで生じる価値．

次に，**非利用価値**（訳注：明確な利用形態が存在しないもの）である．これは2つのカテゴリーにまとめられる．

- **利他的価値（または遺産価値）**：自分と関係のない人や将来世代の楽しみのために，何かを取っておくことから得られる価値．
- **存在価値**：実際に見る，さもなくば体験することはないかもしれないと思うものでも，それが存在し続けると知るだけで生じる価値（例：野生のトラ，シロナガスクジラ，熱帯林）．

生態系評価に関する研究において，まだ途中ではあるものの最も包括的な報告から[16]，直接利用価値は，生態系の総経済価値の平均わずか15〜30％にしか貢献していないことがわかった．

非市場評価

名称が示すとおり，非市場評価の手法は，市場で直接売られたり買われたりしないものを評価するために用いられる．例えばきれいな空気や水，洪水や暴風雨からの保

*6　第11章では別のタイプの価値として，関係価値について説明している．これは人間同士，または人間と自然との関係の評価をもとにしている．

護，レクリエーションの機会など，環境から無料で手に入る財やサービスや，過度の大気汚染により引き起こされた呼吸障害，お気に入りの景勝地の新興住宅団地による破壊など，環境悪化により生じる何の補償もない害などが含まれる．非市場評価の手法は，商品の市場価格が真の価値をうまく反映していない場合にも使われる．

このことから，価格と価値が同じであることは非常にまれであり，値段をつけるという行為は価値を評価することとはまったく違う意味合いを持つという重要な見解が得られる．価格は市場にあるものへの対価として期待され，要求され，支払われる金銭の量である．ある人がある財に対して10ドルを支払うかもしれないが，その財から得られる便益は50ドルだと評価するかもしれない．(経済学者は，支払われる価格と得られる価値の違いのことを消費者余剰と呼ぶ.）そのため，支払われる価格は購入者のその財に対する最低の価値を反映している一方，その価値は，その価格以上の額であればほぼいくらでもあり得る．この財が，お気に入りの田舎の散策，あるいはその道中のブラックベリー摘みだとしよう．田舎の散策にもブラックベリー摘みにも市場がないからといって，これらに価値がないわけではなく，価格がついていないだけである．同様に，このような非市場財の価値を評価するからといって，急にそれが売りに出されるという意味ではない．単にそうすることで，その価値に対する理解を深められるということである．

田舎の散策とブラックベリー摘みは取るに足りない例に思えるかもしれないが，実際，健全な生態系にとって，つまり人間のウェルビーイングにとってきわめて重要な物事は，もし仮に市場に上がってくるとしても，その提示のされ方は非常に不十分であることが多い．例えば，木は建設や家具に用いる木材としての効用に基づいて市場価格がつけられているが，木材に支払われる価格には，手つかずの森林の生態系に存在する生きた木々が私たちの大気と水を濾(ろ)過し，土地を安定させ，炭素を隔離し，居住地やレクリエーションや娯楽のための場所を提供してくれる価値は含まれていない．もしこうした失われた便益を修復する分を木材価格を算出する要素に入れるなら，現在の価格よりもかなり高くなるだろう．非市場評価がなされない場合，通常，市場で得られない財とサービスは無価値だという前提が標準となる．

非市場価値の評価手法には，顕示選好法，表明選好法，価値移転，費用型アプローチの4つのカテゴリーがある．これらは，非市場財やサービス，害の評価値の推定方法によって区別される．最初の2つからは厚生経済理論と一致する結果が得られ，価値移転についても，もとの価値がこの2つの手法のどちらかに基づいて評価され，新たな状況に当てはめたときにその評価に合わせて適切に調整されていれば，厚生経済理論の結果と一致する．費用型アプローチは全般的な概念的枠組みに一貫性はないものの，それでも意思決定に必要な情報を得るべく，すばやく直感的な推定値を出すうえでは役に立つ．

顕示選好法　顕示選好法は，ある非市場財に人々がどのくらいの価値を見出しているかについて，同類の財やサービスの市場取引を通して見えてくる人々の行動を利用する．例えば旅行費用法として知られる方法では，レクリエーション目的である生態系が存在する場所を訪れるのに負担した時間と費用についてのデータを分析することにより，価値が明らかになる．人々の好みはさまざまな環境属性を持つ資産の価格を通しても明らかになる．例えば河川，公園，風光明媚な場所が近くにある家の価格と，違う環境にある同等の家の価格を，種々の要因を統制しながら比較することで，家の所有者がそのような属性に見出す価値が明らかになる．この方法は快楽価格評価法として知られている．3つ目として，労働市場からの例を挙げる．労働市場では，従業員はより危険な仕事を引き受けるのと引き換えにより高い給料を期待する．このような手法で経済学者は，市場の同類の財やサービスに人々が実際にいくら支払うか，あるいはいくらなら受け入れるかを分析することにより，非市場商品に対する人々の支払意思額や，非市場の害（または害を被るリスクの増大）に耐えることに対する補償の受入意思額を割り出す．

表明選好法　表明選好法は，さまざまなタイプの調査手段を用いて人々に直接好みを示してもらうやり方である．例えば仮想評価法では，ある特定の商品，サービス，結果に対する支払意思額や，それらが得られないことに対する受入意思額を回答者に尋ねる．選択実験として知られる同類の方法では，いくつかの選択肢を提示する．各選択肢には複数の属性（価格もその1つ）が定義してあり，さらに属性ごとにもさまざまな水準がつけられている．回答者にはどの選択肢（それぞれ異なる水準からなる属性のまとまり）が好みかを選んでもらう．この手法は，特に非利用価値を測るのに便利である．

価値移転　価値移転は，既存の経済評価研究から得た価値の推定値を新しい文脈に当てはめる作業を伴い，例えば人口密度，収入，環境の質の違いを考慮に入れるなど，必要に応じて統計上の調整を行う．一次的価値の評価研究が続々と完了し，推定値をある文脈から別の文脈へと移したり調整したりする方法が発展するにつれ，プラネタリーヘルスに関する決定をするうえで情報を与えるために，すばやく低価格で推定値が出せる価値移転の可能性は広がっている．

費用型アプローチ　最後の1つ，費用型アプローチは，財やサービスにかかる市場の取引や費用のうち，生態系を維持するために控除した分に注目する．これには，例えば飲料水の濾過や暴風雨の被害からの海岸線の保護など，悪化する生態系を他のもので置き換えた場合の費用の分析が含まれる（代替法）．このアプローチには，現在の生態系の状態が悪化した場合に被る，既存の所有物や取引に対する損害費用の推定も含まれる（損害費用の控除）．

以上が，非常に簡潔ではあったが，非市場評価についての紹介である．より深く内容を掘り下げた利用しやすい概要は『自然資本プロトコル』（“The Natural Capital Protocol”）に掲載されている[17]．非市場評価は，適切に，限界を十分に理解したうえで用いれば，プラネタリーヘルスのより良い意思決定を支えるきわめて強力な道具となる．

経済評価と分配の公平性

海外旅行をしたことのある人なら，財やサービスの価格が場所によって大幅に異なることは理解できるだろう．例えば，パリやロンドンでの一般的な散髪代は，ハノイやアディスアベバの似たサービスよりも料金が高い．貧しい国の財やサービスの価格が他より安いことと，その国の資金や労働力にかける費用が低いこととを結びつけて考えるのが普通だ．また，このように安い賃金が原因で消費者需要が高まらず，その結果，高い輸入品に頼らないものはすべて，市場の均衡点がかなり低価格に位置づけられる．しかしこの考え方を，同じ論理が当てはまる非市場財やサービスにまで広げて考える人はほとんどいない．

発展途上国の人々が非市場財やサービスに対する好みを表現する場合（市場取引を通じてであれ，調査への回答の中で述べるのであれ），市場財の価格および自分の所得と照らし合わせて行う．したがって，米国の家族とウガンダの家族が美しい湖の近くにあるアパートの部屋を借りるのに，どちらの家族も（そこまで快適でない場所にある同じ大きさの物件よりも）世帯収入の1%を余分に費やす価値があると考えたとしても，米国の家族にとってその美しい場所の価値は1年につき1000ドルに相当するのに対して，ウガンダの家族にとっては年間たったの50ドルに相当することになる．国が貧しければ財の価値も低い傾向は，ほとんどの環境財（第9章p.226の脚注を参照）（および害）に当てはまり，それとまったく同じ理由で，人間の健康，ウェルビーイング，人生そのものを含むほとんどの非市場財（および害）にも該当する．

より貧しい国の人々の生活を，裕福な国の生活と違った形で評価しようと意図して選ぶ人はごくわずかだろうが，これは私たちが国際的な供給チェーンを通じて生産された財を購入するすべての機会において，つまり何かを買うたびにほぼ毎回，消費者として行う選択により引き起こされる結果である．例えば貧しい国では，従業員の健康と安全の基準はほぼ常に裕福な国の基準よりも甘い．これは，より貧しい国においては健康と生活に付されている価値が低いことを反映しており，また，より貧しい国における生産費用が，より裕福な国における生産費用よりもずっと安い理由の1つである．

これとまったく同じように，非市場財（および害）の経済評価は，通常，その地域の所得と好みに基づいて行われる．そのため環境と人間の健康を，裕福な場所では高く，貧しい場所では低く評価する傾向がある．経済学者の薄情さを非難する前に，この評価行為はただ単に現実に光を当てているだけであり，もしそうしなければ影に隠れたままだったものをはっきりと見せてくれているのだということには気づいておく価値がある．

評価の結果が，近々の実際的な優先事項に関して，地域レベルで何かの決定を下すのに情報を得るべく設計されている場合は，所得と購買力における違いを映し出すこの評価行為は正当化される．もしそうしなければ，評価値はその地域の状況の中では無意味なものとなってしまう．しかし，非市場の評価値が複数の地域（または世界規模だってかまわない）での考察を目的になされる場合や，評価値が人間の健康と関連している場合，長期にわたる（世代を超えたものですら）決定を下すうえでの判断材料として使う場合もそうかもしれないが，公平性の配慮が前面に出てくる．こうした条件はすべて，プラネタリーヘルスのために行われる非市場評価に当てはまる．そのような文脈では，プラネタリーヘルスの経済学者は，自分が分析する地域全体にわたって所得の平均値を使いたがるのも，より貧しい人々のより大きなニーズを反映するために正の公平性の重みづけを適用したがるのも，もっともである．

長期的な費用と利益を評価する

自然資本の悪化に伴う費用，また逆に保護することにより得られる利益の多くは将来に浮上してくる．何十年，それどころか何世紀も経ってから出てくる例もある．このことは，世代間の公平性という重要な問題につながる．今日下す決断において，将来世代のウェルビーイングをどのように考えるべきなのか．

経営者，個人，政府は，将来的に上昇すると考えられる費用と利益をさまざまな理由で考慮に入れる．将来のフロー（費用または利益）から現在の価値を算出する際に，将来フローの価値から差し引く年額は，割引率として知られている．企業の場合，数年以内に倒産することへの恐れから割引を行うこともある．そのため，ずっと少ない額を今確実に受け取ることを進んで行い，将来，かなり割り引かれた金額で受け取ることに価値を見出す．会社の安定のためには，割引率は資本（負債と公平性）を獲得できる率を反映すべきで，なぜならそれは，もし会社が少しでも余剰の価値を生み出したいのであれば，これが獲得する必要のある最小の利益だからである．個人の場合の割引は，たとえ1〜2年待てばもっとたくさんの物が買えるとしても，待つよりは，ただ単に今日買える物から楽しみを得たいという理由から行われる．目の前の利益を将来の利益よりも重視する傾向は時間選好と呼ばれ，個人における割引率に影響を与

表15.2　多年評価における割引の影響

50年後に受け取る金額（物価上昇率を除く）	年間割引率	将来のキャッシュフローの現在価値
$1 000 000	10%	$8 519
$1 000 000	5%	$87 204
$1 000 000	3%	$228 107
$1 000 000	2%	$371 528
$1 000 000	1%	$608 039
$1 000 000	0.10%	$951 253
$1 000 000	0%	$1 000 000

える主要な推進要因である．

社会的割引率（通常，長期にわたる政府の決定に情報を与えるために使われるような種類のもの）はもっと複雑である．難しい選択において倫理的側面を組み入れなくてはならない．つまり，個人のためというよりは社会のために，今消費するのか後がいいのかという選択だ．さらにもっと複雑なのは，将来世代のものになる利益あるいは費用についても考慮しなければならない．**表15.2**からわかるように，割引率の選択が及ぼす影響は，ささいなものとはほど遠い．5%の割引率を選ぶということは，（今から50年後に）私たちの孫たちのものとなる利益を，私たちが今日得られるであろう効用の10分の1よりも少なく価値づける．これは，正当性を証明するのに倫理的に微妙である．

適切な社会的割引率を算出する試みにおいては，経済学者はたいてい「純粋時間選好」と，その他の将来の利益を割り引くおもな正当化の理由とを区別する．この正当化の理由とは，将来，少なくとも社会的水準においては今よりも豊かであるという期待だ．これは同じ絶対額，例えば10ドルが，裕福な人よりも貧しい人にとってより価値が大きいという単純な前提に基づいている．一般的に，経済は成長し続け，人々は裕福になると期待されるため，割引率にはこれを反映させ，現時点ではやや多めに消費することを優先させるのがよい．その延長線上で考えると，遠く離れた未来の人々は今の私たちよりもずっと裕福なのだから，彼らのことを過度に心配すべきではない．少なくとも理屈ではそうだ．

残念ながら，このバラ色の（そして都合の良い）理屈に疑問を投げかけなければならない理由がいくつかある．1つ目として，経済成長が続いていく保証はまったくない．先進国の成長率は軒並み下がり続けており，また，今から何十年先，それどころか何世紀先の経済成長率を予測する試みは，きわめて投機的としか言いようがない．気候変動の筋書きの下で起こり得る不況がこのことを予告している[18]．2つ目に，経済成長による収益は平等に分配されそうにない．もし経済成長が何十年間と続いたとしても，現在よりも暮らし向きが良くなっていない人，それどころか悪くなっている人すら，その時点でまだ大勢いる可能性がある．最後に3つ目として，批判的にいえば，金融資産（資本）の成長が他の資本の減少の代償として実現しており，そのためもっと広い意味では，人々の総合的な裕福さが事実上低下することは十分考えられる．金融資産は増大するという期待に基づく割引に内在しているのは，他の重要な形態の富はどれも減少しない，あるいは金融資本は人々に何もつけを払わせることなく，簡単に他の形態の資本で代替できる，という2つの仮定のどちらかである．これが当てはまる例もあるが，多くの場合，自然資本と社会資本をより多くの資金と材料で代替して同じ水準のウェルビーイングを達成することなど，どう考えても不可能である．サンゴ礁や熱帯雨林が破壊されたときに失われる将来性のある治療法，野生のトラを見る体験，コミュニティ，友人関係，家族の絆の代わりになるものなど，何もない．

結果的に非常に低い，ゼロ，それどころかマイナスの割引率を，ある文脈や決断に適用することへの説得力のある主張が出てくるかもしれない．そうした主張は，さまざまな重要な自然資本資産，現在および将来世代のウェルビーイングにとって不可欠な，代用できるものも交換できるものもない資産には当てはまる．しかし，一律に割引率をゼロにすると主張する前に，私たちが考慮すべきなのは世代間の公平性の側面だけではないということを忘れてはならない．国内および国家間の分配の公平性も大きな問題であり，現在，最も不利な状況の中で生きている人々にとっての，低いあるいはマイナスの割引率を用いることの影響については意識的であるべきだ．個人レベルでは，社会の中で最も貧しい人，つまり毎日その日暮らしの生活をする人々は，一般的に最も高い割引率を求める．結局のところ，今日家族に食べさせるのに十分な食べ物がないときに，2か月後にご飯を1杯もらえることにいったいどれだけの価値を置くかということだ．非常に低い割引率を一律に適用するということは事実上，将来の消費を優先することになるが，それによって今日味わう飢えが深刻化する．現在の世界に存在する極度の貧困に対して早急に取り組む必要があるのは，実際には高い割引率に賛同する，公平性についての議論なのである．

健康とウェルビーイングを評価する

健康の測定と評価

人間の健康状態を測定するのに最も広く使われているのは，医学的に診断された疾患である（例：喘息（ぜんそく），心臓疾患，大腸がん，糖尿病，うつ病）．病状の記述やそれに伴う症状は，個人レベルの疾患を理解し，集団レベルでの発生率や有病率を表すのにきわめて有用である．しかしながら，健康の負荷，悪化，改善の度合を体系的レベルで考えたい場合にはそれほど役に立たない．例えば，喘息のある人が100人と糖尿病にかかっている人が50人いる集団は，喘息のある人が50人と糖尿病にかかっている人が100人いる集団よりも安泰なのか，そうでないのか．疾患に基づいて見るだけではわからない．さまざまな疾患を統合したり比較したりできる共通の尺度一式が必要である．ここで，障害調整生存年数（DALYs）と質調整生存年数（QALYs）の出番となる．

DALYsは，死亡率と疾病率の影響を，健康負荷を測る単一の比較可能な尺度に統合する[19]．1.0 DALYは生存していない1年，0.0 DALYは完全に健康な1年を示している．年次の「DALYウェイト（障害の程度による重みづけ）」指標は何百ものありとあらゆる状態に対して推定されている（**図15.9**）．DALYウェイトの大きさは，その人の生活の質を0.0から1.0の尺度上で表した場合，ある状態に陥ったことによって損なわれる程度として解釈される．状態が中程度あるいは短期間の場合は年次DALYウェイトは低く，一方，状態が重度で長期間（あるいは慢性）の場合，年次DALYウェイトは高い．DALYウェイトを乗じた疾病期間（障害を有することによって失われた年数．YLDと呼ばれる）と，早死することによって失われた年数（YLL）を（必要に応じて）統合することで，何歳で発症したどんな状態であれ，それによって引き起こされたDALYの数字を見積もることができる．

QALYは実質的にはDALYの逆であるため，1.0 QALYは完全に健康である1年を示

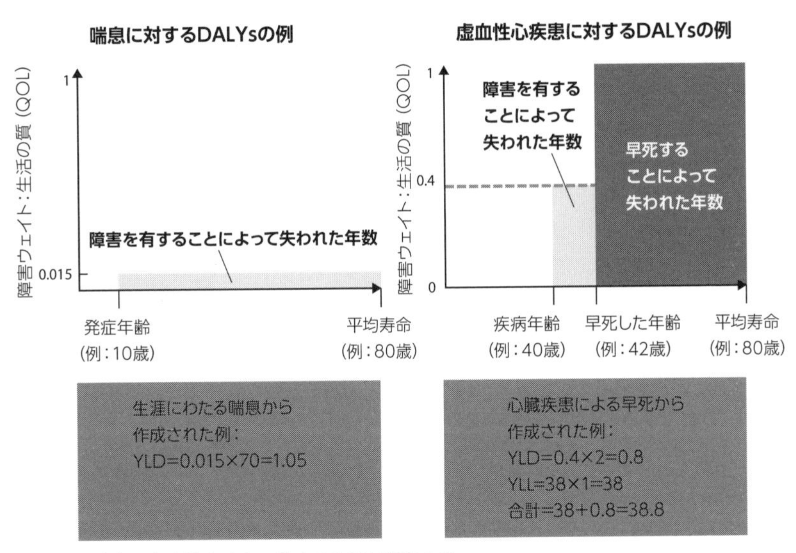

図15.9　喘息と虚血性心疾患に対するDALY算出の例

している*7．DALYsとQALYsは，どんな集団に対する何百というさまざまな健康状態についてもまとめて比較することが可能なため，きわめて便利な測定単位である．DALYsとQALYsは，ある介入の結果として得られた健康転帰（観察によるもの，予測によるものを問わず）における変化を表すのにも使われる．そのため，健康に大きな影響を与えることを意図してなされる決定事項の有効性を評価（または予測）するのにこれらが使われるようになっている．論理的には，これを拡大してプラネタリーヘルスの実現を目指すどんな測定にも用いることができる．

健康年数（HLY）はQALYを易しい英語で表現した同じ意味の言葉で，「免れたDALY」のことである．健康寿命（HALE）は，YLDがあればそれを差し引いた後で，新生児が享受することを期待できる完全に健康な年数と等しい．2015年の世界全体の出生時における健康寿命は，男女を合わせて63.1年で，出生時の平均寿命の合計よりも8.3年短い．言い換えれば，不健康な状態は，世界の平均健康年数のうちのほぼ8年間の損失分を占める[20]．

ウェルビーイングの測定と評価

健康の定義の中には，ウェルビーイングのすべてが網羅されているものもあり，またウェルビーイングとは健康の中核的な要素であり，その逆もしかりである．これは一般的に受け入れられている．定義や命名を巡っては議論があるが，測定と評価のために大事なことは，人間の繁栄にはDALYsやQALYsに集約されるような心身の健康を測る臨床的尺度から得られる結果以上のものがあると認識することであり，この「以上のもの」が人々の人生経験全体にとってきわめて重要である．そのため，経済学的な手法を用いて健康とウェルビーイングを評価するためには，一般的に健康とウェルビーイングを，（しばしば重複するにしても）明確に区別できる結果として扱うのが好ましい．このアプローチは，たとえ臨床的に定義された身体的または精神的な健康状態が悪化するときでも，ウェルビーイングの感覚は高まる可能性がある（例えば友人や家族が近くにいるから，などの理由で）とか，また同様に，多くの生活環境の変化（例：職に就く，結婚する）によって，臨床的な健康上には変化として表れることなくウェルビーイングが改善するという事実を反映している．

第11章で述べているとおり，主観的ウェルビーイングの変化を推定し評価するアプローチは急速に進歩しており，今ではそのような手法を政策評価の手引きの一部と

＊7　QALYsと（免れた）DALYsには共通する特質がたくさんあるが，歴史的には別々の方法で算出され，やや異なる目的のために使われてきた．DALYsは世界疾病負荷（http://ghdx.healthdata.org/gbd-2017）の主要な測定単位として知られており，さまざまな状態や，そのような状態に陥るリスク要因と関連する健康負荷を表すのに用いられる．一方，QALYsは，特定の治療や予防形態の便益を表すために使われる．

して薦める政府もある（HM Treasury, 2018[21]を参照）．

先に説明した，他の非市場財の評価のときと似た手法を用い，健康とウェルビーイングについても貨幣的に評価した推定値に行き着くことは可能だ．これは，ある健康の結果やウェルビーイングの衰えを避けるために，いくらだったら払いたいと思うか，あるいは逆に，その結果に耐える見返りとしていくらだったら受け取るかを人々に尋ねる調査（表明選好法）を通して得ることができる．例えば，英国政府による健康な1年間の貨幣的価値の推定値は，英国ポンドで6万ポンドである[21]．

ウェルビーイングのうちで健康と関係がないものについて，その結果の価値を貨幣価値で表すことによっても，こうしたさまざまな結果を結びつけ，共通通貨における相対的な重要性を理解することができる．また，人口全体の数値を合計して，現在明らかな動向に基づいて，将来世代のために見積もりを出すこともできる．これによって，健康とウェルビーイングの評価結果から，プラネタリーヘルスの進歩を評価するのに必要な測定単位——現在と将来の人間の健康とウェルビーイングの総計——を得ることができる．

結　論

2世紀にわたる世界規模の経済成長によって，ほとんどの人々の生活水準が根本的に改善し，何十億もの人々が貧困から抜け出した．そして，世界中の健康のあり方を様変わりさせた公衆衛生と公的研究への投資が可能となった．けれども，本書の多くの章で明らかにしているように，近代経済の絶大な規模と衝撃によりもたらされたプラネタリーヘルスへの脅威は甚大であり，その脅威を克服することは重要かつ急を要する難題である．人類史上のこの危険な瞬間へと私たちを連れてきたことにおける，経済学の関与を誇張すべきではないものの，政策立案者による頑固なGDP成長重視を通して明らかになる経済ドグマ（教義）がそれに加担したことは疑いがない．

とはいえ，経済理論の手法を，経済学の既存および新興の学際的な分派による斬新な洞察と結びつけることによって，プラネタリーヘルスの難題に対する実際的で自己強化的な解決策を考案できるという，かつてないほどの大きな希望がある．自然資本，社会的資本，人的資本の役割を重視する新しい理論はこの骨格となる．環境経済学で発展した非市場評価の方法，健康経済学の実用的な手法，生態経済学の大々的な理念の再構成，活気に満ちた分野である行動経済学が示す，人間の動機に関する洞察も同様である．

プラネタリーヘルスのための経済学の可能性を生かす努力において，私たちは開発経済学が示してくれた手本を参考にすることができる．つまり，経済学の多くの学派が持つ最高の理念を臆することなく受け入れ，結びつけ，発展させ，特定の課題への取り組みに使い，実用面での調整を加えれば，最善の形で機能させられる．

もしうまくいけば，私たちの新しいプラネタリーヘルスの経済学は，世界の人々や地域の人々をうまく治めるためのより優れたひな形を考え出すこと，そしてプラネタリーシステムと調和する新しいビジネスモデルを開発することに力を発揮するだろう．このような2つの応用を取り入れたきわめて重要なトピックが次章のテーマである．

参考文献

1. Global Footprint Network. Ecological footprint. 2019. https://www.footprintnetwork .org/our-work/ecological-footprint/.
2. Rockstrom J, Steffen W, Noone K, et al. A safe operating space for humanity. *Nature*. 2009;461(7263):472–475.
3. Greenwald BC, Stiglitz JE. Externalities in economies with imperfect information and incomplete markets. *Q J Econ*. 1986;101(2):229–264.
4. Stürmer M, Schwerhoff G. Non-renewable but inexhaustible: resources in an endogenous growth model. *MPI Collective Goods Preprint*. 2012. http://ssrn.com/abstract=2046502.
5. WWF. *Living Planet Report 2018: Aiming Higher*. Gland, Switzerland: WWF; 2018. https://wwf.panda.org/knowledge_hub/all_publications/living_planet_report_2018/.
6. Kennedy R. Remarks at the University of Kansas, March 18, 1968. https://www.jfklibrary.org/learn/about-jfk/the-kennedy-family/robert-f-kennedy/robert-f-kennedy-speeches/remarks-at-the-university-of-kansas-march-18-1968.
7. Abdallah S, Thompson S, Michaelson J, Nic M, Steuer N. *The Happy Planet Index 2.0*. London, UK: New Economics Foundation; 2009. https://neweconomics.org/2009/06/happy-planet-index-2-0.
8. Rockström J, Steffen W, Noone K, et al. Planetary boundaries: exploring the safe operating space for humanity. *Ecol Soc*. 2009;14(2).
9. O'Neill DW, Fanning AL, Lamb WF, Steinberger JK. A good life for all within planetary boundaries. *Nat Sustain*. 2018;1(2):88–95.
10. Credit Suisse. *Global Wealth Databook 2018*. 2018. https://www.credit-suisse.com/about-us/en/reports-research/global-wealth-report.html.
11. Hotelling H. The economics of exhaustible resources. *J Political Econ*. 1931;39(2):137–175.
12. Hartwick JM. Intergenerational equity and the investing of rents from exhaustible resources. *Am Econ Rev*. 1977;67(5):972–974.
13. Hardin G. The tragedy of the commons. *Science*. 1968;162(3859):1243–1248.
14. Ostrom E. *Governing the Commons: The Evolution of Institutions for Collective Action*. Cambridge, UK: Cambridge University Press; 1990.
15. Millennium Ecosystem Assessment. *Ecosystems and Human Well-being: General Synthesis*. Washington, DC: Island Press; 2005.
16. de Groot RS, Wilson MA, Boumans RMJ. A typology for the classification, description and valuation of ecosystem functions, goods and services. *Ecol Econ*. 2002;41(3):393–408.
17. Natural Capital Coalition. *Natural Capital Protocol*. 2016. www.naturalcapitalcoalition.org/protocol.
18. Kahn ME, Mohaddes K, Ng RNC, Pesaran MH, Raissi M, Yang J-C. *Long-Term Macroeconomic Effects of Climate Change: A Cross-Country Analysis*. Cambridge, UK: University of Cambridge Faculty of Economics; 2019. http://www.econ.cam.ac.uk/research-files/repec/cam/pdf/cwpe1965.pdf.

19. Murray CJ. Quantifying the burden of disease: the technical basis for disability-adjusted life years. *Bull World Health Organ*. 1994;72(3):429–445.
20. WHO. Healthy life expectancy (HALE) at birth. In: *Global Health Observatory (GHO) Data*. n.d.. https://www.who.int/gho/mortality_burden_disease/life_tables/hale_text/en/.
21. HM Treasury. *The Green Book: Central Government Guidance on Appraisal and Evaluation*. London, UK: HM Treasury; 2018.

第16章

プラネタリーヘルス・ビジネス――経済理論から政策および実践まで

より良い経済理論の活用でより良い成果をあげる

第15章では，プラネタリーヘルスの不健康な現状の背景にある経済の歴史を探求した．それに続き，プラネタリーヘルスという理想を実現するための方策として，経済理論の中で最も有望な領域を簡潔にまとめた．

本章では，第15章に記載した理論を重要な2分野で応用することを試みる．まず，プラネタリーヘルスを実現しようとする場合，ガバナンスと政策をどのように展開させなければならないかについて検討する．次に，同じ目的に向かい，民間企業の独創性，活力，膨大な財源をどのように活用できるかを検討する．いずれの場合も，第15章に記載した理論を中心に今後の課題と機会を明らかにしていく．

プラネタリーヘルスのためのガバナンスと政策

プラネタリーヘルスのガバナンスの必要性

地球環境は複数の国や地域にまたがっており，地球公共財と呼ばれることが多い．第15章に記載しているように，経済的な観点から，より正確には地球のコモン・プール資源*と位置づけられる．なぜなら，その使用を制限することは困難（得てして「使用の排除が不可能」）でも，1人ひとりの使用ならば制限可能であり，実際に制限を実施することも多く，その個人の使用が他の使用者に影響を与える（その使用は「競合的」

* 訳注：資源やサービスなどのうち，消費されるにつれて便益（質や量）を保つことが難しく（高い競合性），かつ，消費から（対価の支払いなどに応じて）特定の人を排除することが難しい（低い排除性）もの．例として漁業資源や灌漑（かんがい）システムなどが挙げられる．

になる）からである．これらの特徴は，プラネタリーヘルスを脅かす多くの脅威の中心にある．プラネタリーヘルスは単に地域レベルの問題ではなく，環境汚染，魚類の乱獲，生物多様性の損失など，国境をまたいだ「悪い環境」ともいえる改善すべき状況の管理能力についての懸念にまで及ぶ．このように，気候変動やオゾン層破壊などの広範にわたる国境を越えた環境負荷要因やそれらが人間のウェルビーイングに与える影響に大きな枠組みでのプラネタリーヘルスの照準を合わせると，国家間の調整と協力が必要となる．したがって多国間ガバナンスは経済や関連する政策手段と並んで，プラネタリーヘルスに関する計画を実施するための必須要素である．

プラネタリーヘルスには，空間的次元に加えて時間という困難な次元がある．たとえば現在自分が排出している二酸化炭素，あるいは海洋水産資源のような限りある共有資源の消費は，自分以外の誰かにマイナス影響を及ぼすだけでなく，このような行動の累積的な影響により後々の何世代にもマイナス影響を及ぼす．ギャレット・ハーディンによるコモンズ（共有地）の悲劇についての研究は，コモン・プール資源の管理（多くはずさんで不適切な管理）に対する非協力的な手法がもたらす結果を提示している[1]．エリノア・オストロムは，コモンズが悲劇であるという特徴に反論し，民営化あるいは国家管理という標準的な政策対応に異議を唱えた[2]．オストロムは，管理の行き届いたコモンズの研究に基づき，ずさんで不適切な管理を回避する制度設計の原則を導き出し，「経済的ガバナンス，特にコモンズに関する分析」で2009年のノーベル経済学賞を受賞した．

プラネタリーヘルスに関する国境と時間をまたぐ問題に取り組むには，国家レベルと国際レベルの両方において効果的な制度が必要である．短期的な政治的サイクルは，プラネタリーヘルスに関する長期的な解決策の必要性に相反して作用するため，国際的な管理体制は構築に時間と手間がかかるものの，純粋な国内法令よりも長期にわたる永続性を保つことができる．

健康問題は環境問題と同様に国境をまたぐことが多く，その取り組みには各国による何らかの調整が必要となる．このように，国際的な健康問題と環境問題は同類に見えるが，健康問題の解決がもたらす恩恵はよりわかりやすく短期的であることが多い．たとえば多くの政府は，感染症やその世界的な大流行のリスクに一丸となって取り組むことの価値を評価しており，短期的には一定の効果を得ることができる．しかし，長期的な環境変化と人間の健康状態の変化との関連性についてはあまり理解されておらず，そのため，ガバナンスや意思決定の改善を奨励する動機づけは不明確なままである．

健康，環境，あるいは貿易などの分野でも国際的な管理体制が存在するのは，地球公共財としての側面と，それがもたらす恩恵が見込まれるからである．しかし，共同での取り組みに合意する際，各国は独立して決定を下す主権の一部を放棄しなければならず，これは概して政治的に困難な作業である．本節では，プラネタリーヘルスに関する協力の必要性が高まる中，制度やガバナンスの仕組み改善に向け実行可能なものに焦点を当てる．

ガバナンスの理論的および実践的課題

協力や協調に関する経済理論は，「フリーライダー」問題に直面する．つまり，国や集団，個人が協力して共有資源を管理したほうが全体としてはいい状態になるかもしれないが，個々の国や集団は共同管理から抜け，フリーライダーとして他国の共同管理活動からの恩恵を受けるほうが (少なくともしばらくの間は) より得である可能性がある．調整がなければ行わないような共同活動を各国が相互に要求される場合，協調は，(天然痘撲滅の場合のように) 明白な共同協定よりも調整が容易である．フリーライダーを防ぎ，共同協定を実施する方法の1つは，貿易制限である．非加盟国に対する制裁で被る不利益の脅威は，フリーライダーの抑止力として有効であろう．「ムチ」型の負の動機づけに代わるものとして「アメ」型の正の動機づけがあり，これには金融メカニズム，あるいはテクノロジーの利用がある．多くの国際協定ではこのような形で世界中の国々の参加を促進しており，特に発展途上国向けの動機づけとなっている．緑の気候基金やクリーン開発メカニズムはこの種の金融政策手法であり，気候変動に関する協定への協力を促進するために活用されている．

すべての多国間協定は国際関係という広域に及んでおり，その進展はより幅広い外交と地政学により決定される．世界的な環境協力の動機づけを創出しようとする多くの試みは，大国の足並みがそろわなかったり，国内の政治的支持層がその提案を支持しなかったりと，複雑な問題を抱えている．これは国連気候変動枠組条約 (UNFCCC) の歴史上でも複数回経験しており，特に2009年のコペンハーゲン開催では (目指していた政治的) 合意が実現しなかった．環境保全に関する国際的な協定の顕著な成功例は，「オゾン層を破壊する物質に関するモントリオール議定書」である．生産国と消費国という限られた国同士での強固な利害の一致，国内の政治的公約，容易に利用可能な技術的代替手段，ある特定事項のみに内容を絞ったことなどが成功の理由として挙げられる[3, 4]．酸性雨の影響に対する取り組みである「長距離越境大気汚染条約」をはじめ，越境汚染に対する取り組みでは成功した地域協定は数多くある．

理想的なのは，すべての国が結束し，プラネタリーヘルスを保護する政策に合意することである．しかし実際には，制度的慣習や政治的惰性などからくる反対意見や，実施まで時間的余裕がないことを考えると，現実的ではないのかもしれない．このような状況を打開する1つの方法は，自発的な参加国による連合体，あるいは共同体を形成することである．気候変動に立ち向かうための共通規則を策定する国々のサブグループの登場は，取り組みを主導し，新しいテクノロジーや競争力 (および新しい学問）を切り開き，非参加国に対する外交上の影響力を生み出すうえで重要な意味を持つ．共通の炭素価格を導入している締約国で構成する気候変動対策クラブのような共同体は，非締約国に対して貿易措置をとることができるが，共同体以外の国では，国外からの制裁に頼るより，国内で享受できる潜在的な利益の重要性を強調できる．これは国際関係上の複数当事国間におけるより個別的な手法の典型的な例であり，包括的な多数国間における協定とは対照的である．

プラネタリーヘルスに関する活動には，強い政治的リーダーシップが不可欠である．政府レベルでは，複数の機関，長期的視点，しっかりしたシナリオが必要となるため，国家元首がリーダーシップを発揮する必要がある．気候変動に関する活動においては，環境省や保健省などの単一分野機関によるリーダーシップだけでは不十分であることがはっきりしており，プラネタリーヘルスの問題に取り組むためには，国全体で相互依存的に関係する各分野で最適な立場にある財務分野や政策策定分野の大臣，あるいは大統領がリーダーシップを発揮する必要がある．さらにリーダーは，国内の国会議員，企業，マスコミ，市民社会などの幅広い分野の関係者からの支持を確立するために，説得力のあるシナリオを構築する必要がある．プラネタリーヘルスを推進する政策は，分裂をきたす可能性があり，分野，地域，性別，世代間で勝者だけでなく敗者も生み出すため，健康，環境，経済成長，および雇用面でのメリット，そして，敗者を補償しトレードオフを調整する仕組みを適切に整備することの重要性を明確に示す必要もある．気候変動に関する協定は，気候変動の原因やその影響の不確実性とタイムフレームについてコンセンサスが得られていないため，弱体化しつつある．政策立案者が，人間の健康とウェルビーイングという緊急性のある事案に取り組めば，プラネタリーヘルスはより強い政治的メッセージを与える．

貿易がグローバル化している時代において，プラネタリーヘルスの対策は，商品の流通，生産国と消費国双方への影響，双方の動機づけと障壁を考慮しなければならない．国際貿易の規則は，テクノロジーや知的財産の普及と同様に，他の多国間協定にも影響を与える．したがって世界貿易機関は，気候変動やプラネタリーヘルスについての国際協定に関連している．加えて，国境調整措置（通常は税金や関税）が，二国間単位または多国間単位の両方で，よりクリーンで無公害製品の貿易の推進に向け導入できる可能性がある．

要約すると，効果的な国際的なプラネタリーヘルス・ガバナンスを実現可能にする動機づけと施行の仕組みがあるということである．その中には，非協力的な国々に対して貿易制裁を課すような「厳しい」手法がある．また他には，資金調達やテクノロジーの利用により促進される自発的動機づけに基づく「柔軟な」手法もあり，これはパリ協定における 国別約束草案（INDC）で採用された手法である．

現在の制度およびガバナンスの状況

第二次世界大戦後に制定されたブレトン・ウッズ体制の多国間政府の中心的な存在である国連は，健康，環境，気候変動など多岐にわたる分野でグローバルなガバナンスの鍵を握っている．1992年以降，国連気候変動枠組条約は，気候システムに対しての「危険な人為的干渉を回避する」ためのプロセスとして存続している．2015年のパリ協定では目標数値を明確化した合意のための枠組みとして機能した．1992年に開催された世界初の持続可能な開発会議（いわゆる地球サミット）でのリオ宣言から生まれた他の国際プロセスには，砂漠化防止や生物多様性の保全に関する合意や，「アジェンダ21（21世紀に向けた行動計画）」がある．最近では，生物多様性条約とその愛知目標が進展しているものの，あまりうまくいっていない．しかし，これらの初期の国際的なプロセスは，2015年の持続可能な開発目標（SDGs）（**図16.1**）の包括的な国際合意につながる役割を果たした．これは，すべての国による世界的な合意として注目すべき瞬間であり，私たちの地球とそこに住む人々の将来の健康のために，17の高いレベルの目標と169のターゲットで構成された，プラネタリーヘルスのための国際事業計画のようなものである．

国連におけるプラネタリーヘルスに関する責任は，世界保健機関（WHO），国連環境計画，国連開発計画，国連食糧農業機関，国連人間居住計画などの多くの組織と，生物多様性条約（CBD）や国連気候変動枠組条約（UNFCCC）などの数多くの協定に広がっている．これらの機関や協定のプロセスは，各担当機関や協定の使命に関連した成果にのみ焦点を当て，プラネタリーヘルスとの相乗効果を得る機会を逃すなど，各部署が連携せず協力体制が希薄になる傾向にある．たとえば，WHOが開催した大

※The content of this publication has not been approved by the United Nations and does not reflect the views of the United Nations or its officials or Member States.

図16.1　持続可能な開発目標（SDGs）

気汚染と人間の健康に関する会議は，健康，気候変動，大気汚染の相互関係に関する証拠と解決策が紹介されたが，2018年に第1回が行われただけである．

グローバル・ガバナンスには，二極化，複雑化，分断化の波が押し寄せている．これを受けて，地球環境問題などに取り組む新しい活動家の輪が広がっている．数年前から，（気候変動やSDGsの交渉などの）国際的なプロセスにおいて，市民社会組織が政府の交渉担当者とともに活動しているが，ごく最近では，企業集団や地方行政関係機関，特に都市が活発に活動するようになっている．C40（世界都市気候先導グループ）などの都市市長連合や，持続可能な開発のための世界経済人会議などの国際企業連合は，これらの連合組織の意見を国際的なガバナンスに反映させ，そうした連合組織自体の活動を促進させている．自然資本連合（the Natural Capital Coalition）やNCD（非感染症）アライアンスのように明確な目標のあるグループもあればアンダー2コアリション（パリ協定の目標達成に向けた気候変動対策に積極的に取り組む）のように，州や地方の行政機関などの新しい関係組織を巻き込んだグループもある．規範や行動様式，規定を変えるためのこのような多元的な手法はますます一般的になっており，ソーシャルメディアの影響力を考慮すると，組織機関から一般市民にまで広がっている．アヴァーズ（Avaaz, 5500万人の会員を持つ世界的なオンラインキャンペーン組織）のようなソーシャルメディアを活用した市民社会運動は短期間で世論を動員し，変化に向けて影響をもたらすには，こうしたアプローチが有効であることを実証している．

プラネタリーヘルスのための経済政策手段

プラネタリーヘルスを管理する政策手段は多岐にわたる．これらは通常，価格あるいは市場のどちらかを基盤とする規制を行う手段と，価格以外の規制を行う手段の2種類に分類される．課税と補助金は，外部性の内部化（訳注：経済活動の中で発生する環境負荷に対する費用を受益者に負担させること）に向け設計された直接的な経済政策であり，プラネタリーヘルスに広く活用されている．世界中で炭素税を導入するのは困難であるが，理論上は気候変動への取り組みの最も有効な手段の1つであり，現在，約50のカーボンプライシング（炭素価格づけ）制度が実施されており，そのうちのいくつかは欧州連合域内排出量取引制度[5]のようにかなりの広域規模で実施されている．他にも燃料税や埋め立てごみ処理税，廃棄物税など，多くのプラネタリーヘルス関連の課税制度が国レベルで導入されている．補助金は税金と似てはいるが，税金とは逆方向の外部便益を生み出す活動に対して資金援助を行う．生態系サービス（第4章p.90の脚注および第15章p.399本文を参照）への補助金はその顕著な例で，下流域の水利用者が上流域の土地管理者に土地の保全や水質の維持管理を求めて資金を負担するものである．他にも，再生可能エネルギーやその他のクリーン・テクノロジーの開発初期段階でよく見られる新しいテクノロジー開発のための奨励金など，さまざまな形態の補助金がある．また，生物多様性オフセット（訳注：人間活動による生態系への負荷の回避・低減が不可能な場合，近隣の異なる場所に多様性を持った生態系を創出することにより代償する環境活動）は，生息環境保全のための仕組みの1つである[6].

「厳しい」動機づけは，義務化，標準化，規制，禁止など，おもに有害化学物質への対応に用いられてきた．これらは市場に基づく政策よりも簡単に設定できるが，その実施は，強制と遵守の両方の制度面での力量次第である．また，それが受け入れられるかどうかは，社会的，政治的な状況や一般市民への広報次第でもある．実際には，多くのプラネタリーヘルスの問題は，行動様式の変化やナッジ理論（訳注：行動科学の知見を活用し，人々が自発的により良い選択ができるように後押しする手法）に沿って，価格および価格以外の規制手段を組み合わせた取り組みがなされている．**表16.1**は，プラネタリーヘルスの問題への取り組みで一般的に用いられる政策手段のおもなメリットとデメリットをまとめたものである．

プラネタリーヘルスに向けたビジネスソリューション

プラネタリーヘルス・ビジネスとは

プラネタリーヘルス・ビジネスを概念的なレベルで説明するのは容易である．それは，現在と未来の人類の健康とウェルビーイングの向上に貢献するビジネスである．しかし，これは即座に難しい問題をいくつか提起することになる．

製品の種類が少ないシンプルなビジネスであっても，健康やウェルビーイングにさまざまな影響をもたらす．製品自体は消費者の健康に良いかもしれないが，生産方法によっては公害が発生し，工場付近の住民の健康に悪い影響をもたらす．総じて最終的な効果がプラスであるかどうかのみを配慮すればいいのか．それともすべての効果がプラスでなければならないのか．仮に，企業自体が生産方法を被害がゼロになるよう変更し，健康を積極的に改善する製品を販売したとしても，その原料供給者はどうだろうか．原料となる資源の採取はどうだろうか．製品の使用や廃棄による間接的な影響はどうだろうか．

これらの論点は，ビジネスモデルそのもの，つまりその事業がどのように収益を生み出し，利益を上げていくのかということを考えさせるものである．そのためには，ビジネスアナリストが言うところのバリューチェーン（価値連鎖）を考える必要がある．バリューチェーンは，製品やその製品のライフサイクル上のサービスに関連する一連の活動およびプロセス全体を含む．一般的な製品であれば，原料の採取・加工，製造，流通・販売，使用，廃棄（またはリサイクルあるいは再利用）などが挙げられる．各段階で，プラネタリーヘルスにとってはプラスとマイナス両方の影響がある．さら

表16.1　プラネタリーヘルスに関するさまざまな政策選択肢のメリットおよびデメリット

解決策	詳細説明	メリット	デメリット
直接規制	・禁止または義務化 ・規制機関は，汚染や汚染に関連する活動に対して一定の制限を設ける． 【例】廃水中の水銀排出量規制，自動車の排出ガス規制	・望ましい汚染レベルのより確実な達成 ・経済的動機づけでの市場操作に依存しない ・政治的には価格基盤の規制よりもより許容度が高い	・規制を遵守した場合の損失に関して確実性が限定的 ・市場の仲介者の一部に不相応に高い損失を強いる ・監視体制と実施能力に左右される ・不正行為や政治的腐敗のリスク
課税および補助金	・規制機関は，社会的な成果の最適化を目的として，汚染や汚染に関連する活動に対して従量税を設定する． 【例】炭素税，燃料税，甘味飲料税，自然保護税	・汚染者負担原則の遵守 ・外部性費用を内部化する ・遵守による損失を超えるより高い確実性 ・政府収入 ・炭素税は，対象を絞った税（燃料税など）よりもより効果的に技術革新を推進できる． ・補助金は技術革新を推進し，初期段階費用を下げることができる．	・結果として得られる汚染レベルの成果の確実性が低い ・適正な税額を設定するため，削減費用についての詳細な理解が必要となる． ・税額の割り当てや公平性への影響と既得権益者による利潤追求のリスク ・補助金は，プラネタリーヘルスへのプラス効果に向けた取り組みと同様，マイナス効果に対する取り組み（化石燃料や有害をもたらす農作業など）にも適用できる．
環境（に関する法規制における）許認可によるキャップ・アンド・トレード（訳注：温室効果ガスの総排出量の上限を定め，余剰排出量や不足排出量の排出権取引を認める制度）	・規制機関は，一定量の排出許可証（Q′＊）を発行し，排出者はこの許可証により排出を行うことができる．排出許可証（排出権）は，排出を行う当事者間で取引されるため，ある排出者の許可証に余剰がある場合，不足している排出者に売ることができる． 【例】米国の二酸化硫黄市場，オークション方式の再生可能エネルギー投資，固定価格買取制度	・排出許可証の数量を（Q′＊）とすると，許可証価格P′＊で当然最適な生産レベルになる． ・最も費用対効果の高い削減を実現 ・排出許可証が従来の規制を適用せずオークション方式で取引されれば，外部性費用を内部化できる． ・管理費用が安価	・正しく機能する排出許可証市場が必要 ・排出許可証取引に従来の規制を適用した場合，政府収入がなくなる． ・概して排出許可証発行数が過剰となり，低価格が続く． ・排出許可証は経済活動の変動の影響を受けない．
行動に影響するナッジ	・公正・公平な貿易やエコマーク制度などの情報公開 ・認証制度 ・環境面，または健康面の取り組み実績のランクづけ ・販売促進キャンペーン	・維持費が安価 ・他の政策との併用が効果的	・影響が社会のさまざまな分野で異なる．

に，消費者が製品から得られる幸福感や企業の従業員が享受する賃金のように，すぐに実体化する効果もあれば，製品に動力を供給するのに必要なエネルギーから発生する温室効果ガスによる長期的な気候温暖化の影響のように，数年後，あるいは数世代後にしか実感できない効果もある．

理想的な世界では，すべてのビジネスモデルそしてすべてのビジネス上の意思決定が，バリューチェーンの全段階について，現在および未来の人間の健康とウェルビーイングに影響する可能性を考慮して行われる．注目すべきことに，新しいテクノロジーとビッグデータの活用は，自然資本，健康，ウェルビーイングの価値評価の推進（第15章に記載）と組み合わせることで，一部の企業がこの理想に近づき（**ケーススタディ 16.1** を参照），その過程でビジネスモデルを変革することを可能にしつつある．また，透明性を確保し，そういった進捗の状況を公開している企業もある．

しかし，今日のビジネスモデルの大半を考察する場合は，はるかに単純なところから始めることが有効である．第15章では，プラネタリーヘルスという究極の目標達成に向け，現在と未来の健康とウェルビーイングを最大限にするために，以下の点が必要であることを学んだ．

- プラネタリー・バウンダリー（地球の限界）内での生活を含む，自然資本に対する管理責任の向上
- 人間の総合的な健康の向上（特に改善された健康の公平性という観点において）
- 人間の総合的なウェルビーイングの向上（特に改善されたウェルビーイングの公平性という観点において）

上記の1つ目の点については，企業がプラネタリー・バウンダリーについて考慮することが初期の段階にあっても，企業やバリューチェーンの規模にあわせた導入に向け，プラネタリー・バウンダリーの規模を縮小するさまざまな方法が提案されている[7]．最も定着している手法は気候変動における限界と関連づけるもので，一般に科学的根拠に基づく目標と呼ばれている．その他のプラネタリー・バウンダリーについては，まずは地域における限界の範囲を定義することが，それらを関係者に割り当てる前に必要である．どのアプローチにおいても，一般的な原則は，すべての関係者（企業を含む）に公正に配分し，配分された総量が関連するプラネタリー・バウンダリー内に収まるようにすることである．企業への公正な分配にはいくつか可能な手法が考えられるが，一般的な手法の1つは，関連するプラネタリー・バウンダリーの範囲に収まるように，生産物の単位あたりの原単位目標を設定し，収益，付加価値，物理的な生産量に基づいて配分することである．

すべての限界について，企業レベルのプラネタリー・バウンダリーを評価するのは

近いうちには無理そうだが，ある特定の企業がどの限界を超えるリスクが最も高いかは概して明らかであり，はるかに現実的な取り組みである．このことを念頭に置いて，前段で提案した3つの要素（プラネタリー・バウンダリー，人間の健康，人間のウェルビーイング）は，それぞれのプラネタリーヘルスとの関係に基づいて，ビジネスモデルを以下の3つのカテゴリーに分類することに有用である．

・**現状ではプラネタリーヘルスと両立しないビジネスモデル**：商業的に採算が合うよう成立させるためにバリューチェーンの全部または一部をプラネタリー・バウンダリー外で活動させる必要がある場合，そのビジネスモデルは，現状ではプラネタリーヘルスとは相容れない．

現在，この分類に当てはまるビジネスモデルの例として，露天掘りの石炭採掘会社が挙げられる．この会社は土地システムの変化や淡水の採取そして気候変動に直接影響を与えているだけでなく，この会社の収益はバリューチェーンのもっと先にいる顧客が石炭を燃やしてエネルギーを生産することに依存している．現在のところ，石炭火力発電による温室効果ガス排出量をプラネタリー・バウンダリーに沿った水準まで削減できるような，商業的に実現可能なテクノロジーはない．

あるビジネスモデルがプラネタリー・バウンダリー内で安全に運営できる可能性があっても，その商業的成功が人間の健康やウェルビーイングに対する損害の上に成り立つ場合は，プラネタリーヘルスとは両立しない．

たとえば，たばこ会社は，たばこの栽培，加工，流通に伴う温室効果ガスの排出量，水の消費，化学物質による汚染をプラネタリー・バウンダリー内まで削減できるかもしれない．しかし，世界中で大きな健康被害の原因となっている従来型のたばこの販売の売り上げに依存しているのであれば，現状ではプラネタリーヘルスと共存できるとはいえない．

・**プラネタリーヘルスと両立し得るビジネスモデル**：バリューチェーンのすべての段階がプラネタリー・バウンダリー内で運営され，それが，商業的に採算が合うように成立しており，人間の健康やウェルビーイングにも危害を及ぼさないビジネスモデルは，プラネタリーヘルスと両立が可能であるとみなすことができる．

このような企業は，プラネタリー・バウンダリーの公正な配分を活用した結果から多少の危害を引き起こす可能性はあるものの，企業が取り組み可能な活動により消費量が増加すれば（ただし，この消費自体が有害ではない場合），人間の健康とウェルビーイングを総じて向上させることになる．

また，一企業が単独でプラネタリーヘルスを実現することはできず，プラネタリー・バウンダリー内で事業を行っているにもかかわらず，プラネタリーヘルスとの総体的な両立性は依然として他の多くの関係者の活動に左右されることにも留意することが重要である．効果的なグローバル・ガバナンスとリージョナル・ガバナンスもまた，プラネタリーヘルスにとって必須の前提条件である．

- **プラネタリーヘルスに積極的に有益なビジネスモデル**：次のようなビジネスモデルは，プラネタリーヘルスにとって積極的な有益性がある．
  - バリューチェーンのすべての段階がプラネタリー・バウンダリー内で運営されており，一部の（またはすべての）プラネタリー・バウンダリーに対して最終的にプラス効果があり，人間の健康やウェルビーイングに危害を及ぼさず，商業的に採算が合うよう成立しているビジネスモデル．たとえば，大気中への排出量よりも多くの温室効果ガスを毎年回収している企業は，温室効果ガスの観点で最終的にはプラス効果であるといえる．
  - バリューチェーンのすべての段階がプラネタリー・バウンダリー内で運営されており，人間の健康やウェルビーイングを積極的に向上させるものを生産でき，商業的に採算が合うよう成立しているビジネスモデル．

ここまでは，プラネタリーヘルスを実現するために必要なビジネスのあり方を大まかに定義してきたが，これは完全に外側から内側を見る視点を基盤としている．現在のビジネスの方法を実際に推進しているのは何か．そして，どのような要因が，新しいビジネスモデルを誕生させ，既存のビジネスモデルをプラネタリーヘルスのためにプラス効果をもつものへと転換させるのであろうか．

プラネタリーヘルスへの過渡期におけるビジネスリスクおよびチャンス

根本的には，成功するビジネス戦略というのは，潜在的リスクおよびチャンスを早期に特定し，リスクを最小化しチャンスを最大化することで価値を保護あるいは創出する．プラネタリーヘルスを維持できる経済への移行は，企業の影響力と依存性に関連して，企業に2つの大きなリスクとチャンスをもたらす．

- **外部性の内部化**：これまではビジネス活動の外部費用とされていたものが，思いがけず，あるいは突然，内部費用になる．外部性がマイナスに働いている場合はこれが大きなリスク要因となり，外部性がプラスに働いている場合は，企業にとって付加価値を得るチャンスに恵まれる．

- **知られざる依存関係**：多くのビジネスは，生態系（自然資本）に目に見えない形で依存しており，環境の衰退によりこれらの依存関係が脅かされるリスクにさらされている．しかし他の事例では，依存関係をチャンスと捉えて活用し，自然と共生する新しいビジネスモデルが費用や不安定性を低減させ，価値を高めることができる．

重要なことは，プラネタリーヘルスへの移行は，画期的なアイデアや革新的な技術を活用して環境問題を解決する，まったく新しいベンチャー企業に大きなチャンスをもたらすということである[8,9]．既存のビジネスモデルに起因する著しい負の外部性は，こうした変革のチャンスがどこに生じるかを明らかにするのに役立つ．

内部化の時代

この20年間で，ビジネスを取り巻く状況は見る影もなく変化した．新しいテクノロジーによって，人々はビジネスの外部費用と利益に対する認識を急速に高め，相互に交流し，情報を共有し，自分の考えを伝えるための新しい情報伝達手段を手にした．同時に，テクノロジーの進歩は，新しい形態の規制や，10年前には不可能だった水準での新しい監視や執行手段を提供しつつある．

ビジネス活動の外部費用だったものが予期せずに突然内部化される可能性は，ビジネスリスクの大きく，そして増加し続けている要因である．負の外部性が内部化される可能性のあるおもな経路は，以下の4つである．

- **規制と法的措置**：規制は，企業に対し従業員の給与や条件の改善，生態系サービスの利用制限，または利用のための費用の引き上げなどを課す．たとえば，最低賃金や医療に関する法律，使用制限や全面禁止（例としては，保護地域，漁獲割当，フロンの段階的廃止など），許可証取引市場の設立（たとえば二酸化硫黄や二酸化炭素などの取引），税金の賦課（たとえば包装税など）などが挙げられる．倫理に反する行為や環境事故に対する法的措置による罰金や賠償金の支払いは多額になる可能性がある．
- **ビジネスの運営環境の変化**：急速な都市化，インフラ整備の逼迫（ひっぱく），市場や社会構造の変化，コミュニティからの期待の高まりなどにより，新規事業の立ち上げが困難になったり，競争力や営業許可を維持するために既存のビジネスモデルの変更を余儀なくされたりする．環境の劣化，資源不足，異常気象が増えることはビジネスの運営を混乱させ，環境の衰退に対する費用の一部は，企業の貸借対照表や損益計算書などに直接影響する．
- **利害関係者の行動，その関係性，および消費者の選択**：利害関係者は，企業の社会活動または環境活動を変えるために具体的な行動を起こすことがある（たとえば注目を集める非政府組織（NGO）の活動など）．あるいは，企業による社会・環境要因への不十分な取り組みは，時間の経過とともに消費者，原料供給者，従業員などの主要な利害関係者との関係性を損なわせ，収益の減少，費用の増加，そして生産性の低下を招く．

・**自発的な活動**：企業は，自社の外部性を低減させるために自発的な行動をとることもある．これは，利害関係者からの要望に対応するため，競争上の位置づけの一環として，市場機会を捉えるため，費用削減のため，あるいは単に潜在的リスクを回避するために行うことがある．これには資本支出などの初期費用が伴うこともあるが，多くの場合は，費用の削減や，その他に，世間での評判の向上あるいは利害関係者との関係改善など，企業にとっての利益につながる．

外部性のより大幅な内部化が進む傾向はよく理解されており，社会的なレベルではそれはまさに流行であり，緩やかでほぼ予測可能であると思われる．しかし，特定の市場における領域や企業のレベルでは決してそうではない．

たとえば2004年，英国のサウサンプトン近郊にあるディブデン・ベイの大規模な新港構想は，利害関係者が自然保護区との近接を懸念し，計画許可の拒否という結果となった．この新港の開発会社の株価は数日で11％下落し，回収不能となった4500万ポンドのサンクコスト（訳注：すでに支出してしまい回収の可能性がない埋没費用）を償却費として計上せざるを得なくなった[10, 11]．別の事例では2005年にインドのケララ州政府が，大手瓶詰め工場が地域の淡水の量や水質に影響を与えることを懸念して工場の許可を停止した[12]．

内部化は，その後どうなるかを予測できないという性質から，際立った外部性がもたらすリスクへの対応は困難なため，負の外部性を可能な限り低減させるための早期の把握や事前対策的な措置が有用である．**図16.2**は，暫定的ではあるが急に外部性が内部化された場合のビジネスコストへの影響を時間の経過を追って示している．上述した最後の経路，すなわち企業による自発的な活動のみが，実際に管理可能で，かつ予測可能である．

正の外部性の獲得

しかし，外部性は，費用だけではなく，企業はさまざまな正の外部性を生み出す．たとえば雇用を促進して地域経済やコミュニティに利益をもたらしたり，従業員に医療や研修を提供して従業員の能力や他への有用性を高めたり，多くの企業が重要な公共の生態系サービスを提供する土地を管理したりしている．また，これらの正の外部性は，企業が収益を増加させる直接的なチャンスをもたらす場合もある．

たとえば，認証プログラムが盛んになることで，生産者は，直接的には価格の上昇

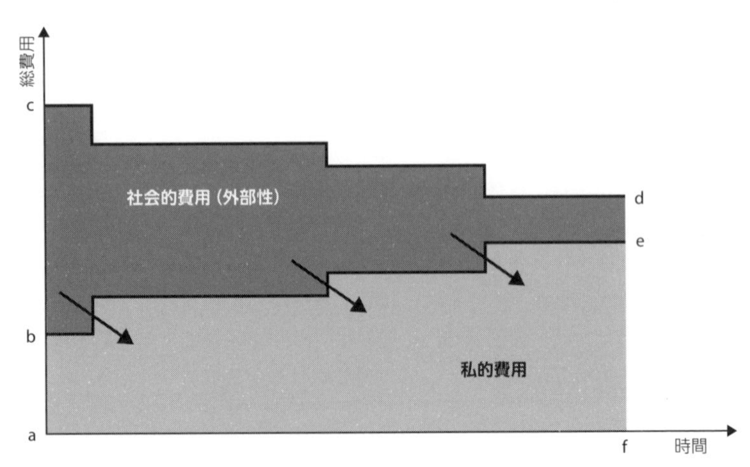

図16.2　時間経過に伴う社会的費用から私的費用への移転を図解．それぞれの矢印は，外部化された費用が段階的に民間企業に移転することを表している．このような移転は突然実施されることがあり，その結果，事業費が大幅に増加することがある．

を，間接的には持続可能な調達を目指す小売業者へのアクセスを得ることで，生産における正の外部性を内部化することができる．持続可能であると認証を受けた水産食品の推定小売価格は，2015年には115億米ドルに達した[13]．

正の外部性により価値を創造する別の優れた経路は，企業ブランドと社会的評価によるものである．風評被害のリスクの例がニュースメディアで大きく扱われることもあるが，社会や環境へのプラスの影響を示す確かな証拠は，顧客ロイヤルティ（訳注：商品やブランド，サービスなどのへの顧客からの信頼や愛着）を高め，従業員の職務への取り組みが向上し，さらには資本コストの削減にもつながる[14]．

図16.3に示すように，企業が正の外部性を手にするチャンスは，社会から株主への便益移転だけではない．価値創造活動に対して適切な見返りを提供することで，企業はさらに多くの価値創造活動を促進する．

依存関係の見落としによるリスク

自然資本と社会関係資本（第9章p.219の脚注を参照）は，企業に生産の要因（土地や労働など）や生産への投入物（原材料やエネルギー）をもたらすとともに，企業が事業を成功させるために必要な一般的な条件（安定した気候条件，きれいな空気や水）ももたらす．

多くの場合，ビジネス上の依存関係は十分把握され，積極的に管理されている．これは，企業が生態系サービスや物資の投入に支払う価格がその供給コストを適正に反映している場合や，サプライチェーンが短く透明性が高い場合には，特に当てはまる．

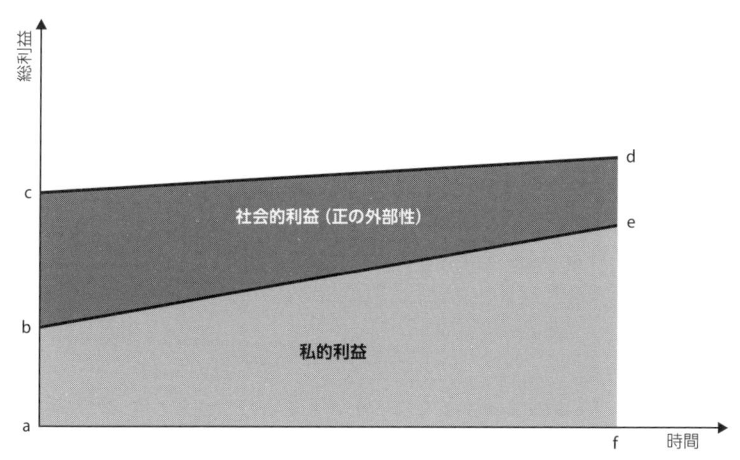

図16.3　正の外部性を獲得すると，依存関係にある両者に利益をもたらす．ここでは，利益のバランスが社会利益から私的利益に移行しても総利益は増加する．

しかし，投入物資が適正価格に設定されていなかったり，サプライチェーンが長く複雑であったりすると，重要な依存関係が見落とされることがある．

多くの産業は自然資本と明確な依存関係がある．森林は木材を供給し，水を浄化し，遺伝資源を生み出し，気候の制御を助ける．河川システムは淡水，エネルギー，そしてレジャーの機会を提供する．湿地帯は廃棄物を濾（ろ）過し，洪水を軽減し，商業漁業の養魚場としての役割を果たす．これらはすべて「無料」で営まれる．歴史的に見て，これらの自然資本がその役割を果たさなくなって初めて企業はその依存関係に気づくのである．

たとえば，米国の太平洋岸北西部における水不足は，大手ビールメーカーにとって価格に加えて2つの重要な投入物の安定供給に影響を与えた．灌漑（かんがい）に使用できる水の量が減ったことで大麦の価格が上昇した．一方，缶用のアルミニウムは，水力発電ダムからの低コストの電力に依存している製錬所が干ばつにより電気料金が高騰した際に生産量を縮小したため，その供給量が低下した[15]．

価値を共創するための依存関係の把握と容認

狭い範囲に的を絞って企業の利潤を最大化する旧来の世界では，依存関係はリスクと同義語であった．そして，上記のような目に見えない種類の依存関係が，現在も大きなビジネスリスクを生み出し続けている．

しかし，相互に関連し合う今日の世界では，資本間の相互影響，共創，共生関係に依存した新しいビジネスモデルにより，適切な種類の依存関係を積極的に受け入れ，企業や社会の付加価値を生み出すことができる．

たとえばオレゴン州のある水道事業会社では，従来のやり方である高価で寿命の短い自動冷房装置ではなく，川沿いに木を植えることで日陰をつくり水温調整をすることで，5000万ドルの出費を抑えることができた[16]．別の例では，世界的な自動車会社がブラジルの環境団体と提携し，サプライチェーンにおける持続可能な複合用途型の農業を推進した．これにより，車の座席やヘッドレストの充填材として代替できるココナッツ繊維の生産量が4倍に増加した．これにより，投入する原料不足のリスクが軽減し，この自動車会社はプラスチック製の充填材からの切り替えが可能となった．環境面でのメリットや農家の収益向上に加え，5%のコスト削減も実現した[17]．

プラネタリーヘルスに資する画期的なアイデアと革新的なテクノロジーの活用

負の外部性の規模や環境劣化の影響がより明らかに，また高くつくようになるにつれ，プラネタリーヘルスの問題に直接取り組む，まったく新しいタイプのビジネスチャンスが急速に生まれている．

その証拠に，特に循環型経済へのムーブメントが起きている．このムーブメントは，製品や建物を簡単に分解して別の用途にしたり再利用したりできるように再設計することで廃棄物や汚染をなくすことを目的にしており，いわゆる分解のための設計といわれる．さらに，製品や素材を使えるよう維持し，自然システムを再生し[18, 19]，全面的に健康に貢献することを目指している[20]．

循環型経済のムーブメントでは，環境効率化の取り組みを単に「環境に悪いことの低減」と表現したり，多くのリサイクル形態をダウンサイクル（その結果原料の再生世代が進むと利用価値が低くなること）と再定義したりしており，その過程における，漸進的な変化というより変革的な解決策への探求が求められている．

（多くの場合は長年続いてきた）負の外部性の存在と新しいテクノロジーの出現が交差する際には，産業全体を再構想するチャンスになる．たとえば，使い捨てのプラスチック材の包装にまつわる問題はよく知られている．この問題には少なくとも2つの負の外部性の原因が存在している．1つは製造過程である．化石燃料からプラスチックを製造するためにバージンポリマー材を使用する場合，採掘による枯渇やマイナスの影響は値段に考慮されない．もう一方のより重要な外部性は消費におけるものである．使い捨て包装の使用は，ポイ捨ての弊害，海洋や生物多様性への被害，分解されたり焼却されたりするときに排出される温室効果ガスなど，捨てることによる害を値段には考慮していない．このような問題があるにもかかわらず，安価で汎用性があり清潔な使い捨てプラスチックの完璧ともいえる利便性は，ほとんどの包装用途で他の追随を許してこなかった．

しかし，プラスチックに対する消費者の意識の変化やレジ袋の有料化などの施策に後押しされ，デジタル技術でモノづくり現場と経営をつなぐデジタル・コーディネーション・プラットフォームや分野を横断する提携により，耐久性があり再利用可能な包装をプラスチックと同様に便利で安価にしようとする変化の兆しがある．

その一例が，2019年に最初の試験運用を開始した，大手消費者向け製品メーカーの連合体による新しい廃棄物ゼロのプラットフォーム「Loop」である[21]．このプラットフォームは，商標つきの消費財を再利用可能な容器に入れて消費者の家の玄関に直接届けることを目的としている．使い終わった容器は専用の再利用回収容器に入れ，宅配業者が回収して洗浄および殺菌施設に引き渡され，また製品が充填される．この新しいシステムでは輸送や洗浄という新たな作業が増えるが，このプロジェクトの参画企業は，従来の使い捨て包装に比べて，全体的な環境コストを50～75％削減できる．

いわゆる第4次産業革命[22]（新しいコンピュータの性能や人工知能（AI），その他の飛躍的なテクノロジーを基盤とした変革）も起こり，世界の経済や社会は見違えるほど変革する可能性を秘めている．企業や国際機関および個人で構成する専門組織は，これらの新しいテクノロジー，特にAIを，地球と次世代のために目的意識をもって活用する方法を積極的に模索している．

世界経済フォーラムとコンサルティング会社プライスウォーターハウスクーパースによる2018年の報告書では，自動走行ができネットワークとつながった電気自動車，分散型エネルギー供給網，スマート農業やフードシステム，地球科学の飛躍的進歩のための強化学習など，地球上の最大の課題の一部に取り組むための，広範な分野におけるゲーム・チェンジングなAIの応用を示している[23]．今後も多くの課題があることを認識しつつ，報告書の著者は前向きに次のように結論づけている．

> 私たちは非常に素晴らしい時代に生きている．AIのような新しく登場したテクノロジーにより，現在，世界の最大の問題に取り組むことが可能になる．今こそAIを地球のために活用するときである．

プラネタリーヘルス・ビジネスに向けた計画

前節での記述をふまえて，プラネタリーヘルスへの過渡期においてビジネスを成功させるための優れたシナリオを提示することができる．

・バリューチェーンに沿った正と負の外部性を特定し，慎重に検討し，評価する．
・負の外部性をリスクとして扱い，積極的に管理し軽減する．
・正の外部性を最大化すべきチャンスとして扱い，可能であれば内部化する．
・バリューチェーンに沿ったより広範囲の資本（自然資本，社会関係資本，人的資本，知的資本）への依存関係を特定し，評価する．

・個人的利益および社会的利益の両方を向上させるために，これらの広範囲の資本と連携し投資する機会を模索する．
・バリューチェーンに沿ってプラネタリー・バウンダリーに照らし合わせて成果を評価し，さらなる活動が不可欠な部分を特定する．
・プラネタリーヘルスへの貢献度（人間の健康とウェルビーイングへの影響，およびプラネタリー・バウンダリーを越えた影響）に基づき，製品やサービスの各特色を吟味する．
・プラネタリーヘルスにプラスの影響を与える製品やサービスを優先し，あまり好ましくない影響を与える製品やサービスを縮小することで，将来性のある製品やサービス群を模索する．
・プラネタリーヘルスに関する具体的な課題に取り組むために活用できる画期的なアイデアや革新的なテクノロジーを追求する．
・既存のビジネスにとって，バリューチェーンに沿った外部性を研究し，それが新しい技術開発とどのように交差するかを研究する．
・成功している起業家向けに，プラネタリーヘルスに関する最大の課題や，現在の資源の投入–生産–廃棄という経済モデルに起因する最大の環境上の非効率性，私たちの未来の確保，そうした課題の解決により自分たちの運命を切り開くことに企業の狙いを定める．

本章の最後の2節では，プラネタリーヘルスに関する目標を追求している企業の詳細な事例を紹介する．**ケーススタディ 16.1** および **16.2** は，既存のビジネスモデルをプラネタリーヘルスと協調するよう変化させる新しい手法を試みている大手企業の異なる2つの例を提示している．**ケーススタディ 16.3** は，プラネタリーヘルスへの過渡期のチャンスを活用するために設計された革新的なビジネスモデルの企業の例を提示している．

ケーススタディ —— プラネタリーヘルス実現のための既存ビジネスモデルの変革

ケーススタディ 16.1 —— ケリング（Kering）社

グローバル・ラグジュアリー・グループは，先進的な自然資本の測定，評価，管理ツールを活用し，積極的にサプライチェーンと協力してプラネタリーヘルスを推進

ケリング社は，専門サービス企業である英国プライスウォーターハウスクーパースの支援のもと，企業活動が環境に与える影響を詳細に分析する先進的な経営管理ツール，環境損益計算（EP&L）による会計管理を開発した．環境損益計算は，ケリング社の自社事業とその国際的なサプライチェーン全体の環境負荷を測定し評価する.

これによりケリング社は，環境負荷をビジネスの意思決定者が理解しやすい言葉に置き換え，異なる種類の負荷を比較し，ブランド，ビジネス単位，場所による環境に関するパフォーマンスの違いを明らかにする.

その結果ケリング社は，バリューチェーンに沿って負荷の最も大きな要因を特定し，負荷の改善を目指すプロジェクトを実施できる（たとえば，新しい製造プロセスの開発，原料の使用における技術革新，複数の利害関係者による新しい業務提携など）.

図16.4は，2017年のケリング社による環境負荷がバリューチェーンに沿ってどの

	階層0：小売り，卸売り，事務所	階層1：組み立て	階層2：製造	階層3：原材料の加工・処理	階層4：原材料の生産	合計（単位：100万ユーロ）
大気排出						9% €42.3
温室効果ガス						32% €154.3
土地利用						32% €154.5
廃棄物						5% €26.2
水使用						8% €37.0
水質汚染						14% €67.3
合計（単位：100万ユーロ）	10% €48.6	5% €24.3	8% €40.7	10% €49.3	66% €318.7	100% €481.6

図16.4 ケリング社の環境損益計算に対するサプライチェーンの階層ごとの環境への負荷の分布を環境負荷のタイプで区分したもの．原材料をリサイクルされた代替品に置き換えるなど，調達方法において小規模な変更を行うことで，負の影響の効果的な削減につなげることができる.

［出典］Kering. *Environmental Profit & Loss, 2017 Group Results*. 2018. https://keringcorporate.dam.kering.com/m/5be02c657921b940/original/Report-Kering-Environmental-Profit-Loss-2017-Group-Results.pdf

ように分布しているのかを示している．ケリング社による環境負荷の大部分はサプライチェーンで発生しており (90%)，それは特に原材料の生産と加工段階のもので，合わせて全体の76%を占めている．ケリング社の自社事業は環境負荷の10%にすぎない．環境損益計算から得られた知見をもとに，同社は持続可能性への取り組みの重点を，より上の階層の一次生産および加工工程に移している．サプライチェーンは何千もの独立した企業で構成されており，その多くが多様な顧客にサービスを提供しているため，ケリング社は環境問題に取り組むために，同業他社とあるいは分野を越えた提携活動も行っている．

図16.5は，ケリング社の2017年の環境損益計算の全体に対する主要な原材料グループの環境への負荷の分布と，グループ全体で調達している各原材料の量を示して

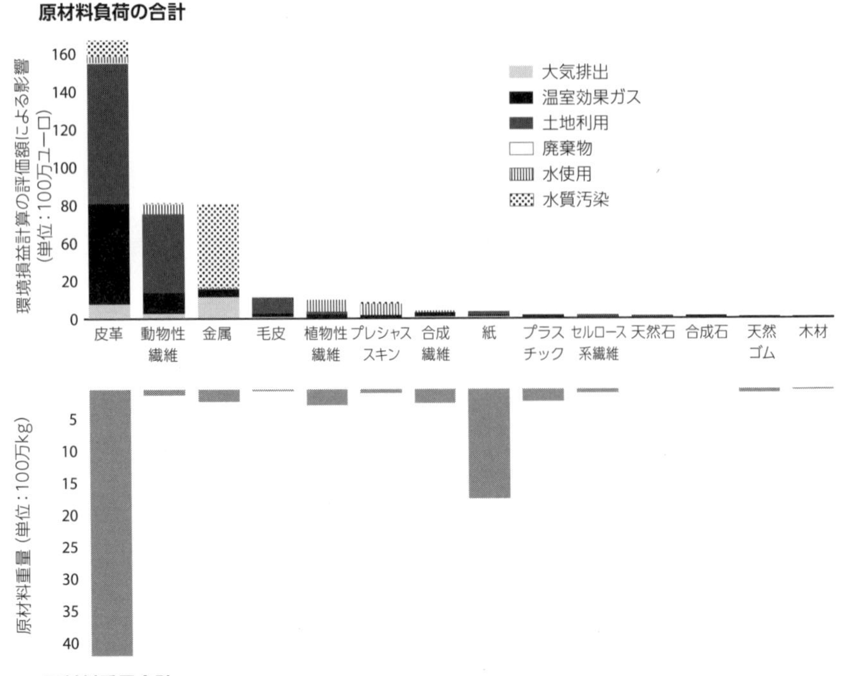

図16.5 ケリング社の環境損益計算に対するおもな原材料グループの環境への負荷の分布と原材料の量の分布．皮革は生産量が最も多い原材料であり，おもに土地利用と温室効果ガスの排出により環境負荷を与える一番の要因となっている．動物性繊維（ウールやカシミアなど）や金属（真鍮や金など）の使用量は少ないが，それぞれ土地利用や水質汚染への負荷が比較的大きい．このような分析を行うことで，環境負荷を低減できる可能性が見えてくる．

［出典］Kering. *Environmental Profit & Loss, 2017 Group Results*. 2018. https://keringcorporate.dam.kering.com/m/5be02c657921b940/original/Report-Kering-Environmental-Profit-Loss-2017-Group-Results.pdf

いる．

使用している原材料の中で，最も負荷を与えているのは皮革で，次いでウールやカシミアなどの動物性繊維，真鍮（しんちゅう）や金などの金属となっている．この2つの原材料の分類には，環境負荷の低減を促進する大きな可能性がある．リサイクルされた代替品へ原材料を置き換えるといった介入により，環境への負の影響を軽減することができる．

図16.6は，環境損益計算から得られる情報が，調達場所，原材料の選択，製品の設計に関する意思決定にどのように利用できるのか，また，環境負荷を低減するための介入が最も有益でありそうな領域を示す一例である．

この事例は，革新的な自然資本の測定と評価が，プラネタリーヘルスの目標を支援するビジネス上の意思決定に役立つ可能性を示している．

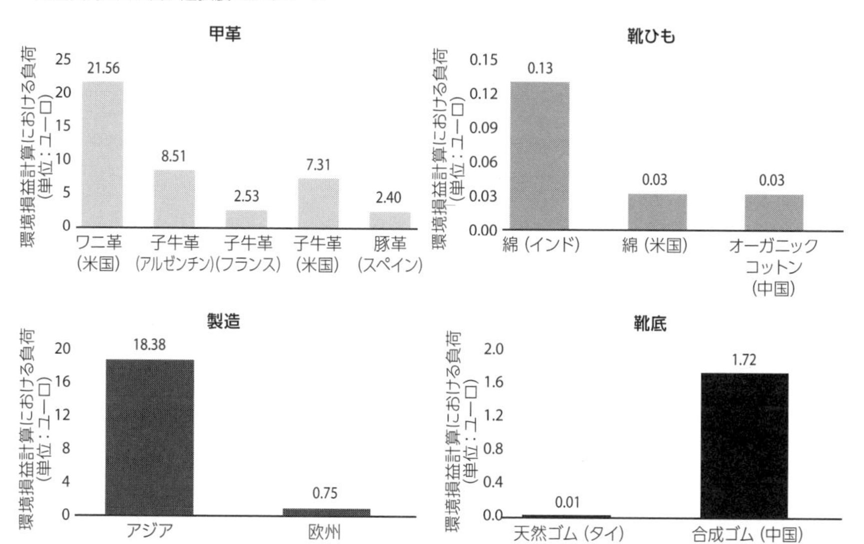

図16.6　デザイン，原材料調達，製造別の環境負荷の分布．この例では，ケリング社の高級靴で，環境負荷が最も低いものから最も高いものへと12倍の差があり，最大の負荷は，使用する皮革の種類（ワニ革による負荷は豚革の約10倍）および製造場所（アジアにおける環境負荷は欧州の10倍）との関連．

［出典］*Kering. Environmental Profit & Loss, 2015 Group Results*. 2016. https://keringcorporate.dam.kering.com/m/43f7e21141014b9f/original/Report-Environmental-Profit-Loss-2015-Kering-Group-Results.pdf

ケーススタディ 16.2 ―― アグアス・アンディーナス（Aguas Andinas）社

チリ最大の水道会社が，新しいバイオファクトリーを用いた循環型廃水処理を開発

チリ最大の水道会社であるアグアス・アンディーナス社（スペインのスエズ社グループが管理）は，サンティアゴの3つの廃水処理施設を，廃水や下水汚泥をエネルギー（電気，天然ガス，熱エネルギー）に変換する「バイオファクトリー」に転換し，水生生物のために河川の流れを維持するために真水を生産し，また，地域の農地を肥沃にするための窒素やリンを抽出している．このプロジェクトは，革新的な循環型廃水処理方式の試行として，また，この分野において，人間の健康と環境保全の基準の限界を押し上げるために，2017年に開始された．

2017年，下水汚泥からのエネルギー回収により，サンティアゴでは49ギガワット時（電力量の単位）の電力，177ギガワット時の天然ガス，84ギガワット時の熱エネルギーが生産され，同時に13万7000トンの農業用肥料も生産された[24]．この企業目標が達成されれば，2022年には3つの廃水処理施設すべてにおいて，廃棄物ゼロ，エネルギーの自給自足，カーボンニュートラルを実現することになる．

2019年にフィナンシャル・タイムズが行った分析によると，アグアス・アンディーナス社の過去5年間の平均純利益率（26%）は同地域の同業他社を上回っており，同社の環境を重視する経営が商業的な妨げになっていないことが示唆されている[25]．

この事例では，温室効果ガスやその他の大気汚染物質，有害廃棄物を大量に排出するという特徴がある廃水分野の企業が，プラネタリーヘルスと両立する戦略をどのように展開するのかに焦点を当てている．この企業の新しいバイオファクトリーの成功次第では，プラネタリーヘルスに積極的に貢献できる可能性がある．このケースについては『プラネタリーヘルスのケーススタディ――解決策選集（“Planetary Health Case Studies, An Anthology of Solutions”）』（https://islandpress.org/books/planetary-health）で詳しく紹介されている．

例：プラネタリーヘルスを実現するための新しいビジネスモデルの開発

ケーススタディ 16.3 ―― ビヨンド・ミート（Beyond Meat）社

ビヨンド・ミート社は，従来の肉製品と味や食感の区別がつかない，植物由来のハンバーガーやソーセージなどの肉製品を，植物から直接つくるという計画のもと，2009年に設立された．2019年までに同社の製品は3万2000以上の食料品店やレストランなどで販売され，2016年から2018年までの期間だけでも2500万個以上の「ビヨンド・バーガー」が販売された．本稿執筆時点まで，一連の好調な製品取引の最新情報を受けて，投資家たちは同社の成長見込みに肯定的な姿勢を崩さなかった．2019

年5月の新規株式公開（IPO）の後，ビヨンド・ミート社の株価は取引初日に163％上昇し（初日の実績としては約20年ぶりの強さ），2019年7月には当初のIPO価格の9倍を一時的に超えた後，2019年12月には当初のIPO価格の3倍前後の株価で安定した．

ビヨンド・ミート社がこの評価額を維持できるかどうかに関係なく，業界アナリストはほぼ共通して肉代替品市場全体の巨大な成長を予測しており，2030年までのこの部門の収益予測は400億ドル[26]から1400億ドル[27]としている．

産業用の牛肉生産は（第5章で記載されているように），プラネタリーヘルスに対するアンチテーゼである．飼育場での大規模な牛肉生産は，気候を温暖化させる温室効果ガスを大量に発生させ，そのほとんどが牛の胃の中で発酵した植物に由来するメタンとして発生する[28, 29]．この業界における抗生物質の過剰使用は，微生物の抗生物質耐性を高める原因となっており[30, 31]，人間や動物の健康を脅かすリスクにもなっている．トウモロコシや大豆などの飼料は，通常，合成殺虫剤，殺菌剤，肥料を使用した集約的な単一栽培で育てられている．屋外で飼育されている牛の大半についても，環境への影響が良いことはなく，放牧地での大規模な放牧は広範囲にわたる土地の劣化につながり，何十年にもわたって土壌から大量の炭素が放出されている[28]．熱帯地域付近では，原生雨林が牧草地や飼料作物のために伐採されている[28]．

ビヨンド・ミート社（**図16.7**）は，従来の食肉に代わる大量消費市場を提供することでこれらのマイナスの影響の解決に取り組むことを目的としており，この代替肉は少なくとも健康的でおいしく，価格も手ごろでありながら環境負荷ははるかに少ないものになっている．ミシガン大学の持続可能システム研究所が行ったライフサイクル

図16.7　ビヨンド・バーガーのような革新的な製品は，従来の食肉生産に比べて環境面でのメリットがある．
［出典］Wikimedia, Creative Commons, license CC BY-SA 4.0

分析によると，ビヨンド・バーガーの製造では，一般的なビーフバーガーに比べて水の使用量が99%，土地の使用面積が93%，エネルギーの使用量が46%，温室効果ガスの排出量が90%削減されると報告されている[32]．このような代替肉は，従来の肉と比較した栄養面でのメリットが個々の原材料によって異なる．

製品の環境面でのメリットは明らかではあるが，大量消費市場までの規模拡大や社会に変革をもたらすような成果の達成を目指す場合，この分野には乗り越えなければならない消費者の受容という問題が存在している．

本事例は，プラネタリーヘルスに関する重要な課題への取り組みを後押しする革新的な新ビジネスが登場する機会を示している．

結　論

企業は，人々のニーズや欲求に応えることで，人類の発展のおもな原動力となってきたと同時に，地球破壊の重大なきっかけにもなってきた．

しかし，状況は変わりつつある．負の外部性の内部化を促進する力が強まり，環境コストの外部化に依存する時代遅れのビジネスモデルの収益性が低下している．それと同時に，生態系の依存関係を受け入れ自然資本の強化に投資するなど，企業が自然と協働する機会はますます人の注意を引きつけ，広く普及してきている．このような傾向に支えられ，また，新しいテクノロジーによって，プラネタリーヘルスの問題に真正面から取り組む，社会に変革をもたらす新しいビジネスモデルも生まれつつある．

このような変化にもかかわらず，すべての企業がプラネタリーヘルスへの移行を推進するための自発的な活動に価値を見出しているわけではない．特に，プラネタリー・バウンダリー内で事業を行うことに根本的なところで困難を抱えている既存のビジネス分野や，製品が人間の健康やウェルビーイングにマイナスの影響を与えることがわかっているビジネス分野では，反発が顕著である．このような場合には，新しい効果的なグローバル・ガバナンスの仕組み，新しい規制基準，協調的かつ創造的な社会運動，そして消費者による意識的な選択が，変化に不可欠な推進力をもたらすのに必要となる．

プラネタリーヘルスを実現することは，グローバル・ガバナンスにとって究極の課題の1つであることは多くの人が同意するところであろう．プラネタリーヘルスは学際的であり，それゆえに，多元的かつ多極的なアプローチが必要であるために，複数機関の連携が必要である．地球規模で成功するためには，多国の機関を動員する必要があり，強く効果的なリーダーシップとともに，対応が速く協力的なガバナンスの形態が必要となる．

本章で解説したように，第15章に記載されているプラネタリーヘルスに関する新たな経済学は，グローバル・コモンズとローカル・コモンズのためのより良いガバナンスモデルを考案することを助け，また，プラネタリーヘルスに関する目標を達成するための新しい地球規模および地域規模の政策手段を設計するのに役立つ．また，既存の大企業が自社のビジネスモデルをプラネタリーヘルスの実質的な推進要素に変換したり，プラネタリーヘルスに関する課題に直接的に取り組む斬新なビジネスモデルが登場するチャンスを見つけたり，創出したりするのにも役立つ．

参考文献

1. Hardin G. The tragedy of the commons. *Science*. 1968;162(3859):1243–1248.
2. Ostrom E. *Governing the Commons: The Evolution of Institutions for Collective Action*. Cambridge, UK: Cambridge University Press; 1990.
3. Green BA. Lessons from the Montreal Protocol: guidance for the next International Climate Change Agreement [comment]. *Environ Law*. 2009(1):253–284.
4. DeSombre ER. The experience of the Montreal Protocol: particularly remarkable, and remarkably particular. *UCLA J Environ Law Policy*. 2000(1):49–82.
5. Narassimhan E, Gallagher KS, Koester S, Alejo JR. Carbon pricing in practice: a review of existing emissions trading systems. *Clim Policy*. 2018;18(8):967–991.
6. Apostolopoulou E, Adams WM. Biodiversity offsetting and conservation: reframing nature to save it. *Oryx*. 2017;51(1):23–31.
7. Clift R, Sim S, King H, et al. The challenges of applying planetary boundaries as a basis for strategic decision-making in companies with global supply chains. *Sustainability*. 2017;9(2):279.
8. Funk M. *Windfall: The Booming Business of Global Warming*. New York, NY: Penguin; 2014.
9. Seba T. *Clean Disruption of Energy and Transportation: How Silicon Valley Will Make Oil, Nuclear, Natural Gas, Coal, Electric Utilities and Conventional Cars Obsolete by 2030*. Silicon Valley, CA: Clean Planet Ventures; 2014.
10. Macalister T. £45m battle of Dibden Bay fails to sink ABP hopes. *Guardian*. September 2, 2004. https://www.theguardian.com/business/2004/sep/02/environment.society.
11. Verdin M. AB Ports shares sink after plan rejected. *Times of London*. April 20, 2004. https://www.thetimes.co.uk/article/ab-ports-shares-sink-after-plan-rejected-3g3tb8fhx97.
12. BBC. Cola companies told to quit India. *BBC News*. January 20, 2005. http://news.bbc.co.uk/2/hi/south_asia/4192569.stm.
13. Potts J, Wilkings A, Lynch M, McFatridge S. *Standards and the Blue Economy*. Winnipeg, MB, Canada: International Institute for Sustainable Development; 2016. https://www.iisd.org/ssi/standards-and-the-blue-economy/.
14. Clark GL, Feiner A, Viehs M. *From the Stockholder to the Stakeholder: How Sustainability Can Drive Financial Outperformance*. Oxford, UK: University of Oxford and Arabesque Partners; 2015.
15. GEMI. Case study: Anheuser-Busch Inc. Exploring water connections along the supply chain. 2002. http://gemi.org/water/anheuser.htm.
16. Niemei E, Lee K, Raterman T. Net economic benefits of using ecosystem restoration to meet stream temperature objectives. *ECONorthwest*. 2007.
17. Mugica Y. Partnering for mutual success: DaimlerChrysler–POEMAtec alliance. In: *Teaching Cases from Kenan-Flagler Business School, University of North Carolina*. Chapel Hill, NC: University of

North Carolina; 2004.

18. Stahel WR. The circular economy. *Nature*. 2016;531(7595):435–438.
19. Material Economics. *The Circular Economy: A Powerful Force for Climate Mitigation*. Stockholm, Sweden: Material Economics Sverige AB; 2018. https://europeanclimate.org/the-circular-economy-a-powerful-force-for-climate-mitigation/.
20. WHO. *Circular Economy and Health: Opportunities and Risks*. Copenhagen, Denmark: World Health Organization, Regional Office for Europe; 2018. http://www.euro.who.int/en/publications/abstracts/circular-economy-and-health-opportunities-and-risks-2018.
21. Peters A. A coalition of giant brands is about to change how we shop forever, with a new zero-waste platform. *Fast Company*. January 26, 2019. https://www.fastcompany.com/90296956/a-coalition-of-giant-brands-is-about-to-change-how-we-shop-forever-with-a-new-zero-waste-platform. Accessed October 2019.
22. Schwab K. *The Fourth Industrial Revolution*. New York, NY: Crown Publishing; 2016.
23. WEF. *Harnessing Artificial Intelligence for the Earth*. Geneva, Switzerland: World Economic Forum in Collaboration with PwC and Stanford Woods Institute for the Environment; 2018. http://www3.weforum.org/docs/Harnessing_Artificial_Intelligence_for_the_Earth_report_2018.pdf.
24. UNFCCC. Santiago Biofactory: Chile. 2018. https://unfccc.int/climate-action/momentum-for-change/planetary-health/santiago-biofactory-chile.
25. Financial Times. Equities: Aguas Andinas SA. 2019. https://markets.ft.com/data/equities/tearsheet/profile?s=AGUAS-A:SGO.
26. Scipioni J. Alternative meat industry headed toward a $40B market by 2030, analyst says. *FOXBusiness*. 7 May 2019. https://www.foxbusiness.com/features/the-alternative-meat-industry-headed-toward-a-40b-market-by-2030-analyst-says.amp. Accessed October 2019.
27. Franck, T. Alternative meat to become $140 billion industry in a decade, Barclays predicts. *CNBC*. 23 May 2019. www.cnbc.com/amp/2019/05/23/alternative-meat-to-become-140-billion-industry-barclays-says.html Accessed October 2019.
28. FAO. *Livestock's Long Shadow: Environmental Issues and Options*. Rome: Food and Agriculture Organization; 2006.
29. Matthews C. Livestock a major threat to environment [press release]. FAO, 29 November 2006. http://www.fao.org/3/a0701e/a0701e00.htm.
30. National Antimicrobial Resistance Monitoring System for Enteric Bacteria (NARMS). Antibiotic Resistance. https://www.cdc.gov/narms/faq.html. Accessed January 2020.
31. FDA. *2009 Summary Report on Antimicrobials Sold or Distributed for Use in Food-Producing Animals*. Food and Drug Administration, Department of Health and Human Services; 2014. https://www.fda.gov/media/79581/download.
32. Heller MC, Keoleian GA. *Beyond Meat's Beyond Burger Life Cycle Assessment: A Detailed Comparison between a Plant-Based and an Animal-Based Protein Source*. Ann Arbor, MI: University of Michigan Center for Sustainable Systems; 2018. http://css.umich.edu/sites/default/files/publication/CSS18-10.pdf.

第 IV 部

地球を守り，人類を救う

第 17 章

プラネタリーヘルスの倫理学

倫理学は，長年にわたって医療思想と環境思想，双方の要となってきた．医学の面では，ヒポクラテスの「害をなすな」という誓いが，4つの柱に基づく生命倫理学の現代的枠組みへと進化してきた[1,2]．

- 自律：成人の意思（自己決定）を尊重すること．つまり，真実を伝え，プライバシーを尊重し，秘密情報を保護すると同時に，治療介入には同意を得ること．
- 善行：他者のために行動すること．つまり，他者の権利を保護し，他者を危害から守ると同時に，危険にさらされている者を助けること．
- 無害：他者へ危害を与えないこと（「ヒポクラテスの誓い」に同じ）．
- 正義：機会とその他の資源を公平に配分すること．

1970年，生化学者のヴァン・レンセラー・ポッターは，「生存の科学」たるものを構築するため，生物学に「人文学的知識」を融合させ，「生命倫理学」という用語を提唱した．ポッターは，倫理学は「最も広い意味での生態学的事実を理解することと密接な関係があり，倫理的な価値観は生物学的な事実から切り離すことはできない．私たちには，土地の倫理，野生生物の倫理，人口の倫理，消費の倫理，都市の倫理，国際的な倫理，高齢者に関わる倫理などが大いに求められている」と主張した[3]．この幅広く予見的な枠組みにもかかわらず，実際のこれまでの生命倫理学はほとんど医療の問題に限定されてきた．

環境については，ジョージ・パーキンス・マーシュ（1801–1882），ジョン・ミューア（1838–1914）などの初期の自然保護主義者たちが，工業化による自然環境破壊を受け，「環境スチュワードシップ」（責任を伴う管理）の倫理の必要性を訴えた．彼らは，おそらく人間が自然界を根本的に変えてしまう可能性について考えることもなく自然界を支配し搾取しようとしてきた，長年にわたるユダヤ・キリスト教的態度——と，1世紀後に歴史家リン・ホワイト（1967年）がみなしたもの——に抗議した．20世紀後半の環境保護主義の高まりとともに，地球のスチュワードシップという「個人，国家，世界規模での価値観と目標の基本的な変革に基づく」新たなエートスが求められるようになった[4]．生態学者のギャレット・ハーディン（1915–2003）は1968年に発表した「コモンズ（共有地）の悲劇」についての著名な論文で，（誰でも自由に使える）共有資源の無制限な利用に対する道徳的な懸念を提起した[5]．このような懸念は，経済学者のエリノア・オストロム（1933–2012）などの反対派にさえ認識された．オストロムは，コミュニティは良好な環境下において共有資源を持続的に管理することができ，実際に管理していると説明した[6]．

人新世（第1章p.8の脚注を参照）に対するさまざまな倫理的アプローチが提案されている．例えば，ホームズ・ロルストンは，地球を「生命共同体の大切な住処」とみなす「地球の倫理」を提唱している[7]．マイルズとクラドックも同様に，「人間活動，すべての生命体，環境の間の包括的な諸関係を含む地球の生物群系」を基盤とした「生物群系の倫理学」について論じ[8]，人類が「つながり」，「人間と人間以外のものの連続性」，「苦しみの共有」といった概念を通じて考えるよう促すべきであるとしている．これらの異なる提言に一貫していることは，スチュワードシップを可能にするために生態系と社会の2つの文脈の中に人間を位置づけること，倫理的思考をより長い時間軸とより大きな空間規模で人間を超えた世界にまで拡大すること，正義と持続可能性の両方を前進させる経済と法制度を導入する必要性である[8-10]．

倫理学のこのような拡張は，哲学者のスティーブン・ガーディナー（2006年）が「道徳的破局」（perfect moral storm）と呼んだ状況を回避するために不可欠である．ガーディナーは，3つの特性によって気候変動（さらに，より一般的な意味での地球環境の変化を加えるべきかもしれない）が問題になると考えていた．その3つとは，原因と結果の分散（例えば，排出物が発生場所にかかわらずすべての場所に与える影響），主体（さまざまな程度で責任を負うべき多様なすべての当事者）の分断，制度上の不備（現在整備されている制度，特に政治的な制度では目下の課題に対処するには不十分）である．さらに，大気中の二酸化炭素の寿命が長いために気候変動の問題は将来に持ち越され，温室効果ガスの排出に最も責任のある人たちではなく，その数世代先の人たちに強く影響を及ぼすことになる．ガーディナーは，これらの3つの特性が世代間の自己満足，本質的に不確実な予測に対する不合理な確信の要求，既得権益者による意図的な欺瞞，選択的な注意などと相まって，人々を言い表せない行動に向かわせる「道徳的破局」であると主張している．プラネタリーヘルスの観点から上記のガーディナーの3つの特性に加えることがあるとすれば，私たちが他者と将来世代に及ぼす影響はきわめて間接的である可能性があり，自然環境との複雑な相互作用によって媒介され，そのため，他者を直接危険にさらす行為に比べて目に見えにくいことである．

このような道徳的破局に直面し，プラネタリーヘルスは，人間が引き起こした地球の変化とその結果としての人間と地球のシステムへの影響との関連性について理解を深め，特定された課題に対する適切な解決策を創造することを目的としている．そのためには特定の解決策を評価する倫理的枠組みが必要となる．従来の倫理的枠組みもうまく機能しているが，例えば私がロンドンで何を食べるかという選択がインドの子どものウェルビーイングに影響を与えるようなすべての人間同士の地球規模のつながり，あるいは，私がロンドンで何を食べるかという選択がアマゾンの森林破壊につながる可能性があるというような人間と生物圏との地球規模のつながり，といった問題に対するプラネタリーヘルスの洞察は，新たな倫理的思考を必要とする．プラネタリーヘルスの倫理学の出発点となったのは，1986年のオタワ健康促進憲章[11]を参考に2018年に発表されたキャンモア宣言の原則声明[12]に基づく2019年の提案であった[13]．これらの声明において，地球，場所，人類の健康をより大きな全体の中で密接につなぎ合わされた構成要素として捉え直すことの喫緊の必要性が確認された．

「原則」，「倫理」，「道徳」，「価値観」という用語の微妙な違いを明確にしておいたほうがよいだろう．「原則」は志を持ったものであるが[14]，通常抽象的なものでもある．「道徳」は，何が正しくて何が間違っているかについて広く受け入れられている信念であり，「倫理」に体系化することができる．「倫理」は，より実践的で具体的な制度，職業集団などのグループが明確に採用した一連の規則である．「価値観」は「道徳」と同様，善悪の判断指針となるが，個人によって異なり得る点で「道徳」とは区別される．自分の価値観と相手の価値観が違っていてもその相手を尊重することはできるが，相手が不道徳な行為をすればおそらくその相手を尊敬しなくなるということである．

倫理的基準は，これを守ることも破ることもでき，個人の価値観と日常生活における選択の指針となる．例えば「徒歩で移動できるのに温室効果ガスを排出する自動車に乗るべきか」，「貧しい人たちに寄付できるのに自分の楽しみのために支出するべきか」などである[15]．このような判断には，ある行為とその結果を，それとは異なる結果をもたらす別の行為と比較して選択することが日常的に必要となる．倫理に絶対的な答えはない．そこには大いに議論の余地があり，政治的な意味合いも強く，そのあるべき姿についてコンセンサスを得ることは容易ではない．多元的な世界では特にそうである[16]．しかし倫理は，特定の行動がすべての当事者にとっての好ましい第一選択ではない状況において交渉の基盤を提供する[16]．この意味で，倫理の概念は個人を超えた何かを内包しており，私たちを自己利益のためではない，むしろ自己利益のためだけではない行動に向かわせるものである[15]．

倫理的判断は，自分の好き嫌いを超えて，他者も同じようにすべきであることの理由を説明する力を与えてくれる．伝統的な倫理には，正直さ，慎重さ，危害の回避，他者への配慮などの概念が内在している[16]．「他者」の概念を将来世代，他の種，地球そのものにまで拡大することができれば，キャンモア宣言[12]で提唱された「すべてのシステムの持続的な活力」をより容易に確保することができる．倫理は，総体的により健康的な世界を構築するための原則的な枠組みの一部を提供する．

本章は次のとおり進める．まず，プラネタリーヘルスの倫理学について考えるうえでの基本的な検討事項を明確にする．次に，プラネタリーヘルスに関する「世代間責任」，「人間を超えた権利」，「分配的正義」，「予防原則」，「知る権利」の5つの倫理的指針を提案し，これらを運用するために例えば何ができるのか，それぞれの行動ポイントを提言する．最後に，人権に関する一般的なコメントと，望まれるべきプラネタリーヘルスの倫理学の未来についての考えを述べる．

プラネタリーヘルスの倫理学の基礎

プラネタリーヘルスの倫理学のアプローチは，医療と環境の倫理学の両方を背景として次の特徴を有しているべきである．

第一に，倫理的意見は有用でなければならない．特にきわめて複雑またはあいまいな状況や妥協を要する状況において，意思決定の指針となるために十分に明確でなければならない．最も選択したいことが利用できない世界に直面することが多くなるため，意思決定の指針はいずれも，困難なジレンマさえも効果的に乗り越え，残された選択肢を評価し，「最大化」するものでなければならない[17]．

第二に，倫理的意見は利用しやすくなければならない．政策立案者と一般市民の両方がアクセスできる実施可能な方法で構成されるべきである．また，人々が実際に直面している問題に関連していなければならず，その倫理的意見を行動の指針とする人々が正当とみなすものでなければならない．

第三に，倫理的意見は利用されなければならない．グリーンウォッシュ（訳注：偽善的な環境への配慮）のような修辞に相当する飾り物ではあってはならず，不誠実なものであってもならない．倫理的な議論もそれに見合った行動がなければ倫理的ではない．倫理は実践されなければならず，結果に明確に影響を与えるものでなければならない．実際には，社会的規範，法的要件などのメカニズムを通して，倫理を成文化され，運用されることを意味する．

第四に，倫理的意見は普遍的なものでなければならない．プラネタリーヘルスが広範囲に及ぶものでなければならないのと同様，プラネタリーヘルスを実現するための倫理も広く同意され，受け入れられるものでなければならない．化石燃料の採掘，広範囲に及ぶ森林伐採，乱獲された肉類の消費が，ある場所では受け入れられ，別の場所では受け入れられないとしたら，地球規模での目標達成において原則と実践の両方に課題が生じる．このような場合にこそ，倫理学は，利害関係者の一部またはすべてに妥協を求め得る一連の選択肢から普遍的な指針となる手段を提供することで，解決の糸口となり得るのである．

プラネタリーヘルスの倫理的立場

世代間責任

世代間責任とは，ある時点において生きている人たちは後に続く人たちのために世界を無傷で残す義務があるという考え方である．この立場は多くの著者から認められており[10, 18, 19]，プラネタリーヘルスの1つの公理となっている．それは，各世代を生物圏の支配者ではなく管理者とみなし，現世代だけでなく将来世代に対しても責任を負うものと考える．予想外に思われるかもしれないが，世代間責任の概念についての荒っぽい議論が存在する．例えば，一部の哲学者や法学者は，将来世代は存在しないため，権利を含めて何かを「有する」ことはできず，（グループ間の責任の前提として）現世代と将来世代の間には互恵関係は存在しないし，将来世代が何を望むかは不確かであると主張する[20, 21]．ガーディナーは「道徳的破局」という概念において，現世代が行動しないことが非倫理的となるのは，行動しないことが将来世代の苦しみと悲劇的な選択を強いる可能性を高めることになるときであるという，代替となる考え方を主張している[22]．世代間責任という概念を「家族規模」にまで落とし込むと抽象度が低くより具体的なものになると提案する学者もいる[20]．「家族規模」は，現世代とその前後のおよそ3世代であり，直系の祖先と子孫の間で個人的な関係（と説明責任）を有している間柄のことである[23]．

行動ポイント

- 将来世代のための権利を確立する法学を展開し，そのための法律を制定する．例として，「ジュリアナ対米国」訴訟や[24]，ウェールズの2015年将来世代ウェルビーイング法の制定など．
- プラネタリーヘルスに貢献する行動と態度が規範となるよう，子どもたちに早期から持続可能な実践と展望を紹介する．
- 無傷の地球という遺産に対する若者の主張を認め，スクールストライキ運動を起こすような若者の声に力を与え，耳を傾ける．

人間を超えた世界への権利の拡大

環境倫理学の中心的な問題は，人間以外の種，さらにはより広い意味での生物圏の道徳的な立ち位置に関連する[25, 26]．この問題に関わる議論は，道具的価値と本質的価値の違いに基づいている．「道具的価値」は，他の目的のための手段であることを根拠とする．例えば，花粉媒介動物はそれ自体に価値があるのではなく，人間のために食物を生産する役割を果たす限りにおいて価値があるという考え方である．「本質的価値」は，その存在自体に価値があるという考え方であり，その存在権を尊重すべき他者の側の義務を示唆する信念である．環境保護主義者は，これを自然保護の主要な根拠としている．

環境倫理学に対する人間中心主義的なアプローチは，人間だけが本質的価値を有している（より柔らかい言い方では，人間の価値が人間以外の価値を上回っている）と考える道具的価値に基づいている[27]．古くからの考え方であり，例えばアリストテレスは「万物は自然によって，特別に人間のためにつくられた」(政治学第1巻第8章)と主張していた[28]．同様に，マルティン・ハイデガー (1889–1976) は，動物を「手近にある」道具と捉えていた[29]．この考え方に反対するのは20世紀後半のピーター・シンガーなど動物の権利擁護論者たちの主張である[30, 31]．これらの論者たちは動物を生命の客体ではなく主体として捉え，動物には固有の価値と道徳的地位があると考えた[15, 32]．このような主張をさらに詳しく説明し，さらには個々の動物に権利を認めるべきだと主張した哲学者[33, 34]や法学者[35–37]もいる[38]．

プラネタリーヘルスは，動物，景観，生態系と人間とを明確に区別することを拒否し，生物圏と人間のウェルビーイングの間の親密な関係に焦点を当てることによって，この議論に新たな洞察をもたらす．それは，「生物多様性と生態系サービスに関する政府間科学–政策プラットフォーム」(IPBES) によって導入された，道具的価値と本質的価値に次ぐ第三の考え方であり，「関係価値」[39]と呼ばれる．この提唱者は，道具的価値と本質的価値の二分法は市場ベースの評価か人間軽視の保護かの二者択一につながっていると指摘した[40–42]．関係価値は人間同士の，そして人間と自然の間の有意義で望まれるべき関係（および責任）に起因する重要性を反映したものである．そのため，より典型的な道具的価値である生態系サービス分析のような経済的評価の枠組みからは外れている．関係価値は，先住民を含むさまざまな文化と社会における自然との多様な関係を調停するものであり，ゆえに多元主義を促進する．

「自然の権利」に関する新たな法的取り組みには，プラネタリーヘルスを反映したものがある[43, 44]．先住民の伝統が組み込まれた取り組みも多い．エクアドルは2008年に，憲法によって自然の権利を認めた最初の国となった．そこには，自然が生命のサイクルを存在させ，持続させ，維持し，再生させる権利が含まれている[45]．ニュージーランドでは，2014年の「テ・ウレウェラ (Te Urewera) 法」と2017年の「テ・アワ・トゥプア (Te Awa Tupua) 法」によって，テ・ウレウェラ国立公園とワンガヌイ川の権利が確立され，これらの土地は先住民と政府による共同保護制度に代表される法人格となった[44, 46]．インド北部のウッタラカンド州の裁判所は2017年に，ニュージーランドの判例を引用し，ガンジス川とその主要な支流であるヤムナ川に，生きた人間としての地位を付与した．米国では2006年のペンシルベニア州タマクワ区を皮切りに，いくつかの管轄区域で自然権条例が制定されている[47]．自然権に関するこれらの法的宣言は多様であるものの，人間が自然界に与える影響を認識し，人間と人間以外の権利の均衡を取り，破壊された生態系の回復を図るための原則を共有している．

行動ポイント

・人間を超えた存在の価値を認め，その存在に対して個人個人が与える影響を減らす努力をする．（例えば，森林破壊の一因となるパーム油を原材料とした製品の使用を減らす，肉の消費を減らす，陸海双方のプラスチック汚染に対する個人規模での原因を減らすなど．）
・先住民と協力して，人間を超えた世界を保護することに関する政策に先住民の視点と伝統を取り入れる．それは表面的にではなく，先住民を尊重し，彼らから学ぼうとする方法で行われなければならない．
・個々の種だけでなく，生態系全体の自然権に関する政策と法律を策定するよう地域の利益団体と協力する．このような活動は，沿岸部，農村部，先住民コミュニティなど特定の生態系に直接依存しているコミュニティにとって特に重要である．

分配的正義

分配的正義とは，公正な社会*において，物，サービス，権利をどのように配分すべきかという問題である．この問題は，人間が社会を形成して以来ずっと懸念されてきた．分配的正義については，アリストテレス（紀元前384–322）に始まり，イマニュエル・カント（1724–1804），デイビッド・ヒューム（1711–1776）などの思想家，そして現代の哲学者であるジョン・ロールズ（1921–2002）によって議論されてきた．分配的正義は，プラネタリーヘルスに大きく関わっている．世界には，国家間，国内を問わず富と所得に巨大な格差があり，その格差の一部は非倫理的であるとみなされている．また，土地，水などの希少な資源がさらに希少になることが予想され，不平等の拡大が進む恐れがある．

分配的正義の次の3つの側面は，プラネタリーヘルスにとって特に重要である．

・誰が地球の劣化の原因となってきたかという点における不平等

---

*　公正な社会は，分配的正義の基本的な定義となると考えられる．公正な社会とは何か，そのような社会において不平等はどの程度影響しているのか，その不平等はどのような理由で受け入れられるのかについての詳細情報は，オルサレッティ・S. “The Oxford Handbook of Distributive Justice”（分配主義的正義に関するオックスフォード・ハンドブック）Oxford, UK: Oxford University Press; 2018を参照されたい．

・誰が地球の劣化によって最も被害を受けるかという点における不平等
・地球の劣化に対処しつつ，不公平を是正する機会

環境劣化の一因となってきた国々には，相当な不均衡がある．**図17.1**に示すとおり，グローバル・ノースの富裕国が温室効果ガスの大部分を大気中に放出しており，グローバル・サウスの貧困国が不相応な危機にさらされている（第8章p.190の脚注を参照）．図17.1の格差は劇的ではあるが，それだけですべてを語ることはできない．

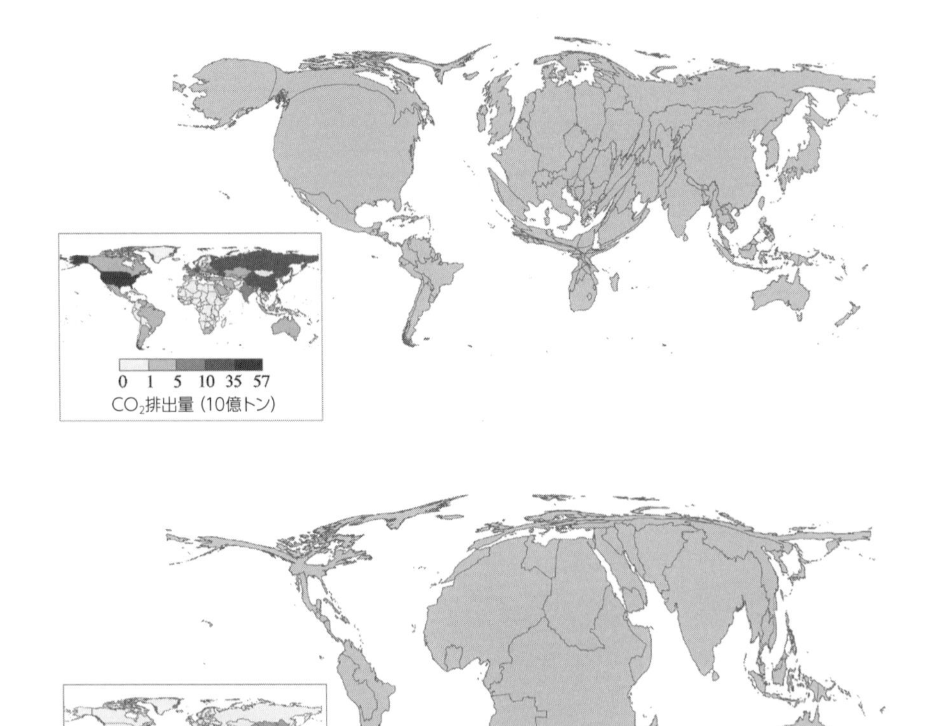

図17.1　各国の累積二酸化炭素排出量（1950～2000年）（上段）と気候に関連する4つの死因（マラリア，栄養失調，下痢，洪水による死亡）の分布（下段）．この図では，国の大きさは影響の大きさに比例している．気候変動を促進させた国と被害を受けた国の間には劇的な断絶がある．

［出典］Patz JA, Gibbs HK, Foley JA, Rogers JV, Smith KR. Climate change and global health: Quantifying a growing ethical crisis. *EcoHealth*. 2007;4:397–405

第一に，中国などに割り当てられた排出量の多くは富裕国への輸出用に生産された物品に関連しており[48]，間違いなく富裕国に割り当てられるべきである．第二に，このような格差を生む地政学的な取り決めは現在も続く植民地主義と搾取[49]の歴史のうえに成り立っており，その歴史自体が倫理的な罪をはらんでいる．

人間の生活に重大な影響を及ぼす地球の破壊に対する原因に不均衡があることについての倫理的懸念は，国家規模だけでなく個人規模にも当てはまる．飛行機で頻繁に長距離移動する，大量の肉を食べる，原生のアメリカスギで家を建てる，レアアース(希土類元素)の大量採掘を要する技術を利用する，などの贅沢な生活を選択する場合，それは倫理的なのか．過剰な消費が他者を傷つけることにつながる場合，それは「害を与えてはならない」という基本原則に反しないのか[50,51]．

環境劣化の不均衡な原因に対する解決策の1つとして提案されたのは，「収縮と収束」である[52]．世界的に見ると，二酸化炭素の排出量全体（理論的にはその他の環境影響の形態）を持続可能なレベルまで削減すること（収縮）とすべての国の1人あたり排出量を調和させること（収束）が必要となる．排出量の多い富裕国はその排出量を減らし，他方，貧困国は国民の生活が豊かになるにつれて排出量を増やす（キャップ・アンド・トレード方式のように，排出量の少ない国は排出量の多い国に排出枠を売ることもできる）．個人規模では，1人ひとりのエコロジカル・フットプリント（第1章p.5の脚注を参照）を「公正な割当」の範囲内，つまり，地球の限界を超えずに，すべての人が公正な割当を得られるのに見合ったレベルに抑えるかどうかが問題となる[53,54]．いずれのアプローチも消費に対する倫理的な制限を伴う．

地球環境の変化に対する脆弱性には劇的な格差があり，気候変動の問題によく見られる．国家規模では，キリバス，ツバルなどの小島嶼（とうしょ）国[55]，バングラデシュのような洪水被害を受けやすい国，そしてイラク，サウジアラビアなどの耐えがたいほど暑くなる国[56]などは特に脆弱である．それぞれの国においても，貧困者，権利を奪われた人々など生活の基盤が脆弱な人々は，暑さ，自然災害，食料価格の高騰などの影響を特に受けやすい（**図17.2**）[57]．世界の特定の地域において，このような地球環境の変化の影響を受ける可能性が高いのは男性よりも女性である[58]．そして，これらの格差は固定的なものではない．不利な状況にある人々がさらに不利益を被ることによって，環境の劣化が格差をさらに広げる[59]という古典的な悪循環が生じる．

最後に，もし地球の被害という負の遺産とその結果生じる苦しみの分配の両方に倫理的な問題があるとしたら，私たちは適応策や緩和策についてどのように考えるべきか．問題のほとんどの原因となってきた富裕国は，環境破壊に対する貧困国の対処を支援する特別な責任を負っているのではないか．いくつかの示唆的な例を見てみたい．

第一に，気候変動の重要な緩和戦略には，森林減少と森林劣化に由来する排出量の削減（REDD）がある．そこに森林の炭素蓄積量の保全と強化，持続可能な森林管理

図17.2　2005年，ニューオーリンズにてハリケーン・カトリーナによって取り残された人々．貧困層と少数民族のコミュニティは，この災害によって最も大きな被害を受けた．これは典型的な傾向である．

［出典］写真提供Jocelyn Augustino（米国連邦緊急事態管理庁（FEMA））

を加えたアプローチは「REDDプラス」と呼ばれる．ベトナムとタンザニアにおけるREDDプラスのプロジェクトのケーススタディによると，インフラ開発と違法な商業伐採による森林減少を食い止めるのではなく，地域コミュニティに森林保全の責任を大幅に移譲していることがわかった[60, 61]．このような方法では，小規模農家のコミュニティに過度な負担をかけ，伝統的な生活様式を軽視し，森林伐採の構造的な原因は放置されるかもしれない．より倫理的なアプローチとしては，歴史的に気候変動の大きな一因となってきた当事者たちが自ら責任を負い，（多少の犠牲を払ってでも）必要な制度変更を実施し，最も影響を受ける人たちを保護するための適応策を支援することが考えられる．

第二の例は，適応策と緩和策が失敗した場合，つまり「損失（loss）と被害（damage）」（L&D）の概念についてである．これは，環境の変化による不可逆的な損失（島嶼国の消滅や地域的に重要な花粉媒介動物の絶滅など）または修復可能な損害（都市部の洪水やパーム油プランテーションのための森林伐採など）を意味する．低所得国は，このような損失と被害に対して不相応に脆弱であるため，資金援助や補償の提供，さらには賠償金の支払いを求める声もある．これらの問題については，L&Dに対処するためのメカニズムを緩和策や適応策と並ぶ「第3の柱」とするかどうかを含めて，国連の気候変動枠組条約において1990年代初めから議論されてきた．小島嶼国と後発開発途上国はこの動きを支持したが，富裕国はそれに——あるいは，少なくとも補償や賠償を含めることに——反対した．より強固なL&D対策メカニズムを求める倫理的な議論は，環境変化に対する責任と損失から回復する能力の両方に格差があることに起因している．補償メカニズムの構築には，損失を特定の原因に帰すことと不回避的なL&Dの適応限界を定義することの難しさなど実践的な困難があるものの，おもな障壁となっているのは，富裕国が継続的な責任を負うことに消極的であることである．国連気候変動枠組条約は，2013年に各国が被った損害を含めた気候変動の影響について報告するためのメカニズム（「気候変動の悪影響に伴う損失と被害に関するワルシャワ国際メカニズム」という，あまり洗練されていない名称）をつくったが，富裕国が貧困国に補償するためのメカニズムはまだ存在しない[62, 63]．

分配的正義の課題の第三の例は，環境移民である（第8章を参照）．地球環境の変化が移住の唯一の原因であることはほとんどないが，その影響はますます大きくなっている．中米においてコーヒーの不作が一因となって人々がコミュニティを追われた場合や，バングラデシュの人々が海面上昇が原因で家を追われた場合，そのような変化の一因である富裕国には移民を受け入れる倫理的責任はあるのか．あるとしたら，その倫理的責任は，そのような移住の将来的な見通しが明確になったときに始まるのか，それとも移住が開始してからなのか．責任の度合いは，移住の発端となった環境変化に対する受入国の影響の大きさに依存するのか，その財源に依るのか，より多くの人口を支援できる能力に依るのか．受入国の反移民の政治的感情はどのように影響するのか．そのような状況において，移民自身には権利があるのか．海面上昇によって住む場所を奪われた人々の文化を守るために，彼らの文化的基盤であるはずの土地がもはや存在しない状況で，どのような保護措置がとられるべきなのか．現在，国際法における「難民」の定義は出身国での迫害を根拠にしているが，この定義を拡大して環境難民の資格を設定すべきか[64–67]．そうすべきであるとすれば，避難した人々を環境難民と位置づけることは，彼らにどのような影響を与えるのだろうか[68]．

行動ポイント

- 適切な経済モデルを通して貧困の撲滅と持続可能な開発の実現を目指す．このような貧困撲滅と持続可能な開発は，地域コミュニティとの対話の中で行われなければならず，トップダウンによる変化の押しつけではなく，集団参加による草の根レベルの持続可能性を重視する．
- 歴史的に悪影響の度合いが大きい当事者たちに特に重点を置き，国内または国際的な規模で縮小または収束政策を実施するよう政府に働きかける．

・政府と国際機関に対し，混乱を伴う大移動と移民排斥の反応の激化を防止するために，気候変動に関連する地球規模での人々の移住がどのように行われるのが最善であるのかについて議論を開始するよう働きかける．
・富裕国から貧困国への補償のプロセスを可能にする実施可能なL&D対策メカニズムの開発に取り組む．

予防原則

予防原則とは，「1オンスの予防は1ポンドの治療に値する」という格言を現代において見直したもので，環境危害に関する科学的エビデンスが不完全であったとしても，危険性が高い場合に危害を防ぐための行動を呼びかけるものである．そこには，経験的であると同時に倫理的でもある4つの主張が含まれている[69]．第一に，特定の行為の結果として危害が増大することがわかっている場合，因果関係が完全に理解されていなくても，その行為を防止するための措置を講じるべきとする．第二に，危害がないことの立証責任を，例えば化学製造業者，工場式農場など行為を行う主体に負わせる．第三に，有害なプロセスに対する代替手段を奨励する．これには海藻を原料とするプラスチックのような技術的改良，循環型経済のような制度の変革などが含まれる．第四に，予防原則は意思決定プロセスで公開度の高い学際的なコミュニケーションを提唱する．これは，危害を減らすための最も効果的な戦略を実現するためである．

プラネタリーヘルスの倫理学にとって，予防原則はおもに3つの点において重要である．第一に予防原則は，起こり得る危害に対する積極的な行動を訴え，立証責任を有害の可能性のある活動の当事者に負わせることによって，危害にさらされる人の数を大幅に減らす．第二に，有害な行為に対する代替手段の必要性は，前述した分配的正義の問題と結びつける．例えば，縮小と収束のモデルについて，プラスチックのような製品にも同様の仕組みを考えてみる．つまり，個人，企業，国家などの各主体にプラスチックの使用上限を設定し，その限度を超えた場合に超過量に応じて課される罰金を利用して，プラスチック代替品の研究の財源として充てるなどである．第三に，意思決定プロセスへの参加を促すことで，社会から疎外されている人たちの声を顕在化させる．この点については，次の「知る権利」の節でさらに検討する．

行動ポイント

・最大の危害をもたらす製品とプロセスを特定し，優先して対処する．これは，プラネタリーヘルス研究の重要な役割である．
・グリーンケミストリー（第14章を参照）など，危害のより少ない製品とプロセスへの移行を促す財政的な動機づけの制度を導入する．

知る権利

知る権利とは，人々が日常生活に存在する危険性について知らされる権利である．この指針は個人の自律の尊重に根ざしており，情報を提供しないことで危害の危険性が高まる場合，または十分な情報を得たうえでの意思決定の能力が妨げられる場合には，それは非倫理的であると主張している．知る権利は，影響を受ける当事者（個人またはコミュニティ）と，情報を提供する主体（専門家，企業，政府機関など）との間で取り結ばれる，参加型の意思決定を可能とするような対話によって実現される[70]．知る権利の例には，食品の表示，化学物質の安全性データシートなどが含まれる．自律を育むこのプロセスの鍵となるのは次の5つの特性である．それは，「開かれた心」，「人間としての視野を広げる努力」，「自分の観点を変えるかもしれない新たな事実や知見を追求すること」，「他者が自らの見解を自由に表現できるような状況をつくること」，「対人関係と環境面でのケアのあり方の理由を説明すること」である[70]．知る権利は，プラネタリーヘルスにいくつかの示唆を与えている．

第一に，情報は誠実かつ客観的に提示されなければならない．プラネタリーヘルスにおける問題の多くはイデオロギー上の信念と既得権益が重層的に絡み合っており，その結果，欺瞞的で偏った「もう一つの事実」(alternative fact) が一般的に存在する[71, 72]．プラネタリーヘルスに従事する者は，そのような誤った説明をはね退けなければならない．これは継続的な義務であり，誤った情報を一度否定しただけでは，同一の誤った情報が流れ続けることを防ぐには不十分である[73]．そのためには，気候変動を否定する人たちと公の場で真正面から対峙する必要があるかもしれない．そのような人たちの修辞が気候変動の緩和を妨げ，人々に危害を及ぼす可能性がある場合，そのような人たちを排除するのは間違いなく非倫理的である．

第二に，危険性を伝える義務とは，注意深く耳を傾けることと影響を受ける人たちの言葉と世界観を通してコミュニケーションを図ることの両方を意味する．耳を傾けることができなければ，影響を受ける人たちの懸念や見解を誤解し，適切な対応ができない．効果的なコミュニケーションができなければ，知る権利の重要な目的である，影響を受ける人たちの関与と参加が損なわれる．

これは，文化，民族，思想，年齢，性別などの違いを越えた，そしてそれらが重なり合う地点でのコミュニケーションに関連している．プラネタリーヘルスについて発信する者は，喫緊の課題に直面している場合でさえも，異なる信念体系と生活様式を超えて効果的に機能する解決策へ向けた対話を可能にするために，その主張を和らげる必要が生じることもある[74]．例えば，現在，世界中の人々が肉をあまり食べないようにする必要性について対話する場合，狩猟と肉食が肉体的かつ精神的な生存にとって不可欠である北極圏の環境と文化の現実と向き合わなければならない[75]．プラネタリーヘルスについて発信する者は，文化を超えた草の根レベルの解決を可能にする参加型の方法で，世界にアプローチする自分以外の方法の豊かさを理解し，尊重し，統合する必要がある．このようなアプローチは，より強固な解決策をもたらし，地域コミュニティにより受け入れられ，宗教的あるいは文化的な伝統への被害を減らす．

第三に，知る権利は希望を持つ権利でもある．プラネタリーヘルスについての洞察は，人々に冷酷な事実を突きつけ，しばしば彼らを絶望の淵に突き落とす．悲惨なニュースを隠したり，甘い言葉でごまかしたりすることは，誠実さと客観性に欠けるが，希望を打ち砕くような提示のしかたもまたふさわしくない．プラネタリーヘルスに従事する人たちは，目下の課題を「人間が地球を荒廃させていた時代から，人間が相互に有益な方法で地球に存在する時代への移行を遂行する」ための啓発的な呼びかけという「偉大な仕事」[76]として表現したいと思うかもしれない．この「地球に存在する」という言葉が意味するのは，環境スチュワードシップの考え方に沿った方法による意識的な行動の呼びかけである．プラネタリーヘルスについて語ることは，地球の被害を軽減することで得られる互いの利益を強調し，世界に対する畏敬と驚嘆の念を呼び起こし[9]，愛する自然環境の存続のために闘う努力に人々を向かわせることで，希望を抱かせるものでもある．

行動ポイント

・潜在的な危険性を多様な言語と文化に翻案し，影響を受ける人たちがその人たちの言葉で理解できるようにする．
・気候変動を否定する理由を理解し，それを中和し，まん延を防止するには，どのような議論や反論が有効なのかを考え出す[77]．
・気候変動の否定論者を尊重し，生産的に関与させる方法で，公開討論会において議論できるように努める．

結　論

本章で取り上げた5つの指針を含め，ほとんどの倫理的指針は，自律の尊重，無害などの基本原則に基づいている．プラネタリーヘルスの倫理学のもう1つのアプローチとしては，国連が述べるところの「すべての人間に固有の権利」である人権を出発点としたアプローチもある．健全な環境は人間の繁栄に必要であり，したがって人権にとっても重要な課題として捉えるべきだという根強い議論がある[78–81]．主要な地球的枠組みである世界人権宣言には健全な環境に対する権利は含まれていないが，国際社会では何十年もの間，このような権利について議論してきた．1972年の人間環境に関するストックホルム宣言では，「人間は，尊厳とウェルビーイングのある人生を可能にする質の高い環境において，自由，平等，適切な生活条件に対する根本的権利を有していると同時に，現世代と将来世代のために環境を保護し改善する厳粛な責任を負っている」と述べられた．より最近では，国連人権理事会が環境権を正式に公布することを検討し始めた．悲劇的なことではあるが，この取り組みが推進されることとなった一因には，環境活動家の虐待，さらには殺害があった（**図17.3**）．多くの国で人権の枠組みが拡大され，南アフリカからノルウェーまでの数十か国で憲法に[82, 83]，欧州では判例法に（2019年ミヤトビッチを参照されたい）[84]，または市民社会が進める革新的な訴訟戦略に環境人権が盛り込まれている．訴訟に盛り込まれた例としては，オランダ政府に対するウルジェンダ訴訟[85]とジュリアナ対米国訴訟[86]があり，いずれも2015年に提起された．オランダの訴訟では，生存権および家庭と家族生活の権利（欧州人権条約第2条および第8条）を用いて気候変動を緩和する政府の義務が主張された．このような憲法条文と組み合わされた法的戦略は，健全な環境に対する普遍的に認められた権利，すなわちプラネタリーヘルスの倫理の実践的な適用を予見するものかもしれない．

図17.3　ホンジュラスの環境活動家であり，先住民族のリーダーであるベルタ・カセレス（1971–2016）は，アグア・ザルカ・ダム建設への抗議活動でゴールドマン環境賞を受賞した翌年に暗殺された．カセレスの殺害事件だけではない．カセレスのように環境人権のために活動する環境活動家の殺害は，2017年には世界で1週間に4件にまで達している（Butt N, Lambrick F, Menton M, Renwick A. The supply chain of violence. *Nature Sustainability*.2019; 2(8):742–747）．このような暴力は，環境人権運動を後押しする要因となった．

［出典］ゴールドマン環境賞の厚意による提供

（現世代と将来世代のための）健全な環境への権利は，従来の倫理的な考え方を大幅に拡張した．プラネタリーヘルスのためには，さらに野心的な再考――つまり，合理主義，個人主義，統治などにあまり縛られることなく，感覚的な理解や連帯感，互恵性に依拠した，それゆえに倫理的な関与により適した新たな知の方法を受け入れることが求められる．これは，フランスの哲学者ブルーノ・ラトゥールが「影響されることの学び」と呼んだことに関わる[87]．マイルズとクラドックが述べているとおり，影響されることを学ぶとは，「単につながりを意識するだけでなく，つながりと共存によって変化することを経験すること」[8]である．これは，「思いやりがすべての生命体を包み込むように人間の感性を開くこと」に関わってくる．このようにして，権利と義務に関わる言葉を枠組みとした伝統的な倫理は，人間の地球との連帯感，人間を超えた世界との互恵性の感覚という観点から再構築されるかもしれない．この連帯感は，私たちの進化の起源を認識し，繁栄する生態系とあらゆる形で接触することで得られる多くの恩恵を意識したものである．

プラネタリーヘルスの形成過程の文書では，プラネタリーヘルスの分野の必要性が述べられ，社会運動，科学的な枠組み，生命に対する態度，レジリエンス（適応回復力）と適応力を育む生き方等の哲学など，この分野が有すべき特性が説明されている．しかし，この分野をつくり出すために必要なすべての段階について説明されたわけではない．倫理的原則は，人間であれ人間以外であれ，個人またはコミュニティが問題を特定し，解決策を編み出すための主体性を与えるものである．本章では，プラネタリーヘルスが採用すべき5つの倫理的指針である「世代間責任」，「人間を超えた権利」，「分配的正義」，「予防原則」，「知る権利」について説明した．しかし，単一の指針のみでは十分ではない．例えば，分配的正義と人間を超えた権利を伴わない世代間責任は，自分の家族だけに責任を負い，他者が人間であるのか人間以外であるのかを問わず，他者の家族には責任を負わないという危険性がある．本章で述べている倫理的な誓約によって，プラネタリーヘルスの専門家と彼らが仕えるコミュニティが人間と人間が依存する自然システムの両方の健康を高いレベルに到達させるというプラネタリーヘルスの偉大な仕事を達成するために役立つことを願っている．

参考文献

1. Gillon R. Medical ethics: four principles plus attention to scope. *BMJ*. 1994; 309(6948):184–188.
2. Beauchamp T, Childress J. *Principles of Biomedical Ethics*. 7th ed. New York, NY: Oxford University Press; 2013.
3. Potter V. Bioethics, the science of survival. *Perspect Biol Med*. 1970;14(1):127.
4. Meadows DH, Meadows DL, Randers J, Behrens WW III. *The Limits to Growth: A Report for the Club of Rome's Project on the Predicament of Mankind*. New York, NY: Universe Books; 1972:195.
5. Hardin G. The tragedy of the commons. *Science*. 1968;162(3859):1243–1248.

6. Ostrom E. *Governing the Commons: The Evolution of Institutions for Collective Action (Political Economy of Institutions and Decisions)*. Cambridge, UK: Cambridge University Press; 1990.
7. Rolston H. Earth Ethics: a challenge to liberal education. In: Callicott JB, da Rocha FJR, eds. *Earth Summit Ethics: Toward a Reconstructive Postmodern Philosophy of Environmental Education*. Albany, NY: State University of New York Press; 1996:161–192.
8. Miles S, Craddock S. Ethics for the Anthropocene. In: DellaSala D, Goldstein M, eds. *The Encyclopedia of the Anthropocene*. Vol 4. Oxford, UK: Elsevier; 2018:21–27.
9. Mickey S. Cosmology and ecology. In: DellaSala D, Goldstein M, eds. *The Encyclopedia of the Anthropocene*. Vol 4. Oxford, UK: Elsevier; 2018:151–157.
10. World Commission on the Ethics of Scientific Knowledge and Technology. *The Ethical Implications of Global Climate Change: Report by the World Commission on the Ethics of Scientific Knowledge and Technology (COMEST)*. UNESCO; 2010. https://unesdoc.unesco.org/ark:/48223/pf0000188198.
11. Potvin L, Jones C. Twenty-five years after the Ottawa Charter: the critical role of health promotion for public health. *Can J Public Health*. 2011;102(4):244–248.
12. Prescott S, Logan A, Albrecht G, et al. The Canmore Declaration: statement of principles for planetary health. *Challenges*. 2018;9(2):31.
13. Foster A, Cole J, Farlow A, Petrikova I. Planetary health ethics: beyond first principle. *Challenges*. 2019;10(1):14.
14. Knapp S, VandeCreek L. *A Guide to the 2002 Revision of the American Psychological Association's Ethics Code*. Sarasota, FL: Professional Resource Press; 2003.
15. Singer P. *Practical Ethics*. 2nd ed. Cambridge,UK: Cambridge University Press; 1993.
16. Gray B. (Bio)Ethics in a pluralistic society. *Challenges*. 2019;10(1):12.
17. Sen A. Maximization and the act of choice. *Econometrica*. 1997;65(4):745–779.
18. Tremmel J. *A Theory of Intergenerational Justice*. Sterling, VA: Earthscan; 2009.
19. Boersema J. How to prepare for the unknown? On the significance of future generations and future studies in environmental policy. *Environ Values*. 2001;10(1):35–58.
20. White J. Climate change and the generational timescape. *Sociological Rev*. 2017; 65(4):763–778.
21. Gaba J. Environmental ethics and our moral relationship to future generations: future rights and present virtue. *Columbia J Environ Law*. 1999;24:249–288.
22. Gardiner SM. A Perfect moral storm: climate change, intergenerational ethics and the problem of moral corruption. *Environ Values*. 2006;15(3):397–413.
23. Weston B. Climate change and intergenerational justice: foundational reflections. *Vermont J Environ Law*. 2008;9(3):375–430.
24. Peel J, Osofsky H. A rights turn in climate change litigation? *Transnational Environmental Law*. 2018;7(1):37–67.
25. Pearson R. Reasons to conserve nature. *Trends Ecol Evol*. 2016;31(5):366–371.
26. Jax K, Barton DN, Chan KMA, et al. Ecosystem services and ethics. *Ecol Econ*. 2013;93:260–268.
27. Brennan A, Lo Y-S. Environmental ethics. In: Zalta EN, ed. *The Stanford Encyclopedia of Philosophy* (Winter 2016 Edition). 2016. https://plato.stanford.edu/archives/win2016/entries/ethics-environmental/.
28. Aristotle. *Politics*. Book 1, Chapter 8.
29. Heidegger M. *Being and Time*. Part 1, Chapter 3. 1927.
30. Singer P. *Animal Liberation: The Definitive Classic of the Animal Movement*. New York, NY: Harper Perennial; 2009.
31. Regan T. *The Case for Animal Rights*. 2004 ed. Berkeley: University of California Press; 2004.

32. Rowlands M. Tom Regan: animal rights as natural rights. In: *Animal Rights*. London, UK: Palgrave Macmilan; 2009.
33. Latour B. *Facing Gaia: Eight Lectures on the New Climatic Regime*. Medford, MA: Polity; 2017.
34. Haraway D. *When Species Meet*. Minneapolis, MN: University of Minnesota Press; 2008.
35. Nussbaum M. Working with and for animals: getting the theoretical framework right. *Denver Law Rev*. 2017;94(4):605–625.
36. Sunstein C. Standing for animals (with notes on animal rights). *UCLA Law Rev.* 2000;47(1333):1333–1168.
37. Tribe L. Ten lessons our constitutional experience can teach us about the puzzle of animal rights: the work of Steven M. Wise. *Anim Law Rev*. 2001;7(1).
38. Eisen J. Animals in the constitutional state. *Int J Const Law*. 2018;15(4):909–954.
39. Díaz S, Demissew S, Carabias J, et al. The IPBES Conceptual Framework—connecting nature and people. *Curr Opin Env Sust*. 2015;14:1–16.
40. Chan KM, Guerry A, Balvanera P, et al. Where are cultural and social in ecosystem services? A framework for constructive engagement. *BioScience*. 2012;62(8):744–756.
41. Pascual U, Balvanera P, Diaz S, et al. Valuing nature's contributions to people: the IPBES approach. *Curr Opin Env Sust*. 2017;26–27:7–16.
42. Arias-Arevalo P, Martin-Lopez B, Gomez-Baggethun E. Exploring intrinsic, instrumental, and relational values for sustainable management of social-ecological systems. *Ecol Soc*. 2017;22(4):43.
43. Chapron G, Epstein Y, Lopez-Bao J. A rights revolution for nature. *Science*. 2019;363(6434):1392–1393.
44. Kauffman C, Martin P. Constructing rights of nature norms in the US, Ecuador, and New Zealand. *Glob Environ Politics*. 2018;18(4):43–62.
45. Tanasescu M. The rights of nature in Ecuador. In: Tanasescu M, ed. *Environment, Political Representation, and the Challenge of Rights: Speaking for Nature*. London, UK: Palgrace Macmillan; 2016:85–106.
46. Borras S. New transitions from human rights to the environment to the rights of nature. *Trasnational Environmental Law*. 2016;5(1):113–143.
47. Boyd DR. *The Rights of Nature: A Legal Revolution That Could Save the World*. Toronto, ON, Canada: ECW Press; 2017.
48. Peters G, Davis S, Andrew R. A synthesis of carbon in international trade. *Biogeosciences*. 2012;9:3247–3276.
49. Chakrabarty D. The climate of history: four theses. *Crit Inq*. 2009;35(2):197–222.
50. Shaw D, Carrington M, Chatzidakis A. *Ethics and Morality in Consumption: Interdisciplinary Perspectives*. New York, NY: Routledge; 2016.
51. Schwartz D. *Consuming Choices: Ethics in a Global Consumer Age*. 2nd ed. Lanham, MD: Rowan & Littlefield; 2017.
52. Stott R. Contraction and convergence: the best possible solution to the twin problems of climate change and inequity. *BMJ*. 2012;344:e1765.
53. Baatz C. Climate change and individual duties to reduce GHG emissions. *Ethics Policy Environ*. 2014;17(1):1–19.
54. Bowman P. Fair shares and decent lives. *Ethics Policy Environ*. 2014;17:24–26.
55. Lazrus H. Sea change: island communities and climate change. *Annu Rev Anthropol.* 2012;41(1):285–301.
56. Pal J, Eltahir E. Future temperature in southwest Asia projected to exceed a threshold for human

adaptability. *Nat Clim Change*. 2016;6:197–200.

57. Leichenko R, Silva JA. Climate change and poverty: vulnerability, impacts, and alleviation strategies. *Wiley Interdiscip Rev Clim Change*. 2014;5(4):539–556.
58. Crate S, Nuttall M, eds. *Anthropology and Climate Change: From Encounters to Actions*. Walnut Creek, CA: Left Coast Press; 2009.
59. Diffenbaugh NS, Burke M. Global warming has increased global economic inequality. *PNAS*. 2019;116(20):9808–9813.
60. McElwee P. From Conservation and development to climate: anthropological engagements with REDD+ in Vietnam. In: Barnes J, Dove M, eds. *Climate Cultures: Anthropological Perspectives on Climate Change*. New Haven, CT: Yale University Press; 2015.
61. Beymer-Farris B, Bassett T. The REDD menace: resurgent protectionism in Tanzania's mangrove forests. *Glob Environ Change*. 2012;22(2):332–341.
62. Mechler R, Bouwer L, Schinko T, Surminski S, Linnerooth-Bayer J, eds. *Loss and Damage from Climate Change: Concepts, Methods and Policy Options*. New York, NY: Springer; 2019.
63. Mechler R, Schinko T. Identifying the policy space for climate loss and damage. *Science*. 2016;354(6310):290–292.
64. Drydyk J. Development ethics and the "climate migrants." *Ethics Policy Environ*. 2013;16(1):43–55.
65. Nawrotzki RJ. Climate migration and moral responsibility. *Ethics Policy Environ*. 2014;17(1):69–87.
66. Eckersley R. The common but differentiated responsibilities of states to assist and receive "climate refugees." *Eur J Political Theory*. 2015;14(4):481–500.
67. Marshall N. Forced environmental migration: ethical considerations for emerging migration policy. *Ethics Policy Environ*. 2016;19(1):1–18.
68. Farbotko C, Lazrus H. The first climate refugees? Contesting global narratives of climate change in Tuvalu. *Glob Environ Change*. 2012;22(2):382–390.
69. Kriebel D, Tickner J, Epstein P, et al. The precautionary principle in environmental science. *Environ Health Perspect*. 2001;109(9):871–876.
70. Lambert TW, Soskolne C, Bergum V, Howell J, Dossetor JB. Ethical perspectives for public and environmental health: fostering autonomy and the right to know. *Environ Health Perspect*. 2003;111(2):133–137.
71. Keyes R. *The Post-Truth Era: Dishonesty and Deception in Contemporary Life*. New York, NY: St. Martin's Press; 2004.
72. Oreskes N, Conway EM. *Merchants of Doubt: How a Handful of Scientists Obscured the Truth on Issues from Tobacco Smoke to Global Warming*. London, UK: Bloomsbury; 2010.
73. Thorson E. Belief echoes: the persistent effects of corrected misinformation. *Polit Commun*. 2016;33(3):460–480.
74. Stengers I. *Cosmopolitics (Posthumanities)*. Vols 9–10. Minneapolis, MN: University of Minnesota Press; 2010.
75. Blaser M. Is another cosmopolitics possible? *Cult Anthropol*. 2016;31(4):545–570.
76. Berry T. *The Great Work: Our Way into the Future*. New York, NY: Bell Tower; 1999.
77. Gifford R. The dragons of inaction: psychological barriers that limit climate change mitigation and adaptation. *Am Psychol*. 2011;66(4):290–302.
78. Shelton D. Human rights, environmental rights, and the right to environment. *Stanf J Environ Law*. 1991;92(28):103–138.
79. Boyle A. Human rights and the environment: where next? *Eur J Int Law*. 2012;23(3):613–462.
80. Leib L. *Human Rights and the Environment: Philosophical, Theoretical and Legal Perspectives*. Leiden,

Netherlands: Brill; 2011.
81. May J, Daly E, eds. *Human Rights and the Environment: Legality, Indivisibility, Dignity and Geography*. Cheltenham, UK: Edward Elgar; 2019.
82. May J, Daly E. *Global Environmental Constitutionalism*. Cambridge, UK: Cambridge University Press; 2015.
83. Jeffords C, Gellers G. Constitutionalizing environmental rights: a practical guide. *J Hum Rights Pract*. 2017;9(1):136–145.
84. Mijatović D. Living in a clean environment: a neglected human rights concern for all of us. 2019. https://www.coe.int/en/web/commissioner/-/living-in-a-clean-environment-a-neglected-human-rights-concern-for-all-of-us.
85. Urgenda. The Urgenda case against the Dutch government. 2019. https://www.urgenda.nl/en/themas/climate-case/. Accessed April 2020.
86. Our Children's Trust. *Juliana v. United States*. 2019. https://www.ourchildrenstrust.org/juliana-v-us. Accessed April 2020.
87. Latour B. How to talk about the body? The normative dimension of science studies. *Body Soc*. 2004;10(2–3):205–229.

第18章

プラネタリーヘルスの明るい未来

2019年9月23日，16歳のスウェーデンの気候変動活動家グレタ・トゥーンベリ（図18.1）は，国連総会のために集まった世界のリーダーたちに向かってスピーチを行った．「これは完全におかしい」と語り始めた．「そもそも私はここにいるべきではない．海の反対側にある学校に通っているべきなのに，あなた方は私たち若者に希望を見出そうというのか．よくもまあそんなことが言えるものだ．あなた方は空虚な言葉で私の夢と子ども時代を奪ってしまった．それでも，私は幸運な1人である．人々は苦しんでいる．人々は死にかけている．生態系全体が崩壊している．私たちは今，大量絶滅の始まりにいるのである．それなのに，あなた方はお金や永遠に続く経済成長のおとぎ話ばかり口にしている．よくもまあ，そんなことを言えたものだ」と．彼女は続けた．「あなた方は私たちの期待を裏切っている．しかし，若者はあなた方の裏切りに気づき始めている．未来のすべての世代の目があなた方に注がれている．もしあなた方が私たちを裏切るようなことを選択するのなら，私は言う．私たちは絶対にあなた方を許さないと．私たちは，あなた方がこの問題から逃げ出すのを許さない．まさに今ここで，忍耐の限界に達している．世界は目を覚ましつつある．そして，あなた方が好むと好まざるとにかかわらず，変化はやってくる」と．

そして今，私たちは人類の歴史の中で重要な瞬間を迎えている．何百万年もの生物学的進化と何千年もの社会的進化を経て，私たちは瞬く間に人口を増やし，資源の消費量を増やし，私たちとすべての生物を支える自然システムを危険にさらすまでにしてしまった．私たちの富，健康，教育，そしてチャンスは，これまで経験したことのないものであるが，それらはその裏で生物圏が崩壊する大きなきしみ音とともに成し遂げられてきた[1]．現在私たちが歩んでいる道のりは，生態系の崩壊とこれまでの歩みによって達成された多くのことの崩壊につながっている．今，未来のすべての世代の目が私たちに向けられており，数十年以内に絶滅からルネサンスへの新しい進路を示さなければならない．私たちは，差し迫った危機に置かれたコミュニティである．

このような課題を前にして，希望は見出しにくいように思われるかもしれない．多

図18.1　16歳のスウェーデン人活動家，グレタ・トゥーンベリ．彼女が手にしているプラカードには「気候のための学校ストライキ」と書かれている．2019年，トゥーンベリの気候変動活動は世界中の何十万人もの若者を刺激し，子どもたちの住みやすい未来を確保するためにほとんど何もしていない政府や学校に抗議してストライキを行った．

［出典］写真提供Anders Hellberg (Wikimedia), Creative Commons, license CC BY-SA 4.0

くの地球システムの変化は私たちを不安にさせ，一般の記事でも科学文献でもお先真っ暗な未来が描かれ[2,3]，取り組みも遅々として進んでいない．しかし，トゥーンベリや彼女と同世代の多くが力説しているように，私たちには1つの選択肢がある．私たちの手の届くところには，人類がかつてないほど健康で，教育水準が高く，より幸福であり，性別，人種，民族，宗教を問わずすべての人にチャンスが豊富な，明るい兆しに満ちた未来があるのである．

本書の各章では，私たちがグレタ・トゥーンベリとその世代に遺すべきであると信じる，そして彼らも快く受け継ぐであろう世界のコアとなる諸要素について述べてきた．そこでは，人口転換による当然の結果として人類の人口が安定し，その後減少に転じるだろう．食料は，土地，水，農薬，エネルギーの必要量を減らした，より効率的な方法で生産される．脱燃焼の世界では，エネルギーが再生可能な形で生産され，二酸化炭素濃度は低下し始めるであろう．大半の人々は，心身の健康がどちらも最良となるよう設計されている都市に暮らし，そこでは社会的つながりが奨励され，エコロジカル・フットプリント（第1章p.5の脚注を参照）を最小限に抑えている．10年が経過するごとに，残りの生物圏のためのスペースは減るどころか増加していくだろう．人間のウェルビーイングは上昇し，私たちは自然界と調和して暮らしているであろう．このような解決策リストは，さまざまなところで見られる（Box 18.1）．以降の段落では，その要点をまとめておこう．

Box 18.1　世界を救う10の方法

- 再生可能エネルギーへの移行
- 森林の保護
- 土壌劣化の防止
- 水管理のさらなる改善
- 生物多様性の保護
- 魚類の乱獲と海洋汚染の抑制
- より環境に優しい都市の構築
- 廃棄物の削減とリサイクルの促進
- リプロダクティブ・ヘルス（訳注：性と生殖に関する健康）ケアの強化
- 健康的な食生活への移行

［出典］Davey E. *Given Half a Chance: Ten Ways to Save the World*. London, UK: Unbound Publishing; 2019.

あるべき姿へ

人　口

第3章に記載されているように，人間が自然システムに与える影響は，人間の数，その消費傾向，そして物資の生産や廃棄物処理に使用するテクノロジーの産物である．将来人口が減少した場合には，人口が増加し同じようなテクノロジーを活用し同じような生活をした場合に比べて，必要なエネルギー，食料，天然資源や廃棄物の量が減少する．ありがたいことに，出生率や人口増加を低下させるための介入は，（環境負荷への影響を別にしても）それ自体で意味がある．女子を教育し，女性に経済的な機会を提供し，誰もが避妊手段にアクセスできるようにすることで，男女平等と女性の権利を促進すると同時に，母子死亡率の低下にもつながる．また，人口増加の抑制にもつながる．このような介入が普遍的に行われ，夫婦が少人数家族を選択することで人口が安定し，やがて減少していく世界を想像するのは容易である．

フードシステム

第4章および第5章に記載されているように，世界のフードシステム（第2章p.30の脚注を参照）は，生物多様性の損失，土地利用の変化，水不足のおもな原因であり，汚染と気候変動の主要原因でもある．それは巨大な非効率システムでもある．第5章では，食品廃棄物を減らし，土地，水，エネルギー，農薬などの投入量を大幅に削減して食品を生産することができる一連の介入策について説明している．精密農業や人工肉などの革新的なテクノロジーから農業生態学の実践まで，これらの介入策の多くはすでに本格化しており，あとは，政府や産業界が支援して加速・拡大することが必要なだけである．また，赤身肉や加工食品の消費を減らすなどの食生活を変えることも，避妊手段へのアクセスを提供するのと同様，地球環境に最善を尽くすことが健康面にも大きなメリットをもたらす分野である．また，政策面でも大きなチャンスがある．すじの悪い補助金を廃止し，健康に良くない食品には，健康に関わる外部性（第1章p.13の脚注を参照）を価格に上乗せする一方で，健康に良い食品を積極的に支援することで，より健康的で持続可能な食生活への転換が促進される．この変革を進める際には，公平性とアクセスに十分な注意を払う必要がある．このようなさまざまな種類の介入を複合的に行うことで，人類の食料生産が生み出すエコロジカル・フットプリントが今日よりもはるかに小さくなり，その一方で食料供給から得られる健康上のメリットが大きくなる世界を容易に想像することができる．

エネルギー

私たちがトゥーンベリの世代とその次の世代に届けるべき世界は，脱燃焼の世界である．第12章に記載されているように，炭素を含まない再生可能エネルギーを供給するテクノロジーは存在し，経済的にも化石燃料との競合力がある．しかし，これらのテクノロジーを拡大し，再生可能エネルギーを世界中のすべての人々に供給するためのエネルギーインフラを構築するというゴールの達成は決して容易ではない．このような移行は世界規模の大規模な動きを必要とし，早急に開始する必要がある．他のプラネタリーヘルスへの介入と同様にこのようなエネルギーへの移行には，何百万人もの命を縮めている大気汚染を減らすという非常に大きな健康上のメリットがある．第10章に記載されているように，気候変動が深刻化するにつれ，最も弱い立場の人々の苦しみは1日ごとに増していく．多くのプラネタリーヘルスの問題と同様に，これは大部分が専門的知識ではなく政治的意志の問題であり，迅速な対策を求める市民の世界規模での動きを必要とする．

人工的環境

将来，私たちはおもに都市に住むようになる．エコロジカル・フットプリントを最小限に抑えながら心身の健康にとって最適な都市をデザインすることには，大きな期待がかけられている．私たちは，清潔で安全，かつ持続可能な方法で生産された資材で建設された建物に住むことになる．それらは現在の建物に比べ，エネルギーの使用効率が飛躍的に向上する．それらの建物では廃水をリサイクルして再利用し，エネルギーを自給し，緑のカーテンや屋上庭園を備えて涼しさを保ち，食べ物を生産し，メンタルヘルスを増進し，社会的なつながりが促進される．街区は自動車ではなくウォーキングやサイクリングでの移動を前提に設計され，住み，働き，憩うことが同じ地域の中でできるように複合用途のゾーニングが行われる．公園や緑道が整備され，自然や人とのつながりが生まれる．建物と街区に共通した設計原則は，何百万年もの間，解決策のベータテスト（訳注：製品やサービスを正式公開する前にユーザーに試用してもらい性能や機能などを評価してもらうテスト）を行ってきた自然に倣うもので，バイオフィリックデザインと呼ばれる[4-6]．便利で低価格な公共交通機関により，人々は都市を容易に移動できるようになる．また，第16章に記載したチリのサンティアゴの例のように，大都市圏では固形廃棄物をエネルギーや水，肥料に変換することができるようになる．

産業とビジネス

未来の企業は，これまでの企業とはまったく異なった手法で経営することになるだろう．株主をはじめとする幅広い利害関係者から，商品やサービスのライフサイクル全体が環境と人間のウェルビーイング両方に与える負荷について責任を問われるようになる．企業は製品の市場寿命を長く設定し，エネルギーと資源の使用を削減し，廃棄物を最小限に抑え，あるプロセスの廃棄物を他のプロセスの原料として用いることで，循環型経済に則った経営を行うようになる[7]．大企業は引き続き機能するが，かなりのリローカリゼーション（地域回帰）が進み，多くの小企業が経営者や従業員の住むコミュニティで商品やサービスをつくり，販売するようになる[8, 9]．工業デザインには，シルクやヤモリの足，シャクトリムシの動きなどに見られる自然に存在する特質を活用したバイオミミクリー（生物模倣）が取り入れられる[10, 11]．それに伴い，第14章に記載されているように，難分解性物質や有害物質が生産され環境中に放出されることはなくなる．シェアリングエコノミー（共有型経済）が拡大し，自動車から電動工具に至るまで人々が所有する物が減り[12]，物をつくるために資源を消費する必要性が減る．民間部門はこれまでと同様に，技術革新の強力な原動力となり，廃棄物ゼロの消費者製品ラインから，再生可能エネルギー，精密農業，より持続可能な食品技術に至るまで，エコロジカル・フットプリントがはるかに小さく，持続可能な方法で生産された製品への急速な需要増加に対応するようになるだろう．

経　済

商品やサービスの製造と消費方法の変化に伴って，経済理論も進化していく．第15章に記載されているように，経済の永続的な成長という原則は，人間のウェルビーイングの永続的な成長という原則に取って代わられる．それは，常に増え続け，持続不可能なエネルギーや原材料の利用を必要としない成長の形である．この成長をモニターする新しい指標が必要となるが，GDPはもはや目的に適さないため，人間と環境のウェルビーイングの測定基準に取って代わられる．外部性は内部化され，商品やサービスのコストは，社会や地球にとっての真のコストを反映したものとなり，補助金などを含め，健全な公共政策の設計に役立てられる．重要なのは，機会と富の分配において著しい不公平が生じないような仕組みをもうけることである．これには，労働法の再活性化や国民皆保険などの長年かけて有効性が実証されている手法から，富裕税や基本所得保障などのより革新的な仕組みまで多岐にわたる．

現在地から目的地へ

本書の大多数の章の著者は，私たちが岐路に立っていることを一貫して強調してきた．旧態依然としたやり方のままでは，トゥーンベリが冷たく言い放ったような世界，つまり，「人々は苦しんでいる．人々は死にかけている．生態系全体が崩壊している」世界に生きることを余儀なくされるだろう．別の道を行けば，本書で述べてきたような志に満ちた世界に向かって進むことができる．その世界の輪郭はすでに私たちの目の前で形づくられており，手の届くところにある．私たちへの問いかけは，「そのような未来を実現できるか」ではなく，「実現するつもりがあるか」なのである．上述してきた解決策の技術的要素と同様に重要なのは，この最も重要な「実現するつもりがあるか」という問いかけに応じる啓発的要素である．

「未来は必ずしも荒涼としてはいない」と，2016年に持続可能性に関わる研究者や未来学者の世界的研究グループが書いている．そして，「新しい考え方，革新的な生活様式，そして人と自然をつなぐさまざまな手段の継続的な出現は，地域や世界の重大な課題を克服するために不可欠である．さもなければ，持続可能な地球環境の管理責任を果たすことが困難になる」と[13]．理論的には，私たち人間という種にはプラネタリーヘルスという壮大な課題に立ち向かうために不可欠な資質が備わっている．それは，エビデンスに基づく理論的思考と論理的分析の能力，長期的な計画に従事する能力，道徳的判断の能力，イノベーションのための並外れた才能，そして他人や他の種にまでも共感する能力である[14]．必要とされる変革の4つの重要な要素は，希望と楽観主義をもたらす力強いビジョンの共有，知識の生成と共有のしかたを変えること，自然界と人間の関係を深化させること，そして必要な変革を推進する社会的活動への動きを構築することである．

ビジョンの共有

未来に対するビジョンの共有は，人々が団結し，身を捧げ，必要であれば市民的不服従行為を行い，意見に耳を傾けるよう主張する気を起こさせる．志あるビジョンとは，私たちが自分たちの未来について語る物語なのである．それは，私たちが何者であるのか，お互いの関係，そして世界における私たちの居場所についての物語とつながっている．

志あるビジョンは，若者たちの希望や夢，先住民の古代の知恵，地球環境を管理する責任や正義，引き継ぎ受け継ぐことを大切にする倫理観を持つ組織的な宗教，芸術家や作家の想像力，科学者やエンジニアの創造，そして最高の指導者や思想家のひらめきなど，さまざまな源から生まれる．これらはすべて，プラネタリーヘルスの状態への移行において必要なものとなる．

すべての人を動機づけるような単一のビジョンは存在しない．人は，文化，信仰，教育，家族，友人など，それぞれのレンズを通して世界を眺め，希望を抱くものである．しかし他のビジョンよりも役に立つビジョンは存在する．プラネタリーヘルスの描く未来のビジョンは，現代の実情とは大きく異なっていて，すぐ実用的ではないかもしれないが，遠い将来を見据えた，系統立った，人々に希望を与えるものであるべきだ．社会科学の研究によると，未来への向上心に満ちたビジョンは，自然との密接な関係，集団行動，道徳的な側面に訴える場合に，特に人々を鼓舞する[15]．世界規模で集合的な運動を促すためには，公平性と社会的正義を重視した，未来のビジョンの共有が必要となる．これらを含めた「質の高いビジョン」の特徴を，持続可能性に関わる研究者であるアーニム・ヴィークとデイヴィッド・アイワニエクがまとめている(**表18.1**)．

このようなビジョンをまとめ，擁護するには，規律，知的厳密さ，そして勇気が必要となる．幸いにも，より良い未来のビジョン策定の力になるような，大胆で，考え方が理路整然としており，独創性のあるリーダーや将来有望なリーダーたちであふれている．

科　学

将来的には，知識は20世紀までの大学における伝統的な手法とは異なる形で積み

表18.1　持続可能な未来への質の高いビジョンのクライテリア

構想力	意外性，ユートピア的思考，先見性，全体論的な視点などの要素を持つ，望ましい，志に満ちた未来の状態
持続可能性	持続可能性の原則で組み立てられていて，根本的に変換された構造とプロセスを前面に出している
系統性	全体性を重視した表現，ビジョンの要素間につながり，構造は複雑
一貫性	両立可能な目標群からなり，妥協を許さないような矛盾点がない
妥当性	実証的な例，理論モデル，および試行プロジェクトなどからもたらされるエビデンスを基盤とする
具体性	はっきりと明確化された詳細な目標群で構成されている
関連性	人とその役割および責任に重点を置いた，重要な目標群で構成されている
微妙な繊細さ	さまざまな価値観（望ましい状態）に基づくきめ細かな優先事項
動機づけ	ビジョンに描かれた変化に向けて，創造力とやる気を与える
共有性	関連する利害関係者による意見の歩み寄り，合意，支持

［出典］Wiek A, Iwaniec D. Quality criteria for visions and visioning in sustainability science. *Sustainability Science*. 2014;9:497–512

上げられ，創造され，組織化され，共有され，教育されるようになるだろう．研究分野よりもむしろ問題を中心に組織された大学など，新たな制度形態が生まれるだろう．研究は浮世離れした「象牙の塔」ではなく，研究者は自らの研究の枠組みや実施において，コミュニティ，政策立案者，民間企業，その他の利害関係者と日常的に協働するようになる[16, 17]．境界を頑なに守る学問分野は，世界の深刻な問題の解決事項を中心に組織された超学的（訳注：transdisciplinary．アカデミア以外からの参加者を含む）な研究と教育に取って代わられる[18, 19]．緊急性の高い地球規模の問題を解決するために知識を必要とするすべての人が，知識を自由に利用できるようになる[20, 21]．学問の世界において，教員や研究者は，論文数などの慣習的な評価基準ではなく，実社会の問題解決に貢献したかどうかで評価されるようになり，おのずと超学性が重視されるようになる[22, 23]．学術事業や研究組織は，このようにしてプラネタリーヘルスの増進のために必要な知識を進歩させていく．

自然界と人間の絆

第1章では，私たちが経験している生態系の危機，そしてそれが脅かしている公衆衛生上の危機の裏には，取り組むべきスピリチュアルの危機があるのではないかという問いかけをした．プラネタリーヘルスを達成するためには，この精神的な側面にも対処する必要がある．非常に多くの人々が感じている，自然界との精神的なつながりの重要性をあらためて主張する必要があるのかもしれない．古今東西の文化や伝統には自然界への畏敬の念が込められている．実際，サンゴ礁や原生林の繁茂，砂漠の中にある赤岩の峡谷の静寂さなどを目にしたら，自分の存在を忘れさせるような畏敬の念を抱かずにはいられない．

多くの組織化された宗教は，この絆について明示している[24, 25]．キリスト教正教会のヴァルソロメオス1世総主教は，「私たちは，愛に満ちた創造主から人類に与えられた贈り物であり，資源である地球を保全する役割に身を奉じるように求められており，実際，義務を負っている」と記している[26]．ローマ教皇フランシスコは，生態学的原則に感銘を受けた有名な回勅『ラウダート・シ』(“Laudato Sí”) の中で，被造物は「万物の創造主である父が差し伸べられた手からの贈り物としてのみ理解され，普遍的な交流へと私たちを呼び寄せる愛によって照らされた現実としてのみ理解される」と記している[27]．福音派では「被造物保護[28]」，ユダヤ教徒では「万物の癒し[29]」に言及している．2015年に発表された「世界の気候変動に関するイスラム宣言」では，「私たちは神の摂理のごく一部にすぎず」，「被造物を濫用したり害したりする権利などない」ことを宣言し，「預言者ムハンマドの例に倣い，……習慣や考え方，気候変動や環境の劣化，生物多様性の損失の根本的な原因に取り組む」ことを呼びかけている．

プラネタリーヘルスを実現する重要なステップは，自然に対する深い敬意と畏敬の念の威信をあらためて強調し，全体としての人類の活動が地球上の生命を大切にすることと整合するように訴えることかもしれない．この考え方によれば，他の多くの種の絶滅を管理せず見過ごしたり，大気や海洋を巨大なゴミ箱のように扱ったりすることは，重大な道徳的怠慢である．

組織活動の構築と社会運動

健康で，持続可能で，公平な世界への移行は，「行動を左右する社会的規範や制度に影響を与えるような，人間の価値観，前提，文化，世界観，力関係などの根本的な変化を伴うことが期待される[13]」．このような広範囲にわたる一連の変化は「大転換」と呼ばれてきた[30, 31]．これは容易に成し得る変化ではない．既存の権力関係，習慣，予測，そしてテクノロジーを徹底的に見直す必要がある．偉大な奴隷制度廃止論者であるフレデリック・ダグラスは，「権力というものは要求しなければ何も認めない．今までもそうであったし，これからもそうだろう」と記している．

ダグラスが記した「要求」は，現在，世界中で起こっている社会運動において，日々より力強く聞こえるようになっており，例えば安全な未来を求める若者，土地の権利を求める先住民，自分たちが負っている差し迫った危険への認識を求める小さな島嶼（とうしょ）国，きれいな空気を吸うことを求める都市住民，社会正義や環境正義を求める権利を剥奪された人々などによるものがある．プラネタリーヘルスに向けた大転換は，世界中の人々が団結し，政府や産業界に責任を負わせ，地球の破壊に妥協することなく要求してこそ達成される．

自然を守ることで自分自身を守るというプラネタリーヘルスを達成するためには，多くのことが必要となるが，その中には，目指すべき世界についての志あるビジョンの共有，私たちの生物圏の複雑さを明らかにするしっかりとした科学基盤，確固たる活動が推進する社会構造や経済制度などの抜本的な変化，そして自然界とのつながりについての新たな意識などがある．従来とは異なる都市建設が推進され，これまでとは違うエネルギーシステムが構築され，新たな方法で食物が栽培され，今までとは違った形で製品が生産・消費されるといった変化を数え切れないほどの意見が後押しし，それが自分自身を大切にするのと同じように地球上の生命を大切にすることに貢献するだろう．トゥーンベリは，「未来のすべての世代の目があなた方に注がれている」と釘を刺している．私たちは，自分たちがやるべきことを重々承知している．プラネタリーヘルスに向けた大転換を推進するために，私たちはやるべきことに取り組んでいかなければならない．

参考文献

1. Raudsepp-Hearne C, Peterson GD, Tengö M, et al. Untangling the environmentalist's paradox: WHY is human well-being increasing as ecosystem services degrade? *BioScience*. 2010;60(8):576–589.
2. Franzen J. What if we stopped pretending? *New Yorker*. 2019. https://www.newyorker.com/culture/cultural-comment/what-if-we-stopped-pretending. Accessed September 2019.
3. Wallace-Wells D. The uninhabitable Earth. *New York*. 2017. http://nymag.com/daily/intelligencer/2017/07/climate-change-earth-too-hot-for-humans.html. Accessed September2019.
4. Beatley T. *Biophilic Cities: Integrating Nature into Urban Design and Planning*. Washington, DC: Island Press; 2011.
5. Kellert S, Calabrese E. *The Practice of Biophilic Design*. 2015. www.biophilic-design.com.
6. Alberti M. *Cities That Think Like Planets: Complexity, Resilience, and Innovation in Hybrid Ecosystems*. Seattle, WA: University of Washington Press; 2016.
7. Braungart M, McDonough W. *Cradle to Cradle: Remaking the Way We Make Things*. New York, NY: North Point Press; 2002.
8. De Young R, Princen T, eds. *The Localization Reader: Adapting to the Coming Downshift*. Cambridge MA: MIT Press; 2012.
9. Shuman MH. *The Local Economy Solution: How Innovative, Self-Financing "Pollinator" Enterprises Can Grow Jobs and Prosperity*. White River Junction, VT: Chelsea Green Publishing; 2015.
10. Benyus JM. *Biomimicry: Innovation Inspired by Nature*. NewYork, NY: William Morrow; 1997.
11. Lakhtakia A, Martín-Palma RJ. *Engineered Biomimicry*. Amsterdam, The Netherlands: Elsevier; 2013.
12. Heinrichs H. Sharing economy: a potential new pathway to sustainability. *Gaia*. 2013;22(4):228–231.
13. Bennett EM, Solan M, Biggs R, et al. Bright spots: seeds of a good Anthropocene. *Front Ecol Environ*. 2016;14(8):441–448.
14. Rees WE. The way forward: Survival 2100. In: Costanza R, Kubiszewski I, eds. *Creating a Sustainable*

and Desirable Future. Singapore: World Scientific; 2014:191–200.
15. Fernando JW, O'Brien LV, Judge M, Kashima Y. More than idyll speculation: utopian thinking for planetary health. *Challenges*. 2019;10(1):16.
16. Hickey DG. The potential for coproduction to add value to research. *Health Expect*. 2018;21(4):693–694.
17. Beebeejaun Y, Durose C, Rees J, Richardson J, Richardson L. Public harm or public value? Towards coproduction in research with communities. *Environ Plann C*. 2015;33(3):552–565.
18. Kirst M, Schaefer-Mcdaniel N, Hwang S, et al. *Converging Disciplines: A Transdisciplinary Research Approach to Urban Health Problems*. New York, NY: Springer; 2011.
19. Ciesielski TH, Aldrich MC, Marsit CJ, Hiatt RA, Williams SM. Transdisciplinary approaches enhance the production of translational knowledge. *Transl Res*. 2017;182:123–134.
20. Joseph H. The open access movement grows up: taking stock of a revolution. *PLoS Biol*. 2013;11(10):e1001686.
21. Björk B-C. Open access to scientific articles: a review of benefits and challenges. *Intern Emerg Med*. 2017;12(2):247–253.
22. Schimanski LA, Alperin JP. The evaluation of scholarship in academic promotion and tenure processes: past, present, and future. *F1000Res*. 2018;7:1605–1605.
23. Klein JT, Falk-Krzesinski HJ. Interdisciplinary and collaborative work: framing promotion and tenure practices and policies. *Res Policy*. 2017;46(6):1055–1061.
24. Jenkins W, Berry E, Kreider LB. Religion and climate change. *Annu Rev Environ Res*. 2018;43(1):85–108.
25. Chaplin J. The global greening of religion. *Palgrave Commun*. 2016;2(1):16047.
26. Chryssavgis J, ed. *On Earth as in Heaven: Ecological Vision and Initiatives of Ecumenical Patriarch Bartholomew*. Bronx, NY: Fordham University; 2012.
27. Pope Francis. *Laudato Sí*. Rome, Italy: The Vatican; 2015.
28. Hescox M, Douglas P. *Caring for Creation*. Bloomington, MN: Bethany House Publishers; 2016.
29. Bernstein E. *Ecology & the Jewish Spirit: Where Nature & the Sacred Meet*. Woodstock, VT: Jewish Lights Publishing; 2000.
30. Raskin P. *Journey to Earthland: the Great Transition to Planetary Civilisation*. Boston, MA: Tellus Institute; 2016.
31. Spratt S, Simms A, Neitzert E, Ryan-Collins J. *The Great Transition: A Tale of How It Turned Out Right*. London, UK: New Economics Foundation; 2010.

あとがき
コロナウイルスとプラネタリーヘルス

本書の出版を計画していた2年間，私たちの地球が鳴らす警鐘は切迫感を増していった．カリブ海諸島が激しいハリケーンによって壊滅し，カリフォルニア，オーストラリア，シベリア，アマゾンで山火事が発生し，サヘルで干ばつと内戦による飢饉が発生し，東アフリカで過去70年間において最悪のイナゴの大量発生によって作物が被害を受けた．これらの地球から発せられる信号はいずれも，人間と自然システムとの関係に綻びが生じていると警告している．

新型コロナウイルス

おそらく最も大きな警鐘は，本書の出版直前に中国湖北省の省都である武漢市で新型コロナウイルスが発生したことである（**図A.1**）．最初の感染者は，2019年11月に同市の華南海鮮卸売市場で感染したとみられる．12月中旬までに中国内で27人の感染者が確認され，大晦日までに381人となった．3週間以内に韓国，タイ，日本でも新規感染者が報告され，その1週間後には欧州と北米でも感染者が出た．この新型コロナウイルスは，すぐに「重症急性呼吸器症候群コロナウイルス2（SARS-CoV-2）」というウイルス名がつけられ，塩基配列が決定された．2020年1月末までに21か国で11 950人の感染が報告された．同年2月末には，この新たな病気は「COVID-19」と正式に命名され，感染者数は84 615人に達した．さらに1か月後の3月末にはその10倍の859 798人に達した．同年4月22日，奇しくも50回目の「地球の日」には，250万人以上が感染していると診断され，約18万人が死亡し，増加の一途をたどった．世界各地で人々が孤立し，世界経済は混乱した．デリー，マプト，カイロ，サンパウロなどのグローバル・サウス（第8章p.190の脚注を参照）の都市，ベネズエラ，リビアなどの破綻国家では，まだこの病気の影響は完全には現れていない．

このあとがきを書いている2020年4月下旬の時点では，新型コロナウイルスの最終的な軌道を予測することはできないが，プラネタリーヘルスの視点で考えると，本書で取り上げている多くのテーマの広い概念の中でこのパンデミック（世界的大流行）を捉えることができる．

第6章に記載されているように，動物から人間への感染症の「スピルオーバー（伝播）」はよく知られている．14世紀に世界の人口の約4分の1を死滅させた黒死病の原因となった腺ペストはネズミが媒介するエルシニア・ペスティスという細菌が原因で，

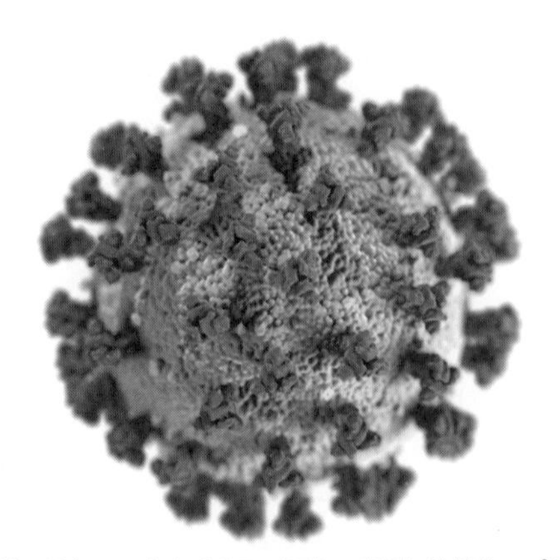

図A.1　電子顕微鏡で見たコロナウイルスの画像．表面には糖タンパク質がちりばめられており，名称の由来となった王冠（コロナ）のような形をしている．
［出典］米国疾病管理予防センター（CDC），公衆衛生画像ライブラリ．画像 23311．https://phil.cdc.gov/Details.aspx?pid=23312

ノミによって人間に感染した．エボラウイルスは1976年に現在のコンゴ民主共和国と南スーダンで発生し，同定された．自然宿主はおそらくコウモリで，いくつかの霊長類種が中間宿主であった．ニパウイルスは1998年にマレーシアで発生し，おそらくオオコウモリから感染し，ブタを介して人間に感染した．HIVは，中央アフリカのチンパンジーのサル免疫不全ウイルスが起源とされている．インフルエンザウイルスは，1918年のインフルエンザのようにトリから発生したものと2009年に発生したH1N1のようにブタから発生したものがある．従来のコロナウイルスは，コウモリから哺乳類の中間宿主を介して人間に感染した（2002年のSARSの場合はジャコウネコ，2012年のMERSの場合はラクダであった）．新型コロナウイルスは，おそらくコウモリを起源とし，おそらくセンザンコウとされる中間宿主を経由して人間に感染したと考えられる．実際，新型の感染症の大半は野生動物からの人獣共通感染症である（Jones et al., 2008）．

これらのケースでは，病原体が動物から人間に感染し，拡散するまでに多くの要因があった．降雨傾向の変化，森林の分断，伐採などの環境条件が影響していることが多い．一般的に，農業，伐採，鉱業，野生動物の狩猟のために人間が動物の生息地に侵入することも引き金となる．国家間の貿易と旅行，混雑した都市も一因である．新型コロナウイルスが発生した中国をはじめ，アジアとアフリカの地域では食用野生動物の取引が盛んに行われており，コウモリ，ネズミ，ヤマアラシ，センザンコウ，ハクビシン，サソリ，リス，カメ，さまざまな鳥類などが混雑した狭い市場で取引されている．

デビッド・クアメンは著書『スピルオーバー —— ウイルスはなぜ動物からヒトへ飛び移るのか』(“Spillover: Animal Infections and the Next Human Pandemic”)の中で,「人間がコロナウイルスを流行させたのだ」と述べ，次のように論じている.「人間が多くの動植物の種が生息する熱帯林などの野生の土地に侵入し，それらの生物の中には多くの未知のウイルスが存在している．森林を伐採し，動物を殺し，檻に入れて市場に送り出す．生態系を破壊し，ウイルスを自然宿主から振り落としている．そうなるとウイルスには新しい宿主が必要となり，多くの場合，私たちがその宿主となる」(Quammen, 2020).

感染は，野生の土地を侵略するだけではなく，私たちが食物を生産する方法も契機となり得る．マサチューセッツ工科大学のケイト・ブラウン教授は新型コロナウイルスについて,「パンデミックは自然災害ではない」と述べている．初期の農業によって人口が増え，都市が形成されて繁栄した一方で,「作物と家畜は1か所に集中して単作で栽培されるようになると，病気に対して脆弱になった」と書いている．都市と農業が発展すると，人間と動物が密集するようになった．その結果，新たな疫学的秩序が生まれ，動物から人間へと感染する人獣共通感染症がまん延した」(Brown, 2020).また，人口がより密集することで作物の単作が始まり，農作業は簡素化されたが，単一の病原体が収穫物全体に壊滅的な打撃を与えるようになった．歴史上，人間と人間が依存する作物の両方に影響を与えた壊滅的な結果が散見される．19世紀半ばに100万人のアイルランド人が犠牲となったジャガイモの疫病（アイルランドの人口はいまだに回復していない)，19世紀後半にフランスのワイン産業をほぼ壊滅させたブドウのフィロキセラの流行，20世紀半ばに大切なグロ・ミシェル・バナナを根絶やしにしたパナマ病，数世紀にもわたって飢饉の波を引き起こし，現在アフリカで増加している小麦のさび病と黒さび病，ラテンアメリカのコーヒー産業に今も壊滅的な打撃を与え，米国への移民を増加させているコーヒーのさび病などである．

人類の営みは人新世（第1章p.8の脚注を参照）において，特に前世紀に大きく激化した．それに伴って新興，再興感染症が頻発している．

プラネタリーヘルスの問題としての新型コロナウイルス感染症

新型コロナウイルス感染症の流行は，本書で強調されているテーマの多くを説明している．実際，新型コロナウイルス感染症は，典型的なプラネタリーヘルス問題である．

複雑なシステム：バリー・コモナーが1971年に書いたように，生態学の第一法則は,「すべてのものはすべてにつながっている」のである．新型コロナウイルス感染症への対応はその一例である．計画立案者は，人々が互いに接触する頻度，防護具の使用状況などの要因を関数として病気がまん延する速度を予測する．また，コロナウイルスの病原性，人口の年齢構成と基礎疾患，薬剤とワクチンの効果などの要因を関数として疾病負荷を予測する．さらには，既存の施設，サプライチェーン，スタッフの配置（このウイルス自体による配置への影響を含め）などの要因を関数として医療体制のキャパシティを予測する．これらの算定を行う際には，2次的または3次的な影響とフィードバックループ（訳注：フィードバックを繰り返すことで結果を増幅すること）を予測する必要がある．例えば学校が休校となった場合，医師と看護師は自分の子どものケアを行うことになり，医療体制のキャパシティは低下する．このような複雑さは，プラネタリーヘルスの問題においては例外ではなく原則なのである．

地理的な広がり：グローバル化した世界では，システムのつながりが広大な距離に及ぶ．ウイルスが遠くまで移動したように，人々も世界規模の取引も移動する．米国におけるマスクと診断薬の不足は，中国のサプライチェーンと関係している．武漢市の市場で起きた偶然の事象が，ボストンマラソンの中止，ナッシュビルのフォークシンガーであるジョン・プラインの死，デンバーのホワイティング・ペトロリアム社の倒産，さらにはデリーの警察による歩行者への暴行事件，ナイロビの13歳の子どもの銃撃事件につながるとは信じ難いと思われるかもしれない．しかし，このような遠く離れた地域への影響は，地球上の人間と自然システムの特徴である地球規模でのつながりの強さを示している．

驚き：複雑なシステムには，安定性を維持する傾向と急激な変化を起こす能力の両方がある．感染症の専門家たちは新型コロナウイルス感染症のようなパンデミックが起こる可能性を長きにわたって警告していたが，このウイルスの出現とそのきわめて速い世界的な感染拡大は，突然かつ衝撃的な「予測可能な驚き」であった．そのきっかけとなった事象は，ウイルスのゲノムが伝染性と致死性を兼ね備えた配列に変化したことであろう．低気圧，洪水などの突発的なものから花粉媒介動物の減少，作物の崩壊などの段階的なものまで，他の大規模な事象もまた，人間の健康とウェルビーイングに広範囲に及ぶ影響を与え，「日常生活」を根底から覆す可能性がある．

公平性：今回の新型コロナウイルス感染症などの災害（または台風，熱波）は，所得格差，構造的な人種差別，政府の機能不全などの現在進行形の問題を背景に発生することが多い．新型コロナウイルス感染症が米国を席巻した際，人種間の格差が顕著に現れた．多くの州と都市で，新型コロナウイルスの感染者と死亡者のうちのアフリカ系米国人の割合は人口比で2倍から3倍以上にもなっていた．その理由には，人種差別によるストレスと関連のある高血圧，糖尿病など脆弱性を高める疾患の罹患率が高いことが含まれる．同様に，アフリカ系米国人は，公共交通機関や宅配便の運転手，介護士，病院の清掃員など，暴露の危険性があったり個人防護具が不十分であったり，在宅勤務のように隔離ができなかったりする仕事に従事する割合が高い．人種的，または民族的に少数派の人々は貧困層である可能性が高く，そのため感染が促進されるような混雑した環境で生活している．アフリカ系米国人は，白人に比べて健康保険に加入していない割合が大幅に高い．米国の10世帯のうち4世帯は，車の修理，壊れた電化製品の交換など予期せぬ出費が400ドルであっても対処できる手元現金を有しておらず，アフリカ系米国人の世帯は，白人の世帯に比べてこのような金銭的苦境に陥る可能性が2倍から3倍高い（Federal Reserve, 2019）．パンデミックによって賃金が支払われなくなると，手元資金の不足が痛感される．災害はこのような格差を露呈し，健康，ウェルビーイング，持続可能性を得るための長期的な解決策に社会的正義も含まれなければならないことを私たちに教えてくれた．

人間と自然との関係：新型コロナウイルス感染症の出現は，人間と自然界との関係の崩壊を反映している．ブッシュミート（訳注：アジア・アフリカにおいて，種類を問わず，狩猟された野生動物の肉のこと）の世界的な取引は，ある環境では栄養面で重要な役割を果たしているが，数百もの種を絶滅の危機にさらし（Ripple et al., 2016），人類に深刻な感染症の脅威を与えている（Johnson et al., 2020）．さらに，この行為の根底にある無関心な残酷さ（**図A.2**）は，世界の美しさや存在価値に対して人々を麻痺させる．私たち人間は地球上で他の生物との関係の中で存在しており，世界の多くの宗教と先住民の伝統における精神的な信条である思いやりと尊厳をもって他の生物を扱う道徳的義務があるという考え方（Tucker and Grim, 2020）にも矛盾する．皮肉なことに米国では，対人距離の確保と外出の自粛という義務が課されるようになると，人々はパンデミックの影響から逃れ安心と癒しを与える自然を求めて近隣公園や国立公園に集まってきた．公園管理者は，公園が必要不可欠なサービスであるとの認識から当初は公園を開放していたが，訪問者の多さから対人距離を保つことができなくなるため，すぐに閉鎖した（**図A.3**）．新型コロナウイルスによって再認識させられたことは，私たちが自然界とのバランスのとれた関係を必要としていることであり，支配を管理責任に，傲慢さを畏敬の念に，征服を共存に置き換えることである．

レジリエンス（適応回復力）を高め，災害に備える：新型コロナウイルス感染症は，各国が地球から発せられていた警告をどの程度受け止め，備えていたかを明らかにした．以前に重症急性呼吸器症候群（SARS）に直面した韓国，台湾などは比較的しっかりとした対応をとっていたが，米国は無謀としか言いようがない無頓着さを露呈した．米国では，脆弱な公衆衛生インフラ，人工呼吸器，防護マスクなどの重要な物資，設備のサプライチェーンの不安定さ，パンデミックへの対応における中央当局の調整

図A.2 コンゴ民主共和国のヤンガンビのウィークリーマーケットで売られている野生動物肉（ブッシュミート）．おもに，イボイノシシ，サル，ガンビアラットなどが販売されている．

［出典］写真提供Axel Fassio, 国際林業研究センター（CIFOR）

図A.3 ニュージャージー州クリントンタウンシップにある公園は，2020年4月に新型コロナウイルス感染症の影響で閉鎖された．自然との触れ合いから得られる価値がこれまで以上に必要とされているものの，公園に立ち入ることは制限されている．

［出典］Ed Murray / NJ Advance Media（許可を得て掲載）

の欠如，拡張性のある検査能力とワクチン製造能力の不足，職を失った人々を守る適切な社会的セーフティネットの欠如など欠点が急速に顕在化した．かつてないほど災害が頻発している現在，コミュニティレベルから国家レベルに至るまでのレジリエンスの構築が不可欠である（National Research Council, 2012）．

科学に耳を傾けること：科学は，文明の課題に対するすべての答えを提供するものではないが，不可欠な指針となる．しかし，一部の政治指導者，右派のメディア関係者とインターネット上の人々の間では，科学を無視し，わかりにくくし，さらにはバッシングすることが常態化している（Michaels, 2020）．このことは，気候変動，生態系の保護，汚染対策などのプラネタリーヘルスに関する課題についての賢明な意思決定を大きく妨げている．おそらく予想されているであろうが，このような状況は新型コロナウイルス感染症の問題でも発生し，誤った情報がソーシャルメディアで急速に広まり（Rutchman, 2020），米国大統領が愚かにも未検証かつ危険な治療法を推奨し，早期に商業再開に動いた州知事もいた．これらはすべて，医学的かつ公衆衛生学的な助言に反していた．科学に対する国民の信頼を回復し，反科学的な誇張に対抗し，公衆衛生と環境に関する政策立案に科学を統合することが不可欠である（Oreskes, 2019）．

世のため人のためになる政府と，そうでない政府：新型コロナウイルスの流行は，大規模な集団的解決を必要とする課題を象徴している．すべての国において，政府が市民社会，民間企業，学術界などと連携し，対応を主導している．また，各国政府は，世界保健機関（WHO）などの多国間組織を通して対応を一部調整している．これがうまく管理されていれば，パンデミックだけでなく，気候変動，乱獲，オゾン層破壊などの問題を解決する道となり，実際それこそが唯一の道となる．成功の鍵となるのは，十分な資金，人材と技術的資源を有する政府，透明で有能なガバナンス，明確な説明責任，国民との効果的なコミュニケーション，政府に対する国民の信念と信頼である．他方，災害によって権力者が自分の地位を脅かされていると感じる「エリート・パニック」が引き起こされる可能性がある（Clarke and Chess, 2008）．新型コロナウイルスのパンデミックへの対応では，ハンガリー，ブラジル，フィリピンなどさまざまな国で独裁的な支配が強化された．米国では，妊娠中絶の権利，移民，環境規制，政府の監視を大胆に制限し，石油ガス産業に大胆な救済措置を提供し，トランプ政権の極端な政策課題が拡大した．このパンデミックによって，地球上の他の危機と同様，効果的で説明責任を有する政府の必要性が鮮明になった．

希望の根拠：世界が新型コロナウイルスのパンデミックに苦しんでいる中でも希望を持つ根拠は十分にある．甚大な混乱と苦しみに直面しながらも，パンデミックへの対応によって生活が改善された部分もある．世界中の都市では大気が浄化され，騒音レベルが低下し，交通渋滞が解消され，歩道と自転車専用道路が確保され，脱炭素の未来の姿を垣間見ることができた (Roberts, 2020)．各地の都市と町ではボランティア活動が盛んになり，災害時に見られる優しさや連帯感が示された (Solnit, 2009)．ビジネス会議，教室での授業，親族訪問は対面ではなくオンラインで行われ，これらに伴う二酸化炭素排出量が削減された．数え切れないほどの記事とソーシャルメディアへの投稿によって，自然界と人間の関係について，そしてそれを修復する方法についての鋭い質問が投げかけられた (Goodall, 2020)．小説家のチャールズ・ユーは『アトランティック』誌に寄稿し，パンデミック後に「平時への復帰」を目標にすべきではないと主張した．なぜなら，パンデミック前の「平時」は，「人間は自然から切り離されており，地球上の生命は通常安定しており不安定なものではなく，歴史的，地質学的，生物学的な記録からわかっているにもかかわらず，科学，医学，社会，政府の構造が進歩したおかげで人類の文明はバブルという時空間の泡の中に存在し，現在経験しているような大災害から守られているという壮大かつ共有された幻想」である虚構のうえに成り立っていたからである．新型コロナウイルスは，プラネタリーヘルスに必要な再考のきっかけとなり，広範囲に及ぶ変革の先導役となるかもしれない．

パンデミックへの対応によって証明されたのは，何よりも，政府，民間企業，市民社会，家族による行動を必要とする大規模かつ迅速な変化が可能であることである．パンデミックによってそれを証明することを誰も望んでいないが，大規模な変化が可能だと知ることは，プラネタリーヘルスにとって明るい未来への大きな希望となる．

RNA (リボ核酸) 塩基配列の微細な変異に反応し，世界は停止してしまった．次のステップに関心を向ける際，この一時停止と熟考の時間は，私たちを新たな道へと導いてくれるに違いない．世界中で，世界経済を再起動させるための数兆ドルもの景気刺激策に私たちの税金が充当される．私たちの目標は，地球上でこれまでの生活様式を維持することではなく，自然界との新たな関係への「大転換」を促すことでなければならない．この暗闇と痛みの瞬間を復興と再生の機会に変えていこう．

ハワード・フラムキン
サミュエル・マイヤーズ

参考文献

Brown K. The pandemic is not a natural disaster. *New Yorker*, April 13 2020. https://www.newyorker.com/culture/annals-of-inquiry/the-pandemic-is-not-a-natural-disaster

Clarke L, Chess C. Elites and Panic: More to Fear than Fear Itself. *Social Forces*. 2008;87(2):993-1014.

Commoner B. *The Closing Circle: Nature, Man, and Technology*. New York: Knopf, 1971.

Federal Reserve Board. *Report on the Economic Well-Being of U.S. Households in 2018*. Washington: Board of Governors of the Federal Reserve System, 2019. https://www.federalreserve.gov/publications/report-economic-well-being-us-households.htm

Goodall J. COVID-19 should make us rethink our destructive relationship with the natural world. *Slate*, 6 April 2020. https://slate.com/technology/2020/04/jane-goodall-coronavirus-species.html

Jones KE, Patel NG, Levy MA, Storeygard A, Balk D, Gittleman JL, et al. Global trends in emerging infectious diseases. *Nature*. 2008;451(7181):990-3.

Michaels D. *The Triumph of Doubt: Dark Money and the Science of Deception*. Oxford and New York: Oxford University Press; 2020.

National Research Council. *Disaster Resilience: A National Imperative*. Washington, DC: The National Academies Press, 2012. https://doi.org/10.17226/13457.

Oreskes N. *Why Trust Science?* Princeton: Princeton University Press; 2019.

Quammen D. We made the coronavirus epidemic. *New York Times*, 28 January 2020. https://www.nytimes.com/2020/01/28/opinion/coronavirus-china.html.

Ripple WJ, Abernethy K, Betts MG, Chapron G, Dirzo R, Galetti M, et al. Bushmeat hunting and extinction risk to the world's mammals. *Royal Society Open Science*. 2016;3(10):160498.

Roberts D. How to make a city livable during lockdown. *Vox* 13 April 2020. https://www.vox.com/cities-and-urbanism/2020/4/13/21218759/coronavirus-cities-lockdown-covid-19-brent-toderian.

Rutschman AS. Mapping misinformation In the coronavirus outbreak: *Health Affairs* Blog; 10 March 2020 [https://www.healthaffairs.org/do/10.1377/hblog20200309.826956/full/].

Solnit R. *A Paradise Built in Hell: The Extraordinary Communities that Arise in Disasters*. London and New York: Penguin, 2009.

Tucker ME, Grim J. The Crisis of Planetary Health: Reflections from the World Religions. April 17, 2020. Berkley Center for Religion, Peace, and World Affairs, Berkley Forum. https://berkleycenter.georgetown.edu/responses/the-crisis-of-planetary-health-reflections-from-the-world-religions. Accessed 24 April, 2020.

Yu C. The pre-pandemic universe was the fiction. *The Atlantic*, 15 April 2020. https://www.theatlantic.com/culture/archive/2020/04/charles-yu-science-fiction-reality-life-pandemic/609985/

むすびにかえて

ときどき「むすび」や「あとがき」から読む方がいますが，実は私もその仲間です．理由はいろいろありますがこれは別の機会に．

私が河野茂学長から「長崎大学はプラネタリーヘルス（地球の健康）をめざす」との考えを伺ったのは新型コロナウイルス感染症（COVID-19）のパンデミックが始まる直前の2019年12月の第1週でした．私が証人になりますが，この長崎大学の「プラネタリーヘルス」の概念は河野学長が「長崎大学は将来何をなすべきか」をオリジナルに考え最終的に出した結論です．そして翌2020年の1月6日の仕事始め式で「長崎大学はプラネタリーヘルスに貢献する」と宣言しました．このときまさにCOVID-19の魔の手が日本に迫っていたのです．

保健･医療を地球レベルで考える分野は熱帯医学，国際保健学，グローバルヘルス，ワンヘルスと進んできました．そして今，私たちはプラネタリーヘルスをめざしています．これらの違いはこれまでも大いに議論されてきましたが，その扱う内容も時代によって大きく変化してきました．またミレニアム開発目標（Millennium Development Goals：MDGs）から持続可能な開発目標（Sustainable Development Goals：SDGs）へ，そしてユニバーサル・ヘルス・カバレッジ（Universal Health Coverage：UHC）とさまざまな目標や仕組みが提唱されています．しばしば「SDGsとプラネターヘルスはどう違うのか」などの質問を受けます．また私が所属する熱帯医学・グローバルヘルス研究科についても「プラネタリーヘルスとどのような関係なのか」などの質問も受けます．その答えは読者のみなさんが考えてみてください．そして本書を読み終わった方はそれぞれご自身の回答があることと思います．これから読む方はぜひこの点を念頭に入れて読んでみてください．

最後に本書を推薦して下さったさだまさしさん，本当にありがとうございました．「ペンギン皆きょうだい2020」の歌詞はまさに「プラネタリーヘルス」です．

2022年1月

長崎大学大学院熱帯医学・グローバルヘルス研究科　北　潔

索　引

人名索引

事項索引

■ 英字

プラネタリーヘルス
——私たちと地球の未来のために——

令和4年 3月10日　発　行

監訳者　長　崎　大　学
総監修　河　野　　　茂

発行者　池　田　和　博

発行所　丸善出版株式会社
〒101-0051 東京都千代田区神田神保町二丁目17番
編集：電話(03)3512-3261／FAX(03)3512-3272
営業：電話(03)3512-3256／FAX(03)3512-3270
https://www.maruzen-publishing.co.jp

組版・月明組版／印刷製本・日経印刷株式会社

ISBN 978-4-621-30709-0　C 3040　　Printed in Japan